电子与嵌入式系统
设计译丛

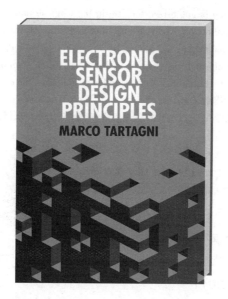

Electronic Sensor Design Principles

电子传感器设计
原理与方法

［意］马可·塔尔塔尼（Marco Tartagni）著

高志强 王琮 李林 译

机械工业出版社
CHINA MACHINE PRESS

北京市版权局著作权合同登记　图字：01-2022-3145 号。

图书在版编目（CIP）数据

电子传感器设计：原理与方法 /（意）马可·塔尔塔尼（Marco Tartagni）著；高志强，王琮，李林译 . —北京：机械工业出版社，2024.1

（电子与嵌入式系统设计译丛）

书名原文：Electronic Sensor Design Principles

ISBN 978-7-111-74905-9

I. ①电… II. ①马… ②高… ③王… ④李… III. ①电子传感器 IV. ① TP212.4

中国国家版本馆 CIP 数据核字（2024）第 043292 号

机械工业出版社（北京市百万庄大街 22 号　邮政编码 100037）

策划编辑：赵亮宇　　　　　　　　责任编辑：赵亮宇

责任校对：王小童　张慧敏　王　延　责任印制：常天培

北京铭成印刷有限公司印刷

2024 年 5 月第 1 版第 1 次印刷

186mm×240mm·30.75 印张·722 千字

标准书号：ISBN 978-7-111-74905-9

定价：149.00 元

电话服务　　　　　　　　　　网络服务

客服电话：010-88361066　　　机　工　官　网：www.cmpbook.com

　　　　　010-88379833　　　机　工　官　博：weibo.com/cmp1952

　　　　　010-68326294　　　金　书　网：www.golden-book.com

封底无防伪标均为盗版　　机工教育服务网：www.cmpedu.com

译 者 序

随着以传感器技术为代表的信息技术产业的不断进步，以及电子信息、物联网、人工智能等领域的需求的增加，电子传感器设计研究已经成为当今信息感知技术领域的热点。随着社会的发展和生活水平的提高，电子传感器技术早已渗透到人们生活的方方面面以及各行各业。目前，电子传感器技术拥有繁杂的知识体系，并处于快速发展阶段。

电子传感器设计是信息技术、人工智能领域的重要分支，涉及物理、化学、生物、电磁、电路、通信、信号处理、算法等众多理论知识。理解和掌握电子传感器设计原理需要深厚的基础理论作为支撑，这需要一个长期、系统的培养过程，这也是国内传感器技术领域人才培养目前所面临的主要困难之一。

本书从理论基础和实战的角度出发，采用直观与抽象相结合的教学方法，阐述了电子传感器设计中信息感知、信号、误差、设计变量、特征参数的设计理念，还从数学领域以及信号处理的时域、频域、空间域方面，深入剖析了电子传感器设计涉及的基础理论，同时，系统、深入地描述了传感器中信息与信号、信息转换与采集、信号处理的设计技术、方法以及架构，而且还从信息论的角度讨论了电子传感器设计中特征参数之间的权衡，以及电子传感器设计过程中的优化方法等。

为了使读者能够从实践角度系统地学习电子传感器设计原理的相关知识，积累设计经验，本书还精选了光子转换中光电传感器设计的主题、离子–电子转换中生物传感器设计的主题以及机械和热转换中力与温度传感器设计的主题。本书第2~4章、第6~11章都给出了一些应用示例，便于读者在学习过程中巩固所学的电子传感器设计知识，最后一章给出了电子传感器设计相关的习题与解答，便于读者自学或复习。

本书涉及的知识面广，不仅可以作为高等院校相关专业的教材，而且可以作为传感器设计领域工程师及相关科研人员的参考书。

我们翻译本书，旨在为我国急需的传感器设计，尤其是电子传感器设计人才的培养提供有价值的参考书，并为采用本书进行双语教学的师生提供对照阅读的中译本。

全书由我组织翻译和审校，并统编全稿，主要翻译人员还有哈尔滨工业大学电子与信息工

IV

程学院的王琮老师和哈尔滨工程大学外国语学院的李林老师。此外，我的研究生杨静致、翁振豪同学，以及哈尔滨工业大学物理学院的孙芳魁老师也对本书的翻译提供了帮助，在此对他们的支持与帮助表示诚挚感谢。

鉴于时间紧迫，译者水平有限，书中难免存在不足之处，敬请读者批评指正。

高志强
2023 年 7 月

前　言

在我的职业生涯中，我一直在思考一个问题，即在传感过程中是否有一般原则能够应用到电子传感器的设计之中。本书旨在引导读者跟随书中的论证，得到这个问题的肯定答案。

概述传感器设计技术的教科书通常遵循以下两种方法之一。第一种是专注于一个高度具体的环境，与单一的应用相关联。第二种是将处理方法集中在转换和架构技术的广泛分类上。后一种方法导致了一种错误的想法，即传感器设计可以归结为一系列独立的案例，并根据其具体应用进行分类。这种观点可能被错误地概括为这样一种思想，即该领域的高度跨学科性质是由各点的合理组合形成的，只是为了提高设计效率。事实上，这一领域的跨学科性（需要随机过程的数学、测量科学、信号转换和处理、信息理论以及转换物理学等不同的技术与模型）表明，各种不同的学科只不过是一些一般原则的情境化。因此，本书旨在确定设计电子传感器的一般方法，而不考虑个别应用：这将显著减少设计时间，并使基本的设计变量能够被迅速识别出来。

本书所追求的一个基本的探究方向是信息在传感过程中的作用。这导致了对传感器更广泛的定义，专注于它从环境中提取信息的能力。信息论起源于电子通信领域，在该领域中，代码可以被优化，以便最大限度地提高信道上传输的数据量，而在传感领域，必须改变这个观点。在这一领域中，由于信息的来源与观察的自然界有关，因此，作为一个规则，它不能被改变，而设计优化可以被看作最大化该过程所传达的信息。正是在这种背景下，人们对传感器物理学的某些基本定义进行了修订。举例来说，我们将不仅从其最初被接受的意义上描述分辨率的概念，而且强调其与传感过程中传递的信息量之间的联系：这将使我们能够找到优化电子传感器设计的有效方法。

写书是一个复杂的过程，作者常常在两种相反的做法之间左右为难。一方面，作者会倾向于为科学研究人员给出形式严谨的陈述。另一方面，作者希望为初学者尽可能清晰地勾勒出主题，如果可能的话，他们倾向于基于直观方法解决某些概念问题，有时会牺牲形式的严谨性。根据目标受众的不同，作者将在这两种截然相反的方法之间摇摆不定。

然而，如果我更仔细地思考自己的教学经历，就会发现一些令人惊讶的特点。在许多（虽然不是全部）情况下，学生一开始更喜欢用形式化方法学习这门学科，因为这能带来明显的安全感，他们对这种从具体例子开始，以抽象概念结束的处理方式持怀疑态度。另外，那些已经熟悉这门学科的人会倾向于更多地关注这门学科的原理，挑出他们之前无法理解的要点。这解释了人们对某些开创性的科学教科书的反应，这些教科书倾向于采用自下而上的方法来研究这门学科。尽管这些书在概念上非常严谨，但作为学生的教材，它们可能不太受欢迎，因为从定义上讲，让学生熟悉教学中的抽象化过程是一个长期的过程。因此，本书混合采用这两种方法：直观的方法不是围绕抽象的假设而是围绕具体的数字实例设计的，并以适当的形式化方法总结任务。

书中的内容是基于我在博洛尼亚大学切塞纳校区多年教授的两门课程。我必须感谢我过去和现在的本科生、硕士生和博士生，首先也是最重要的，感谢他们给出的回应和对话，这使我能够纠正这段教学经历中出现的偏差。我很难想象，如果没有与这个主题相关的课程的关键支持，怎么能写出一本教科书。在编写这本书的过程中，我采用了一些不同的方法：在课程中的尝试帮助我从中做出选择。我要感谢许多乐于交换意见的人。首先，感谢我的朋友 Alessandro Piovaccari，他一直给予我支持和鼓励，最重要的是他激发了我对这门学科基本原理的研究兴趣。我还必须感谢 Victor Zhirnov（关于传感极限）、Marco Chiani（关于信息论）、Davide Dardari（关于估计理论）、Aldo Romani（关于压电转换）、Alberto Corigliano（关于机械转换）、Hywel Morgan（关于离子转换和生物传感器的物理特性）提供个人建议，以及 Marco Crescentini 与我就电子噪声和测量科学进行的多次讨论。同时，特别感谢我的同事 Alessandra Costanzo、Alessandro Talamelli、Emanuele Giordano、Luigi Ragni、Elena Babini、Annachiara Berardinelli、Mauro Ursino 和 Enrico Sangiorgi 在这项工作中给予的科学合作和持续有效的支持。我还要感谢 Roberto Trolli，感谢他提出的与科学哲学有关的各种观点。我还要特别感谢我的哥哥 Flavio Tartagni，他在我还是个孩子的时候就把我带入了实验科学领域。最后，也是最重要的一点，我真诚地感谢剑桥大学出版社，特别是出版社的 Julie Lancashire，感谢他们从一开始就毫无保留地信任我。感谢所有编辑人员在过去几年里给予我的耐心、持续的帮助和建议。

在本书所涉及的主题范围中，必须注意一个重要的限制。书中分析了分辨率受热噪声限制的传感器——该领域通常被称为"热噪声限制的传感器"——以及受散粒噪声限制的传感器。这种方法适用于大多数在室温下使用的传感器和一般应用。本书从经典统计力学的角度简要分析了噪声的来源。当然，很明显，在传感和测量科学中，极端的外部限制是由不确定性原理决定的，在这里所描述的情况下，很少有这种限制。基于这个原因，本书不会介绍基于量子力学原理的传感器。

本书分为四部分。第一部分通过对设计变量、特征参数、信号和误差的定义来阐述常用的概念。这一部分框架将在信息论观点下讨论设计权衡。

第二部分着重介绍噪声的物理来源以及它在电子接口设计中的作用。这里将分析总体设计优化方法、技术和架构，也将涵盖时域传感技术。

第三部分精选了三个物理转换三个方面的主题：光子转换、离子－电子转换以及机械和热转换，这部分并没有涵盖转换的所有方面，而只是给出了典型的应用示例。然而，这一部分并不是本书的简单补充，因为物理转换是整个传感器采集链的一个重要步骤，它应该被看作一个处理块，就像设计过程中的其他部分一样，因此，我认为有必要展示转换器示例来实践整个传感器设计优化。

第四部分是习题和解答，有助于巩固所学内容。

第1章介绍有关信息和信号的各种概念，这些概念将在后面的章节中讨论，同时给出人工传感器的定义；第2章介绍一些表征传感器物理特性的基本参数，包括精度／准确度和各自的权衡，以及相关的优质因数；第3章分析信息论视角下的主要传感器设计权衡；第4章列出用于分析和综合传感器系统的数学方法的一些重要特征；由 M. Chiani（母校为博洛尼亚大学）撰写的第5章介绍压缩感知方法；第6章讨论各种情况下噪声的来源和模型，包括时域，如相位噪声；第7章提供计算和优化器件与简单电子电路的噪声的模型；第8章涵盖在信号和时间－空间中提取信息的更复杂的电子系统；第9章介绍光子转换的相关概念，特别提到了光电二极管及其在区域型传感器中的配置；第10章讨论作为生物传感基础的离子－电子转换，这一章还将讨论生物传感器中（特别是在生物电势传感中）的一些噪声问题；第11章讨论机械转换和热转换，关注压阻效应和压电现象，本章还将提供一些应用电阻式机械传感器的例子；最后，由 M. Crescentini（母校为博洛尼亚大学）撰写的第12章提供一系列电子传感器设计问题和相关解决方案。

写这本书也是为了纪念 Silvio Cavalcanti 教授和 Claudio Canali 教授。

目　　录

第四部分　知识巩固

第一部分 基础

第 1 章
概　述

电子器件的发展仍然悄无声息地经历着关键性的技术变革，如固态技术和集成电路的小型化等。然而，伴随着信息与通信技术（Information and Communication Technology，ICT）的融合，现代社会中日益增长的电子集成能够打开新的应用前景和市场。计算和交流的能力是人类社会的基本需求之一，而信息和通信技术的进步表明，在某些情况下，机器的性能已经大大超越了人类的自然技能。然而，在让人工系统表现得像人类行为一样的持久努力中，有几个领域仍然落后，其中之一就是像人类一样感知环境。在这一框架下，消费类电子产品中传感器件的普遍实施是电子行业高度追求的范式。在过去的几十年里，在消费和工业设备中实施的传感器的数量和种类急剧增加：手持设备、汽车、机器人、医疗保健和生活辅助。

不幸的是，人工感知需要一种超越信息科学边界的方法。信息科学需要应对数量惊人的物理和化学转化过程。合成系统与环境的相互作用在转化和信息处理层面上仍然存在未能解决的问题。

设计传感器件始终是一项令人兴奋且具有挑战性的工作。很多时候，终极问题是："我们能够检测到它吗？"答案隐藏在技术能力和环境状况中，乍一看，我们并不清楚该方法的局限性在哪里，也不明确失败的原因是什么。因此，不应该把这些论点当作个别案例的集合，而应该使用适当的抽象化和形式化的工具，用一般的方法来处理，并不断寻找传感的仿生物灵感。在这样做的时候，从战略和理论的角度来看，我们可以预见大规模计算与传感能力的整合是信息工程领域下一个即将到来的革命之一。

第 1 章旨在建立整本书的框架，并有意以非形式化的概念描述为基础。这是一种非严谨的方法，但却是一种趋向抽象人工传感过程的基本方法：传感器一般定义背后的思想、它们的主要性能限制过程和必要的折中。利用这种归纳法，我们将首先确定概念，把形式化的内容留给本书的后续章节。如果读者是第一次面对这个领域，可能会对本章讨论的要点感到模糊或难以理解，因此，建议将本章作为最后一章阅读。

1.1　感知是一种认知过程

如果没有生命，传感器的概念就不会存在。为了生长、繁殖和生存，任何有机实体都应该感知外部信号以评估它们是机会还是危险。感知不是由无机物推导得出的数学或物理抽象概念，而是一个生物过程，因为任何生物都应该察觉、测量和评估外部刺激以采取行动。与其他许多工程概念一样，这种反馈模型取自自然界，而感知是这种循环机制的主要输入。

以人类为中心，传感器（sensor）这个词来自动词"感觉"（sense），指的是人类通过视觉、听觉、味觉、嗅觉和触觉来察觉现实的能力。感知是认知科学的一个基本部分，认知科学是一个跨学科的领域，旨在研究人类的思维和认识过程。

通常的做法是将传感过程分为相互依赖的阶段，如感觉、知觉和意识。这些领域的定义和边界在科学界（广义上）有很大不同。然而，人们对这种感觉经验的划分有一种普遍的共识。这种划分也体现在人工传感系统中。

感觉是接收、转换和传递由感觉受体刺激产生的信息的主要过程。感觉刺激是通过物理传感过程从环境中获取的，例如来自场景的光子聚焦到视网膜上，这样眼睛才能看到东西，照相机的工作方式与此类似。视网膜上的锥状体和棒状体就像传感器，从每一个光子中检测外部能量，并通过电子信息的方式将信息发送到大脑。另外，知觉是选择、识别、组织和解释感官信息的过程。它不是被动地接受刺激，而是进行早期处理：信息被收集、组织，并通过神经传送到大脑。通过视觉和触觉对物体进行边缘检测就是知觉的一个例子。最后，意识是更精细的认知过程：它是大脑对感觉刺激的神经反应最深刻的解释。它涉及感觉或知觉的能力以及对这些能力的积极使用，这取决于以往的经验。人类可以经历有意识和无意识的知觉。如果我们把它与机器联系起来，定义、设置背景、学习和适应可能是赋予机器某种"意识"的过程。在这里，意识的概念被限制为一个功能／现象过程，这与自我意识的问题不同。自我意识的含义很大程度是哲学上的推测，是一个悬而未决的问题。

在过去的几个世纪里，当科学研究和哲学研究之间的界限还很模糊时，传感过程很大程度上是被推测的，特别是当它被看作人类知觉和认识的基本步骤时。感觉刺激与大脑的联系从古希腊时代开始就被观察和研究，在列奥纳多·达·芬奇的不朽作品中也有。其中值得注意的是，笛卡儿在他的一些著作中对传感过程进行了非常详细的分析，这对构建认知科学的总体框架非常有用。如图 1-1 所示，感觉刺激（视觉和嗅觉）被传递到大脑的内部，在那里被解释。即使有些生理方面的问题并不正确，笛卡儿的推测也远远超出了这个问题的纯现象学方面（至今仍未解决，仍在争论中），但他对传感过程的几个步骤的组织进行了深刻分析，引入了现代概念。

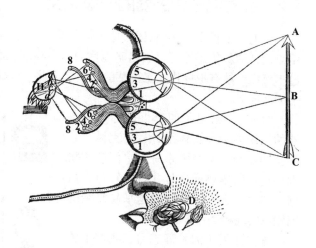

图 1-1 取自笛卡儿的 *Tractatus de homine et de formatione foetus*（1677 年，后人编辑过的版本），展示了视觉和嗅觉刺激的传递过程

冯·亥姆霍兹（H. von Helmholtz）在 19 世纪给出了另一个深入分析传感过程的例子。在他的著作中（见图 1-2 中的节选），他对视觉和听觉知觉领域做出了开创性的贡献，设想了感

知科学和认知科学之间的深刻关系。他认为，人类的知觉应该根据这个过程的物理、生理和心理特征来研究。在他的一些著作中，他甚至试图证明与传感过程有关的美感的合理性。

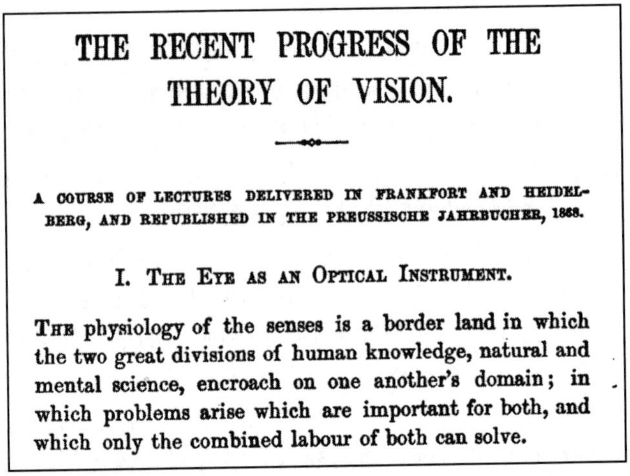

希腊语 aisthanesthai 的意思是"通过感官和心灵来察觉、感受"。这并非巧合，它是美学（aesthetic）一词的根源：美学是哲学的一个分支，研究对艺术、品味、美的认识与欣赏。

简而言之：

- 感知是一个仿生概念。传感器工程经常从生命科学的心理生理学和认知研究中借用功能模型。
- 传感器不应被视为纯粹的转换器，而应被视为人工认知

THE RECENT PROGRESS OF THE THEORY OF VISION.

A COURSE OF LECTURES DELIVERED IN FRANKFORT AND HEIDELBERG, AND REPUBLISHED IN THE PREUSSISCHE JAHRBUCHER, 1868.

I. THE EYE AS AN OPTICAL INSTRUMENT.

THE physiology of the senses is a border land in which the two great divisions of human knowledge, natural and mental science, encroach on one another's domain; in which problems arise which are important for both, and which only the combined labour of both can solve.

图 1-2　冯·亥姆霍兹于 1873 年发表的 *Popular Lectures on Scientific Subjects*（译自德文）节选，设想需要在感知和认知过程之间建立起强有力的关系

过程的一部分，以便从环境中获取尽可能多的信息。

1.2　针对电子传感器的一般定义

在电子工程中，"传感器"这个词包含了广泛的系统类型，这些系统是为极为不同的应用而设计的。传感器可以被粗略地称为"将物理刺激转变成数据的系统"。然而，这个定义过于模糊，没有把握住人工传感的本质，因此，应仔细考虑这个词的定义，以更好地理解这个标准框架。

图 1-3 中给出了四个可以称为传感器的系统的示例：体重计、麦克风、心率监测器和机器视觉系统。它们都从物理环境中收集刺激信号并将其转换为数据，然而，它们正在处理越来越复杂的问题以实现相关任务。

体重计用于测量静态力，我们不关心在测量时间范围内的重量变化；麦克风需要跟踪其收音部分表面的压力变化（来源于声音变化）与时间的关系，其时

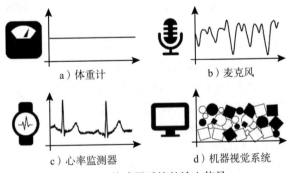

a）体重计　　b）麦克风

c）心率监测器　　d）机器视觉系统

图 1-3　传感器系统的输入信号

域特性是其设计的一个基本方面；心率监测器中的心跳传感器使用与心跳事件相关的心电图（ECG）信号模式；机器视觉系统处理许多图像来检测 / 计算有缺陷的物体。其思想是，任何应用程序都可以通过定制的传感系统确定待识别和测量的信号的具体条件。然而，根据某种

信号对传感器进行分类这种想法可能会产生误导。

我们寻找的不是刺激本身，而是隐藏在原始刺激中的更复杂的东西，这被称为信息。简而言之，信息内容就是我们在传感过程中所要寻找的本质。信息的概念在其他学科中已经变得很广泛和形式化，目前，这个概念非形式化地对应于在针对具体任务应用的传感过程中，我们所获得的认知量。我们将在第 3 章中使用更形式化的方法来处理这个问题。

1.2.1 信号和信息

我们将使用示例来说明信息在传感过程中的作用。图 1-4a 显示了一个心跳检测器，该传感器的主要任务是在给定周期内，使用判决阈值检测 ECG 信号中的心跳次数。为了理解该概念，我们简略地将其与应用程序所需的"信息"联系起来。图 1-4a 的 3 个信号示例是从同一时间段内所有可能的心电图波形集合中抽取的，我们将其称为信号空间中的样本。在前两种情况下，系统计算出 8 次心跳，而在最后一种情况下，只有 7 次心跳。因此，我们将该结果与一个可测量的空间（称为信息空间）联系起来。换句话说，我们说信号空间中的样本可以映射到信息空间中的点上。传感器的采集过程是这两个空间之间的对应。我们将经常提到离散信息空间。

在图 1-4b 的第二个例子中，传感系统应该检测图像中圆圈 / 方块的数量。即使在这种情况下，4 个采样的图像也属于一个非常大的信号空间，例如，由所有可能的 $N \times M$ 黑白像素的图像组成。然而，"信息"相对于信号空间来说是比较小的，可以在一个二维空间中组织，其中的变量分别是圆圈的数量和方块的数量。

在这两个例子中，人类知觉很容易

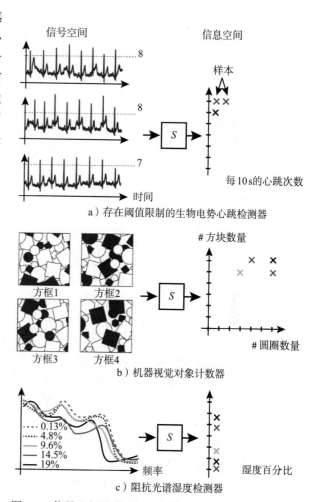

图 1-4 信号空间和信息空间（请注意，前两个例子有一个离散信息空间，而最后一个则是连续空间）

在第一时间识别出信号空间中的信息，并检查传感器系统是否正确检测到我们的任务。在其他一些情况下，与之前的例子相比，信息更加隐蔽，然而，机器能够超越人类知觉。例如，在图 1-4c 的情况下，信号是由 5 个测量的微波阻抗光谱组成的，而微波阻抗光谱与具有不同水量（湿度）的一种材料相关。我们的想法是利用这些光谱来实现一个微波湿度传感器，其中的信息是湿度百分比。在光谱或光谱的某些部分中，很难看到与刺激（湿度）有关的任何规则或单调行为。我们根据直觉得出的结论是材料的湿度和光谱之间没有明确的关系。换句话说，从信号本身不容易看到任何重要的信息，然而，假设对该信号进行适当的数学处理，在这种情况下，我们可以建立一个线性预测模型来检测基于微波光谱的湿度，这样信号就能在信息空间中被映射到可区分的有序层次上。后一个例子表明，信息可能深深地隐藏在信号中，人们甚至很难从原始数据中分辨出它们。为此，在这些情况下，要提取的信息通常被称为潜在变量。

前面的示例与任务的不同复杂度有关，需要不同的处理资源来提取信息。

简而言之：

- 传感过程应该由一项任务来定义，它限定了应该被测量的信息种类，因此，应用（任务）决定了信息空间的特征。
- 信号是表示携带信息的被感知环境状态的函数，信号的所有可能的构型定义了信号空间。
- 信息空间的维度比信号空间小，而且它是离散的，这意味着信号空间的多个元素会有相同的元素在信息空间中。
- 传感过程是一个函数，这意味着信号空间的每个样本在信息空间中都会有对应的样本。

1.2.2 模拟－数字接口的最简单案例

1.2.1 节确定了信号及其映射到信息空间的信息内容之间的区别。然而，如果我们在模拟域中对一个信号进行简单的模数（A/D）转换，就可以更容易地匹配这两个空间，因为模拟值本身就是对信息进行编码。我们可以通过图 1-5 中的案例更好地理解这一点。图 1-5a 表明了由 A/D 接口检测的一个随时间变化的生物电势信号。我们的任务是掌握生物电势值随时间的变化，因为那恰好是我们需要的信息。A/D 转换器把信号满量程的具体模拟值与二进制编码的离散值联系起来，因此，A/D 转换器的离散值很容易在信息空间中表现出来。对应是通过将模拟值与其转换最接近的离散值相关联实现的。图 1-5b 中的情况甚至更为直接：信息是一个重量传感器的静态模拟值，因此，每个测量值（样本）在信息空间中被直接映射。与前面描述的一样，多个模拟值可以由转换器映射成同一个编码值。

总之：

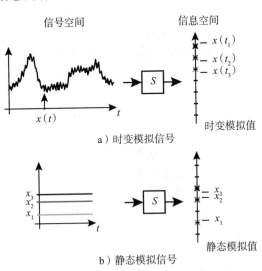

图 1-5 时变模拟信号和静态模拟信号的传感过程。信号空间的模拟值与信息空间中最接近的离散值相关联

- 在 A/D 接口的简单情况下，信息和信号之间的关联更紧密，因为信号值本身代表了需要检测的信息。
- 通过将一个模拟值与 A/D 转换器最接近的离散电平联系起来实现对应。

1.2.3 误差的作用

不幸的是，由于随机过程的随机性和非理想性，传感过程的物理实现必然会受到误差的影响。误差来自环境或传感系统本身及其不完美的检测能力。让我们看图 1-6，这里利用图 1-4a 所示的阈值的生物电势来检测心跳。在没有噪声的情况下，随着时间推移，我们测量了 8 次心跳，如图 1-6a 所示。现在，假设传感过程是有噪声的，图 1-6a 中的相同波形加上噪声显示在图 1-6b 中。如果我们使用同样的检测方法，那么计数不再是 8，而是 10。噪声的随机过程改变了越过阈值的情况：有一些点（如 M 点）以前没有越过阈值（没有噪声），而现在由于存在噪声，它们已经越过了阈值；相反，还有一些点（如 N 点）在以前的情况下是越过阈值的，而现在由于噪声的扰动，它们没有越过阈值。如果我们在噪声存在的情况下，对一个包含 8 次心跳的信号重复同样的过程，那么可能在某个时候算出 7 次，在另一个时候算出 9 次，另一个时候又算出 8 次，以此类推。这意味着我们不能说计数是确定的，但是在噪声存在的情况下，我们可以说"计数的估计是由 8 ± 2 给出的"。因此，噪声的存在决定了 ± 2 个计数的测量的不确定性（第 2 章）。由噪声引起的不确定性可以在图 1-6 中等于 8 的刻度线对面的灰色区域得到直观体现。

在这个示例中，误差（或噪声）的存在改变了信息空间的情况。如果我们之前可以在没有噪声的情况下仅计算心跳次数，那么现在我们有 ± 2 个计数的不确定性。因此，以前的计数层次不再是真正意义上的相互区分，因为存在噪声，所以对于同样的信号，可以在 8 ± 2 的区间内给出计数。这一事实表明，信息空间的细分是不恰当的，因为"计数 = 8"这句话与"计数 = 10"这句话的信息相似。这导致了误分类，因为我们分类计数为 8，尽管在现实中，它们可能是 10 个，或者分类计数为 10，但实际上可能是 8。这意味着由于误差，上面给出的确定性信息很大概率上反映了同一信号条件。从图 1-6 中可以看出，同样的不确定性区域也包括了样本。因此，最好是减少分区的数量（例如，4 组一区），这样"计数在 6 和 10 之间"和"计数在 2 和 6 之间"从信息的角度看有更大的显著性，因为这两个句子对应于同一信号的概率较低。在这种情况下，任何在不确定区域（由 8 ± 2 识别）内给出数值的样本将与区间的中心（其数值为 8）相关联。换句话说，通过考虑不确定性来扩大分类区域，我们减少了可能的误分类误差。

因此，我们可以把信息空间的分区称为分辨率位数（resolution level）。在有噪声的情况下，我们可以将不确定性的顺序设定为分辨率位数，以便从信息的角度保留其显著性，避免误分类。如图 1-6 所示，噪声越大，分辨率越低。

回到最简单的模拟域，其中的信息和信号是严格相关的，我们可以观察到，在没有噪声的情况下，可以有无限小的分辨率位数。因此，噪声的存在决定了有限的分辨率。这与人们的观察结果一致，即真实的传感系统（其中必然存在诸如噪声这样的误差）确实具有有限分辨率，并增强了"信息空间是离散的"这种说法。

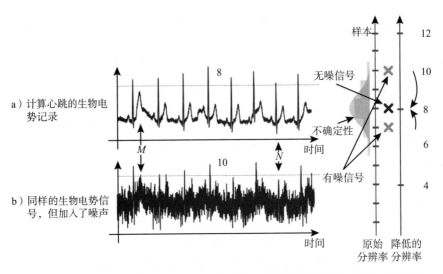

图 1-6 噪声引起的分辨率下降的影响。噪声的增加决定了检测的不确定性的增加，从而降低了分辨率

　　然而，应用的任务目标主要是确定所需信息的最大值。例如，在图 1-4a 的情况下，我们不需要检测每 10s 30 次以上的心跳，或者在图 1-5a 的情况下，我们知道生物电势永远不会达到数百毫伏。信息空间中可实现的最大值被称为满量程（full scale）。因此，定义了一个固定数量的分辨率位数，在这个位数下，信息空间可以被划分。用能量表示的分辨率位数被称为动态范围（第 2 章）。传感系统可实现的信息（分辨率）位数是对过程信息的一种衡量。

简而言之：

- 物理传感过程总是受到来自环境和传感系统本身的误差（例如，噪声）的影响。
- 误差定义了测量过程中的不确定性，这意味着我们不能确定系统给出的结果，但能以一定的置信度来估测信息。
- 不确定性设定了传感过程的分辨率，以使各层次在信息空间上可以相互区分，减少误分类。
- 真实的应用总是在信息环境中定义编码信息的最大位数或满量程。如果用能量的形式表示，这个边界确定了信息空间或动态范围中有限数量的分辨率位数。

　　一种有用的方式是用位（bit，也称"比特"）来表达信息空间中离散电平的数量。这在 A/D 转换器的范围内（第 2 章）与信息论（第 3 章）建立了重要联系。例如，参考图 1-6，如果分辨率位数被编码为 N 位，而噪声通过分组 4 个相邻的位数来减少这个数量，那么分辨率就会减少 2 位。我们将在后面再讨论这个问题。

　　传感过程的另一个重要特征是最小可检测信号（Minimum Detectable Signal，MDS），它是引起信息空间显著变化的信号的最小变化（即至少一个分辨率位数）。如果我们以图 1-5a 中比较简单的示例为例，信号和信息空间重叠，MDS 是与噪声"相当"的信号变化量。换句话说，要检测的信号应该具有超过噪声的"强度"，因此 MDS 通常被设定为噪声的"强度"，从而设定为过程的不确定性。当然，我们应该定义一个指标来进行比较（见第 2 章）。在任何情况下，如果没有误差（如噪声），那么 MDS 可以无限小，从而使检测能力无限大。

图 1-7 展示了传感过程作为信号空间和信息空间之间映射的概念性视图。如图 1-7a 所示，每个交叉点标识了信号域中与信息空间中另一点相对应的样本。因此，信号空间子集的任何一点都能被映射成信息空间中由于误差而产生的不确定性区域内的另一点。同样，一般来说，信号空间的元素数量大于信息空间的元素数量（例如，包含相同数量物体的所有可能图像的数量被映射到信息空间的同一点上）。根据图 1-6 的讨论，我们可以将分辨率的大小设定为包含大部分的不确定性，这样离散的分辨率位数就有更高的置信度，可以相互区分。这样一来，一个离散电平内的大部分点都与信息空间的一个点相关联，在图中显示为线条之间的交叉点。另一种看法是，通过扩大分辨率位数，我们减少了不确定性区域之间的重叠，从而减少了误分类。噪声越大，分辨率越低，因为满量程是固定的，所以分辨率位数也越小。

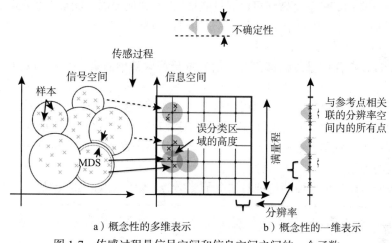

a）概念性的多维表示　　　　b）概念性的一维表示

图 1-7　传感过程是信号空间和信息空间之间的一个函数

按照图 1-7 的说明，信息空间的两个相邻点之间的样本过渡对应于两个信号空间子集之间的过渡。在信息空间转换过程中，样本点穿过不确定性的重叠区。如果是在重叠区的中间部分，我们不能确定样本是属于一个离散电平还是相邻的电平。因此，我们有很高的误分类率。重叠的误分类区域可以通过跨越子集边界的区域在信号空间中进行映射。这个区域的厚度确定了 MDS，因为它是在信息空间中具有可区分变化所需的信号的最小变化。

这个概念能够应用于图 1-7b 所示的有噪模拟到数字转换的最简单情况。这是我们可以将信号空间和信息空间叠加在一起的最简单情况，因为信号值本身对信息进行了编码。模拟信号空间中的每个样本都能识别信息空间中的一个二进制编码电平，然而，噪声意味着可能存在赋值误差。为了减少这种误差，我们可以扩大分辨率位数，但这意味着我们减少了所传递的信息。以一个有噪声的 8 位转换器为例，如果噪声很高，覆盖了 4 个离散电平（2 位），那么这意味着通过 4 个电平的相邻分组来减少分辨率位数以减少误分类是很方便的。因此，噪声将系统的分辨率从 8 位减少到 6 个等效位（8b-2b=6b），使信息（分辨率）位数可区分。总之，用位表示的可区分分辨率位数是对传感过程所获得的信息的一种度量。

图 1-8 说明了误差对信息的破坏。来自环境的信号会受到噪声的物理影响，因此，在输

入端得到的信息量受限于由源随机物理过程产生的影响。然而，在传感器系统设计中，我们
必须处理其他误差源，这些误差源进一步限制了所转换的信息量，例如，模拟接口的电子器件具有热噪声引起的内在噪声。此外，感知过程可能具有非最佳特性（例如，呈现非线性或饱和效应），或者检测算法可能由于模型的表征性较差而导致指定性误差。所有这些误差源都会减少转换到输出的信息量。从分辨率的角度来看，传感器设计旨在尽可能地减少对信息的破坏，在设计约束和折中方面起到杠杆作用。

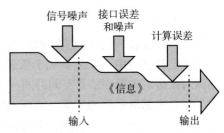

图 1-8 传感过程中由于误差 / 噪声造成的信息退化

传感过程的另一个要点是能量和时间的作用（第 2 章和第 3 章）。误差引起的信息破坏可以通过能量 / 功率说明原因，能量 / 功率的影响决定了检测极限。换句话说，一个传感系统传达的信息量可以被称为信号和误差（噪声）能量之间的关系。这种折中的最简单情况就是信噪比。

就时间而言，任何测量过程都需要从信号本身获取某种能量 / 功率，以便进行分类。如同在生物有机体内，这里的感知对组织行动是有用的，测量过程应在确定的时间内完成。因此，当信号随时间变化有限时，可以说信号有一个特征带宽。在麦克风示例中，我们可以观察到，状态随时间的变化受到音频带宽的限制。我们必须从优化设计的角度出发，实现一个在整个音频带宽内跟踪信号变化的接口。因此，传感系统在确定的时间内进行分类的能力是一个主要的制约因素。

因此，我们可以根据前面的论证对"电子传感器"做出更宽泛的定义。

电子传感器 一个在确定的时间内从观测到的信号中提取应用程序所需信息的电子系统，即信息分类器。

回到我们的示例，我们能看到这个定义包含了用作示例的系统的完全不同的功能，并根据信息的作用，对传感过程的本质做了一些提示。

总之：
- 在读出时，用等效位表示可区分分辨率位数来衡量传感过程所获得的信息。
- 传感器设计的一个关键方面是最大限度地提高分辨率位数，这相当于最大限度地提高传感器系统所传递的信息。
- 传感器设计的另一个关键问题与传感器解决工作任务所需的时间有关，这与电子接口的带宽特征有关。
- 上述特征促使我们将任何类型的传感器定义为在有限时间内执行工作任务的信息分类器。

1.3 电子传感器的基本模块

电子传感过程的初始且必要的步骤是将物理刺激转换成电子信号。这是由一个转换器

接口来完成的，它将物理信号的能量转换为电子状态。然后，根据具体工作任务，用于提取信息的数据应当是排列有序和细化的。这个过程可以由一个系统来执行，这个系统可以跟踪转换器并计算前级原始数据的详细信息。信息的复杂性越高，由该模块获得这个结果所需的"智能"（计算复杂性）就越高。

我们能够绘制出电子传感器结构的总体方案，如图 1-9 所示。两个部分能够描述一个通用的传感器：接口和处理器。第一部分专用于信号的转换和数字化，由两个子模块组成：转换器和量化器。转换器是直接与物理环境联系的模块，它可能是一个简单的放大器，也可能是一个在时域或频域工作的更复杂的结构。量化器是一个必要模块，它在

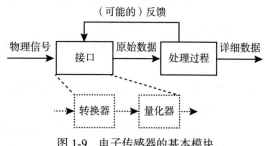

图 1-9 电子传感器的基本模块

二进制域进行细化工作。一个典型的量化器就是一个 A/D 转换器，即使可能使用其他量化器（第 8 章）。

处理器实现第二部分，以从原始数据中获得最多的信息。我们可以总结出这两部分的主要区别。转换器将物理信号状态的能量 / 功率水平转换为原始数据。因此，它作为一个能量检测器，设计时应注意信号的能量成分优化。这种优化的参考之一是信噪比。相反，处理器搜索原始数据的信息，以实现传感器应用所要求的最终任务。它对早期阶段无法处理的原始数据进行复杂的阐述。例如，我们可以在第一个模块中实现模拟滤波器以优化信噪比，但我们需要细化数据以实现复杂的算法，例如，卡尔曼滤波器或机器学习分类器。

从前面的讨论中可以很明显地看出，信噪比（即能量比）不应该被看作传感器性能的最终极限的参考，而仅仅是优化整个链的第一步。例如，有些雷达或 ECG 信号的能量远远低于噪声的能量，然而，使用原始数据处理技术有可能辨别出有用的信息。

回顾这些示例，我们注意到体重计和麦克风是传感器，这样的传感器恰好能够用图 1-9 所示结构中的第一个模块来建模。这是因为信号和信息之间的关系比较紧密。另外，心跳检测器需要在高层次上提取信息，例如，使用模式识别或其他高级滤波技术，这些技术只能在更高的处理级别上对原始数据起作用。智能滤波、模式识别、压缩感知和机器学习仅是该模块合理功能性的几个示例。

基于图 1-9 所示结构的作用，我们可以绘制出表 1-1，表明根据提取信息的复杂性，不同的信息检测策略。本质内容与转换器的情况相关，这里该刺激的 A/D 转换器很容易捕捉到信息。这就是直接测量的情况，传感器直接将刺激的强度转换为信息内容。在该表的模式 / 事件行中，信息提取是基于模式的先验知识的，这样就可以构思出合适的算法策略来获得正确的信息内容。表 1-1 前两行代表了边界情况下的感知，其中不仅要进行测量，还涉及学习。在监督分类中，计算机应该通过预先定义的样例（训练集）来学习规则。在最上面的无监督学习情况中，计算架构应该能够根据事件 / 物体的固有特征来识别它们的类别。

表 1-1　根据信息复杂度分类的感知方法

信号特征	信息提取策略	信号特征	信息提取策略
未知的模式 / 事件类别	无监督的分类（学习）	模式 / 事件计数	模式匹配
已知的模式 / 事件类别	有监督的分类（学习）	直流和交流测量	转换器和量化器

简而言之：

- 电子传感器应该被分割成不同的处理阶段，类似于从环境中提取信息的认知过程的生物学范式。
- 根据信息内容的复杂性，电子传感器在最后的操作块中实施更高程度的计算，以提高信息分类的准确性。

量化信息提取的复杂度仍是一个存在争议的问题。通常这一问题是未知的，然而，我们可以把这一问题与解决它所需的最小计算资源数相关联。

1.4　不确定性的起源：热运动

误差是指人们观察到的结果与预期结果之间的差异。误差的主要来源之一是随机物理过程产生的噪声（第 6 章），因此，它是传感过程的主要限制因素之一。正如所讨论的，噪声限制了电子接口的分辨率（第 7 章），因此影响了传递到传感器中的信息量。

如果观察图 1-10，那么我们可以看到一个简单的机械转换器（第 11 章）。悬臂的一端被固定在一个牢固的参照物上，另一个自由端被施加了一个可变的力。在悬臂的上侧，激光束被反射到表面或位置敏感的光学传感器上（第 9 章）。因此，悬臂的位置与输入的力存在正比关系，实现了一个测力计。

这种"传感器"的辨别极限是什么？原则上，我们可以感知输入的任何微小变化。如果很难区分屏幕上的变化，我们可以将屏幕移得更远，以便更清楚地观察变化。原则

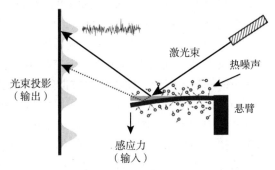

图 1-10　作为电子传感器的范例的机械传感器。传感器的辨别能力受到热噪声的限制

上，这种传感器有"无限"的辨别能力（直到基本的物理极限）。

不幸的是，大自然使事情变得更加复杂，我们知道，任何机械系统在微观层面上都会受到分子搅动的影响。在热平衡状态下，悬臂的任何原子和周围气体的任何分子都受到自然热运动的影响，其中系统的任何粒子的平均动能都是温度的微观表达。

因此，悬臂受到自然和随机位移的影响，这些位移决定了光束投影的不稳定运动。因此，测量受到不确定性的影响，这样我们就不能在有限的时间内拥有无限感知输入源的能力。据说这种传感器的可辨别性受到热噪声的限制。我们可以对样本进行平均，以提高系统的分辨率，然而，这需要时间，并受到力信号变化速度（信号带宽）的限制。

理解信号（力）和噪声（热运动）之间的平衡对于传感器设计来说是必要的。我们将看到，上述传感器机械范式与电子传感系统非常相似。即使基本的物理限制是传感器分辨率的底线，热噪声也是在室温和微尺度下操作的设备中最常见的限制之一。

1.5 电子传感器设计的基本制约因素

回顾本章的所有示例，我们可以总结出在传感器设计中需要考虑的几个基本的相互依赖和约束。

- 分辨率 – 带宽的折中。我们可以通过遵循大数定律对读数取平均来提高分辨率（即降低不确定性），就像在机械传感器示例中一样。然而，我们必须假设输入的力在平均化过程中是稳定的。这意味着平均化受到信号带宽的限制，我们无法跟踪比平均化时间更快的输入信号。因此，分辨率越高，带宽越低。
- 分辨率 – 功耗的折中。根据要提取的信息的复杂性，由于获得更高的分辨率所需的计算量较大，因此需要使用更大的功率。
- 带宽 – 功耗的折中。由于计算需要在实际系统中消耗能量，因此在更短的时间内细化更多的信息意味着更高的功率消耗。

上述关系的框图如图 1-11 所示。该图表明传感器设计的基本约束分为三个主要方面（第 2 章和第 3 章）。第一个是与传感系统传递的信息量有关的信息约束，它由动态范围表示。动态范围又由系统的工作范围和输入参考的分辨率决定。第二个方面与系统的时间约束有关，也就是带宽。第三个方面与能量约束有关，它用传感系统消耗的功率表示。

一个给定的电子技术或架构允许我们确定与上述三个方面有关的优质因数（第 3 章）并进行折中。因此，一旦我们设定了三个约束中的两个，就可以确定其余的约束。例如，一旦有了某个优质因数所需的带宽和动态范围，就可以确定某个技术所需的最小功耗。或者可以确定给定功率预算和带宽的动态范围，也就是其最大可实现的分辨率。

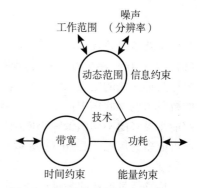

图 1-11 电子传感器设计的基本约束

延伸阅读

Brillouin, L., *Science and Information Theory*, 2nd ed. Mineola, NY: Dover Publications, 1962. Pierce, J. R., *An Introduction to Information Theory: Symbols, Signals & Noise.* Mineola, NY: Dover Publications, 1961.

von Helmholtz, H., *Popular Lectures on Scientific Subjects*, Harvard Un. D. Appleton, 1873. L.

第 2 章
传感器建模与特性描述

本章将从系统的角度全面概述传感器的特性，对具体的实现细节不做赘述。本章基于输入与输出信号的种类来定义这些系统，并且探讨了它们的整体架构，表明了信息在系统中是怎样转换的，受到哪些限制以及如何因误差而受到损坏。本章的要点之一是对误差模型的特性描述，如何评估测量的不确定性，以及它与整个系统分辨率、精度和准确度的关系。最后，作为数字数据细化基础的量化过程将被囊括在误差模型中，进行解释和说明。

2.1　信号

信号表示为由携带信息的数学函数对环境建模的状态。正如第 1 章所探讨的那样，信号和信息是不同的实体。信号能由空间和时间上的序列、一维或多维的函数来描述。我们将把"信息"称作传感过程中的可测量任务，这种称谓是一个模糊概念，我们会在第 3 章给出一个更为形式化的定义，然而这是一个很好的起点。我们以在图像（信号）中寻找目标（信息）的数量为例，此例中信息只与对象的数量有关，而图像仅是作为信息转换的手段。因此，我们能用极多的不同图像编码成同样的信息，传感过程的任务就是从影视的原始数据流中提取尽可能多的信息（正确的目标数量），这个过程可能很容易，也可能很困难，取决于任务的复杂程度。

传感就是这样的测量过程，我们可以定义两个重要的类别：

- DC 测量，在观测期间，信息是稳定的。这意味着我们可以在所需要的信息发生任何改变之前用一段合理的时间执行测量。
- AC 测量，其中信息随着时间变化。

因此，AC 测量与带宽相关，而 DC 测量则与之无关。AC 和 DC 源自电力传输（Alternate Current 和 Direct Current）的首字母缩写，在现代语境中，最初的含义被引申为时间在信号中的作用。

体重秤、卡尺和激光测距仪都是 DC 测量的例子。然而，如果信息"阻抗"在我们关注的测量时间内不发生变化，即使一个基于正弦曲线的阻抗计也可以看作 DC 测量。由麦克风检测声音或使用惯性传感器记录加速度数据都是 AC 测量的例子。在这些情形中，"声波的压力"和"加速度"的信息都会在时域里记录下来。

我们仅定义了测量过程中的一个笼统概念。然而，我们将由限制信号为单一的变量开始，依赖于时间的函数 $x(t)$ 的信息只与信号本身的模拟值有关。以上是最简单的情况，其中信号的模拟值与信息严格相关。换句话说，模拟值就是信息的某种形式。

更具体地，我们将 AC 信号看作其中的信息是与相对于参考量的位移相关联的，比如图 2-1a 中观测时间的平均值与 $\Delta x(t)$，其中信号表示为 $x(t)$，但是携带信息的部分是 $\Delta x(t)$。我们还会从能量的角度来剖析其中的含义。

结合之前的定义，我们将 DC 信号表示为图 2-1b 中一个时间函数的定值。所以信息就是信号本身，即为信号值与诸如零输入参考值的差距。在这种情况下，我们可以说信号（也就是信息）是 $x = \Delta x$，如图 2-1b 所示。需要指出，前面定义的信号类仅可能是信号的一个子集，但它覆盖了"电子传感器"系统的很大一部分。

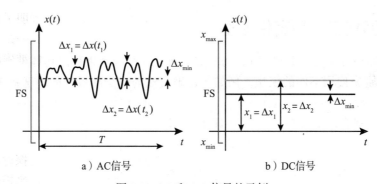

a）AC信号　　　　　　　　　b）DC信号

图 2-1　AC 和 DC 信号的示例

现在，参考信号这一概念（隐含了我们一开始就给出的限定信息），我们给定一个信号最大值 x_{max} 和最小值 x_{min}，由此定义一些共同特征：

- 满量程是允许信号 x_{max} 的最大扩展范围。如果该信号存在为负值，就会额外提供一个负满量程 x_{min}。
- 满量程跨度（Full scale Span，FS）FS = $x_{max} - x_{min}$ 是信号偏移的最大值和最小值之间的代数差值。
- 工作范围是满量程跨度 $[x_{min}, x_{max}]$ 内（也写作 $x_{min} \div x_{max}$）的值集。

在文献中经常发现满量程和满量程跨度的定义是重叠的，本书为了简单起见，将使用术语"满量程"来指代"满量程跨度"。上述定义适用于信号或接口。在信号情况下，这些定义可以用于特定应用的需求。就接口而言，这些定义可能来一个设计，满量程不应与本书后面详细讨论的动态范围相混淆。

传感器接口的另一个重要特征是最小可检测信号（MDS）。MDS 可以根据以下信息定义为：最小可检测信号 Δx_{min} 是引起提取信息时发生可区分信号状态变化的最小变量。

然而，在最简单的模数转换案例中，我们可以将 MDS 与输入信号的最小变化 Δx_{min} 联系起来，使编码输出的无噪声最低有效位发生改变。

MDS 是传感器设计中的一个基本概念，可应用于 DC 和 AC 测量。例如，在 DC 测量中，我们可能想要测量 1kPa~50kPa 的压力，最小可能区分 10Pa 的变化，即 MDS，而在 AC 测量中，我们需要一个具有 500nV 小信号检测能力的生物电势放大器。

信号 Δx 的"强度"的概念将与激励变量的振幅或功率／能量有关。我们将看到，无论从物理的角度还是信息的角度来看，后者更适合。

最后还要考虑的是 DC/AC 测量。假设我们需要测量一个正弦信号的振幅或频率。在这种情况下，信息与"振幅"和"频率"相关联，如果它们在时间上是稳定的，那么这是一个 DC 测量，而如果它们在时间上发生变化（因此有一个信号带宽），那么这是一个 AC 测量。因此，MDS 是指 $x(t)$ 的最小变化（即充当联系上下文的"载体"），足以通过传感系统检测到频率或振幅的变化。

2.2 传感器接口：确定性模型

电子传感器设计中的一个基本实现方式是特征化一个模型来预测其行为。根据我们想要假定的描述级别来使用不同的模型，例如，是确定性的或是随机性的，这将在 2.3 节和 2.8 节中讨论。我们将用确定性模型作为最简单的第一步的开始，来描述传感器系统，这由一个函数 F 映射一个准静态输入激励 x 和一个输出 y 给出：

$$y = F(x) \text{ 或简写为 } y = y(x) \tag{2-1}$$

因此，图 2-2 所示的传感器接口可以被描述为一个黑盒，这里输入信号是物理量或激励，输出是由物理信息转换为模拟或数字格式编码的原始数据的电信号。

确定性函数 F 被称为传感器接口的准静态特性。"静态"这个名称源于这样一个事实：假设输入变化非常慢，关系（2-1）是有效的。当然，时间是传感器处理的一个基本参数，我们将在接下来的章节中看到如何正确地处理时间变化。从实验的角度来看，我们可以通

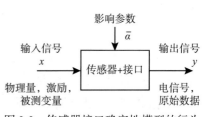

图 2-2 传感器接口确定性模型的行为表征

过记录输入的准平稳变化来重建传感器的传递函数，即使用输入信号的变化远远慢于接口的任何时间常数。

为了更好地描述传感器特征，我们必须考虑一种情况，在这种情况下，输出不仅依赖于输入，还依赖于其他变量，该变量被认为是影响参数，是不携带信息的变量。对于二次物理实体或传感器非理想性的测量相关性，受影响的量或参数是不必要的。例如，电阻应变传感器被设计用来测量力，但由于转换原理，输出也取决于温度。在其他情况下，一个影响参数可能是一个通用的技术变化。例如，对于相同的已知输入，每个生产批次的设备在相同的环境条件下给出不同的输出，这种变化可以是一个简单的放大器失调变化或多种技术变化效应的组合。换句话说，影响参数是指减少可能从输入中获得的信息量的变量。因此，我们可以将输出对影响参数的依赖性添加到传感器函数中：

$$y = F\left(x, \underbrace{\alpha_1, \cdots, \alpha_K}_{\text{参数}}\right) = F(x, \bar{\alpha}) \tag{2-2}$$

其中，$\bar{\alpha} = [\alpha_1, \alpha_2, \cdots, \alpha_K]$ 是影响参数的集合。

2.3　准静态理想特性和灵敏度

在最简单的概念中，传感器接口应该操纵一个模拟值的测量，即一个测量数据与参考数据的比率。在这种情况下，为了保持输入跨度的任意值的比值，线性特征 [⊖] 是最好的结果。因此，传感器的线性特征通常被称为理想的准静态特性，如图 2-3 所示，并具有线性关系：

$$y = F(x) = S \cdot x + y_{\text{off}} \qquad (2\text{-}3)$$

其中，S 是特征斜率，y_{off} 是输出失调，$x_{\text{off}} = -y_{\text{off}} / S$ 是横坐标上的失调。

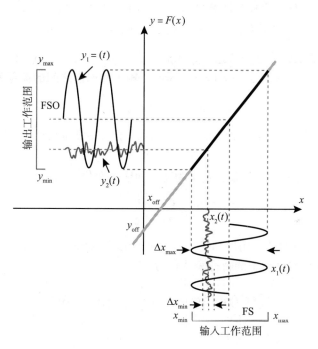

图 2-3　两个输入信号 $x_1(t)$ 和 $x_2(t)$ 的接口的准静态理想特性

要点　我们采用 $x \equiv [\xi]$ 和 $y \equiv [\eta]$，物理输入信号的测量值以 ξ 单位（例如，帕斯卡、流明、牛顿等）表示，电子输出信号的输出值以 η 单位（例如，伏特、库仑、最小位等）表示。我们将参考基础的或派生的国际单位制（SI）的测量值。$\equiv [\cdot]$ 表示该表达式代表的是一个无量纲的量，如百分率、千分率和其他分率（ppm、ppb 等）。

⊖　它还能够表明，在输入范围内能够以等概率取任何值（均匀概率分布）的情况下，线性特征使系统传递的互信息最大化。然而，非线性特征在非均匀分布的信息提取中可能更有效。

图 2-3 显示了如何将值 $x_{\min}$ 和 $x_{\max}$ 映射到 $y_{\min}$ 和 $y_{\max}$ 中，以及 FS 如何通过该特性反映到满量程输出（Full-Scale Output，FSO）跨度 FSO $= y_{\max} - y_{\min}$ 中。图中说明了两个能应用于系统的交流信号 $x_1(t)$ 和 $x_2(t)$：第一个是一个正弦信号，覆盖了整个工作范围的值，第二个是一个与 MDS 相比较小的随机信号。

示例 集成压力传感器将 –15kPa～25kPa 的输入转换为 0.2V～4.7V 的输出。它是直流测量传感器。输入的满量程为 25kPa 和 –15kPa（因为输入是双向的），4.7V 是输出的满量程。输入和输出的满量程跨度是 FS $= [(25-(-15))]$kPa $= 40$kPa，FSO $= (4.7-0.2)$V $= 4.5$V。输入和输出的工作范围为 –15kPa～25kPa 和 0.2V～4.7V，此外，该传感器能够检测到输入压力的变化，MDS 为 0.76Pa。

示例 电生理学接口在 30Hz 的带宽内感知 ±1mV 的生物电势变化。它采用交流传感，满量程为 –1mV 和 1mV，且该接口的输入满量程（跨度）为 FS $= 2$mV。输入的工作范围为 –1mV ～ 1mV。MDS 为 $\Delta x_{\min} = 1\mu V$。这意味着只有当输入变化大于该值时，我们才有一个"可区分的"输出读数。

我们将主要讨论 AC 信号的普遍性，因此，输入和输出信号应该被称为关于参考或偏置点 (x_0, y_0) 的变量，且 $y_0 = y(x_0) = F(x_0)$。因此，输入和输出之间的关系就变成了

$$F(x_0 + \Delta x) = y(x_0 + \Delta x) = y_0 + \Delta y \qquad (2-4)$$

其中，Δx 和 Δy 分别为输入信号和输出信号。输入 / 输出的满量程给出了输入 / 输出变化的最大振幅。

传感器接口增益也称为灵敏度，定义为输入和输出变化之比：

$$S = \frac{\Delta y}{\Delta x} \equiv \left[\frac{\eta}{\xi}\right] \qquad (2-5)$$

该表达式表明灵敏度通过输出和输入单元之间的比值来测量，例如，模拟压力传感器的 $[V/Pa]$。我们也可以看到理想的特征表达式为

$$y(x) = y_0 + \Delta y = y_0\left(1 + \frac{\Delta y}{y_0}\right) = y_0[1 + S'\Delta x] \qquad (2-6)$$

其中，$\frac{\Delta y}{y_0}$ 称为相对输出变化，并且

$$S' = \frac{1}{y_0}\frac{\Delta y}{\Delta x} = \frac{S}{y_0} \equiv \left[\frac{1}{\xi}\right] \qquad (2-7)$$

是传感器的相对灵敏度。

示例 铂电阻温度传感器是由一根金属线实现的，其电导率依赖于温度。$y \leftrightarrow R \equiv [\Omega]$；$x \leftrightarrow T \equiv [°C]$。这种传感器的一个典型的一阶关系是 $R(T) = R_0[1 + \alpha_0(T - T_0)]$，$R_0 = 100\Omega$；$\alpha_0 = 0.003\,85$，它的灵敏度是

$$S = \frac{\Delta R}{\Delta T} = 0.385\left[\frac{\Omega}{°C}\right]$$

因此

$$R(T) = R_0[1 + \alpha_0(T - T_0)] = R_0\left[1 + \frac{\Delta R}{R_0}\right] = R_0[1 + S'\Delta T]$$

它的相对灵敏度是

$$S'\Delta T = \frac{\Delta R}{R_0} \rightarrow S' = \frac{1}{R_0}\frac{dR}{dT}\bigg|_{T_0} = \alpha_0 \equiv \left[\frac{1}{\text{℃}}\right]$$

示例　应变计是一种电阻传感器，其值依赖于所施加的力：$y \leftrightarrow R \equiv [\Omega]; \; x \leftrightarrow F \equiv [\text{N}]$，存在一个一阶关系 $R(F) = R_0\left(1 + \frac{\Delta R}{R_0}\right) = R_0\left(1 + \frac{G}{AE} \cdot F\right) = R_0[1 + S'\Delta F]$，其中 E 和 A 是杨氏模量和被作用的杆的截面面积，G 是一个称为应变灵敏度因数的参数。采用这些值：$R_0 = 210\Omega; \; E = 73.0\text{GPa}; \; A = 144\text{mm}^2; \; G = 2.1$。我们得到重量传感器的灵敏度和相对灵敏度：

$$S = \frac{\Delta R}{\Delta F} = R_0\frac{G}{AE} = 210 \times \frac{2.1}{144 \times 10^{-6} \times 73 \times 10^9} = 41.9 \times 10^{-6}\left[\frac{\Omega}{\text{N}}\right]$$

以及

$$S' = \frac{G}{AE} = 199.7 \times 10^{-9}\left[\frac{1}{\text{N}}\right]$$

从输入 / 输出工作范围值可以确定理想特性函数（2-3）的参数为

$$S = \frac{\text{FSO}}{\text{FS}} = \frac{y_{\max} - y_{\min}}{x_{\max} - x_{\min}}$$

$$y_{\text{off}} = y_{\min} - x_{\min} \cdot S$$

$$x_{\text{off}} = -\frac{y_{\text{off}}}{S} = x_{\min} - \frac{y_{\min}}{S} \tag{2-8}$$

示例　一个模拟压力传感器的传感范围为 −25kPa 到 25kPa，在输出端表示为 0.1V 到 4.5V。它的静态特性是 $y = Sx + y_{\text{off}}$，其中 $S = \left[(4.5 - 0.1)/(50 \times 10^3)\right]\text{V}/\text{Pa} = 88\mu\text{V}/\text{Pa}$，$y_{\text{off}} = \left[0.1 + 25 \times 10^3 \times 88 \times 10^{-6}\right]\text{V} = 2.3\text{V}$，$x_{\text{off}} = \left[(25 \times 10^3 \times 88 \times 10^{-6} + 0.1)/(88 \times 10^{-6})\right]\text{Pa} = -26.1\text{kPa}$。

　　理想传感器输入 / 输出关系的另一种图形表示如图 2-4a 所示。该图显示了连接输入值和输出值的两个反向方向的轴。这两个信号在满量程范围内从最小值转到最大值，一个给定的输入扰动 Δx 通过一个中心焦点被映射到一个输出扰动 Δy 中。图形化的结构显示增益是 $S = d/c$，因此，增益的增加（或减少）是由焦点沿水平轴的移动来表示的。这类图在讨论灵敏度在传感器采集链中的作用时非常有用。增益图仅对线性或线性化的输入－输出关系有用。图 2-4b 所示为对应的理想特性。

　　图 2-5 显示了在静态特性图和增益图中分别从几何角度表示传感器系统增益的增加。在第一种情况下，特性的斜率越大，增益就越高。在第二种情况下，增益的增加显示为左侧焦点的偏移。

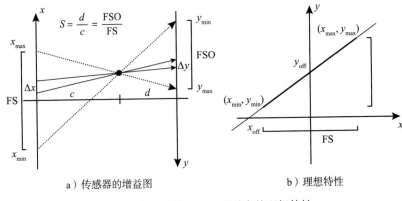

a）传感器的增益图　　　　　　　　　b）理想特性

图 2-4　传感器的增益图及对应的理想特性

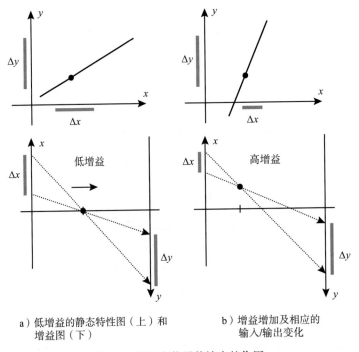

a）低增益的静态特性图（上）和　　　　b）增益增加及相应的
增益图（下）　　　　　　　　　　　输入/输出变化

图 2-5　增益在信号传输中的作用

2.4　信号特性

信号是描述在物理或技术领域中状态变化的函数。第一个分类可以在确定性信号和随机信号之间进行。

- 确定性信号由数学函数或规则描述，它唯一地确定任意过去和未来的状态。对确定性信号的认知相当于对相关函数或规则模型的识别。图 2-6a 所示是一个正弦函数的例子。
- 随机信号是一种只有在概率的概念下才知道未来值的信号。这些信号可以用数学工具或随机变量来描述。对随机信号的认知对应于对随机变量模型特征的识别，如（在许多其他特征中）它的概率密度函数（Probability Density Function，PDF）。其中一个例子如图 2-6c 所示。

对于一个正确的框架，最好在传感器设计中关注两个不同的观点：

● 特征模式。我们可以根据设计中使用的已知物理模型，从理论的角度来描述系统。此外，从实验的角度来看，一个已知的信号可以被输送到输入中，或确定性（解析函数）或随机性（通过一个已知的随机变量），输出的结果就会被记录下来。如果存在实验测试，就可以验证理论模型，或在没有理论模型的情况下，用于表征一个实验模型。

● 工作模式。传感器一旦被特征化，就会监控环境来提取信息。在这种情况下，输入端由一个未知信号馈入，对这种未知信号的认知将根据传感器模型来确定。

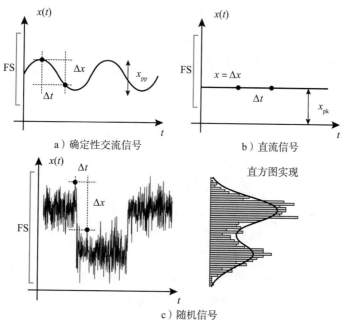

a）确定性交流信号　　　　b）直流信号

c）随机信号

图 2-6　时域内的信号类别

因此，我们可以总结出以下结论：首先，不应该将"确定性"和"随机"与"已知"和"未知"混淆。如果我们知道模型（确定性的或随机的），我们就知道信号。其次，确定性信号主要用于特性描述过程；在所有其他情形下，信号本质上是随机的。

我们已经把信号称为数量随时间的变化。因此，考虑信号对时间演化的依赖性是很重要的。图 2-6a 中显示了一个确定性的周期时变信号的数学定义（例如，通过一个解析函数）。通常，随时间变化的信号也被称为"交流信号"。因为信号是一个变量，在给定的时间 Δt 内我们可以计算描述函数 Δx 上的信号的量。信号振幅的最大摆幅被称为峰 - 峰振幅，用 x_{pp} 表示。

一个极端的情况是常数信号，其值不随时间变化，如图 2-6b 所示。这类信号被称为"直流信号"。为了在一个独特的框架中加入时变和平稳信号，可以考虑在直流信号渐近的情况下，其值可以看作一个变量，该变量相对于参考值在很长一段时间内（零带宽条件下）发生变化，通常选作零输入值，所以 $\Delta x = x$。

在图 2-6c 中，一个随机信号的例子是由二进制信号和噪声的和来描述的，这些信号不能以解析函数为特征，而是用随机变量来模拟随机过程。因此，这些信号只能从统计学的角度来描述或特征化。图 2-6c 的右侧展示了一个实验特性描述的例子，其中，随机信号的采样数据被收集在一个直方图中，这可以用于估计随机模型或评估理论模型的正确性。

将信号的输入和输出变化与拟静态特性联系起来是很有用的。如果信号的变化非常缓慢（这就是它被称为准静态特性的原因），我们可以用图 2-7 表示信号的时间变化：

$$x(t) = x_0 + \Delta x(t)$$
$$y(t) = y(x(t)) = y_0 + \Delta y(t) \tag{2-9}$$

图 2-7a 显示了如何利用静态特性将输入信号映射到输出信号中。注意 $t_1 \Delta x(t_1)$ 的变化是如何映射到 $\Delta y(t_1)$ 的，它发生在时间演化的任何时间点。同样的信号可以在时域内表示为图 2-7b 所示的 $x(t)$ 和 $y(t)$ 的演化。上述关系也适用于随机信号。

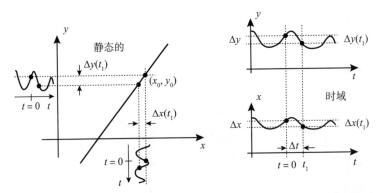

a）静态特性中的输入/输出信号表示　　b）时域中的输入/输出信号表示

图 2-7　静态特性和时域中的输入 / 输出信号表示

2.4.1　准静态特性和频域表示的极限

输入 – 输出关系是由静态特性决定的，如图 2-7 所示，这应该特别注意，当信号时间变化远低于传感器系统的任何时间常数时，它才是有效的。如果传感器的时间常数起作用，则由于系统操作的增益和相移的作用，输入 – 输出交叉点不再遵循准静态特性。

如果系统表现为线性时不变（Linear Time-Invariant，LTI），则输入和输出之间的增益和相位关系用频率 $H(f)$ 的复函数来描述，称为传递函数。从现在开始，我们将主要参考低通传递函数，从而使得准静态特性识别的增益 S 等于 $H(0)$。

如图 2-8a 所示，如果我们用频率分量大于其特征时间常数倒数的正弦信号激励一阶低通系统，会发现静态特性不能确定输出信号分量的相移和振幅。输入 – 输出关系可以用输入 – 输出空间中的一个封闭轨迹或极限环或轨道来描述，其形状由偏置点上的系统时间响应（如小信号传递函数上的极点和零点）决定。在线性系统中，单一时间常数和低通行为与一个小的正弦激励相关，如图 2-8b 所示，相位和振幅尺度可以用椭圆轨迹来描述 [⊖]。对于极低的频率，椭圆被压缩在理想的静态曲线上；而增加频率，相位滞后拉长了椭圆的短轴。最后，对于通过一条水平线上压缩椭圆引起的高频率，振幅尺度将起决定作用。先前对静态特性作用的观察表明，当时间变化起作用时，频域表示是必要的。

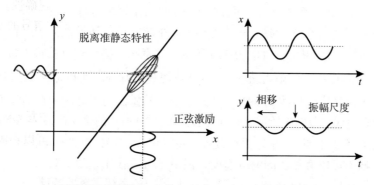

a）在正弦激励的情况下，与输入–输出　　b）正弦激励的频率高于系统特征
　　描述轨道的准静态特性分离的效应　　　　时间常数

图 2-8　单一时间常数系统下的输出信号

图 2-9 给出了频域中输入和输出信号的图示，为了简单起见，这里只表示振幅（而不是相位）。重要的是要注意输入频率表示的正弦成分是由输入的频谱贡献的。因此，贡献最大的正频率设置为信号带宽。另外，系统具有传递函数特征，其形状决定了系统带宽，在一阶近似下，其截止拐角频率与系统的主要时间常数有关。

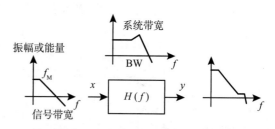

图 2-9　频域内信号的表示，$H(f)$ 为 LTI 传递函数

请注意，信号带宽和系统带宽是不同的实体。第一个与信号的特性以及它如何在频域内被分解有关。第二个与传感器 / 接口以及它对输入信号的反应有关。信号带宽是应用需求的典型特征，关于信号带宽在系统带宽中的整形是传感器设计的关键。

示例　湿度传感器基于 1.5GHz~1.7GHz 频谱范围内的反射微波阻抗而变化，这是由物体中所含的水量决定的。微波发生器每秒得到一个频谱，它的形状被用来计算湿度百分比，预计每 5 小时变化一次。信号带宽是 $[1/(5×3600)]Hz = 55.5\mu Hz$，而接口带宽为 1Hz。1.5GHz~1.7GHz 的频谱仅与我们从环境中提取信息所使用的技术有关，与信号带宽无关。

系统的时间响应或带宽可以通过对输入施加扰动，并且评估输出跟随 / 响应这个变化所需的平均时间来分析 / 估计。这个时间量称为系统的特征时间常数 τ。对于多个时间常数，主要时间常数近似认为最慢的时间常数是对系统唯一有效的，就好像它是一阶的一样。从数学的角度来

⊖　这是李萨如曲线的一种特殊情况。

看，对于 LTI 系统，我们可以通过对输入应用狄拉克脉冲来计算系统需要的平均时间，进而计算时间常数。输出行为在时域内被称为脉冲响应，这种评估等价于在频域内进行频谱分析。请注意，脉冲输入的频率分量大于系统带宽，这确实是用于测试接口的频率能力的。一种等效的方法是通过对输入应用步进激励并评估输出演化，又名系统的阶跃响应，如图 2-10a 和图 2-10b 所示。其中，图像被归一化为输入 – 输出 $(x_0 \equiv y_0)$，以便通过图的叠加进行比较。同样，阶跃输入激励的频率分量远远大于系统带宽，而阶跃响应是理解系统时间响应与扰动相关的一种方法。

如果输入阶跃等于 x_0 施加于具有一阶低通 LTI 系统特征的转换器上，则它具有典型的饱和指数（或渐近指数）阶跃响应，如图 2-10a 所示。这意味着接口 $y(t)$ 的输出将需要无限的时间才能达到位于静态特性上的渐近值 $y_0 = y(x_0)$。饱和指数在一个时间常数后达到渐近值的 63%，在大约五个时间常数后达到 99%。因此，通常的做法是固定一个在渐近值波段内的误差，去定义输出在该误差范围内所需的时间，参见图 2-10 所示的建立时间（settling time）t_{sett}。

对于高阶 LTI 系统，输出行为更加复杂，主要时间常数本身的定义也越来越弱。如图 2-10b 所示，输出可以有更快的响应速度，但由于过冲作用，建立时间可能更显著。在任何情况下，建立时间的计算和合规性都是避免采集链中的系统误差的基础。

如果不是采用阶跃输入，而是一个具有接近系统频谱的输入激励，如图 2-10c 所示，那么输出信号比阶跃响应更接近于输入的行为。信号和系统带宽越近，建立时间就越短。在图 2-10c 所示的情况下，系统带宽似乎略小于信号带宽。

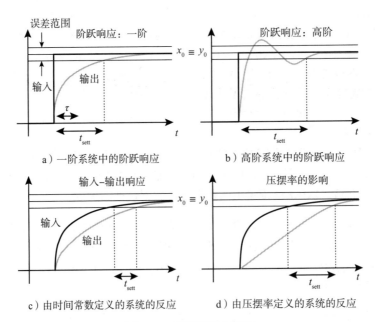

a）一阶系统中的阶跃响应 b）高阶系统中的阶跃响应

c）由时间常数定义的系统的反应 d）由压摆率定义的系统的反应

图 2-10 系统的建立时间

因此，如果我们需要传感器跟踪信号的时间变化，就必须设置接口的带宽（BW）高于信号的带宽：

$$\tau = \frac{1}{2\pi \cdot \text{BW}} < \frac{1}{2\pi \cdot f_{\text{M}}} \qquad (2\text{-}10)$$

其中，f_{M} 为输入信号的最大有效频率，τ 为接口的特征时间常数。

到目前为止，我们已经讨论了线性系统的假设。不幸的是，大多数系统都没有这些属性，特别是在动态行为方面。例如，建立时间可能取决于由于压摆率引起的输入信号的幅度，如图 2-10d 所示，压摆率所施加的动态行为是以饱和指数的初始恒定斜率为特征的。因此，由压摆率引起的建立时间能够高于线性系统时间。这意味着这个效应可能使带宽虚假地减少，这个虚假带宽的减少是系统在线性的小信号方法下由大信号产生的。

在这种情况下，最好参考建立时间（在最坏的情况下），而不是参考在线性系统中定义的带宽：

$$t_{\text{sett}} \ll \frac{1}{2\pi \cdot f_{\text{M}}} \qquad (2\text{-}11)$$

其中，t_{sett} 根据输入的变化量而增加。

然而，由于在模拟 – 数字（A/D）采样的情况下，噪声混叠的问题可能不断上升，因此我们必须小心地为信号带宽扩大接口带宽。这个问题将在第 3 章中讨论。

2.4.2　信号的能量特性

在最简单的测试中，信号"强度"也可以作为信号振幅，我们期望从转换器获取关于信号"强度"的线性响应，然而，转换过程需要消耗能量，来反映物理环境和技术环境之间传播状态的变化。这种能量应该来自信号本身，因此，信号的能量是早期传感过程中最重要的特征之一。

我们可以用简单的机械系统和电子系统的例子来直观地理解这一点。重量尺度基于指针的运动，指针指向一个由弹性（弹簧）和重力之间的平衡所导致的位移的运动。这意味着重力会使重力计的测量刻度出现相应位移。换句话说，这要求测量系统从观测到的环境中获取等效的能量来做必要的工作，标记出重力导致的位移（水平）。因此，信号所需的能量与读出位移所覆盖的坐标轴的刻度的个数成正比。如果我们没有看到任何位移呢？这可以被看作这个"信号"并没有持有必要的能量来给出一个可感知的位移；也就是说，它的能量太小了。如果我们坚持要看某样东西，甚至用显微镜去观察位移，会有两种情况：在第一种情况下，我们看到了一些位移，因此我们意识到应该使用显微镜（即增加增益）来感知一个持有较小能量的信号；在第二种情况下，尽管有仪器，我们仍无法区分任何由重力引起的真实位移，因为存在由摩擦、振动引起的"误差"，或其他与机械传导有关的问题。在后一种情况下，我们可以说信号的能量相对于与误差有关的东西来说太弱了（应该用"能量"来测量），不能被物理感知。换句话说，信号的能量应该大于误差的"能量"。

在另一个例子中，我们提到了数码相机的像素响应。每个像素测量一个时间框架内的光强度，对于"强度"，指的是我们的眼睛感知到的东西，即随着时间的推移，到达视网膜的每个细胞的光子数量。由于每个光子都有固定的能量，因此感知光的"强度"应该称为每个时间帧能量的物理概念，又称为功率。因此，同样地，由于相机在帧时间内计算每个像素中的光子，因此输出电平与物理信号的功率成正比。

这两个例子说明了测量的有关概念，即将输出水平分配给输入的"强度"是如何与信号的能量/功率特性相关的，而能量/功率特性又与信号振幅的二次方有关。

我们可以在时域和频域（频谱）上识别信号的能量/功率特性。第一示例是持续时间有限的信号，例如脉冲或突变，如图2-11a所示。该信号向负载提供有限的能量，例如，施加到电阻器上的电压。我们通过信号$x(t)$随时间的能量部分累加的总和来计算传递到归一化负载的归一化信号能量：

$$E = \int_{-\infty}^{\infty} x^2(t)\,\mathrm{d}t \tag{2-12}$$

例如，如果用伏特计或安培计来测量信号，则这些值的平方的积分表示传递到1Ω负载的能量。瑞利能量定理（Rayleigh energy theorem）设定了时域和频域之间的能量关系：

$$E = \int_{-\infty}^{\infty} x^2(t)\,\mathrm{d}t = \int_{-\infty}^{\infty} |X(f)|^2\,\mathrm{d}f = \int_{-\infty}^{\infty} E(f)\,\mathrm{d}f \tag{2-13}$$

其中，$X(f)$是信号$x(t)$的傅里叶变换，$E(f)$是能量谱密度。

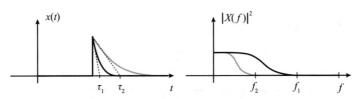

a）以时域表示（左）和时域或频谱表示（右）中的弛豫常数为特征的衰减脉冲所代表的能量信号的示例，可以在时间和频率上识别信号的能量分布

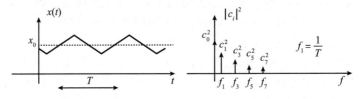

b）具有时间和频率功率分布的周期功率信号的示例

图2-11　能量在时域和频域上扩展及采用三角波信号时的示例

注：在本图和后面的图中，我们采用了变换的单边表示。这是因为我们假设原始信号是实信号，所以变换的表示是对称的。

图2-11a显示了能量是如何在时域和频域上扩展的，并且时间脉冲越广，带宽越窄。

然而，如果信号持续了无限量的时间，与之相关的能量就不再受到限制，我们必须从平均功率的角度来考虑。一个典型的例子是周期信号，具有无限的能量，我们可以将信号的平均功率或能量定义为

$$P = x_{\mathrm{rms}}^2 = \langle x^2 \rangle = \frac{1}{T} \int_{-T/2}^{T/2} x^2(t)\,\mathrm{d}t \tag{2-14}$$

其中，x_{rms} 称为功率信号的均方根（rms），T 为其周期。对于非周期信号（无论是确定性的还是随机性的），必须尽可能地扩大计算平均功率的平均时间范围：

$$P = \langle x^2 \rangle = \lim_{T \to \infty} \frac{1}{T} \int_{-T/2}^{T/2} x^2(t) \mathrm{d}t \qquad (2\text{-}15)$$

对于周期信号，它们在频谱中的性质由傅里叶级数给出，帕塞瓦尔功率定理给出了时间和频率之间的功率关系。

$$P = \langle x^2 \rangle = \frac{1}{T} \int_{-T/2}^{T/2} x^2(t) \mathrm{d}t = \sum_{i=-\infty}^{\infty} |c_i^2| \qquad (2\text{-}16)$$

其中，c_i 是信号的级数系数（谐波）。图 2-11b 显示了使用三角波的此类信号的一个例子。

功率信号，类似于能量信号，可以在频域内通过定义的**功率谱密度**（Power Spectral Density，PSD）来表征，从而使

$$P = \int_{-\infty}^{\infty} S(f) \mathrm{d}f = \int_{0}^{\infty} \hat{S}(f) \mathrm{d}f \qquad (2\text{-}17)$$

其中，$S(f)$ 和 $\hat{S}(f)$ 为双边和单边功率谱密度，对此我们有 $\hat{S}(f) = 2S(f)$，换句话说，PSD 考虑了信号的功率是如何在频谱中分布的。从实验的角度来看，PSD 易于理解，如图 2-12 所示，输入信号通过一个带宽为 Δf 的理想带通滤波器，其输出在一个时间帧 T 上被均方化。

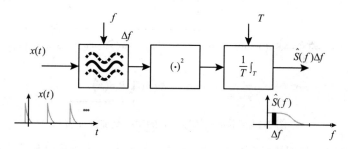

图 2-12　从实验的角度估计（单边）功率谱密度。信号通过带宽为 Δf 的理想带
通滤波器，输出在时间帧 T 上二次方并平均。这个过程给 PSD 提供
了 $\hat{S}(f)_{\Delta f}$，通过扫描整个频谱的频率，我们可以重建 PSD 图

这种技术可以应用于任何类型的功率信号：周期性的（T 是周期），甚至是随机的（T 应该足够大，可以考虑信号的任何频谱分量）。对于一个随机信号，Δf 越小，T 就越大。这个过程给 PSD 提供了 $\hat{S}(f)_{\Delta f}$。如果沿着整个频谱扫描滤波器，就会得到 PSD 的形状。如果我们对随机信号使用足够的时间来重复这个过程，将随着不同的扫描过程得到不同的 PSD。这就是为什么有必要对多个 PSD 估计进行平均，以便更好地接近真实估计或增加 T。图 2-11b 所示的狄拉克梳状函数频谱可以被认为是周期信号的特征功率谱。相比之下，对平稳随机信号的单边 PSD 的典型估计如图 2-13 所示。

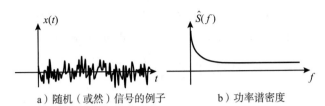

a）随机（或然）信号的例子　　　　b）功率谱密度

图 2-13　随机（或然）信号示例及功率谱密度。在这个图
中，为了简单起见，我们只展示了正频谱

传感器系统中信号处理的一个典型情况是将两个（或多个）信号累加在一起，有 $z = x + y$，因此，使用式（2-14）输出的功率是

$$\langle z^2 \rangle = \langle x^2 \rangle + \langle y^2 \rangle + 2\langle xy \rangle \tag{2-18}$$

这是输入信号的功率加上最后一项的总和，最后一项称为时间互相关或交叉乘积。

$$\langle xy \rangle = \lim_{T \to \infty} \frac{1}{T} \int_{-T/2}^{T/2} x(t) y(t) \mathrm{d}t \tag{2-19}$$

如果这两个信号的互相关很小，它们就被称为不相关的，因此输出的功率是输入功率的和，这被称为适用于不相关信号的功率的叠加特性。该特性也可以应用于功率的频谱图，如图 2-14 所示。注意输出 PSD 的形状是如何通过简单地把输入的原始 PSD 谱相加来导出的。

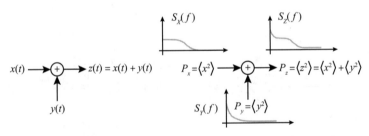

图 2-14　不相关信号取和的功率叠加的性质

回到图 2-11b 中，我们注意到由等式（2-16）所表示的功率是由狄拉克梳状函数的所有分量的和给出的。然而，如前面讨论的，交流信号通常携带关于对参考的位移或扰动中的信息。因此，与信号本身相关的功率应该不需要由失调（直流值）的功率提供。换句话说，携带信息的信号功率应该独立于功率的偏置值，也就是说，信号随时间变化的平均水平

$$x_0 = \langle x \rangle = \frac{1}{T} \int_{-T/2}^{T/2} x(t) \mathrm{d}t \tag{2-20}$$

称为 $x(t)$ 的时间平均值。

基于上述原因，一个更好的指数是信号在其平均值附近的变化，称为在时间框架 T 上定义的时间方差 ⊖：

⊖　关于平均值和方差的定义，请参见本章末尾的附录。

$$\sigma_x^2 = \frac{1}{T} \int_{-T/2}^{T/2} (x(t) - \langle x \rangle)^2 \, \mathrm{d}t = \langle x^2 \rangle - \langle x \rangle^2 \qquad (2\text{-}21)$$

其中后一种等价关系是一个众所周知的性质，说明方差由均方（总功率）值减去均值的平方给出。

因此，我们定义信号功率或交流功率为

$$P_{\mathrm{AC}} = x_{\mathrm{rmsAC}}^2 = \sigma_x^2 = \frac{1}{T} \int_{-T/2}^{T/2} x^2(t) \, \mathrm{d}t - \langle x \rangle^2$$

$$= 交流功率 = 总功率 - 直流功率 \qquad (2\text{-}22)$$

其中，x_{rmsAC} 是信号交流部分的均方根值，即在交流信号最简单的情况下，不考虑直流失调的分量的携带信息内容的功率部分。再次参照图 2-11b，我们可以用与 P_{DC} 对应的 c_0^2 外的所有谐波分量的和来识别 P_{AC}。

我们也可以把交流信号写成：

$$P = x_{\mathrm{rms}}^2 = \underbrace{P_{\mathrm{AC}}}_{信息量} + P_{\mathrm{DC}} = x_{\mathrm{rmsAC}}^2 + x_0^2 \qquad (2\text{-}23)$$

其中，x_{rms} 是整个信号的均方根值 $^{\ominus}$。

周期性功率信号的另一个基本特征是其振幅与功率的比值（称为功率因数）：

$$q^2 = \frac{\left(信号的最大偏移\right)^2}{信号功率} \qquad (2\text{-}24)$$

因此，对于交流信号，我们可以将 q 定义为（见图 2-6）：

$$q = \frac{x_{\mathrm{pp}}}{\sigma_x} = \frac{x_{\mathrm{pp}}}{x_{\mathrm{rmsAC}}} \qquad (2\text{-}25)$$

其中，$x_{\mathrm{pp}} = 2x_{\mathrm{pk}}$ 是信号 Δx 的最大偏移（由函数的特征给出），也称为峰–峰（pp）值，而其值的一半（对于相对于参考对称的信号）称为峰值 $\left(x_{\mathrm{pk}}\right)$。因此，功率因数是峰–峰值与交流均方根值的比率。

示例 对于信号 $x(t) = A_0 + A_1 \cos(\omega t)$，峰值是 $x_{\mathrm{pk}} = A_1$，峰–峰值是 $x_{\mathrm{pp}} = 2A_1$，且 $\langle x \rangle = A_0$，$P = \langle x^2 \rangle = A_0^2 + A_1^2 / 2$，因此 $x_{\mathrm{rmsAC}} = A_1 / \sqrt{2}$，功率因数 $q = 2\sqrt{2}$。

在直流信号中，没有任何 P_{AC}，信息内容在值本身。事实上，由式（2-21），有

$$P = \langle x^2 \rangle = \langle x \rangle^2 = \underbrace{P_{\mathrm{DC}}}_{信息量} \qquad (2\text{-}26)$$

因此，在关于直流信号的上下文中，我们可以使用相同的 q 的定义：

$$q^2 = \frac{\left(信号偏移\right)^2}{信号功率} = \frac{(\Delta x)^2}{x^2} = \frac{x^2}{x^2} = 1 \qquad (2\text{-}27)$$

$\ominus$　在后面，我们在使用 x_{rmsAC} 时通常会引用并假设其平均值为 0。

我们将看到，通过简单地改变 q 的值，可以将以下章节中的几个定义同时应用于交流和直流信号。在信号峰 - 峰值覆盖整个跨度的情况下，我们有

$$\text{FS} = \Delta x_{max} = x_{pp} = q \cdot x_{rmsAC} = q \cdot \sigma_{x(max)} \tag{2-28}$$

前面的定义对于直流信号是不正确的，因为没有方差；然而，我们可以使用等式（2-27）在 $q = 1$ 的情况下解释它。

最后，有必要预测一个结果，这个结果将在本书的后面更详细地讨论，表明信号的功率分量是通过传递函数的模平方表示 LTI 系统中从输入传递到输出的功率：

$$S_y(f) = |H(f)|^2 \cdot S_x(f) \tag{2-29}$$

2.5　时间和振幅量化

由于复杂计算主要是通过数字处理来完成，因此我们需要对模拟信号进行两种离散化：时间离散化和振幅离散化。时间离散化是采样过程的结果，而振幅离散化是量化器的结果。因此，在用转换器 T 细化模拟信号后，由采样器和量化器（Q）进行处理，如图 2-15 所示。

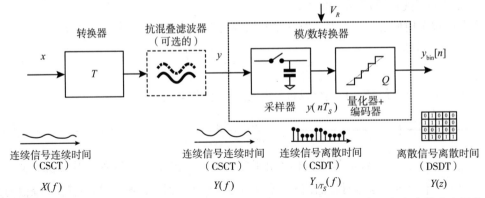

图 2-15　传感器接口的时间和振幅离散化过程。时间离散化由采样器进行，振幅离散化由量化器进行

采样器连接固定的采样周期（T_S），在有限的时间 τ_S 内，转换器输出到模拟存储器（如电容器），如图 2-16a 所示。

当电容器断开时，它保持整个通过采样周期来评估量化程度的值。该技术称为采样保持（S&H）技术。当然，为了避免系统性误差，应保持：

$$t_{sett} \ll \tau_S \ll T_S \tag{2-30}$$

其中，t_{sett} 是采样器的建立时间。

用图像视角来表示量化过程，如图 2-16b 所示。采样器的输出在时间上离散，但模拟值仍然表示振幅（灰色圆圈）。量化器根据量化函数将输入的模拟值指派给固定数量的电平（黑色圆圈），从而执行舍入误差。离散化的程度越好，越接近对输入的估计。

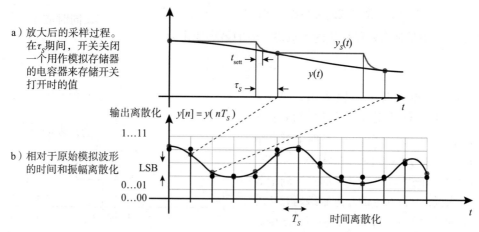

a）放大后的采样过程。
在τ_S期间，开关关闭
一个用作模拟存储器
的电容器来存储开关
打开时的值

b）相对于原始模拟波形
的时间和振幅离散化

图 2-16　时间离散化和振幅离散化的影响

在信号和时间上，信号也称为连续时间信号 / 离散时间信号的域。因此，模拟信号被称为连续信号连续时间（Continuous Signal Continuous-Time，CSCT），而在采样器采样之后，它们属于连续信号离散时间（Continuous Signal Discrete-Time，CSDT），而在量化器量化之后，存在一个离散信号离散时间（Discrete Signal Discrete-Time，DSDT）状态。通常，传感器采集链的离散时间输出样本被称为读出。

为了简单起见，我们采用均匀采样。这意味着时变模拟波形在一个恒定的时间周期内重复采样：

$$T_S = \frac{1}{f_S} \tag{2-31}$$

其中，f_S 被称为采样频率。因此，采样过程将一个实函数编码成一个数字序列 $y[n] = y(nT_S)$。如果 τ_S 与采样周期相比非常短，则该过程接近于一个理想采样。根据奈奎斯特 - 香农采样定理，只要 $f_S > 2 \cdot f_M$（其中 f_M 是信号的最大频率），那么均匀理想采样时间离散化保留原始模拟信号的所有信息内容。众所周知，如果不满足条件，那么二次采样意味着频谱分量的折叠（混叠），这可能决定了输入估计中的误差。混叠问题应该被仔细地分析，我们将在第 3 章中讨论这个问题。

一个量化器执行振幅离散化，它由一个取整函数执行的近似过程组成。采样器与量化器的组合实现了 A/D 转换器，该转换器将采样信息编码为具有固定位数的二进制码。对于以 N 个标称位分辨率为特征的 A/D 转换器，一个可能但不是唯一的，取整到最接近的整数函数（在这种情况下称为"中间梯面"）为

$$y_{(\text{bin})}[n] = \text{Round}\left(\frac{x}{V_R} \cdot 2^N\right) \equiv [\text{LSB}] \tag{2-32}$$

其中，$x \in [0, V_R]$，V_R 是一个参考电压值，其中 "（bin）" 下标表示函数的输出被编码为二进制表示，以最低有效位（Least-Significant Bit，LSB）为单位进行量化。请注意，图 2-15 中频域的典型表示为模拟域的傅里叶变换（$X(f)$ 和 $Y(f)$），采样信号的离散时间傅里叶变换

（DTFT $Y_{1/T_s}(f)$），以及数字域的 Z 变换（$Y(z)$）。

　　引起输出中最低有效位变化的模拟输入值的最小变化为

$$V_{\text{LSB}} = \frac{V_R}{2^N} \equiv [V] \qquad (2\text{-}33)$$

　　也可能需要获取负的输入值，即 $x \in [-V_R, V_R]$。在这种情况下，我们应该添加一个标志位。图 2-17 显示了实现上述（中间梯面）功能的（$N = 2$）＋标志位，其中，输出采用了编码为二进制补码的二进制记数法。一般来说，N 位加号的二进制编码意味着离散位数的最大数量等于 2^{N+1}，注意，该函数达到输入值的最小值和最大值是 $-V_R + 3/2V_{\text{LSB}}$ 和 $V_R - 3/2V_{\text{LSB}}$。在仅为正的模拟输入情况下，可以去掉最重要的位，只观察函数的第一象限。注意，最大的舍入误差是 $V_{\text{LSB}}/2$，因此，从 A/D 的角度来看，我们可以说 $\text{FS} = V_R$ 为正输入（单个输入），$\text{FS} = \pm V_R$ 为有符号输入（如差分输入）。

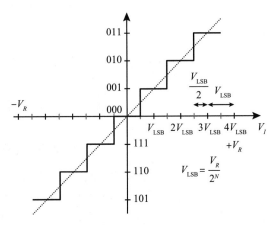

图 2-17　采用二进制补码表示的（$N = 2$）＋标志位模/数转换器量化函数

　　就输出而言，我们可以使用一个导出单位来进行数据离散化，称为最低有效位，即 LSB。

$$\text{LSB} = \frac{1}{2^N} \equiv [\cdot] \qquad (2\text{-}34)$$

LSB 单位是无量纲的。在后续章节中，如果系统的输出是一个 A/D 转换器，那么我们将使用 LSB 作为测量单位。

2.6　传感器采集链和传感器分类

　　传感器分类是复杂的。我们必须处理能够读出力、湿度、温度等电阻或电容式的传感器，同时，我们有力、湿度或温度传感器，这些传感器用电阻、电容和其他转换过程来执行。因此，将传感器分类通常是做无用功：可能的输入、转换现象和感知原理的数量是如此之大，以至于不可能在一个基本原理中涵盖所有当前和未来的架构。因此，我们将避免将传感器设计视为单一和特定情况的集合。相反，我们将使用一种系统的方法，使传感器的设计遵循一个统一的方案，独立于特定的实现情况。

　　表 2-1 表明了一个传感器分类的试探性示例，其中每一列都显示了传感器采集链的一个可能的功能：激励、转换现象、电气传感和转换架构。当然，在一个列表里覆盖所有方法是不可行的，而且将来总会有新的架构。因此，可以根据从每个列中收集到的单个单元格来对一个特定的传感器进行分类。

表 2-1　传感器分类示例

输入物理量	电学传导现象	传感方法	信号转换架构
温度 / 湿度	光电	电荷传感	模 / 数转换
压力 / 压强 / 应力	热电	电流 / 电压传感	时间 – 数字和数字计数器转换
距离 / 邻近度	压电	电容 / 电阻传感	基于调制的（锁存、斩波器等）转换
加速度 / 转矩	压电电阻	阻抗感测	基于反馈（西格玛 – 德尔塔）转换
流量 / 黏度	磁电	频率 / 相位传感	
电 / 磁场	离子 / 电子转换	时间 – 事件传感	
光 / 颜色	（等离子）光学干涉量度法		
化学浓度 / 生物分子			
生物电势 / 生物电流			
辐射			

这种方法的主要分类特征是：

- 转换现象。它与将物理激励转化为电信号，（即电压、电流或电荷）的过程（直接的或间接的）有关。例如，一个输入力可以通过压电作用来取代电荷，或通过压阻效应来改变材料的电阻。
- 电传感方案。它指的是我们在采集链的早期阶段用来感知传输信号的技术。例如，电容式传感器可以通过使用电荷积分器或参考电阻评估其放电时间来测量。
- 信号转换结构。它与信息的电子处理更高的复杂性有关。例如，电容传感器可以放置在 Delta-Sigma 调制器的反馈回路中，或者作为有限状态机的谐振电路的一部分。

目前，所列出的特征是能够用于传感器采集链的通用分类，然而，这个分类过程是不详尽的。

上述分类中所包含的一些传感器采集链的示例如图 2-18 所示，这里列出了三种情况：第一种情况（见图 2-18a）与光强传感器有关，其中光子通量首先通过光电二极管转换为电荷，然后在进入 A/D 转换器之前转换为电压；第二种情况（见图 2-18b）描述了一个应变计，这里压阻元件受到诱发应变，首先转换为一个可变的电阻，可变电阻值通过与惠斯通电桥相连接的差分仪表放大器来读出；第三种情况（见图 2-18c）解释了一个压力传感器，这里电容器的两个极板之间的距离通过电容检测，电容改变了由时间 – 数字转换器测量的振荡器的固有频率。图 2-18 的每一列分别从左到右表示转换现象（光电式、压电式、电容式）、转换方案（电荷传感、电阻桥接、频率传感）和检测架构（A/D 转换、模拟转换、有限状态机）。

在第一列中我们使用了转换器的物理表示（及其电气设备符号）；第二列是传感转换的电气表示；第三列是信号转换架构的功能表示（黑盒）。在图 2-19 中，相同例子用黑盒表示，它表明了每个链路级的变量。在详细介绍传感器的特性之前，我们将指出度量单位的作用，这对遵循传感器采集链中的关系是有利的。

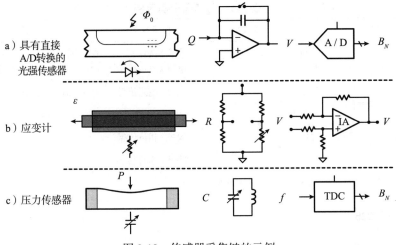

图 2-18　传感器采集链的示例

以图 2-19a 为例，我们可以绘制出传感器链的增益，如图 2-20 所示。链的每个部分都具有一个模块增益的特征，其测量单位由相对于输入部分的输出变化比给出。在这种情况下，每面积（照度）的光通量的变化通过增益 S_1 引起光电二极管中光电荷的变化，这是以每勒克斯的库仑量测量的。电荷的变化通过 S_2 引起了电荷积分器输出电压的变化，其单位为伏特每库仑。最后，一个数字 A/D 转换器给出了一个二进制输出。后两种变化之比为 S_3，它用 LSB 每伏特作为单位进行测量，概述为

$$S_1 = \frac{\Delta Q}{\Delta \Phi} \equiv \left[\frac{C}{lx}\right];\ S_2 = \frac{\Delta V_O}{\Delta Q} \equiv \left[\frac{V}{C}\right];\ S_3 = \frac{\Delta B_N}{\Delta V_O} \equiv \left[\frac{LSB}{V}\right] \tag{2-35}$$

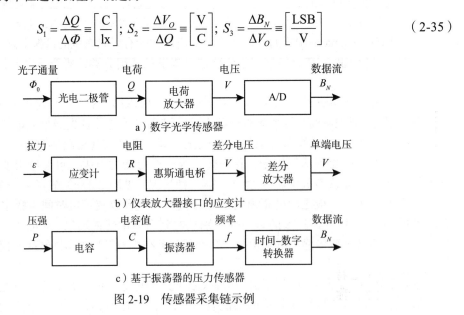

图 2-19　传感器采集链示例

因此，总增益 S_{TOT} 由增益的乘积给出，并以每勒克斯的 LSB 为单位进行测量。

$$S_{\mathrm{TOT}} = S_1 \cdot S_2 \cdot S_3 = \frac{\mathrm{FSO}}{\mathrm{FS}} = \frac{\Delta B_N}{\Delta \Phi} \equiv \left[\frac{\mathrm{LSB}}{\mathrm{lx}}\right] \equiv \left[\frac{\eta}{\xi}\right] \qquad (2\text{-}36)$$

这就是链路的总灵敏度。

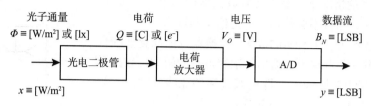

图 2-20 采集链的测量单位和敏感度

示例 对于一个 22b 无噪声数字压力传感器（FSO $= 2^{22}$ LSB $\approx$ 4MLSB），输入满量程是 FS $=1024$hPa $^{\ominus}$，因此采用式（2-8），它的灵敏度（增益）为 $S = \left(\dfrac{2^{22}}{1024 \times 10^2}\right)$LSB/Pa $= 40.96$LSB/Pa ，这意味着需要将输入信号变为 $(1/40.96)$Pa $= 24.4$mPa 来改变最低有效位。

示例 一个 11b+ 标志位的数字加速度计的灵敏度为 500LSB/g ，因此，输入的满量程范围为 FS $=$ FSO/$S = 2^{12}/500 \approx 8g = \pm 4g$ $^{\ominus}$。

图 2-21 显示了在理想情况下使用增益链图来对采集链变量进行映射，其中所有输入 FS 都映射到 A/D 转换器的 FSO 。

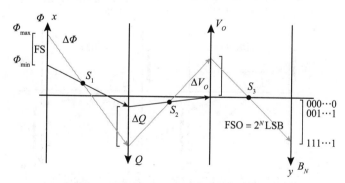

图 2-21 传感器采集链示例中的变量映射

2.7 理想偏差：真实特性与饱和度

理想的准静态特征是一种抽象概念。在真实的器件或接口中，输入和输出通过非线性关系相互联系起来，称为真实特性，如图 2-22 所示。

$\ominus$ 1hPa = 100Pa。

$\ominus$ $g = 9.81$m/s^2。

非线性的一个关键来源是饱和度的影响。任何真实的接口都受到关于输入和输出范围的物理或工作方式的限制。例如，电源轨道限制了一个全摆幅放大器的输出工作范围，没有得到任何出现在这些限制之外的信号。在其他情况下，输出受到放大器饱和范围的限制，超过饱和范围时，系统不会从输入传递信息到输出。

图 2-23a 显示了一个真实的放大/转换器件的简化非线性 S 形特征，图中的平直端受到输出的饱和电平的限制。在这种情况下，我们利用分段线性特性近似饱和的非线性效应，将输入工作范围限制在特性的中心部分。

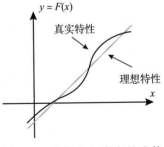

图 2-22 理想的和真实的准静态特性

现在，假设要求的工作范围大于系统提供的输入工作范围，并且所需输入值（灰色）不在内部，因此没有映射到输出中，这意味着从输入到输出的信息丢失。通过降低增益来覆盖所需的输入值，可以得到一个解决方案，如图 2-23b 所示。

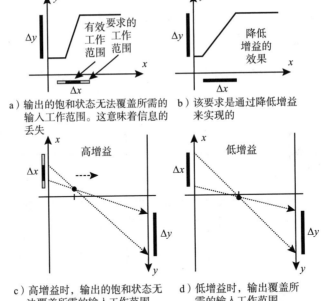

a）输出的饱和状态无法覆盖所需的输入工作范围。这意味着信息的丢失

b）该要求是通过降低增益来实现的

c）高增益时，输出的饱和状态无法覆盖所需的输入工作范围

d）低增益时，输出覆盖所需的输入工作范围

图 2-23 饱和状态的影响

图 2-23c 和图 2-23d 所示的增益图显示了相同的效果。当目标工作范围小于系统提供的工作范围时，就会出现对称问题。我们将看到信息丢失，并且灵敏度的增加会是有益的。

示例 在一个24b无噪声的数字压力传感器中，增益 S 被设为 1024LSB/hPa、2048LSB/hPa 和 4096LSB/hPa。该应用需要的输入工作范围为 300hPa~16 300hPa。为满足全输出工作范围，FS = FSO/$S = 2^{24}/S$，输入的满量程跨度将是 16 384hPa、8192hPa、4096hPa。因此，第一个增益将是最合适的，可以覆盖应用需求而不造成信息损失。

如果只有一部分 FS 超出了线性范围，我们也能对输入加上 / 减去一个失调量，把输入工作范围放在中央。

2.8 理想偏差：误差

确定性模型在处理转换链、增益及范围时具有优势，然而，对于更深程度的知识，这是不够充分的：真实的传感器（就像现实世界的任何东西一样）会受到环境和接口的物理性质引起的不可预测的误差 / 波动的影响。

我们可以粗略地将误差分为两大类：

- 随机误差。由随机的时间变化而引起的输出不可预测的偏差。对于传感系统的固定输入和恒定条件，重复读数在任何样本上都可能提供不同的结果。它们是随机物理过程的实现，也被称为噪声 [⊖]。
- 系统误差。传感器响应与理想特性的恒定偏差。对于传感系统的固定输入和恒定条件，重复读数提供相同的误差，例如，由来自理想的真实特性的非线性偏差给出，或是由参数影响引起的输出变化给出。即使重复条件下的误差是固定的，也应当指出它有一定程度的不可预测性，因此采用随机模型来描述。

随机误差和系统误差概念之间的差异的一个例子如图 2-24 所示。在这个例子中，我们将假设一个理想的传感器接口对一个设置为 0 的输入（接地输入）给出一个零响应，如图 2-24a 所示。随机误差是在任何读出时出现的不同值的总体，如图 2-24b 所示。另外，在相同的条件下，不同的读数之间的系统误差是恒定的，如图 2-24d 所示。但是，误差的影响参数（即温度）可能会在同一器件上产生不同的系统误差，如图 2-24d~ 图 2-24f 所示。同样的系统误差概念也适用于同一生产批次的类似设备，由于存在制造工艺的变化（例如，同一批次设备的运算放大器偏移），将产生不同误差，如图 2-24d~ 图 2-24f 所示。作为由独立过程产生的误差，我们可以将随机误差和系统误差的影响表示为它们的和，如图 2-24c 所示。

误差的随机性质可以从两个相反的角度看出，如图 2-25 所示，如果我们在一个真实的传感系统中对输入端应用一个已知的信号 Δx_S（特征模式），它将被映射到输出中，并附带了一些误差：$\Delta y_S + \Delta y_E$，如图 2-25a 所示。在这种情况下，误差可以被精确地获取。通过获取大量数据，例如，我们可以使用相关的概率分布来描述误差模型。

相反，如果我们知道误差模型，并且仅仅是观测读出值（工作或预测模式），那么即使我们已经具有了特征化的误差模型，也不知道单个误差（结果）实体。因此，由于误差具有 e 随机行为，在一定程度的不确定性下，不能再确定输入，而是估计或预测，如图 2-25b 所示。

⊖ 系统误差和随机误差的分类经常在不同的上下文中发生变化。本书将把随机误差作为那些与适时的重复读数有关的误差。

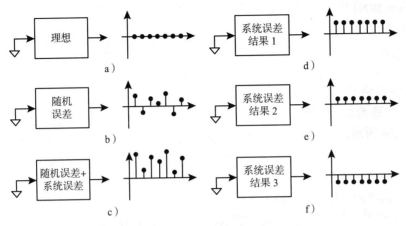

图 2-24　随机误差和系统误差

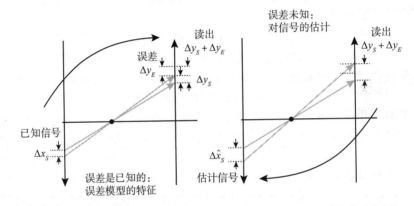

a）传感器在特征模式下的误差　　　　b）传感器在工作模式下估计的不确定性

图 2-25　传感器在特征模式下的误差特征和在工作模式下估计的不确定性

2.8.1　单一误差的输入 – 输出二元性

根据前面的讨论，读出的输出变化 Δy 可能依赖于系统的信号 Δy_S 或误差 Δy_E（系统的或随机的）：

$$\Delta y = \Delta y_S + \Delta y_E \tag{2-37}$$

基于系统的线性特性，我们可以写出：

$$\Delta y = S \cdot \Delta x = S \cdot (\Delta x_S + \Delta x_E) \tag{2-38}$$

所以

$$\Delta x = \Delta x_S + \Delta x_E = \frac{\Delta y_S}{S} + \frac{\Delta y_E}{S} \tag{2-39}$$

其中，Δx_E 称为输入参考误差。因此，误差能够建模，通过把误差累加到输入信号使输出端产生相同偏差。我们将看到，如果误差归因于噪声，它将被称为输入参考噪声（Input-

Referred Noise, IRN）或等效输入噪声（Equivalent Input Noise, EIN）或参考于输入的（Referred To Input, RTI）噪声。

图 2-26a 展示了这种关系，我们可以看到真实系统的误差 Δy_E（系统的或随机的）求和为输出信号 Δy_S。现在，我们可以将该误差建模为对理想系统输出的分量，如图 2-26b 所示，这也称为输出参考误差。就像信号一样，我们可以通过一个额外的虚拟输入参考 Δx_E 累加到一个理想系统的输入中来模拟相同的误差，从而得到相同的输出结果，换句话说，我们可以通过将输出误差除以系统的增益，将输出误差映射为输入参考误差。类似地，放置在输入端的误差源可以通过乘以系统的增益映射到输出端。

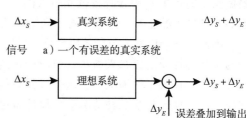

a）一个有误差的真实系统

b）具有理想系统的真实系统模型，其误差求和到输出

c）具有理想系统的真实系统模型，其误差求和到输入

图 2-26　从输出到输入的误差映射，从输入到输出也是如此

2.8.2　确定性模型和随机模型的合并

利用随机误差的准静态特性，在特性描述和工作模式的双重视角下能进一步说明传感器接口，如图 2-27 所示。建模是设计传感器时的一项必要工作任务，因为在进行特性描述后，该模型可以用于预测工作模式下的行为。可以从经验或理论的角度来完成这些特性描述。在经验特性描述的情况下，可以用已知的参考值来扫描输入值，收集输出值。

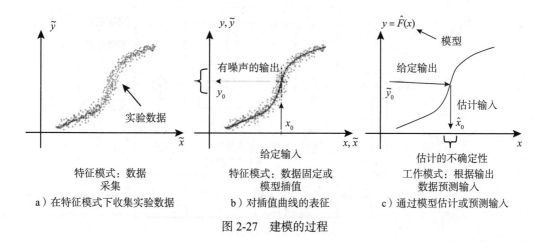

a）在特征模式下收集实验数据　　b）对插值曲线的表征　　c）通过模型估计或预测输入

图 2-27　建模的过程

由于误差，收集到的实验点不再是固定的，并且遵循二维实验分布，如图 2-27a 所示，由大量点组成。这意味着我们可以从输入 x_0 的每个已知点的"噪声"输出中收集一定数量的点，如图 2-27b 所示。该实验数据收集可以根据几种数学技术确定一个插值曲线。插值函数

$y = \hat{F}(x)$ 并不是唯一确定的，而是取决于方法。特征模式的插值函数可以在工作模式下使用，根据给定的输出 $\tilde{y}_0$ 来估计或预测输入的 $\hat{x}_0$，如图 2-27c 所示。然而，预测结果会受到一定程度的不确定性的影响。这意味着不同输入的可能值可能会由于存在误差而产生相同的输出。

因此，整个模型，包括随机变化，可以用图 2-28a 所示的框图来描述。真实的转换过程总是与由物理性质的随机或随机过程所产生的误差和随机波动有关，它们同时存在于环境和传感接口中。在第一种情况下，这个过程只能被调查和描述，因为它存在于所观察到的环境的性质中。相反，在第二种情况下，设计者可以在接口上进行设计，以减少随机性的影响，优化信号检测。因此，该过程的物理描述可以方便地用一个数学模型来表示，如图 2-28b 所示。

到目前为止，我们已经处理了输入和输出之间的确定性关系，输入和输出可以用解析函数表示。另外，随机过程可以用随机变量来建模。随机变量的结果可以模拟一个随机过程的实现（即由实验产生的值）。

因此，图 2-28b 显示了一个更详尽的传感器模型，其中的随机行为围绕着一个确定性的主干关系。这些误差被归结为输入（如果由环境随机过程确定）或输出（如果由接口随机过程确定）。请注意，这两个误差都可以根据之前涉及系统增益的转换映射到输入或输出。如图 2-28 所示，因为输入未知或是仅仅知晓其动态特性，模型的输入 $\tilde{x}$ 以及输出 $\tilde{y}$ 均为随机变量，所以它是由内部和外部噪声造成的输出。注意，由于噪声增加，即使 $F(x)$ 仍然是一个确定性函数，变量 x 和 y 也是随机的。

在存在误差的情况下，需要根据可用的输出数据来估计或评估输入。滤波是最简单的估计例子之一，这里平均输出数据可以减少噪声的影响。模拟滤波器是在传感器接口实现中一个简单评估函数的例子。然而，如果要提取的信息非常复杂，那么这个评估函数不应该在接口 / 转换器中实现，而应该在处理来自接口的原始数据的单独处理模块中实现。

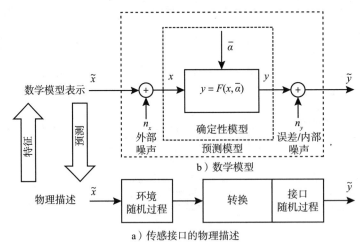

图 2-28 传感接口的物理描述及其数学模型

估计的过程可以在数学上描述为一个函数：

$$\hat{x} = \hat{x}(\tilde{y}(t)); \ t \in [0, T] \tag{2-40}$$

其中，$\tilde{y}$ 为受误差影响的观察输出，$\hat{x}$ 为输入的估计值或预测值，T 为观察输出以估计输入的时间段。在常见的情况下，离散采样数据特征输出随着时间推移，我们可以写出：

$$\hat{x}_i = \hat{x}_i\,(\tilde{y}_k)\,;\ k = 1, 2, \cdots, N \qquad\qquad (2\text{-}41)$$

其中 $\hat{x}_i = \hat{x}[i]$ 和 $\hat{y}_k = \hat{y}[k]$ 表示一组采样的输出数据。

2.8.3　均值估计和影响

传感本质上是一个测量过程，有必要概述一些测量理论的基础知识，这些基础知识对未来的讨论非常重要，但其框架和形式化定义超出了本书的范围。

假设要对一个量进行一般的测量，我们假设它在时间上是固定的和稳定的。每次我们进行测量时，这个程序给出的结果都是不同的。这意味着一些"误差"被添加到真正的结果中，作为一个随机过程的实现。举例来说，随机过程的一个典型模型可以是一个有代表性的随机变量的概率分布函数。接下来，我们还将假设随机过程特征在时间上是平稳的。这个模型可以通过几种方式获得。一方面，它可以通过非常多（理论上无限）的实验获得。另一方面，它可以是理论分析或数值模拟的结果。在这种情况下，理论模型或仿真模型的质量可以通过实验来验证。

如果我们假设将误差加入实际值中，并且其分布的期望值[一]为 0[二]，我们可以说该分布的期望值是被测量的实际值。

在测量过程中，如果我们对误差没有任何了解，就不得不依赖一个实验样本。一个例子如图 2-29a 所示，我们收集了一个物体的实验长度测量（使用校准量规块）。测量与对象的实际值的差异称为测量的"误差"（见图 2-29a 中左侧图），除了其期望值为 0 之外，我们不知道它的统计特征（如每个图右侧的曲线所示）。

测量程序的任务是使用有限数量的样本来估计存在误差时的实际值，而两者我们都不了解。因此，问题在于如何做出这个估计以及它有多准确。我们所依赖的一个基本定理是大数定律（Law of Large Numbers, LLN）。

大数定律　无论误差分布函数是什么，随着更有效的样本数量被平均，大量测量值的样本平均值[三]在概率上收敛于期望值。

这等同于说明样本均值就是真实值的有效估计量。在图 2-29a 中，我们平均了 10 个受误差影响的测量值来估计真实值（0.574cm），结果为 0.517cm。在图的右侧注意采集的样本的直方图和真实的误差分布（未知）。然而，如果我们在第二次实验中取 10 个受相同误差过程影响的其他测量值，将得到一个不同的值，如图 2-29b 所示，这次我们估计真实值为 0.478cm。这说明估计过程给出了可变的结果，意味着估计精度较低。但是根据 LLN，我们可以通过增加样本数量来提高精度，如图 2-29c 所示，其中平均有 500 个样本，在 0.577cm

---

[一]　期望值和方差的定义详见本章附录。

[二]　这一假设也得到了基于能量考虑的物理论证的支持。

[三]　样本（或经验或总体）平均值的定义请参见本章附录。

内给出更准确的估计。还要注意图右侧的直方图更适合误差分布模型。如果我们收集了无限数量的样本，将确定如曲线所示的误差分布模型。

因此，对许多样本进行平均可以使我们更好地估计期望值。样本量和其估计真实值的接近程度之间的关系是什么？换句话说，估计值围绕期望值的离散度是什么？对已经采用过的例子，我们可以看到使用 10 个样本平均值的估计从 0.517cm（见图 2-29a）到 0.478cm（见图 2-29b）不等。如果我们在 10 个样本中取许多其他平均值，结果的标准差是多少？中心极限定理（Central Limit Theorem，CLT）给出了这个问题的答案。

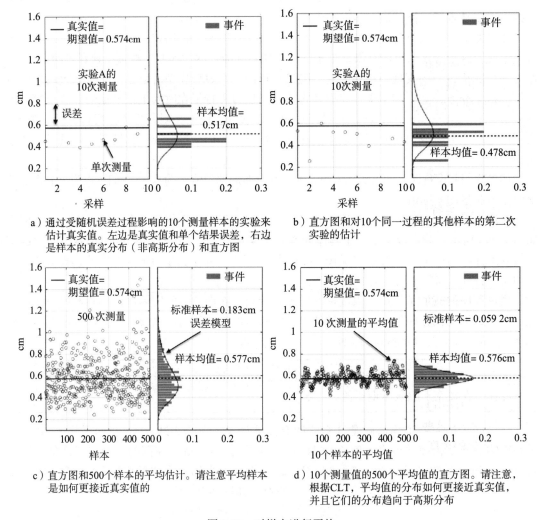

a）通过受随机误差过程影响的10个测量样本的实验来估计真实值。左边是真实值和单个结果误差，右边是样本的真实分布（非高斯分布）和直方图

b）直方图和对10个同一过程的其他样本的第二次实验的估计

c）直方图和500个样本的平均估计。请注意平均样本是如何更接近真实值的

d）10个测量值的500个平均值的直方图。请注意，根据CLT，平均值的分布如何更接近真实值，并且它们的分布趋向于高斯分布

图 2-29 对样本进行平均

中心极限定理 无论误差分布函数如何，同一过程的独立样本的平均值 N 在分布上收敛于标准差为 $\sigma / \sqrt{N}$ 的正态分布，其中 σ 为原始误差分布的标准差。

这个定律的强大之处是它说明了当我们增加平均样本的数量时，得到的估计量有多接近于实际值，而与原始分布函数的类型无关。CLT 的效果可以在图 2-29d 中看到，其中每 10 个测量值的 500 个平均值被放入一个直方图中。直方图是通过收集 500 次类似于图 2-29a 和图 2-29b 的实验来构建的。可以看到，抽样分布类似于高斯分布，其标准差为 0.059 2cm，这非常接近 $\sigma / \sqrt{10} = 0.055\ 7\text{cm}$，$\sigma$ 是原始的标准差（非高斯）分布。

下面给出关于 LNN 的术语"在概率上收敛"的最后一个注释：这意味着，即使我们拥有相当多的平均值，也不能精准地确定是否收敛到真实值，但远离真实值的概率非常低。

2.8.4 非线性引起的系统误差（失真）

真实的系统通常不遵循理想的线性特征，我们想了解与理想化偏差相关的误差，将从涉及输入/输出 Δx、Δy 的通用变化开始讨论，稍后我们将把它们与误差概念联系起来。如图 2-30 所示，我们可以看到真实特性 $y = F(x)$ 与理想特性不同（即在测量过程中我们期望的响应），这两个特征之间的差异称为非线性引起的误差。

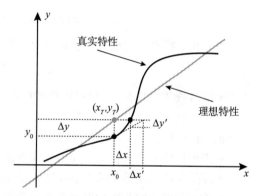

图 2-30　系统误差由传感器的非线性特征产生，也称为失调误差

从具有真实特性的参考点 (x_0, y_0) 开始，根据该关系，输入的变化 Δx 会引起输出的变化 Δy：

$$y_0 + \Delta y = F(x_0 + \Delta x) \tag{2-42}$$

其中，输入和输出的变化取决于特征和参考点的形状，式（2-42）中对线性和非线性特征的关系是有效的，并且 Δx 和 Δy 之间的关系依赖于参考点。下面，我们把这两个变量与关于这两个变量的非线性误差联系起来，然后讨论它们之间的关系。

在图 2-30 所示的情况下，可以看到 Δx 和 Δy 是理想特性与真实特性之间的距离。换句话说，对于一个给定的"真"输入 $x_T = x_0$，我们得到 y_0 而不是真正的值 y_T，从而产生一个误差 Δy。另外，当读出 y_T 时，我们期望一个"真"值 x_T。然而，传感器系统指示值 x_0，从而产生一个误差 Δx。这些是特征之间的失调误差，它们依赖于偏置点。

从微分学的角度来看，我们可以将其特征表示为幂级数展开：

$$y = F(x_0 + \Delta x) = F(x_0) + \frac{dF}{dx}\bigg|_0 \Delta x + \frac{1}{2}\frac{d^2 F}{dx^2}\bigg|_0 \Delta x^2 + \cdots$$

$$= F(x_0) + \frac{dF}{dx}\bigg|_0 \Delta x + \Delta y' \tag{2-43}$$

其中，Δx 是一个指代信号或误差的通用输入变量，而"0"下标与参考点相关。量 $\Delta y'$ 是对高阶非线性误差的分量，它依赖于位移的量，如图 2-30 所示。

重新整理，我们得到

$$
\begin{aligned}
F\left(x_0 + \Delta x\right) = y_0 + \Delta y &= y_0 + S_0 \cdot \Delta x + \Delta y' \\
&= y_0 + S_0 \cdot \left(\Delta x + \Delta x'\right)
\end{aligned}
\tag{2-44}
$$

其中，S_0 为参考点上系统的灵敏度：

$$
S_0 = \left.\frac{\mathrm{d}F}{\mathrm{d}x}\right|_0
\tag{2-45}
$$

其中 $\Delta x' = \Delta y' / S_0$ 是指输入的高阶非线性误差。如果我们忽略了高阶误差，就存在一个一阶近似关系：

$$
F(x_0 + \Delta x) = y_0 + \Delta y \approx y_0 + S_0 \cdot \Delta x
\tag{2-46}
$$

如果我们将真实特性与理想特性的差异与误差联系起来，将使用以下符号：

$$
\Delta x_{E(D)} \leftarrow \Delta x; \Delta y_{E(D)} \leftarrow \Delta y
\tag{2-47}
$$

其中下标 D 代表"失真"，我们将看到它在交流域的非线性影响。

因此，利用一阶近似，使用参考点上真实特性的斜率（增益）给出了由非线性（失真）引起的系统误差的输入 – 输出关系。最后：

- 理想特性和真实特性之间的非线性误差是关于参考点的函数。
- 高阶非线性误差是参考点和输入变化量的函数。
- 输入和输出的非线性误差通过函数的斜率（即参考点的增益）相关联。

还有其他固定系统误差的例子，如图 2-31 所示。图 2-31a 说明了由一个滞后圆在输出中引起的不确定性。图 2-31b 显示了由 A/D 转换器的量化引起的输入参考误差。

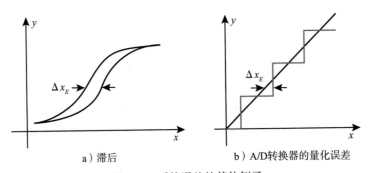

a）滞后   b）A/D转换器的量化误差

图 2-31　系统误差的其他例子

2.8.5　用分布描述随机误差与系统误差

从实验的角度来看，我们可以收集一个误差总体，并使用概率分布的概念来描述它们。在这种方法中，例如，我们能评估随机变量的传播与这些过程相关变量的方差，并评估测量相关的不确定性。

对于随机误差，这个分布的概念相对容易理解，其中"实验"是输出的抽样，而"结果"是被随机过程引起的扰动所影响的相应数值。另外，分布的概念在系统误差中是敏感的，因此，我们概述了图 2-32 的信息图中的概念，主要问题是，既然用确定性和已知函数描述它们，那么出现在系统误差中的随机过程在哪里？答案是，控制系统误差的函数要么依赖于随机参数，要么作为输入域的随机变量。我们将在后面的例子中更具体地说明这一点。

我们将在下面列出一些误差分布的特征，作为随机过程的结果：

- 随机误差。重复读数给出了相对于固定输入的样本空间（见图 2-32a）。结果的随机性源自潜在的时间依赖随机过程，如接口器件噪声的组合。
- 由影响参数的变化引起的系统误差。对于同一器件的样本空间，受影响参数（如温度）的影响而产生参数的变化如图 2-32c~ 图 2-32e 所示。该过程的随机性与这些影响参数的随机性变化有关。例如，即使我们知道温度和输出值之间的关系，也不知道未来某时刻系统的温度。我们可以根据这些参数的期望和分布来模拟这个过程。
- 由生产参数的可变性引起的系统误差。样本空间由来自同一生产批次的类似器件的输出给出。分布的随机性源自类似器件之间的工艺生产参数的变化（例如，失调）。情况与之前相似，如图 2-32c~ 图 2-32e 所示，但"实验"是对同一生产批次的不同器件的输出进行采样。这种随机性与我们不确定一个给定器件的参数值有关。我们可以用一个生产批次的值的分布（例如，集成运算放大器的失调量的分布）来模拟这个过程。
- 由非线性或失真引起的系统误差。样本空间由与具体输入有关的非线性误差给出。分布的随机性由输入值的分布给出（见图 2-32b），在工作模式下这是未知的。通常，特别是在 DC 测量中，假定输入分布在整个输入数值范围内是均匀的；在工作模式下，任何输入值在满量程范围内被指定为相同的发生率。

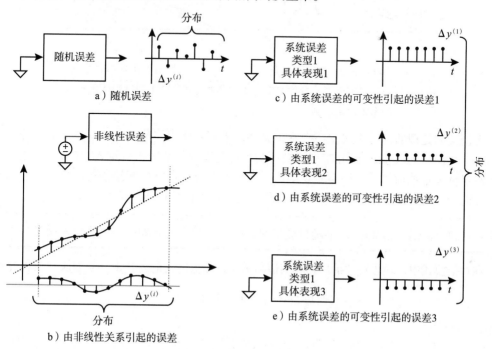

图 2-32　误差的分布情况

　　在情况 1 中，样本空间仅由一组时间样本定义，在情况 2 和情况 3 中，统计分布与其他变量严格相关。例如，在情况 2 中，该分布与我们假设的特定温度区间变化有关。如果我们假设传感器将被用在温度变化在 10℃ ~30℃ 的环境中，其相关误差分布将与温度变化范围为 −50℃ ~125℃ 的环境不同。应该特别注意情况 4，这里我们必须假定信号分布。在输入变化受到高度限制的极端情况下，该分布往往是样本空间中的一个狄拉克函数，并且误差应该被建模为一个纯失调。我们将在 2.14.1 节的扰动效应中看到这种情况。

　　由影响参数和产出过程的变量导致的系统误差如图 2-33 所示。图 2-33a 显示了由温度变化引起的特性变化的示例。温度可以用一个分布函数来建模（在这种情况下，温度是均匀分布在两个极值之间的），这可以是一个先验的假设或来自统计经验的结果。温度的随机变化会引起特性的变化与相关的随机误差。同样，图 2-33b 显示了不同生产样本给出的特性。例如，在同一生产批次中，由于内部器件失调的变化，每个器件的输出与其他器件不同。失调的分布可以在生产水平上进行统计评估，并提供给客户。因此，在设计层面上，我们必须考虑到引起系统误差的失调的随机变化。

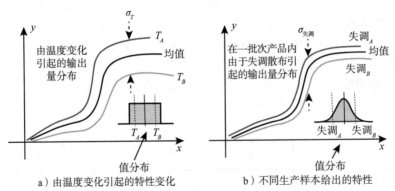

a）由温度变化引起的特性变化　　　　b）不同生产样本给出的特性

图 2-33　由于温度等影响参数的变化和生产中失调等产生的过程变化而引起的系统误差示例

　　无论我们处理的是随机误差还是系统误差，都可以使用统计工具来描述它们的分布，换句话说，我们认为误差 Δx 是分布应该被评估为可建模的一个随机变量 ΔX 的实现。注意变量的小写字母表示如何实现，即实验观测值，而大写字母表示被分配给描述随机过程的随机变量。为简单起见，在下面的章节中，这两种情况下都可以使用 Δx。

要点　我们将 $\Delta y_{E(\text{kind})}^{(i)}$ 称为第 i 个随机变量对影响输出读数的某种误差进行建模的结果。

　　在特征模式中，理想特性给出的真实值与单个读出值之间的差异由一系列误差之和给出：

$$y_T = y_0 + \Delta y_{E(1)}^{(i)} + \Delta y_{E(2)}^{(i)} + \cdots + \Delta y_{E(N)}^{(i)} \tag{2-48}$$

其中：

$$y_0 = F(x_0(t), \bar{\alpha}_0)$$

或简写为

$$y_0 = F(x_0) \tag{2-49}$$

是参考值或偏置点，$\Delta y_{E(1)}^{(i)}, \Delta y_{E(2)}^{(i)}, \cdots, \Delta y_{E(N)}^{(i)}$ 是 N 个独立误差的第 i 次实现，$\bar{\alpha}_0$ 是已用于确定标准静态特性的参考影响参数集（例如，参考温度为 300K 等）。

关于随机误差，我们发现对于固定的输入和影响参数，读数 $\tilde{y}_0(t_i)$ 不同于由随机过程引起的随机变化的特征给出的期望值 y_0：

$$\tilde{y}_0(t_i) = y_0 + \Delta y_{E(\mathrm{ran})}^{(i)} \tag{2-50}$$

其中，t_i 是读数的获取时间。因此，我们可以将随机误差的第 i 个结果定义为

$$\Delta y_{E(\mathrm{ran})}^{(i)} = \tilde{y}_0(t_i) - y_0 \tag{2-51}$$

前面讨论的关于随机误差的一个基本假设是它们的期望值为 0，因此

$$\lim_{N \to \infty} \frac{1}{N} \sum_{i=1}^{N} \tilde{y}_0(t_i) \to y_0 \tag{2-52}$$

就系统误差变化而言，由第 j 个影响参数引起的误差结果是

$$\Delta y_{E(\alpha_j)}^{(i)} = y(x_0, \alpha_1, \alpha_2, \cdots, \alpha_j + \Delta \alpha_j^{(i)}, \cdots, \alpha_K) - y_0 \tag{2-53}$$

其中，我们假设当第 j 个参数发生变化时，其他参数保持标准值。同样，影响参数可能依赖于技术变化。

最后，关于非线性（或失真）误差，我们得到

$$\Delta y_{E(D)}^{(i)} = y_T(x_i) - y_0(x_i) \tag{2-54}$$

根据 LLN，关于输出变量：

$$\overline{\Delta y_E} = \frac{1}{N} \sum_i \Delta y_E^{(i)} \to E[\Delta Y_E]$$

$$s_E^2(y) = \frac{1}{N-1} \sum_i \left(\Delta y_E^{(i)} - \overline{\Delta y_E} \right)^2 \to \sigma_E^2(y) = E\left[\left(\Delta Y_E - E[\Delta Y_E] \right)^2 \right] \tag{2-55}$$

其中，ΔY 为模型的随机变量，Δy 为其结果。请注意，下标 E 可以指随机误差或系统误差。上述关系表明，有限数量的抽样误差的样本（或经验）均值和方差分别是模型分布的期望值和方差的估计量。箭头表示观测的次数越多，结果就越接近（概率）。利用极大似然原理也可以证明，高斯分布的均值和样本方差分别是期望值和方差的最佳估计量。

由于噪声被认为是随机误差背后的物理过程，因此随机误差的统计离散度也被称为噪声标准差 σ_N。我们将使用术语噪声方差（或噪声标准差）作为随机误差方差（或随机误差标准差）的同义词。

我们将在下一节中参考高斯分布和均匀概率分布，因为它们涵盖了传感器接口中大多数需要关注的情况。均匀分布通常与有参考标准的测量情况有关（例如刻度测量）：我们假设误差均匀分布在两个相邻的刻度之间，就像 A/D 转换器中量化噪声的情况一样。对于上述分

布，一阶和二阶矩的特征（均值和方差）就足以完全描述随机过程模型。

图 2-34a 显示了一个高斯分布的 PDF，其均值和标准差分别为 μ 和 σ。如图所示，我们有大约 68% 的概率使结果在均值 μ 附近的一个标准差之内，约 95.4% 和 99.7% 的概率分别保持在 2 个和 3 个标准差内 $\ominus$。

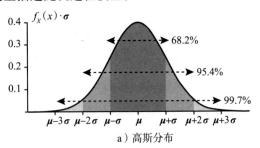

a）高斯分布

图 2-34b 为均匀分布的情况。这意味着获得一个测量值的概率等于大小为 a 的间隔内的任何其他值。由一个标准差引起的不确定性等于区间的大小除以 $2\sqrt{3}$。为什么是这个值，而不是整个区间？这是因为标准差是由位移（误差）的平方值（幂）的平均值得出的。注意，与高斯分布不同，该分布是有界的。

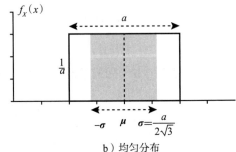

b）均匀分布

图 2-34　误差估计中的误差概率

综上所述，目前讨论的误差分布和样本空间如表 2-2 所示，相应的符号将在后文中使用。一种量化高斯随机过程结果或噪声色散的方法是使用其标准差 σ_N 作为其振幅的参考。σ_N 也被称为在式（2-14）和式（2-22）之后的噪声过程的均方根值（root mean square，rms）。一般来说，如图 2-34a 所讨论，我们可以在平均值周围定义一个为标准差倍数的区域。区域越大，在该区域内获得结果的概率就越高。一种特殊的情况是设置一个间隔为 $6.6 \cdot \sigma_N$ 的区域，称为峰-峰值噪声，只有 0.1% 的概率获得该区域以外的结果。当然，术语"峰-峰"并不严格正确，因为不是所有结果都是在这样一个区域收集的，就算有 99.9%，我们必须考虑 0.01% 的样本将在概率之外。

表 2-2　误差和相对分布（图形表示见图 2-32）

误差类型	i 阶读出结果	方差表示	样本空间
随机误差（噪声）	$\Delta y^{(i)}_{E(\text{ran})}$	σ^2_N	在恒定输入的重复样本下的读出误差
由于影响参数的变化而引起的系统误差	$\Delta y^{(i)}_{E(\alpha_j)}$	$\sigma^2_{\alpha_j}$	由于参数 α_j 的变化，同一器件的读出误差
由于技术变化而引起的系统误差	$\Delta y^{(i)}_{E(\alpha_j)}$	$\sigma^2_{\alpha_j}$	由于参数 α_j 的变化，一个生产批次的所有器件之间的读出误差
由于非线性（失真）引起系统误差	$\Delta y^{(i)}_{E(D)}$	σ^2_D	工作范围内不同输入值下的读出误差

示例　跨接在光电二极管上的电压（第 9 章）通过一个模拟接口的长阻抗路径读出，该路径电阻 $R = 1\text{k}\Omega$，带宽 $B = 100\text{Hz}$，且噪声可忽略。整个系统受到一个热噪声随机过程的影响，该过程的理论（第 5 章）指

$\ominus$　在正态高斯分布中处于 p 标准差内的概率为 $\text{crf}\left(p/\sqrt{2}\right)$。

出，由 R 引起的随机误差遵循一个期望值和标准差为 0 的高斯分布 $\sigma_N = \sqrt{4kTRB} = 40\text{nV}$。我们忽略其他的随机过程。等效电路如图 2-35 所示，其中接口无法访问源 y_0，只能通过整个连接电阻感知输出 $\tilde{y}_0(t_i)$。

为了检验噪声模型，我们获取了 200 个读数并收集它们，形成如图 2-35 所示的直方图。因为我们处于工作模式且实际值是未知的，所以不知道单个误差 $\Delta y_{E(\text{ran})}^{(i)}$ 的值，但是我们可以使用收集到的数据 $\tilde{y}_0(t_i)$ 来估计它（期望值）及其值的分布（标准差）。经验平均值估计的真实值 $\overline{\tilde{y}_0(t_i)} = \hat{y}_0 = 49.99\text{mV}$，这非常接近实际值 $y_0 = 50\text{mV}$。经验标准差 $s_E(\tilde{y}_0(t_i)) = 39.09\text{nV}$，也接近于理论模型。如果我们增加样本的数量，就可以验证这些量收敛于概率 $S_E \to \sigma_N$ 以及 $\hat{y}_0 \to y_0$。

通过噪声模型还可以得出均方根噪声 $\sigma_N = 40\text{nV}$，其峰 – 峰值为 $6.6 \cdot \sigma_N = 264\text{nV}$。

图 2-35 还表明了在前一个例子中，如何从在 $\pm 1\sigma_N$、$\pm 2\sigma_N$、$\pm 3\sigma_N$ 区域内分布的随机过程中收集数据，通过水平直线标识直方图中每个统计随机误差直方块（简称"直方块"）的大小相当于模型的标准差。

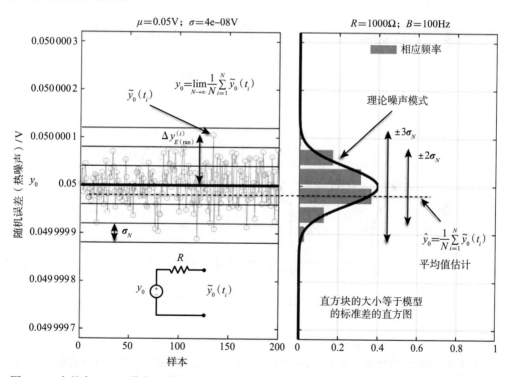

图 2-35　由具有 100Hz 带宽的光电二极管电压通过 $1 \cdot k\Omega$ 的电阻读出而产生的随机误差噪声的例子。200 个样本被收集成一个直方图，其中每个直方块对应一个标准差大小（连续图像是 PDF 乘以基底直方块插值的直方图得到的）

2.8.6　随机信号的能量特性

与随机信号相关的功率是多少，比如那些与噪声引起的相关误差的功率？这个问题在离散时域内更容易处理。我们将从这种情况开始，并在后面的章节中将其扩展到连续域。

 图 2-36 显示了一个零均值平稳随机过程的直方图。对于未来将发生的事情，我们可以假设这个过程具有与过去相同的统计特征，可以使用由经验模型估计的模型来预测。原则上，我们可以通过收集过去的样本来确定模型分布。现在，我们可以像以前一样计算采样信号的功率，使用获得的采样均方值。然而，如图 2-37 中一个简单示例所示，我们可以看到采样数据可以分为 4 个直方块：A、B、C、D。因此，样本的功率变成

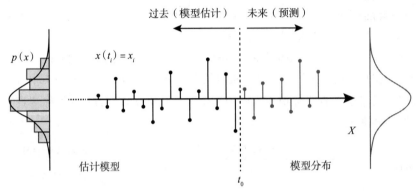

图 2-36 平稳随机过程的特征：过去收集的结果数据可以用来描述过程的分布
　　　　和预测未来的行为

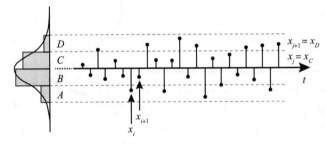

图 2-37 使用统计过程计算采样信号的功率

$$P = \langle x^2 \rangle = \frac{1}{N}\sum_{i=1}^{N} x^2(t_i) = \frac{N_A x_A^2 + N_B x_B^2 + N_C x_C^2 + N_D x_D^2}{N} = \sum_{j=A}^{D} \frac{N_j}{N} x_j^2 = \overline{x^2} \qquad (2\text{-}56)$$

其中，N_A、N_B、N_C 和 N_D 是 4 个直方块中的计量数 ⊖。

在非零平均值的情况下，我们可以使用式（2-21）对离散值计算所获得的样本功率：

$$P = \langle x^2 \rangle = s_x^2 + \langle x \rangle^2$$

$$其中：\langle x \rangle = \frac{1}{N}\sum_{i=1}^{N} x(t_i); \ s_x^2 = \frac{1}{N}\sum_{i=1}^{N}\left(x(t_i) - \langle x \rangle\right)^2 \qquad (2\text{-}57)$$

其中，s_x^2 为获取数据的（实验）样本方差。这里，功率 P 是交流功率和直流功率的和，也是均值的二次方。

___
⊖ 有关平均值和方差的定义，请见本章末尾的附录。

现在，使用和以前一样的方法，我们可以很容易地找到

$$P = \langle x^2 \rangle = \overline{x^2} = s_X^2 + \bar{x}^2$$

$$\bar{x} = \frac{1}{N} \sum_{j=A}^{D} \frac{N_j}{N} x_j; \quad s_X^2 = \overline{(x - \bar{x})^2} \tag{2-58}$$

其中，$\bar{x}$ 为样本均值，s_X^2 为离散分布的样本方差。如果增加观测的数量，会得到 $N_j / N \approx p_j$ 是第 j 个能级出现的频率（即概率）。因此

$$\bar{x} \to E[X]; \quad s_X^2 \to \sigma_X^2 = E[(E[X] - X)^2] \tag{2-59}$$

其中，X 为过程模型的随机变量。到目前为止，我们使用变量顶部的"条形"作为样本均值的符号。简单起见，后文中还将扩展"条形"表示法来表示期望值（即好像存在大量的样本来估计它）。

结论：

$$P = \overline{x^2} = \sigma_X^2 + x_0^2 \tag{2-60}$$

其中，σ_X^2 是与随机变量相关的统计方差。这意味着可以根据分布的统计特性计算以前采样值的功率。

式（2-60）表明，平稳随机信号（由随机变量 X 描述）的功率可以根据分布的统计特性计算得出。

对功率计算中随机信号的扩展表明了功率实体与方差之间的关系：

$$\text{AC功率} = P_{\text{AC}} \leftrightarrow \text{随机变量方差} = \sigma_X^2 \tag{2-61}$$

前面的讨论假设过去的统计特性是一个很好的估计，它描述了这个特定设备的整个过程。换句话说，我们建立了一个器件的随机过程模型。该模型是有用的，对任何其他具有相同物理特性的器件应当都有效，然而，这仅仅是我们所完成的第一步，如果该模型对于由同一进程控制的任何其他器件是有效的，那么它被认为具有遍历性。在这种情况下，以在一个器件上的统计时间样本为特征的模型对由同一进程控制的其他系统都是有效的，因此，统计平均值将应用于由同一过程控制的不同器件给出的样本空间。在这种情况下，统计算子被称为总体平均值。在它们应用于时间样本的情况下，被称为时间平均值。第 4 章中还会涉及这部分。

从物理角度来看，功率对于一个随机过程的意义是什么？就确定性信号而言，这一点很明显。例如，我们可以用这样的信号驱动电阻，通过产生的热量来测量功率。我们将看到随机信号，比如噪声，也由纯无源器件（如电阻）来生成。如果我们设计一个实验，通过缩短电阻的终端来计算由其自身噪声产生的随机信号功率，那么会发现它根本不产生热。功率在哪里呢？答案是，噪声功率是在热平衡状态下组成物质的粒子的平均动能的表达式。除非我们根据热力学第二定律来改变系统的热平衡，否则无法提取功率。

综上所述，我们发现在随机信号的情况下，基于过程的统计特性，可以使用统计分布平均算子代替时间平均算子来特征化信号功率。此外，我们可以使用协方差的统计概念来确定它们之间的相关性。当这两个信号在统计上不相关时，我们可以应用如图 2-38 所示的功率叠加特性，其中，我们使用符号 $\overline{x^2}$（统计平均值）而不是 $\langle x^2 \rangle$（时间平均值）。

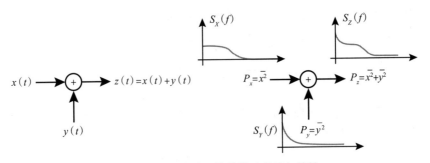

图 2-38 不相关随机信号的功率叠加特性

2.9 随机误差分布的输入 – 输出关系

随机误差能被建模为在输入端和输出端添加确定性模型的随机结果，如图 2-39 所示，这里随机模型包含了如图 2-28 所示的确定性模型。我们可能会想知道这两个方面之间的关系是什么。实际情况是，由于误差和噪声总存在于物理系统中，我们不能直接测出这个特征，因此必须由输入和输出的特性推断它。一般情况下，会使用适当数量的观测数据获得误差模型来推断出真实特性。这种特性也可以从理论上进行估计，但通常必须通过实验来证实，以保持与理论框架一致。输入

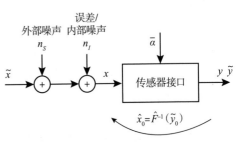

图 2-39 传感系统的混合模型。根据图 2-28，组合了输入噪声和接口噪声

和接口噪声的测算要用随机变量 $\tilde{x}$ 和 $\tilde{y}$ 来描述输入和输出。需要指出，由于加入了随机结果，即使 x 和 y 由一个确定的关系 $y = F(x)$ 给出，它们也是随机变量。

就随机误差（或噪声）而言，让我们假设在特征模式下对一个固定的已知输入值 $\tilde{x} = x_0$ 取多个连续读数 $\tilde{y}_0(t_i)$。我们现在可以想象对不同的输入值重复它，并在一个二维空间中收集它们，如图 2-40 所示。由于误差是随机的，因此我们期望它们在二维空间中稀疏分布，作为一个未知联合概率分布 $p(\tilde{x}, \tilde{y})$。此外，由于随机误差是偏离真实特性的，因此我们期望它们以某种方式围绕着真实值累积起来。需要注意，实验数据与特性的偏差由输入（外部）噪声和接口噪声 n_S、n_I 共同给出。

相反，在工作模式下，我们必须根据读数 $\tilde{y}_0(t_i)$ 估计由输入 $\tilde{x} = x_0$ 观察到的未知值 x_0。在后文的介绍中，将采取以下简化假设：

- 随机噪声是一种基于均匀 PSD 和零期望值高斯噪声分布的物理过程的实现。⊖
- 这些误差是相对于静态特性的小扰动。
- 在测量值中没有系统误差失调。

⊖ 这是基于热力学方面的考虑，并根据图 2-39 中的方案进行。

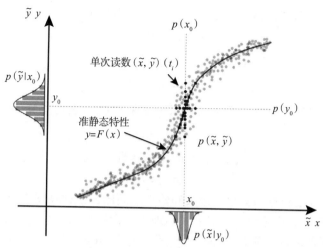

图 2-40　准静态特性和实验数据集的点图。轴上表示特定输入值和噪声模型的条件分布数据集的直方图

要点

- n_S, n_I：分别是与输入激励和接口相关的噪声。通过确定性模型的函数，噪声源的求和点可以从输入移动到输出，反之也可以从输出移动到输入。
- $\tilde{x}, \tilde{y}$：观测到的输入和输出变量。
- x, y：确定性模型的输入变量和输出变量；由于对随机变量求和，因此它们也是随机变量，所以 $y = F(x)$ 是随机变量的函数。
- x_0：已知（特性描述模式）或未知（工作模式）的输入值。
- $\tilde{x}_0(t_i), \tilde{y}_0(t_i)$：$t = t_i$ 时给定输入 $\tilde{x} = x_0$ 或给定输出 $\tilde{y} = y_0$ 的输入 / 输出样本（特征模式）。在图 2-40 所示的垂直和水平暗点上均可见。
- $\hat{x}_0(t_i)$：根据 $t = t_i$ 时的输出值，通过特征函数估计此时（工作模式下）的输入。
- $p(\tilde{x}, \tilde{y})$：观测变量的联合概率分布，由获得的经验分布估计。
- $p(\tilde{y} \mid x_0), p(\tilde{x} \mid y_0)$：给定输入和输出的条件分布。

观测点的有限数据集阻碍了对特征的精准确定，特征的精准值应该根据几种数学工具来估计，旨在减少估计值 $y = \hat{F}(x)$ 和真实特性之间的误差。观测的数越多，估计值越好。这个过程可以在图 2-39 中看到，由于其中的采样数据取自系统的边界，所以我们不知道应该插入的准静态特性的确切形式。在测量科学中，最佳拟合（插值）特性也被称为校准曲线：$y = \hat{F}(x)$。

根据图 2-39 所示的方案，我们可以将系统的输入与一个已知 / 未知（取决于特征或工作模式）的真实值 x_0 绑定，以便实现 $\tilde{x} = x_0$。然后，我们把输出端的噪声源移动到输入端（通过 $\hat{F}^{-1}(x)$），在确定性模块输入端的前面添加噪声源，因此，输出的随机变量 $\tilde{y}$ 是一个囊括了

所有随机过程的随机变量的函数 $\hat{F}(x)$。因此，对于 LNN 来说，它是

$$x_0 = \mu_x = E[x]$$

$$\text{且 } \sigma(x_0) = E\left[(x - \mu_x)^2\right] = E\left[(x - x_0)^2\right]$$

$$\forall \tilde{x} = x_0 \in \text{FS} \tag{2-62}$$

此外，根据式（2-55），获得的数据集可以作为输出端分布的均值和方差（分布）的估计量：

$$y_0 = \mu_y = E[\tilde{y}]$$

$$\text{且 } \sigma(y_0) = E[(\tilde{y} - \mu_y)^2] = E[(\tilde{y} - y_0)^2]$$

$$\forall \tilde{x} = x_0 \in \text{FS} \tag{2-63}$$

一旦我们获得了实验点的数据，输入和输出之间的二元性在图 2-41 中就可以更好地说明，这是图 2-39 的一个展开版本。如果我们理想地设置输入值为 x_0，如图 2-41a 显示，许多实验点指在不同的时间有不同的输出。经验分布是 $p(\tilde{y}|x_0)$ 的一个估计量。相反，如图 2-41b 所示，在不同时间取一定数量的实验点，对于给定的输出，由于存在误差，因此产生了不同的输入值。如果没有误差，模型将根据输出 y_0 估计真实的（未知的）输入值 x_0，但由于存在误差，不同的输入将给出相同的观测输出 y_0。这个经验分布是分布 $p(\tilde{x}|y_0)$ 的一个估计量。现在的关键是了解这两个分布的期望值和方差之间的关系。这是非常重要的，因为这将使我们理解估计有多好，以及如何改进它。

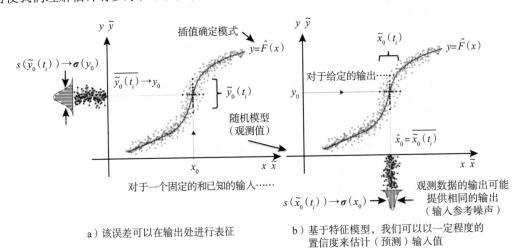

a）该误差可以在输出处进行表征　　b）基于特征模型，我们可以以一定程度的置信度来估计（预测）输入值

图 2-41　输入和输出的随机误差的统计分布

一旦将所有随机源添加到输入中，就可以使用特性 $\tilde{y} = \hat{F}(x)$，从输出的单个样本中预测输入 $\hat{x}_0(t_1)$。

$$\hat{x}_0(t_1) = \hat{F}^{-1}(\tilde{y}_0(t_1)) \tag{2-64}$$

然而，我们需要了解估计值 $\tilde{x}_0(t_1)$ 是如何与真实值 $\tilde{x} = x_0$ 相关的。考虑一个随机变量（x）

的函数性质，在一阶我们有

$$\tilde{y} = \hat{F}|_{x=x_0}(x) \simeq \hat{F}(\mu_x) + \frac{d\hat{F}}{dx}|_{x=\mu_x}(x-\mu_x) = a_0 + a_1(x-\mu_x) \tag{2-65}$$

其中：

$$y_0 = \mu_y = E[\tilde{y}] = E[a_0] + a_1 E[x] - a_1 E[\mu_x] = E[a_0] = \hat{F}(\mu_x) = \hat{F}(x_0)$$

$$且 \sigma^2(y_0) = E[(\tilde{y} - \mu_y)^2] = a_1^2 E[(x-\mu_x)^2] = \left(\frac{d\hat{F}}{dx}|_{x=\mu_x}\right)^2 \sigma^2(x_0) \tag{2-66}$$

以上关系表明 $x_0 = \mu_x = \hat{F}^{-1}(\mu_y)$ 是由 $\hat{x}_0 = \hat{F}^{-1}(\tilde{y}_0(t_1))$ 估计得来的。这告诉我们如何通过 LNN 来改进式（2-64），以及输入和输出的差值由下式得到：

$$\sigma^2(x_0) = |S_0^{-1}|^2 \cdot \sigma^2(y_0) \tag{2-67}$$

这是误差传递定律的最简单的表达式，其中 $S_0 = (d\hat{F}/dx)_{x=\mu_x}$ 是参考点上特征的灵敏度。

我们可以利用变量 x 作为特征函数对未知输入的估计量。$\sigma(x_0)$ 是输入估计基于输出数据 $\hat{x}_0(t_1) = \hat{F}^{-1}(\tilde{y}_0(t_1))$ 的分布，给出的值为 $\tilde{x} = x_0$。因此，$p(\tilde{x}|y_0)$ 所描述的分布是给予相同输出值 y_0 的输入值的分布和真实值 x_0 的单个读出估计量 $\hat{x}_0$ 的分布。然而，由于式（2-66）是一个一阶近似，扩散等价性只做方差，一般来说，它应该包含更高的阶。因此，$p(\tilde{x}|y_0)$ 表示输入参考噪声的分布。

简而言之：
- 在特征模式下，对误差的统计属性和静态函数特性一起进行了表征。
- 在工作模式下，使用特征化模型，我们能基于输出数据 $\hat{x}_0 = \hat{F}^{-1}(\overline{\tilde{y}_0(t_i)})$ 来估计输入，以及借助于斜率（灵敏度）特征，估计出它的延展度 $\sigma(x_0) = |S_0^{-1}| \sigma(y_0)$（输入参考噪声）。

我们可以在增益图中显示输入 - 输出分布的关系，如图 2-42 所示。如果固定输入，则可以获得一定数量的数据来表征特征模型和噪声模型（特征模式）。相反，基于模型和读出数据，我们可以在一定程度的不确定性（工作模式）下估计输入。

2.9.1　随机误差引起的输入参考分辨率的概念

术语"分辨率"通常是指传感系统所能检测到的最小的输入变化。根据以前的讨论，术语"最小"应该在讲述概率部分的上下文中定义。在特征模式下，我们可以设置两个输入 $\tilde{x} = x_1$ 和 $\tilde{x} = x_2$ 并假设它们都相当接近。由于随机误差，输出按照概率密度函数（PDF）分布为 $p(\tilde{y}|x_1)$ 和 $p(\tilde{y}|x_2)$，其预期值为 $y_1 = F(x_1)$ 和 $y_2 = F(x_2)$，分别如图 2-43 所示。该系统的噪声模型给出了这些概率密度函数的分布范围。现在将这两个输出值与两个相邻的分类区域 $\mathcal{R}_1$ 和 $\mathcal{R}_2$（等长度）关联起来，以部分覆盖输出值的分布。使用一个给定的标准差数量的噪声模型：$\mathcal{R}_i = [y_i \pm p \cdot \sigma(y)]$，其中 p 被称为覆盖因子。因此，覆盖因子决定了分类区域的大小。

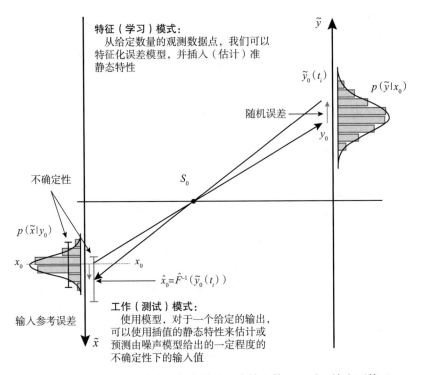

图 2-42　输入和输出误差分布之间的关系。当输入等于 x_0 时，输出不等于 y_0。

　　　　相反，可以把 $\hat{x}_0(t_i) = F^{-1}(\tilde{y}_0(t_i))$ 作为输入来估计，这不同于通过读出

　　　　$\tilde{y}_0(t_i)$ 给出的实际值 x_0。$p(\tilde{x}|\, y_0)$ 是参考 x_0 的估值的分布

　　那么，推断规则是：

$$\tilde{y}(t_i) \in \mathcal{R}_1 \rightarrow \tilde{x} = x_1; \quad \tilde{y}(t_i) \in \mathcal{R}_2 \rightarrow \tilde{x} = x_2 \tag{2-68}$$

这意味着落在区域 $\mathcal{R}_1$ 中的任何输出样本都与等于 x_1 的输入值相关联，对于 x_2 也类似。

　　当分布是无界的（例如，高斯分布）时，分布的尾部部分位于区域之外，造成由随机误差引起的误分类误差。假设这两个值出现的概率相等，其中两个分布相等，那么我们可以设置一个判决阈值 $y_{12} = (y_1 + y_2)/2$ 在两个输出值 $y_1 = F(x_1)$ 和 $y_2 = F(x_2)$ 之间。采用该方法，误分类误差是

$$\text{误分类误差} = \Pr(\tilde{x} = x_1, \ \tilde{y}(t_i) \in \mathcal{R}_2) + \Pr(\tilde{x} = x_2, \tilde{y}(t_i) \in \mathcal{R}_1) = \text{erfc}\left(\frac{p}{\sqrt{2}}\right) \text{[对于高斯分布]} \tag{2-69}$$

其中，$\Pr(\tilde{x} = x_1, \ \tilde{y}(t_i) \in \mathcal{R}_2)$ 是属于 $\mathcal{R}_2$ 的输出在 $\tilde{x} = x_1$ 的概率；$\Pr(\tilde{x} = x_2, \tilde{y}(t_i) \in \mathcal{R}_1)$ 是属于 $\mathcal{R}_1$ 的输出在 $\tilde{x} = x_2$ 的概率。误分类误差如图 2-43a 所示，这取决于覆盖因数。

　　我们现在必须使用增益把分辨率参考到如图 2-43 所示的输入端：

$$\text{RTI 或输入参考分辨率} = \Delta x_{\min} = \frac{2p \cdot \sigma(y)}{S} = 2 \cdot \sigma(x) \equiv [\xi] \tag{2-70}$$

其中，p 为覆盖系数，RTI 代表"参考输入"。

> **提示**　在通常用法中，如果能区分更接近的输入值，即当 $\Delta x_{\min}$ 较小时，得到的分辨率就会较高。

因此，分辨率的概念不能与误分类误差和覆盖系数 p 有关的概念脱节。从式（2-69）和式（2-70）可以看出，我们可以消耗误分类误差来提高分辨率。通常，最好在定义分辨率之前设置 p 的值来阐明误分类误差，比如，假定

$$p = 1/2 \to 误差 = 62\%（有效分辨率）$$
$$p = 2 \to 误差 = 4.5\%$$
$$p = 3.3 \to 误差 = 0.1\%（无噪声分辨率）$$

从前面的讨论来看，分辨率和误分类误差是严格相关的，并能够相互等价。我们如何提高分辨率（即提高区分较小输入值的能力）？一种可能的方法（见图 2-43b）是通过对 N 个读数进行平均来减少标准差，从而通过 $\sqrt{N}$ 来减少分布。在这种情况下，对于一个相等的误分类误差（即相同数量的 σ），可以减小区域的大小，从而提高分辨率，这可以从式（2-70）中看到。

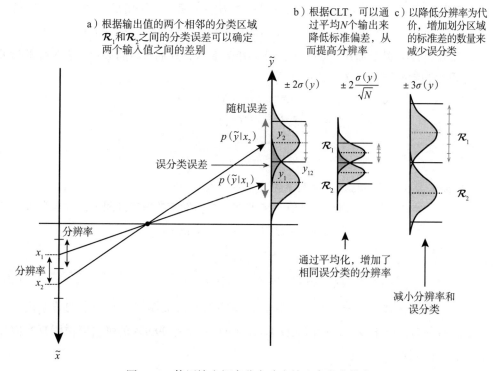

图 2-43　使用输出概率分布确定输入参考分辨率

相反，对于以标准差 σ 为特征的同一噪声模型，我们可以通过增加 p 将区域的长度设置为更多的标准差。然而，如图 2-43c 所示，根据式（2-70），这意味着分辨率会降低。总之，

分辨率依赖于 p，同样也依赖于误分类率和平均量。

示例 压力传感器的输入工作范围为 $\pm25\text{kPa}$，输出工作范围为 $0.2\text{V}\sim4\text{V}$。响应时间带宽为 1Hz，得到的增益为 $S=[(4.7-0.2)/50]\text{mV/Pa}=90\text{mV/Pa}$，静态特性是 $y=90\times10^{-3}\cdot x+2.45$，在带宽中的均方根输出噪声的高斯分布为 $\sigma(y)=1\text{mV}$，输入分辨率 $4.5\%(p=2)$ 的误分类误差为 $(4\times10^{-3}/90\times10^{-3})\text{Pa}=44\text{Pa}$，这意味着我们可以区分两种相差 44Pa 的传感器输入，失败的概率为 4.5%。因此，如果我们在一个分辨率的距离上有两个输入值 $x_1=10.000\text{kPa}$ 和 $x_2=10.044\text{kPa}$，则可以确定两个输出值 $y_1=3.350\text{V}$ 和 $y_2=3.354\text{V}$。换句话说，$3.348\text{V}\sim3.352\text{V}$ 的任何输出值（$\pm2\sigma$）与 10.000kPa 相关，而 $3.352\text{V}\sim3.356\text{V}$ 的任何值都与 10.044kPa 相关。然而，这种关联的概率误差为 4.5%。通过选择 $\pm3\sigma$（$p=3$）的分类区域，我们可以将误分类误差降低到 0.27%。然而，在这种情况下，分辨率被降低到 $(6\times10^{-3}/90\times10^{-3})\text{Pa}=67\text{Pa}$，另外，我们可以通过平均 10 个读数来提高 $\pm3\sigma$ 时的分辨率到 $(67/\sqrt{10})\text{Pa}=21.2\text{Pa}$。

2.9.2 不确定性概念及其与分辨率的关系

我们能够使用关于分辨率的相同论点来引入如图 2-44 所示的不确定性概念：

- 如果没有误差，那么该特征将是已知的，输出 y_0 将唯一地识别为输入 $x_0=F^{-1}(y_0)$。
- 由于误差，我们对给定输入 $\tilde{x}=x_0$ 的任意 i 次采样得到不同的值 $\tilde{y}_0(t_i)$，对于每一个值都可以说"输入是由 $\hat{x}_0(t_1)=\hat{F}^{-1}(\tilde{y}_0(t_1))$ 估算的"。如前所述，估计值 $\hat{x}_0$ 在 x_0 周围分布为 $p(\tilde{x}\,|\,y_0)$，其分布可以测为 $\sigma(x_0)$。作为参考，我们可以将标准/扩展的不确定性（这里仅为随机误差定义）定义为

$$\text{标准不确定性}=u(x_0)=\sigma(x_0)$$
$$\text{扩展不确定性}=U(x_0)=p\cdot\sigma(x_0)$$

同时

$$\text{覆盖区间}=2U=2p\cdot\sigma(x) \tag{2-71}$$

其中 p 也是覆盖因数。覆盖区间是扩展不确定性的两倍。

因此，在工作模式下，可以说估计值 $\hat{x}_0$ 能够在一个不确定的覆盖区间内包含真实值，使得

$$x_0\in\hat{x}_0\pm U(x_0)=\hat{x}_0\pm p\cdot\sigma(x)$$

意味着

$$\hat{x}_0-p\cdot\sigma(x)\leqslant x_0\leqslant\hat{x}_0+p\cdot\sigma(x) \tag{2-72}$$

因此，不确定性描述了一个区域，其中真实的输入值被期望具有一定的置信度。同样地，对于高斯分布，对于一个估计值 $\hat{x}_0(t_1)=\hat{F}^{-1}(\tilde{y}_0(t_1))$，有 99.9% 的可信度说明真实值 x_0 在区间 $\hat{x}_0\pm3.3\cdot\sigma(x)$ 内。

需要指出的是，覆盖区间并不是以"真值"为中心的。相反，如图 2-44a 所示，覆盖区间以估计值为中心，以期望理解真实值。例如，图中显示了 6 个估计的输入 $\hat{x}_0(t_1),\cdots,\hat{x}_0(t_6)$（实际值 x_0 为固定值），其中 5 个包含了真值，但 $\hat{x}_0(t_2)$ 没有。如果我们取大量的值估计，成

功率与总数的比率在概率上收敛于上面提到的置信度的百分比。覆盖区间以估计值而非真实值为中心值,这是很重要的,因为一旦有一个读出值和一个相应的估计,我们事先是不知道真实值在覆盖区间内的放置位置的。

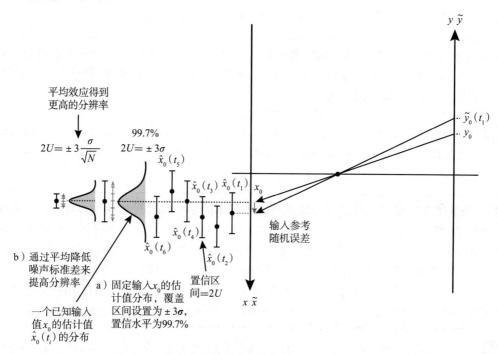

图 2-44 输入参考的不确定性的概念与分辨率的关系

提示 到目前为止,我们只提到了由随机误差或噪声引起的不确定性。这个概念也可以包含广义不确定性下的系统误差。

现在,回到式(2-70)中引入的分辨率概念,可以将其与不确定性联系起来:

$$\text{RTI分辨率} = 覆盖区间 = 2U = 2p \cdot \sigma(x) \equiv [\xi] \tag{2-73}$$

请注意,输入参考分辨率(或参考的输入(RTI)分辨率)等同于覆盖区间。根据概率误差,通常可以找到输入参考分辨率的两种定义。第一种情况是最小的可检测信号被识别为与噪声均方根值相当的信号振幅,又可称为最小可检测信号。换句话说,最小可检测信号是具有相同噪声功率的信号。因此:

$$\text{RTI有效分辨率} = 最小检测信号(MDS) = \sigma(x) \equiv [\xi] \tag{2-74}$$

因此,它是一个具有 $p = 1/2$ 的输入参考覆盖区间。现在,我们最终找到了 2.2 节中引入的一个模拟接口的最小可检测信号的定义。

第二个定义与由 6.6σ 给出的覆盖区间有关,称为无噪声分辨率:

$$\text{RTI无噪声分辨率} = 6.6 \cdot \sigma(x) \equiv [\xi] \tag{2-75}$$

根据 CLT 定理，如果想要得到一个更小的不确定性（更高的分辨率），可以用平均输出样本来估计输入的 $\hat{x}_0 = F^{-1}(\overline{y_0(t_1)})$。在这种情况下，CLT 定理保证了不确定性随着样本数量的增加而减小，如图 2-44b 所示。例如，可以通过平均 N 个输出来减少概率估计误差，将 CLT 简化为 $\sigma/\sqrt{N}$ 的分布，这对于 LNN 的绝对测定和相应的分布都是有用的。

> **提示**　分辨率是一个传感系统所能检测到的最小的输入变化。RTI 有效分辨率由最小可检测信号（$p = 1/2$）给出，而 RTI 无噪声分辨率将置信水平提高到 99.9%（$p = 3.3$）。注意，RTI 分辨率总是关乎输入激励的。

示例　具有增益 $G = 1000$ 的放大器的输出标准差噪声为 10mV。其 RTI 有效分辨率为 $(10 \times 10^{-3}/1000)\mu V = 10\mu V$，而其 RTI 无噪声分辨率为 $6.6 \times 10\mu V = 66\mu V$。这意味着我们可以检测到 $66.0\mu V$ 的输入变化，置信水平为 99.9%。

> **提示**　当处于工作模式，并对一个输入有一个特定的估计时，噪声模型告诉我们，真实值将在估计周围的覆盖区间内具有一定的置信度。真实值可以位于时间区间的任意位置。这就是为什么定义区间的所有值都与一个参考点相关联，而忽略它们本身的位置。此外，这并不意味着对给定的估计 $\hat{x}_0$，其概率等于置信区间的估计将在覆盖区间内（见图 2-44）。相反，我们应该将其解释为概率等于大量估计的置信水平，以覆盖总样本的真实值。这就是为什么"置信"一词比"概率"一词更受青睐。

示例　当输入范围为 $-40^{\circ}C \sim 85^{\circ}C$ 时，模拟温度传感器的输出范围为 $1.1V \sim 1.6V$，其系统带宽的输出均方噪声为 $8\mu V$，因此具有 $[(1.6 - 1.1)/(85 + 40)]V/^{\circ}C = 4mV/^{\circ}C$ 的灵敏度，失调为 $y_{off} = (1.1 + 40 \times 4 \times 10^{-3})V = 1.26V$。对于输出读数 $y_0 = 1.5V$，我们估计输入值为 $\hat{x}_0 = [(1.5 - 1.26)/4 \times 10^{-3}]^{\circ}C = 60^{\circ}C$。输入参考有效分辨率是 $(8 \times 10^{-6}/4 \times 10^{-3})^{\circ}C = (2 \times 10^{-3})^{\circ}C$（2mK），所以正确的估计应该包括覆盖区间 $(\pm 3\sigma)$：$\hat{x}_0 = 60 \pm 0.006^{\circ}C$。这意味着真实值在 99% 置信度的区间内，它不一定是 $60^{\circ}C$。此外，我们事先不知道真实值在区间内的位置，只能通过 LLN 获得大量的值来估计真实值。

2.9.3　在模拟域中用分辨率位数测量离散化

在本节中，我们将联系与第 1 章有关的分辨率位数的概念。方法如下：

- 可以将 FS 和 FSO 划分为子域 $C_1, C_2, \cdots, C_N$ 以及 $R_1, R_2, \cdots, R_N$，其大小与输入/输出的噪声标准差有关。
- 如前所述，我们事先不知道真实值在覆盖区间内的位置，因此，一个不确定性子域内的所有值都与一个参考点相关联，通常是中点。
- 噪声的不确定性将模拟域离散为一个有限数量的值。子域的大小取决于误分类误差。尺寸越大，误分类率就越低。
- 根据适合的输入/输出参考值，离散域可以被转移。
- 一个域的模拟点与单个点的关联将由量化过程（例如，A/D 转换器）执行，这将在下一节中讨论。

到目前为止，定义的置信区间或分辨率可用于将满量程划分为输入和输出的不同区域或不同位数，如图 2-45 所示。其目的是了解系统可以检测到的可区分位数的最大数量。因此，它是对在模拟域中所传递的信息的一种度量。

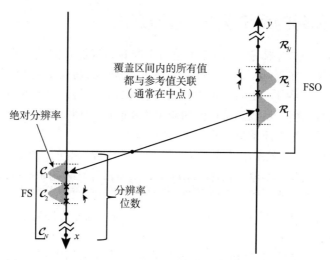

图 2-45　RTI 分辨率（参考输入单位）与分辨率位数（NL）之间的关系。基于噪声的不确定性，模拟值与离散电平的关联在第 1 章中被预估

我们可以将分辨率称为满量程，或称之为有效分辨率位数、NL 或有效分辨率百分比。

$$NL = \sqrt{\frac{\sigma_{S(max)}^2 + \sigma_N^2}{\sigma_N^2}} \approx \frac{\sigma_{S(max)}}{\sigma_N} \equiv [\cdot]$$

对于确定性信号

$$NL = \frac{\sigma_{S(max)}}{\sigma_N} = \frac{FS / q}{RTI 有效分辨率} = \frac{FS}{q \cdot \sigma_N} \equiv [\cdot] \tag{2-76}$$

以百分比表示为

$$有效分辨率百分比 = \frac{\sigma_N}{FS} \cdot 100 \equiv [\%]$$

$$有效分辨率 = \frac{\sigma_N}{FS} \cdot 10^6 \equiv [ppm]$$

这里我们使用到式（2-28）。引入确定性信号 q 是因为我们必须考虑在特征模式下的交流确定性信号功率。式（2-76）的第一个表达式的形式存在于信息论中，并会在第 3 章中讨论。

提示 RTI 有效分辨率和分辨率位数是相同的概念，但它们用不同的单位表示：在第一种情况下，分辨率单位是输入变量，而在第二种情况下，它是 FS 与前一个数量之间的比率。

如 2.9.1 节所示，我们可以定义输出 NL，将 FSO 划分为几个区域 $\mathcal{R}_i$，它们的大小为输出噪声的一个标准差。我们也可以对输入进行同样的操作，将 FS 分成许多区域 C_i。如果特征是线性的，则分辨率位数相同，并且区域的大小之比等于增益。

2.10 非线性引起的系统误差：直流方法

2.8.4 节分析了几种方法，这几种方法是利用准静态特性来描述由非线性引起系统误差的，也称为直流方法。在直流模式下，误差是通过非常慢的输入变化来计算的，因此具有不涉及任何时间依赖性的特征。更具体地说，我们已经提到了与该特征的单个输入值相关的误差。然而，考虑信号在整个域或满量程上的变化（分布），以便得到一个计算平均值和一个更紧凑的此类误差参考，对表征系统误差是有用的。

基于准静态特性（DC 模式），有两种方法来定义非线性引起的系统误差：

- 使用理想的曲线作为参考。在这种情况下，误差被计算为两条曲线之间的落差。
- 使用回归线作为参考。误差计算为真实曲线与其回归曲线之间的差值。在大多数情况下，回归线与理想回归线是不完全相同的，此时应该考虑插值线相对于理想回归线的增益误差和失调误差。

我们在特征模式中测量的是输出，因此更容易计算输出的误差 $\Delta y_{E(D)} = y_T - y_0$，其中 y_T是参考线给出的输出，y_0 是传感器给出的读出值。从分析的角度来看也很容易，其中参考特征和真实特性之间的差异可以通过数值计算得到。评估最终应参考输入，以了解检测的限度，并将其与其他不确定性结合起来。一种简单的方法是使用参考线的增益来返回误差，后面将讨论如何更谨慎地使用这种方法。

我们可以设计出非常简单的方法来发现非线性误差，例如，可以描述"安全极限"，其由真实特性的最大位移给出不确定性定义：

$$\Delta y_{E(D)\max} = \max_{x \in \text{FS}} \left\{ \Delta y_{E(D)} \right\} \tag{2-77}$$

例如，温度传感器的误差在满量程范围内为 $\pm 0.5\,^\circ\!\text{C}$，说明最大非线性误差为 $0.5\,^\circ\!\text{C}$。安全极限可以在图像中用与参考线平行的线表示，如图 2-46a 所示。

或者，误差值具有与读取值成正比的值，如图 2-46b 所示，并通过如下关系来描述：

$$\Delta y_{E(D)}(x) = \alpha + \beta \cdot x \tag{2-78}$$

其中，α 和 β 是定义最小值和比例常数的系数。有时，第二个常数也以百分比表示。例如，温度传感器的特征受失调误差为 $\pm 0.5\,^\circ\!\text{C} + 0.1\%$ 的影响。这种估计也存在于满量程的最坏情况下，例如满量程下 $\pm 0.3\,^\circ\!\text{C} + 0.1\%$ 的偏移。后一种描述的是真实特性在原点周围呈线性的情况，并且随着输入值越大，结果也会更加偏向理想值。应该指出的是，将安全限制称为不确定性是不恰当的，因为它们与统计特征无关。

另一种简化的表示真实特性相对于回归线（前面的情形 2）的变形的方法是使用积分非线性（Integral Nonlinearity，INL），定义为

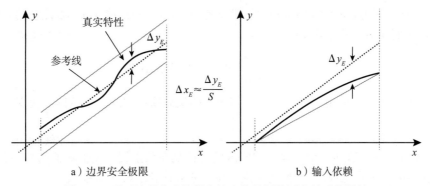

a）边界安全极限　　　　　　　　b）输入依赖

图 2-46　通过边界安全极限和输入依赖评估固定的系统误差

$$INL = \frac{\max\limits_{x \in FS}\left\{\Delta y_{E(D)}\right\}}{FSO} \times 100 \equiv [\%] \qquad (2\text{-}79)$$

其中，$\Delta y_{E(D)}$ 是回归线与真实特性之间的失调。

即使广泛使用前面的描述，大多数方法也应该使用平均的概念来考虑非线性的统计性质。更具体地说，与其使用最大误差作为安全极限的度量标准，不如使用满量程平均值来描述这个误差。我们开始对一般参考线进行非线性特征表征。区分两种情况：1）参考线是理想特性；2）参考线是真实特性的回归线。在第二种情况下，如果两条线不相同，那么我们必须考虑回归线相对于理想线的失调和增益修正（误差）。当回归线与理想回归线不一致时，使用回归线而不是理想回归线，因为从实现的角度看，失调和增益校正很容易调整（在模拟和数字领域）。此外，我们还将看到非线性的交流特征（基于失真的概念）对于增益和位移校正是不变的。

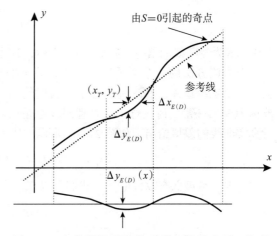

如果将一个非线性特征与一个参考线进行比较，如图 2-47 所示，则可以看到误差相对于输出的演变。如果我们取一个点，那么这种误差没有统计归因，因为它只是一个位移评估。如果我们假设信号在输入的满量程内具有均匀的概率分布，就可以推断出这些统计特性。

图 2-47　由非线性引起的不确定性的表征。注意，如果直接映射 x 轴的误差，可能会遇到因函数的不可逆区域而引起问题

因此，我们首先评估 FS 中的平均误差（见图 2-47）：

$$\overline{\Delta y_{E(D)}} = \frac{1}{FS} \int_{FS} \Delta y_{E(D)}(x) \mathrm{d}x \qquad (2\text{-}80)$$

如果参考线是理想的参考线，则结果值（2-80）可能不为 0。如果参考线是回归的，则根据

定义，该值为 0，因为它的计算结果是为了使残差的平均值（特征线和参考线之间的差值）为 0。

然后，我们评估它的方差误差：

$$\sigma_D^2(y) = \frac{1}{FS} \int_{FS} (\Delta y_{E(D)}(x) - \overline{\Delta y_{E(D)}})^2 dx \tag{2-81}$$

在这些表达式中，使用字母 D 将误差与失真的概念联系起来，固定的系统误差指的就是这个概念。

提示 上述方法源于这样一个假设，即输入的特征是在满量程跨度上数值的均匀分布（这是测量仪器的一个常见假设）。换句话说，误差分布依赖于输入分布。

也可以使用我们已经导出的关系来计算单个误差：

$$\Delta x_{E(D)}(x) = \frac{\Delta y_{E(D)}(x)}{S(x)} \tag{2-82}$$

其中，$S(x)$ 为该特性的增益。然而，这种方法可能会在 $S = 0$ 的奇点遇到问题（见图 2-47）。这是一种常见的情况，特别是当存在一个饱和的特征时。因此，最好使用式（2-80）和式（2-81）计算输出上的误差平均值，然后通过参考线的增益将整个结果传递到输入中：

$$\sigma_D(x) \approx \frac{\sigma_D(y)}{S} \tag{2-83}$$

其中，S 为参考线的增益（灵敏度）。当然，这个表达式是一个一阶近似的结果。

作为该方法的一个例子，我们将计算 A/D 转换技术的失调误差（这是一个量化），因为它是一个系统误差。在这种情况下，我们使用一个积分变量 x，因为它指的是模拟值。这也被称为量化误差。请注意，这时理想线也是回归线。如图 2-48a 所示，失调误差由理想曲线与真实曲线的差值给出，如图 2-48b 所示。因为误差是周期性的，且周期为 T，所以有

$$\Delta x_{E(D)} = V_{LSB}(-x/T); t \in [-T/2; T/2;] \tag{2-84}$$

其中，V_{LSB} 是最低有效位电压。我们可以在一个周期内计算出方差：

$$\overline{\Delta x_{E(D)}} = 0$$

$$\sigma_D^2(x) = \frac{1}{T} \int_{-T/2}^{T/2} V_{LSB}^2(-x/T) dx = \frac{V_{LSB}^2}{12} = \sigma_Q^2 \tag{2-85}$$

由此得到了 A/D 转换的典型不确定性。这里，字母 Q 表示这也称为 A/D 转换器的量化误差方差。

请注意，假设误差在周期内均匀分布，我们也可以得到相同的结果（因为假设输入值均匀分布），并计算方差为

$$\sigma_D^2 = \int_{-\infty}^{\infty} p(\Delta x_E) x^2 dx = \frac{1}{V_{LSB}} \int_{-V_{LSB}/2}^{V_{LSB}/2} x^2 dx = \frac{V_{LSB}^2}{12} = \sigma_Q^2$$

$$\sigma_Q = \frac{V_{LSB}}{2\sqrt{3}} \tag{2-86}$$

需要指出的是，该结果与均匀分布的一般标准差相同，如图 2-34b 所示。

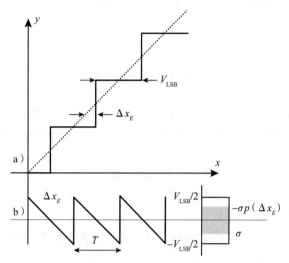

图 2-48　A/D 转换中失调误差的计算。这也被称为量化误差或噪声

只要参考线为回归线，则固定系统误差方法的表征可分为两个阶段（见图 2-49）：

1. 第一个误差是通过估计真实特性的回归线的"变形"来计算的。我们可以同时使用 INL 或式（2-81）的误差方差估计。

2. 第二个误差是由回归线和理想回归线之间的增益和失调的组合来计算的。

此概念的图形表示如图 2-49a 所示。

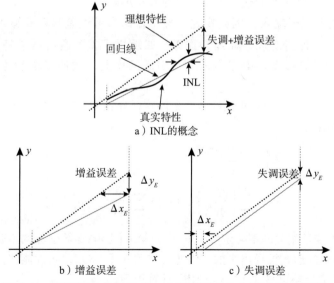

图 2-49　利用积分非线性（INL）增益误差和失调误差计算固定
系统误差

对于第 2 阶段，可以通过将插值线与如图 2-49b 和图 2-49c 所示的理想插值线进行比较和组合，从而分别评估增益和失调的误差。通常的做法是把最坏的情况当作

$$\Delta y_{E(OG)} = \max\{\Delta y_{E(\text{off})} + \Delta y_{E(\text{gain})}\} \tag{2-87}$$

2.11 广义不确定性与误差的传播规律

到目前为止，我们仅把不确定性的概念称为随机误差，并将它与分辨率的概念联系起来。然而，我们能把不确定性的概念扩展到其他误差来源，如那些与非线性和参数变化相关的误差。

因此，我们可以类似地将非线性误差的扩散与输入处特定的不确定性联系起来：$u_D^2(x) = \sigma_D^2(x)$。我们还能够将一个输入的不确定性与由影响参数 $u_{a_j}^2(x) = \sigma_{a_j}^2(x)$ 引起的误差关联起来，其中 j 与第 j 个影响参数相关。

假设误差在统计上是不相关的，总的不确定性、组合不确定性或广义不确定性（功率表示）由不确定性的和（功率表示）给出，或者组合不确定性可以表示为 i 个不相关不确定性的组合。

$$u_C^2(x) = u_N^2(x) + u_D^2(x) + \sum_{j=1}^{K} u_{a_j}^2(x)$$

$$u_C(x) = \sqrt{\sum_{i=1}^{N} u_i^2(x)} \tag{2-88}$$

式（2-88）的最后一个表达式也被称为单个不确定性的平方和的根（RSS），如果有必要，我们也可以通过覆盖因子 p 来表达扩展不确定性 $U = p \cdot u$。

不确定性本质上源于输入，因此找到一种将输出参考误差映射到输入不确定性 $u_i^2(x)$ 的方法是很重要的。我们发现，非线性误差（如随机误差）通过增益特性在输入和输出之间映射。现在的问题涉及影响参数的变化引起的误差，我们必须参考特性对该参数的导数。

误差传播定律表明，借助于相关参考变量的特征导数的平方，独立分散数据的方差可以从输入端传播到输出端。

$$y = F\left(x, \underbrace{\alpha_1, \cdots, \alpha_K}_{\text{参数}}\right)$$

$$u^2(y_0) = \sum_{i=1}^{N}\left(\frac{dF}{dx}\bigg|_0\right)^2 u_i^2(x_0) + \sum_{j=1}^{K}\left(\frac{dF}{d\alpha_j}\bigg|_0\right)^2 u_{a_j}^2(x_0) \tag{2-89}$$

其中，u_i^2 为与输入变量相关的不确定性，$u_{a_j}^2$ 为由第 j 个影响参数引起的不确定性。该定律是在 2.9 节中以最简单的形式推导出来的。因此，使用式（2-89），我们能够参考输入端任何类型的误差，该误差通过输出与式（2-88）组合计算得到。

2.12 信号与误差的功率比较

2.12.1 信噪比

转换器早期阶段中最重要的一个方面是理解传感器接口相对于信号产生的噪声强度，因为这大大有助于评估系统传递的信息量，因此，我们需要在同等的基础上比较信号的功率和噪声的功率。

假设此时需要通过线性传感器接口测量一个无噪声信号，如图 2-50 所示。图 2-50a 说明了该接口如何将噪声添加到输出的放大信号中。输出信号交流功率用其方差 σ_S^2 表示，噪声功率用 σ_N^2 表示。这种不确定性的来源不是输入，而是系统内部产生的随机过程。

我们可以用一个等效系统来模拟前面提到的情况，将噪声 $\sigma_N^2(y)$ 添加到输出中，如图 2-50b 所示。利用误差的传播定律，可以通过直接向输入信号中添加一个输入参考噪声 $\sigma_N^2(x)$ 来进一步模拟原始情况，如图 2-50c 所示。注意，上述过程也可以反过来：输入上的误差 / 噪声源可以通过乘以系统的增益来映射到输出。

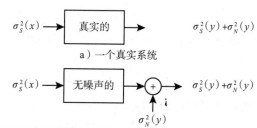

a）一个真实系统

b）同样的系统被建模为一个无噪声系统和一个添加到输出的参考噪声

c）相同的系统由添加到输入中的输入参考噪声来建模

图 2-50 具有无噪声输入信号的输入参考噪声的概念

信号和噪声之间的对比是通过它们的功率比值来评估的，称为信噪比（SNR）：

$$SNR = \frac{信号功率}{噪声功率} = \frac{\sigma_S^2}{\sigma_N^2} \tag{2-90}$$

同样的值可以用分贝来表示：

$$SNR_{dB} = 10\log\frac{信号功率}{噪声功率} = 10\log\frac{P_S}{P_N} = 10\log\frac{\sigma_S^2}{\sigma_N^2} = P_{S(dB)} - P_{N(dB)} \tag{2-91}$$

在上述解释中，功率等于噪声的信号强度，即 $SNR_{dB} = 0$，称为最小可检测信号（MDS），我们在有效分辨率的定义中也讨论了它。

关于信号的振幅，有

$$\text{SNR}_{\text{dB}} = 20 \log \frac{\sigma_S}{\sigma_N} = 20 \log \frac{\text{信号振幅}}{\text{噪声标准差}} \qquad (2\text{-}92)$$

对于给定的增益 S，必须特别注意输入 / 输出噪声 / 误差之间的等价性。如果我们修改增益，无论原始源是在输出端还是在输入端，效果都是非常不同的。换句话说，输出观察到的噪声 / 误差依赖于 S。更具体地说，很明显，如果将原始噪声物理地添加到输出中，则可以通过增加 S 来提高信噪比。相反，如果原始噪声是放置在输入端的源，那么信噪比不受 S 的影响，因为我们放大的信号和噪声的量相等。我们将在第 7 章中看到，在复杂的系统中，根据 Friis 公式，最有效的噪声源是被放置在输入端的。因此，像第 1 章中的例子那样，在输入端有原始噪声源的模型是最恰当的，并且信噪比弱相关或独立于 S。

信噪比是传感系统最常用的优质因数之一，即使它仅仅比较了一个期望的量（信号）的功率和一个不期望的量（噪声）的功率。该比率主要用于评估传感系统早期模拟接口的性能，如第 1 章所述，它并不一定与整个传感器系统检测信息的能力有关。

分贝值与功率（以瓦特（W）为单位，参考值为 1W）有关，也可以用振幅单位来表示。

$$P_{x(\sim \text{dB[ref]})} = 10 \log \frac{\text{功率}x}{\text{参考功率}} = 20 \log \frac{\text{振幅}x}{\text{参考振幅}} \qquad (2\text{-}93)$$

参考其他值，例如，如果参考值为 1mW，则该单位为 dBm：

$$P_{x(\text{dBm})} = 10 \log \frac{\text{功率}x}{1\text{mW}} \qquad (2\text{-}94)$$

如果参考是满量程的，则该单位为 dB_{FS}：

$$P_{x(\text{dB}_{\text{FS}})} = 20 \log \frac{\text{振幅}x}{\text{FS}} \qquad (2\text{-}95)$$

或者作为声学传感（例如，麦克风）的参考，声压级（Sound Pressure Level，SPL）$P_{x(\text{dB}_{\text{SPL}})}$ 为

$$P_{x(\text{dB}_{\text{SPL}})} = 20 \log \frac{\text{声压}x@1\text{kHz}}{\text{声压} = 20\mu\text{Pa}@1\text{kHz}} \qquad (2\text{-}96)$$

其中，$20\mu\text{Pa}@1\text{kHz}$ 的声压为人类听觉阈值。这意味着声压功率 $P_x = 0\text{dB}_{\text{SPL}}$ 处于人类知觉的极限。

分贝表示法是非常有用的，特别是对于比率图形表示，因为对数定律允许将一个比率可视化为一个几何距离，无论参考值是什么，这都是有效的。

图 2-51 所示为电压传感器接口的信噪比。在本例中，输入信号的最大振幅为 3.3V，与满量程重合，接口的输入噪声为 113mV，相当于约 $-89.3\text{dB}_{\text{FS}}$，在这种情况下，噪声与信号强度无关，它构成了系统的噪声基底。另外，每增加十倍电压，信号功率增加 20dB，如式（2-95）所示。因此，以 dB 表示的信噪比是噪声功率与信号功率曲线之间的几何距离，并随着信号强度的增加而增大。注意如何通过两条曲线的交点得到 MDS，其中 $\text{SNR}_{\text{dB}} = 0$，最大信噪比则由最大允许输入信号得到。

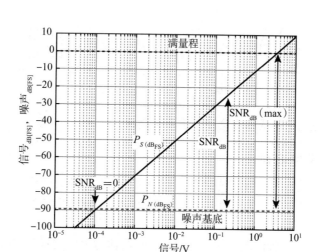

图 2-51　电压传感器接口（放大器）的信噪比，最大输
入信号为 3.3V，噪声均方值下限为 113mV，
相当于在 200kHz 带宽下的电阻为 1MΩ

　　信噪比的另一个重要方面是，对于无噪声输入信号和 LTI 接口，它可以计算到输出或输入的信噪比：

$$\text{SNR}(y) = 10 \log \frac{\sigma_S^2(y)}{\sigma_N^2(y)} = 10 \log \frac{S^2}{S^2} \frac{\sigma_S^2(x)}{\sigma_N^2(x)} = 10 \log \frac{\sigma_S^2(x)}{\sigma_N^2(x)} = \text{SNR}_{\text{EQ}}(x) \qquad （2\text{-}97）$$

　　其中，$\text{SNR}(y)$ 是在输出端计算的信噪比，$\text{SNR}_{\text{EQ}}(x)$ 是在输入端计算的等效信噪比。当然，我们将在后面看到在有噪声信号且该接口没有产生噪声的情况下，等效性不再有效。注意，如果接口只产生噪声，由于输入参考的噪声来自一个模型，因此可以测量输出处的噪声，但不能测量输入处的任何噪声。基于这个原因，我们采用等效信噪比，因为它是一个模拟的结果，而不是一个可以测量的信号的比率。

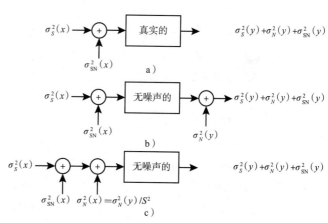

图 2-52　带有噪声输入的传感器

　　如图 2-52 所示，有噪声信号的情况有所不同。一个真实的传感器接口可以同时放大信号功率 σ_S^2 和输入噪声功率 σ_{SN}^2。注意由接口的外部源产生的输入噪声功率 σ_{SN}^2 是多少，与接口噪声 σ_N^2 无关。因此，我们现在可以测量输入端和输出端的真实噪声，从而定义真实的输入信号 – 噪声比：

$$\text{SNR}(x) = 10 \log \frac{\sigma_S^2(x)}{\sigma_{\text{SN}}^2(x)} \neq \text{SNR}(y) = 10 \log \frac{\sigma_S^2(y)}{\sigma_N^2(y)}$$

$$= 10 \log \frac{\sigma_S^2(x)}{\sigma_N^2(x)} = \text{SNR}_{\text{EQ}}(x) \qquad (2\text{-}98)$$

输入和输出信噪比之间的差异会由噪声系数衡量。

2.12.2　动态范围的概念

如果没有参考，没有什么可以被称为"大"或"小"。任何处理输入/输出强度的系统都应该有一个尺度。由于感知的概念来源于生物的知觉，因此我们将举一个关于人类的两种感官的例子：听觉和视觉。

听觉是基于对压力波所代表的信号的知觉，更具体地说，是基于它的最大值和最小值之间的差异。同样，由于信号会在识别的感知系统中产生一些变形（例如，膜变形），它总会工作，因此，更重要的是考虑信号功率（或强度），而不是信号振幅。表 2-3 显示了人耳所能感知到的声音范围。

表 2-3　人类听力范围

源	声压 /Pa	声强 /（W/m²）	强度 /dB
痛觉阈值	63	10	130
不适阈值	20	1	120
电锯，距离 1m	6.3	1E-1	110
迪斯科舞厅，距离扬声器 1m	2	1E-2	100
柴油卡车，距离 10m 外	0.63	1E-3	90
繁忙道路的路边，距离 5m	0.2	1E-4	80
真空吸尘器，距离 1m	0.063	1E-5	70
对话式演讲，距离 1m	0.02	1E-6	60
一般住宅内	0.006 3	1E-7	50
安静的图书馆	0.002	1E-8	40
晚上安静的卧室	0.000 63	1E-9	30
电视演播室背景	0.000 2	1E-10	20
在远处沙沙作响的树叶	0.000 063	1E-11	10
听觉阈值	0.000 02	1E-12	0

注：来自 www.sengpielaudio.com。

我们所能感知到的信号的最低压力水平低至 20μPa，感到不适的阈值高达 20Pa。因此，可以检测到的信号变化跨度约有 10^{13}。所以，我们可以参考听觉阈值的声音变化，如分贝表的最后一列所示。

就视觉而言，如表 2-4 所示，有一个类似的能力来感知非常大的输入变化，跨度超过 10^9 的光功率。用每平方微米每秒光子数来显示功率也很有趣，其值大约是电子相机的像素面积。请注意，对于低强度信号，其离散化是决定因素，我们将在下一节中介绍其含义。

表 2-4 人类视力范围

源	光照度 / lx	光子数 /(μm^2/s1)	光强 / dB
直射日光	100 000	1.2E9	90
白天	10 000	1.2E8	80
阴天	1000	1.2E7	70
非常阴暗的白天 / 日光灯	100	1.2E6	60
黄昏	10	1.2E5	50
入夜	1	1.2E4	40
满月	0.1	1.2E3	30
四分之一月	0.01	1.2E2	20
无月有星光	0.001	12	10
无月的阴天夜晚	0.000 1	1.2	0

因此，我们可以使用最小可感知信号作为参考，如最后一列所示。为了量化信号的整体跨度，可以定义传感系统的动态范围（DR）为

$$DR_{dB} = 动态范围 = 20 \log \frac{最大可检测信号幅度}{最小可检测信号幅度}$$
$$= 10 \log \frac{最大可检测强度（功率）}{最小可检测强度（功率）} \tag{2-99}$$

注意，DR 总是一个功率 / 能量的比率 $^{\ominus}$。因此，根据之前的定义，可以说人类的听力应该能够覆盖 130dB 的动态范围，人类的视觉覆盖约 90dB 的 DR。

就电子接口而言，考虑接口噪声的功率，我们可以更好地定义 DR，因为在信噪比定义中已经提到了最小可检测信号。换句话说，可以将传感系统的阈值设置为功率等于接口噪声功率 $\left(SNR = 1 或 SNR_{(dB)} = 0 \right)$ 的阈值。另外，我们可以将上限设为最大无失真信号功率。

在最小可检测信号由随机噪声产生的情况下，电子传感系统的动态范围为

$$DR_{dB} = 10 \log \frac{最大无失真信号功率}{信号为0时的系统噪声功率} = 10 \log \frac{\sigma_{S(max)}^2}{\sigma_N^2}$$
$$= 20 \log \frac{\sigma_{S(max)}}{\sigma_N} = 20 \log \frac{\sigma_{S(max)}}{RTI有效分辨率} \tag{2-100}$$

其中，$\sigma_N^2 = \sigma_N^2(x=0)$ 是零信号时的输入参考噪声功率，我们也将其与 RTI 有效分辨率联系

$\ominus$ 在某些特定情况下，如音频 DR，它也可以被认为是振幅的比率。

起来。对于无失真信号，它是指系统在特征线性区域内变换的信号。这源于接口内部的进程而不是其他外部源。与信噪比类似，可以由式（2-97）表示，且可以在输出或输入上定义 DR（前一种情况下它是一个输入参考等效 DR，是使用得最多的形式）。

根据信号的特性，我们通过式（2-28）给出的功率因数，得到了信号的最大方差和 FS 值之间的关系。因此，对于确定性信号，我们有 $\sigma_{S(\max)} = FS/q$，因此：

$$DR_{dB} = 20 \log \frac{FS}{q \cdot \sigma_N} \tag{2-101}$$

其中，q 为功率因数（例如，正弦波形的 $q = 2\sqrt{2}$，直流信号的 $q = 1$）。

> **提示** 不要混淆动态范围与满量程跨度，即使它们都与输入范围相关。DR 是指最小的可检测信号，表示信息的分辨率位数，相反，FS 是由传感器的输入工作范围来定义的。

示例 一个压力传感器在 $-25kPa \sim 25kPa$ 之间工作，RTI 分辨率为 $1.25Pa$。动态范围是 $DR_{dB} = 20 \log (50 \times 10^3 / 1.25) = 92.04dB$，我们默认 $q = 1$，因为传感实际上没有带宽的限制。

示例 一个温度传感器在 $-15℃ \sim 85℃$ 之间工作，因此 $FS = 100℃$。RTI 的分辨率估计为 $0.05℃$，$DR_{dB} = [20 \log(100/0.05)]dB = 66.02dB$，同样，我们假设采用的是直流传感。

示例 模拟传感器接口工作时，具有摆幅为 $\pm 100mV$ 的输入信号。最小可检测信号为 $100nV$。$DR_{dB} = [20 \log(200 \times 10^{-3} / (2\sqrt{2} \times 100 \times 10^{-9}))]dB = 117dB$。在这种情况下，我们将 DR 称为一个正弦状态，因为它是一个交流传感。

由于系统噪声的标准差同时出现在信噪比的定义和分辨率位数的定义上，因此两者之间存在一定的关系：

$$分辨率_b = NL_b = \log_2(NL) = \log_2\left(\frac{\sqrt{\sigma_{S(\max)}^2 + \sigma_N^2}}{\sigma_N}\right)$$

$$SNR_{\max} = \frac{\sigma_{S(\max)}^2}{\sigma_N^2} \to NL_b = \frac{1}{2}\log_2(1 + SNR_{\max}) = \frac{1}{2}\log_2(1 + DR) \tag{2-102}$$

此关系适用于最大信噪比等于 DR 的情况，下一节将会对此问题进行更详细的讨论。

最后一种关系表明，有效分辨率位数 NL 和信噪比是密切相关的。因此，任何与信噪比或 DR 相关的讨论也会影响以位为单位的分辨率位数。注意，对于确定性信号，我们有 $\sigma_{S(\max)} = FS/q$，因此，可以将式（2-102）近似为

$$有效分辨率_b = \log_2(NL) \simeq \log_2\left(\frac{FS}{q \cdot \sigma_N}\right); \ SNR_{\max} = \frac{FS^2}{q^2 \cdot \sigma_N^2} \tag{2-103}$$

式（2-102）与信息论信道容量的相似性将在第 3 章中讨论。

指出这一点很有趣:

$$NL = 2^{NL_b} = \sqrt{1+DR} \simeq \sqrt{DR} \qquad (2\text{-}104)$$

在 DC（$q=1$）中,这是用 FS 除以最小可检测信号值所给出的电平数来计算的。

2.12.3 动态范围是最大的信噪比吗

从动态范围的定义（式（2-100））来看,DR 是否仅是一个系统的最大 SNR 是有争议的。为了回答这个问题,让我们采用与图 2-51 中相同的例子,并在图 2-53 中重新排列。使用 dB 表示法,DR 是满量程（我们假设信号开始失真的位置）和噪底（表面噪声的功率）之间的距离。由于噪声功率是恒定的,因此只要信号增加,信噪比就会增加,直到其最大值等于 DR。注意,信号的功率与信号的平方成正比,因而信号线的斜率是 +20dB/ 每十倍电压。

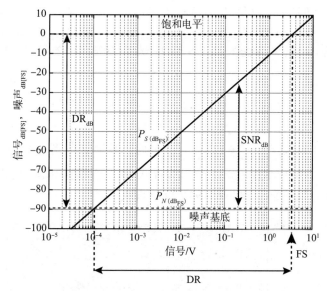

图 2-53 在系统的噪声相对于输入值是恒定的情况下,DR 和
信噪比之间的比较。还要注意输入和输出 DR 的图像

前面提到信号功率与信号的平方成正比（通常是这样的）,并且接口噪声功率恒定:

$$P_S \propto x^2; P_N = k \qquad (2\text{-}105)$$

当然,我们假设信号是无噪声的,而唯一的噪声源是接口本身。

在其他情况下,信号本质上是携带噪声功率的,需要添加噪声接口。因此,噪声功率部分地与信号本身成正比:

$$P_S \propto x^2; P_N = k_1 + k_2 x \qquad (2\text{-}106)$$

其中 k_1 和 k_2 是常数。k_1 设置系统的噪声下限,k_2 设置与信号的比例。后一种情况对于影响电流信号的噪声非常常见,遵循泊松分布过程。这被称为电流噪声。图 2-54 中给出了一个这种情况的例子，即一个感光点（通常是一个光电二极管）正在产生一个由入射光引起的电流，电流非常弱，只有 fA 或 pA 级。由于电荷的内在量子化，信号中存在与信号本身成正比的噪声，我们将在第 10 章中对此分析。对这种器件来说，一般认为光场产生的最大电流是一种饱和状态电流。

因此，该器件允许的输出 DR 约为 92dB，这是饱和电平与噪声基底对应的两条虚线之间的距离。注意，噪声基底是接口产生的噪声所对应的噪声功率，是非常低的信号电平，如 DR 所定义的那样。根据式（2-106），信号功率上升 20dB/每 10 倍电压，噪声功率上升 10dB/每 10 倍电压。

信噪比为噪声功率与信号功率之间的距离，用图 2-54 中的实线表示。因此，信噪比取决于信号强度，对应于约 53dB 的最大值则由达到饱和的最大电流（~1pA）给出。综上所述，在这种情况下，DR 并不是系统的最大信噪比。

DR 和信噪比之间差异的另一个例子是声学传感和麦克风设计，这是因为参考对象之间的差异而不是噪声的性质。如前所述，根据式（2-96），在听力极限下的声压是 $P_x = 20\mu Pa \rightarrow P_{x(dB_{SPL})} = 0dB_{SPL}$。声学技术中的另一个参考是声压为 1Pa，即 $P_x = 1Pa \rightarrow P_{x(dB_{SPL})} = 94dB_{SPL}$。麦克风特性场景如图 2-55 所示。使用上述表示，麦克风的特性是具有噪声基底 $P_{N(dB_{SPL})} = 29dB_{SPL}$，这意味着麦克风输出处的信号功率低于噪声功率。

另外，麦克风对高声级有物理限制，失真前的最大压力（称为声学过载点（Acoustic Overload Point，AOP））是 $P_{S(dB_{SPL})} = 120dB_{SPL}$，因此，其动态范围为 DR = 120 − 29 = 91dB_{SPL}。只要考虑到信噪比，由于 AOP 在设备之间发生变化，通常使用 1Pa 的声压作为参考，即 94dB_{SPL}。综上所述，其信噪比为 SNR = 94 − 29 = 65dB_{SPL}。

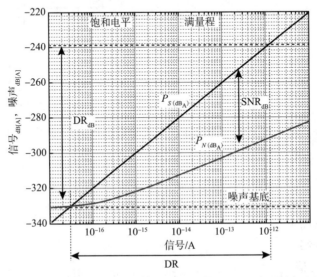

图 2-54　信噪比和 DR 在对数图中的图形表示，其中噪声取
　　　　决于信号强度

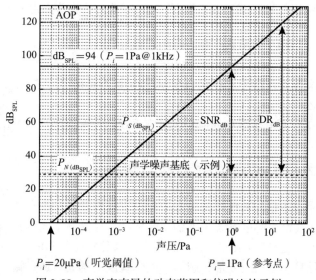

图 2-55　声学麦克风的动态范围和信噪比的示例

2.12.4　工作范围定义的信噪比与动态范围的关系

我们应该指出直流测量中 DR 的一些有趣特征。例如，如果必须对工程中指示的两个值 Z_{min}, Z_{max} 之间的阻抗进行直流测量，并且希望获得所需信噪比（即所需分辨率）的测量值，那么接口的 DR 指什么？

分析这一点的最好的方法是查看图 2-56 所示的对数坐标图。满量程的两个极值点在横坐标中表示为 x_{min} 到 x_{max}。它们在对数空间中的距离表示这些值之间的比率：x_{max} / x_{min}。现在，如果我们想用一个特定的信噪比来测量所有的值，那么接口必须能检测出一个较小的值乘以信噪比的值。因此，如果接口的噪声基底状态为 P_{N1}，则噪声基底与 x_{min} 评估的信号之间的垂直距离是信噪比的最差情况。因为信号线斜率在 [20dB / dec] 单位下是一元的，所以可以看到横轴与 x_{min} 交点之间的信噪比。请注意，交点与 x_{max} 之间的距离是系统的 DR。

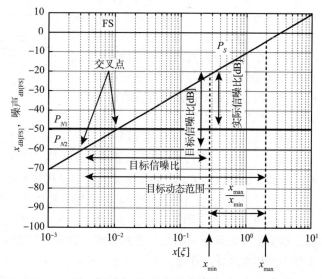

图 2-56　接口传感直流测量的 DR 和信噪比之间的关系

现在，假设实际的信噪比小于需求的信噪比，因此，必须降低从 P_{N1} 到 P_{N2} 的接口噪声，增加最坏情况的信噪比以及所需的 DR，如图 2-56 所示，在数学公式中：

$$DR_{dB} = 20 \log\left(SNR \cdot \frac{x_{max}}{x_{min}}\right) = SNR_{dB} + 20 \log \frac{x_{max}}{x_{min}} \qquad (2\text{-}107)$$

我们注意到，这种关系对于实现接口要求的精度非常有用，并且用 SNDR 代替 SNR 也有准确度方面的要求。

对于式（2-107）在直流传感中的应用，具有系统精度和准确度的要求，见 2.15.1 节。

2.13 非线性引起的系统误差：交流方法

误差的直流特性描述是基于缓慢的输入变化，以评估参考特征和真实特性之间的差异为基础的。相反，由非线性引起的系统误差的交流特性描述是基于测量频域内对正弦输入信号的输出响应的特性的"变形"（或非线性）的概念。这种响应并不依赖于曲线的方向或位移，只依赖于它的非线性特征——"变形"越多，失真程度就越大。通过输入端频率和振幅的失真评估，可以发现交流特性描述相对于直流特性描述的优点是具有对系统更加深刻的见解。

在交流特性描述方法中，将一个确定性的正弦输入信号应用于系统，并使用快速傅里叶变换（FFT）对其输出进行分析，如图 2-57 所示。该方法既适用于模拟传感器，如图 2-57a 所示，也适用于 A/D 转换器，如图 2-57b 所示。在进行 A/D 转换时，直接对数字输出执行 FFT。对于传感器，输出应该通过一个"理想值"（即其分辨率远高于非理想值）的 A/D 转换器进行采样和转换。输入信号在振幅（FS）和频率（系统带宽）上都是可变的。其思想是分析谐波的功率，以表征其与系统误差相关的失真。

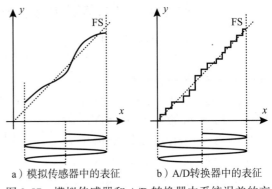

a）模拟传感器中的表征   b）A/D 转换器中的表征

图 2-57　模拟传感器和 A/D 转换器中系统误差的交流表征

FFT 可以看作通过一组滤波器（M 个）发送一个时间信号，其中每个频率直方块的大小（二进制数）为 $\Delta f = f_s / M$（FFT 分辨率），其中 f_s 为采样频率。由于信号位于实部，为了对称，有一半的频谱可以被丢弃，并且覆盖的带宽是从直流到 $f_s / 2$。一个典型 FFT 图例如图 2-58 所示：用分贝表示级别，信号、谐波和基底噪声提供了一种有价值并快速的方法来评估信噪比和失真。然而，实际的噪声基底与 FFT 图中显示的噪声基底无关，它应该根据二进制数 M 来计算。事实上，如果我们增加二进制频率的数量（即滤波器的数量），每一个滤波器的功率会由于噪声平均而降低。这种基底噪声转移被称为 FFT 的处理增益，等于 $10 \log(M / 2)$。

此外，对于非相干采样所需的窗滤波器，还需要进行其他校正。应该添加几个修正（其中处理增益是最重要的）来得到真正的噪声下限，如图 2-58 所示。噪声增益的效果是有益的，因为我们能够降低显示的噪声基底，来更好地识别每个谐波的功率贡献。

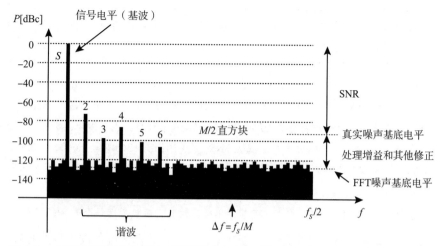

图 2-58　传感器输出的功率谱。谐波的功率以相对于载波（dBc）的分贝来测量，这
　　　　意味着用基本谐波（载波）功率作为参考

原则上，如果真实特性是线性的，那么只会出现基波的功率响应。由于非线性的系统误差，还存在其他功率谐波贡献。其中一个主要的衡量方式称为全谐波失真（THD），定义为

$$\text{THD}_{\text{dB}} = -10 \log \frac{\text{信号功率}}{\text{失真功率}} = -10 \log \frac{P_S}{P_D} = -10 \log \frac{P_S}{\sum_{i>1} P_i} \qquad (2\text{-}108)$$

其中 $P_S = P_1$ 是信号的功率（基波功率），$P_{i>1}$ 是谐波的功率。$^{\ominus}$ 需要指出的是，根据这种交流方法计算出的失真功率取决于激励信号的振幅和频率。

对于缓慢变化的激励，我们可以看到 DC 和 AC 方法之间的特性描述系统误差的收敛性，忽略了失调和增益误差：

$$P_D \approx \sigma_D^2 \qquad (2\text{-}109)$$

> **提示** 系统误差的 FFT 表征没有考虑到失调和增益误差，因为谐波功率分布对于静态特性的增益和偏移是不变的，但我们应该在总误差计算中添加这些量。

FFT 图也有助于合并失真中隐含的系统误差和引起噪声的随机误差。为达到此目的，它定义了信号与噪声和失真比（SNDR 或 SINAD）。

$$\text{SNDR}_{\text{dB}} = 10 \log \frac{\text{信号功率}}{\text{失真功率} + \text{噪声功率}} = 10 \log \frac{P_S}{P_N + P_D} \qquad (2\text{-}110)$$

随机噪声功率和失真功率的组合是可能的，因为两者的误差被认为是不相关的，因此它们可以被求和。这一点很容易证明：

$$10^{-\text{SNDR}_{\text{dB}}/10} = 10^{-\text{SNR}_{\text{dB}}/10} + 10^{\text{THD}_{\text{dB}}/10} \qquad (2\text{-}111)$$

$\ominus$　THD 也经常以百分比表示：$\text{THD}_\% = P_D / P_S \cdot 100 \equiv [\%]$。

注意 THD 和 SNDR 可以根据输入的振幅或频率进行表征。通常，输入值和频率越大，失真就越严重，所以这些函数通常是单调递减函数。

示例 超过 $M = 8192$ 样本执行的转换器 FFT 功率图，表明了噪声基底为 –102dBc。2 次、3 次和 6 次谐波的功率分别为 H2 = –65.95dBc、H3 = –78.38dBc、H6 = –90.94dBc。计算 SNR 和 SNDR。

真实的噪声基底能够用处理增益修正 $10 \log(M / 2) = 36\text{dB}$ 来计算，由于窗口函数忽略不计，因此我们会考虑其他修正法。所以，实际的噪声基底为 $\text{SNR}_{\text{dBc}} = -102\text{dBc} + 36\text{dBc} = -66\text{dBc}$。谐波的总功率为 $P_{D(\text{dBc})} = 10 \log(10^{(\text{H1})/10} + 10^{(\text{H3})/10} + 10^{(\text{H6})/10}) = -65.7\text{dBc} = \text{THD}_{\text{dBc}}$。信号与噪声和失真比是 $\text{SNDR}_{\text{dBc}} = 10 \log (10^{(\text{SNR}_{\text{dBc}})/10} + 10^{(\text{THD}_{\text{dBc}})/10}) = -62.8\text{dB}$。

注意：在本例中，我们使用 dBc 作为参考信号单位，因此，应该考虑每个表达式前面的负值。

考虑到随机误差和系统误差的所有可能功率，SNDR 的定义可以进一步扩展为

$$\text{SNDRT}_{\text{dB}} = 10 \log \frac{P_S}{P_N + P_D + P_{\text{sys}}} \tag{2-112}$$

其中，P_{sys} 是其他系统误差的功率之和：

$$P_{\text{sys}} = \sum_{j=1}^{J} \sigma_{a_j}^2 + \Delta x_{E(\text{OG})}^2 + \cdots \tag{2-113}$$

其中，$\sum_{j=1}^{J} \sigma_{a_j}^2$ 为所有影响参数（即温度变化、参数变化等）的方差之和，而 $\Delta x_{E(\text{OG})}^2$ 是最坏情况下失调和增益误差的平方。注意式（2-112）的分母是输入处不确定性的功率组合。总之，我们可以使用混合方法，其中非线性是通过交流测试得出的失真特征，而温度和器件生产的分布是由直流方法或其他方法来特征化的。

2.14　量化过程

量化过程在电子传感系统中是必不可少的，因为数据的细化（无论简单或复杂）是在数字环境中进行的。

在传感系统的早期阶段，量化过程通常由 A/D 转换器来执行，使用取整函数将模拟值（实数）转换为离散值（自然数）。量化过程引入了一种系统误差，称为量化误差或量化噪声。

模拟噪声和量化噪声都存在于接口处，如图 2-59 所示，其中模拟噪声用钟形的概率密度函数（PDF）模型表示。目前假设模拟噪声仅仅源于接口，而 A/D 转换器是无噪声的，所以只受量化噪声的影响。因此，该测量值既受到模拟输出噪声的影响，也受到转换链输出端 A/D 转换器量化噪声的影响。量化和随机噪声是如何联系在一起来定义测量的组合不确定性的？我们将从直流测量法开始讨论。

为了理解这一点，我们必须看图 2-60 所示的估计的概念——将高斯 PDF 在量化器的输入和 3 个相邻的离散电平（比如 001、010、011）指定，从而显示模拟噪声模型之间的关系，并在实验或理论的角度对噪声模型进行表征。我们计划在一次实验中存储一组来自 A/D 转换器的

样本，并将它们收集到一个直方图中。如果我们重复其他实验并收集数据集，由于量化器输入端的随机过程，直方图每次都会有所不同。因此，如果想使用样本的平均值来估计期望值，就会受到一个在不确定性的覆盖区间内（与模型的标准差有关）的误差影响，如前所述。

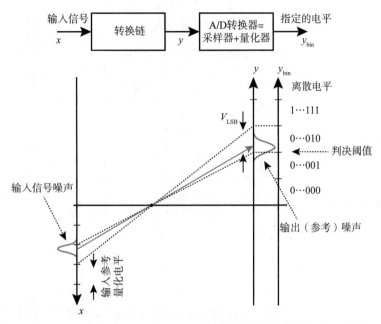

图 2-59　量化过程，主要是将量化器的离散噪声与传感器的随机噪声相
　　　　结合，以确定不确定性的一般特征

两种情况下，我们只能准确无误地确定实际值。第一个情况是直方图每一个直方块的大小等于每一位的 PDF 函数所覆盖的区域，这在所有实验中发生的概率非常小。第二种情况是，如果我们收集了无限数量的样本，就可以使分布的经验特征趋向于模型的 PDF。

现在我们考虑两种噪声量完全不同的情况，如图 2-61 所示。在第一种情况下，模拟噪声会散布在几个量化电平上，而在第二种情况下，它几乎会局限于一个单一的离散电平。在图 2-61a 所示的例子中，大多数的情况下会得到 010，并且得到 001 和 011 的次数差不多。相反，对于图 2-61b 所示的噪声模型，几乎所有的样本都落在 010 部分。

我们想要评估系统收集更多样本的分辨率，并通过一个小于量化电平的信号变化 $\Delta y = y_2 - y_1$ 来改变 A/D 输入。在图 2-61a 的情况下，噪声扩散高于量化电平，我们从中取两组输入值，对应两组样本。因为所有三个二进制数将随输入的变化而变化，所以图 2-61a 中的两个直方图将被允许具有某种置信度的两个实际值估计。

当然，正确感知这种差异的能力取决于所收集到的数据量。另外，如果噪声分布电平小于量化电平，如图 2-61b 所示，对于相同的 A/D 输入变化，直方图也是相同的，仅由一个直方块组成。在这种情况下，与前一种情况不同，我们可以收集尽可能多的数据，但仍然无法感知变化（小于量化电平）。相反，在噪声较高的情况下（见图 2-61a），如果收集了足够数量的数据，相对于噪声较低的情况，分辨率更好（见图 2-61b）。

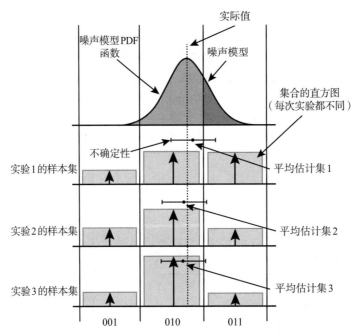

图 2-60 在存在随机模拟噪声的情况下，利用量化数据估计实际值
的概念。我们可以从一个实验中收集一定数量的样本来构
建一个输出码直方图。每次我们重复这个实验时，直方图
都会有所不同

为了更好地研究误差之间的关系，我们引入了一个与这两个误差相关的因子 k：

$$V_{LSB} = k \cdot \sigma_N \quad (2\text{-}114)$$

其中，标准差是量化器输入处的模拟噪声，即 $\sigma_N = \sigma_N(y)$。

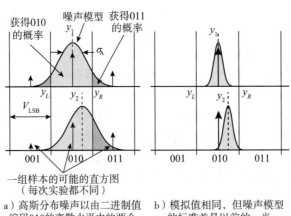

a）高斯分布噪声以由二进制值
编码010的离散水平内的两个
模拟值y_1和y_2为中心

b）模拟值相同，但噪声模型
的标准差是以前的一半

图 2-61 在一个有噪声的系统中的元素分配

图 2-62 的输出码直方图中显示了两种不同 k 值的情况，其中通过量化器（圆点）对模拟噪声高斯时间演化（连续线）进行采样。每个圆的位置被放置在与图 2-17 中所示的量化定律相对应的电平上。图的右侧显示了样本转换成直方图的相对频率。

注意，在图 2-62a 有一个 16 位 A/D 转换器正在编码 $65\ 536 = 2^{16}$ 个位，参考电平 $V_R = 1.2\text{V}$，最低有效位 $V_{\text{LSB}} = \left(1.2 / 2^{16}\right)\text{V} = 18.2\mu\text{V}$，模拟测试直流输入为 $y = 0.633\text{V}$，并受到噪声 $\sigma = 56.5\mu\text{V}$ 的影响，噪声的量超过离散电平的 3 倍，$k = 0.32$。无噪声时正确的编码位数是 Round $\left(0.633 \times 2^{16} / 1.2\right) = \text{Round}\left(34\ 570.24\right) = 34\ 570$，然而，由于噪声，赋值会分布在相邻的位置上。噪声大约分散在 16 个位数等级处，相当于 4 位。这意味着我们应该预料到某些最低有效位总是在改变它们的条件。这些位被称为噪声（或绑定的）位。

相反，在图 2-62b 中存在相同的 A/D 转换器，但噪声电平为 $\sigma = 5.65\mu\text{V}$，是前者的 1/10。在这种情况下，$k = 0.32$，赋值的数位大约分布在 3 个最低的有效位上。请注意，第 34 570 位比第 34 571 位填充面积更大，因为前者比后者更接近输入电平。这种情况类似于图 2-61 中描述的情况。

2.14.1　随机性、量化噪声和扰动的组成

本节的主要任务了解当存在随机噪声和量化噪声时评估不确定性的最佳方法。要做到这一点，我们必须退后一步，看一看量化对一般随机信号统计含义的数学描述，如图 2-63 所示。

在图 2-63a 中，一个通用的随机信号由一个量化器的输入端 PDF $f(x)$ 来描述，正如我们所看到的，输出 $f(y)$ 呈现的是一个狄拉克梳状图，其中每个箭头代表输出占据一个量化值的概率（我们假设采集了大量的数据）。

现在的想法是使用已经用于组合噪声源的工具，因此，我们分析图 2-63b 的方案，其中输入的 PDF 被添加到一个不相关的量化均匀 PDF 中。第二种方案称为伪量化噪声（Pseudo Quantization Noise，PQN）模型。输出的 PDF 是 $f(x+q)$，它是由输入分量卷积给出的连续密度函数，因此，两个函数 $f(y)$ 和 $f(x+q)$ 分别是离散的 PDF 和连续的 PDF。然而，如果两个 PDF 之间的关系满足第一和第二 Widrow 量化定理，那么两个 PDF 的所有矩都是相等的。因此，我们可以使用 PQN 模型，通过使用在噪声分析中的贡献之和来推断输入的统计特征。换句话说，如果输入是一个满足这些定理的信号，那么我们可以从量化的输出中完全重构输入的 PDF，并使用平均化来减少不确定性。

当将 PQN 模型应用于随机噪声时，我们认为 $f(x)$ 是输入随机噪声的 PDF。这意味着就定理而言，图 2-63 中的两个模型在统计上是等价的，我们可以将量化噪声与随机噪声组合的平方作为独立贡献部分。什么时候能够满足量化定理？在具体情况下，假设 PSD 均匀，高斯噪声作为输入，可以证明如果 $k < 2$（即随机噪声标准差比量化电平高），就可以合理地满足量化定理，故可以使用 PQN 模型。

相反，如果不满足量化定理，那么总体行为是由理想的 A/D 转换器给出的，其不确定性为 $u_Q = V_{\text{LSB}} / \sqrt{12}$。因此，如果量化定理不成立，那么从不确定性的角度来看，当噪声电平小于量化电平时，不确定性与理想 A/D 转换器的不确定性有关。

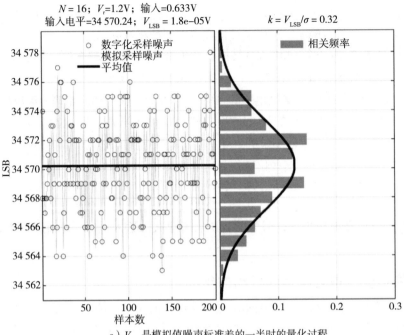

a）V_{LSB}是模拟值噪声标准差的一半时的量化过程

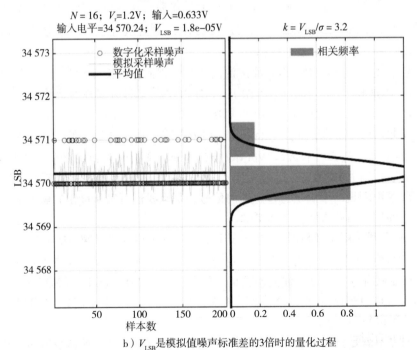

b）V_{LSB}是模拟值噪声标准差的3倍时的量化过程

图 2-62　输出码直方图

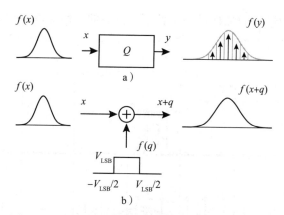

图 2-63　伪量化噪声（PQN）模型。如果 $k < 2$，那
么量化器的影响可以以功率的形式加入输入
端，通过 $\pm V_{\text{LSB}} / 2$ 之间的均匀分布来建模

综上所述，单个样本在接口 / 量化器输入处的总（或广义）不确定性可以通过这个关系来计算：

$$u(y) = \sqrt{u_N^2 + u_Q^2}　　　　　　　　　　（2\text{-}115）$$

其中，$u_N = \sigma_N(y)$ 为模拟噪声的不确定性，$u_Q = V_{\text{LSB}} / \sqrt{12}$，是量化引起的不确定性。如果使用 k 个重复样本的平均值，则可以减少不确定性为

$$u(y) = \frac{\sqrt{u_N^2 + u_Q^2}}{\sqrt{k}}　　k < 2　　　　（2\text{-}116）$$

但这只有当 PQN 模型成立时才有效，即 $k < 2$。

在相邻电平周围散布噪声意味着 A/D 转换器的总位数中噪声位的数量增加：k 越小，噪声位的数量就越大。如何处理噪声位？有两种可能的方法：

- 截断噪声位。这也意味着使用具有较少位数的量化器。这种方法可以节省功耗，但分辨率有限。
- 通过多个样本均值来减少噪声位。这种方法需要更多的功耗和计算资源，但允许更高的分辨率。

这两种方法如图 2-64 所示。图 2-64a 展示了低噪声的情况，其分布包含在一个量化电平中。几乎所有的单个样本都落在离散区间内，平均 A/D 转换器的输出是无用的。量化误差根据式（2-115）限制了不确定性。图 2-64b 显示了噪声电平大于量化电平的情况。PQN 模型认为不确定性比第一种情况更显著。然而，我们可以用平均化来使式（2-116）有更高的分辨率和更低的不确定性。使用平均值可以获得比第一种情况更好的分辨率。

另外，我们可以选择截断 1 位，如图 2-64c 所示。在这种情况下，离散电平的大小加倍，量化误差变得与模拟噪声的扩散大小相同。因此，PQN 模型不再适用，我们不能平均输出值。

如果我们像图 2-64d 中展示的那样进一步截断 1 位，即截断 2 位，则会出现类似于图 2-64a 的情况，但量化误差将高出 4 倍。

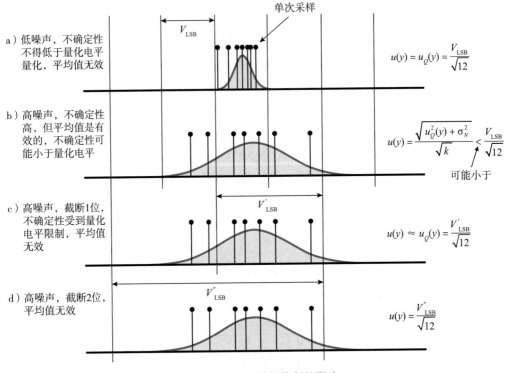

图 2-64　最低有效位截断的影响

图 2-65a~ 图 2-65c 也说明了量化电平对可变噪声输入的影响，其中具有相同噪声电平输入的 500 个输入样本以可变量化器分辨率进行数字化。正如我们所看到的，直方块的分布几乎是恒定的，因为噪声电平是相同的，但这个分布是根据 A/D 转换器的位数变化的。这意味着代码中不同数量的"噪声位"，这些位因噪声而频繁地随机变化。图 2-65a 说明了一种 $V_R = 1.2V$ 的数字化输出的 12b + 符号位 A/D 转换器，其 $V_{LSB} = 1.2 / 2^{12} = 0.29mV$，对输入端施加一个 0.932V 的直流信号，它被一个标准差为 1.26mV 的高斯噪声破坏，因此 $k = 0.23$。

由于不同位之间的频繁转换，大约有 4.8 个噪声位。如果我们取一个样本，由于存在模拟噪声，可能会有高达 28 个有效位的误差。对输入的估计可以通过平均 500 个样本来增加。在此过程中，我们期望将误差减少到一个因数 $\sim \sqrt{500} = 22.3$。然而，由于平均化操作在计算资源中的耗费是巨大的，因此这个方法最终通过截断最后如图 2-65b 所示的 3 位来节省能耗，这样 $k = 1.9$。如果切断另一个位，如图 2-65c 所示，则可以实现 $k = 3.7$。然而，应该小心减少位数使量化误差大于模拟噪声的标准差，分辨率接近 8 位 A/D 转换器的。这种情况的主要缺点是，平均化在估计真实值时不再有效，而且不能消除系统的量化误差。

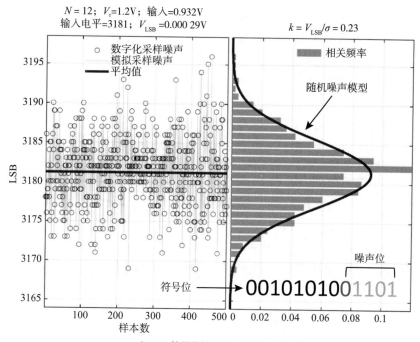

a）12b+符号位转换器，约有4.5个噪声位

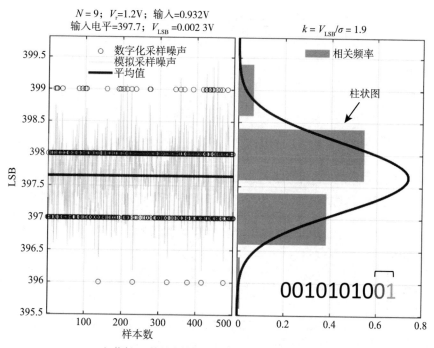

b）截断9b+符号位转换器中前一个实例的2个最不重要的位

图 2-65　A/D 转换器中的截断效应

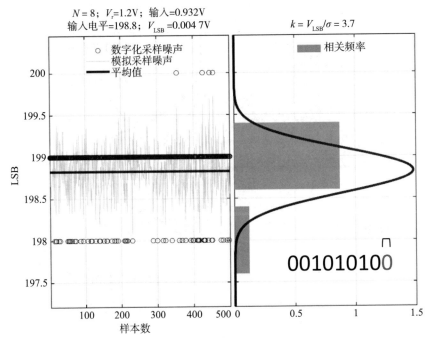

c）截断1位，所以表现为一个8b+符号转换器

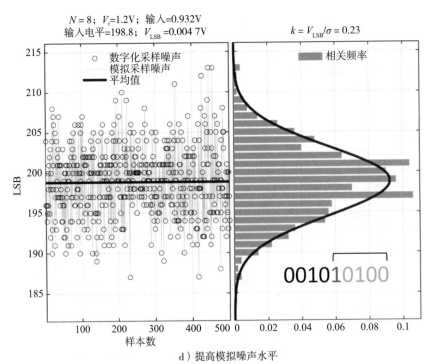

d）提高模拟噪声水平

图 2-65 A/D 转换器中的截断效应（续）

如果噪声相对于量化噪声足够小（如在截断过程中），那么平均化就会变得无用。这种效应在图 2-66a 中得到了更好的说明，我们收集了 500 个采样输出的平均实验。将其平均值与真实值进行比较，得到估计误差。可以看到，相对于单个样本，估计误差大大降低了（通过一个等于样本数量的平方根的因子），并且 14b、12b 和 9b 的分辨率结果几乎是相同的。这符合关系式（2-115），这里通过模拟噪声给出了不确定性，而不是由量化噪声给出。同第一个结论一样，对于给定的平均值和所需的精度，增加 A/D 转换器的位数可能是冗余的（和耗电的）。

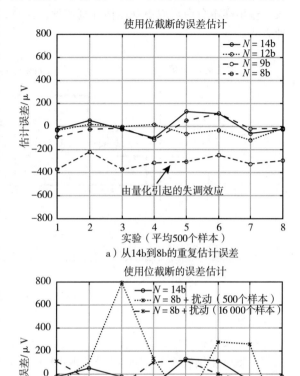

a）从14b到8b的重复估计误差

另外，如果继续减少到 8b，我们得到 $k > 2$，求平均值并不能减少不确定性，如图 2-66a 所示。这个数量严格地依赖于输入，在最坏的情况下，它等于最低有效位的电压。

避免这种情况的策略是人为地增加噪声，保持减少的 A/D 转换器的位数，如图 2-65d 所示，其中在 8b 量化器上的噪声标准差增加 16 倍，至 20.2mV，从而使 $k = 0.23$。平均 500 个样本的结果如图 2-66b 所示，显示了单次实验之间的误差增加。这一事实表明增加平均化：如果我们进一步将样本数量增加到平均量，达到 16 000，将得到一个误差，这类似于使用 14b 的情况。这种方法称为扰动[⊖]。当然，扰动会减少信号带宽或过采样。

为了更明确地说明直流信号的扰动效应，我们在图 2-67 中使用了两种情况来表示该方法。在图 2-67a 的第一个图中，模拟噪声低于该量化误差（$k > 2$）。A/D 转换

b）增加16倍扰动噪声

图 2-66　从 14b 到 8b 的重复估计误差和增加 16 倍扰动噪声，平均样本增加到 16 000 点。噪声数据与图 2-65 相同，其中 $V_{LSB} = V_R / 2^N$，$\sigma = 1.26$mV。读者可以检查式（2-116）是否成立，考虑 $\sqrt{k}$ 的减少，其中 k 是平均值的数量

的结果是有一个常数的失调，并且对输出应用平均值不会增加估计值，因为它总是相同的。

⊖　正如已经指出的，求平均值会消耗功率和减少带宽。在扰动方法中，还存在一些技术，如过采样信号或在信号带宽之外引入具有频谱分量的噪声。

相反，如图 2-67b 所示，当模拟噪声大于量化步骤的噪声（$k < 2$）时，基于更广泛的取值，输出样本分布可以更好地估计真实值。注意，这种表示方式是图 2-61 中所示情况的另一种方式。

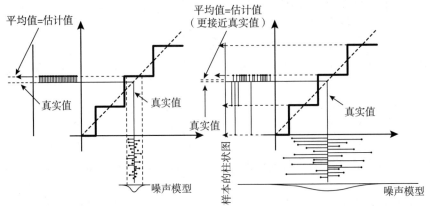

　a）模拟噪声低于量化步骤的噪声，　　　b）模拟噪声大于量化步长。在这种情况下，基于较
　　　输出PMF为纯失调　　　　　　　　　高的扩散性，输出PMF可以更好地估计真实值

图 2-67　扰动效应的图形表示

总结：

- 如果模拟噪声的标准差大于量化噪声的标准差（差值足够大），则不确定性可以与量化噪声相结合作为一种不相关的噪声。不确定性可以通过平均化来降低。
- 我们可以尽可能地减少 PQN 的位数 N，以消除冗余的最低有效位。当然，我们应该通过式（2-115）来检查不确定性。
- 如果模拟噪声小于量化噪声，那么 PQN 就不成立，并且我们有一个固定的估计偏差（取决于输入），这不能通过求均值来减少。因此，为了避免这种情况，我们可以通过扰动技术人为地增加噪声，从而实现平均化。扰动加上平均化可以获得与更高的 A/D 分辨率类似的结果，但会以减少带宽和增加总体功耗为代价。

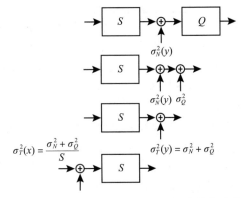

图 2-68　模拟噪声和量化噪声的行为模块建模

总之，我们可以展示在行为模块中的模拟噪声和量化噪声的建模，如图 2-68 所示。根据 PQN 模型，该量化器可以被建模为量化噪声的求和节点。然后将这两种噪声求和，并将灵敏度作为输入。

示例　$G = 1000$ 的放大器的输出均方噪声为 $\sigma_N(y) = 30\mu V$，接口处有一个 $V_R = 3.3V$ 的无噪声 A/D16b 转换器，输入满量程为 $(3.3/1000)V = 3.3mV$，$V_{LSB} = (3.3/2^{16})V = 50.4\mu V$，$k = 1.68 < 2$。因此可以应用 PQN 模型。A/D 转换器输入端的总输入噪声为 $\sigma(y) = \sqrt{\sigma_N^2 + V_{LSB}^2/12} = 33.3\mu V$，放大器输入端的等效参

考噪声为 $\sigma(x) = (33.3 \times 10^{-6}/1000)\text{V} = 33\text{nV}$ 。现在将 50 个样本用低通滤波器来平均输出，就得到一个输入参考的分辨率 $(33/\sqrt{50})\text{nV} = 4.7\text{nV}$ 。还应该考虑到更高的功耗和减少平均化所需的带宽。

2.14.2　A/D 转换器中的直流分辨率

A/D 转换器是非常复杂的系统，它具有内在的随机噪声，涉及参考输入端并影响量化过程。在本节中，我们将单独考虑 A/D，因此，模拟噪声涉及转换器内的一部分。一般来说，我们将假设噪声的标准差总是大于量化的标准差，即 $\sigma_N > V_{\text{LSB}}$ ，从而确保满足 PQN 模型。

因此，定义 A/D 转换器输入 y 处的 RTI 分辨率 $u(y)$ ：

- RTI 标称分辨率是不考虑模拟随机噪声量化器的最大误差。
- RTI 有效分辨率是由噪声的均方根值定义的分辨率，在这种情况下，它大于量化电平。
- RTI 无噪声分辨率是由噪声的峰 - 峰值定义的分辨率，由 $p = 3.3$ （置信区间等于 6.6 个噪声标准差）给出，包括了不确定性边界内 99.9% 的值。

这些关于 $\sigma_N > V_{\text{LSB}}$ 的定义可以总结如下：

$$\text{RTI 标称分辨率} \leftarrow u(y) = V_{\text{LSB}}$$
$$\text{RTI 有效分辨率} \leftarrow u(y) = \sigma_N, \ \sigma_N > V_{\text{LSB}}$$
$$\text{RTI 无噪声分辨率} \leftarrow u(y) = 6.6\sigma_N, \ \sigma_N > V_{\text{LSB}} \tag{2-117}$$

注意，对于 $u(y)$ ，它通常是不参照式（2-115）的，即使这对于有效的分辨率来说不是严格正确的。

示例 一个具有 $\text{FS} = V_R = 3.3\text{V}$ 的 16b A/D 转换器会受到 $88\mu\text{V}$ 的输入参考均方噪声的影响。其 RTI 标称分辨率为 $(3.3/2^{16})\text{V} - 50.4\mu\text{V}$ ，RTI 有效分辨率为 $88\mu\text{V}$ ，RTI 无噪声分辨率为 $581\mu\text{V}$ 。请注意，如果半随机噪声为 $44\mu\text{V}$ ，有效分辨率的定义将不适用，因为 $\sigma_N < V_{\text{LSB}}$ 。

同样地，另一种表示分辨率的方法是将其与满量程进行比较，即与参考电压进行比较，然后用位表示：

$$\text{分辨率}(s)_b = \log_2\left(\frac{\text{FS}}{u(y)}\right) = \log_2\left(\frac{\text{FS}}{q \cdot 2p \cdot \sigma_N}\right)$$

$$p = \begin{cases} 1/2 & \text{用于有效分辨率} \\ 3.3 & \text{用于无噪声分辨率} \end{cases} \tag{2-118}$$

示例 对于上述相同的 A/D 转换器，其标称分辨率为 $\log_2(2^{16}) = 16\text{b}$ ，有效分辨率为 $[\log_2(3.3/88 \times 10^{-6})]\text{b} = 15.2\text{b}$ ，无噪声分辨率为 $[\log_2(3.3/(6.6 \times 88 \times 10^{-6}))]\text{b} = 12.5\text{b}$ 。

请注意，如果覆盖因子等于 3.3，无噪声分辨率大约比有效分辨率低 2.7 位：

$$[\log_2(1/6.6)]\text{b} = 2.7\text{b} \tag{2-119}$$

2.14.3   有效位数对 A/D 转换器的交流特性描述

与模拟系统类似，理想的 A/D 转换器的 DR 可以以最大信号功率（受 FS 的限制）和量化噪声作为唯一的噪声源来计算：

$$
\begin{aligned}
\mathrm{DR}_{dB} &= 20 \log \frac{2^N V_{\mathrm{LSB}}}{q \cdot V_{\mathrm{LSB}} / \sqrt{12}} \\
&= N \cdot 20 \log(2) + 20 \log(\sqrt{12}) - 20 \log(q) \\
&= N \cdot 6.02 + 10.79 - 20 \log(q)
\end{aligned}
\tag{2-120}
$$

其中，q 为功率因数，可用于量化基于信号类型的最大信号功率。在一个正弦波形（$q = 2\sqrt{2}$）作为参考的情况下，有

$$
\mathrm{DR}_{dB} = N \cdot 6.02 + 1.76
\tag{2-121}
$$

我们可以反转这个关系，将有效位数（Effective Number Of Bits，ENOB）定义为

$$
N = \mathrm{ENOB} = \frac{\mathrm{DR}_{dB} - 1.76}{6.02}
\tag{2-122}
$$

这个定义可以更好地解释如下：ENOB 是一个匹配给定 DR 的虚拟的理想的 A/D 转换器（因此仅受限于量化噪声）的位数。应该补充的是，这个定义是基于交流正弦波形计算 DR。在使用式（2-120）时应该考虑不同信号的情况。为了更好地理解上述概念，我们将提供一个示例。

示例 我们已经证明了人类听力的特征有 130dB 的动态范围。因此，有效位数为 ENOB = [(130 − 1.76) / 6.02]b = 21.3b。这意味着我们可以将听力的 DR 与 22 位的理想值（即只有量化噪声）相匹配。因此，我们可以得出结论，如果想要使用一个 A/D 转换器用于音频处理，就必须至少使用一个理想的 22 位 A/D 转换器。"至少"这个词很重要，原因有两个：首先，A/D 转换器不仅受量化噪声的限制，还受随机噪声的限制；其次，我们必须考虑采集链的分辨率规律，这将在第 3 章中讨论。

不幸的是，没有理想的 A/D 转换器。考虑到 A/D 转换器也受到随机噪声的影响，仅有量化噪声限制，我们可以使用式（2-122）代替，实际 A/D 转换器最大信噪比由实验表征给出：

$$
\mathrm{ENOB}_{\mathrm{SNR}} = \frac{\mathrm{SNR}_{dB(max)} - 1.76}{6.02}
\tag{2-123}
$$

图 2-69 可以更好地解释这种关系。假设我们有一个 N 位噪声的 A/D 转换器，并且噪声电平超过了量化电平 V'_{LSB}。现在的想法是在信噪比方面将这种情况与一个无噪声（即只有量化噪声的限制）的 A/D 转换器相等，如图 2-69 所示。原来的 2^N 电平被降低为 2^{ENOB} 离散电平。

比较这两个信噪比，有

$$
\begin{aligned}
\text{有噪声A / D转换器的SNR}_{dB(max)} &= \text{理想A / D转换器的SNR}_{dB(max)} \\
&= 20 \log\left(\frac{2^N V'_{\mathrm{LSB}}}{q \cdot \sigma_N}\right) = 20 \log\left(\frac{2^{\mathrm{ENOB}} V_{\mathrm{LSB}}}{q \cdot V_{\mathrm{LSB}} / \sqrt{12}}\right) \\
&\rightarrow 2^N = 2^{\mathrm{ENOB}} \frac{\sqrt{12}\sigma_N}{V'_{\mathrm{LSB}}}
\end{aligned}
\tag{2-124}
$$

其中 V'_{LSB} 是标称 N 位转换器的最低有效输入电压，而 V_{LSB} 是理想的 ENOB 位转换器之一。当然，$\sigma_N \geqslant V'_{LSB} / \sqrt{12}$ 时这种关系是有效的。为了简单起见，我们使用 ENOB 作为 ENOB_{SNR} 的符号。

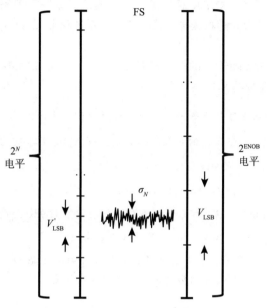

图 2-69   A/D 转换器的 ENOB 概念

因此，实际 A/D 转换器的 ENOB 是一个信噪比等于实际信噪比的理想的 A/D 转换器（仅受量化噪声限制）的位数，它可以由式（2-125）代入给出：

$$N \leftrightarrow \text{ENOB}; \ \sigma_N \leftrightarrow \frac{V_{LSB}}{\sqrt{12}} \tag{2-125}$$

需要强调的是，这一定义是基于噪声大于量化的假设；否则，对于无噪声转换器，$\text{ENOB} = N$。

从式（2-124）可以很容易地看出，在一个有噪声的 A/D 转换器中，标称位 N 和 ENOB 之间的关系为

$$N = \text{ENOB} + \log_2 \left(\frac{\sigma_N \times \sqrt{12}}{V_{LSB}} \right) \tag{2-126}$$

因此，通常情况下，随机噪声比量化噪声更重要，$\text{ENOB} < N$。根据前面的例子，如果我们想让有噪声 A/D 转换器应用在音频上，例如 $N = 24b$，必须确保至少 $\text{ENOB} = 22b$。

此外，同样的关系也可以以更一般的方式使用，也可以考虑到 A/D 转换器的失真。因此，根据式（2-110），以及使用 AC 工具（如 FFT 频谱），并用 SNDR 代替式（2-123）内的 SNR，我们可以计算其信噪比（SNDR 或 SINAD）：

$$\text{ENOB}_{SNDR} = \frac{\text{SNDR}_{dB(max)} - 1.76}{6.02} \tag{2-127}$$

这里，在计算 SNDR 时，我们使用了广义不确定性 $u(y)$，包括失真误差。我们还使用 $\text{ENOB}_{\text{SNDR}}$ 与基于信噪比计算 ENOB_{SNR} 进行了区分。前面的关系是表征真实的 A/D 转换器特征的最常用方法。换句话说，SNDR 对随机误差和系统误差进行编码，这些误差被转换成一定数量的最低有效的噪声位（随机误差）或失真位（系统误差），这应该与用于编码信息的位数区分开来。

需要指出的是，SNDR 随输入的振幅和频率变化。因此，ENOB 也会随着这些参数的增量值发生变化（通常是递减的）。

示例 采用 $V_R = 5\text{V}$ 的 16b A/D 转换器输入直流值进行测试。输出代码直方图显示了由 0.78b 噪声引起的标准差等于 $2^{(-0.78)}V_{\text{LSB}} = 0.58V_{\text{LSB}}$ 的效果。这对应于一个输入参考的均方热噪声：$(0.58 \times 5 / 2^{16})$ $V = \sigma_N = 44.5\mu\text{V}$。$V_{\text{LSB}} = 5 / 2^{16} = 76.4\mu\text{V}$ 与噪声的比值 k 低于 2，因此，我们可以将这两种噪声结合起来，有 $[\sqrt{(44.5 \times 10^{-6})^2 + (74.6 \times 10^{-6})^2 / 12}]V = 49.6\mu\text{V}$，对于一个正弦输入，这对应于 $\text{SNR} = [20 \log(5 / ((49.6 \times 10^{-6}) \times 2\sqrt{2}))]\text{dB} = 91.0\text{dB}$。这个值与低频谱 FFT 给出的值 91.9dB 大致相同。同样的频谱显示了式（2-108）计算出的 $\text{THD} = -106.1\text{dB}$。因此，SNDR 可以使用式（2-111）来计算：$\text{SNDR}_{\text{dB}} = -10 \log$ $(10^{-91.9/10} + 10^{-106.1/10}) = 91.7\text{dB}$，因此，有效的位数是 $\text{ENOB} = [(91.7 - 1.76) / 6.02]\text{b} = 14.94\text{b}$。需要注意的是，使用 SNDR 代替信噪比对 ENOB 的影响很弱，这意味着与噪声相比，失真对 ENOB 的影响很小（但不能忽略）。

总之，16 个位中有不止一个噪声 / 失真位。这种情况会随着测试频率的增加而发生变化，在 A/D 带宽的限制下，可能会低至 $\text{ENOB} = 13.5\text{b}$。还要注意，式（2-126）仍然成立（通过模拟设备从 ADAQ7980 数据表推断的例子）。

最大信噪比的计算也可以根据离散电平的数量 $K = V_R / V_{\text{LSB}}$ 来表示。事实上，动态范围的计算针对的是一个正弦输入信号（$q = 2\sqrt{2}$）：

$$\text{SNR}_{(\text{max})} = \frac{V_R^2}{q(V_R^2 / 12K^2)} = \frac{4}{3}K^2$$

$$\text{SNR}_{\text{dB(max)}} = 20 \log(K) + 1.25 \tag{2-128}$$

2.14.4 分辨率与有效位数之间的关系

此处的理念是使用 ENOB 的概念，不仅描述 A/D 转换器的特性，而且在模拟领域量化其分辨率位数。因此，我们将分辨率的一般表达式等同于 ENOB 位的理想 A/D 表达式

$$\text{分辨率}(s)_{\text{b}} = \frac{1}{2} \log_2\left(\frac{\text{FS}}{q \cdot 2p \cdot \sigma_N}\right) = \frac{1}{2} \log_2(\text{DR}) = \frac{1}{2} \log_2(\text{DR}_{\text{A/D}}) =$$

$$= \frac{1}{2} \log_2\left(\frac{2^{\text{ENOB}}V_{\text{LSB}}}{2\sqrt{2} \cdot 2p \cdot V_{\text{LSB}} / \sqrt{12}}\right) = \text{ENOB} + \log_2\left(\sqrt{\frac{3}{2}} \cdot \frac{1}{2p}\right) \tag{2-129}$$

其中，q 为分辨率定义中的功率因数（即在分辨率以直流计算的情况下，$q = 1$）。正如 ENOB

定义的，为了简单起见，我们使用 ENOB 作为 $ENOB_{SNR}$ 的符号。因此，对于式（2-129），当 $p = 3.3$ 时，有

$$无噪声分辨率_b = ENOB_{SNR} + 2.43 \qquad (2\text{-}130)$$

而对于 $p = 0.5$，有

$$有效分辨率_b = NL_b = ENOB_{SNR} + 0.29 \qquad (2\text{-}131)$$

或等价为

$$2^{NL_b} = 2^{ENOB} \cdot \frac{\sqrt{12}}{2\sqrt{2}} = 2^{ENOB} \cdot \sqrt{\frac{3}{2}} \qquad (2\text{-}132)$$

请注意，式（2-132）和式（2-131）与式（2-119）相一致。

> **提示** 对于根据式（2-123）和类似的使用 ENOB 导出的任何 DR，假设 DR 是在具有功率因数 $2\sqrt{2}$ 的交流正弦情况下计算的，当这个"类似 A/D 的"动态范围等同于定义模拟域分辨率的 DR 时，如式（2-129），对于后者，我们应该使用适合于分辨率定义的 q（直流 $q = 1$，正弦交流 $q = 2\sqrt{2}$）。换句话说，如果我们需要从定义分辨率的动态范围中推导出 σ_N（根据式（2-129），$DR = DR_{A/D}$），我们必须使用适当的 q 因子：
>
> $$分辨率\,(s) \xleftrightarrow{q} DR = DR_{A/D} \xleftarrow{q=2\sqrt{2}} ENOB$$

示例 重量秤需要在 100kg 的满量程中具有 10g 的无噪声分辨率（即分辨率内的稳定数字）。因此，无噪声分辨率的位数为 $[\log_2(100/0.01)]b = 13.2b$，因此，模拟接口的有效位数为 ENOB = 无噪声分辨率$_b + 2.43 = 15.6b$。

总之，我们有两种方法来计算模拟域中的分辨率位数。第一种与信息论有关：

$$DR = \frac{FS^2}{q^2 \sigma_N^2} \rightarrow NL = 2^{NL_b} = \sqrt{1 + DR}$$
$$NL_b = 有效分辨率_b \qquad (2\text{-}133)$$

另一种方法是使用 ENOB：

$$DR_{dB} = 10 \log \frac{FS^2}{q^2 \sigma_N^2} \rightarrow ENOB = \frac{DR_{dB} - 1.76}{6.02} \rightarrow NL_{ENOB} = 2^{ENOB} \qquad (2\text{-}134)$$

联系式（2-132）可得：

$$NL = 1.22 \cdot NL_{ENOB}$$
$$NL_b = ENOB + 0.29 \qquad (2\text{-}135)$$

在第一种情况下，我们得到 NL 分辨率位数。在第二种情况下，因为必须适应与量化噪声相同的噪声，例如图 2-69 所示的 $NL_b = N$，所以有一个较小的结果。

ENOB 与分辨率之间的关系如图 2-70 所示，其中，按照常用参数，ENOB 比无噪声分辨率多出 1b 左右。需要指出的是，上述所有有关分辨率和 ENOB 的表达式都不考虑失真。

> **提示** 式（2-132）表明，NL_b 和 ENOB 都可以度量模拟接口分辨率位数，但有什么区别呢？在第一种情况下，NL_b 与信息论概念严格相关，其中分辨率与噪声标准差建立联系。在第二种情况下，ENOB 是一个与理想的 A/D 转换器的量化噪声相关的分辨率。我们可以在采集链设计中使用这两者，但度量应该是统一的。由于 A/D 转换器通常是采集链的最后一级，因此最好使用第二种度量值。在下一节中，我们将使用 ENOB 来表征精度和准确度。

应该强调的是，"噪声位"或"切换位"可能具有误导性，应该在概率范围内取值，例如，一个 V_{LSB} 的变化意味所有情况下最低有效位的变化，但这也是最难以发生的和最重要的变化。

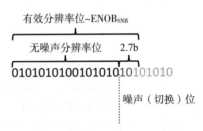

示例 14b A/D 转换器的 SNR = 71.9dB。ENOB 由 $ENOB_{SNR} = [(71.9-1.76)/6.02]b = 11.7b$ 给出。因此有大约 3 个噪声位，有效分辨率约为 12b，无噪声分辨率约为 9b。

图 2-70　在忽略失真的情况下的分辨率和 ENOB

2.15　精度、真实度和准确度

在用准确度和精度的概念感知校正值时，误差扩展给出的不确定性能用来表征传感器有效性。但这些定义属于传感器设计中最令人困惑和容易被误用的方面之一。测量科学领域最严格的参考文献指出，精度和准确度应被视为表征过程的一个定性概念。然而，在大多数传感器和传感器接口数据表中，准确度和精度往往是定量的。

不确定性的概念决定了传感器的以下特性（见图 2-71）：

- 精度表示在相同的系统条件下，重复读数所获得的值与输入值之间的分布。精度只取决于随机误差的分布，与估计值与实际值的接近程度无关。
- 真实度是指从一系列读数中获得的估计值与实际值之间的接近程度。它与系统误差有关，与随机误差无关。
- 准确度是估计值与实际值之间的接近程度。它是真实性和精度的结合，因此结合了随机成分和系统误差。

简单地说，准确度可以定义估计结果的正确性，而精度是读数易变性的度量。

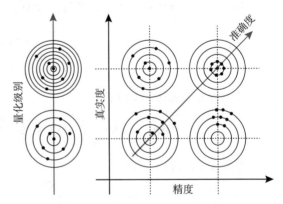

图 2-71　传感的定性表征：精度、真实度、准确度。实际值用靶心表示，每个读数用黑点表示

这些概念的图解表示如图 2-71 所示，目标的中心是"实际值"，而这些点代表测量或从传感器读出的单个样本。由于我们假设读出是数字化的，每个同心网格圆代表一个量化的输

出。精度相对于横轴显示，它表示一个读数总体（平均值）的中心周围的扩散程度，不用考虑它的位置。真实度是中心相对于实际值的位移程度，它是相对于纵轴表示的。从这个图形表示中可以看到，准确度是真实度和精度的结合。

我们可以用不确定性来描述上述概念：

$$
精度 \leftarrow u_p(x) = 2p \cdot \sigma_N
$$

$$
真实度 \leftarrow u_t(x) = 2p \cdot \sqrt{\sigma_\alpha^2 + \sigma_D^2 + \Delta x_{E(OG)}^2}
$$

$$
准确度 \leftarrow u_a(x) = 2p \cdot \sqrt{\sigma_N^2 + \sigma_\alpha^2 + \sigma_D^2 + \Delta x_{E(OG)}^2} \tag{2-136}
$$

因此，精度、真实度和准确度分别与随机、系统和组合的不确定性有关。

提示 当精度和准确度被定量化定义时，有必要指出它们所参考的 σ 的数量（即因子 p）。例如，6σ 或 $\pm 3\sigma$ 的准确度意味着所有的不确定性首先被乘方求和，然后使用式（2-136）中的 $p = 3$ 进行加权。然而，也能使用其他规则（例如，仅对随机误差使用因子 p 或精度和准确度之间的不同 p 值）。

除了将上述定义转换为定量之外，还需要使用 A/D 系统所熟悉的"有效位数"概念。这种方法的主要优点是，可以很容易地比较模拟传感器的特性与最终的 A/D 转换器的特性。

因此，可以使用这个表达式将精度的概念与"虚拟位"或"信息位"联系起来：

$$
\mathrm{ENOB}_p = \frac{\mathrm{SNR}_p - 1.76}{6.02}; \quad \mathrm{SNR}_p = 20 \log\left(\frac{\mathrm{FS}}{q \cdot u_p(x)}\right) \tag{2-137}
$$

换句话说，精度的不确定性特征就如同使用式（2-125）的具有标称分辨率的 ENOB_p 位的理想 A/D 转换器的不确定性。

按照这种方法，我们可以将其扩展到准确度的概念：

$$
\mathrm{ENOB}_a = \frac{\mathrm{SNR}_a - 1.76}{6.02}; \quad \mathrm{SNR}_a = 20 \log\left(\frac{\mathrm{FS}}{q \cdot u_a(x)}\right) \tag{2-138}
$$

请注意，SNR_a 本质上是 $\mathrm{SNDRT}_{dB(max)}$，因为它包含了所有可能的误差源的组合不确定性：

$$
\mathrm{SNR}_a = \mathrm{SNDRT}_{dB(max)} = 10 \log \frac{P_S}{P_N + P_D + P_{sys}} = 20 \log\left(\frac{\mathrm{FS}}{q \cdot u_c(x)}\right) \tag{2-139}
$$

其中 $u_c(x)$ 为组合后的不确定性。需要指出的是，我们在不确定性的计算中可以忽略失调误差和增益误差，以便以后在数字环境中进行修正。

上述方法的图解表示法如图 2-72 所示，可以看出，系统误差可能比随机误差更显著，这样就定义了一个比噪声误差更显著的"系统误差位"范围。如果我们可以通过求均值来减少噪声位（从而减少带宽），就可以只通过校准来减少系统误差位。因此，精度位是由不受不确定性影响（在概率方式内）的最小位数，系统误差位是系统误差编码误差信息的准确度位和精度位之间的差异。

示例　惠斯通电桥具有一个满量程输出跨度 FSO = 100mV，噪声为 $\sigma_N = 198$nV。静态特性显示出增益和失调误差 $\Delta y_{E(OG)} = 444$μV，非线性误差 $\sigma_D = 856$μV。等效精度（$p = 3.3$，在"无噪声"条件下）为 $\text{SNR}_p = [(100 \times 10^{-3} / (2\sqrt{2} \times 6.6 \times 198 \times 10^{-9}))]$dB $= 88.6$dB，其中 $\text{ENOB}_p = (88.6 - 1.76)/6.02 = 14.4$b。为了计算准确度，我们首先要计算出总的组合不确定性为 $u_a(x) = \left(\sqrt{(198 \times 10^{-6})^2 + (444 \times 10^{-3})^2 + (856 \times 10^{-3})^2} \right)$V $= 964$μV，于是 $\text{SNR}_a = [(100 \times 10^{-3} / (2\sqrt{2} \times 964 \times 10^{-6}))]$dB $= 31.28$dB，$\text{ENOB}_a = [(31.2 - 1.76)/6.02]$b $= 4.9$b，适用于精度 $p = 1/2$。总之，我们可以看到系统误差比随机误差显著，精度方面降低了约 9 个等效位的准确度。

精度和准确度的定义汇总图如图 2-73 所示，其中考虑了不同程度的误差。第一级由 P_N 线识别的噪声标准差给出，它同时确定信噪比和 DR。然后，无噪声分辨率位数由 6.6σ 确定，这保证了"精度"。最后，所有噪声源的和确定了"准确度"的底线。用式（2-102）或式（2-138），结合图中右侧的刻度，可以得知对以前数量的"等效位数"的度量。

"虚拟或信息位"概念的图解表示如图 2-74 所示。将噪声特性与虚拟 A/D 转换器的噪声特性进行比较。假设我们想用 A/D 转换器来表示模拟特性，则必须让 $V_{\text{LSB}} / \sqrt{12}$ 的区域中包含误差，以使总误差小于量化误差。在这种情况下，随机误差和系统误差平均下来是引起最低有效位的误差最多的部分。从图 2-74a 中可以看到，即使量化步骤中包含随机误差（特性所代表的位数足以表示系统的精度），系统误差也会导致与 A/D 特性的相关偏差。因此，A/D 转换器的多个位可能会受到系统误差的影响，从而使虚拟转换器的一定数量的最低有效位发生改变。如果我们想让最低有效位包含误差，就必须减少标称位的数量，如图 2-74b 所示。

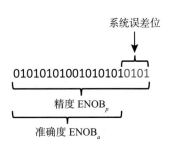

图 2-72　用"虚拟位"对模拟接口的精度和准确度的定量表示

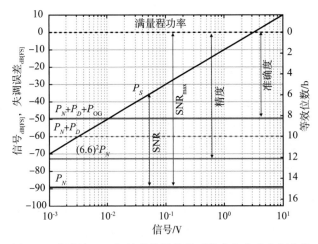

图 2-73　根据与 DR 相关的等效位数对精度和准确度概念的可视化描述

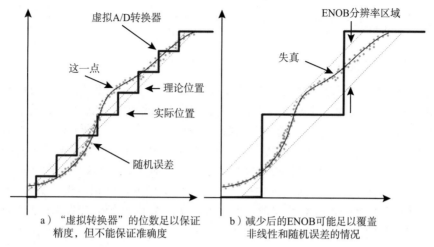

图 2-74　在非线性和随机误差的情况下，模拟接口的精度和准确度的"位"表示
　　　　的图形化解释

> **提示**　准确度的 ENOB 低于精度的 ENOB 似乎是不对的，但实际上，这个模型中所表示
> 的是从信息视角来看有效的位数。因此，准确度所需的位数较低，因为我们忽略了不携
> 带信息的系统误差的位数，例如，我们以数字加权度量举例，这里我们仅对与准确度相
> 关的少量稳定和有效的数字感兴趣。但在这种情况下，我们增加数字的数量，对我们的
> 应用来说它们是充满噪声且没有意义的。

2.15.1　工作范围定义的精度、准确度和动态范围之间的关系

在 2.12.4 节中，关于直流测量中信噪比和动态范围（DR）之间关系，我们想把这些问题
与精度和准确度的概念联系起来。

正如我们所看到的，精度的概念与信噪比有关。从另一方面来说，准确度也与 SNDR
的概念（或失调情况下的 SNDRT）有关。因此，假设我们想要在一定程度的精度 / 准确
度范围内测量 $x_{min} \div x_{max}$ 的直流值，需要以信噪比或 SNDR 给出的最小值的百分比读取这
些值：

$$DR_{dB} = 20 \log(SN(D)R \cdot \frac{x_{max}}{x_{min}}) = SN(D)R_{dB} + 20 \log \frac{x_{max}}{x_{min}} \qquad （2-140）$$

其中术语 SN(D)R 意味着我们可以让信噪比满足精度要求，SNDR 满足准确度要求。

DR 的知识是至关重要的，因为它关系到 A/D 转换器所需的 ENOB（在只使用 A/D 转换
器作为接口的情况中）。

示例　我们需要一个阻抗接口读取阻抗值，能连续测量从 10kΩ 到 100MΩ 的值，跨度为 10^4。此
外，需要 1% 的准确率，SNDR 需要达到 40dB。因此，根据式（2-140），必要的 DR 值应该是 $DR_{dB} =$

$\left[20\log\left(\dfrac{1}{0.01}\times\dfrac{100E6}{10E3}\right)\right]dB=120dB$，这意味着如果要使用 A/D 转换器，则 ENOB 至少是 $\left(\dfrac{120-1.76}{6.02}\right)b=19.6b$。

2.15.2 不准确度图形

关于输入激励的不同校准值以及影响参数的分布，一个有效的准确度（有时称为"不准确度"）实验估计是由涉及输入的评估误差给出的，该实验技术中也考虑了失真误差，起点指的是由影响参数引起的误差，忽略失真和随机误差。我们考虑了图 2-33 所示的参数或器件总体的变化，然后绘制出误差与输入激励的关系，如图 2-75a 所示，并考虑到了覆盖区间的边界（如 $\pm3\sigma$）。这些边界在工作范围内的最大值确定了接口的准确度（或"不准确度"）的不确定性。

通常情况下，测试器件之前也要先校准，因此定义校准点的相对误差为 0，如图 2-75a 所示。如果我们只对非线性误差感兴趣，那么可以从图 2-47 开始估计失真引起的不准确度，然后将输出误差与输入端关联起来，如图 2-75b 所示，并选择通过覆盖因子 p 来考虑扩展的不确定性。

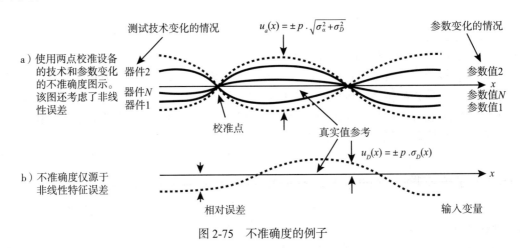

图 2-75 不准确度的例子

示例 同一批次的温度传感器（即输入激励为温度）被单独校准。尽管校准，残差还是导致在 –40℃ ~ 85℃ 工作范围内的 3σ 不准确度为 0.55℃。这意味着一组校准的温度传感器在输入工作范围内具有不同温度。可以通过方差 $\sigma_a^2(x)$ 来计算每个温度的误差分布。系统的不准确度由最大值给出：$\max\left(\pm3\sigma_a(x)\right)=\pm0.55℃ \forall x\in[-40,85]$。

2.15.3 接口与 A/D 转换器链路分析

如图 2-76 所示，一个模拟转换器随后跟着的是一个量化器。模拟噪声由一个点表示，这个点概述了转换器的输出噪声和 A/D 转换器的输入参考随机噪声（见图 2-76a）。量化噪声能用链路中的另一个求和点来表示，如图 2-76b 所示。如果我们设置 A/D 转换器的量化噪声低于随机过程的量化噪声（$k<2$），就能用 PQN 模型将其二次组合并将其与输入端相关联（见图 2-76c）。

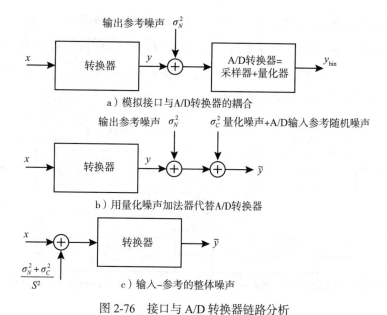

a）模拟接口与A/D转换器的耦合

b）用量化噪声加法器代替A/D转换器

c）输入–参考的整体噪声

图 2-76　接口与 A/D 转换器链路分析

示例　增益 $G = 100$ 的放大器的特性是在 FSO $= 5V$ 的范围内具有 $120\mu V$ 的均方输出噪声。该放大器与具有 $45\mu V$ 的均方输入参考噪声的 16b A/D 相连。均方量化噪声为 $[5/(2^{16} \times \sqrt{12})]V = 22\mu V$，由于 $k < 2$，我们可以应用 PQN 模型并在 RSS 中组合，并且适用于输入参考有效分辨率：$u(x) = [(\sqrt{(120 \times 10^{-6})^2 + (45 \times 10^{-6})^2 + (22 \times 10^{-6})^2})/100]V = 1.3\mu V$，因为输入 FS 是 $(5/100)V = 50mV$，$SNR_p = 20 \log \left(\dfrac{FS}{q \cdot u(x)} \right) = 82.7dB$。因此，（整个系统）精度为 $ENOB_p = [(82.7 - 1.76)/6.02]b = 13.4b$。

2.15.4　A/D 系统接口的设计

当我们将由任一给定精度和准确度为特性的模拟接口与 A/D 转换器相结合时，可能会导致我们使用具有相同特性的 A/D 转换器，然而这是不正确的，因为相对于单级结构，具有相同分辨率的两级流水线结构将会给出一个减少的总分辨率（见第 3 章）。

因此，问题是：对于具有一定精度 / 准确度的给定接口，哪一个是能够保持分辨率特性的 A/D 转换器的 ENOB（见图 2-77）？

无论哪些 A/D 转换器的特性，采集链的分辨率规则（RRC）表明，两级流水线（转换器 +A/D 转换器）的总体精度 / 准确度相对于转换器的特性较低。为了弥补这个缺点，我们必须选择一个 ENOB 最大的 A/D 转换器。一个很好的妥协方案是使用一个至少比转换器多 1b 的 A/D 转换器。我们将在下面的例子中验证这一点。

示例　使用与前面的示例相同的数据，传感器的有效输入分辨率为 $u(x) = [(120 \times 10^{-6})/100]V = 1.2\mu V$，因此，其信噪比为 $SNR_p = [20 \log(5 \times 10^{-2}/(1.2 \times 10^{-6} \times 2\sqrt{2}))]dB = 83.3dB$，精度是 $ENOB_p = 13.6b$。因此，

为了保持其精度，应该使用一个超过这个位数的 A/D 转换器。值得注意的是，如果我们使用前一个例子中具有输入参考噪声不确定性的 A/D 转换器，那么 $u(y) = \left[\sqrt{(45\times10^{-6})^2 + (22\times10^{-6})^2}\right]V = 50.1\mu V$，ENOB = 14.8。它满足了上面提到的约束条件。这一点也被该 A/D 转换器证实了，输入无噪声分辨率从传感器的 $1.2\mu V$ 降低到整体只有 $1.3\mu V$（参考前面的例子）。

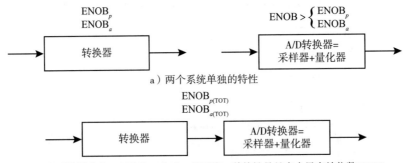

a）两个系统单独的特性

b）这两个系统耦合在一起作为一个唯一的系统，其特性是具有全局有效位数 $ENOB_{(TOT)}$

图 2-77　将模拟接口与 A/D 转换器耦合

关于这一节的最后总结是：根据经验，我们将选择一个比转换器分辨率更大的 A/D 转换器，然而，因为成本和能量消耗太昂贵，所以应该量化这个过程，换句话说，我们应该提高 A/D 转换器的分辨率到多少？此外，在整个链中，单级模块的分辨率的贡献是什么？

这些问题将在第 3 章中进行解答。

2.16　附录：不同情况下的均值和方差

下表中总结了本章和后文中使用的一些符号。更多详细信息请参见第 4 章。一个重要的方面是在不同的上下文中使用相同的变量 x：如果它是一个采样值 $x_i = x(t_i)$，就可以有几个相同的值，但是如果它与一个随机变量的编号输出值 $x_j (j = 1, 2, \cdots, K)$ 相关，就必须保证 $x_1 < \cdots < x_j < x_{j+1} < \cdots < x_K$。

名称	表达式
连续时间变量	$x(t)$
采样时间变量	$x_i = x(t_i);\ i = 1,\ldots,N$
随机变量	X
随机变量结果	$x = X(s_i);\ s_i$ 表示第 i 个实验结果
随机变量结果值	$X(s_i) = x \in \{x_1, x_2, \cdots, x_j, \cdots, x_K\}$，其中 $x_1 < \cdots < x_j < x_{j+1} < \cdots < x_K$
离散变量概率	$p_j = p_X(x_j)$

下表是对不同上下文中均值和方差的一些定义。

	均值 / 期望值	方差
样本、数量、经验 $x_i = 1 \cdots N$（等可能的结果）	$\bar{x} = \dfrac{1}{N} \sum\limits_{i=1}^{N} x_i$	$s_x^2 = \dfrac{1}{(N-1)} \sum\limits_{i=1}^{N} (x_i - \bar{x})^2$
时间周期变量	$\langle x \rangle = \dfrac{1}{T} \int\limits_{-T/2}^{T/2} x(t)\,\mathrm{d}t$	$\sigma_x^2 = \dfrac{1}{T} \int\limits_{-T/2}^{T/2} \left(x(t) - \langle x \rangle\right)^2 \mathrm{d}t$
离散随机变量	$E[X] = \sum\limits_{j=1}^{K} p_j x_j$ $E[X] = $ 期望值	$s_X^2 = \sum\limits_{j=1}^{K} p_j \left(x_j - E[X]\right)^2$
连续随机变量	$E[X] = \int\limits_{-\infty}^{\infty} x p_X(x)\,\mathrm{d}x$	$\sigma_X^2 = E\left[\left(X - E[X]^2\right)\right]$

延伸阅读

Carlson, A. B., *Communication Systems*：*An Introduction to Signal and Noise in Electrical Communication.* New York：McGraw-Hill, 1986.

Duda, R., Hart, P., and David, S., *Pattern Classification.* New York：John Wiley & Sons, 2001.

Gregorian, R. and Temes, G.C., *Analog MOS Integrated Circuits.* New York：John Wiley & Sons, 1986.

Johns, D., and Martin, K., *Analog Integrated Circuit Design.* New York：John Wiley & Sons, 1997.

Joint Committee for Guides in Metrology, Evaluation of measurement data-Guide to the expression of uncertainty in measurement (GUM).Working Paper, Geneva, 2008.

Kester, W., Ed., *The Data Conversion Handbook.* Philadelphia：Elsevier, 2004.

Maloberti, F., *Data Converters.* New York：Springer Science+Business Media, 2007.

Taylor, J. R., *An Introduction to Error Analysis.* Sausalito, CA：University Science Books, 1997.

Widrow, B., and Kollar, I., *Quantization Noise.* Cambridge：Cambridge University Press, 2008.

第 3 章
传感器设计优化与折中

本章将首先描述减小误差的技术。就随机误差而言，探讨的误差减小方法适用于在频域上增加信噪比，及其与样本求平均值的严格关系。接下来，主要基于反馈的概念，提出了限制系统误差的策略。然而，由于误差减少技术允许有多个自由度，因此本章将从分辨率、带宽和功耗的角度探讨优化传感系统的折中。更具体地说，将从信息论的角度对待传感过程的分辨率优化，并将该方法扩展到采集链中，来理解单一模块的作用。

3.1 求均值减少随机误差

信噪比（Signal-to-Noise Ratio，SNR）是比较信号和噪声功率的常用参考指标。在本节中，我们将从频谱的角度来分析信噪比。图 3-1 给出了一个由随机指数衰减脉冲组成的信号之和在时域和频域上与噪声不相关的例子。该信号具有的特征，我们可以很容易地将其近似为具有最大频率为 f_M 的带限信号（见第 4 章）。

在这个例子中，在一直到频率 f_N 的范围内，噪声的特征是均匀的单边功率谱密度（Power Spectral Density，PSD）$S_N(f)$。图 3-1a 所示的系统带宽（BW）与接口引入的低通滤波效应相关。如图 3-1b 所示，通过限制系统带宽，一个有可能提高信噪比的方法是通过减小频谱区域内的噪声功率来增加 SNR，为简单起见，这里我们假设一个理想的低通滤波器可以提供滤波效果。

现在，如果将图 3-1a 的信噪比与图 3-1b 中的信噪比进行比较，可以看到：

$$\text{SNR} \simeq \frac{P_S}{S_N(f) \cdot \text{BW}}; \ \text{SNR}' \simeq \frac{P_S}{S_N(f) \cdot \text{BW}'}$$

$$\rightarrow \text{SNR}' \simeq \text{SNR} \cdot \frac{\text{BW}}{\text{BW}'}; \ \text{BW} \geqslant f_M \tag{3-1}$$

因此，减小系统带宽（直到信号的最大频率处）会相应地使信噪比成比例增加。

我们已经看到，信噪比也可以用噪声方差来表示。因此，我们可以在两倍于噪声的最大频率 $f_s = 2 \cdot f_N$ 的频率上对信号和噪声进行采样，而不会有任何信号和噪声损失。这很重要，因为它避免了噪声混叠，这一点将在 3.5 节中讨论。然后，我们使用一个移动平均滤波器，其中样本在 K 个连续值的窗口中进行平均。我们必须选择一个 K 值，不要期望在平均窗函数中出现信号的变化。这意味着在采样定理下，求平均值不会改变信号的特性（因此也不会改变功率）。另外，噪声比信号有更高的带宽，所以求平均值的过程可以平滑噪声的快速变化，如图 3-1 中的频谱所示。

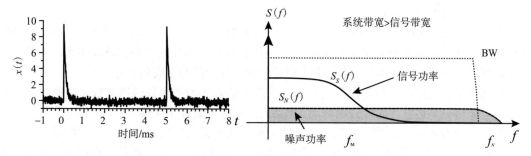

a）由系统带宽决定的信号和噪声

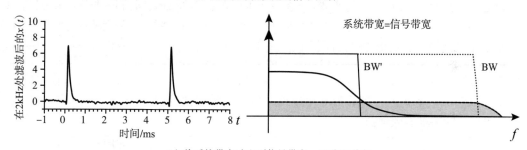

b）将系统带宽减少到信号带宽，以减少噪声

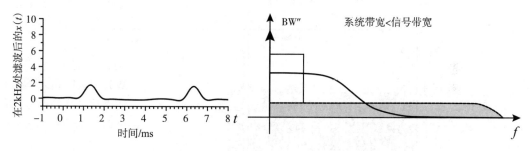

c）将系统带宽减少到信号带宽以下，影响信号完整性

图 3-1 低通滤波对信号和噪声组成的影响

因此，根据求平均值的中心极限定理，我们有

$$\text{SNR} = \frac{P_S}{\sigma_N^2};\ \text{SNR}' = \frac{P_S}{\sigma_N'^2};\ \sigma_N'^2 = \sigma_N^2/K$$

$$\rightarrow \text{SNR}' = \text{SNR} \cdot K \tag{3-2}$$

这一结果表明，在上述假设条件下，移动平均在提高信噪比方面具有与低通滤波相同的效果。我们必须小心这个结论：它只是说效果是一样的。移动平均滤波器的效果并不是理想效果，我们可以找到无限多在降低噪声的方差上有类似效果的低通滤波器。

求平均值和滤波：在时域中对采样信号进行平均，在频域中具有低通滤波器的效果。

　　然而，这种通过减少带宽来提高信噪比的方法存在局限性。如果我们进一步将滤波器的带宽降低到 BW，如图 3-1c 所示，那么我们不仅切断了噪声功率，也切断了信号功率分量。因此，信号的完整性会退化。

　　图 3-2 表明了使用 5 个、10 个、50 个样本的窗函数（核函数）上移动平均滤波器的效果，这些样本演示了标准差被减少了 $\sigma/\sqrt{K}$ 因子，其中 K 是核函数的大小。还应注意，遵循中心极限定理，无论原始分布如何，500 个过滤后的样本分布都趋于高斯分布。

　　正如已经讨论过的，信噪比是在转换早期阶段信息检测的主要引用参数。简单的低通滤波技术可能很容易地在初始阶段的物理/电路层面的模拟处理中实现。

　　然而，还有更复杂的技术可用于在算法层面上增加提取的信息。例如，我们能根据信号和噪声的特点来塑造滤波器（因此，不仅仅是一个低通滤波器），如自适应滤波（例如，相反、反卷积、最优、匹配和维纳滤波），这些技术应该在对原始数据信号处理的采集链的最深阶段采用。因此，即使是以较高的计算成本为代价，采用这些技术的检测性能可能比用简单的基于能量谱的方法获得的性能高得多。

> **提示** 信噪比的重要性仅应在信号采集链的最早阶段被考虑，不应认为与传感过程的最终检测极限有关。事实上，尽管信噪比很低，但在更深层次的采集链上，使用计算技术，信息提取还能够被有效地执行。

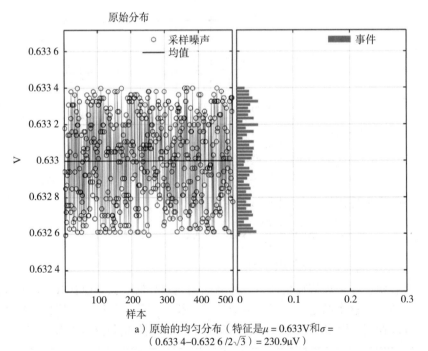

a）原始的均匀分布（特征是 $\mu = 0.633V$ 和 $\sigma = (0.633\,4-0.632\,6/2\sqrt{3}) = 230.9\mu V$）

图 3-2　移动平均滤波器对均匀分布随机误差（噪声）的影响

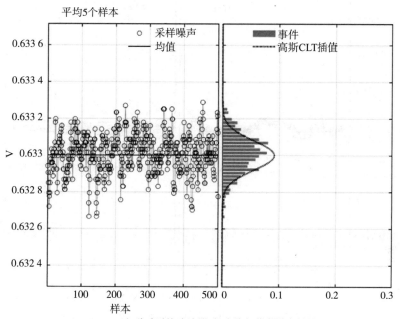

b）移动平均滤波器对5个均匀分布样本的处理

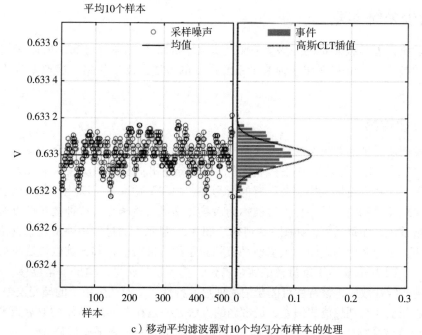

c）移动平均滤波器对10个均匀分布样本的处理

图 3-2　移动平均滤波器对均匀分布随机误差（噪声）的影响（续）

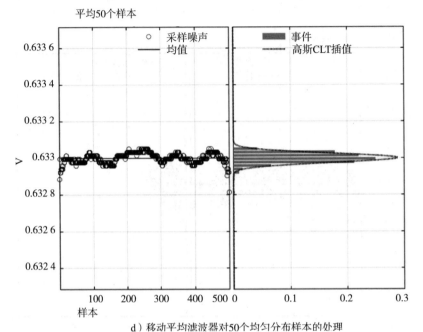

d）移动平均滤波器对50个均匀分布样本的处理

图 3-2　移动平均滤波器对均匀分布随机误差（噪声）的影响（续）

3.2　减少系统误差

减少系统误差是很困难的，因为它们不是随时间变化的总体分布，所以我们不能使用求平均值的技术。我们将介绍 3 种减少系统误差的方法：反馈传感、虚拟差分传感和电子校准。

3.2.1　反馈传感

目前我们所看到的传感系统都基于从输入到输出的直接信息流，也称为直接传感（或开环传感）。然而，我们可以使用另一种方法，即部分输出被反馈并从输入中减去。这个想法是通过抵消一个我们更好地控制或了解的行为来"中和"输入量。因此，我们通过中和量的多少来间接地衡量刺激。后一种方法被称为间接传感或反馈传感。这种技巧可以追溯到简单的机械测量系统，如重量秤，如图 3-3 所示。图 3-3a 显示了通过使用弹簧建立直接感应秤的最简单方法。重力和弹力之间的平衡使平板相对于原基准产生位移，其位移量与被测质量的重量成正比。图 3-3b 显示了重量秤的实际特性，输入量是质量，输出量是位移。不幸的是，由于弹簧的非线性效应，该特性可能会偏离理想的特性，从而产生系统的畸变误差。

为了避免上述与理想值的偏差，最古老的方法之一是在图 3-3c 所示的双盘天平上实现间接传感。在机械系统中，利用参考砝码 M' 所给予的相等的力来平衡砝码 M。一旦我们通过一个零失调的参照物来确保两个力的平衡，就可以说"M 的重量是由 M' 的值决定的"，从而进行间接传感。图 3-3b 显示了对实际特性的影响，由于测量砝码的影响，弹簧被迫在其稳态点周围的小位移上起作用，在那里它提供了最大的线性行为。显然，间接传感的分辨率相当于我们能够实现的对零位偏差检测的分辨率。

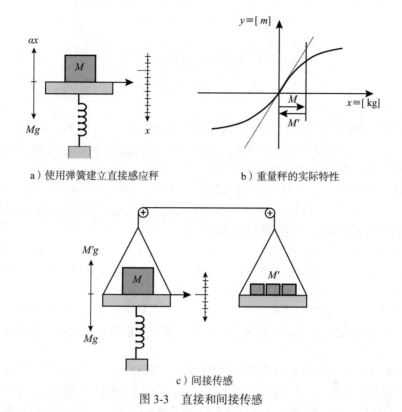

a）使用弹簧建立直接感应秤　　　　　　b）重量秤的实际特性

c）间接传感

图 3-3　直接和间接传感

图 3-4a 所示的方法给出了一种间接传感的演变，这里使用了一个系统来调整中和效果，再次提及天平的这种情况，我们可以考虑一个自动系统，它产生的力与砝码的作用相反。这个反作用力与零失调参考相关的平板位移误差成正比。可以通过量化补偿输入量所需的力的大小来间接测量重量。因此，系统反馈一个"需要多少就有多少"的反作用力，以此认为误差可以忽略不计。

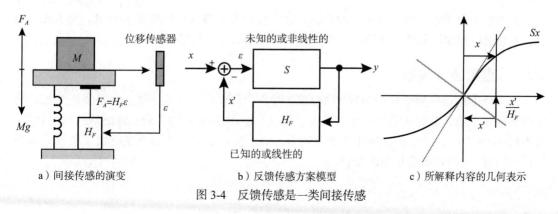

a）间接传感的演变　　　　　b）反馈传感方案模型　　　　c）所解释内容的几何表示

图 3-4　反馈传感是一类间接传感

图 3-4b 显示了一个反馈传感方案模型，其中一个非线性（因此受到系统误差的影响）的传感器行为被线性系统块反馈到一个循环方案中。输入 / 输出和误差 / 输入的关系可以计算为

$$y = S(x - x') = S\varepsilon = Sx - S \cdot H_F y \Rightarrow$$

$$\frac{y}{x} = \frac{S}{1 + S \cdot H_F} \xrightarrow{S \cdot H_F \gg 1} \frac{1}{H_F}$$

$$\frac{\varepsilon}{x} = \frac{1}{1 + S \cdot H_F} \xrightarrow{S \cdot H_F \gg 1} 0 \qquad\qquad (3\text{-}3)$$

其中 H_F 是反馈块的传递函数，乘积 $S \cdot H_F$ 称为开环增益。如果开环增益很高，那么输入 / 输出特性由反馈增益的倒数给出。图 3-4c 说明了到目前为止所解释的内容的几何表示，其中传感器的非线性特征与反馈块的线性行为有关。

甚至在传感器特性未知（但单调）的情况下，通过已知的（线性或单调的）反馈特性，这种方法的扩展仍能被应用。因此，如果反馈特性是线性的，我们就会得到一个线性的输入 / 输出关系，而不考虑前面模块的非线性因素。

图 3-5 中显示了两个反馈传感的应用实例。在图 3-5a 中显示了一个闭环电流感应。我们想感应的电流 I_I 在一个螺线管中流动，产生一个磁通 Φ_I。然而，一个反馈中频电流通过另一个线圈产生一个相反的磁通 Φ_F。磁通量的总差值由霍尔传感器感应到，该传感器将其转化为误差电压，由电压 – 电流放大器放大并反馈。因此，我们可以看到系统的功能如下：产生一个反馈磁场，以尽可能地忽略输入磁场。可以通过测量平衡两个磁通所需的输出电流来感知输入电流。

图 3-5b 中显示了一个静电力反馈加速度计。电容极板作为惯性质量，所受的力是我们想要测量的产生加速度（垂直方向）的力，另一极板通过弹性力被固定在一个机械基准上，因此，当弹性力和加速度力处于平衡状态时，将产生一个相对于稳态位置的极板位移。为了不允许自由位移，我们在平板上施加一个反馈电压 V_F，用一个与加速度方向相反的静电力 F_e 来抵消加速度力 F_a。我们必须通过放大电容的变化和使用电荷放大器来感应两个力之间的误差。因此，我们通过施加在电容器上的电压来间接测量加速度，以抵消加速度力。加速度越大，反馈电压就越高。反馈力的作用是使可动板更具刚性（与它在静止位置时相比）。

在这两个例子中，由于力原理的叠加，这种反馈差异被应用在物理环境中。为了说明概念，上面给出的示例架构非常简单，但实际集成时情况要复杂得多。

3.2.2　虚拟差分传感

当一个传感器依赖于影响参数（如温度）时，会出现一个普遍问题，并且我们无法区分输出是相对于输入激励还是相对于这些参数而变化。图 3-6a 表明了同一传感器的两个特征，其中影响参数从 α_1 变为 α_2，同样清晰地表明，由于参数 α 的变化而产生的误差能被添加到相对于激励 Δx_S 的输出信号变化 Δy_S 中。

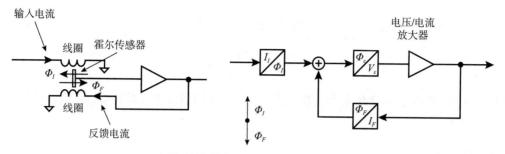

a) 通过霍尔传感器进行闭环电流感应

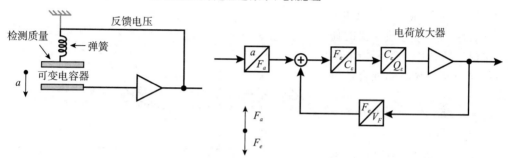

b) 静电力反馈加速度计

图 3-5 反馈传感的例子

例如, 一个被设计为应变传感器的电阻传感器对温度也很敏感: 在不知道温度变化的情况下, 输出信号会受到无法识别的误差的影响。

一种减少该误差的技术称为虚拟差分传感。如图 3-6b 所示, 第二个传感器, 称为参考传感器或虚拟传感器, 使用相同的参数 α, 但输入不同。我们有一阶近似值, 如下所示, 其中 y_R 是真实传感器的输出, y_D 是虚拟传感器的输出:

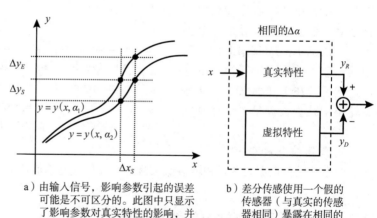

a) 由输入信号, 影响参数引起的误差可能是不可区分的。此图中只显示了影响参数对真实特性的影响, 并未显示真实特性和虚拟特性

b) 差分传感使用一个假的传感器(与真实的传感器相同)暴露在相同的影响参数变化下

图 3-6 差分传感方法

$$y_R\left(x_0 + \Delta x_S, \alpha_0\right) \cong y_0 + \frac{\mathrm{d}y_R}{\mathrm{d}x}\bigg|_0 \Delta x_S + \frac{\mathrm{d}y_R}{\mathrm{d}\alpha}\bigg|_0 \Delta\alpha$$

$$y_D\left(x_0, \alpha_0\right) \cong y_0 + \frac{\mathrm{d}y_D}{\mathrm{d}\alpha}\bigg|_0 \Delta\alpha \tag{3-4}$$

因此，假设（一阶近似）$\left.\dfrac{dy_R}{d\alpha}\right|_0 \approx \left.\dfrac{dy_D}{d\alpha}\right|_0$ 并减去两个输出，有

$$\Delta y_S = y_R - y_D \cong \left.\frac{dy_R}{dx}\right|_0 \Delta x_S \qquad (3\text{-}5)$$

表明输出变化与影响参数变化无关。如果关于一阶变化的假设没有被忽略，那么最终的等效性应当被验证。

3.2.3 电子校准

当设计的目标是准确度时，减少非线性就成为一项主要的任务。在现代架构中，我们能够使用一种称为电子校准的混合信号技术。

图 3-7 展示了一个可能的电子数字校准的简化结构。其思想是，固定的系统误差取决于输出（或输入）值，如图 3-7a 所示，因此可以根据输入的变化对其进行校正。因此，在 A/D 转换器将读数数字化之后，该值被用来寻址一个查找表（Look Up Table，LUT），其中的误差先前已在特征模式下存储。然后，在工作模式下，从原始输出中减去失调量来估计真实值 $\hat{x}$。

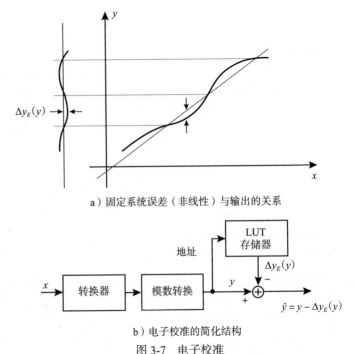

a）固定系统误差（非线性）与输出的关系

b）电子校准的简化结构

图 3-7　电子校准

还有其他几种架构，例如，固定的系统误差根据失调量和增益值来修正，其原理与前面所展示的非常相似。

3.3　传感器采集链中信息的作用

在本节，我们将简要回顾信息理论的一些理论背景，以便从分辨率的角度理解它在传感器特性描述中的作用，以及在传感器设计中如何使用该框架。更具体地说，可以通过最大限度地提高采集链所传递的信息量来优化传感过程。为了使"信息"成为一个可测量的数量，我们将简要介绍香农信息熵的概念。这个概念将在二进制数字系统中讨论（即使其他基数也是可能的），因为电子计算是通过二进制数进行的。

从一个非正式的方法开始，利用图 3-8，假设一个完全不知情的旅行者要从一个起点

（a）出发，只用二元决策（二元决策树）到达 4 个目的地（d、e、f、g）之一。假设旅行者像"随机行走"一样选择道路（即向右或向左的机会均等）。因此，图的结构决定了最终目的地的质量概率密度，这也可以在大量实验后估计出来（例如，在图 3-8a 中，有 Pr(d)=1/4，Pr(e)=1/8，等等）。

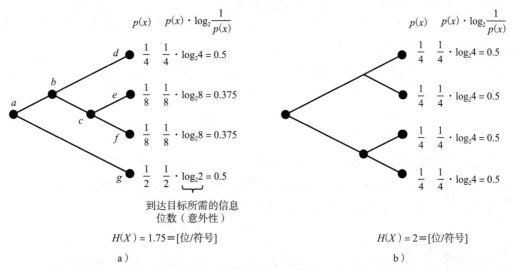

$$H(X) = 1.75 \equiv [位/符号]$$

a）

$$H(X) = 2 \equiv [位/符号]$$

b）

图 3-8　信息熵的图形解释。我们需要从一个起点出发，仅用二元决策来得到四点。香农信息也称为结果的"意外性"：可能性越小，意外性就越大，并且路径越长，应当提供的信息量就越多

　　现在，假设在一个聪明的教练监督下取得同样的结果（概率分布），告诉每个旅行者到达终点的正确方向。例如，必须从 a 到 e 的旅行者得到了 3 位信息的指示（左、右、左）。再例如，要从 a 到 g 的旅行者只需要 1 位信息（右）。我们把与一个特定结果（终点）相关的信息称为香农信息。请注意，信息的位数（通往终点交叉路口的数量）与该终点的概率有关：终点需要的信息越多，概率就越低。例如，如果我们需要 3 = $\log_2 8$ 位（即 3 个十字路口指令）来完成 a 到 f 的旅行，那么在随机游走模式下到达终点的概率 $p(x)$ = 1/8。因此，对于一个给定的图形（即概率质量函数（Probability Mass Function，PMF）），教练需要向大量旅行者传达的平均信息量是多少时才能让他们到达终点？换句话说，我们想量化从大量实验中"创造"给定分布所需的平均信息。从"自然"的角度来看，这种平均信息也是在随机游走的许多实验中引起的平均变化量，因此它也是一种平均不确定性。这种双重观点是至关重要的，因为观察到的分布的平均不确定性的减少意味着观察系统的信息的增加。

　　根据前面的讨论，这种不确定性（或意外性）的平均值称为信息熵，可以估计为

$$E\left[\log_2 \frac{1}{p(x)}\right] = \sum_{i=1}^{N} p(x_i)\log_2 \frac{1}{p(x_i)} = H(X) \equiv [位/符号] \tag{3-6}$$

其中"位"是选择的一种二进制测量，"符号"是在我们例子中的终点。值得注意的是，在图 3-8a（概率质量函数）中，有 H=1.75，而在图 3-8b 中，PMF 是均匀的，有 H=2。可以证

明，均匀分布给出了最大熵。这意味着在后一种情况下，我们遇到的是许多随机行走实验中每个目的地的最大平均选择数。当然，前面的讨论主要是给出一个理解信息熵的直观方法，而正式的方法应该是基于公理的方法，其中式（3-6）是信息熵的定义。此外，在下面的讨论中，为了简单起见，我们将把输入和输出信号与离散电平联系起来，因为我们将看到，由噪声引起的分辨率模型将把信息测量降低到离散电平。

现在，由于我们通常指的是一个系统的输入和输出之间的关系，因此可以用两个（离散）变量 x 和 y 之间的联合分布熵来概括上面提到的定义：

$$E\left[\log_2 \frac{1}{p(x,y)}\right]$$
$$= \sum_{i=1}^{N}\sum_{j=1}^{M} p(x_i, y_j)\log_2 \frac{1}{p(x_i, y_j)} = H(X;Y) \equiv \left[\text{位/对}\right] \tag{3-7}$$

注意，对于独立变量，$p(x_i, y_j) = p(x_i) p(y_j)$ 联合熵是 $H(X;Y) = H(X) + H(Y)$。图 3-9 显示了这个函数的应用实例，我们像往常一样将 x 和 y 与系统的输入和输出联系起来。注意，由于 x 变量是均匀分布的，其熵 $H(X)$ 是最大的。

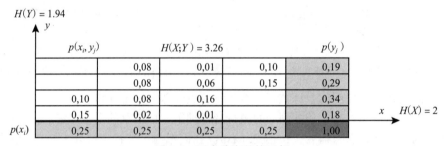

图 3-9 联合分布的熵示例

我们现在想了解从输入到输出有多少信息被传达出来。换句话说，有多少输入的熵被映射到输出。极端的情况是，输入和输出之间完全没有关系，所以 $H(X;Y) = H(X) + H(Y)$。因此，我们定义交互信息 $I(X,Y)$，有

$$I(X;Y) = H(X) + H(Y) - H(X;Y) \tag{3-8}$$

可以很容易地发现，该表达式为

$$I(X;Y) = E\left[\log_2 \frac{p(x,y)}{p(x)p(y)}\right] = E\left[\log_2 \frac{p(y|x)}{p(y)}\right] \equiv \left[\text{位/对}\right] \tag{3-9}$$

第二种表达方式表明了另一种关系，可以很容易地加以证明：

$$I(X;Y) = H(Y) - H(Y|X) = H(X) - H(X|Y)$$
$$H(X|Y) = E\left[\log_2 \frac{1}{p(x|y)}\right]; \quad H(Y|X) = E\left[\log_2 \frac{1}{p(y|x)}\right] \tag{3-10}$$

其中，$H(Y|X)$ 和 $H(X|Y)$ 称为条件熵。这个量可以解释如下：如果我们对输入的 X 一无所知，关于输出的熵（平均不确定性）就是 $H(Y)$；如果我们知道 X 的分布，输出的熵就会减少到 $H(Y|X)$，也就是 X 被观察到后的平均不确定性 Y。因此，式（3-10）告诉我们，传达给输出的信息是输出的熵减去给定输入的相同输出的条件熵。

让我们举一个极端的例子——假设没有测量误差。如果我们在任何选择之前（即在采取任何措施之前），有一个由 $H(X)$ 给出的平均不确定性。然而如果我们选择不包含不确定性的方式，那么 $H(X|Y)=0$。这也可以通过式（3-10）的最后一个表达式来看；如果对于任何给定的 x，我们确切地知道 y，那么 $p(y|x)=1$，$H(X|Y)=0$。这样，根据式（3-10），系统获得的交互信息为 $H(X)$。例如，一个系统的输入提供了 32 个同等可能性的选择。这就像有一个有 32 个刻度的仪表，我们假设未来的测量结果将以相等的概率落在仪表的 32 个刻度中的一个。我们有一个 5b 的输入熵（不确定性），就像用一个理想的 5 位 A/D 转换器进行测量一样。一旦我们做了一个没有不确定性的样本（测量），将得到 $H(X|Y)=0$，系统样本获得的信息是 5b-0b=5b。这相当于说，我们的系统有 5b 的分辨率能力。然而，如果我们采取具有不确定性的输出 $H(X|Y)$，那么获得的信息是 $H(X)$ 减去这个数量。

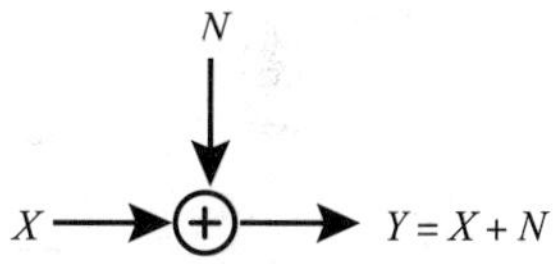

通过观察图 3-10 所示的噪声与信号相加的情况，可以更好地理解减少所获信息的效果，这就是传感过程中信号噪声退化的典型情况。

图 3-10　噪声对减少信息传递的影响

因此，按照图中的标记，有

$$I(X;Y)=H(Y)-H\big((X+N)|X\big)=H(Y)-H(N|X)=H(Y)-H(N) \qquad (3\text{-}11)$$

其中，$H((X+N)|X)=H(N|X)$，因为在 X 被观察到之后，可以知道 X 的平均不确定性为 0。因此，与式（3-10）相比，我们有

$$H(N)=H(Y|X) \qquad (3\text{-}12)$$

这意味着条件熵是噪声的熵。

关系式（3-11）很重要，因为它表明：
- 传递的信息是熵的一种变化；它是由输出的熵减去噪声的熵得到的。
- 噪声是减少传感系统中所传达信息的首要原因之一。

为了更好地理解这些概念，我们将提供一个例子。

示例　我们认为有一个源在 256 级的满量程范围内均匀分布，因此，我们具有相同的占用概率，并且源的熵是 8b 的信息。我们试图用一个有噪的 8b A/D 转换器来读取源。噪声使最后两位闪烁起来。因此，在测量完成后，$H(X|Y)=2$，我们仍有 4 级（2 位）的平均不确定性。因此，系统传达的信息是 8b-2b = 6b。

现在对不同的 2b 离散的输入 - 输出关系所传达的信息给出一些例子，如图 3-11 所示。我们此刻选择了均匀分布的输入，以便 $H(X)$ 在所有情况下都是最大值。

在"确定性"情况下（无噪声），我们有最多的信息传递 $H(X)=H(Y)=I(X;Y)=2$。如

果现在引入一些噪声，我们的信息传递就会相应地减少，在"噪声"情况下，$I(X;Y)=$ $H(Y)-H(N)=1.94$。然而，如果我们有一个"饱和"特性，也会减少信息。对于"饱和"，我们的意思是该特性不是线性的，不能将整个满量程（FS）映射到输出，如图 3-11 所示。这是因为联合熵是相同的，但 $H(Y)$ 减少了，因为不是所有的值都达到了。最后，最坏的情况是，在输入和输出之间有一个完全不相关的关系。在这种情况下，有 $H(X)=H(Y)=2$，但 $I(X;Y)=0$。

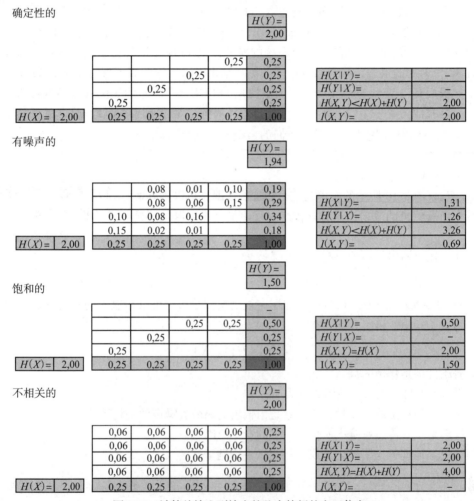

图 3-11　计算从输入到输出的几个特征的交互信息

式（3-10）也可以对 $H(X|Y)$ 进行扩展，结果如图 3-12a 所示。可以看到，对于一个给定的联合熵，交互信息在两个条件熵之间受到限制。我们可以在一个相应的图中更好地理解这种情况，如图 3-12b 所示，其中 y 是给定 x 的熵，有 $H(Y|X)$，可以看作一个给定的输入传递到输出中的若干幂级数 $2^{H(Y|X)}$。这就是典型的（但不只是）随机噪声的情况。对称地，$H(X|Y)$ 被看作把输入级转化为唯一输出级的数量 $2^{H(X|Y)}$。何时发生？最典型的情况是有饱

和度时；然而，即使是粗糙的量化也会增加这样一个条件熵。在只有随机噪声的情况下，两个条件熵通过插值函数的方式联系在一起，因为它们表达的是输入和输出参考噪声的扩散，这在第 2 章中已经说明。

提示　条件熵 $H(Y|X)$ 是给定输入值的输出的平均"不确定性"，而条件熵 $H(X|Y)$ 是给定输出值的输入的平均"不确定性"。

图 3-11 对理解条件熵的作用是有用的。请注意，在"确定性"的情况下，条件熵为 0，因为函数是一对一的对应关系，两个变量之间不存在扩散。在饱和情况下，情况发生了变化，两个输入值映射一个唯一的输出值，因此 $H(X|Y) \neq 0$。在有噪声的情况下，我们的条件熵都不同于 0，正如预期的那样。最后，在完全不相关的转换情况下，我们有最大的条件熵，交互信息为 0。

从目前来看，基于各种原因，如随机误差和饱和度，从输入到输出传达的信息量是有限的；因此，传感器设计的主要任务是使输入到输出的相互信息最大化。

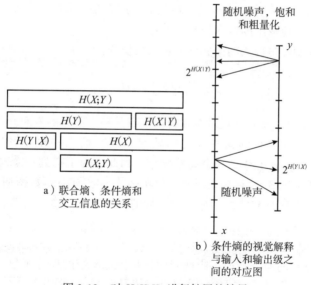

a）联合熵、条件熵和交互信息的关系

b）条件熵的视觉解释与输入和输出级之间的对应图

图 3-12　对 $H(X|Y)$ 进行扩展的结果

提示　就系统的分辨率而言，对于给定的约束条件（噪声、误差等），从分辨率的角度来看，传感器的设计优化等于从输入端到输出端的交互信息量最大化。

我们处理的是均匀输入概率质量函数，因为这是一个典型的测量案例。然而，在非均匀输入质量概率函数的情况下会发生什么？我们可以在图 3-13 中看到，显然，输入熵不再是最大值 $H(X) < 2$。

参照式（3-11），可以看到对于给定的噪声，最大化 $I(X;Y)$ 等于最大化 $H(Y)$，也就是说，使输出概率分布均匀。看一下传感器采集链的情况，上面这句话等于告诉大家，就输入概率分布而言，最终 A/D 转换器的任何位数都是等概率的。

到目前为止，我们所处理的是离散变量。然而，可以证明，大多数概念仍然是有效的，即使是连续变量微分熵的定义。在这里，为了简单起见，我们将省略讨论，因为图 3-12 中说明的基本概念对连续变量仍然是不变的。此外，来自源的测量误差和噪声将连续变量的熵（理论上是无限的，由无数个无限小的区间来模拟）限制为由有限的离散区间来定义。

噪声和非均匀输入

				$H(Y)=$ 1,96
	0,12	0,02	0,10	0,23
	0,16	0,08	0,03	0,27
0,09	0,08	0,16		0,33
0,03	0,02	0,12		0,16
$H(X)=$ 1,81	0,12	0,38	0,38	0,13	1,00

$H(X\mid Y)=$	1,34
$H(Y\mid X)=$	1,48
$H(X,Y)<H(X)+H(Y)$	3,29
$I(X,Y)=$	0,47

图 3-13　在非均匀输入分布的情况下，交互熵的计算

因此，如果输入的概率分布函数是不均匀的，那么是否存在一个输入 / 输出函数能使交互信息最大化，也就是使输出的概率分布均匀？

可以看出，最优特性是输入的概率分布函数的积分：

$$y = F(x) = \int_{-\infty}^{x} p_X(t)\mathrm{d}t \tag{3-13}$$

其中，t 是一个虚拟变量。换句话说，最优特征函数是输入分布的累积分布函数。

我们能够在图 3-14 中看到这种优化的效果，其中输入的概率密度函数（Probability Density Function，PDF）$p_X(x)$ 是一个高斯分布。因此，为了得到一个均匀的输出密度函数 $p_Y(y)$，必须使用式（3-13），它是高斯累积分布函数（与 erf(.) 函数密切相关）。在这种情况下，线性特征不再是获取具有非均匀分布的信号的最佳函数。事实表明，生物感知系统遵循这种非线性特征的优化。

从信息论的角度来总结一下：

- 只要输入变量是均匀分布的，线性特性就是传感系统的最佳函数。这是直流测量仪器的典型情况，在这里不能对输入变量进行假设。
- 对于非均匀输入分布，可以找到最佳特性，通过在输出处的均匀 PDF 获得最大的交互信息。

提示　在均匀输入概率分布的情况下，使系统传达的信息最大化的最佳传感器特性是线性的。

现在我们可以用信息论的概念来重新审视前几章的一些定义。

回顾 NL 和信噪比之间的关系，从式（2-100）[⊖] 可以得出：

⊖　实际上，根据式（2-100），应该使用 SNR_{max}，这是信号在给定的满量程下假设最大值的条件，但是为了避免在下面的讨论中与信噪比的最大化相混淆，我们去掉了下标。

$$NL = \frac{\sqrt{\sigma_S^2 + \sigma_N^2}}{\sigma_N};$$

$$SNR = \frac{\sigma_S^2}{\sigma_N^2} \rightarrow NL_b = \frac{1}{2}\log_2\left(1+SNR\right) \qquad (3\text{-}14)$$

这里 σ_S 电平的数量计算（由应用给出）假设为与满量程相关的最大值。

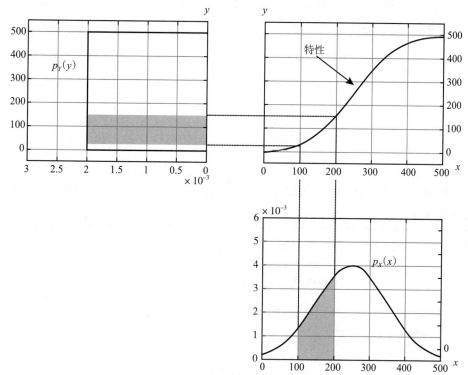

图 3-14　基于输入概率密度函数的传感系统传递的交互信息的最大化。最大值是通过保
证输出值上的均匀概率密度来获得的。在本例中，输入处采用了一个高斯 PDF，
输入、输出单位是任意的

现在，在移动通信中，对于一个给定的噪声信道，信息论定义了信道容量 C，有

$$C = \frac{1}{2}\log_2\left(1+SNR\right) = \max_{p_X(x)} I\left(X;Y\right) \equiv \left[\text{位}/\text{样本}\right] \qquad (3\text{-}15)$$

应当指出的是，这里有来自输入和信道自身的固定数量的噪声，然而，传感任务与移动
通信任务是不同的。在移动通信中，我们必须对接收所有可能的信号的概率分布 $p_X(x)$ 的信
道进行特性描述，一旦我们找到它，这就是传输信息的最佳方式。因此，C 是一个由信噪比
固化的信道特性。

另外，在传感系统中，函数 $p_X(x)$ 是由信号本质决定的，我们不能改变它。相反，我们
必须优化系统（信道）的噪声（SNR），尽可能多地向输出端传递互信息。因此，我们可以用

另一种方式解读式（3-15）；由于 $p_X(x)$ 是固定的，因此有

$$C = \frac{1}{2}\log_2\left(1+\text{SNR}\right) = \text{NL}_b \tag{3-16}$$

我们能够通过最大化信噪比来最大化信道容量（这不再是固定的），这意味着从分辨率的角度来最大化传感器采集链。

该表达式可以解释如下：假设模拟域的输入是由大量同样可能的离散值逼近的，并且没有噪声。在这种情况下，它的熵是极大的，根据式（3-11），输入的每个值都可以传达非常多的信息。不幸的是，测量的分辨率受到噪声（来自环境和接口）的限制，这限制了系统传输信息的能力。测量噪声将模拟值的概率范围划分为有限数量的离散区间，也就是分辨率位数（NL）。位数随着噪声的减少而增加。这意味着可以用单一输出值来区分等值输入的数量是

$$\frac{\sqrt{\sigma_S^2 + \sigma_N^2}}{\sigma_N} = \text{NL} = 2^C \tag{3-17}$$

> **提示** 测量的噪声有效地将一个连续变量（具有无限的熵）的可能性数量分成若干具有有限熵的离散电平。

因此，我们可以得到优化的信道为

$$C = \max_{\text{SNR}} I(X;Y) = \frac{1}{2}\log_2\left(1+\max(\text{SNR})\right) \tag{3-18}$$

可以通过考虑 $\sigma_S = \text{FS}/q$ 来与确定性信号（在特征模式下）建立关系，因此，分辨率位数和信噪比的数量与 FS 的关系是由功率因子 q 决定的：

$$\text{NL} \approx \frac{\text{FS}}{q\sigma_N}; \ \text{SNR} = \left(\frac{\text{FS}}{q\sigma_N}\right)^2 \tag{3-19}$$

例如，对于正弦信号，$q = 2\sqrt{2}$，而对于直流信号，$q=1$。因此，信噪比的最大化可以由减少噪声和满量程摆幅的最大化来给出。因此，输出编码的分辨率位数目的最大化对应于所传递信息的最大化。

> **提示** 对于给定的噪声，在传感系统中最大化相互信息对应于最大化编码到输出的分辨率位数的数量。

到目前为止，我们已经提到了一个样本（这就是采用直流参考的原因）。如果参照 2BW 的采样，我们从式（3-18）中可以得到

$$C = \text{BW}\log_2\left(1+\text{SNR}\right) \equiv [\text{b}/\text{s}] \tag{3-20}$$

这里 BW 是系统带宽，它表明系统容量与带宽呈线性关系，与信噪比呈对数关系。

如图 3-15 所示，我们能够在传感器采集链中表明信息的作用。在实际环境中，信号受到噪声的影响，而且我们已经注意到这将固化传感系统的输入熵。那么，传感器引入的自身噪声可看作对信息的一种破坏，如图 3-15a 所示。同样的信息受到输出饱和或粗量化的限制，在多级情况下，每一级都会减少信息，如图 3-15b 所示。

如图 3-16 所示，可以从信息论的角度探讨以前讨论过的不确定性概念。按照图 3-12 所示的方法和 2.9 节介绍的分辨率和不确定性的定义，图 3-16 中模拟输入 x 被映射成数字化输出 y。假设想计算一个系统的分辨率，已知内部噪声，必须拥有一个 $N=H(Y)$ 位的 A/D 转换器。基于噪声，对于一个给定的 x（特征模式），转换器必须覆盖更多位数，特别是 $2^{H(Y|X)}$ 位。同样，一个给定的输出 y 对应于更多输入位数的具有熵 $H(X)$ 的输入。这被称为工作模式的不确定性，对应于 $2^{H(X|Y)}$ 水平。因此，在这种情况下，从输入到输出传达的信息是 $I(X;Y)=H(Y)-H(Y|X)$ 位。在图 3-16 所示的特定情况下，5 位（32级）的原始 A/D 转换器只能读取 3 位，因为噪声电平覆盖 4 级（2 位）：$I(X;Y)=5b-2b=3b$。我们也可以从另一个角度来看这个论点：使用 5b 转换器是没有用的，因为信息只有 3 位。在这种情况下，参考输入，如果我们增加位数（为了近似模拟连续变量），

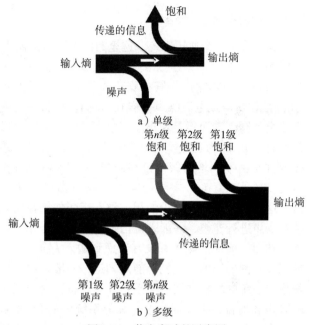

a）单级

b）多级

图 3-15　信息衰减的示意图

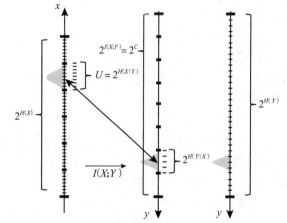

图 3-16　信息论视角下的分辨率和不确定性

增加输入熵 $H(X)$，但也增加了条件不确定性 $H(X|Y)$ 覆盖的位数，所以使用与之前一样的公式（3-10），信息 $I(X;Y)=H(X)-H(X|Y)$。在后一个例子中，系统的分辨率受到内部噪声的限制。假设将内部噪声降低到 0，并增加转换器的位数，整体分辨率（即传达的信息）受到源噪声的限制；因此，很容易表明，输入熵 $H(X)$ 受到源噪声的限制，不可能像理想的模拟输入那样是不受限制的。

3.4 采集链中的分辨率

3.4.1 增益和分辨率

我们采用一个通用系统，这里的内部噪声由输入参考功率 σ_N^2 表示，输入信号 x 受外部噪声影响，外部噪声方差为 σ_{SN}^2，如图 3-17a 所示。本节将假设处理热噪声，其中噪声不依赖于信号振幅（如同散粒噪声或电流噪声一样）。我们选择将系统噪声建模到输入端而不是输出端（即使可以交换固定增益的符号），因为这是实际系统中最常见的情况，系统内部是由不同增益级的链路组成的，根据 Friis 噪声公式（见 7.4 节），主要的噪声贡献是由第一级给出。这与 2.12.1 节中讨论的相一致，表明如果在输入端对噪声进行建模，一般来说信噪比对增益变化不敏感。然而，前面的陈述并没有考虑到输入 / 输出端有界工作范围的影响。我们可能想知道，一般来说，分辨率与系统的增益之间的关系是什么。首先对于恒定的噪声和增益，可以通过改变无界系统中的 FS 来解决这个问题，然后考虑实际架构的限制，要求改变增益。无界系统指的是假设在输入和输出的满量程上没有限制的系统。

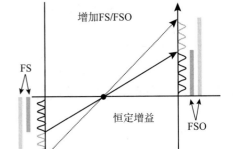

a）高增益级的系统近似，其中大部分输入参考噪声由前一级提供

采用图 3-17b 所示的增益图，分辨率图示为凸起状，正如第 2 章中所讨论的那样。这只是一个定性的表述，用来更好地说明这个概念，回顾以下一些问题：

b）在同等增益下，通过增加 FS 或 FSO 来增加 NL。FS 越高，编码的信息就越高，因为它增加了输出信息熵。我们在此假设在输入端放置物理噪声源

图 3-17　在作用于 FS 的无界系统中分辨率位数的增加

1）RTI 分辨率是输入单位中给出的输入参考噪声量的衡量标准，在比较噪声量与信号量（例如，在信噪比中，它也被称为最小可检测信号）时，RTI 分辨率很有用。因此，它是系统噪声的一个属性，而不是 FS 的属性。我们可以从几何上和质量上把它与凸起状的大小联系起来。

2）分辨率位数（NL）由 FS 与 RTI 分辨率的比率给出，它与输入 / 输出 FS 范围内的凸起状数量几何有关。在这种情况下，FS 起着基本作用。NL 与要读取的模拟状态的数量有关；因此，它是编码信息的一个指标，如 3.3 节所讨论的那样。

对于一个给定的噪声，增加分辨率位数的策略是基于增加 FS，以覆盖尽可能多的分辨率位数，如图 3-17b 所示。FS 的增加也意味着 SNR 的增加。从信息论的角度来看，NL 越高，输出信息熵越大，传达的信息量越高（见图 3-12a）。从图中可以看出，在增益不变的情况下，分辨率位数与 FS 的变化成线性关系。

前面的参数是假设输入和输出的满量程没有限制。然而，在实际的系统设计中，我们有两个重要的约束：

　　1）输入范围的摆幅由应用决定，因此，满量程（FS）输入是设计中一个首要且确定的约束条件。

　　2）满量程输出（FSO）受到物理和技术的限制。

　　与最后陈述有关的限制包括电压供给线、输出线性范围和下一级输入的最大允许摆幅（例如，A/D 转换器的输入范围），正如图 3-17 中展示的，满量程越大，编码的信息就越高。在不受控制的范围内和恒定增益的情况下（见图 3-17b），分辨率位数随满量程线性增加。因此，为了实现最多的信息传输，在给定的噪声预算下，必须使 FSO 最大化。假设链的输出是数字编码的，一个采集链的最后一个模块是一个 $V_R = 3.3\text{V}$ 的 16b A/D 转换器。如果我们想使信息传输最大化，则需要跨越输出的满量程 FSO=3.3V 上的所有 2^{16} 位。如果输出是模拟的，最大信息量是用最大输出信噪比实现的，即使用饱和（或失真）前的最大输出摆幅。

　　设计约束条件设定了设计的第一个重要参数，即采集链所需的总增益，有

$$S_T = 采集链所需的增益 = \frac{\text{FSO}_{\text{max}}}{\text{FS}_{\text{APP}}} \tag{3-21}$$

其中，FSO_{max} 是实现最大信息传输量的 FSO，FS_{APP} 是应用要求的输入信号摆幅。

示例　一个数字压力传感器覆盖了 100Pa 的测量范围，采用 16b 数字编码。总增益为 $2^{16}/100 = 655.3\text{LSB/Pa}$。

　　在前面提到的约束条件下，应该仔细调整增益，如果增益过大或过小，就会出现信息损失。

　　我们用一个例子来阐明与增益有关的折中，其中模拟输入通过 A/D 转换器被映射成数字输出。如图 3-18 所示，一个转换器应该被设计在输入的一个确定的范围内，因此，我们将假设输入的 FS 在此刻是固定的。转换器则由某些内在噪声所呈现的分辨率凸起状为特征。

　　注意，在图 3-18a 中，FSO 并没有完全映射到最佳的输出摆幅，例如，A/D 转换器的输入范围。在这种情况下，应用范围只被映射到转换器的第一级，导致一定数量的未使用位数，并造成信息传输的损失。这是因为减少 A/D 的位数意味着减少编码位，从而减少可能的组合数量，即输出信息熵。

　　如图 3-18b 所示，如果在同等 FS（应用范围是固定的）的情况下降低增益，FSO 就会减少，而且由于映射的 A/D 电平的数量进一步减少，因此情况会不断恶化。

　　相反，如果增加增益，如图 3-18c 所示，就可以在输入相同的分辨率位数的情况下覆盖最佳输出空间。这是通过实现传感器系统的所需增益来优化链式采集增益的。

　　然而，如果我们继续增加增益，输出的饱和点就会发挥作用。如图 3-19b 所示，进一步增加增益会减少输入端的分辨率位数，这会在输出端得到反映。这意味着和前面的情况一样，交互信息减少，因为我们减少了输入熵（见图 3-12a）。

　　总而言之，增益对分辨率位数起到不同的作用。对于应用所强加的一个给定的整体输入 FS：

● 如果增益不够高，分辨率就会被映射到缩小范围的输出上（见图 3-18a）。在这种情况下，FSO 被映射到 A/D 量化电平的一个子域中。因此，由于减少了输出的信息熵，就会产生信息损失。

- 我们可以将增益提高到一个最佳值 S_T，使 FSO 达到可被检测的最大电平（见图 3-18c）。总体增益称为所需增益。
- 如果我们进一步增加增益，输入 FS 就会减少（违背应用约束），而且分辨率位数也开始减少（见图 3-19b）。输入信息熵的减少会造成信息损失。

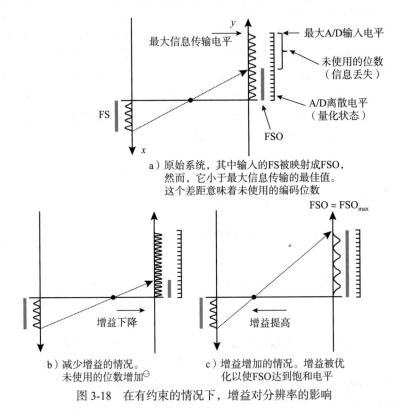

a）原始系统，其中输入的FS被映射成FSO，
然而，它小于最大信息传输的最佳值。
这个差距意味着未使用的编码位数

b）减少增益的情况。
未使用的位数增加⊖

c）增益增加的情况。增益被优
化以使FSO达到饱和电平

图 3-18   在有约束的情况下，增益对分辨率的影响

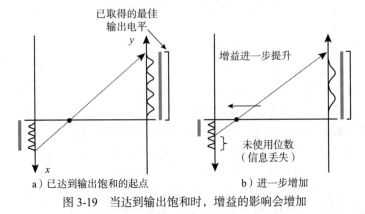

a）已达到输出饱和的起点

b）进一步增加

图 3-19   当达到输出饱和时，增益的影响会增加

⊖ 两个轴的单位是不同的，所以输出端有一个较薄的凸起并不意味着输出端的有效分辨率大于输入端的分辨率，二者是不同的，这是一个几何假象。

一般来说，NL 和满量程之间有什么关系？此外，为了使 NL（即相互信息）最大化，更好的方式是看增益还是看满量程？这很重要，因为噪声可能是增益 $\sigma_N^2 = \sigma_N^2(S)$ 的一个函数。然而，一般来说，由于增益的变化而增加的 FS 会引起 NL（单调）增加，反之，增益的减少也会导致 NL 减少。因此，NL（FS）在大多数情况下是一个单调的递增函数。当改变 FS 或 FSO 中的 S 时，可以在两种情况下看到这一点：

- 处理具有恒定带宽的放大器。如果将物理噪声源设置在放大器的输入端（这也是大多数实际情况下 Friis 公式的近似值），并且通过保持 FS 不变来改变增益，那么 FSO 和输出噪声标准差之间的比率（NL）在输出端是恒定的。如果我们通过保持 FSO 不变来改变增益，那么 FS 和输入噪声标准差之间的比率（NL）与 FS 成正比。如果将物理噪声放在放大器的末级，也会得出类似的对称结论。总之，NL（FS，FSO）是一个单调的递增函数。
- 处理具有恒定增益 – 带宽乘积的放大器。讨论与前述观点类似，但是噪声取决于增益。在任何情况下，噪声标准差的变化都与 FS 或 FSO 的变化的平方根有关。因此，NL（FS，FSO）又是一个单调的递增函数。

因此，在大多数实际情况下，通过增加满量程来提高分辨率位数是有保证的，总之，为了最大限度地提高交互信息，必须注意单级的满量程，并相应地确定增益，这在下一节中会很明显。

3.4.2 采集链中的分辨率规则

前面的例子是基于单一模块的情况，对于由多级组成的复杂链接，如图 3-20 所示，会发生什么？对于一个由 K 级组成的系统，所需的总增益链为

$$S_T = S_1 \cdot S_2 \cdot \cdots \cdot S_K = \frac{\text{FSO}_{\max}}{\text{FS}_{\text{APP}}} \qquad (3\text{-}22)$$

在式（3-22）中我们看到，主要的约束与第一级和最后一级相关；然而，我们有几个与每个内部级相关的自由度，在实践中，几个增益的组合会产生相同的总增益。

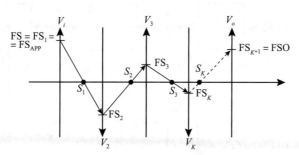

图 3-20 传感器采集链的增益路径

考虑一个由 K 个已知特征的线性块组成的传感器采集链，如图 3-21a 所示。它们中的每一个都被建模为内部噪声，输入参考噪声在每个块的输入处表示。输入与外部噪声 σ_N^2 混合，而每个块的输入参考噪声用 $\sigma_{iN}^2 (i=1,\cdots,K)$ 表示。因此，将这一规则应用于每个模块，我们

可以得到图 3-21b 的效果，其中 $\sigma^2_{N(\text{tot})}(x)$ 是整个系统的输入参考噪声。

因此：

$$\sigma^2_{N(\text{tot})} = \sigma^2_N + \sigma^2_{1N} + \frac{\sigma^2_{2N}}{S^2_1} + \frac{\sigma^2_{3N}}{S^2_1 S^2_2} + \cdots + \frac{\sigma^2_{KN}}{S^2_1 S^2_2 \cdots S^2_{K-1}} \quad (3\text{-}23)$$

注意：

$$\text{FS}_j = \text{FS} \cdot S_1 \cdot S_2 \cdot \ \cdots \ \cdot S_{j-1} \quad (3\text{-}24)$$

并假设 $NL_x = \text{FS}/(q \cdot \sigma_{KN}) = \sqrt{1 + DR_K}$ 为第 K 段的分辨率位数，我们可以计算出以下结果（为简化符号，暂时使用 $q = 1$）。

$$\begin{aligned}
\frac{1}{\text{NL}^2_T} &= \frac{\sigma^2_{N(\text{tot})}}{\text{FS}^2} = \frac{\sigma^2_N + \sigma^2_{1N} + \dfrac{\sigma^2_{2N}}{S^2_1} + \dfrac{\sigma^2_{3N}}{S^2_1 S^2_2} + \cdots + \dfrac{\sigma^2_{KN}}{S^2_1 S^2_2 \cdots S^2_{K-1}}}{\text{FS}^2} \\
&= \frac{\sigma^2_N}{\text{FS}^2} + \frac{\sigma^2_{1N}}{\text{FS}^2} + \frac{\sigma^2_{2N}}{\text{FS}^2 \cdot S^2_1} + \frac{\sigma^2_{3N}}{\text{FS}^2 \cdot S^2_1 S^2_2} + \cdots + \frac{\sigma^2_{KN}}{\text{FS}^2 \cdot S^2_1 S^2_2 \cdots S^2_{K-1}} \\
&= \frac{\sigma^2_N}{\text{FS}^2} + \frac{\sigma^2_{1N}}{\text{FS}^2} + \frac{\sigma^2_{2N}}{\text{FS}^2_2} + \frac{\sigma^2_{3N}}{\text{FS}^2_3} + \cdots + \frac{\sigma^2_{KN}}{\text{FS}^2_K} \\
&= \frac{1}{\text{NL}^2_0} + \frac{1}{\text{NL}^2_1} + \frac{1}{\text{NL}^2_2} + \cdots + \frac{1}{\text{NL}^2_K} \quad (3\text{-}25)
\end{aligned}$$

其中 $\text{NL}_0 = \text{FS}_{\text{APP}}/(q \cdot \sigma_N)$ 是源的自然分辨率，即在给定源噪声下，传感器看到的信息位数。

关系式（3-25）是采集链中的分辨率规则（Resolution Rule in acquisition Chains，RRC）。

因此，总分辨率的平方的倒数是每一级分辨率平方的倒数之和。这意味着分辨率最低的一位限制了总的分辨率 [⊖]，因此总的分辨率的提高只能通过提高单块的分辨率来实现。

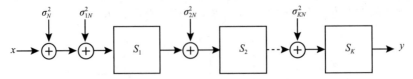

a）带有输入噪声和输入参考噪声块的传感器采集链的表示

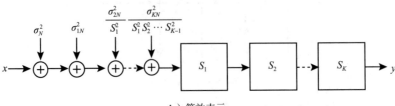

b）等效表示

图 3-21　由 K 个已知特征的线性块组成的传感器采集链

⊖　这来自这样一个事实，即噪声是平方和的根（毕达哥拉斯定理），并且结果（斜边）总是大于最大分量（直角边）。

提示　分辨率的最低位数限制了系统的总分辨率。

需要注意的是，式（3-25）中第一项同时收集了第一级的输入参考噪声和与信号相关的输入噪声，注意，分辨率位数有助于它们的平方值关系，因为噪声应当把功率考虑在内，例如，两个具有相同分辨率的级联模块给出了一个较低分辨率的系统，其系数为 2 的平方。如果最后一个模块是一个 A/D 转换器，那么我们应该考虑由有效位数（ENOB）给出的分辨率，如第 2 章所示。从信息的角度来看，为从输入端到输出端最大化地传送信息，需要避免任何在单级转换中位数减少带来的瓶颈。

应当注意的是，如果最后一个模块是 A/D 转换器，对于链上的任何一个模块，用 ENOB 来表示分辨率位数可能更好：

$$NL_{ENOB_k} = 2^{ENOB_k}$$

$$ENOB_k = \frac{DR_{dB(k)} - 1.76}{6.02}$$

$$DR_{dB(k)} = 20\log\frac{FS_k}{q \cdot \sigma_{kN}} \qquad （3-26）$$

其中，对于最后一个模块，我们直接使用了 A/D 转换器的 ENOB。还应该提醒的是，NL_{ENOB} 比 NL_k 低 20% 左右，这一点在 2.14.4 节中有解释。

就动态范围而言，采集链的分辨率规则也可以看作

$$\frac{1}{DR_T} = \frac{1}{DR_0} + \frac{1}{DR_1} + \frac{1}{DR_2} + \cdots + \frac{1}{DR_K} \qquad （3-27）$$

图 3-22 能够更好地说明计算分辨率规则的方法。每个模块都由一个带有相关输入参考噪声的无噪声级来表示。输入满量程定义了分辨率位数。因此，我们能够为它定义与其严格相关的每个模块的 DR 和 NL。

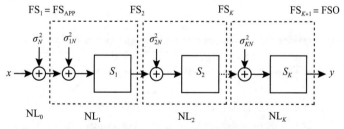

图 3-22　传感器采集链路，其中每一级都有自己的分辨率特性

3.4.3　分辨率规则在采集链中的应用方法与示例

图 3-22 所示的采集链划分表明，在需求的基础上，使用分辨率规则（3-27）易于定义一个或多个模块的分辨率 / 精度 / 准确度 [⊖] 的特性。方法有以下几种：

⊖　目前这些考虑仅与分辨率需求相关，在下一节中不考虑带宽的约束。

1）整个链的分辨率设计应满足总体动态范围 DR_T 中总结出来的应用需求，这与整体分辨率或总 $ENOB_T$ 有关。

2）我们对设计进行分区，首先处理模拟接口的总动态范围 DR_{AT}，然后考虑选择以动态范围 $DR_{A/D}$ 为特征的 A/D 转换器。当然，基于 RRC 的原因，$DR_{AT} > DR_T$。

3）对于模拟部分，为模拟链的每个模块定义 DR_K。对于其中一些模块（如第三方传感器），DR 是固定的，而对于其他的模块，DR 是输入参考噪声的表达。

4）基于 DR_{AT}，可以得出预设模块的噪声要求，模拟部分参照 RRC。

5）最后选择 A/D 转换器来应对 DR_T，对于整个系统参照 RRC。

在每一步中，都可以通过 NL_b 或 NL_{ENOB} 的方式用 RRC 来控制总的或分段的分辨率特性，如表 3-1 所示。

表 3-1　不同背景下的分辨率位数定义（$DR = \dfrac{\sigma_{S(max)}^2}{\sigma_N^2} = \dfrac{FS^2}{q^2 \sigma_N^2}$）

信息 / 理论符号	A/D 转换器符号
$NL = \sqrt{1+DR} \approx \sqrt{DR}$	$NL_{ENOB} = 2^{ENOB}$
有效分辨率 $= NL_b = \dfrac{1}{2}\log_2(1+DR)$	$ENOB = \dfrac{DR-1.76}{6.02}$

我们将通过一个示例更好地解释这一点。

示例　一个模拟麦克风的特性是 $DR_{M(dB)} = 91dB$，在声学过载点的输出 $FS_M = 25mV$。图 3-23 说明了这些模块。我们想设计一个采集链，以实现带宽 $BW = 20kHz$ 的 11b 无噪声分辨率，特别是要计算出所需放大器的输入参考噪声。要解决的第一个问题是能否实现这个目标。答案是可以，因为根据（式 2.130），整个链的 ENOB 应该是 $11b + 2.43b = 13.43b$，相当于 82.6dB 的总动态范围，低于麦克风的动态范围。

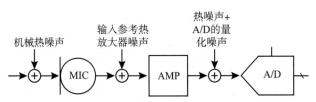

图 3-23　示例框图。该麦克风的特性是在热 - 机械噪声和其他来源的共同作用下，$DR = 91dB$。目标是通过考虑放大器和 A/D 转换器的特性，在 20kHz 带宽内获得 12b 的无噪声分辨率

按照 RRC，首先设定模拟部分的 ENOB 比总链多 1b，即 $ENOB_{AT} = 13.43 + 1 = 14.43b$，所以相应的动态范围是 $DR_{AT(dB)} = (14.43 \times 6.02 + 1.76)dB = 88.6dB$。使用式（3-27），有 $DR_{AMP} = 1/(1/DR_{AT} - 1/DR_M) = 1.7 \times 10^9$，这样就找到了放大器的动态范围，由此确定输入参考噪声密度：$\sigma_N(f) = \sqrt{FS_M^2/(q^2 \cdot DR_{AMP} \cdot BW)} =$

$1.5\text{nV}/\sqrt{\text{Hz}}$ ，这是放大器所要求的特性和设计的主要结果。请注意使用 $q = 2\sqrt{2}$ ，因为是在交流模式下工作。

现在必须选择 A/D 转换器。可以从一个 A/D 分辨率开始，用 RRC 检查，了解总动态范围 DR_T 是否尽可能接近 $\text{DR}_{T(\text{dB})} = 82.6\text{dB}$ 或 $\text{ENOB}_T = 13.43\text{b}$ 。如果使用 ENOB=14b 的 A/D 转换器，将得到 $\text{DR}_T = 1/(1/\text{DR}_M + 1/\text{DR}_{\text{AMP}} + 1/\text{DR}_{\text{A/D}}) \rightarrow \text{DR}_{T(\text{dB})} = 84.0\text{dB} \rightarrow \text{ENOB}_T = 13.6\text{b}$ ，与规格相符。如果把约束降低到 ENOB=13b，得到 $\text{DR}_{T(\text{dB})} = 79.4\text{dB} \rightarrow \text{ENOB}_T = 12.9\text{b}$ ，不符合规范。

3.4.4　从分辨率角度优化采集链

按照 3.4.1 节的最后讨论，请注意，分辨率是输入和输出满量程（即增益）的单调函数：

$$\text{NL}_K = \text{NL}_K\left(\text{FS}_{K+1}, \text{FS}_K\right) \tag{3-28}$$

我们已经提到，在大多数情况下，FS 的增加（无论是在输入和 / 或输出）对应于分辨率位数的单调增加。因此：

$$\max\{\text{NL}_K\} = \text{NL}_K\left(\max\{\text{FS}_{K+1}\}, \max\{\text{FS}_K\}\right) \tag{3-29}$$

这与以下事实有关：通过增加满量程摆幅，我们增加了输入和输出的信息熵，同时增加了交互信息。

另一个关键问题是，改变每个模块的增益可能涉及改变每个模块的带宽，并相应改变输入参考噪声。我们将在下文中更明确地说明这一点。

从设计的角度来看，遵循这些步骤可能很方便：

1）固定 $\text{FS} = \text{FS}_{\text{APP}}$ ，使输入满量程与应用所需的输入摆幅相对应。这是设计的主要目标。例如，我们必须确保链的第一模块的饱和点能够满足范围要求。如果不能，则必须降低其增益。

2）为了实现最多的信息传输，必须达到最大的最佳输出摆幅，因此 $\text{FSO} = \text{FSO}_{\max}$ 。例如，如果一个模拟转换链与 $V_R = 3.3\text{V}$ 的 A/D 转换器连接，那么最佳点由 $\text{FSO} = 3.3\text{V}$ 给出。

3）以上两步固定了所需的总增益。鉴于此，有许多级增益的组合，导致相同的总增益 $\text{FSO}/\text{FS} = S_T = S_1 \cdot S_2 \cdot \cdots \cdot S_K$ 。

现在的问题是：哪种单一增益的最佳组合可以达到最佳的分辨率位数？式（3-25）和式（3-29）显示，最好的结果可以通过最大化每个阶段交界处的 FS 来实现。当然，这是一个只考虑分辨率观点的优化，我们将在接下来的章节中看到如何将其与带宽和功耗联系起来。

> **提示**　在传感器采集链中，在分辨率方面的最佳设计是通过在给定的约束条件下使每一级的信号摆幅最大化来实现的。这与该规则增加了每一级的输出信息熵并增加了相互信息的事实有关。

值得注意的是，在分辨率整体优化中，根据给定的采集链中的分辨率规则（式（3-25）），在某些阶段应该增加灵敏度，而在其他阶段应该降低增益。我们将使用如下的图形化优化方法来更具体地说明。在图 3-24 中，用图形表示了增益变化的主要限制。

与每一模块相关的主要限制因素是：

- 高增益限制。我们不允许获得高于某一数值的增益。这可能是基于几个原因。例如，我们的技术无法实现高于某一水平的值，或者增益与带宽有关，除非限制应用所需的带宽，否则我们不能增加增益。高增益的禁止范围显示为图 3-24 左边的一条粗线。这条边界限制了随着增益的增加，点向左平移。

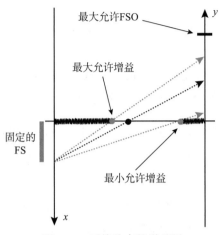

图 3-24　系统约束的增益图

- 低增益限制。这种情况比较少见，但在某些情况下，例如为了避免出现级联的稳定性问题，我们不能将增益降低到某一水平以下。低增益的禁止范围如图 3-24 右边的一条粗线所示。这样的边界限制了随着增益的降低，点向右右移。

- 满量程约束。除了增益的最大 / 最小约束外，我们还可能遇到有最大允许输出摆幅的情况。这也可能与后几级模块的输入摆幅的约束有关。例如，我们不能超越轨到轨电源的界限，这是实际电子设备的一个硬性限制。这种约束显示为图 3-24 中右轴上的刻度。

在一个采集链中，我们可以像图 3-25a 那样画出约束条件，其中增益和 FS 的约束都被表示出来。请注意，即使实现了总的增益，从分辨率的角度来看，它也不是最优的。因此，我们的目标是在遵循约束条件的情况下，尽可能地增加每级交叉点的 FS 值。在图 3-25b 所示的优化链版本中，必须尽可能地增加第一个放大器的增益，但这却不能满足 FS 的约束，因为之前就达到了增益的约束。另外，请注意，第二级和第三级的增益也降低了。

示例　如图 3-26 所示，一个应变仪与一个可编程增益放大器（Programmable Gain Amplifier, PGA）连接，以实现一个重量秤。砝码施加的重力会拉动杆，杆上有一个应变计，其电阻的变化被惠斯通电桥转变成电压，最后由 PGA 放大。该应用要求 $FS_{APP} = 100kg$ 满量程，最佳模拟输出应该是 $FSO_{max} = 3.3V$，因为它应该与 $V_R = 3.3V$ 的 A/D 转换器连接；因此，所需增益应该是 $S_T = 3.3V/100kg = 0.033V/kg$。目前我们将不考虑 A/D 转换器的分辨率。传感器和电桥的增益合计为 $S_B = 1.45 \times 10^{-5} V/kg$，而 PGA 的默认增益为 $S_E = 1000V/kg$。PGA 的输入参考噪声在 1Hz 的带宽下为 $\sigma_E = 12nV$，并且不依赖于增益。在 1Hz 的带宽下，当桥接电阻为 120Ω 时，桥接处的噪声可以计算为 $\sigma = \sqrt{4kRT} = 1.4 \times 10^{-9} V$，一旦通过机械增益转到输入端，就变成 $\sigma_B = (1.4 \times 10^{-9} / 1.45 \times 10^{-5}) kg = 9.6 \times 10^{-5} kg$，它比 PGA 的噪声低很多。事实上，$NL_B = 100/9.6 \times 10^{-5} = 1.035k \rightarrow NL_{B(b)} = 19.9b$，$NL_E = 1.4mV/12nV = 121k \rightarrow NL_{E(b)} = 16.8b$。应用式（3-25），我们有 $NL_T = 120k \rightarrow NL_{T(b)} = 16.8b$；因此，分辨率基本上是由 PGA 决定的，最低限度由电桥决定。

如果应用 100kg 的满量程，在 PGA 的输入端得到大约 1.4mV，因此在输出端只有 $1.4V < FSO_{max}$，因此需要增加所需的总增益。我们可能将放大器的增益增加到 2.270，以获得 3.3V。然而，这在整体分辨率上没有任何优势，如图 3-26b 所示。

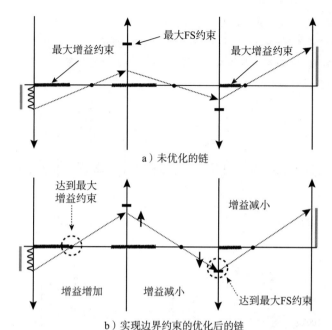

a) 未优化的链

b) 实现边界约束的优化后的链

图 3-25 优化传感器采集链的分辨率。目标是增加每一级
交叉点的 FS

按照前面的讨论，一个更好的策略是通过增加电桥的增益来增加 PGA 输入的 FS。怎样才能做到这一点呢？我们可以在**机械层面**操作，减少杆的尺寸，如图 3-27 所示。可以证明，增益随着杆的交叉面积的减少而线性增加。因此，在保持 PGA 的增益等于 1000 的情况下，必须将杆的尺寸减小系数设为 3.3/1.4=2.27。这样一来，整体分辨率就提高了，因为现在 $NL_B = 100/9.6 \times 10^{-5} \times 2.27 = 2.350k \rightarrow NL_{B(b)} = 21.1b$，$NL_E = 3.3mV/12nV = 275k \rightarrow NL_{E(b)} = 18.0b$。应用式（3-25），有 $NL_T = 273k \rightarrow NL_{T(b)} = 18.0b$，增量超过 1 个虚拟位。

必须注意不要增加 PGA 的增益。例如，如果把增益增加一倍到 2000，就会损失一半的数据范围。

另外，我们可能会考虑进一步增加电桥的增益，以获得更高的分辨率位数。这

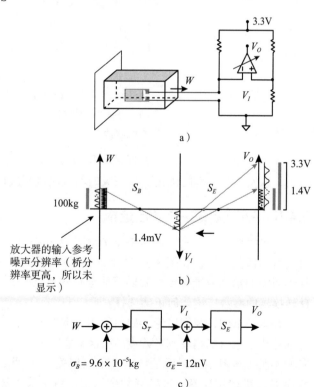

图 3-26 应变计示例。在系统的电子部分设置最佳增益

不可能无限制地增加。更具体地说，如果过多地减小杆的尺寸，如此之高的应变可能导致材料被不可逆地损坏。因此，我们必须为增益设置一个阈值，如图 3-27 所示。

在任何情况下，我们都可以进一步提高第一级的增益，直到物理极限，并降低第二级的增益（图 3-26 中浅色箭头所示），以获得更高的分辨率。

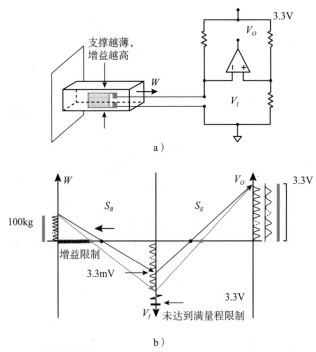

图 3-27 应变计的例子。最佳增益是系统的物理部分给出
的。然而由于材料的不可逆损坏，不能进一步增加
机械增益

通过前面的例子得到的教训是，我们必须在增加所有级联模块的交叉点的满量程上采取行动，以实现分辨率的优化。每一级的增益应该相应地调整（增加或减少）。

3.4.5 A/D 转换器的最佳选择

如果我们以一个真实的 A/D 转换器作为转换链终端的情况为例，如图 3-28 所示，为了得到转换器所需的精度或准确度，我们可能会想知道 A/D 转换器的参数应该如何正确选择。

在第 2 章中，我们讨论了如何使用"虚拟位"来描述模拟接口的精度和准确度（在这个意义上，

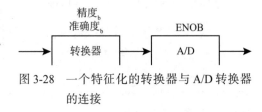

图 3-28 一个特征化的转换器与 A/D 转换器
的连接

它们不是二进制数字，而是与信息单位相关）。因此，最初的猜测是引用一个具有 ENOB 的转换器，其 ENOB 等于转换器的虚拟位。由于采集链中存在分辨率规则，（因此无法对转换

器传输链的设计进行优化，这是因为我们必须考虑整个链的分辨率，而不是仅仅看单个模块的分辨率。例如，如果我们通过两个具有相同分辨率的级联来构造一个系统，那么根据公式（3-25），系统的整体分辨率将是单级的分辨率除以二者的平方。

基于上述原因，最好将转换器的 ENOB 设置为至少比转换器的分辨率大一个数量级（用二进制符号表示，即一位），以使整个系统的总分辨率尽可能地接近转换器的分辨率。就精度而言，我们选择一个 A/D 转换器，其 ENOB 大于转换器的 ENOB（就"虚拟位"精度而言）：

$$\text{ENOB}_{\text{SNR}} > \text{精度}_b \tag{3-30}$$

其中，ENOB_{SNR} 是仅使用信噪比计算的有效位数。

就准确度而言，也可以得到类似的结论：

$$\text{ENOB}_{\text{SNDR}} > \text{准精度}_b \tag{3-31}$$

其中，$\text{ENOB}_{\text{SNDR}}$ 是使用 SNDRT 计算的有效位数。当然，如果我们假设失调误差和增益误差在量化器之前已经被纠正，并且不考虑系统误差的变化，那么可以用 SNDR 代替精度 SNDRT。

位数应通过采集链的分辨率规则来检查，对于精度，它是

$$\text{DR}_{\text{AT(dB)}} = \text{精度}_b \cdot 6.02 + 1.76$$
$$\text{DR}_{\text{A/D(dB)}} = \text{ENOB} \cdot 6.02 + 1.76$$
$$\frac{1}{\text{DR}_T} = \frac{1}{\text{DR}_{\text{AT}}} + \frac{1}{\text{DR}_{\text{A/D}}} \tag{3-32}$$

同时，我们需要检查 A/D 转换器的 ENOB 是否与 DRT 要求一致。同样的推理也可以应用于准确度方面。一般来说，根据情况，1~3 位就可以满足这个要求。

最后需要指出的是，如果打算用数字技术通过校准来纠正失调误差和系统误差，那么遵循式（3-31）是没有用的：使用式（3-30）就足够了，还可以在链的末端校正传感器和 A/D 转换器的非线性，正如我们在 3.2.3 节中所看到的。

示例 一个接口传感器的交流特性显示，SNR_{dB}=85dB，THD 为 −42dB。这与测量的 INL 误差一致，即 $63\text{ppm} = 10^{-42} \times 1 \times 10^6$。SNDR 可以通过使用 $\text{SNDR}_{\text{dB}} = [-10\log(10^{-\text{SNR}_{\text{dB}}/10} + 10^{\text{THD}_{\text{dB}}/10})]\text{dB} = 42\text{dB}$ 得到。这个值并不令人惊讶，因为 THD 比 DR 差很多，所以 SNDR 事实上就是 − THD。这意味着模拟接口的精度为 $(\text{SNR}_{\text{dB}} - 1.76)/6.02 = 13.8b$。为了了解用什么 A/D 来耦合，应该使用式（3-32），其中 $\text{DR}_{\text{AT(dB)}} = \text{SNR}_{\text{dB}}$，$\text{DR}_{\text{A/D(dB)}} = 6.02 \cdot \text{ENOB} + 1.76$。因此，如果使用 ENOB=17b 的 A/D 转换器，会得到 $\text{DR}_T = 1/(1/\text{DR}_{\text{AT}} + 1/\text{DR}_{\text{A/D}}) \rightarrow \text{DR}_{T\text{(dB)}} = 84.95\text{dB}$，这接近模拟接口的 85dB。因此，在这种情况下，需要多用 3 位转换器。如果使用相同数量的模拟部分的等效位，总的 DR 将减少 3dB，这一点已经解释过了。如果使用 16b 和 15b 的转换器，DR 将分别达到 84.79dB 和 84.22dB。

就准确度而言，有准确度$_b$= $(\text{SNDR}_{\text{dB}} - 1.76)/6.02 = 6.7b$。按照之前的推理，使用 ENOB=9b 的 A/D 转换器，将得到 $\text{SNRT}_{T\text{(dB)}} = 41.8\text{dB}$，这与模拟接口的 42dB 相近。即使在这种情况下，相对于模拟接口的计算准确度，我们也多用了约 3 位转换器。

> **提示** 对于存在噪声和系统误差特性的传感器，最终的 A/D 转换器应该在精度和模拟接口的准确度方面具有比等效位数更大的 ENOB。

3.5　采样、欠采样、过采样和混叠滤波器

3.5.1　过采样和量化

奈奎斯特 - 香农采样定理指出，我们可以通过在频率 $f_S \geq 2f_M$ 处取样来保留一个有限带宽的信号 f_M 的所有特征，该频率被称为奈奎斯特频率。如果 f_S 足以捕捉到信号的所有信息，为什么要以高于奈奎斯特频率的频率对信号进行采样呢？我们将表明，这种方法在量化噪声的情况下是有益的。

参考图 3-29，第 2 章中介绍过，如果假设 FS 中的输入值分布相等 $^\ominus$，那么量化噪声的 PSD 在基带中可以假设为均匀，其中总的噪声功率为 $P_N = V_{\mathrm{LSB}}^2 / 12$。现在，如果利用过采样率因子 OSR 对 $\mathrm{OSR} \cdot f_s$ 进行过采样，同样的量化功率 P_N 在 $-\mathrm{OSR} \cdot f_M$ 和 $\mathrm{OSR} \cdot f_M$ 之间均匀分布。过滤结果回到基带，量化噪声被减少到 $V_{\mathrm{LSB}}^2 / 12 \cdot \mathrm{OSR}$。

因此，在上述假设下，过采样有利于减少量化噪声。

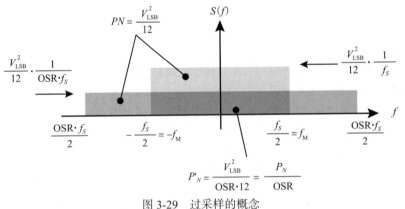

图 3-29　过采样的概念

3.5.2　白噪声的过采样和欠采样

对于 f_N（例如，一个截止频率等于 f_N 的放大器），假设一个白噪声源是有带宽限制的。图 3-30a 表明了一个在频率 $f_s > 2f_N$ 处的带限噪声的过采样。即使在功率域中，由于我们能对不相关的源功率进行叠加（第 4 章），可以像在振幅调制（AM）中一样直观地看到采样的效果，因此，一个有限白噪声带宽的副本围绕原点旋转，并作为边带的镜像移到 f_s 处。其效果如图 3-30a 右图所示。如果我们现在在基带上进行滤波，那么在过采样的过程中就没

$\ominus$　实际上这是一个唐突的假设。要清楚地理解这个假设的局限性，请参考 Widrow 和 Kollar 的著作。

有优势，就像量化噪声一样，这个方法也能够这样解释。如果对一个频带限制的白噪声进行过采样，就会得到相当相关的数值，因为白噪声的频带限制的影响会使其自相关函数在一个时间常数内扩散（第 4 章）。因此，当我们过滤到基带时，在减少噪声功率方面没有任何优势。

如果进行降采样，问题就会出现，正如图 3-30c~图 3-30e 中显示的那样。在这种情况下，样本是不相关的，将它们相加就会形成所谓的噪声折叠或噪声混叠。因此，当我们滤波回到基带时，就会有一个噪声倍增的效果。噪声混叠的量是由 $(2f_N)/f_S$ 因子给出的。我们将在第 6 章中详细讨论这个效果。

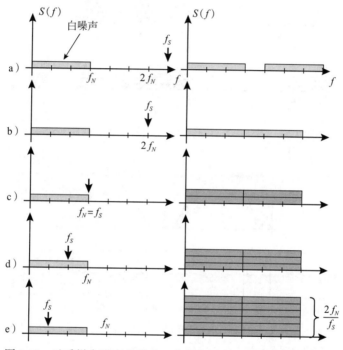

图 3-30　过采样白噪声的影响。在所有图中，为了简单起见只提到了正频率。此外，只显示了前两个镜像

3.5.3　信号与噪声的过采样和降采样

经常有信号和噪声具有不同带宽的情况，一个例子如图 3-31 所示，这里接口噪声的带宽大于信号的带宽，因为我们选择了一个与信号特征不同的接口。在这种情况下，为了避免噪声混叠，我们需要在一个至少是噪声带宽两倍的频率上采样，如图 3-31a 和图 3-31b 所示。正如 3.5.2 节所解释的，过采样只对量化噪声有利。

如果只看信号而忽略了这个问题，我们可能会得到噪声混叠，如图 3-31c 和图 3-31d 所示，这严重降低了信噪比。这个问题通过使用抗混叠滤波器来避免，如图 3-32 所示，其关键点是在进行采样前，在信号带宽处对信号与接口的噪声进行滤波。

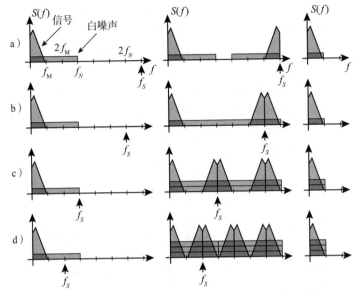

图 3-31   需要抗混叠滤波器以避免噪声混叠的典型情况

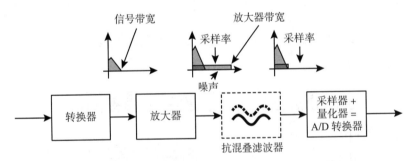

图 3-32   不同采样率下的采样信号和噪声。如果噪声被降频，噪声混叠会严重
降低基带的信噪比

3.6   传感器的功率、分辨率与带宽的折中

本节将研究传感系统的基本参数是如何彼此关联的，这些折中大多数是基于热噪声的，这就是为什么这些约束经常称为热噪声折中。

通常情况下，我们会参考优质因数（Figures of Merit，FoM）以及它们的组合。一般而言，优质因数不可能被证明，但它们是基于大量实例的经验而形成的暂定法则。当然，它们有隐藏的基本原则，主要集中在技术或架构性能上。一种方法是考虑尽可能少的参数，试图使关系尽可能普遍。如果许多例子可以帮助确定一个趋势，那么反例可以详尽地确定某些因素在一般情况下是正确的，从而表明新的可能的关系。

在接下来的讨论中，我们将提到一个新的量，那就是系统所消耗的电功率 P，这是现代自主传感器中的一个重要问题。这是供应传感器系统所必需的功率，它用于计算，最后被耗散成热能。

总而言之，在接下来的章节中，我们将提及以下概念。

符号

P：系统在传感过程中消耗的电功率，不能与信号或噪声的功率相混淆。

BW：系统的带宽。

DR：动态范围，与分辨率位数有关（NL）。

3.6.1 时间的作用

如果将同一系统的带宽减少一个系数 α，就会有等效的噪声功率的减少，正如 3.1 节所讨论的。同样有相同系数的 DR/SNR 的增加。一般来说，带宽的减少并不意味着功耗的变化，就像使用高阶无源滤波器的情况一样。

带宽 / DR（分辨率）的折中 对于相等的功耗，动态范围（分辨率）的带宽的乘积是恒定的。

这些关系如下：

$$P = 常量$$
$$BW \leftarrow BW / \alpha$$
$$\sigma_N^2 \leftarrow \sigma_N^2 / \alpha$$
$$DR \leftarrow DR \cdot \alpha$$
$$BW \cdot DR = 常量 \quad\quad (3\text{-}33)$$

3.6.2 功率的作用

如果希望在保持相同分辨率的情况下增加接口的带宽，一个可能的方法是以一种新的方式采样。我们有一个具有指定分辨率的 A/D 转换器，它消耗的功率为 P，但采样频率只能达到输入信号采样频率 f_S 的一半。如图 3-33 所示，我们可以使用另一个相同的 ADC 以交错的间隔采样相同的信号，然后在输出端收集数据，从而增加 BW。每一个数据都是以奈奎斯特频率的一半对原始信号进行采样，以达到正确的采样频率。然而，相对于原始方法，总功耗增加了一倍，显示出与带宽的线性关系。同样的方法可以用来提高频率，代价是增加相同因素所消耗的功耗。这种方法称为交替采样。

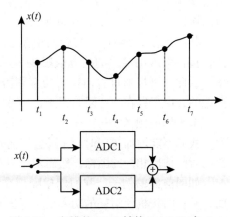

图 3-33 交错的 ADC 转换。ADC1 在 t_1, t_3, t_5, … 期间对信号采样，而 ADC2 在 t_2, t_4, t_6, … 期间对信号采样

另一个例子是在互补金属氧化物半导体（Complementary Metal-Oxide-Semiconductor,
CMOS）技术中，任何开关电容电路都有一个功耗，其公式为

$$P = k \cdot CV_{DD}^2 f \tag{3-34}$$

其中，k 是一个常数，C 是负载电容，V_{DD} 是电源电压，f 是开关频率。式（3-34）再次显示
了功耗与接口带宽之间的线性关系。

> **带宽 / 功率的折中** 对于相同的动态范围（分辨率），带宽越高，功耗越大。

因此，对于相同的比例常数 α，有

$$DR = 常量$$
$$BW \leftarrow BW \cdot \alpha$$
$$P \leftarrow P \cdot \alpha$$
$$P / BW = 常量 \tag{3-35}$$

因此，我们注意到，一般来说，消耗的功率和带宽之间的比率是恒定的。

3.6.3 动态范围的作用

动态范围和功耗给出了另一个重要的关系。假
设我们需要在保持相同带宽的情况下增加动态范围，
也就是提高分辨率，该如何解决这个问题呢？我们
可以举一个求平均值放大器的例子。前文中已经讨
论过，求平均值可以减少诸如噪声等随机过程的均
方值。在本例中，用两个相同的放大器 A1 和 A2 对
同一信号 $x(t)$ 进行采样，这两个放大器的特点是输入
参考噪声 σ_{1N}^2 和 σ_{2N}^2 不相关，功率消耗为 P。对放大
器的输出进行平均，如图 3-34 所示。

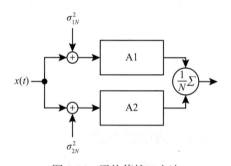

图 3-34 平均值接口方法

其结果是，相对于单接口的情况，通过求平均
值，接口引入的噪声的均方值减少为原来的 1/2。然而要实现这一目标，需要消耗双倍的功
率。因此，可以通过将消耗的功率翻倍来实现 DR 的翻倍。上面的简单案例是用来解释这个
概念的，由于存在一些限制因素，因此无法应用于实际系统中未确定数量的接口。

求平均值图像是另一个例子。假设我们需要在光线不好的情况下拍照，但由于物体在移
动，我们不能增加快门时间（减少带宽）。为了减少噪声，我们可以考虑用几台相机以相同的
快门时间拍摄相同的图像，然后对结果进行平均，如图 3-35 所示。

如同前面的例子，我们期望噪声在功率上减小为原来的 $1/N$，其中 N 是相机的数量。然
而，并行的相机使消耗的功率增加了 N 倍。

同样的例子也可以用在动态范围与功率的折中上。如果不存在移动物体的问题，那么可
以想象增加 N 倍的快门时间，在减少相同数量噪声的同时减少相同数量的带宽。在这种情况
下，功耗是相同的，因为单台摄像机必须以 N 倍的速度（消耗 N 倍的时间）实现 N 倍的周期。

a）单个相机在低光照条件下获取的图像　　b）同样的图像由其他6台相机使用相同的快门
　　　　　　　　　　　　　　　　　　　　时间拍摄，然后在图像中取平均值

图 3-35　并行相机采集

> **DR/ 功率折中**　在带宽相同的情况下，动态范围越大，功耗越高。

因此：

$$BW = 常量$$
$$DR \leftarrow DR \cdot \alpha$$
$$P \leftarrow P \cdot \alpha$$
$$P / DR = 常量 \qquad\qquad (3\text{-}36)$$

3.6.4　综合作用

通过 3.6.3 节介绍的示例，前面提到的折中可以合并为以下表达式：

$$\text{FoM}_A = \frac{P}{DR \cdot BW} = \frac{P}{(NL)^2 \cdot BW} = 常量 \equiv [J] \qquad\qquad (3\text{-}37)$$

其中，P 是消耗的功率，DR 是动态范围，BW 是带宽。因此，FoM 的值越小越好。

另一种表达前述关系的方式是采用 1 单位符号（%、ppm、ppb 等）来代替分辨率位数。一个使用 ppm 的例子如下：

$$\text{FoM}_A = \frac{P}{(NL)^2 \cdot BW} = \frac{P \cdot \tau}{(NL)^2} \equiv [J] \rightarrow \text{FoM}'_A = \frac{P}{(NL)^2 \cdot BW} 1 \times 10^{12} \equiv \left[J \cdot ppm^2 \right] \qquad (3\text{-}38)$$

其中，τ 是系统的响应时间，我们采用的分辨率为 ppm，即 $10^6 / NL$ 和 $[ppm] \equiv 10^6[\cdot]$。

如果我们将式（3-37）中的两项都乘以满量程的平方，并用分辨率的位数来表示 DR，则有

$$\text{FoM}_B = \frac{P \cdot FS^2}{NL^2 \cdot BW} = \frac{P \cdot \sigma_{iN}^2}{BW} = 能量 \times 分辨率^2 \equiv \left[J \cdot \xi^2 \right] \qquad\qquad (3\text{-}39)$$

其中"分辨率"指的是有效分辨率。这可以理解为分辨（或读取）一个等于输入参考噪声功率的输入功率量所需的能量。同样，分辨率越低越好。

示例　温度传感器和湿度传感器分别有以下优点：$62fJ \cdot K^2$ 和 $0.83pJ \cdot (\%RH)^2$。

应谨慎使用 FoM_B，因为通过乘以满量程，它失去了接口交换的信息量（信息位数）的概念，而 FoM_A 则考虑了这一点。因此，FoM_B 对于比较同一应用中的架构很有用（例如温度传感器和湿度传感器），在这种情况下满量程几乎是一样的。

我们也可以反转关系式（3-37），把它放到对数域中：

$$FoM_C = DR_{(dB)} + 10\log\left(\frac{BW}{P}\right) \equiv [dB] \qquad (3\text{-}40)$$

同样，由式（3-37）和式（3-40）表达的约束条件所依据的假设是，描述系统接口的噪声是热噪声。这就是为什么这些关系所表达的限制被称为热噪声限制的 FoM。

就 A/D 转换器而言，到目前为止已经提出了许多关于 ADC 的 FoM。第一个，也是最常用的一个 FoM，与 ADC 的输出被分割的离散电平数 $NL = 2^N$ 有关，其中 N 是位数，与采样频率 f_S 有关，因此，能量与每个转换步骤有关：

$$FoM_W = \frac{P}{2^N \cdot f_S} = \frac{P}{2^N \cdot 2BW} \equiv [J/\text{离散电平数}] \qquad (3\text{-}41)$$

这也被称为 Walden 的 FoM，其测量单位是每样本的焦耳。在位数低于 10 的情况下，典型值为 1pJ/ 样本或更少。

最近，对于相当数量的位数（$N>10$），已经显示了一个更好地遵循技术和架构趋势的 FoM。根据式（3-37），有

$$FoM_S = SNDR + 10\log\left(\frac{BW}{P}\right) \equiv [dB] \qquad (3\text{-}42)$$

这被称为 Schreirer 的 FoM。它的对数形式不外乎是式（3-40），这就是为什么它也被称为热噪声限制的 FoM。

上述 FoM 可以用每个转换步骤单位的能量进行转换：

$$\frac{P}{f_S} = FoM_W \cdot 2\left(\frac{SNDR - 1.76}{6.02}\right); \quad \frac{P}{f_S} = \frac{1}{2}10^{-\frac{(FoM_S - SNDR)}{10}} \qquad (3\text{-}43)$$

图 3-36 表明了上述两个 FoM 与在著名的集成电子会议上提出的 A/D 性能相关。

这就是我们在式（3-43）中使用 ENOB 的原因——热 FoM 为更多的位数设定了边界。只要技术趋势在不断发展，新的边界就会平行于图中描画的线条向下移动，显示出更好的性能。

示例　一个 20kHz 带宽的传感器的满量程输出跨度 FSO=1V，噪声为 $\sigma_N = 1.8\mu V$。静态特性显示增益和失调误差 $\Delta_{yE(OG)} = 30\mu V$ 和非线性误差 $\sigma_D = 20\mu V$。信噪比（覆盖系数为 6.6）可由 $[20\log(1/(2\sqrt{2} \times 6.6 \times 1.80 \times 10^{-6}))]dB = 89dB$ 计算得到，而对于准确度，信噪比和失真（SNDRT）（覆盖系数为 6.6）为

$$\left[10\log\left(1/\left(\left(2\sqrt{2} \times 6.6\right)^2 \times \left(\left(1.8 \times 10^{-6}\right)^2 + \left(20 \times 10^{-6}\right)^2 + \left(30 \times 10^{-6}\right)^2\right)\right)\right)\right]dB = 63dB。$$

　　如果想把这样的传感器与 A/D 转换器连接起来，就必须选择一个至少 6dB 以上（ENOB 高于 1b）的转换器，以避免分辨率过多下降。因此，我们必须以 40kS/s 对系统进行采样。所以，以目前最好的技术（见图 3-36，其中有 $P/f_S@95dB\sim300pJ$ 和 $P/f_S@70dB\sim3pJ$），我们应该至少消耗 $\sim300pJ\times40\times10^3=12\mu W$ 的精度。如果我们只对准确度感兴趣，那么应该至少消耗 $\sim3pJ\times40\times10^3=0.12\mu W$。这在准确度方面的消耗较少，因为系统的失真使得最低有效位变得不重要，因此，如果对它们不感兴趣，就会得到较低的消耗。另外，如果对表示精度的无噪声分辨率感兴趣，而不考虑失真和失调问题，那么应该考虑更多的位数带来更多消耗。

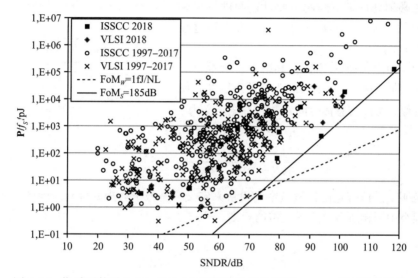

图 3-36　优质因数对 FoM_W 和 FoM_S 限制的对数坐标图，FoM_S 对更高位数的数据有更好的拟合

（图片来源：http://web.stanford.edu/~murmann/adcsurvey.html）

3.6.5　超越热噪声限制的优质因数

　　最终的物理极限显示了时间和能量之间的约束。最著名的约束来自海森堡不确定性原理，该原理指出，在一个物理系统中，能量 ΔE 在时间 Δt 内的变化应该受到乘积的限制：

$$\Delta E \cdot \Delta t \geqslant 常量 = \hbar/2 \tag{3-44}$$

其中，$\hbar$ 是减少的普朗克常数。如果针对 A/D 转换，可以这样写：

$$\Delta P \cdot \Delta t^2 \geqslant \hbar/2$$
$$\rightarrow (\Delta V \cdot \Delta t)^2 \geqslant \hbar/2 \cdot Z$$
$$\rightarrow \Delta V \cdot \Delta t \geqslant \sqrt{\hbar/2 \cdot Z}$$
$$\rightarrow \frac{V_{FS}}{NL} \cdot \frac{1}{2BW} \geqslant \sqrt{\hbar/2 \cdot Z}$$
$$\rightarrow NL \cdot BW \leqslant V_{FS}/2\sqrt{\hbar/2 \cdot Z} = 常量 \tag{3-45}$$

其中，Z 是传感器接口的阻抗，V_{FS} 是输入电压满量程，NL 是离散电平数。请注意，对于 $V_{FS}=1$ 和 $Z=50\Omega$，有 $\text{NL}\cdot\text{BW}\leq 6100\text{THz}$。当然，这与今天的技术相差甚远，但无论如何，它是一个最终的分辨率 / 带宽折中。如果我们将其应用于 A/D 转换，就不可能在 10GS/s 的情况下达到 18 位以上。

3.6.6　采集链和全局优化中带宽的作用

到目前为止，我们已经借助采集链中分辨率规则来处理采集链中的分辨率优化问题。然而，我们还必须处理带宽问题，而且这两件事也许是严格相关的（例如，如果可能的话，可以通过减少带宽来减少噪声）。

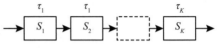

图 3-37 显示了一个采集链，其中每一级都以一个时间常数（即带宽）$\tau_1;\tau_2;\cdots;\tau_K$ 为特征。因此，使用主极点近似，可以将总体时间常数和带宽定义为

图 3-37　采集链由几个具有不同时间常数的阶段组成

$$\tau_T \simeq \tau_1 + \tau_2 + \cdots + \tau_K$$
$$\frac{1}{\text{BW}_T} \simeq \frac{1}{\text{BW}_1} + \frac{1}{\text{BW}_2} + \cdots + \frac{1}{\text{BW}_K} \tag{3-46}$$

再次说明，总体带宽由带宽较窄的模块来定义，类似于分辨率规则。因此，我们可以在下面的方程组中回顾所有关于采集链的规则：

$$\begin{cases} \dfrac{1}{\text{NL}_T^2} = \dfrac{1}{\text{NL}_1^2} + \dfrac{1}{\text{NL}_2^2} + \cdots + \dfrac{1}{\text{NL}_K^2} \\[2mm] \dfrac{1}{\text{BW}_T} \simeq \dfrac{1}{\text{BW}_1} + \dfrac{1}{\text{BW}_2} + \cdots + \dfrac{1}{\text{BW}_K} \\[2mm] \text{FoM} = \dfrac{P}{\left(\text{NL}_T\right)^2 \cdot \text{BW}_T} \end{cases} \tag{3-47}$$

这组方程可以解释如下。首先可以将设计的目标设定为总带宽或总分辨率。这些与通过 FoM 消耗的功率有关，这是由所采用的技术给出的。然后必须设计每一级模块（尤其针对增益），以便在分辨率和带宽方面实现最终目标。

3.6.7　示例：两级传感器接口中的噪声优化

本节将给出一个简单的例子，两级的行为是以恒定的增益 - 带宽积 GBW = $S\cdot$BW 为特征的，其中 S 是增益，BW 是带宽。这是 OPAMP 反馈放大器中一种非常见的情况。我们想了解在总增益不变的情况下，单个放大器的增益 S_1,S_2 的折中。

图 3-38 显示了该系统和增益图。由于我们希望保持总的增益 S_T 不变，第一级增益的系数 k 增加意味着第二级增益的相同系数减少。

现在，提到每一级的数量，假设均匀的频谱噪声密度 $N(f)=N$，FS 和 FSO 不变，有

$$\text{NL}_1^2 = \frac{\text{FS}^2}{\sigma_N^2} = \frac{\text{FS}^2}{N \cdot \text{BW}} = \frac{\text{FS}^2 \cdot S_1}{N \cdot \text{GBW}}$$

$$\text{NL}_2^2 = \frac{\text{FS}_1^2}{\sigma_N^2} = \frac{\text{FSO}^2}{S_2^2 \sigma_N^2} = \frac{\text{FSO} \cdot S_2}{S_2^2 \cdot N \cdot \text{GBW}} = \frac{\text{FSO}}{S_2 \cdot N \cdot \text{GBW}} \qquad (3\text{-}48)$$

现在，如果我们假设

$$S_1' = S_1 \cdot k; \; S_2' = \frac{S_2}{k}$$

$$\to \text{NL}_1'^2 = \text{NL}_1^2 \cdot k; \; \text{NL}_2'^2 = \text{NL}_2^2 \cdot k \qquad (3\text{-}49)$$

使用式（3-47）的第一条（采集链中的分辨率规则），有

$$\frac{1}{\text{NL}_T^2} = \frac{1}{\text{NL}_1^2} + \frac{1}{\text{NL}_2^2}$$

$$\frac{1}{\text{NL}_T'^2} = \frac{1}{k \cdot \text{NL}_1^2} + \frac{1}{k \cdot \text{NL}_2^2} = \frac{1}{k \cdot \text{NL}_T^2} \qquad (3\text{-}50)$$

因此，总的位数，也就是总的分辨率，随着 $\sqrt{k}$ 增加。

提示 在两级恒定增益带宽积信号采集链中，通过尽可能地增加第一级的增益，使分辨率在固定的总增益下得到优化。

现在，我们可以试着理解带宽的变化。使用系统的第二个方程（3-47），有

$$\frac{1}{\text{BW}_T} = \frac{1}{\text{BW}_1} + \frac{1}{\text{BW}_2} = \frac{\text{GBW}}{S_1} + \frac{\text{GBW}}{S_2} \qquad (3\text{-}51)$$

现在，使用拉格朗日乘法器，很容易表明在约束条件下，$S_T = S_1 \cdot S_2 = $ 常量，最大总带宽是在同等增益下实现的。

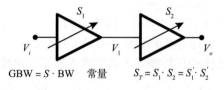

GBW $= S \cdot$ BW　　常量　　　　$S_T = S_1 \cdot S_2 = S_1' \cdot S_2'$

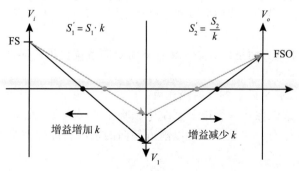

图 3-38　两级链中增益变化的影响

> **提示**　在两级恒定增益带宽积信号采集链中，通过在两级之间平均分享增益，对固定的总增益进行带宽优化。

当然，这两条规则是相互对照的。因此，最终的应用将决定最佳的选择。我们将在第 7 章中看到一个在 OPAMP 电路案例中的应用。

3.6.8　灵敏度的作用

增益或灵敏度对 FoM_s 的作用是怎样的？在式（3-37）中这样的折中从未提及。为了理解这一点，让我们举一个机械传感器的例子，如图 3-39 所示，而且在第 1 章中已经介绍过。悬臂是一个非常微小而灵活的质量条，一端固定，另一端可以自由弯曲（或摆动）。我们可以用它来感知施加在悬臂自由端上的一个非常小的力，方法是将激光束反射到悬臂表面，并观察其在远处平面上的投影。

由于机械热噪声，悬臂受到随机运动的影响，导致测量中的不确定性，这种不确定性被描绘成高斯分布。如果我们选择图 3-39a 所示的近似投影，考虑到机械噪声引起的不确定性，可以在测量中得到大约 4 个离散层级（NL = 4），并具有良好的置信度。

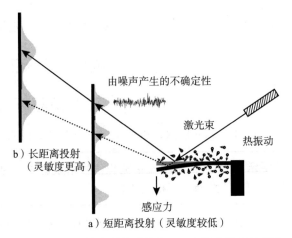

图 3-39　机械传感器的灵敏度。一束激光被反射到悬臂上，悬臂上有一个待测的力。反射的激光束的投影是对施加的力的测量。由于热力学噪声，该测量值受到不确定性的影响

现在，假设我们想更好地看清这些层级（假定它们是不可以被清楚感知的），并放大它们。一种解决方案可以是进一步远离投影平面，如图 3-39b 所示，从而提高传感器的灵敏度。如果使用相同的平面尺寸，离散的层级和输出的不确定性都会被放大；因此，即使绝对输入分辨率不变，层级的总数也会减少（NL = 2）。在这种情况下，输入满量程减少了，这与图 3-19 中的情况类似。另外，我们可以通过增加投影平面的大小来保持相同的输入 FS 和相同位数的分辨率。

这个例子的一个重要方面是，提高灵敏度不需要向系统提供任何额外的功率。因此，灵敏度是分辨率水平的某种放大。

由于放大手段（投影平面上的反射激光束）相对于光源不引入显著的噪声，因此所述的例子是相当具体的。这就像在一个电子系统中，唯一的噪声源是在输入端，我们有可以忽略不计的接口噪声。然而，这是一个可以渐近趋向的情况，即使在真正的电子系统中也是如此。

> **灵敏度的作用**　我们可以在不影响系统功耗和分辨率的前提下，尽可能地减少灵敏度的作用。

上述说法应当以这样方式更好地理解为：我们能够设计出物理系统，这个系统能够增加其增益和动态范围，而其功耗则忽略不计。上面的例子说明了为什么在功率和分辨率关系中没有灵敏度的作用，并解释了为什么在 FoM 中没有灵敏度变量。

3.7　传感器设计通则

在热噪声受限的系统中，式（3-37）显示了传感器设计中主要约束条件之间的有趣关系。图 3-40 表明了对于给定 FoM 的传感器设计的基本约束之间的相互关系。为了更好地解释这一概念，我们将提供两个示例。

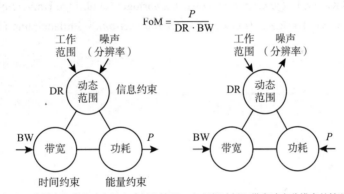

a）基于分辨率和带宽确定最小功耗的情况　b）根据功耗和带宽确定分辨率的情况

图 3-40　热噪声限制系统中传感器设计的一般规则

示例　一个电容式传感器接口由 FoM 来表征：$FoM_A = 165 \times 10^{-6} \, J \cdot ppm^2$。现在假设传感的满量程是 $C_0 = 2pF$，我们需要在 100Hz 的带宽内解决 $\Delta C = 1fF$ 的电容变化，所需的最小功耗是多少？

我们首先要确定动态范围，即 $DR = 20\log(2 \times 10^{-12} / 1 \times 10^{-15} / 2\sqrt{2}) = 76.9dB$，对应于分辨率 $ENOB = [(78 - 1.76) / 6.09]b = 12.5b$。因此，所需的最小功率为 $P = FoM_A \cdot BW \cdot NL^2 = [165 \times 10^{-6} \times 100 / (2^{12.5} / 1 \times 10^6)^2]W = 0.55\mu W$，其中使用 $ppm = 10^6 / NL$。这与图 3-40a 中的流程图相对应。

示例　一个电子加速度计具有以下性能：在 50Hz 的带宽（100 采样 /s）下消耗 6.6μW；基底噪声为 $0.04\mu g / \sqrt{Hz}$，在 FS = 2g 的满量程下工作。因此，输入参考噪声功率为 $(0.04 \times 10^{-6} \times \sqrt{50})g = 2.8mg$，动态范围为 $DR = \left[20\log(2 / 2.8 \times 10^{-3} / 2\sqrt{2})\right]dB = 48dB$，对应的 ENOB 为 7.7b，其中我们使用 $q = 2\sqrt{2}$。因此，$FoM_A = [6.6 \times 10^{-6} / 50 / (10^{48/20})]J = 2.1pJ$。现在，假设我们有相同的功率预算和 1Hz 的带宽，哪个是可实现的最大分辨率？动态范围可以计算为 $DR = 6.6 \times 10^{-6} / 1 / 2.1 \times 10^{-12} = 3.1 \times 10^6$，考虑到在这个带宽

内，输入参考的有效分辨率是 $\sigma_N = FS / 2\sqrt{2} / \sqrt{DR} = 400\mu g$，这与图 3-40b 所示的流程图相对应（数据从 Analog Devices ADXL362 数据手册中推算得出）。

延伸阅读

Cover, J. A., and Thomas, T.M., *Elements of Information Theory*. New York: John Wiley & Sons, 1991.

Gregorian, R., and Temes, G.C., *Analog MOS Integrated Circuits*. New York: John Wiley & Sons, 1986.

Kester, W., Ed., *The Data Conversion Handbook.* Philadelphia: Elsevier, 2004.

Schreier, R., and Temes, G.C., *Understanding Delta-Sigma Data Converters*. New York: IEEE Press, 2005.

Stone, J.V., *Information Theory*: *A Tutorial Introduction*. Sebtel Press, 2015.

Walden, R.H., Analog-to-digital converter survey and analysis, *IEEE J.Sel. Areas Commun.*, vol.17, no.4, pp.539-550, 1999.

Widrow, B., and Kollar, I., *Quantization Noise*. Cambridge: Cambridge University Press, 2008.

Zhirnov, V., and Cavin III, R.K., *Microsystems for Bioelectronics*. Philadelphia: Elsevier, 2015.

第 4 章
数学工具概述

本章将简要总结一下在存在确定性和随机过程的情况下建模传感器系统所需的数学工具。这些概念将以简洁概述的形式组织起来，以便快速查阅，并着重于不同背景之间的趋同性。

4.1 确定性信号和随机信号

信号是在不同的环境之间传递信息的功能。根据信息的复杂程度，这些信息可以是明显的，也可以是隐藏的。传感系统中的信号可能是确定性的和随机的（不可预测的）。确定性信号的特征是对过去和未来的变化完全了解，有助于描述传感系统的时间、频率响应和评估误差。另外，随机信号涉及概率的概念。对随机信号的了解意味着对其统计特征的了解。当然，我们可以统计并因此了解过去的发展，但只能在概率的前提下了解未来的进展。我们知道任何未来值的可能性，但不知道它什么时候会出现。因此，随机信号只能用随机变量的数学工具建模。它们对于描述噪声、误差和信号至关重要，因为在传感器工作模式下，根据定义，输入是未知的。

4.1.1 确定性电信号的特性分析

信号能以其能量属性为特性。

从定性的角度来看，我们必须区分两类电信号：能量信号，具有瞬态行为，信号曲线覆盖的面积有限，如图 4-1a 所示；功率信号，具有连续波形与时间，信号函数覆盖无限区域，如图 4-1b 所示（在这种情况下是周期性的）。我们将从数学的角度来更好地描述这两类信号。

> **提示** 我们将把数学模型和形式化定义限制为真实信号 $x(t) \in \mathbb{R}$，即使以下定义可以扩展到复杂信号。因此，除非特别说明，否则这个假设将被隐含。

一个信号的时间平均值（或均值）被定义为

$$\langle x \rangle \triangleq \lim_{T \to \infty} \frac{1}{T} \int_{-T/2}^{T/2} x(t) \mathrm{d}t \tag{4-1}$$

其中，T 是计算平均值的时间，在信号周期为周期 T 的情况下，可以去掉 lim 函数。在模拟设计中，时间平均值也称为信号的直流分量。

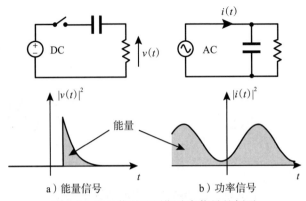

图 4-1　能量信号和周期功率信号的例子

由于能量通常与物理量的平方（动能与速度的平方、弹性势能与位移的平方、电能与电压的平方等）成正比，我们可以将一个信号的能量定义为

$$E \triangleq \int_{-\infty}^{+\infty} x^2(t)\mathrm{d}t \tag{4-2}$$

如果 $x(t)$ 用电压或电流表示，则式（4-2）从物理角度来看，是在标准电阻负载 $R = 1\Omega$ 中耗散的能量。

具有有限能量 $0 < E < +\infty$ 的信号称为能量信号。通常，能量信号是突发信号或脉冲信号，它们对应于有限稳定的能量传输，例如电容器上的电荷传输。能量信号不可能是周期性的，因为周期信号的能量是无限的。

我们还可以将信号 $x(t)$ 的功率 P（在一个时间段 T 上的平均能量）定义为

$$P \triangleq \langle x^2 \rangle = \lim_{T \to \infty} \frac{1}{T} \int_T x^2(t)\mathrm{d}t \tag{4-3}$$

如果 $0 < P < +\infty$，那么该信号被称为功率信号。为了更好地描述其时间演化，我们可以尽可能地扩展时隙。但是在信号以 T 为周期的情况下，可以去掉 lim 函数。以式（4-3）中的功率为特征的周期信号被称为周期功率信号。

功率也是信号的时间均方。如前所述，我们还可以将相对于平均值的变化功率描述为时间依赖的（或实验）方差，别名交流功率，为

$$\sigma_x^2 = P_{\mathrm{AC}} = \lim_{T \to \infty} \frac{1}{T} \int_T \left(x(t) - \langle x \rangle\right)^2 \mathrm{d}t = \langle x^2 \rangle - \langle x \rangle^2 = P - P_{\mathrm{DC}} \tag{4-4}$$

其中，P_{DC} 为信号的直流分量功率。

一个周期功率信号，可以借助傅里叶级数用谐波和表示：

$$x(t) = \sum_{n=-\infty}^{\infty} c_n \mathrm{e}^{\mathrm{j}n2\pi f_0 t}; \; c_n = \frac{1}{T} \int_T x(t)\mathrm{e}^{-\mathrm{j}n2\pi f_0 t}\mathrm{d}t; \, f_0 = 1/T \tag{4-5}$$

其中，T 为信号周期，c_n 为复数。因此，一个周期功率信号是由基波 f_0 的倍数或谐波的和组成的，这是由周期性定义的频率。注意：

- $c_0 = \dfrac{1}{T}\displaystyle\int_T x(t)\mathrm{d}t = \langle x \rangle$ 是信号的直流分量。
- $|c_n|^2$ 是谐波的功率分量，根据帕塞瓦尔定理，有

$$P = \sum_{n=-\infty}^{+\infty} |c_n|^2 \tag{4-6}$$

式（4-6）表明，总功率由每个谐波的平均功率之和给出，因此服从叠加性质，因为从数学的角度来看，谐波是相互正交的。

一般来说，任何能量信号都有一个傅里叶变换及其逆变换：

$$X(f) = F\big[x(t)\big] = \int_{-\infty}^{+\infty} x(t)\mathrm{e}^{-\mathrm{j}2\pi ft}\mathrm{d}t$$

$$x(t) = F^{-1}\big[X(f)\big] = \int_{-\infty}^{+\infty} X(f)\mathrm{e}^{\mathrm{j}2\pi ft}\mathrm{d}f \tag{4-7}$$

其中，t 是时间，f 是基频。

傅里叶变换 $X(f)$ 也称为 $x(t)$ 的频谱，它是复杂的，由振幅谱 $|X(f)|$ 和相位谱 $\sphericalangle X(f)$ 组成。注意：

- $x(0)$ 是由 $x(t)$ 划定的总面积，所以它是信号的直流平均值。
- 如果 $x(t)$ 是真实信号，那么 $X(-f) = X^*(f)$，所以 $|X(-f)| = |X(f)|$，且 $\sphericalangle X(-f) = -\sphericalangle X(f)$，因此分别有偶数振幅对称和奇数相位对称。这就是为什么总是假设振幅谱相对于原点是对称的。我们可以用狄拉克函数通过傅里叶变换式（4-5）来表示周期信号 $x(t)$ 的频谱，得到

$$X(f) = \sum_{n=-\infty}^{\infty} c_n \delta(f - nf_0) \tag{4-8}$$

其中，c_n 是根据式（4-5）计算的，表明周期信号的频谱是如何成为一个调制的狄拉克梳状函数的。

瑞利定理是应用于能量信号的帕塞瓦尔定理，它指出信号的总能量是[⊖]：

$$E = \int_{-\infty}^{+\infty} |X(f)|^2 \mathrm{d}f \tag{4-9}$$

即 $|X(f)|^2$ 是能量信号 $x(t)$ 的（双边）能量谱。请注意式（4-9）等价于式（4-6），即一个用功率表示，另一个用能量单位表示。为了理解这种二元性，我们必须回忆起式（4-6）实际上是每个周期的能量。实际上，当周期变得无限，即变成非周期时，每个周期的能量就是信号本身的能量。

示例　图 4-2 显示了周期功率信号和非周期能量信号之间的比较。在第一种情况下（见图 4-2a），每个周期重复一个高度为 k、宽度为 τ 的矩形脉冲 $T_0 = 1/f_0$，在这种特殊情况下，$T_0 = 5\tau$。它的平均功率

⊖ 从关系 $\displaystyle\int_{-\infty}^{\infty} x(t)y^*(t)\mathrm{d}t = \int_{-\infty}^{\infty} X(f)Y^*(f)\mathrm{d}f^2$ 得出。

是 $P = 1/T_0 \cdot \int_{-\tau/2}^{\tau/2} k^2 \mathrm{d}t = \left(k^2\tau\right)/T_0$，而傅里叶级数由调和系数 $c_n = \left(k\tau/T_0\right)\mathrm{sinc}\left(nf_0\tau\right)$ 给出。功率谱密度是 $\left(k\tau/T_0\right)^2|\mathrm{sinc}\left(nf\tau\right)|^2$ 调制的狄拉克 delta 函数的梳 ⊖，而在整个频谱上的脉冲之和由帕塞瓦尔定理得出为 $P = \sum_{n=-\infty}^{+\infty}|c_n|^2 = \left(k^2\tau\right)/T_0$。

在第二种情况下（见图 4-2b），单个矩形脉冲由 $E = \int_{-\tau/2}^{\tau/2} k^2 \mathrm{d}t = k^2\tau$ 给出的能量描述。它的傅氏变换模是 $\left(k\tau\right)\mathrm{sinc}\left(f\tau\right)$，其平方是能量谱密度。同样，频域的整体积分 ⊖ 给出了相同的能量 $E = \int_{-\infty}^{\infty}\left(k\tau\right)^2|\mathrm{sinc}\left(f\tau\right)|^2\mathrm{d}f = k^2\tau$。注意，我们可以把这种能量的情况视为周期性功率信号 $T_0 \to \infty$ 的极限情况。在极限中可以看到，由于 $c_n \simeq X(f_n)\Delta f_0 \to |c_n|^2 \simeq X(f_n)^2\Delta f_0^2$，每个狄拉克脉冲的能量相对于 T_0 减小，而每个带宽的密度增加了相同的量，因此包络线的极限是图 4-2b 中的 sinc 函数，以每个带宽单位的能量表示。还要注意，图 4-2a 的插值函数不是功率谱密度，而是傅里叶系数的包络线。

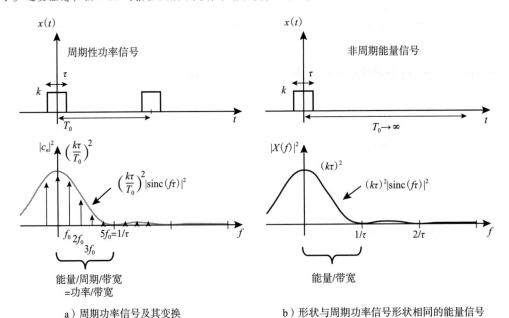

a）周期功率信号及其变换　　　　b）形状与周期功率信号形状相同的能量信号

图 4-2　能量信号作为一个周期功率信号的极限

> **提示** 如果使用角频率 $\omega = 2\pi f$，"非酉的"傅里叶变换就变成 $X_\omega(\omega) = \int_{-\infty}^{+\infty} x(t)\mathrm{e}^{-\mathrm{j}\omega t}\mathrm{d}t$ 以及 $x(t) = \dfrac{1}{2\pi}\int_{-\infty}^{+\infty} X_\omega(\omega)\mathrm{e}^{\mathrm{j}\omega t}\mathrm{d}\omega$，因此，在 $X_\omega(\omega)$ 的逆变换中，必须小心地使用 $1/2\pi$ 因子。

⊖　$\mathrm{sinc}(x) = \sin(\pi x)/(\pi x)$。

⊖　回顾 $\int_{-\infty}^{\infty}\mathrm{sinc}^2(\alpha x)\mathrm{d}x = 1/\alpha$。

线性时不变（Linear Time-Invariant，LTI）系统的输入 – 输出函数关系 $y(t)=f\left[x(t)\right]$ 遵循叠加原理和时不变性：

$$y(t)=\sum_i a_i f\left[x_i(t)\right], x(t)=\sum_i a_i x_i(t) \forall a_i$$
$$y(t-t_d)=f\left[x(t-t_d)\right] \forall t_d \tag{4-10}$$

由此可以观察到，对于众所周知的傅里叶变换性质：

$$y(t)=\left(h^*x\right)(t)=\int_{-\infty}^{\infty} h(\tau)x(t-\tau)\mathrm{d}\tau$$

则 $Y(f)=H(f)X(f)$，其中

$$Y(f)=F\left[y(t)\right], X(f)=F\left[x(t)\right], H(f)=F\left[h(t)\right] \tag{4-11}$$

其中，* 代表卷积 ⊖，$H(f)$ 称为 LTI 系统的传递函数。从式（4-11）的第二行开始，如果对输入施加一个脉冲 $x(t)=\delta(t)$，就得到 $X(f)=1$，因此，输出频谱具有与 $H(f)$ 相同的形状，它的逆变换 $h(t)=F^{-1}\left[H(f)\right]$ 是该系统的脉冲响应变换。

如果 $x(t)$ 是一个能量信号，利用瑞利定理得到

$$\left|Y(f)\right|^2=\left|H(f)\right|^2\left|X(f)\right|^2$$
$$E_y=\int_{-\infty}^{\infty}\left|H(f)\right|^2\left|X(f)\right|^2\mathrm{d}f; E_x=\int_{-\infty}^{\infty}\left|X(f)\right|^2\mathrm{d}f \tag{4-12}$$

因此，输出的能量谱是由输入的能量谱乘以 $|H(f)|^2$，类似地，对于周期功率信号，通过式（4-8）和谐波功率的叠加，我们可以看到 $|H(f)|^2$ 将每个谐波功率 $|c_n|^2$ 从输入映射到输出。

研究两个信号依赖性的最好方法之一是让 N 个样本 $x=\{x_1,x_2,\cdots,x_N\}$ 和 $y=\{y_1,y_2,\cdots,y_N\}$ 互相关并平均，成为一个 N 采样离散信号：

$$\langle xy\rangle=\frac{1}{N}\sum_{i=1}^{N} x_i y_i \tag{4-13}$$

由于该关系是平均内积总和 ⊖，从几何角度看，其中每个样本都是信号的可变分量。如果 x 的任何分量相对于 y 的相关分量没有依赖性（投影），则 $\langle xy\rangle=0$，并且这两个信号是正交的。这意味着 x 中的任何变化都不对应 y 中的变化。

> **提示**　相关性并不意味着有因果关系。如果两个事件有因果关系，则可以检测到相关性；反之则不成立。换句话说，相关操作的结果并不一定意味着事件之间的因果关系。

⊖　两个函数之间的卷积被定义为 $(x^*y)(t)=\int_{-\infty}^{\infty} x(\tau)y(t-\tau)\mathrm{d}\tau=\left(h(\tau)^*x(-\tau)\right)(t)$。

⊖　注意内积括号符号 $\langle\cdots\rangle$ 也用于时间平均量。

我们现在可以将标量积从离散时间（Discrete-Time，DT）情况扩展到一个时间框架 T 中两个模拟信号 x 和 y 的连续时间（Continuous-Time，CT）内：

$$\langle xy \rangle = \frac{1}{T} \int_T x(t) y(t) \mathrm{d}t \qquad (4\text{-}14)$$

为了更通用，我们可以比较这两个信号，其中一个是可变的时间 τ；

$$R_{xy}(\tau) = \langle x(t+\tau) y(t) \rangle \triangleq \int_{-\infty}^{\infty} x(t+\tau) y(t) \mathrm{d}t \qquad \text{对于能量信号}$$

$$\triangleq \lim_{T \to \infty} \frac{1}{T} \int_T x(t+\tau) y(t) \mathrm{d}t \quad \text{对于功率信号} \qquad (4\text{-}15)$$

这就是说，两个信号 x 和 y 之间的时间互相关 ⊖。如果信号周期为 T，则去掉 $\lim_{T \to \infty}$。如果式（4-15）中 $y = x$，则将信号与自身的延迟进行比较，得到时间自相关：

$$R_{xx}(\tau) = \langle x(t+\tau) x(t) \rangle \triangleq \int_{-\infty}^{\infty} x(t+\tau) x(t) \mathrm{d}t \qquad \text{对于能量信号}$$

$$\triangleq \lim_{T \to \infty} \frac{1}{T} \int_T x(t+\tau) x(t) \mathrm{d}t \quad \text{对于功率信号} \qquad (4\text{-}16)$$

注意对 $\tau = 0$ 的功率信号，$R_{xx}(0) = \langle xx \rangle = \langle x^2 \rangle = P$，这就解释了为什么对于功率或时间均方用标量积括号。为了简化符号，我们将使用 $R_x(\tau)$ 代替 $R_{xx}(\tau)$。

因此，可以显示自相关的以下属性：

$$\text{(i)} \quad R_{xx}(0) = \begin{cases} P & \text{对于功率信号} \\ E = \int_{-\infty}^{\infty} |X(f)|^2 \mathrm{d}f & \text{对于能量信号} \end{cases}$$

$$\text{(ii)} \quad |R_{xx}(\tau)| \leq R_{xx}(0)$$

$$\text{(iii)} \quad R_{xx}(\tau) = R_{xx}(-\tau) \qquad \text{对于真实信号} \qquad (4\text{-}17)$$

这意味着自相关是一个对称函数，其在原点的值代表信号的功率或能量。

对于互相关也可以得出类似的结论，其中对于真实信号为

$$\text{(i)} \, R_{xy}(\tau) = R_{yx}(-\tau)$$

$$\text{(ii)} R_{xy}(0) = R_{yx}(0) = \langle xy \rangle \qquad (4\text{-}18)$$

在 $h(t)$ 定义 LTI 系统的情况下，如果分别称 $R_y(\tau)$ 和 $R_x(\tau)$ 为输出和输入的自相关函数，则可以很容易地证明，对于真实信号，

⊖ 在复域中，互相关的一个更完整的定义是 $R_{xy} = \langle x(t) y^*(t-\tau) \rangle = \langle x(t+\tau) y^*(t) \rangle$，对于真实信号 $(x^*(t) = x(t))$ 是 $R_{xy} = \langle x(t+\tau) y(t) \rangle$，此外，它与卷积有很强的关系，因为 $R_{xy}(\tau) = (x(t) * y^*(-t))(\tau)$。同样，对于真实信号有 $R_{xy}(\tau) = (x(t) * y(-t))(\tau)$。

$$R_{yy}(\tau) = (h(-t)*h(t))(\tau)*R_{xx}(\tau) \tag{4-19}$$

现在，对式（4-19）两边进行傅里叶变换并考虑卷积定理 ⊖，得到

$$F[R_{yy}(\tau)] = |H(f)|^2 F[R_{xx}(\tau)] \tag{4-20}$$

这与式（4-12）的第一行非常相似，但更通用，因为这个公式可以同时应用于能量和功率信号。

于是定义一个函数为

$$S_x(f) = F[R_{xx}(\tau)] = \int_{-\infty}^{\infty} R_{xx}(\tau) e^{-j2\pi f \tau} d\tau \tag{4-21}$$

如果计算 $S_x(f)$ 的逆变换，则得到：

$$R_{xx}(\tau) = F^{-1}[S_x(f)] = \int_{-\infty}^{\infty} S_x(f) e^{j2\pi f \tau} df \tag{4-22}$$

但由于

$$R_{xx}(0) = \int_{-\infty}^{\infty} S_x(f) df = \begin{cases} E_x & \text{对于能量信号} \\ P_x & \text{对于周期功率信号} \end{cases} \tag{4-23}$$

那么 $S_x(f)$ 可以是能量谱密度或功率谱密度，这取决于信号的类型。式（4-21）中的这种关系称为维纳 – 辛钦定理。因此，

$$S_y(f) = |H(f)|^2 S_x(f) \tag{4-24}$$

显示了能量谱或功率谱是如何通过传递函数的平方相互关联的。如果我们考虑功率密度函数，通过在整个谱上对式（4-24）取积分，将得到

$$P_y = \int_0^{\infty} |H(f)|^2 S_x(f) df \tag{4-25}$$

功率（能量）谱密度（PSD）与傅里叶变换有关，被定义在正频率和负频率上。因此被称为双边（或双面）功率谱密度。然而，在实际应用中，特别是在电气工程中，由于它是一个对称函数（因为与真实信号有关），通常只在正轴上定义。这种情况被称为单边（或单侧）功率谱密度。由于对称性，这种关系是

$$S_x(f) = \frac{1}{2}\hat{S}_x(f) \tag{4-26}$$

其中，$\hat{S}_x(f)$ 为单边 PSD，如图 4-3 所示。

由于这两条曲线所占的总面积应相同，因此单边高度应为双边高度的两倍。根据这一观察结果，可以看到

$$R_{xx}(\tau) = F^{-1}[S_x] = \frac{1}{2}F^{-1}[\hat{S}_x]$$
$$\hat{S}_x = 2F[R_{xx}(\tau)] \tag{4-27}$$

⊖　$F[x \cdot y] = F[x]*F[y]$。

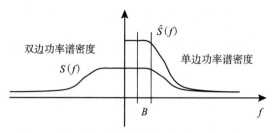

图 4-3 单边和双边功率谱密度（PSD）的关系

另外，注意积分变量，这样如果采用角频率制 $\ominus$，就得到

$$P = \int_0^\infty \hat{S}_x(f)\mathrm{d}f = \int_{-\infty}^\infty S_x(f)\mathrm{d}f = \frac{1}{2\pi}\int_0^\infty \hat{S}_x(\omega)\mathrm{d}\omega = \frac{1}{2\pi}\int_{-\infty}^\infty S_x(\omega)\mathrm{d}\omega \qquad （4-28）$$

在接下来的章节中，特别是在噪声讨论中，我们主要将"功率谱密度"称为单边 PSD，省略"^"符号。

因为 $R_{xx}(\tau)$ 是由一个实函数导出的，它是一个偶数函数，如式（4-17）和式（4-67）所示，式（4-21）和式（4-22）可以重写为更紧凑的形式 $\ominus$：

$$R_{xx}(\tau) = \int_0^\infty \hat{S}_x \cdot \cos(2\pi f\tau)\mathrm{d}f$$

$$\hat{S}_x = 4\int_0^\infty R_{xx}(\tau)\cdot\cos(2\pi f\tau)\mathrm{d}\tau \qquad （4-29）$$

其中 $\hat{S}_x$ 是单边 PSD。

示例 指数衰减能量信号 $x(t) = k\mathrm{e}^{-t/\tau}u(t)$，其中 $u(t)$ 是单位阶跃函数（见图 4-1a），其能量为 $E = \int_0^\infty k^2 \mathrm{e}^{-2t/\tau}\mathrm{d}t = \frac{k^2\tau}{2}$，通过傅里叶变换 $X(\omega) = \int_{-\infty}^\infty k\mathrm{e}^{-t/\tau}\mathrm{e}^{-j\omega t}\mathrm{d}\omega = \frac{k\tau}{1+j\omega\tau}$ 可以得到它的双边能量谱洛伦兹形式（见附录） $E(\omega) = |X(\omega)|^2 = \frac{k^2\tau^2}{1+\omega^2\tau^2}$。由此，我们可以通过在谱中积分 $\ominus$ 来得到能量值 $E = \frac{1}{2\pi}\int_{-\infty}^\infty \frac{k^2\tau^2}{1+\omega^2\tau^2}\mathrm{d}\omega = \frac{k^2\tau}{2}$。

最后，如果有一个功率信号 $z(t) = ax(t) + by(t)$，参照式（4-18）易得

$$P_z = a^2\langle x^2\rangle + b^2\langle y^2\rangle + 2ab\langle xy\rangle = a^2 P_x + b^2 P_y + 2ab\langle xy\rangle \qquad （4-30）$$

表明两个信号的加权和的功率如何等于单个信号的功率加上两个信号的加权相关性之和。

$\ominus$ 变量的改变可能有点棘手。最基本的要求是对于式（4-28），必须注意单位的变化。$\hat{S}(f) = k^2/\left(1 + (f/f_0)^2\right)$，以该表达式为例，$k^2 \equiv [\mathrm{W/Hz}]$，可以把这个变量更改为 ω，这样 $\hat{S}(\omega) = k^2/\left(1 + (\omega/\omega_0)^2\right)$，但 $k'^2 \equiv [\mathrm{W/rad/s}]$。

$\ominus$ 考虑到即使是实函数 $x(t)$，亦有 $X(f) = 2\int_0^\infty x(t)\cdot\cos(2\pi ft)\mathrm{d}t$。

$\ominus$ 注意 $\int_0^\infty \frac{1}{1+\omega^2\tau^2}\mathrm{d}\omega = \frac{\pi}{2}\frac{1}{\tau}$。

（自）相关的相同表达式是

$$P_z = a^2 R_{xx}(0) + b^2 R_{yy}(0) + 2ab R_{xy}(0) \tag{4-31}$$

请注意，这种关系是直流功率分量的综合关系。

根据维纳 - 辛钦定理可以引入交叉谱密度作为互相关的傅里叶变换：

$$S_{xy}(f) = \int_{-\infty}^{\infty} R_{xy}(\tau)\,\mathrm{e}^{-\mathrm{j}2\pi t}\mathrm{d}t \tag{4-32}$$

然而，与谱密度相比，因为它不像式（4-18）中那样对称，即使生成函数是实数，它也是一个复函数：

$$S_{xy}(f) = \mathrm{Re}\{S_{xy}(f)\} + \mathrm{jIm}\{S_{xy}(f)\} \tag{4-33}$$

并且可以证明，对于式（4-18）：

$$S_{xy}(f) = S_{xy}^{*}(f) \tag{4-34}$$

我们在 4.8 节中将看到这种关系的物理解释。

4.1.2　随机信号的特性分析

当处理随机过程时，一定指的是把事件的概率当作实验结果。最具鲁棒性同时最简单的概率的定义是公理定义的概率：认为一个事件的概率是一个正数，整个事件空间的概率是 1，相互排斥的事件集的概率是每个部分的概率的总和。公理化理论形式化定义了概率是什么，但它没有关注如何解释概率，尤其是物理环境中的概率。

概率的解释，从实验的角度来看，如果我们重复相同的实验 N 次，N_A 是事件 A 发生的次数，我们将 N_A / N 称为该组实验中发生事件 A 的相对频率或事件 A 的经验概率 $\mathrm{Pr}(A)$。如果 N 非常大，并且对于任何可能的一组实验，根据大数定律（Law of Large Number，LLN），N_A / N 的比值在概率上收敛于期望值。根据发生频率（或物理上的）解释，一个事件的概率对应于它的期望值：

$$\mathrm{Pr}(A) = \frac{N_A}{N}(N \to \infty),\text{对于任意事件A，有} 0 \leqslant \mathrm{Pr}(A) \leqslant 1 \tag{4-35}$$

式（4-35）意味着经验概率是对所考虑的概率的估计：需要进行无限次的实验才可以预期 A 发生的实验次数是 $N_A \approx \mathrm{Pr}(A) \cdot N$。即使这种解释不能很好地涵盖所有情况，但至少在本书范围内适用。

用于描述随机过程的数学工具是随机变量。随机变量 X 是一个将样本（实验）空间 S 的结果 s 映射到有序的实数集中的函数，因此 $x = X(s)$ 被称为随机变量 X 的观测或统计样本。通过这个映射，特定事件 A 既定义了 S 的一个子集也定义了实数轴上的一个子集。相反，变量 x 的有序空间的一个子集定义了样本空间的一个子集。例如，我们可以将事件 A 定义为一组结果，如 $X(s) \leqslant a$，其中 a 是实变量 x 的数值。注意随机变量形式的 X（大写）不应该与它的观测值 x（小写）混淆。在今后的讨论中，为了简化符号，我们可能对它们都使用小写。

随机变量的概念如图 4-4 所示，其中一组实验结果通过一个称为 X 的随机变量与实数联系起来。随机变量的关键是将无序的结果集与一个可测空间（如实数）链接起来。

总结：

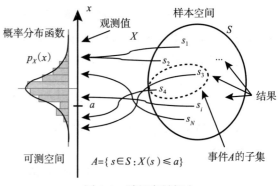

图 4-4　随机变量概念

- 实验：通过假设相同的初始条件，第 i 次实验产生实验结果 s_i 的过程。
- 样本空间 S：所有可能结果 s_i 的集合。样本空间可以包含有限数量或无限数量的元素。它不是实验的集合，而是所有可能的结果或实验结果的集合。
- 事件：S 的一个子集，比如 A。事件 A 当且仅当 $s_i \in A \subset S$ 时发生。
- 随机变量：将实验空间与相应的可测数空间联系起来的函数。一个随机变量的观测值写成 $x^{(i)} = X(s_i)$。

如果对每个实数 x 定义了事件 $A_x = |s \in S : X(s) < x|$，则可以证明函数 X 是一个随机变量。

需要注意的是，在同一个实验中，可以定义几个样本空间。例如，在"抛硬币"实验中，我们可以定义一个由 H 和 T 两个元素组成的样本空间，或者定义另一个包含硬币所在的所有可能的坐标和位置的样本空间。在后一种情况下，可以定义一个随机变量，然后定义两个事件——H 和 T，它们是样本空间的子集。

示例　实验包括测试电池产生的电压，以及检查电压是否低于临界值 v_L。因此，样本空间可以定义为在给定空间 S 中模拟值 s 的所有可能结果，在该空间中，随机变量 V 识别任何实验（变量 V 的样本）的观测值 v。从数学角度，$x^{(j)} = v_j = V(s_j) = X(s_j)$ 是代表第 i 个实验结果的随机变量 V 的观测值（样本）。在这个随机变量上，可以形式化表示"测试电池有一个临界电压"事件为 $A_v = \{s \in S : V(s) = v < v_L\}$，在此基础上，我们可以根据式（4-35）来估计大量实验的概率。

因此，对实验实数的映射允许定义描述随机变量的已知函数，如累积分布函数 F_X 和概率密度函数（Probability Density Function，PDF）p_X：

$$F_X(x) \cong \Pr(X \leq x); \; p_X(x) \cong \frac{\mathrm{d}F_X(x)}{\mathrm{d}x} \tag{4-36}$$

因此

$$p_X(x)\mathrm{d}x = \Pr(x < X < x + \mathrm{d}x) \tag{4-37}$$

其中 Pr 是到目前为止所提到的事件发生的概率。

离散随机变量最重要的特征之一是离散变量的期望值，它被定义为

$$E[X] \cong \sum_{k=1}^{M} x_k p_X(x_k) \tag{4-38}$$

其中 $\Pr(X = x_k) = p_X(x_k)$ 是从随机变量 X 的样本空间中得到值 x_k 的概率。同样的定义也适用于式（4-37）的连续随机变量：

$$E[X] \triangleq \int_{-\infty}^{+\infty} x p_X(x) \mathrm{d}x \tag{4-39}$$

给出这一定义的原因如下。如果我们有 N 个独立的观测值（或 N 个可能的离散变量值），并且如果事件 $X_k = x_k$ 发生 N_k 次，则观测值的样本平均值或均值 $\bar{x}$ 是

$$\bar{x} \triangleq \frac{1}{N}\sum_{i=1}^{N} x_i = \frac{N_1 x_1 + N_2 x_2 + \cdots + N_N x_N}{N} = \sum_{k=1}^{M} \frac{N_k}{N} x_k \tag{4-40}$$

现在，对于较大的 N 值，根据 LLN，相对频率 $N_k/N \to P_X(x_k)$。因此对于 $N \to \infty$，有

$$\bar{x} \to E[X] \tag{4-41}$$

描述这个概念的另一种方法是样本均值 $\bar{x}$ 是期望值或概率均值 $E[X]$ 的估计量。下面我们还将使用符号 $\bar{x}$ 来代替渐近极限 $E[X]$，以简化符号。

期望值是一个线性算子，即 $E[\alpha X + \beta Y] = \alpha E[X] + \beta E[Y]$，对一个随机变量函数 $Z = g(X)$，期望值为

$$E\big[g(X)\big] = \int_{-\infty}^{+\infty} g(x) p_X(x) \mathrm{d}x \tag{4-42}$$

当 $g(X) = X^n$ 时，其期望值称为随机变量 X 的 n 阶矩，其估计量为 $\overline{x^n} \to E\big[X^n\big]$。一个有效值是随机变量的二阶矩 $\overline{x^2} \to E\big[X^2\big]$，称为随机变量 X 的均方。

随机变量的另一个重要特征与观测值在均值周围的分布有关：

$$\sigma_X^2 = E\big[(X - E[X])^2\big] = \int_{-\infty}^{+\infty} p_X(x)(x - E[X])^2 \mathrm{d}x = E[X^2] - E[X]^2 \tag{4-43}$$

这被称为二阶矩的方差，即该方差由均方减去均值的平方给出。

对于离散变量，方差的估计量为 ⊖

$$\overline{(X - \bar{x})^2} = \frac{1}{N}\sum_{i=1}^{N}(x_i - \bar{x})^2 = \frac{1}{N}\sum_{i=1}^{N} x_i^2 - \bar{x}^2 = \sum_{k=1}^{M} \frac{N_k}{N} x_k^2 - \bar{x}^2 = \overline{x^2} - \bar{x}^2 \tag{4-44}$$

注意如何使用式（4-44）的表达式作为基于 LNN 的式（4-43）的估计量。

关于方差的一个重要关系如下，称为切比雪夫不等式：

$$P\big(|X - E[X]| \geqslant k\sigma_X\big) \leqslant \frac{1}{k^2} \tag{4-45}$$

这意味着一个实验结果超出期望值 k 个标准差 $\sigma_X = \sqrt{\sigma_X^2}$ 的概率不大于 $\frac{1}{k^2}$。

⊖ 实际上，在统计学中，为了得到更好的估计性质，总和应该除以 $N-1$。然而，为了简单起见，我们将假设 N 足够大，可以除以 N 而不是 $N-1$。

如果同时观察两个随机变量，则可以检验它们是否相关，遵循前面对确定性变量的讨论。为了理解这一点，必须引入联合概率密度，它被定义为

$$p_{XY}(x, y)\mathrm{d}x\mathrm{d}y = \mathrm{Pr}(x < X < x + \mathrm{d}x, \, y < Y < y + \mathrm{d}y) \tag{4-46}$$

其中，众所周知，如果 X 和 Y 两个变量是独立的，则 $p_{XY}(x, y) = p_X(x)p_Y(y)$。两个变量 X 和 Y 之间关系的检验是通过两个随机变量的互相关关系给出的：

$$R_{XY} = E[XY] = \iint_{\infty} xy \, p_{XY}(x, y)\mathrm{d}x\mathrm{d}y \tag{4-47}$$

同样，对于单变量的情况，也定义了

$$
\begin{aligned}
\sigma_{XY}^2 &= E\big[(X - E[X])(Y - E[Y])\big] = \iint_{\infty} (x - E[X])(y - E[Y]) p_{XY}(x, y)\mathrm{d}x\mathrm{d}y \\
&= \iint_{\infty} xy \, p_{XY}(x, y)\mathrm{d}x\mathrm{d}y - E[X]E[Y] = E[XY] - E[X]E[Y] \\
&= R_{XY} - E[X]E[Y]
\end{aligned} \tag{4-48}
$$

这被称为两个随机变量 X 和 Y 之间的协方差 ⊖（也表示为 C_{XY}）。注意，$\sigma_{XX}^2 = \sigma_X^2$。简单来说，该检验通过取其乘积来评估均值周围的两个变量的位移是如何相关的。因此，协方差是由互相关值减去两个变量的期望值的乘积给出的。在两个变量不相关的情况下，$\sigma_{XY} = 0$。

对于一个随机变量的和，类似于式（4-30），如果有 $Z = aX + bY$，则

$$
\begin{aligned}
E[Z^2] &= a^2 E[X^2] + b^2 E[Y^2] + 2abR_{XY} \\
&= a^2 E[X^2] + b^2 E[Y^2] + 2ab \cdot \sigma_{XY}^2 + E[X]E[Y]
\end{aligned} \tag{4-49}
$$

请注意，最后一项不是结果的直流分量，因为它也分布在前两项中。

同样，它的实验（样本）离散估计量是

$$
\begin{aligned}
\hat{\sigma}_{XY}^2 &= \overline{(X - \bar{x})(Y - \bar{y})} = \sum_{i=1}^{N} \frac{(x_i - \bar{x})(y_i - \bar{y})}{N} \\
&= \sum_{i=1}^{N} \frac{x_i y_i}{N} - \bar{x} \cdot \bar{y} = \sum_{j=1}^{L} \sum_{k=1}^{M} \frac{N_{jk}}{N} y_j x_k - \bar{x} \cdot \bar{y}
\end{aligned} \tag{4-50}
$$

其中，L 和 M 是两个变量可能值的离散区间，表达式 N_{jk}/N 为事件 $Y_j = y_j$ 和 $X_k = x_k$ 发生的相对频率。注意，根据 LLN，式（4-50）是式（4-48）的概率估计量。

一般来说，两个随机变量之间的关系的期望由 $Z = g(X, Y)$ 用联合概率密度函数给出：

$$E\big[g(X, Y)\big] = \iint_{-\infty} g(x, y) p_{XY}(x, y)\mathrm{d}x\mathrm{d}y \tag{4-51}$$

通过式（4-51），可以显示出两个随机变量的加权和 $Z = aX + bY$ 的一个重要关系：

$$\sigma^2(aX + bY) = a^2 \sigma_X^2 + b^2 \sigma_Y^2 + 2ab \cdot \sigma_{XY}^2 \tag{4-52}$$

请注意，如果 $\sigma_{XY} = 0$，则 $\sigma_Z^2 = \sigma_X^2 + \sigma_Y^2$。

⊖ 需要注意的是，在不同的学科中，术语"相关"和"协方差"有时可以互换使用，术语"相关"经常在皮尔逊系数的标准化形式中使用。

由式（4-52）可知，对具有相同分布特征的自变量 X_i 的加权和 $Z = \sum_{i=1}^{N} X_i / N$，有

$$\sigma_Z^2 = \frac{\sigma_X^2}{N}; \ \sigma_Z = \frac{\sigma_X}{\sqrt{N}} \tag{4-53}$$

其中，σ_X^2 为变量 X 的方差。这种关系在前面几节的论证中也称为中心极限定理（Central Limit Theorem，CLT），说明如果 X 是 N 个独立随机变量的总和，那么当 N 变得非常大时，无论单个分量的分布如何，它的概率密度函数（PDF）都接近于高斯概率密度函数。高斯概率密度函数是

$$p_X(x) = \frac{1}{\sqrt{2\pi\sigma^2}} e^{-\frac{(x-\mu)^2}{2\sigma^2}} \tag{4-54}$$

其中 μ 和 σ 分别为该分布的均值和标准差。从式（4-54）可以得出结论，如果一个高斯分布描述了一个随机变量，那么它完全由其一阶和二阶矩定义：均值和方差。中心极限定理是测量过程的基础：由于每个测量（不考虑其分布）是相互独立的，因此最终结果都是正态分布的。

式（4-53）符合 CLT，即 N 个测量值的平均和在其随 $\sqrt{N}$ 因子增大而减少的总体均值（称为"真值"）周围有一个分布，如前所述。

4.2 随机过程

到目前为止，我们已经处理了与单一现象或器件做多次实验相关的概率概念，问题是，我们实验的概率模型是否适用于其他具有相同物理特性的不同器件。

假设我们使用一个关于随机信号时间演化的先验假设来建立一个模型，就需要想象一些信号作为许多其他"相同"（即具有相同物理特性）的系统在相同条件下执行的结果。换句话说，随机变量应该扩展到在相同条件下具有相同特性的不同器件上进行的类似实验的"总体"。这种描述基于一个随机过程的范式。

上述概念可以用一个示例来更好地解释。假设我们必须描述一个即将进入生产阶段的传感器的噪声性能 ⊖，在这种情况下，我们不仅需要预测它在单个特定样本上的行为，还需要确保模型对生产的所有样本是有效的（在概率意义上）。因此，从数学的角度来看，我们必须将与输出噪声相关的随机变量扩展到由"相同"传感器总体产生的任何可能的结果。换句话说，即使只能在一个传感器上进行统计推断，这个结论也应该在概念上应用于具有相同模型的整个传感器总体。

随机过程是样本空间和时间的随机变量函数 $X(t,s)$。因此，对于每个结果（或样本点），它被定义为一个随机时间变量 $X(\cdot,s)$，称为样本函数。此外，对于每个时刻 t，它定义了一个随机变量 $X(t,\cdot)$。在电子设备这种特定情形下，样本空间由具有相同特征的所有可能的物理上可区分的设备的输出构成。简化符号 $x^{(s)}(t) = X(\cdot,s)$ 以及 $x(t) = X(t,\cdot)$ 分别是在样本

⊖ 这个示例没有考虑系统误差和相关分布的变化。

和时空范畴定义的随机变量。

示例 我们有一组具有相同的电气模型特征但物理上不同的噪声电阻。在 t_i 时刻对第 j 个电阻的端子进行电压采样的过程可以用数学表示为 $v^{(j)}(t_i)$，因此，随机过程可以定义为随机变量 $V(t,s)$，其观测值为 $v^{(j)}(t_i) = V(t_i, s_j)$。

采样函数的全体称为总体（ensemble）。在本质上，一个随机过程是一个时间波形总体的概率模型。

> **提示** 我们选择使用条形符号 $\overline{\cdot}$ 作为总体平均值的算子，使用括号算子 $\langle . \rangle$ 表示时间平均值，因为它与电学描述更一致，然而，在其他情况下，特别是在物理学中，情况可能恰恰相反。

图 4-5 给出了一个随机过程的总体的示例。在这种情况下，通过在设置和输入条件相同这一假设下同时监控输出，我们理想化地取到一个 N 个 "完全相同" 器件（即即使它们是不同的器件，也具有相同的物理属性）的总体。根据下述表示法，我们得到实验 "器件编号 j 在 t_i 时刻读出" 的观测值：

$$x^{(j)}(t_i) = X(t_i, s_j) \tag{4-55}$$

我们将进一步简化观测值 $X_i = X(t_i)$ 为

$$x_i = X(t_i) \tag{4-56}$$

应该注意该总体的每个波形是如何形成的，我们有一个特定的时间平均值 $\langle x_j \rangle$ 和方差 $\langle x_j^2 \rangle$，如图 4-5 右侧的直方图所示，应该区别于后续内容中定义的总体平均值。

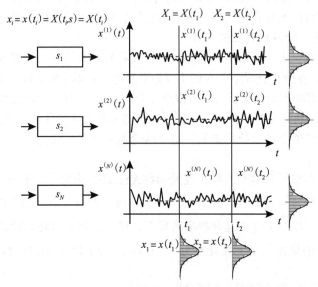

图 4-5 总体中时间函数集合的表示

对具有上述符号表示的随机过程应用式（4-39），得到

$$\overline{x(t)} = E\big[X(t)\big] \triangleq \int_{-\infty}^{\infty} x p_X(x,t)\,\mathrm{d}x \qquad (4\text{-}57)$$

这是 $x(t)$ 对总体的期望值，因此称为总体平均值。随机过程的另一个重要平均值称为总体自相关（ensemble autocorrelation），它基于式（4-47）：

$$R_{XX}(t_1,t_2) = \overline{x_1 x_2} \triangleq E\big[X(t_1)X(t_2)\big] = \iint_{-\infty}^{\infty} x_1 x_2 p_{X_1,X_2}(x_1,x_2)\,\mathrm{d}x_1\mathrm{d}x_2 \qquad (4\text{-}58)$$

其中，$x_1 = x(t_1)$，如图 4-5 所示。如果设 $t_1 = t$，$t_2 = t + \tau$，则将得到另一种方法来写式（4-58）。

$$R_{XX}(t,\tau) \triangleq E\big[X(t)X(t+\tau)\big] \qquad (4\text{-}59)$$

其结果通常可能取决于时间。即使在这种情况下，它仍与式（4-16）的 $R_{xx}(\tau)$ 存在时间自相关。为简单起见，也把 $R_{xx}(t,\tau)$ 简写为 $R_x(t,\tau)$。可以应用式（4-43）给出的方差 σ_x^2 的定义估计平均值周围的分布。图 4-5 底部的直方图粗略地展示了总体的离散度。

另一个有趣的总体平均性质是下述的总体互相关关系：

$$R_{XY}(t_1,t_2) = \overline{x_1 y_2} \triangleq E\big[X(t_1)Y(t_2)\big] = \iint_{\infty} x_1 y_2 p_{X_1 Y_2}(x_1,y_2)\,\mathrm{d}x_1\mathrm{d}y_2 \qquad (4\text{-}60)$$

这与式（4-15）给出的时间互相关 R_{xy} 相似，在下文中会给出更好的解释。在考虑以均值为参考的情况下，有协方差

$$\sigma_{XY}^2(t_1,t_2) = E\Big[\big(X(t_1)-E[X(t_1)]\big)\big(Y(t_2)-E[Y(t_2)]\big)\Big]$$
$$= R_{XY}(t_1,t_2) - E\big[X(t_1)\big]E\big[Y(t_1)\big] \qquad (4\text{-}61)$$

相反，如果我们对同一变量进行相关性分析，即在不同时间 $R_{XX}(t_1,t_2)$ 使 $Y = X$，就有自协方差，定义为

$$\sigma_{XX}^2(t_1,t_2) = E\Big[\big(X(t_1)-E[X(t_1)]\big)\big(X(t_2)-E[X(t_2)]\big)\Big]$$
$$= R(t_1,t_2) - E\big[X(t_1)\big]E\big[X(t_2)\big] \qquad (4\text{-}62)$$

两个随机变量之间关系的另一个重要参数是相关（或皮尔逊）系数，定义为

$$\rho_{XY} = \frac{\sigma_{XY}^2}{\sigma_X \sigma_X},\ |\rho_{XY}| \leq 1 \qquad (4\text{-}63)$$

因此，对于 $Z = aX + bY$，式（4-49）变成了

$$E\big[Z^2\big] = a^2 E\big[X^2\big] + b^2 E\big[Y^2\big] + 2ab \cdot \rho_{XY}\sigma_X\sigma_Y + E[X]E[Y] \qquad (4\text{-}64)$$

现在我们在"广义上"定义平稳随机过程，根据式（4-57）和式（4-58），随机过程具有以下性质：

(i) $E\big[X(t)\big] = \overline{x(t)} = \overline{x}$ 　　　　　　$\forall t$

(ii) $E\big[X(t)X(t+\tau)\big] = R(t,\tau) = R(\tau)\ \forall t$ 　　　　（4-65）

这意味着总体均值和自相关与我们所提到的时间无关。因此，对于一个广义上的平稳随机过程，均值和方差是与时间无关的。

因此，式（4-58）成为

$$R_{XX}(\tau) \triangleq E\left[X(t)X(t+\tau)\right] \tag{4-66}$$

这也是式（4-16）的 $R_{XX}(\tau)$。我们将在下一节中更好地讨论这种相似性的本质。从式（4-66）开始，很容易证明

$$(i)\ R_{XX}(0) = E\left[X^2(t)\right] = \overline{x^2}$$

$$(ii)\ \left|R_{XX}(\tau)\right| \leqslant R_{XX}(0)$$

$$(iii)\ R_{XX}(\tau) = R_{XX}(-\tau) \tag{4-67}$$

如同式（4-17）那样。

请注意，对于广义上的平稳随机过程，$\tau = t_2 - t_1$ 且 $X = Y$ 的互相关 $R_{XY}(t_1, t_2)$ 给出了自相关 $R_{XX}(t_1, t_2) = R_{XX}(\tau)$ 和自协方差 $\sigma^2_{XX}(t_1, t_2) = \sigma^2_{XX}(\tau)$。

根据前面的定义，我们可以说一个广义上的平稳随机过程是一个功率信号。事实上，如果它是一个能量信号，这个信号本身有时会消失，也就是说，当 $t \to \infty$ 时，$|x_i(t)| \to 0$。但在这种情况下，它的总体平均值应该随时间变化，这与平稳的陈述相矛盾。

由于我们指的是一个随机过程，而且由于功率的概念与时间平均有关，因此我们想将这个概念扩展到整个总体。为此，我们扩展了功率的定义，在一个时间周期 T 上估计它，而不仅仅是对广义上的平稳随机过程的单个波形进行估计：

$$P(s_i) = P\left(x^{(i)}\right) = P_i = \frac{1}{T}\int_T \left(x^{(i)}\right)^2(t)\,\mathrm{d}t \tag{4-68}$$

也可以对整个总体在尽可能大的时间内取平均值：

$$\overline{P} = \lim_{T \to \infty} E\left[P_T(x)\right] = \lim_{T \to \infty}\overline{\frac{1}{T}\int_T x^2(t)\,\mathrm{d}t} \tag{4-69}$$

然而，由于平均值可以在平方值之后执行，因此可以写出

$$\overline{P} = \lim_{T \to \infty}\overline{\frac{1}{T}\int_T x^2(t)\,\mathrm{d}t} = \lim_{T \to \infty}\frac{1}{T}\int_T \overline{x^2(t)}\,\mathrm{d}t = \overline{\left\langle x^2(t)\right\rangle} \tag{4-70}$$

因为这个过程是平稳的，平方值并不依赖于时间，所以

$$\overline{P} = \lim_{T \to \infty}\frac{1}{T}\int_T \overline{x^2(t)}\,\mathrm{d}t = \overline{\left\langle x^2(t)\right\rangle} = \lim_{T \to \infty}\frac{1}{T}\int_T \overline{x^2}\,\mathrm{d}t = \overline{x^2} \tag{4-71}$$

这是一个重要的结果，因为可以声明广义上的平稳随机过程是一个功率信号，因此，

$$\underset{\text{平均功率}}{\overline{P}} = R_{XX}(0) = \overline{x^2} = \underset{\text{交流功率}}{\sigma^2_X} + \underset{\text{直流功率}}{\overline{x}_2} \tag{4-72}$$

表明平均功率由随机过程方差加上其均值的平方给出。式（4-72）是一个非常重要的结果，因为它表明一个广义上的平稳随机过程随机信号的能量特性可以通过随机过程的统计特征来估算。

4.3 遍历性的概念

我们现在可以考虑那些所有总体平均值都等于相应时间平均值的信号。更具体地说，我们将提到随机过程，其中对于该总体的任何波形，该总体和时间内的均值和自相关都相等：

(i) $\left\langle x^{(j)}(t) \right\rangle = \lim_{T \to \infty} \frac{1}{T} \int_T x^{(j)}(t)\, dt = \bar{x}$

(ii) $\left\langle x^{(j)}(t+\tau) x^{(j)}(t) \right\rangle = R_{xx}(\tau) = \lim_{T \to \infty} \frac{1}{T} \int_T x^{(j)}(t+\tau) x^{(j)}(t)\, dt = R_{XX}(\tau)$ （4-73）

在这种情况下，这个过程被称为均值和自相关中的遍历过程。在接下来的章节中，为了简单起见，我们称其为遍历性。

对于一个遍历信号，式（4-72）变为

$$\underbrace{P = \left\langle x^{(j)} \right\rangle^2 = \left\langle x \right\rangle^2}_{\text{时间平均概念}} = \underbrace{R_X(0) = \overline{x^2} = \sigma_X^2 + \bar{x}^2}_{\text{总体平均概念}}$$ （4-74）

也就是说，

$$随机信号功率 = \overline{x^2} = \sigma_X^2 + \bar{x}^2$$
$$随机信号的直流功率 = \bar{x}^2$$
$$随机信号的交流功率 = \sigma_X^2$$ （4-75）

关于式（4-72），式（4-74）告诉我们，通过实验确定的每个器件的功率是整个总体的特征，反之亦然。因此，随机过程的遍历性允许我们从单个波形上的时间数据中得到整个过程的随机特征。遍历过程意味着平稳性，然而，并非所有的平稳过程都是遍历过程。为了更好地解释这一点，下面给出一个示例。

示例 在一批电池中，每个电池提供不同的电压。这批电池的平均功率是通过平均直流值的平方加上由这批电池多样性给出的波动值得出的，其中波动值可以由方差解释。但是，每个电池的平均功率（直流值）并不等于这批电池的平均值，因此，式（4-72）适用，而式（4-74）不适用。因此，即使它是平稳的，它也不是遍历的。

也许理解遍历过程概念的最好方法是列举一个很常见的非遍历过程的示例。假设将一个具有零均值高斯噪声的遍历随机过程输入到一组电子积分器中，如图 4-6 所示。我们将 500 个噪声的输入样本整合，或者用相同的积分器和相同的样本数重复几次相同的实验。如图 4-6 所示，在三个实验中，积分器的输出似乎具有不同的随机行为。可以表明，输出从原点发散，并且发散量随时间（在概率意义上）越来越高（见图 4-7）。因此，这个过程并不是平稳的，它也不是遍历的。

非平稳性可以通过输出趋势来感知，而输出趋势可以随着行为差异的增加而趋向任何一个方向。这是布朗运动中显示的随机游走过程（见本节附录 A）。我们可以通过叠加图 4-6 中相同的三个输出来更好地表明这一点。正如我们所看到的，最终点之间的扩散程度平均下来也是增加的（它可以表示为时间的平方根）。这种行为应该从概率的意义上考虑，这意味着经过大量的实验，可能会获得相对于参考点的非常小的扩散，但这发生的概率很小。

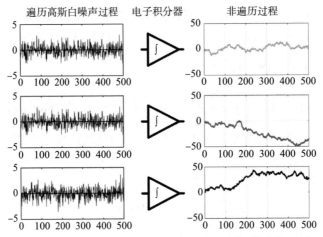

图 4-6　遍历随机过程和非遍历随机过程之间关系的示例。
不同的积分器在相同的积分时间内对一个零均值高
斯噪声进行积分

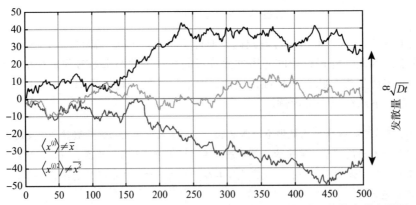

图 4-7　图 4-6 中三个实验的输出比较显示了随着时间的推移，初始点的发散量
如何增加（概率意义上）

因此，这三条曲线的均值和均方值都是不同的：单条曲线的时变特征并不能表示总体统计量。从数学的角度来看，可以这么说：

$$\left\langle x^{(i)} \right\rangle \neq \overline{x}; \quad \left\langle x^{(i)2} \right\rangle \neq \overline{x^2} \tag{4-76}$$

因此，它既不是平稳的，也不是遍历性的。在这种情况下，为了描述随机过程，我们应该采用总体集合统计估计量而不是时间集合统计估计量。

噪声的集成是电子器件中非遍历过程的一个非常常见的例子，这也是在随机电子过程中通常使用统计平均符号 $\left(\overline{x^n}\right)$ 而不使用时间平均符号 $\left(\left\langle x^n \right\rangle\right)$ 的原因之一。

回到遍历过程的性质，时间和总体平均值的交换允许另一个与式（4-21）相同的非常重要的关系成立：

$$S_{XX}(f) = F\left[R_{XX}(\tau)\right] = \int_{-\infty}^{\infty} R_{XX}(\tau) \mathrm{e}^{-\mathrm{j}2\pi f \tau} \mathrm{d}\tau \qquad (4\text{-}77)$$

其中，$S_{XX}(f)$ 为随机过程的功率谱。这也是随机过程的维纳 – 辛钦定理。为什么是功率谱而不是能量谱？首先，如前所述，平稳随机过程是功率信号。其次，统计平均值意味着除以 N，相当于时间平均值的除以 T。功率谱和能谱之间的二元性见图 4-2。注意，功率谱现在的定义不是基于信号的时间特征，而是基于统计特征。因此，PSD 是表征一个随机过程的关键函数。

类似于式（4-32），我们可以将交叉谱密度（对于总体平均值）定义为

$$S_{XY}(f) = \int_{-\infty}^{\infty} R_{XY}(\tau) \mathrm{e}^{-\mathrm{j}2\pi f t} \mathrm{d}t \qquad (4\text{-}78)$$

现在让我们重新考虑表明遍历信号的功率和方差之间关系的式（4-74），又有

$$P_X = \langle x^2 \rangle = \overline{x^2} = \int_{-\infty}^{\infty} S_X(f) \mathrm{d}f \qquad (4\text{-}79)$$

此外，根据式（4-24），对 LTI 系统：

$$P_Y = \int_{0}^{\infty} \left|H(f)\right|^2 S_X(f) \mathrm{d}f \qquad (4\text{-}80)$$

因此，对于零均值均匀高斯噪声，在低通 LTI 系统中有

$$\sigma_Y^2 \approx \left|H(0)\right|^2 \sigma_X^2 \qquad (4\text{-}81)$$

其中，$|H(0)|$ 是系统的"带宽内"增益。请注意，由于 $|H(0)|$ 是增益，即输入 – 输出准静态特性的斜率，因此它是对第 2 章中讨论的误差传播定律的一个重新审视。

式（4-77）的关系很重要，因为我们可以根据该过程的统计表征得到随机信号的功率分布，而不必用只能定义确定性信号的傅里叶变换。

然而，从实验的角度来看，让我们设想从遍历随机过程中收集了许多数据样本，以在确定的时间内存储波形。在这种情况下，我们有了信号演化的全部信息来应用傅里叶变换。在这种情况下，它与总体相关函数的关系是什么？对于这个问题，我们可以取该总体的一个波形的时间截断样本：

$$x(t) = \begin{cases} 0 & |t| > T/2 \\ x(t) & |t| < T/2 \end{cases} \qquad (4\text{-}82)$$

由于它是一个能量信号，我们可以计算出它的傅里叶变换：

$$X_T(f) = \int_{-\infty}^{\infty} x(t) \mathrm{e}^{-\mathrm{j}2\pi f t} \mathrm{d}t = \int_{-T/2}^{T/2} x(t) \mathrm{e}^{-\mathrm{j}2\pi f t} \mathrm{d}t \qquad (4\text{-}83)$$

$\left|X_T^{(k)}(f)\right|^2$ 是特定的门控波形的能量谱密度。因此，利用瑞利定理，得到

$$\int_{-T/2}^{T/2} x^2(t)\,dt = \int_{-\infty}^{\infty} \left|X_T^{(k)}(f)\right|^2 df \tag{4-84}$$

类似于式（4-70），我们可以估计出平均功率为

$$\overline{P} = \lim_{T\to\infty}\frac{1}{T}\int_{-\infty}^{\infty}\overline{\left|X_T(f)\right|^2}\,dt = \int_{-\infty}^{\infty}\left(\lim_{T\to\infty}\frac{1}{T}\overline{\left|X_T(f)\right|^2}\right)dt \tag{4-85}$$

其被积函数可以解释为随机信号的功率谱密度函数。换句话说，我们可以将被积函数定义为随机信号的 PSD：

$$S(f) \triangleq \lim_{T\to\infty}\frac{1}{T}\overline{\left|X_T(f)\right|^2} \tag{4-86}$$

并且可以证明这个定义满足维纳 – 辛钦定理。从实验的角度来看，式（4-86）表明，我们可以利用以下关系估算一个随机函数的单边功率谱密度：

$$\hat{S}_X(f) = \lim_{T\to\infty}\frac{2}{T}\overline{\left|X_T(f)\right|^2} \tag{4-87}$$

称作周期图法。这意味着我们可以在一个周期 T 的几个时间框架内采集一个随机过程的样本，并取它们的平均值来估算 PSD。

4.4　确定性变量和随机变量之间的概念收敛性

回顾一下，$x(t_i)$ 是采集的样本 $x(t)$，$i = 1,2,\cdots,N$。假设变量只有四个可能的离散电平 A，B，C，D，对应于信号值 x_A, x_B, x_C 和 x_D。N 个值的样本均值也是所采集数据的时间均值：

$$\overline{x} = \frac{1}{N}\sum_{i=1}^{N}x(t_i) = \langle x\rangle \tag{4-88}$$

但是，由于位数是有限的，我们可以将它们收集到一定域中，并按以下方式重新排列求和：

$$\overline{x} = \frac{1}{N}\sum_{i=1}^{N}x(t_i) = \frac{N_A x_A + N_B x_B + N_C x_C + N_D x_D}{N} = \sum_{j=A}^{D}\frac{N_j}{N}x_j \tag{4-89}$$

由于大量样本的分数 N_j/N 趋于得到值 x_j 的概率 $\Pr(x_j)$，我们有

$$\overline{x} = \frac{1}{N}\sum_{i=1}^{N}x(t_i) = \langle x\rangle \overset{N\to\infty}{=} \sum_{j=A}^{D}\Pr(x_j)x_j = E[X] \tag{4-90}$$

因此，所获数据的统计均值是过程的时间均值和期望值的估计。

我们也可以得出类似的相关性的结论。假设我们想知道两个信号是如何彼此相似的，或者换句话说，是相关的。让我们以图 4-8 所示的信号为例，假设与前面的例子一样，读出的分辨率被限制为两个电平——H（高）和 L（低），当 x 信号高于或低于阈值时，将把 x_H 和 x_L 称为该 x 信号的值，对于 y 也是如此。为了简单起见，我们还将假设这两个信号具有零均值。

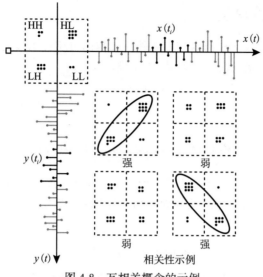

图 4-8 互相关概念的示例

为了解它们是否相关，我们将两个采样信号 $x(t_i)$ 和 $y(t_i)$ 的结果收集到一定域中。直观上，如果这两个信号是相关的，那么它们可能是同相的（HH 和 LL 区域更普遍）或反相的（HL 和 LH 区域更普遍）。因此，如果加权值沿着正方形的对角线聚集，那么就存在相关性。相反，如果权重是等分布的，那么可以说这两个信号是独立的或不相关的。检查对角线周围的聚集情况的最佳方法是计算这两个信号的平均样本相关性，这也对应于时间相关性：

$$\overline{xy} = \frac{1}{N}\sum_{i=1}^{N} x(t_i)y(t_i) = \langle xy \rangle \tag{4-91}$$

同样，由于分辨率是有限的，我们可以按以下方式重新排列式（4-91）的求和过程：

$$\overline{xy} = \frac{1}{N}\sum_{i=1}^{N} x(t_i)y(t_i) = \langle xy \rangle = \frac{N_{HH}x_H y_H + N_{HL}x_H y_L + N_{LH}x_L y_H + N_{LL}x_L y_L}{N}$$

$$= \sum_{j=L}^{H}\sum_{k=L}^{H} \frac{N_{jk}}{N} x_j x_k \overset{N\to\infty}{=} \sum_{j=L}^{H}\sum_{k=L}^{H} \Pr(x_j,x_k) x_j x_k = E[XY] \tag{4-92}$$

其中 N_{jk}/N 相当于大量的样本事件的联合概率 $\Pr(x_j,x_k)$。请注意，如果我们将信号与自身关联起来，就会得到自相关性：

$$\overline{x^2} = \langle x^2 \rangle = P \tag{4-93}$$

其中 P 是信号的功率。对于具有非零均值的信号，很容易证明：

$$\overline{xy} = \langle xy \rangle = \hat{\sigma}_{XY}^2 + \overline{x}\cdot\overline{y} \overset{N\to\infty}{=} \sigma_{xy}^2 + E[X]E[Y] \tag{4-94}$$

到目前为止，我们已经处理了采集到单个器件信号的采样数据。如果假设这个过程是遍历性的，就可以不用将统计平均值扩展到过去的数据和整个总体。因此，期望值不仅可以扩展到单个设备，还可以扩展到具有相同模型的任何设备。

4.5 白噪声的低通滤波

现在我们可以研究输入与输出谱密度和随机过程的自相关函数之间的关系。让我们取白噪声的极端情况，即具有完全均匀功率谱密度的随机信号：

$$S(f) = \alpha^2 \qquad (4\text{-}95)$$

其自相关函数是

$$R_X(\tau) = \int_{-\infty}^{\infty} S(f) e^{j2\pi f\tau} df = \alpha^2 \cdot \delta(\tau) \qquad (4\text{-}96)$$

因此，白噪声是一种不能以任意置信度绝对预测任何远离样本本身的事物的信号。

现在考虑将白噪声应用于传递函数为 $H(f)$ 的 LTI 系统输入，其中 $S_y = |H(f)|^2 S_x(f)$，根据式（4-24），有

$$S_Y(f) = |H(f)|^2 \alpha^2 \qquad (4\text{-}97)$$

因此，输出频谱的形状与 LTI 系统引入的滤波器的传递函数相同。

一类广泛存在的 LTI 系统由一阶低通滤波器建模，并存在规范型：

$$H(f) = \frac{k'}{1 + j(f / f_0)} \rightarrow H(\omega) = \frac{k}{1 + j(\omega / \omega_0)} \qquad (4\text{-}98)$$

其中，k 为直流增益，ω_0 为其截止频率。如果将白噪声应用于系统的输入，则将得到一个随机的输出信号，其自相关为 $^\ominus$

$$R_Y(\tau) = \alpha^2 F^{-1}\left[|H(f)|^2\right] = \alpha^2 F^{-1}\left[\frac{k^2}{1 + \omega^2 / \omega_0^2}\right] = \frac{\alpha^2 k^2 \omega_0}{2} e^{-\omega_0|\tau|} \qquad (4\text{-}99)$$

因此，将自相关为狄拉克函数的随机信号映射为一个自相关函数为指数递减函数的随机信号，如图 4-9 所示。

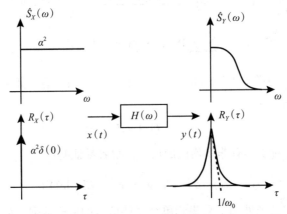

图 4-9 滤波对白噪声的影响

$\ominus$ 源于恒等式 $F^{-1}\left[\dfrac{2/\lambda}{1 + \omega^2 / \lambda^2}\right] = e^{-\lambda|k|}$。

同时，单边功率谱密度也可以是

$$\hat{S}(\omega) = 2F\left[R_Y(\tau)\right] = \frac{2\alpha^2 k^2}{1 + \omega^2 / \omega_0^2} \tag{4-100}$$

这被称为洛伦兹形式。

　　这意味着低通滤波提高了对接近样本的时间尺度上的行为的预测概率。换句话说，滤波白噪声会减慢输出，因此我们可以更好地预见它在滤波器的时间常数的时间框架内的行为，因为时间常数越大，自相关性就越强。

　　该示例显示了一个共同的趋势：功率带宽越大，随机信号方差越大，自相关性越弱，如图 4-10 所示，其中 $B \approx f_0$ 为滤波器的带宽。

　　在这里我们可以看到，带宽越大，PSD 曲线以下的面积就越大，因此各自的方差就越大。所以，将带宽减少（例如，使用移动平均滤波器，参见第 3 章）意味着降低输出噪声方差，从而增加信噪比（第 2 章）。

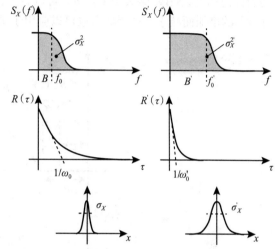

图 4-10　谱密度函数、自相关和方差之间的关系（自相关的负半部分未显示）

4.6　等效噪声带宽

　　本节的目的是在传递函数的基础上，从噪声的角度来表征一个线性系统。如果我们将白噪声应用于有限带宽 LTI 系统，则输出 PSD $\hat{S}_Y(f) = \alpha^2 |H(f)|^2$ 与 $|H(f)|^2$ 有相同的形状。图 4-11a 所示为低通滤波器，可以看到，总噪声功率（PSD 的积分）等于一个高度为带宽内 $|H_{\max}(f)|^2$ 的矩形的面积。我们可以利用总功率的等价性来计算矩形 NBW 的基本大小：

$$P = \overline{y^2} = \int_0^\infty \hat{S}_Y(f)\mathrm{d}f = \int_0^\infty \alpha^2 |H(f)|^2 \mathrm{d}f = \mathrm{NBW} \cdot \alpha^2 |H_{\max}(f)|^2$$

$$\rightarrow \mathrm{NBW} = \frac{1}{\hat{S}_Y(f)_{\max}} \int_0^\infty \hat{S}_Y(f)\mathrm{d}f = \frac{1}{|H_{\max}(f)|^2} \int_0^\infty |H(f)|^2 \mathrm{d}f \tag{4-101}$$

其中，NBW 称为噪声等效带宽，$\hat{S}_Y(f)$ 为单边输出 PSD。请注意，系统输出处的总噪声功率是如何通过两个贡献来建模的：带宽内的功率增益和 NBW。因此，NBW 模型极大地简化了有噪声系统的设计和表征。

　　在有一个一阶低通滤波器的情况下，NBW 可以计算为 ⊖

⊖　源于恒等式 $\displaystyle\int_{-\infty}^{\infty} \frac{1}{1 + (f/f_0)^2} \mathrm{d}f = \frac{\pi}{2} f_0$，类似的形式见附录。

$$\text{NBW} = \frac{\int_0^\infty \alpha^2 \left|H\left(f\right)\right|^2 \mathrm{d}f}{\alpha^2} = \int_0^\infty \frac{1}{1+\left(f/f_0\right)^2} \mathrm{d}f = \frac{\pi}{2} f_0 = \frac{\pi}{2} B \qquad （4\text{-}102）$$

需要注意的是，NBW 略大于带宽 B。可以看出，NBW 和 B 之间的差值随着滤波器的顺序（选择性）的增加而减小。这个概念也可以应用于带通图形，如图 4-11b 所示。

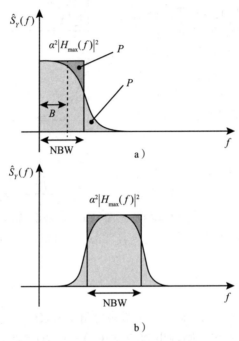

a）

b）

图 4-11　等效噪声带宽的概念

4.7　随机信号的加 / 减法

　　信号能量之间的关系使我们能够对它们进行比较。考虑两个随机信号加权相加 $z(t) = ax(t)+by(t)$ 的情况，如图 4-12 所示。

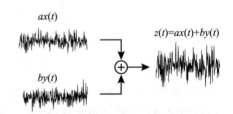

图 4-12　随机信号源的组合

　　假设信号具有联合平稳性，我们可以使用时间或总体平均值来得到互相关。在第一种情况下，有

$$\begin{aligned} R_z\left(\tau\right) &= \left\langle \left(ax\left(t\right)+by\left(t\right)\right)\left(ax\left(t+\tau\right)+by\left(t+\tau\right)\right)\right\rangle \\ &= \left\langle \left(ax\left(t\right)ax\left(t+\tau\right)\right)+\left(by\left(t+\tau\right)by\left(t\right)\right)+\left(ax\left(t+\tau\right)by\left(t\right)\right)+\left(by\left(t+\tau\right)ax\left(t\right)\right)\right\rangle \\ &= a^2 R_x\left(\tau\right)+b^2 R_y\left(\tau\right)+2ab R_{xy}\left(\tau\right) \end{aligned}$$

$$（4\text{-}103）$$

因为信号是真实的，所以采用恒等式 $R_{xy}(\tau) = R_{yx}(\tau)$。

式（4-103）在 $\tau = 0$ 处形如式（4-30）：

$$P_z = a^2 \langle x^2 \rangle + b^2 \langle y^2 \rangle + 2ab \langle xy \rangle = a^2 P_x + b^2 P_y + 2ab \langle xy \rangle \qquad (4\text{-}104)$$

因此，在遍历性的进一步假设下，用总体平均值来表示同样的关系：

$$P_z = a^2 \overline{x^2} + b^2 \overline{x^2} + 2ab \cdot \overline{xy} \qquad (4\text{-}105)$$

可以区分功率的交流和直流分量，回想 $\overline{x^2} = \sigma_X^2 + \overline{x}^2$，得到

$$P_z = a^2 \sigma_X^2 + b^2 \sigma_Y^2 + 2ab \cdot \sigma_{XY}^2 + (a\overline{x} + b\overline{y})^2 = P_{z_{AC}} + P_{z_{DC}} \qquad (4\text{-}106)$$

其中 $P_{z_{AC}} = a^2 \sigma_X^2 + b^2 \sigma_Y^2 + 2ab \cdot \sigma_{XY}^2$。我们也可以使用如式（4-64）中所述的相关系数，从而将式（4-106）中的交流功率表示为

$$P_{z_{AC}} = a^2 \sigma_X^2 + b^2 \sigma_Y^2 + 2ab \rho_{XY} \cdot \sigma_X \sigma_Y \qquad (4\text{-}107)$$

对于不相关的信号，输出就会变成

$$\langle z^2 \rangle = a^2 \langle x^2 \rangle + b^2 \langle y^2 \rangle \ \text{或}$$
$$\overline{z^2} = a^2 \cdot \overline{x^2} + b^2 \cdot \overline{y^2} \qquad (4\text{-}108)$$

这是对不相关随机信号的功率叠加原理的形式化表述。

现在假设我们想用两个信号的差值来传递信息。正如我们将在第 8 章介绍的，使用电路的两个电势之间的差值，如 $V_A - V_B$，而不是使用一个指向公共接地的单一电压作为信号，如 V_A。其目的是减少可能同时影响两个通道（全差分架构）的相关噪声。因此，在式（4-106）或式（4-107）的第三项为负时，可以根据它们的相关性来减少噪声的影响。请注意，在完全不相关的噪声的情况下，即 $\rho_{XY} = 0$，其差分信号噪声方差正好是单通道的两倍（假设在这些通道上的模型相同），相比之下，对于完全相关的噪声（即扰动是确定性的，$\rho_{XY} = 1$），这个扰动就被彻底消除了。在后一种情况下，它通常被称为干扰，而不是噪声。

因此可以通过 $z = x_2 - x_1$ 比较同一随机变量在不同时间的两个连续样本 $x_1 = X(t_1)$，$x_2 = X(t_2)$ 来验证前面在时域（差分）中所提到的概念。在广义上的平稳随机过程假设下考虑式（4-105），有 $\tau = t_2 - t_1$，$\overline{x_1^2} = \overline{x_2^2} = \overline{x^2}$ 以及自相关 $R(t_1, t_2) = R(\tau)$，得到

$$P_z = \overline{x_1^2} + \overline{x_2^2} - 2R_{XX}(t_1, t_2) = 2\overline{x^2} - 2R_{XX}(\tau) \qquad (4\text{-}109)$$

式（4-109）是第 8 章中将要用到的技术的基础：如果两个样本完全不相关（如白噪声），那么差分功率是单个信号功率的两倍。相反，如果样本是相关的，那么该结果的功率将被总体自相关 $R(\tau)$ 因子降低。请注意，由于 $\overline{x_1} = \overline{x_2} = \overline{x}$ 类似于式（4-106），因此可以利用式（4-62）重写式（4-109）：

$$P_z = P_{z_{AC}} = \left(\sigma_X^2(t_1) + \overline{x_1}^2\right) + \left(\sigma_X^2(t_2) + \overline{x_2}^2\right) - \left(2\sigma_{XX}^2(t_1, t_2) + 2\overline{x_1 x_2}\right)$$
$$= 2\overline{\sigma_X^2} - 2\sigma_\tau^2 \qquad (4\text{-}110)$$

其中，基于广义上的平稳随机过程假设，$\sigma_{XX}^2(t_1, t_2) = \sigma_{XX}^2(\tau)$ 是自协方差，且 $\sigma_X^2(t_1) = \sigma_X^2(t_2) = \sigma_X^2$。这就是为什么采样信号的差分能作为一个高通滤波器消除共模失调。在实践中，两个样本之间的差分将会两倍于信号的方差减去这些样本之间的"相关性"（协方差）。

我们现在可以在频域中应用相同的概念。在式（4-103）中代入式（4-32），并考虑真实信号，得到

$$
\begin{aligned}
S_z(f) &= a^2 S_x(f) + b^2 S_y(f) + ab S_{xy}(f) + ab S_{yx}(f) \\
&= a^2 S_x(f) + b^2 S_y(f) + ab S_{xy}(f) + ab S_{xy}^*(f) \\
&= a^2 S_x(f) + b^2 S_y(f) + 2ab \operatorname{Re}\{S_{xy}(f)\}
\end{aligned}
\tag{4-111}
$$

其中 $S_{xy}(f)$ 考虑了信号生成功率分量的频谱密度。因此，在带宽 Δf 中的功率为

$$
\begin{aligned}
S_z(f)\Delta f &= a^2 S_x(f)\Delta f + b^2 S_y(f)\Delta f + 2ab \operatorname{Re}\{S_{xy}(f)\}\Delta f \\
&= a^2 S_x(f)\Delta f + b^2 S_y(f)\Delta f + 2ab \cdot \rho_{XY}\sqrt{S_x(f)S_y(f)}\Delta f
\end{aligned}
\tag{4-112}
$$

其中

$$
\rho_{XY} = \operatorname{Re}\{c_{XY}\}, \quad c_{XY} = \frac{S_{xy}(f)}{\sqrt{S_x(f)S_y(f)}}
\tag{4-113}
$$

c_{XY} 被称为噪声相关系数，并且因为 S_{xy} 是复数，即使原始信号是实数，c_{XY} 也是一个复数。由于该过程的遍历性质，因此我们可以混合使用总体平均值和时间平均值的符号。

4.8 交叉谱密度的物理解释

考虑在正弦激励下负载阻抗上的电流和电压的复相量表示：

$$
\begin{aligned}
v(t) &= V\cos(\omega t + \theta_v) \leftrightarrow V(\mathrm{j}\omega) = V/\sqrt{2}\,\mathrm{e}^{\mathrm{j}\theta_v} \\
i(t) &= I\cos(\omega t + \theta_i) \leftrightarrow I(\mathrm{j}\omega) = I/\sqrt{2}\,\mathrm{e}^{\mathrm{j}\theta_i}
\end{aligned}
\tag{4-114}
$$

其中，V 和 I 分别为电压和电流的峰值。在 $1\,\Omega$ 负载的归一化条件下，耗散的瞬时功率 $v(t)i(t)$ 的时间平均值为

$$
\begin{aligned}
P &= \langle vi \rangle = \langle v(t)i(t) \rangle = \left\langle \frac{VI}{2}\cos(\theta_v - \theta_i) + \frac{VI}{2}\cos(2\omega t + \theta_v + \theta_i) \right\rangle \\
&= \frac{VI}{2}\cos(\theta_v - \theta_i)
\end{aligned}
\tag{4-115}
$$

因为 $\cos(2\omega t)$ 的平均值为 0。当电压和电流处于 0 相位时，该式取值最大，当它们处于 90° 相位差（正交）时，该式的值为 0。在这种情况下，我们说功率不是耗散在负载上，而是与负载来回交换。为了应对这些不同的条件，用电压和电流的复数表示，从而使平均功率表示为

$$
\langle V(\mathrm{j}\omega)I^*(\mathrm{j}\omega) \rangle = S = P + \mathrm{j}Q
\tag{4-116}
$$

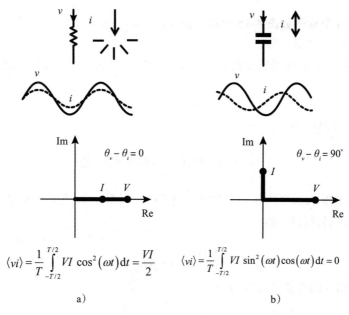

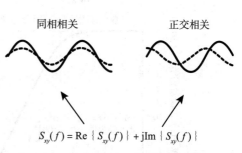

其中 S 为总功率，P 为实际（有功）功率，Q 为无功功率。

图 4-13 所示是两个不同的例子。第一种情况是电压和电流作用于一个电阻，如图 4-13a 所示。在这里，总功率等于作为热量耗散到电阻上的有功功率，而无功功率 Q 为 0。在图 4-13b 中，电压和电流正交，P 为 0，Q 最大。在这种情况下，能量与负载来回交换而不产生耗散。我们看到噪声的物理特性与热特性有关，因此它严格与 P 而不是 Q 有关。这可以表明，当电压和电流同相时，电子噪声过程与器件的耗散行为有关。

$$\langle vi\rangle = \frac{1}{T}\int_{-T/2}^{T/2} VI\cos^2(\omega t)\mathrm{d}t = \frac{VI}{2}$$

$$\langle vi\rangle = \frac{1}{T}\int_{-T/2}^{T/2} VI\sin^2(\omega t)\cos(\omega t)\mathrm{d}t = 0$$

a)　　　　　　b)

图 4-13　纯有功平均功率和纯无功功率的例子

由此可以解释式（4-33）的交叉谱密度，如图 4-14 所示。交叉谱密度 $S_{xy}(f)$ 是两个真实信号 x 和 y 的互相关关系的傅里叶变换。因此对于每个谱分量，可以评估互相关中哪部分是同相的，哪部分是正交的。这两部分分别是 $S_{xy}(f)$ 的实部和虚部。因此，这两个信号在同相时就像在耗散热量一样。这一观察结果也得到了式（4-111）的支持，它表明对两个信号总功率的主要贡献是 $S_{xy}=(f)$ 的实部，而其虚部不被考虑在

$$S_{xy}(f) = \mathrm{Re}\{S_{xy}(f)\} + \mathrm{jIm}\{S_{xy}(f)\}$$

图 4-14　交叉谱密度的实部和虚部的意义

内，因此，增加由随机过程之和组成的随机过程（如噪声功率）的功率的因素是它们同相的相关性。

这一观察结果与涨落耗散定理（fluctuation-dissipation theorem）有关，该定理的非形式化结论是，随机过程的热噪声部分与随机过程的热耗散物理特性有关。

4.9　洛伦兹形式

洛伦兹单边功率谱形式如下：

$$\hat{S}(\omega) = k^2 \frac{4\tau}{1+\omega^2\tau^2} = k^2 \frac{4D}{D^2+\omega^2} \rightarrow$$

$$\frac{1}{2\pi}\int_0^\infty \hat{S}(\omega)\,\mathrm{d}\omega = k^2 \equiv [\mathrm{W}] \tag{4-117}$$

对数坐标图和线性坐标图如图 4-15 所示。还存在 $D = 1/\tau$ 的转化关系。洛伦兹形式的关键特征是它的总功率 k^2，这很容易证明。

这种形式也可以看作能量密度谱 $\hat{E}(\omega) = \tau \cdot \hat{S}(\omega)$，它具有确定性的指数衰减：

$$x(t) = 2k\mathrm{e}^{-\frac{2t}{\tau}} \tag{4-118}$$

其中 τk^2 是信号的能量，因此

$$\frac{1}{2\pi}\int_0^\infty \hat{E}(\omega)\,\mathrm{d}\omega = \int_0^\infty x^2(t)\,\mathrm{d}t = \tau k^2 \equiv [\mathrm{J}] \tag{4-119}$$

此外，洛伦兹形式能够用来对白噪声 $\hat{S}_X(f) = \alpha^2 = 4\tau$ 下的功率密度谱 $\hat{S}_Y(\omega)$ 进行建模，通过一阶低通滤波器进行滤波：

$$H(\omega) = \frac{k}{1+\mathrm{j}\omega\tau} \tag{4-120}$$

其中，总功率和相应的自相关函数为

$$\frac{1}{2\pi}\int_0^\infty \hat{S}_Y(\omega)\,\mathrm{d}\omega = k^2;\ R_Y(\tau) = k^2\mathrm{e}^{-\frac{|\tau|}{\tau}};\ k^2 = R_Y(0) \tag{4-121}$$

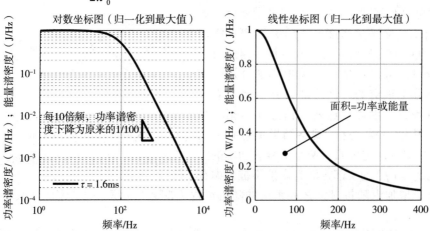

图 4-15　在对数坐标图和线性坐标图中归一化到最大值的洛伦兹功率 / 能量谱。请注意，在 $\omega = 1/\tau \rightarrow f = 1/(2\pi\tau) = 100\mathrm{Hz}$ 时只有一半的能量 / 功率（截止频率）

sinc 函数平方及其与洛伦兹形式的关系

现在我们指的是这种形式的单边能量谱：

$$\hat{E}(f) = 2(k\tau)^2 \left| \left(\text{sinc}(f\tau) \right) \right|^2 \tag{4-122}$$

其总能量由 $k^2\tau$ 表示。我们已经展示了这个能量谱是如何由一个持续一段时间的矩形脉冲给出的。

图 4-16 显示了式（4-122）的对数坐标图和线性坐标图。请注意对数坐标图中的衰减描述为每 10 倍频功率下降为原来的 1/100。很容易看出，92% 的总能量谱包含在第一片区域中，直到在 $f_0 = 1/\tau$ 出现缺口。如图 4-17 所示，将洛伦兹形式与两个总能量相同的能量信号：指数衰减和矩形脉冲信号。

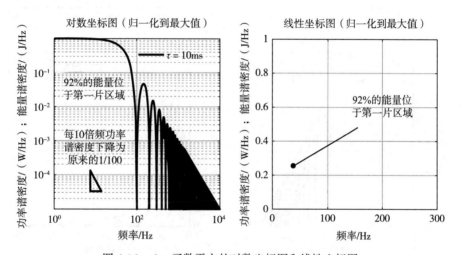

图 4-16　sinc 函数平方的对数坐标图和线性坐标图

另外，注意洛伦兹函数是如何包围 sinc 函数平方的极大值的。

近似单个矩形脉冲能量的另一种方法如下：

$$\text{sinc}(f\tau) = \frac{1}{2}, f = \frac{1}{2\tau} \tag{4-123}$$

因此，一个矩形脉冲的谱能量的可能近似值可以用一个具有截止频率（−3dB）的低通行为来模拟，其截止频率的能量减半。

$$E(f) = \frac{k\tau^2}{1 + \frac{1}{f2\tau}} \tag{4-124}$$

其中能量在拐角频率内只有一半，在更高的带宽下渐近到 $k\tau^2$。

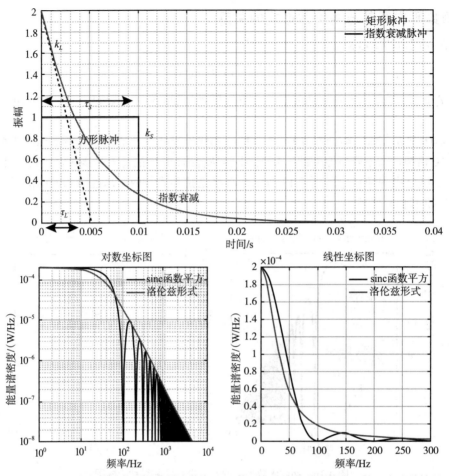

图 4-17 对具有相同总能量的信号变换 sinc 函数平方和洛伦兹形式的比较。在这种情况下，指数衰减振幅是矩形脉冲的两倍，指数衰减的时间常数是矩形脉冲的一半

4.10 坎贝尔和卡森定理

假设我们有一个相同形状的不相关脉冲随机序列：

$$x(t) = \sum_{i=1}^{N} a_i g(t-t_i), \quad -T/2 \leqslant t \leqslant T/2; \text{ 否则 } x(t) = 0 \quad (4\text{-}125)$$

其中，a_i 为振幅，$g(t)$ 为各脉冲的函数，如图 4-18 所示。我们假设这是一个遍历过程。

问题是利用先前的参数找到这样一个函数的功率谱，目前，我们假设所有的脉冲都具有统一的振幅 $a_i = 1, \forall i$。

可以把随机信号的平均值表示为

$$\langle x(t) \rangle = \lim_{T \to \infty} \frac{1}{T} \int_{-T/2}^{T/2} \sum_{i=1}^{N} g(t-t_i) \, dt = \langle x \rangle = \lambda \int_{-\infty}^{\infty} g(t) \, dt, \lambda = \lim_{T \to \infty} \frac{N}{T} \quad (4\text{-}126)$$

其中 λ 为脉冲的平均发生率。

图 4-18　随机脉冲序列。每个脉冲具有相同的形状
$g(t)$ 和可变的振幅 $a(t)$

自相关函数可以表示为

$$R_X(\tau) = \lim_{T \to \infty} \frac{1}{T} \int_{-T/2}^{T/2} x(t)x(t+\tau)\mathrm{d}t = \lim_{T \to \infty} \frac{1}{T} \int_{-T/2}^{T/2} \sum_{i=1}^{N} g(t-t_i) \sum_{i=1}^{N} g(t-t_i+\tau)\mathrm{d}t$$

$$= \lim_{T \to \infty} \frac{1}{T} \int_{-T/2}^{T/2} \left[\sum_{i=1}^{N} g(t-t_i)g(t-t_i+\tau) + \sum_{i=1}^{N}\sum_{j=1\neq i}^{N} g(t-t_i)g(t-t_j+\tau) \right] \mathrm{d}t \qquad (4\text{-}127)$$

第一项是 $g(t)$ 的自相关函数，而第二项由于脉冲之间完全不相关，所以

$$\lim_{T \to \infty} \frac{1}{T} \int_{-T/2}^{T/2} \left\{ \sum_{i=1}^{N}\sum_{j=1\neq i}^{N} g(t-t_i)g(t-t_j+\tau) \right\} \mathrm{d}t$$

$$= \lim_{T \to \infty} \frac{1}{T} \int_{-T/2}^{T/2} \left\{ \sum_{i=1}^{N} g(t-t_i) \sum_{j=1\neq i}^{N} g(t-t_j+\tau) \right\} \mathrm{d}t$$

$$= \langle g(t)g(t+\tau) \rangle = \langle g(t) \rangle \langle g(t+\tau) \rangle = \langle g \rangle^2 \qquad (4\text{-}128)$$

自相关变为

$$R_X(\tau) = \lambda \int_{-\infty}^{\infty} g(t)g(t+\tau)\mathrm{d}t + \langle g \rangle^2 \qquad (4\text{-}129)$$

基于方差的性质，对于遍历信号，有 $\langle x \rangle = \bar{x}$，通过式（4-126），得到

$$R_X(0) = \overline{x^2} = \sigma_X^2 + \bar{x}^2 \qquad (4\text{-}130)$$

因此

$$\sigma_X^2 = \lambda \int_{-\infty}^{\infty} g^2(t)\mathrm{d}t;\ \bar{x} = \lambda \int_{-\infty}^{\infty} g(t)\mathrm{d}t \qquad (4\text{-}131)$$

这个结果被称为坎贝尔定理（Campbell's theorem），即具有重复的同等随机脉冲的信号的平均值和方差分别等于脉冲函数的平均值和能量（$g(t)$ 是一个能量信号）乘以平均比率 λ。

现在，可以确定功率谱密度为

$$S(f) = R_X(\tau) = \int_{-\infty}^{\infty} \left[\lambda \int_{-\infty}^{\infty} g(t)g(t+\tau)\mathrm{d}t + \bar{g}^2 \right] \mathrm{e}^{-\mathrm{j}2\pi f \tau}\mathrm{d}\tau$$

$$= \int_{-\infty}^{\infty} \left[\lambda R_g(\tau) + \bar{g}^2 \right] \mathrm{e}^{-\mathrm{j}2\pi f \tau}\mathrm{d}\tau = \lambda \left| G(f) \right|^2 + \delta(f)\bar{g}^2 \qquad (4\text{-}132)$$

在每个脉冲都有不同的振幅 a_i（到目前为止，我们假设 $a_i = 1$）的情况下，这种关系的一个更正形式化的推导给出了一个单边功率谱：

$$\hat{S}(f) = 2\lambda \langle a^2 \rangle |G(f)|^2 + 2\delta(f)\bar{g}^2 \qquad (4\text{-}133)$$

这被称为卡森定理（Carson's theorem）。该结果并不奇怪，因为它表示功率密度为单脉冲 $2|G(f)|^2$ 的能量谱乘以平均发生率再加上平均的直流功率。

需要注意的是，卡森定理不能应用于周期确定性信号，因为式（4-128）意味着脉冲之间存在不相关性。

4.11 功率谱密度和噪声密度符号

在电子电路中，功率有时会涉及（归一化到）一个单一电阻器（$R = 1\Omega$），因此，确定性或随机信号的电功率被表示为电压和电流的均方，例如：

$$\overline{v^2} = \langle v^2 \rangle \equiv \left[\mathrm{V}^2\right]; \ \overline{i^2} = \langle i^2 \rangle \equiv \left[\mathrm{A}^2\right] \qquad (4\text{-}134)$$

而在功率谱密度下，以 V^2/Hz 或 A^2/Hz 表示该单位：

$$\overline{v^2}(f) = S_V(f) \equiv \left[\frac{\mathrm{V}^2}{\mathrm{Hz}}\right]; \ \overline{i^2}(f) = S_I(f) \equiv \left[\frac{\mathrm{A}^2}{\mathrm{Hz}}\right] \qquad (4\text{-}135)$$

> **提示** 作为一个符号，我们将在 PSD 均方符号之后添加 f 项，但在功率中这是不存在的。因此，$\overline{x^2}$ 是功率，而 $\overline{x^2}(f)$ 是功率谱密度。

通常，在数据手册和论文中，为了能够方便、快速地参考实验数据，最好用原始信号的单位而不是平方来表示随机过程。因此，随机过程 PSD（均方根密度）的平方根为

$$v_{\mathrm{rms}}(f) = \sqrt{\overline{v^2}(f)} \equiv \left[\frac{\mathrm{V}}{\sqrt{\mathrm{Hz}}}\right]; \ i_{\mathrm{rms}}(f) = \sqrt{\overline{i^2}(f)} \equiv \left[\frac{\mathrm{A}}{\sqrt{\mathrm{Hz}}}\right] \qquad (4\text{-}136)$$

当随机过程表示为噪声时，它被称为噪声密度的一般项。注意，虽然噪声密度图所对应的面积不是均方根值，但该图是简单地由功率的平方根得到的。

图 4-19 显示了相同信号在功率谱密度和功率谱密度平方根两种情况下的示例。请注意该函数的斜率是以 10 倍频下降的。

如上所述，我们必须小心地从噪声密度图中计算均方根值。必须首先进入功率图域，然后再回到噪声密度图中。例如，如果谱密度是均匀的，我们可以计算均方根值为

$$\overline{v_N^2}(f) = k^2; \ \overline{v_N^2} = k^2 \cdot B \rightarrow v_{N_{\mathrm{rms}}} = k \cdot \sqrt{B}; \ k \equiv \left[\mathrm{V}/\sqrt{\mathrm{Hz}}\right] \qquad (4\text{-}137)$$

其中，$B = f_{\mathrm{H}} - f_{\mathrm{L}}$ 是我们想要计算随机过程的均方根值的带宽。我们将在下一节中更具体地说明其他情况。

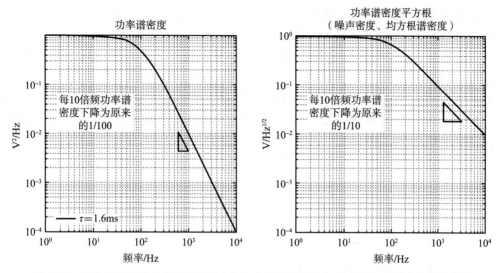

图 4-19　洛伦兹形式的功率谱密度（左）和功率谱密度平方根或噪声密度（右）的示例

4.12　采样过程

时间采样技术能被视为一个模拟连续信号值以固定的时间区间 T_S 乘以一个函数的过程，如图 4-20 所示。

假设模拟信号 $x(t)$ 与一个非常窄的信号相乘，使得到的信号面积与相应时间采样的输入成正比。最好是狄拉克函数。在这种情况下，采样过程被称为理想采样。奈奎斯特 – 香农采样定理保证了如果理想采样的频率是最大信号带宽的两倍，那么所有信号特征都被保留。为了证明这一点，我们可以看到采样函数 $x_S(t)$ 是

$$\left.\begin{array}{l} x(t) \\ s(t)=\displaystyle\sum_{n=-\infty}^{\infty}\delta(t-nT_S) \end{array}\right\} \rightarrow x_S(t)=x(t)\cdot s(t)=\sum_{n=-\infty}^{\infty}x(t)\delta(t-nT_S)$$

$$=\sum_{n=-\infty}^{\infty}x(nT_S)\delta(t-nT_S) \tag{4-138}$$

其中 $s(t)$ 是一个周期狄拉克梳（Shah）函数。由于它是周期性的，因此这个表达式可以用式 (4-5) 的傅里叶级数表示，周期为 $T_S=\dfrac{1}{f_S}$：

$$s(t)=\frac{1}{T_S}\sum_{n=-\infty}^{\infty}e^{jn2\pi f_S t}\left(\text{因为 } c_k=\frac{1}{T_S}\int_{-T_S/2}^{T_S/2}\delta(t)e^{-jn2\pi f_S t}\mathrm{d}t=\frac{1}{T_S}\right) \tag{4-139}$$

因此，采样函数及其傅里叶变换为

$$x_S(t)=\frac{1}{T_S}\sum_{n=-\infty}^{\infty}x(t)\cdot e^{jn2\pi f_S t}\xrightarrow{F}X_S(f)=\frac{1}{T_S}\sum_{k=-\infty}^{\infty}X(f-kf_S) \tag{4-140}$$

这表明如果我们有一个有限带宽的信号满足 $f \leqslant f_{\mathrm{M}}$，那么采样频谱 $X_S(f)$ 是由以对称边带方式转移的基带频谱的镜像组成的，如图 4-20b 所示。因此，信号的重建可以通过低通滤波器执行，选择第一个镜像而忽略其他。然而，正如香农定理所述，只有当 $f_s \geqslant 2f_{\mathrm{M}}$ 时，才能完美重建原始信号。如果违反上述条件，则镜像彼此交叉，从而违背了对原始信号的精确重建，这样会使波形产生形变。这种效应被称为混叠。如果信号带宽不能达到香农定理的条件，则如第 3 章所述，应在采样前应用一个低通滤波器（称为抗混叠滤波器）。基带的镜像不仅发生在信号上，也发生在噪声上，导致噪声混叠。

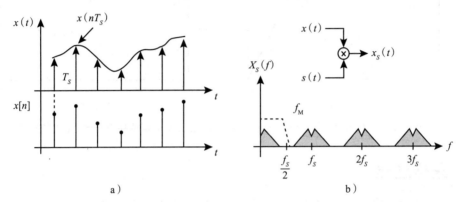

图 4-20　模拟信号的理想采样

另一个重要的点是，根据泊松公式，采样信号可以表示为

$$x_S(t) = \sum_{n=-\infty}^{\infty} x(nT_S) \cdot \delta(t - nT_S) \xrightarrow{F} X_S(f) = \sum_{n=-\infty}^{\infty} T_S \cdot x(nT_S) \cdot \mathrm{e}^{jn2\pi f T_S}$$

$$X_{1/T_S}(f) = \sum_{n=-\infty}^{\infty} x[n] \cdot \mathrm{e}^{jn2\pi f T_S} \tag{4-141}$$

其中 $x(nT_S)$ 为图 4-20a 所示的采样值。因此，采样的信号频谱 $X_S(f)$ 可以由一个数字序列 $x[n] = T_S \cdot x(nT_S)$ 来唯一确定。从而，式（4-141）也可以解释为序列 $x[n]$ 的离散时间傅里叶变换（DTFT）$X_{1/T_S}(f)$。在进行 A/D 转换时，上述序列可以构成采样输入量的数字数据流，用二进制表示法进行转换。

我们提到了理想采样，其中狄拉克函数表征采样函数。然而，真实的采样行为是不同的。更具体地说，原始信号可以在特定的时间进行采样，采样函数保持其值到下一个周期，如图 4-21 所示。这种采样称为"采样保持"（S/H）。可以表明，采样保持信号的频谱为

$$X_{\mathrm{SH}}(f) = \mathrm{e}^{-j\pi f T_S} \cdot \mathrm{sinc}(f T_S) \sum_{n=-\infty}^{\infty} X(f - nf_s) \tag{4-142}$$

这个频谱可以看作由 $|\mathrm{sinc}(x)|$ 函数调制的理想采样信号 $x(t)$ 之一。一方面，这种效果有助于重建信号，因为它会衰减高阶镜像；另一方面，它给频谱带来一个不理想的滚降形状。

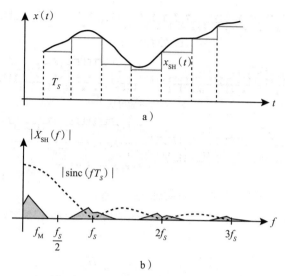

图 4-21　采样保持方法和相关的频谱

4.13　附录 A：随机游走过程

　　观察随机过程的实验结果可能会得出奇怪的结论。例如，假设有一组硬币，我们做了一个实验，抛每枚硬币，然后把正面朝上和反面朝上的硬币分成两堆。即使硬币两面完全对称，并且假设这两个事件具有完全相同的概率，这两堆硬币之间的绝对高度差也会随着实验次数的增加而增加。我们不知道这两堆中哪一堆会更高，但我们知道，实验的次数越多，出现这种差异的可能性就越大。乍一看这是违反直觉的，但这对理解随机过程的某些方面是非常重要的，特别是在电子系统中。

　　为了更好地理解这种行为，假设处理一个二进制时间依赖的白噪声，这意味着信号结果只有两个可能的值——$+a$ 和 $-a$，如图 4-22a 所示，它们发生的概率相等。现在，信号的变化在二进制积分中累积起来。我们可以把它看作一个内存系统，一直存储增量 / 递减情况。图 4-22a 中二进制噪声的累加如图 4-22b 所示。我们可以在不同的噪声下重复这个实验，如图 4-22c 所示，我们可能想知道累加函数从起点开始的平均距离是多少。乍一看可能会认为结果不会远离起点，因为概率相同。然而，事实并非如此。

　　让我们定义该函数经过 N 步后所经过的"距离" L_N。实际上，因为想获得独立于方向的值，所以更适合用距离的平方 L_N^2 作为度量。由此计算 N 步后的距离的均方：所有可能的实验总体中的 $\overline{L_N^2}$。

　　可以观察到，在第一步之后就有 $\overline{L_1^2} = a^2$，N 步之后，等概率得到 $L_N = L_{N-1} + a$ 或 $L_N = L_{N-1} - a$。使用均方，我们得到

$$L_N^2 = \begin{cases} L_{N-1}^2 + 2aL_{N-1} + a^2 \ 50\% \ \text{概率} \\ L_{N-1}^2 - 2aL_{N-1} + a^2 \ 50\% \ \text{概率} \end{cases} \rightarrow \overline{L_N^2} \approx \overline{L_{N-1}^2} + a^2 \qquad (4\text{-}143)$$

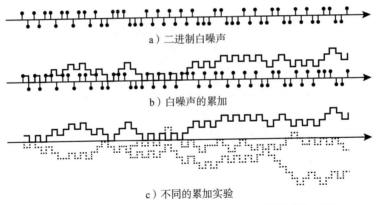

a）二进制白噪声

b）白噪声的累加

c）不同的累加实验

图 4-22　二进制白噪声、白噪声的累加、不同的累加实验

因此，通过归纳：

$$\overline{L_N^2} = a^2 N \rightarrow L_{N_{rms}} = a\sqrt{N} \tag{4-144}$$

这是一个非常重要的结果，因为可以看到，即使有相等的概率从信号正或负输出，N 步后信号偏离起点的累加概率，也是 $\sqrt{N}$ 乘以单一系数 a。

回到抛硬币的例子，注意到在任何情况下都没有违反大数定律（LNN）。因此，即使两堆的差值随着实验次数的平方根而增加，实验次数也随着 N 而增加。因此，对两堆硬币来说，单独一堆与实验总数的比率收敛到 $1/2$。

这种行为类似于粒子浸没在流体中，周围的其他粒子从各种方向反射它。如果记住它的起点，就可以从实验上看到粒子的位置在随机方向上偏离了起始点 $2D\sqrt{t}$ 的标准差的距离，D 被称作扩散系数。这被称为随机游走。随机游走是一个非平稳的随机过程，因为它的平均值不是随时间恒定的。因此，电子白噪声的积分可以看作一个非平稳的随机游走。

参考 4.3 节的讨论，这就是为什么如果我们不重置一个电子电荷积分器，它的输出会在给定的时间后达到饱和。白噪声的积分属于一类维纳随机过程。

根据式（4-24）可以从白噪声中计算出布朗运动的功率谱 $S_W(\omega) = \alpha^2$，理想积分器的传递函数为 $1/(j\omega)$。因此，

$$S_B(\omega) = \frac{1}{\omega^2} S_W(\omega) = \frac{\alpha^2}{\omega^2} \tag{4-145}$$

因此，$1/f^2$ 功率谱表明了白噪声或布朗运动行为的积分。

4.14　附录 B：重要关系总结

下表是书中用到的一些有用的关系。

$x(t) = e^{-\frac{t}{\tau}} u(t) \rightarrow X(\omega) = \frac{\tau}{1 + j\omega\tau}$	$x(t) = e^{-\frac{|t|}{\tau}} \rightarrow X(\omega) = \frac{2\tau}{1 + \omega^2\tau^2}$

$\int_0^\infty e^{-bt}\cdot\cos(at)\,dt = \dfrac{b}{a^2+b^2}$	$x(t)=\mathrm{rect}(at)\to F(f)=\dfrac{1}{\lvert a\rvert}\mathrm{sinc}\!\left(\dfrac{f}{a}\right);\ \mathrm{sinc}(\xi)=\dfrac{\sin(\pi\xi)}{\pi\xi}$
$\int_{\omega_1}^{\omega_2}\dfrac{1}{1+\omega^2\tau^2}\,d\omega = \dfrac{\arctan(\omega_2\tau)-\arctan(\omega_1\tau)}{\tau}$	$\int_{\tau_1}^{\tau_2}\dfrac{1}{1+\omega^2\tau^2}\,d\tau = \dfrac{\arctan(\omega\tau_2)-\arctan(\omega\tau_1)}{\omega}$

时间函数	单边功率谱	能量 / 功率	注释
$R(\tau)=k^2 e^{-\lambda\lvert\tau\rvert}$	$\hat{S}(\omega)=2\lvert F[R(\tau)]\rvert^2 = k^2\dfrac{4\omega_0}{\omega_0^2+\omega^2}$	$P=\dfrac{1}{2\pi}\int_0^\infty \hat{S}(\omega)\,d\omega = k^2$	自相关性为 $R(\tau)$ 的信号的功率谱
$x(t)=2ke^{-\frac{2t}{\tau}}u(t)$	$\hat{E}(\omega)=2\lvert F[x(t)]\rvert^2 = k^2\dfrac{4\tau^2}{1+\omega^2\tau^2}$	$E=\dfrac{1}{2\pi}\int_0^\infty \hat{E}(\omega)\,d\omega = k^2\tau$	指数衰减脉冲的能量谱
$x(t)=k\cdot\mathrm{rect}\!\left(\dfrac{t}{\tau}\right)$	$\hat{E}(f)=2(k\tau)^2\lvert\mathrm{sinc}(f\tau)\rvert^2$	$E=\dfrac{1}{2\pi}\int_0^\infty \hat{E}(\omega)\,d\omega = k^2\tau$	矩形脉冲的能量谱

$$\frac{\tau}{1+\omega^2\tau^2}=\frac{1/\tau}{(1/\tau)^2+\omega^2}=\frac{D}{D^2+\omega^2}=\frac{\tau}{1+(f/f_0)^2}=\frac{1}{2\pi}\frac{f_0}{f_0^2+f^2}$$

$$\int_0^\infty\frac{1}{1+\omega^2\tau^2}\,d\omega=\frac{\pi}{2\tau};\ \int_0^\infty\frac{1}{1+(f/f_0)^2}\,df=\frac{\pi}{2}f_0;\ \int_0^\infty\frac{D}{D^2+\omega^2}\,d\omega=\frac{\pi}{2}$$

延伸阅读

Carlson, A.B., *Communication Systems: An Introduction to Signal and Noise in Electrical Communication*. New York: McGraw-Hill, 1986.

Gardner, W. A., *An Introduction to Random Processes with Application to Signal and Systems*. New York: McGraw-Hill, 1990.

Oppenheim, A. V., and Schafer, R. W., *Discrete-Time Signal Processing*. Upper Saddle River, NJ: Pearson Education, 2011.

Oppenheim, A. V., and Willsky, A. S., *Signals and Systems*. Upper Saddle River, NJ: Pearson Education, 2013.

Papoulis, A., and Pillai, S. U., *Probability, Random Variables, and Stochastic Processes*. New York: McGraw-Hill, 2002.

Proakis, J. G., and Manolakis, D. G., *Digital Signal Processing*. Upper Saddle River, NJ: Pearson Prentice Hall, 2007.

第 5 章

压缩感知

Marco Chiani[⊖]

本章规定了压缩感知（Compressive Sensing，CS）的本质定义，也称作压缩采样或稀疏采样。假定读者有信号处理的基础知识。本章的处理是严格的，但也有局限性：更多的细节可以在本章末尾列出的参考文献部分找到。

注意：向量和矩阵用黑斜体表示，$(\cdot)^{\mathrm{T}}$ 表示转置，$\|x\|_2 = \sqrt{\sum_i |x_i|^2}$ 是欧氏规范，也表示 ℓ_2 范数。

5.1 概述

5.1.1 采样带限信号

假设一个真实的时间连续的信号 $x(t)$，在 $|f| > B$ 的情况下没有频率成分（带限）。采样定理表明，如果 $f_s \geq 2B$ [⊖]，$x(t)$ 通过采样频率 f_s 能够从它的样本（见图 5-1）中被重新构建，最小的采样频率 $f_s = 2B$ 有时被标示为奈奎斯特速率。

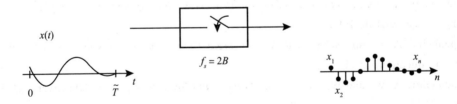

图 5-1　向量 $x = [x_1, x_2, \cdots, x_n]^{\mathrm{T}}$，通过对连续时间信号 $x(t)$ 在一个时间窗口 $\tilde{T}$ 上以奈奎斯特速率进行时间采样得到

换句话说，信号 $x(t)$ 在一个时间窗口 $t \in (0, \tilde{T})$ 内由 $n = f_s \tilde{T}$ 样本 $x\left(\dfrac{1}{f_s}\right), x\left(\dfrac{2}{f_s}\right), \cdots, fx\left(\dfrac{n}{f_s}\right)$ 表示。代表信号 $x(t)$ 的一部分 $\tilde{T}$ 的最小样本数可以称为信号在 $\tilde{T}$ 上的自由度，因此 $n = 2B\tilde{T}$，

⊖　博洛尼亚大学教授。

⊖　请注意，这是一个充分条件。

通过奈奎斯特速率采样得到。这 n 个样本 $\boldsymbol{x} = [x_1, x_2, \cdots, x_n]^T$ 可以看作一个向量，可以在 $\mathbb{R}^n$ 中任意取值，所以我们需要 $n = 2B\tilde{T}$ 实数来代表 $\tilde{T}$ 上的带限信号 $x(t)$。

形式上，第 ℓ 个样本可以计算为 $x_l = \int_{-\infty}^{\infty} x(t)\delta(t - l/f_s)\mathrm{d}t = x(t) * \delta(t)|_{t=l/f_s}$，其中 $\delta(t)$ 是狄拉克 delta 函数。因此，时间采样可以解释为计算信号 $x(t)$ 和一些基础函数 $\varphi_l(t) = \varphi(t - l/f_s)$ 之间的标量乘积，如图 5-2 所示 [⊖]。

在一些情况下，我们通过将信号 $x(t)$ 沿函数 $\varphi_l(t)$ 投射到模拟域中进行测量（$m < n$），这些函数与狄拉克 delta 十分不同，如图 5-3 所示。例如，在磁共振成像（Magnetic Resonance Imaging，MRI）中，$\varphi_l(t)$ 是正弦波，因此每个投影是一个傅里叶系数。

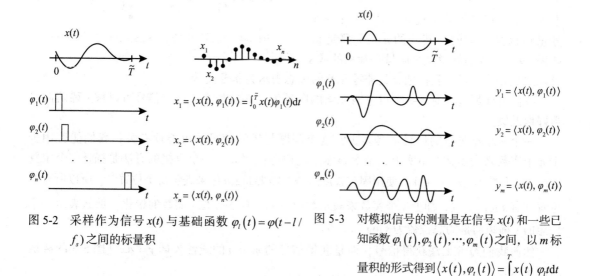

图 5-2　采样作为信号 $x(t)$ 与基础函数 $\varphi_l(t) = \varphi(t - l/f_s)$ 之间的标量积

图 5-3　对模拟信号的测量是在信号 $x(t)$ 和一些已知函数 $\varphi_1(t), \varphi_2(t), \cdots, \varphi_m(t)$ 之间，以 m 标量积的形式得到 $\langle x(t), \varphi_l(t) \rangle = \int_0^T x(t)\, \varphi_l t \mathrm{d}t$

为简单起见，在下文中，我们将关注离散时间信号，并假设测量向量是线性组合的：

$$y_1 = a_{1,1}x_1 + \cdots + a_{1,n}x_n$$
$$y_2 = a_{2,1}x_1 + \cdots + a_{2,n}x_n$$
$$\cdots$$
$$y_m = a_{m,1}x_1 + \cdots + a_{m,n}x_n \tag{5-1}$$

通过已知的系数 $a_{1,1}, \cdots, a_{m,n}$ 对样本进行分析。在数学上，我们可以把 $y_l = \langle \boldsymbol{a}_l, \boldsymbol{x} \rangle = \boldsymbol{a}_l^T \boldsymbol{x}$ 看作信号向量 $\boldsymbol{x}$ 和向量 $\boldsymbol{a}_l = \left[a_{l,1}, \cdots, a_{l,n} \right]^T$ 之间的标量积。

⊖　在标量积中使用函数 $\varphi(t)$ 就像是理想地采样 $x(t) * \varphi(t)$，这意味着在频域 $X(f)\Phi(f)$ 上做乘法。因此，任何具有傅里叶变换 $\Phi(f)$ 的函数 $\varphi(t)$，只要在 $-B < f < B$ 带内非零，就可以通过 $x(t) * \varphi(t)|_{t=\ell/f_s}$ 采样，重建为 $x(t)$。

式（5-1）的矩阵形式可以写成

$$y = Ax \qquad (5\text{-}2)$$

其中，$x \in \mathbb{R}^n$，$A \in \mathbb{R}^{m \times n}$ 和 $y \in \mathbb{R}^m$。矩阵 $A = \{a\}_{i,j}$ 被称为测量矩阵。

图 5-2 中的奈奎斯特速率采样的离散时间版本是以 $m = n$ 和测量矩阵 $A = I$ 得到的，其中 I 是单位矩阵。

5.1.2 稀疏信号

许多信号都是有带限的，但也有几个具有不同内在结构的信号的实际例子。

例如，在某些情况下，我们感觉到由 n 个样本组成的信号向量 $(x_1, x_2, \cdots, x_n)$，我们事先知道，在未知的位置上，最多只有 s 个分量可以是非零的，其余的 $n-s$ 个都是 0。如果 $s \ll n$，我们就说这个向量是稀疏的或 s 稀疏的（见图 5-4）。我们把 x 的非零元素的标志表示为信号支持。

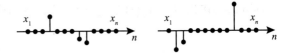

图 5-4 在 $\mathbb{R}^{13}$ 中的 3- 稀疏信号的两个示例

我们也称那些具有 $n-s$ 个可忽略元素的向量为可压缩信号：这些信号可以被 s 稀疏向量很好地近似。

一个 s 稀疏向量的信息量是多少？这个问题与压缩信号的可能性有关：我们能否用少于 n 个实数来表示 x？事实上，情况显然是这样的：例如，一个直接的方法是描述 s 个位置 $i_1, i_2, \cdots, i_s$ 和数值 $\left(x_{i_1}, \cdots, x_{i_s}\right)$。使用固定长度编码，需要 $\log_2 n$ 位来表示每个位置 $\ominus$，所以所有的位置共有 $s \log_2 n$ 位，加上 s 个实数来表示数值。如果使用 b 位 / 实数的量化，那么表示一个任意的 s 稀疏向量的总位数为 $s \log_2 n + sb$。

然而我们经常无法获得信号，而是获得信号的 $m \ll n$ 的线性投影 $y = Ax$（图 5-3 的离散时间版本）。

让我们考虑一个已知的测量矩阵 A 和一个测量向量 $y \in \mathbb{R}^m$。如果 x 在 $\mathbb{R}^n$ 中是任意的，当且仅当有 $m = n$ 个线性独立方程时，式（5-2）的线性系统才有唯一的解。因此，只有当测量次数 m 至少等于样本维度 n 时，才有可能恢复 x。然而，可以猜测如果事先知道 x 是 s 稀疏的，那么适当选择更少的 $m < n$ 的投影足以恢复信号向量。

示例 假设我们有五个传感器在特定时间产生向量 $x = [x_1, x_2, x_3, x_4, x_5]^T$。假设对于手头的问题，我们事先知道最多只有一个传感器（五个中的一个，但我们不知道是哪个）产生非零的实际输出（未知值）。因此，我们有 $n = 5$，$s = 1$。很容易验证，我们不需要五个实数来描述向量 $x \in \mathbb{R}^5$。事实上，考虑两个投影 y_1, y_2，由以下方式给出

$\ominus$ 实现更好的压缩的方法：事实上，可能的位置的数量是 $\binom{n}{s}$，所以有了适当的编码，对信号支持进行编码的位数不超过 $\log_2 \binom{n}{s} \approx s \log_2 (ne/s)$。

$$y = \begin{bmatrix} y_1 \\ y_2 \end{bmatrix} = \begin{bmatrix} 1 & 1 & 1 & 1 & 1 \\ 1 & 2 & 3 & 4 & 5 \end{bmatrix} \begin{bmatrix} x_1 \\ x_2 \\ x_3 \\ x_4 \\ x_5 \end{bmatrix} \tag{5-3}$$

很明显，如果所有的传感器输出都是 0，那么 y_1 就是 0。如果 y_1 不为 0，它的值与 x 的唯一非零元素的值相吻合。然后，为了确定 x，我们需要定位非零元素的位置。通过比较 y_1 和 y_2，我们可以找到 x 的唯一非零元素的位置（特别是，对于这个矩阵，y_2/y_1 给出了位置）。

例如，如果我们读取 $y = [-0.7, 2.1]^T$，我们能够恢复唯一可能的 1 稀疏信号向量为 $x = [0, 0, -0.7, 0, 0]^T$。

一般来说，只要所有的 a_i 都是不同的，任何具有任意维度 n 的 1 稀疏向量 x 都可以通过两个投影 $y = Ax$ 来恢复，使用的是测量矩阵

$$A = \begin{bmatrix} 1 & 1 & 1 & \cdots & 1 \\ a_1 & a_2 & a_3 & \cdots & a_n \end{bmatrix} \tag{5-4}$$

恢复算法是直接的：y_1 是 x 的非零元素的值，而将 y_2 与 y_1 相比较可以明确地找到非零元素的位置。

因此，我们只需要选择 $m = 2$ 个适当的投影来完全描述 n 维的 1 稀疏向量 x。换句话说，向量 $y \in \mathbb{R}^2$ 可以被视为 1 稀疏向量 $x \in \mathbb{R}^n$ 的（无损）压缩版本。压缩率为 $n/m = n/2$。

如本例所示，压缩感知的目标是通过设计合适的测量矩阵 A 和可实现的信号重构算法，同时获取和压缩稀疏信号。前面的示例仅仅处理了 1 稀疏信号压缩的情况，为任意的 s 设计一个合适的测量矩阵 A 和一个恢复算法（相当容易实现）通常是一个困难的任务。

5.2　压缩感知的实现

假设我们想求解这个方程组：

$$y = Ax \tag{5-5}$$

其中 $y \in \mathbb{R}^m$ 和 $A \in \mathbb{R}^{m \times n}$ 是已知的，方程数为 $m < n$，$x \in \mathbb{R}^n$ 是未知数。由于 $m < n$，我们可以把 y 看作 x 的压缩版本。如果没有其他约束条件，那么该方程组是欠定的，有无穷多个不同的解 x 满足式（5-5）。

定理 5.1　如果我们预先知道 x 中最多有 s 个元素是非零的（即向量是 s 稀疏的），那么对于观察到的 y 来说，只要 A 的所有可能的 $2s$ 列集合都是线性独立的，那么式（5-5）（方程右边）就只有一个 s 稀疏的解。

下面通过反证法证明线性方程组有两个不同的 s 稀疏解 x_1 和 x_2，那么应该是 $y = Ax_1 = Ax_2$，这意味着 $A(x_1 - x_2) = 0$。向量 $x_1 - x_2$ 最多有 $2s$ 个非零元素，因此是 $A(x_1 - x_2)$ 的 $2s$ 个列的线性组合，如果这些列是线性无关的，则不可能是 0。

该定理意味着 $m \geq 2s$ 必须成立，或者说测量次数必须至少为 $2s$。⊖

在定理 5.1 的条件下，对于观测到的 y，式（5-5）的唯一稀疏解可以通过求满足 $y = Ax$ 的最稀疏向量 x 来求得。这可以被形式化为一个优化问题：

$$\min \ \| x \|_0$$
$$\text{s. t.} \ \ Ax = y \tag{5-6}$$

其中，ℓ_0–norm $\| \cdot \|_0$ 是非零元素的数量⊖。求解式（5-6）的一种简单方法是检验所有 $\binom{n}{s}$ 种可能的信号支持，以及相应的 A 的 $m \times s$ 子矩阵。这种方法具有组合复杂性。更一般地说，式（5-6）可以被重新表述为一个整数规划问题，众所周知，这是 NP 难的。因此，对于非平凡的 s，无法计算求解式（5-6）。压缩感知的一个关键要素是使用 ℓ_1 范数 $\|x\|_1 = \sum_{l=1}^{n}|x_l|$ 代替式（5-6）中的 ℓ_0 范数，即求解如下凸优化问题（称为基追踪⊜）：

$$\min \ \sum_{\ell=1}^{n}|x_\ell|$$
$$\text{s. t.} \ \ \ Ax = y \tag{5-7}$$

式（5-7）可以被重新表述为线性规划（Linear-Programming，LP）问题，在计算上比式（5-6）容易求解。已经证明，在一些比定理 5.1 更严格的 A 条件下，ℓ_1–范数最小化提供的解与 ℓ_0–范数最小化的解是一样的。一般来说，这个条件是 A 必须在某种程度上表现得与一个 s 稀疏向量等距。

更确切地说，对于整数 s，定义矩阵 A 的有限等距常数（Restricted Isometry Constant，RIC）为最小的 $\delta_S = \delta_S(A)$，以便

$$(1-\delta_S) \| x \|_2^2 \leq \| Ax \|_2^2 \leq (1+\delta_S) \| x \|_2^2 \tag{5-8}$$

对所有的 s 稀疏向量 x 都成立[4]。对于一个给定的矩阵 A，使用 ℓ_1 最小化代替不切实际的 ℓ_0 最小化的可能性与有限等距常数有关[4]。例如，文献 [5] 研究表明，对于 s 稀疏向量 x，如果 $\delta_S < 1/3$，那么 ℓ_0 和 ℓ_1 的解是重合的。关于基于 RIC 的信号恢复条件和其他条件的讨论参见文献 [6-9]。

下一个问题是如何设计一个具有规定特性的测量矩阵，以允许使用式（5-7）。在这方面，压缩感知的关键思想是简单地根据一些统计分布随机生成其条目来设计 A。事实上，有可能表明，只要 m 和 n 很大，随机生成的矩阵大概率就可以用式（5-7）类型的算法进行压缩感知，参见文献 [4, 10–14]。

例如，根据高斯分布（高斯随机矩阵），A 的项可以是简单的独立同分布（independent

⊖ 注意，在 $s = 1$ 的例子中提出的情况是最优的：式（5-4）中矩阵的任意两列都是线性无关的，只用 $m = 2$ 的测量值压缩任何 1 稀疏向量（这是可能的最小值）。

⊖ 严格地说，ℓ_0 并不是一种规范。

⊜ 在压缩感知之前以 ℓ_1 范数查找稀疏解，参见文献 [1–3]。

identically distributed，i.i.d）随机数。

　　另一种可能的方法是对 A 的项使用随机数 ±1，如图 5-5（Rademacher 随机矩阵）所示。在这种情况下，不需要用乘法来获取：投影只是 x 中的元素的和或差。

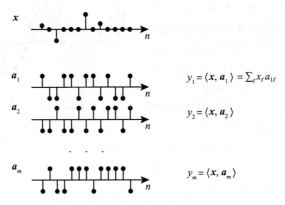

图 5-5　压缩感知的离散时间实现：在信号 x 和一
　　　　些通过随机产生 ±1 的函数 a_ℓ 之间取 m 个标
　　　　量积

　　我们已经看到，对于式（5-6），原则上可以设计出 $m \geqslant 2s$ 的测量矩阵，但要用一种组合复杂度的恢复算法。

　　相比之下，假设测量矩阵是随机生成的，对（s,n,m），在 $m \geqslant 2s \log(n/m)$ 和 $s \ll n$ 的情况下，式（5-7）需要更多的测量数 [7, 15]。

5.2.1　变换域中的稀疏信号

　　假设向量 x 不是稀疏的，但它在不同基 $\tilde{x} = Y^{-1}x$ 中变换的版本（例如，它的傅里叶变换）是稀疏的，其中 Y 是 $n \times n$ 变换矩阵。

示例　信号 $A_\ell \cos\left(\dfrac{2\pi\ell i}{n} + \psi_\ell\right), i = 0,\cdots,n-1$ 是一个频率为 ℓ/n 的离散正弦波，在时域上并不稀疏，但其 n 点离散傅里叶变换（Discrete Fourier Transform，DFT）只有两个非零元素。这种类型的 K 个正弦波之和在频域中是 $2K$ 稀疏的（见图 5-6）。

　　对于在变换域中稀疏的信号，测量值可以写为

$$y = Ax = AY\tilde{x}$$

其中 $\tilde{x}$ 是稀疏的。因此，信号重构只需像式（5-6）或式（5-7）中那样，用 AY 代替 A。

$$\min \quad \sum_{\ell=1}^{n} |\tilde{x}_\ell|$$
$$\text{s.t.} \quad AY\tilde{x} = y \tag{5-9}$$

这将产生稀疏向量 $\tilde{x}$，然后我们从中计算 $x = Y\tilde{x}$。显然，在这种情况下，允许信号重构

的条件，例如，式（5-7）的 RIP 条件，或式（5-6）的定理 5.1，必须由 AY 来满足。

因此，原则上 A 应该为定义手头信号稀疏性领域的特定变换 Y 而设计。然而，在 CS 中，测量矩阵 A 通常是随机生成的。由于 Y 是一个正交矩阵，如果我们随机生成 A 的条目，产生的矩阵 AY 大致上具有与 A 相同的结构。例如，A 中线性独立的列一旦与 Y 相乘，仍是独立的。

因此，压缩感知的一个重要优势是传感是完全非适应性的：一个随机产生的 A 可以在不考虑信号稀疏基底的情况下用来收集测量值。因此，同一个矩阵可以用于不同转换域中的稀疏信号。稀疏基底 Y 只用于信号重构，如式（5-9）。

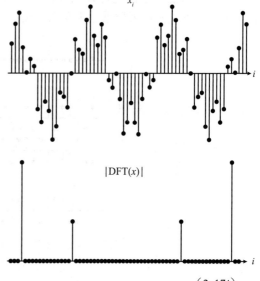

图 5-6　信号 $x_i = \cos(2\pi 3i/n) - 0.4\cos\left(\dfrac{2\pi 17i}{n}\right)$（$i = 0,\cdots,n-1, n=64$）在时域中不是稀疏的（上图），但在傅里叶变换域（DFT 幅度，下图）中是稀疏的

5.2.2　压缩信号的有噪压缩感知

通常情况下，所需要的信号并不完全是稀疏的，而是可压缩的（即由稀疏信号很好地近似），此外，可能存在噪声影响测量，所以被测向量可以写为

$$y = Ax + z$$

其中 z 是噪声，$x \in \mathbb{R}^n$（x 是一个实向量，不一定完全稀疏）。我们可以通过求解优化问题来寻找 x 的一个最大表示误差 κ 的稀疏近似

$$\min \|\hat{x}\|_0 \ \text{s.t.} \|A\hat{x} - y\|_2 \leqslant \kappa \qquad\qquad （5\text{-}10）$$

由此产生的 $\tilde{x}$ 是 x 的稀疏近似值。在某些情况下，根据信号、噪声和测量矩阵 A 的特性，恢复误差 $\|\hat{x} - x\|_2$ 是有界的[8-9]。

5.2.3　稀疏恢复算法

压缩感知的一个核心问题是从 $m < n$ 中恢复稀疏信号 $x \in \mathbb{R}^n$，可能有噪声的测量值 y。已经提出了几种算法，旨在求解式（5-6）、式（5-7）或式（5-10），这些算法的主要特征是具有处理大维度问题的能力、速度、对模型失配和噪声的鲁棒性以及性能保证。恢复算法可以分为以下几类：

- 基于凸优化的方法。例如，内点法可以用来解决在多项式时间内 ℓ_1 范数最小化问题，有 $O(n^3)$。
- 贪婪算法。一般来说，这些算法试图迭代地找到信号支持，然后估计出与测量结果更匹配的稀疏向量。匹配追踪（Matching Pursuit，MP）、正交匹配追踪（Orthogonal Matching Pursuit，OMP）和压缩采样匹配追踪（Compressive Sampling Matching Pursuit，CoSaMP）都属于这一类。阈值处理方法也属于这一类。

这些算法的性能和复杂性取决于问题维度、测量矩阵和所需的精度。其他基于组合技术和贝叶斯方法的算法也被研究用于 CS，详细讨论参见文献 [8-9,16-17]。

5.3 压缩感知总结

总之，对于一个由 n 个维度信号 $x_1, x_2, \cdots$ 组成的时间序列的压缩感知，每个信号都是 s 稀疏的，包括以下步骤：

1. 选择一个充分大于 $2s \log(n/m)$ 的 m。
2. 根据高斯（实数）或 Rademacher 分布 (± 1)，随机生成 $m \times n$ 个数字，并把它们放在矩阵 A 中。
3. 信号采集：
   - 收集压缩的 m 维测量值 $y_1 = Ax_1, y_2 = Ax_2, \cdots$。
   - 传输或存储 $y_1, y_2, \cdots$。
4. 信号恢复。给出存储或接收的 $y_1, y_2, \cdots$。
   - 应用稀疏恢复算法，找到 $y_k = A\hat{x}_k$ 的最稀疏解 $\hat{x}_k$，$k = 1, 2, \cdots$。

5.4 应用

CS 有多种应用。在下文中，我们强调了其中的一些应用，并附有一些参考资料。

5.4.1 模拟信息转换

这里 CS 用于获取一个连续时间信号 $x(t)$，假定是稀疏的，不需要以奈奎斯特速率采样。这个方案的描述如图 5-7 所示，通过使用并行相关器，每 $\tilde{T}$ 秒采集 m 个样本，因此，对于模拟实现，我们需要：

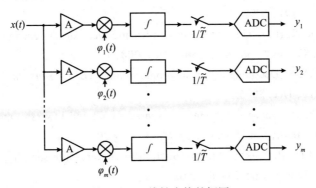

图 5-7　CS 线性变换的框图

- 产生测量波形 $\varphi_l(t)(\ell=1,\cdots,m)$ 的电路。
- 用 m 个乘法器来计算 $x(t)\varphi_l(t)$。
- m 个积分器。

如果测量波形 $\varphi_l(t)$ 只能取值为 ±1，那么乘法器就没有必要了（乘以 −1 只是一个极性变化）。

例如在文献 [18, 24] 中，报告了基于压缩感知的实现，用于获取稀疏的一维宽带信号。

5.4.2　图像采集中的压缩感知：单像素相机

众所周知，图像在小波域中通常是可压缩的。在单像素相机中，图像与一个仅由 0 和 1 组成的矩阵相关联，这在物理上是通过一个由大量微镜组成的微阵列实现的。这些微镜可以被单独打开或关闭，而从该阵列上的图像反射的光被合并（添加）在唯一工作的传感器上 [25]。可以根据微镜的状态决定来自该部分图像的光线添加或不添加。因此，通过随机改变微镜的状态，可以计算出所看到的场景的随机线性测量值 [25]。

5.4.3　压缩感知：磁共振成像和生物医学信号处理应用

在生物医学应用的磁共振成像（Magnetic Resonance Imaging，MRI）中，采集速度是至关重要的。这一速度从根本上受到物理（梯度幅度和压摆率）和生理（神经刺激）因素的限制。核磁共振图像在小波域中是可压缩的，并且是从不完整的频率信息中重建的。因此，人们使用压缩感知技术来减少获得的数据量而不降低图像质量 [26]。许多其他的生物医学信号在某些领域是稀疏的或类比的，因此可以用 CS 方法处理。对 CS 文献的全面回顾，主要集中在生物医学应用上，特别是门诊监测应用中常见的生物信号压缩，参见文献 [27]。

参考文献

［1］B. F. Logan, *Properties of High-Pass Signals*. PhD thesis, Columbia University, New York, 1965.

［2］D. L. Donoho and B. F. Logan, Signal recovery and the large sieve, *SIAM J. Appl. Math.*, vol. 52, no. 2, pp. 577-591, 1992.

［3］D. L. Donoho and X. Huo, Uncertainty principles and ideal atomic decomposition, *IEEE Trans. Inf. Theory*, vol. 47, no.7, pp. 2845-2862, Nov. 2001.

［4］E. Candes and T.Tao, Decoding by linear programming, *IEEE Trans. Inf. Theory*, vol. 51, no. 12, pp. 4203-4215, Dec. 2005.

［5］T. Cai and A. Zhang, Sharp RIP bound for sparse signal and low-rank matrix recovery, *Appl. Comput. Harmon. Anal.*, vol.35, no.1, pp.74-93, Aug.2013.

［6］E. J. Candès and M. B. Wakin, An introduction to compressive sampling, *IEEE Signal Proc. Magazine*, vol. 25, no. 2, pp. 21-30, 2008.

［7］ D. L. Donoho and J. Tanner, Precise undersampling theorems, *Proc. IEEE*, vol. 98, no. 6, pp. 913-924, May 2010.

［8］ R. Baraniuk, M. A. Davenport, and M. F. Duarte, *An introduction to compressive sensing.* Connexions e-textbook, 2011.

［9］ S. Foucart and H. Rauhut, *A Mathematical Introduction to Compressive Sensing.* New York: Springer Science+Business Media, 2013.

［10］ D. Donoho, Compressed sensing, *IEEE Trans. Inf. Theory*, vol.52, no.4, pp.1289-1306, April 2006.

［11］ E. J. Candes, J. Romberg, and T. Tao, Robust uncertainty principles: exact signal reconstruction from highly incomplete frequency information, *IEEE Trans. Inf. Theory*, vol.52, no.2, pp.489-509, Feb 2006.

［12］ E. J. Candes and T. Tao, Near-optimal signal recovery from random projections: Universal encoding strategies? *IEEE Trans. Inf Theory*, vol.52, no.12, pp.5406-5425, Dec.2006.

［13］ A. Elzanaty, A. Giorgetti, and M. Chiani, Limits on sparse data acquisition: RIC analysis of finite Gaussian matrices, *IEEE Trans. Inf. Theory*, vol.65, no.3, pp.1578-1588, Mar. 2019.

［14］ A. Elzanaty, A. Giorgetti, and M. Chiani, Weak RIC analysis of finite Gaussian matrices for joint sparse recovery, *IEEE Signal Proc. Lett*, vol.24, no.10, pp.1473-1477, Oct.2017.

［15］ E. J. Candès, The restricted isometry property and its implications for compressed sensing, *Comptes Rendus Math.*, vol.346, no.9, pp.589-592, May 2008.

［16］ A. Maleki and D. L. Donoho, Optimally tuned iterative reconstruction algorithms for compressed sensing, *IEEE J. Sel. Topics Signal Proc.*, vol.4, no.2, pp.330-341, Apr.2010.

［17］ A. Y. Yang, Z. Zhou, A. G. Balasubramanian, S. S. Sastry, and Y. Ma, Fast ℓ_1 minimization algorithms for robust face recognition, *IEEE Trans. Image Proc.*, vol.22, no.8, pp.3234-3246, Aug. 2013.

［18］ M. Wakin, S. Becker, E. Nakamura, M. Grant, E. Sovero, D. Ching, et al. A nonuniform sampler for wideband spectrally-sparse environments, *IEEE J. Emerg. Sel. Topics Circuits Syst.*, vol.2, no.3, pp.516-529, 2012.

［19］ F. Chen, A. P. Chandrakasan, and V. M. Stojanovic, Design and analysis of a hardware-efficient compressed sensing architecture for data compression in wireless sensors, *IEEE J. Solid-State Circuits*, vol.47, no.3, pp.744-756, Mar. 2012.

［20］ J. Haboba, M. Mangia, F. Pareschi, R. Rovatti, and G. Setti, A pragmatic look at some compressive sensing architectures with saturation and quantization, *IEEE J. Emerg. Sel. Topics Circuits Syst.*, vol.2, no.3, pp.443-459, Sept. 2012.

［21］ D. Gangopadhyay, E. G. Allstot, A. M. R. Dixon, K. Natarajan, S. Gupta, and D. J. Allstot, Compressed sensing analog front-end for bio-sensor applications, *IEEE J. Solid-State Circuits*, vol.49, no.2, pp.426-438, Feb 2014.

［22］ F. Chen, F. Lim, O. Abari, A. Chandrakasan, and V. Stojanovic, Energy-aware design of compressed sensing systems for wireless sensors under performance and reliability constraints, *IEEE Trans. Circuits Syst.*, vol.60, no.3, pp.650-661, March 2013.

[23] A. Elzanaty, A. Giorgetti, and M. Chiani, Lossy compression of noisy sparse sources based on syndrome encoding, *IEEE Trans. Commun.*, vol.67, no.10, pp.7073-7087, Oct.2019.

[24] J. Yoo, S. Becker, M. Loh, M. Monge, E. Candes, and A. Emami-Neyestanak, A 100 MHz-2GHz 12.5 x sub-Nyquist rate receiver in 90 nm CMOS," in *Proc. of 2012 IEEE Radio Frequency Integrated Circuits Symposium*, June 2012, pp.31-34.

[25] M. F. Duarte, M. A. Davenport, D. Takhar, J. N. Laska, T. Sun, K. E. Kelly, *et al.*, Single-pixel imaging via compressive sampling, *IEEE Signal Process. Mag.*, vol.25, no.2, p.83, March 2008.

[26] M. Lustig, D. L. Donoho, J. M. Santos, and J. M. Pauly, Compressed sensing MRI, *IEEE Signal Process. Mag.*, vol.25, no.2, pp.72-82, March 2008.

[27] D.Craven, B. McGinley, L. Kilmartin, M. Glavin, and E. Jones, Compressed sensing for bioelectric signals: a review, *IEEE J. Biomed. Health Inform.*, vol.19, no.2, pp.529-540, 2015.

第二部分　噪声与电子接口

第 6 章
噪声起源

理解噪声的起源是至关重要的，因为即使从电子学视角来看，也提示要减少噪声的影响。本章将简要分析一些随机过程源的物理背景，这些被称为"热噪声""散粒噪声""闪烁噪声"的噪声限制了传感系统。本章还将展示热噪声和散粒噪声在基于其他观察到的电子效应（如 kTC 噪声、相位噪声和电流噪声）中是怎样的。这里的探讨将基于热扰动中的机械效应和电子效应展示，这不仅对理解随机过程很重要，而且对使用相同的分析框架来统一微机电传感器系统中的噪声模型也很重要。

6.1 热噪声

热噪声是电子学中最常见的噪声源，我们将从经典统计力学中热扰动的某些方面开始介绍热噪声，这是因为噪声是一个随机过程，由庞大的单一贡献总和产生，只能从统计的角度进行建模。

6.1.1 简化的机械模型

压力传感器如图 6-1 所示，其中用来测量压力的气体被具有 1 个自由度的盖子 / 活塞密封在容器中，活塞通过弹簧保持机械平衡。气体压力的增加使活塞相对于初始平衡点沿自由度方向移动，从而使位移成为系统的输出。气体可以看作由相同的 N 个单粒子相互碰撞形成，并通过弹性冲击碰撞容器的边界。我们不会使用"压力"这种宏观定义，而是将其描述为粒子与活塞碰撞所施加的力的平均效应，假设整个系统处于热平衡状态[一]。

每个粒子的速度 $v_1, v_2, \cdots, v_N$ 由它们沿每个参考轴（为了简单起见，目前只有两个）的分量来定义，如图 6-1 所示，因此，对于每个粒子都有 $v_1^2 = v_{1x}^2 + v_{1y}^2$，$v_2^2 = v_{2x}^2 + v_{2y}^2$，$\cdots$。

考虑到每一轴上速度的均方差：

$$\overline{v_x^2} = \frac{v_{1x}^2 + v_{2x}^2 + v_{3x}^2 + \cdots}{N} ; \overline{v_y^2} = \frac{v_{1y}^2 + v_{2y}^2 + v_{3y}^2 + \cdots}{N} \tag{6-1}$$

我们可以确定所有粒子速度的均方值为

    ㊀ 热平衡是指系统内外没有传热，也就是说，所有的部分都处于相同的环境温度下。

$$\overline{v^2} = \frac{v_1^2 + v_2^2 + v_3^2 + \cdots}{N} = \frac{v_{1x}^2 + v_{2x}^2 + v_{3x}^2 + \cdots}{N}$$

$$+ \frac{v_{1y}^2 + v_{2y}^2 + v_{3y}^2 + \cdots}{N} = \overline{v_x^2} + \overline{v_y^2} \tag{6-2}$$

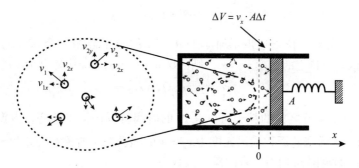

图 6-1　绝对机械压力传感器的原理图，放大图显示了粒子的即时速度

从经典概率的角度（无差别原理）来看，没有理由解释沿 x 轴计算的均方与沿 y 轴计算的均方不同，因此 $\overline{v_x^2} = \overline{v_y^2}$。所以，我们可以在三维空间上扩展式（6-2）：

$$\overline{v_{x,y}^2} = \frac{1}{2}\overline{v^2} \quad 对于二维(空间)$$

$$\overline{v_{x,y,z}^2} = \frac{1}{3}\overline{v^2} \quad 对于三维(空间) \tag{6-3}$$

其中，$v_{x,y,z}$ 表示 x 或 y 或 z 轴上的粒子速度。

因此，粒子的总平均动能和沿粒子轴的动能是

$$\overline{E_C} = \frac{1}{2}m\overline{v^2}$$

$$\overline{E_{Cx,y,z}} = \frac{1}{2}m\overline{v_{x,y,z}^2} \tag{6-4}$$

还存在以下关系：

$$\overline{E_{Cx,y}} = \frac{1}{2}\overline{E_C} \quad 对于二维(空间)$$

$$\overline{E_{Cx,y,z}} = \frac{1}{3}\overline{E_C} \quad 对于三维(空间) \tag{6-5}$$

这意味着一个气体的总平均动能沿平移自由度被等分。这是能量均分定理的一个方面。

由于活塞沿着 x 轴有一个自由度，每个粒子提供一个单一的动量 ⊖ $2m|v_x|$。压强是粒子在活塞的面积 A 上施加力的作用。它由粒子碰撞到活塞 ⊖ 的动量给出：

⊖　反射回来的粒子的动量变化为 $-2m|v_x|$，因此，传递到活塞的动量变化是 $2m|v_x|$。

⊖　$F = m \cdot a = m \cdot \left(\dfrac{\mathrm{d}v}{\mathrm{d}t}\right) = \dfrac{\mathrm{d}}{\mathrm{d}t} \cdot (mv) = \dfrac{\mathrm{d}}{\mathrm{d}t}M \approx \dfrac{\Delta M}{\Delta t} = \dfrac{动量传递的粒子数目}{\Delta t}$。

$$P = \frac{F}{A} = \frac{1}{A} \frac{动量传递的粒子数目}{\Delta t}$$

$$= \frac{1}{A} \frac{碰撞次数}{\Delta t} \cdot (单次动量传递)$$

$$= \frac{碰撞次数}{A\Delta t} \cdot 2m|v_x| \qquad (6\text{-}6)$$

其中，m 是粒子的质量。粒子速度沿唯一自由度 x 的分布遵循一个未知的概率密度函数 $p(v_x)$，因此，取一个特定的速度 $v_x = w$，则区域 $w < v_x < w + \Delta w$ 中速度为 x 的粒子数是

$$\Delta N(w) = N \cdot p(w) \Delta w \qquad (6\text{-}7)$$

然而，只有一小部分之前的粒子可以在 Δt 的时间范围内撞击活塞，占据体积 $\Delta V(w) = w \cdot A\Delta t$，该体积等于活塞的面积乘以速度为 $v_x = w$ 的移动粒子所覆盖的路程。因此，速度为 $v_x = w$ 的粒子在时间范围 Δt 内对活塞的碰撞次数为

$$碰撞次数(w) = \frac{1}{2} \frac{\Delta V(w)}{V} \Delta N(w) = \frac{1}{2} \frac{w \cdot A\Delta t}{V} \cdot N \cdot p(w) \Delta w$$

$$= \frac{1}{2} n \cdot A\Delta t \cdot w p(w) \Delta w \qquad (6\text{-}8)$$

其中，$n = N/V$ 是粒子浓度，$1/2$ 因数则源于这样一个事实，即平均只有 50% 指向活塞的粒子可以撞击它。因此，由撞击活塞且速度为 $v_x = w$ 的粒子给出的压力微元为

$$\Delta P(w) = \frac{碰撞次数(w)}{A\Delta t} \cdot 2mw = m \cdot n \cdot w^2 p(w) \Delta w \qquad (6\text{-}9)$$

现在，我们可以通过从有限变差到微分和对式（6-9）进行积分来得到压力 P 的值：

$$P = \int_0^{\infty} \mathrm{d}P = m \cdot n \cdot \int_0^{\infty} w^2 p(w) \mathrm{d}w = m \cdot n \cdot \overline{v_x^2} \qquad (6\text{-}10)$$

其中，$\overline{v_x^2}$ 是沿 x 轴的粒子速度的均方。注意，积分是在正轴上取的，因为我们仅假设速度为正。

到目前为止，我们还没有对粒子的类型做出任何假设，除了它们是单一的，受弹性碰撞的影响。因此，对电子、离子甚至台球等"粒子"也可以得出同样的结论。更复杂的分析表明，式（6-10）的结果也适用于由不同质量的粒子组成的混合气体，以及多原子粒子，如需要考虑更多自由度的分子，比如旋转分子。需要指出的是，即使粒子可以有更多的自由度，关于活塞有效的仍是平移运动。因此，平均动能是物质的一个基本"状态"，与物质的主要特征之一——动力学温度有关。换句话说，我们可以将温度定义为与气体的平均动能成正比的量，或者可以简单地说，温度是气体的平均动能。

根据上述讨论定义平均动能和温度之间的关系：

$$\overline{E_c} \triangleq \frac{3}{2} kT \qquad (6\text{-}11)$$

其中，k 是玻尔兹曼常数。式（6-11）的这种关系有两个主要结论。

首先，它将沿 1 个自由度的平均动能定为

$$\overline{E_{C_{x,y,z}}} = \frac{1}{2}kT \qquad (6\text{-}12)$$

其次，将式（6-11）代入式（6-10），得到

$$P = nkT = \frac{N}{V}kT \rightarrow PV = NkT \qquad (6\text{-}13)$$

这也是从经典统计力学的观点推导出的理想气体定律 ⊖。

现在，考虑如图 6-2a 所示的机械压力传感器。该传感器基于动力和弹力之间的机械平衡：

$$F = \alpha \Delta x \rightarrow P = \frac{\alpha}{A}\Delta x \qquad (6\text{-}14)$$

其中，$\alpha \equiv [\mathrm{N/m}]$ 为刚度常数，α/A 为传感器的灵敏度，如图 6-2b 所示。此外，整个系统都处于热平衡状态。因此通过活塞相对于参考值的位移来测量压力。

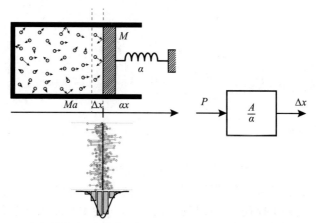

a）机械绝对压力传感器中的噪声　　b）传感器的系统表示

图 6-2　机械压力传感器中的噪声及传感器的系统表示

问题是，压力与连续的实体无关，而是与粒子和活塞表面的随机碰撞次数有关，从而导致平衡点周围位置的不稳定运动。从另一个角度来看，我们可以将这种行为称为噪声。

我们能估计出这种噪声的"强度"吗？让我们用能量等价的方法推导这种不稳定运动。首先推导活塞的确定性自由运动的能量，它是下面导数方程的谐波解的基础：

$$M\frac{\mathrm{d}^2 x}{\mathrm{d}t^2} + \alpha x = 0 \rightarrow x(t) = \Delta x \cos(\omega_0 t + \varphi); \omega_0 = \sqrt{\frac{\alpha}{M}} \qquad (6\text{-}15)$$

其中，ω_0 为系统的谐振频率，M 为活塞的质量，Δx 为活塞的位移（见图 6-2）。因此，谐波系统的总能量计算为势能和动能之和：

⊖ 该关系等价于 $PV = \tilde{n}RT$，其中 $\tilde{n}$ 为摩尔数，R 为气体常数。

$$E_{\text{TOT}} = E_P + E_C = \frac{1}{2}\alpha x^2(t) + \frac{1}{2}M\left(\frac{\mathrm{d}}{\mathrm{d}t}x(t)\right)^2$$

$$= \frac{1}{2}\alpha\Delta x^2\cos^2(\omega_0 t + \varphi) + \frac{1}{2}M\omega_0^2\Delta x^2\sin^2(\omega_0 t + \varphi)$$

$$= \frac{1}{2}M\omega_0^2\Delta x^2 = \frac{1}{2}\alpha\Delta x^2 \qquad (6\text{-}16)$$

现在我们可以假设与随机过程相关的能量等价于确定性机械谐振子的能量，即在 1 个自由度（degree of freedom，d.o.f）下，有

$$1 个自由度下的平均动能 = 总谐波能量 \qquad (6\text{-}17)$$

$$\Delta x^2 \Leftrightarrow \overline{\Delta x_N^2}$$

$\overline{\Delta x_N^2}$ 是由粒子与活塞的碰撞而与随机过程相关的随机变量的均方。因此，

$$\frac{1}{2}\alpha\Delta x^2 = \frac{1}{2}\alpha\overline{\Delta x_N^2} = \frac{1}{2}kT$$

$$\rightarrow \overline{\Delta x_N^2} = \frac{kT}{\alpha}$$

$$\rightarrow x_{N\text{rms}} = \sqrt{\overline{\Delta x_N^2}} = \sqrt{\frac{kT}{\alpha}} \qquad (6\text{-}18)$$

其中 $x_{N\text{rms}}$ 为机械热噪声的均方根值。

式（6-18）表明：
- 噪声值与温度成正比。
- 噪声值与活塞的质量 M 无关。
- 刚度常数越高，压力传感器的噪声和灵敏度就越低。

式（6-17）的等价性偏离了形式化数学的严谨性，但它得出的结论与实验结果却是一致的。更具体地说，这是一个捷径，使理想振荡器（以 ω_0 为中心的狄拉克函数）的能量与描述活塞位置的随机变量的能量相等，该活塞的 PSD 分布在共振频率周围。在更正式的处理中，描述活塞位置的一般方程应该包括一个考虑它与粒子碰撞的部分，这些粒子可以用黏度、摩擦力或阻力来建模（朗之万方程）。此外，还可以证明任何噪声过程都与系统的耗散行为严格相关（波动 - 耗散定理）。令人惊讶的是，虽然机械阻力是噪声产生的"原因"，但式（6-18）并没有显示出这一点，因为这是一个数学积分的结果，它隐藏了与耗散变量之间的关系。这将在类似（但不能比拟）的情况下显示，例如 kT/C 噪声。

6.1.2　实验视角下的电子热噪声

在导体晶格和周边环境热平衡状态下，电子器件中的热噪声是带电自由载流子热振动时引起的随机过程，从而导致器件端子电压 / 电流的随机波动。我们首先从实验证据中描述电子热噪声。

测试电路如图 6-3 所示，我们在开路条件下测量电阻器的电压。没有静电流流过电阻器，整个系统处于热平衡状态。

如果我们测量（通过一个对我们的测量任务足够精确的仪器）通过理想发电机给予偏置 V_0 的电路的电压，如图 6-3a 所示，会观察到以下结果：

- 输出电压 $V(t)$ 受到随机波动的影响。

- 实验平均值趋向于偏置值 V_0，即随着样本空间的增加，$\langle V(t) \rangle \to V_0$。因此，将随机变量 $v_N(t)$ 与偏置周围的扰动关联起来，得到 $\langle V(t) \rangle = \langle V_0 + v_N(t) \rangle = V_0 + \langle v_N(t) \rangle \to V_0$；$\langle v_N(t) \rangle \to 0$。我们假设扰动的期望值为 $0^{\ominus}$。

- $v_N(t)$ 是正态分布的，其均方 $\langle v^2(t) \rangle = \sigma_N^2$ 与温度和电阻值成比例地增加。

- 相应的功率密度 $S_N(f)$ 在非常大的带宽内是均匀的。

我们将 $v_N(t)$ 称为模拟了一个热噪声或约翰逊噪声的随机过程。它在 1927 年由约翰逊首次观察和分析。根据之前的实验结果，假设过程的遍历性，我们可以将如图 6-4a 所示的噪声电阻的热噪声建模为随机电压发生器 $v_N(t)$，其噪声功率由均方值 $\overline{v_N^2}$ 或光谱功率密度 $\overline{v_N^2}(f)$ 给出，并与无噪声电阻 R 串联，如图 6-4b 所示。

根据诺顿定理，上述模型的等价表示如图 6-4c 所示，其中电阻 R 的热噪声由随机电流发生器 $i_N(t)$

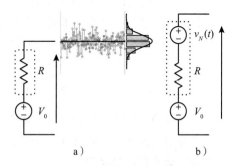

图 6-3 电阻器中的热噪声

表征，其噪声功率由均方值 $\overline{i_N^2}$ 或光谱功率密度 $\overline{i_N^2}(f)$ 给出，并与一个无噪声电阻 R 并联。利用欧姆定律 $v_N(t) = R \cdot i_N(t)$，得到

$$\overline{i_N^2}(f) = \frac{\overline{v_N^2}(f)}{R^2}; \quad \overline{i_N^2} = \frac{\overline{v_N^2}}{R^2} \tag{6-19}$$

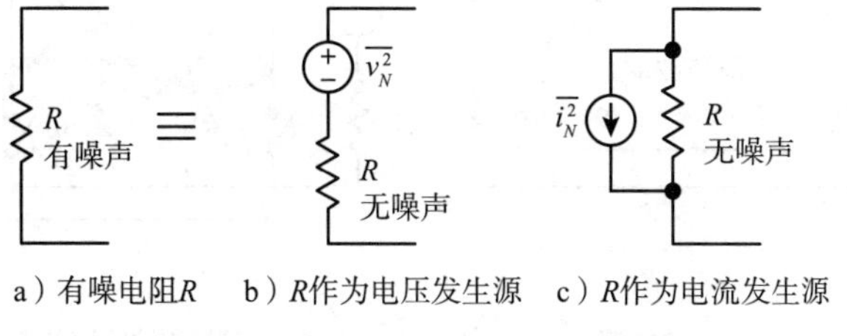

a）有噪电阻 R b）R作为电压发生源   c）R作为电流发生源

图 6-4 有噪电阻 R 作为电压或电流发生源的热噪声示意图，分别与无噪声电阻串联或并联

6.1.3 热噪声功率谱密度计算：奈奎斯特方法

功率谱密度（PSD）的计算是由奈奎斯特在约翰逊的论文发表一年后确定的（因此，它也

○ 这来自大数定律（LNN）。随机噪声的期望值等于 0 也有热力学方面的考虑。

被称为约翰逊 – 奈奎斯特噪声），即使有许多关于相同内容的其他派生表达式（包括微观和宏观的论点），奈奎斯特方法仍然是最优雅的宏观方法之一。

参照图 6-5a，我们假设两个噪声电阻 R_1 和 R_2 在热平衡中连接，由第一电阻产生的噪声 $\overline{v_1^2}$ 被第二个电阻吸收后的噪声功率为 $R_2 \overline{v_1^2}/(R_1+R_2)^2$，第二个产生 $\overline{v_2^2}$ 的被第一个电阻吸收的噪声功率为 $R_1 \overline{v_2^2}/(R_1+R_2)^2$。由于系统处于热平衡状态，根据热力学第二定律，它不可能在不同的位置之间传递热（功率），因此，这两个噪声功率流必须相等。此外，这种平衡对任何频带都有效；否则，简单地使用滤波器会违反第二定律，这是不可能的。

从这个观测中，我们能够注意到，如果 $R_1 = R_2 = R$，功率谱密度 $\overline{v^2}(f)$ 应该是：

1. 与电阻器的结构和材料无关。

2. T，R，f 的一个通用函数，即温度、电阻值和频率。

如果 $R_1 \neq R_2$，由于各自的功率等价性，对于少量的频谱，以下内容应有效：

$$\frac{R_2}{(R_1+R_2)^2}\overline{v_1^2}(f)\Delta f = \frac{R_1}{(R_1+R_2)^2}\overline{v_2^2}(f)\Delta f \tag{6-20}$$

3. 带宽 Δf 中的噪声功率 $\overline{v^2}(f)\Delta f$ 与产生该功率的电阻值成正比。

如果 $R_1 = R_2 = R$，但温度 $T_1 \neq T_2$，功率流不抵消，由于温度是电子气体的平均动能，净传热量（动能每单位时间）为 [注]

$$\frac{1}{4R}\left(\overline{v_1^2}(f)\Delta f - \overline{v_2^2}(f)\Delta f\right) \propto (T_1 - T_2) \tag{6-21}$$

4. 带宽 Δf 中的噪声功率 $\overline{v^2}(f)\Delta f$ 应该与温度成正比 [注]。

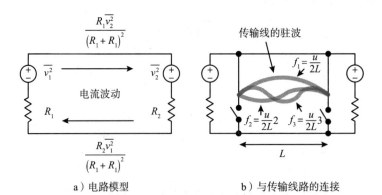

a）电路模型　　　　　　b）与传输线路的连接

图 6-5　奈奎斯特的热噪声 PSD 计算模型

我们发现了一种带宽内的关系，但不是在整个频谱上。回到图 6-5b，让我们假设无损传

⊖　请记住当两个电阻匹配时，$R_S = R_L = R$，$V^2/4R$ 是负载 R_L 和内阻源 R_S 之间的最大功率转移。

⊖　根据前面观察的结果，你可能会想要知道在温度梯度存在的情况下，是否有可能通过噪声来传递能量。这是可能的，但实际使用的传输功率非常低，大概在 pW 级。

输线路的特殊情况，无损传输线路连接两个匹配阻抗 $R = Z_0 = \sqrt{l/c}$ ，其中 l 和 c 是单位长度的电感和电容。

电阻在少量频谱中传递到传输线的功率为

$$\Delta P = \frac{1}{4R} \overline{v^2}(f) \Delta f \tag{6-22}$$

因此，在传输线路中存储的总能量为

$$\Delta E = \Delta P \cdot t \cdot 2 = \Delta P \frac{2L}{u} = \frac{1}{2R} \frac{L}{u} \overline{v^2}(f) \Delta f \tag{6-23}$$

其中 L 为传输线的长度， u 为传播速度， $t = L/u$ 为传播时间。

现在，如果我们突然缩短传输线，如图 6-5b 所示，在传输线中捕获的能量在其 N 个驻波（考虑同相和反相波形）之间共享，它们的频率为 $f_N = u/(2L) \cdot N$ 。因此，每个非常小的频谱划分 Δf 的状态数（与自由度有关）为

$$M = \frac{\Delta f}{(u/2L)} = \frac{2\Delta f L}{u} \tag{6-24}$$

其中 $M = 1/2N$ ，由于相移，每个状态下有两个静止波。根据热平衡中的均分定理，每个自由度所交换的能量为 $1/2kT$ ，联系式（6-23）和式（6-24），有

$$\Delta E = M \cdot kT = \frac{2\Delta f L}{u} kT = \frac{1}{2R} \frac{L}{u} \overline{v^2}(f) \Delta f \rightarrow \overline{v^2}(f) = 4kTR \tag{6-25}$$

由于相位关系，每个状态有 2 个自由度，考虑每个状态下其实有两倍的 $1/2kT$ 能量。前面的 PSD 表达式称为热噪声的奈奎斯特公式，其中 $4kTR$ 是热噪声的单边频谱功率密度的表达式。

如果不是传输线路，我们将噪声电阻连接一个通用阻抗 Z ：

$$Z = R + jX \tag{6-26}$$

由实（电阻）和虚（电抗）部分组成，参考类似的参数，可以证明噪声仅由电阻引起：

$$\overline{v^2}(f) = 4kT\mathrm{Re}\{Z\} \tag{6-27}$$

换句话说，噪声只存在于电压和电流是同相的情形中，而在阻抗的分量中则主要消耗热量。这也称为奈奎斯特公式的推广。

奈奎斯特公式的结论的一个明显问题是噪声功率能量在 $f \rightarrow \infty$ 变得无限大。这个悖论可以用量子力学来解决，因为对于 $hf > kT$ （ h 为普朗克常数），能量交换的颗粒效应变得不可忽视。在本书的范围中，我们可以安全地假设热噪声的（单边）功率谱密度是

$$\overline{v_N^2}(f) = 4kTR, f \leqslant \frac{kT}{h} \approx \mathrm{THz} \tag{6-28}$$

6.1.4　使用能量箱计算热噪声 PSD

在宏观系统中，还可以使用其他方法，通过电子工程师比较熟悉的参数来计算热噪声 PSD，其中一个是基于一个能量谐振回路，假设依据实验证据，PSD 是均匀的（白噪声）。

我们可以假设噪声电阻连接到一个"能量谐振回路"，如热平衡状态下的通用电容器 C，如图 6-6 所示。事实上，我们总能假设在实际电阻的端子之间存在寄生电容 $\ominus$。使用图 6-4 的模型，我们将电阻表示为无噪声电阻与电流噪声发生器并联。

电流的随机波动引起电容器电压的随机波动，其平均值 $\overline{V_C^2}$ 为

$$\overline{V_C^2} = \int_0^\infty \overline{i_N^2}(f)|H|^2 \, \mathrm{d}f = \int_0^\infty \overline{i_N^2}(f)\left|\frac{R}{1 + j \cdot 2\pi f \cdot RC}\right|^2 \, \mathrm{d}f$$

$$= \int_0^\infty \overline{i_N^2}(f) R^2 \frac{1}{1 + (f/f_0)^2} \, \mathrm{d}f, \; f_0 = \frac{1}{2\pi RC} \tag{6-29}$$

由于噪声的频谱密度在带宽内是均匀的，因此有

$$\overline{V_C^2} = \overline{i_N^2}(f) R^2 \cdot \int_0^\infty \frac{1}{1 + (f/f_0)^2} \, \mathrm{d}f = \overline{i_N^2}(f) R^2 \cdot \frac{\pi}{2} f_0 = \overline{i_N^2}(f) \frac{R}{4C} \tag{6-30}$$

然而，从玻尔兹曼统计量来看，一个自由度上的平均动能（见图 6-6）应该为

$$\frac{1}{2} C \overline{V_C^2} = \frac{1}{2} kT$$

$$\overline{i_N^2}(f) = \frac{4kT}{R} \; \to \; \overline{v_N^2}(f) = 4kTR \tag{6-31}$$

其中 $4kTR$ 为奈奎斯特公式对应的热噪声的单边功率谱密度。

我们使用其他储能器，如电感 L 甚至 LC 电路，得到了相同的结果。

6.1.5　kTC 噪声

让我们假设一个具有噪声的电阻连接到电容器，类似于 6.1.4 节中描述的，这是电子系统中最常见的条件之一。

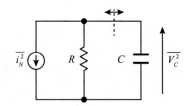

图 6-6　热平衡 RC 电路中的热噪声

由热噪声引起的跨接在电容器上的随机信号 $\overline{v_{ON}^2}$ 的特性描述是什么？

在讨论之前，有几点需要指出。第一，根据广义奈奎斯特公式的定义，理想电容器不存在噪声，第二，电压波动只是由电阻造成的，电阻在电容器极板上产生噪声。为了计算这种效应（称为 kTC 噪声），我们参考图 6-7。如图 6-7a 所示，一个有噪声的电阻器可以被建模为一个无噪声电阻器串联一个噪声功率发生器，如图 6-7b 所示。因此，电阻噪声功率谱密度 $\overline{v_N^2}(f) = 4kTR$ 映射为如图 6-7c 所示的电压噪声 $\overline{v_{ON}^2}(f)$：

$$\overline{v_{ON}^2}(f) = |H(f)|^2 \overline{v_N^2}(f) = |H(f)|^2 4kTR \tag{6-32}$$

由此我们能够通过对整个频谱积分来计算出这个过程的方差：

$\ominus$　考虑串联电感，也能够进行更普遍的推导，会得到相同的结果。为了简单起见，我们省略这种更普遍的方法。

$$\overline{v_{\mathrm{ON}}^2} = \int_0^\infty \left|H(f)\right|^2 \overline{v_N^2}(f)\mathrm{d}f = \int_0^\infty \left|H(f)\right|^2 4kTR\mathrm{d}f = 4kTR\int_0^\infty \frac{1}{1+\left(f/f_0\right)^2}\mathrm{d}f$$

$$= 4kTR \cdot \frac{\pi}{2} f_0 = 4kTR \cdot \frac{\pi}{2} \cdot \frac{1}{2\pi RC} = \frac{kT}{C} \qquad (6\text{-}33)$$

因此，电容器上的 kTC 噪声（也称为 kT/C）并不依赖于电阻 R 的值 ⊖。电阻是有噪声的，那么噪声的来源在哪里呢？如图 6-8 所示，该值从 R_1 减少到 R_2 意味着单边噪声功率谱的减少。

然而，噪声带宽 B_N 从 $1/R_1C$ 增加到 $1/R_2C$，以保持相同面积值 kT/C。

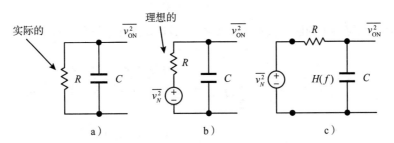

图 6-7 确定 kTC 噪声模型

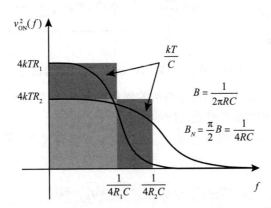

图 6-8 kTC 噪声中噪声功率和噪声带宽之间的折中 ⊖

提示 kTC 噪声是存在相关性并不意味着存在因果关系的一个例子。如果我们在实验中改变 RC 回路的电阻值，将得到相同的噪声标准差（即没有相关性），并且我们可认为电阻和噪声之间没有因果关系，然而，导致这种效果的"原因"就是电阻本身。

⊖ 机械算例和电子算例中 kT/C 和 kT/α 之间的相似性应该仔细考虑，因为即使结果相似，前一种情况是由一个二阶理想系统中推导出的，后者则基于一个一阶系统推导。如果分别考虑机械系统中的黏度和电子系统中的 RLC，就可以得到相同的最终结果。

⊖ 需要指出的是，图形表示在线性坐标图上是有效的，在经常采用的对数坐标图上则无效。

kTC 噪声的另一个有趣的方面是与信息的信噪比存储在电容器中有关，这也被称为模拟采样器。让我们假设这些信息是作为电压量存储在一个电容器 C 中的。例如，我们可以通过一个开关给电容器充电到所需的电压 V_0。无论开关的电阻和线路是什么，电容器上的电压标准差是 $v_{Nrms} = \sqrt{kT/C}$。一旦打开开关以存储 V_0，就应考虑由 kTC 噪声引起的不确定性（见图 6-9）。

因此，我们可以计算出存储过程的信噪比为

$$SNR = \frac{V_0^2}{v_N^2} = \frac{V_0^2}{\left(\dfrac{kT}{C}\right)} \tag{6-34}$$

由于存储在电容器中的能量具有 $1/2 \cdot CV^2$ 的形式，因此可以确定以下表达式：

$$SNR = \frac{V^2}{\left(\dfrac{kT}{C}\right)} = \frac{CV^2}{kT} = \frac{\frac{1}{2}CV^2}{\frac{1}{2}kT} = \frac{存储在电容上的能量}{施加在1个自由度上的噪声能量} \tag{6-35}$$

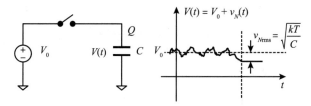

图 6-9　在具有 kTC 噪声的电容器上采样信息

式（6-35）显示了信噪比是如何与系统的能量性质严格相关的，给出了超过 1 个自由度的总存储能量与电子气体的平均动能之间的比值。

对于存储在电容中的可变电荷 Q 而不是电压 V，也可以得到同样的结果。事实上，我们可以看到热噪声也被映射到一个电荷方差 $\overline{q_N^2}$ 中：

$$Q = CV \rightarrow \overline{q_N^2} = C^2\overline{v_N^2} \rightarrow \overline{q_N^2} = kTC \tag{6-36}$$

从而使信噪比计算为

$$SNR = \frac{Q^2}{q_N^2} = \frac{\frac{1}{2}CV^2}{\frac{1}{2}kT} \tag{6-37}$$

这与之前的表达式是一样的。

6.1.6　电阻 – 电容瞬态热噪声

每当噪声电阻驱动一个电容器，电容器电压随时间变化时，会有一个量差，为了计算它，我们考虑了 RC 电路的基本方程，参照图 6-10，有

$$\frac{\mathrm{d}Q(t)}{\mathrm{d}t}+\frac{Q(t)}{RC}=\frac{E(t)}{R}\qquad(6\text{-}38)$$

其中 $E(t)$ 可以被认为是驱动电位与电压噪声模型和 $Q(0)=0$ 的和，因此在起始时间电容的电压 $V_C(0)=0$。这个公式是不可分开整理的，并且能够被重新写 ⊖ 为

$$\frac{\mathrm{d}}{\mathrm{d}t}\big(Q(t)\mathrm{e}^{t/RC}\big)=\frac{1}{R}\big(E(t)\mathrm{e}^{t/RC}\big)\qquad(6\text{-}39)$$

现在，能够分开整理，并且其解为

$$Q(t)=\frac{1}{R}\mathrm{e}^{-t/RC}\cdot\int_{0}^{t}E(\tau)\mathrm{e}^{\tau/RC}\mathrm{d}\tau\qquad(6\text{-}40)$$

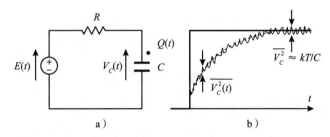

图 6-10　电容电压随时间的变化

如果我们应用一个确定性的等于 E_0 的直流电压阶跃，就有 $Q(t)=CE_0(1-\mathrm{e}^{-t/RC})$。这是一个电荷收敛于 CE_0 的电容器 C 的典型指数属性。

现在假设 $Q(t)$ 的均值为 0，均方值可以写成

$$\overline{Q^2(t)}=\frac{1}{R^2}\mathrm{e}^{-2t/RC}\int_{0}^{t}\int_{0}^{t}\big\langle E(\tau_1)E(\tau_2)\big\rangle\mathrm{e}^{-(\tau_1+\tau_2)/RC}\mathrm{d}\tau_1\mathrm{d}\tau_2$$

$$\big\langle E(\tau_1)E(\tau_2)\big\rangle=2kTR\delta(\tau_1-\tau_2)\qquad(6\text{-}41)$$

这里我们采用双边带频谱来处理热噪声 ⊖。给出狄拉克函数是因为它来自白噪声的自相关。现在通过在积分中插入一个变量，我们得到

$$\overline{Q^2(t)}=kTC\big(1-\mathrm{e}^{-2t/RC}\big)$$

$$\rightarrow\overline{V_C^{\,2}(t)}=\frac{kT}{C}\big(1-\mathrm{e}^{-2t/RC}\big)\qquad(6\text{-}42)$$

这个结果是非常重要的，因为它表明，在我们假设电容器上的初始电荷为 0 的情况下，根据之前确定的相关时间等于 $RC/2$，方差从 0 增加到渐近 kT/C。换句话说，通过有噪声电阻充电的电容器之间的电压方差在 $t\ll RC/2$ 时可以忽略不计，当 $t\gg RC/2$ 时等于 kT/C。

⊖　为了使它可分离，我们将每项乘以一个因子 $\alpha(t)$，因此 $\alpha(t)\dfrac{\mathrm{d}Q(t)}{\mathrm{d}t}+\alpha(t)\dfrac{Q(t)}{RC}=\alpha(t)\dfrac{E(t)}{R}$。左边的第一项可以认为等于 $\mathrm{d}/\mathrm{d}t\big(\alpha(t)Q(t)\big)$，当且仅当 $\alpha(t)=\mathrm{e}^{t/RC}$，因此式（6-38）现在是可分离的。

⊖　在这里我们使用 $2kTP$，因为它是符合维纳 – 辛钦定理的一个双边功率密度函数。

6.2 电流（散粒）噪声

每当离散电荷（即电子）通过真空管或是半导体结的势垒时，就会出现电流噪声，如图 6-11 所示。在这种情况下，电流 $I(t)$ 围绕平均值 I_0 表现出波动 $i_N(t)$，称为电流噪声。

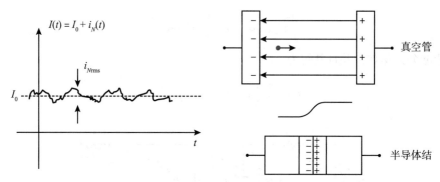

图 6-11　电子器件中的电流噪声

6.2.1 实验视角下的电流（散粒）噪声

一种以势垒（如结二极管）为特征的器件偏置在一直流工作点，我们设定一个平均电流 I_0 流过它，以下几点总结了电流噪声的实验证据：

- 测量的电流 $I(t)$ 不是恒定的，它受到随机波动的影响。
- 其实验平均值趋向于 I_0，即随着样本空间的增加，$\langle I(t)\rangle \to I_0$。因此将随机变量 $i_N(t)$ 与扰动关联，有 $\langle I(t)\rangle = \langle I_0 + i_N(t)\rangle = I_0 + \langle i_N(t)\rangle \to I_0$；$\langle i_N(t)\rangle \to 0$。我们假设扰动的期望值为 0。
- $i_N(t)$ 为正态分布，其均方 $\langle i_N^2(t)\rangle = \sigma_N^2$ 不随温度显著增加。
- 功率谱密度 $S_N(f)$ 在较大的带宽内是均匀的。

我们把 $i_N(t)$ 称为随机变量，建模一个称为电流（或散粒）噪声的随机过程。

如图 6-12 所示，我们可以认为电流是在一个固定的时间内，许多电荷通过一个横截面的结果：$I = qN/\Delta t$。其中 N 为在 Δt 内通过的电荷数。然而，由于我们把电子通过势垒的过程看作一个随机过程，因此电荷的数量在随后相同的时

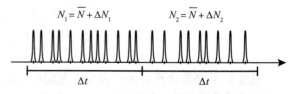

图 6-12　由单个电荷组成的电子电流表示

间内可能有所不同。例如，如图 6-12 所示，第一周期的电荷数为 N_1，第二周期的电荷数为 N_2。如果收集大量周期的样本，就可以计算每个周期的平均通过量 $\overline{N}$，进而计算 I_0。然而，我们也可以推导 N 附近 ΔN 变化的统计数据来表征当前的噪声 i_N。

应该指出散粒噪声和热噪声之间的区别。在热噪声中，出现随机过程的不确定性是由于

电子在两个自由度的方向上的迁移。它被假定为热平衡，因此没有电流流过电阻。因此，计算非平衡状态下的热噪声（例如，电阻通过电流耗散热量）采用的是一种近似方法。相反，散粒噪声并不是假定在热平衡状态，而是基于电荷在一个方向上穿过势垒的颗粒度。

6.2.2 服从泊松过程的电流（散粒）噪声的特征

现在让我们考虑图 6-13 的情况，这里所示的脉冲描述了电子通过势垒的随机过程。我们称 $X(0,t)$ 为该事件对应的离散随机变量——一段时间 $[0,t)$ 内穿过一横截面的电荷数，它的概率分布依赖于 t。我们称概率质量函数为

$$p_k(0,t) = \Pr\left[X(0,t) = k\right]; k = 1,2,3,\cdots \tag{6-43}$$

是 k 个事件在 $[0,t)$ 区间内发生的概率。我们也将 Δt 称为上述周期的一个小增量，如图 6-13 所示。我们有以下假设：

假设 1：随机变量

$$X(t_1,t_2); X(t_2,t_3); X(t_3,t_4)\cdots, t_1 < t_2 < t_3\cdots \tag{6-44}$$

是相互独立的。

假设 2：恰好有一次到达截面的概率与 Δt 的长度成正比，即

$$p_1(t, t+\Delta t) = \lambda\Delta t + o(\Delta t), \lambda = \text{平均密度或平均比率} \equiv [1/s] \tag{6-45}$$

假设 3：在足够小的周期内有两个或多个电子通过截面的概率可以忽略不计。

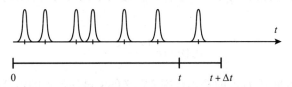

图 6-13 电流噪声过程的定义，每个脉冲都是一个电子通过势垒的随机通道

$$\sum_{k=2}^{\infty} p_k(t, t+\Delta t) = o(\Delta t) \tag{6-46}$$

现在的问题是计算周期 Δt 概率分布的微分性质，以确定 $p_k(0,t)$ 的解析表达式。

从第二个和第三个假设中，我们得到在整个区间内发生零事件的概率为

$$p_0(t, t+\Delta t) = 1 - \sum_{k=1}^{\infty} p_k(t, t+\Delta t) = 1 - \lambda\Delta t + o(\Delta t) \tag{6-47}$$

由于这两个区间是不重叠的，因此在整个线段上没有事件发生的概率意味着我们在两个子区间上都没有交叠。

$$p_0(0, t+\Delta t) = p_0(0,t) \cdot p_0(t, t+\Delta t) = p_0(0,t) \cdot \left(1 - \lambda\Delta t + o(\Delta t)\right) \tag{6-48}$$

重新排列式（6-48），就得到了 p_0 相对于 Δt 的增量变化：

$$\frac{p_0(0,t+\Delta t)-p_0(0,t)}{\Delta t}=-p_0(0,t)\cdot\left(\lambda-\frac{o(\Delta t)}{\Delta t}\right) \quad (6\text{-}49)$$

对于 $\Delta t\to 0$，有

$$\frac{\mathrm{d}p_0(0,t)}{\mathrm{d}t}=-p_0(0,t)\cdot\lambda \quad (6\text{-}50)$$

利用边界条件 $p_0(0,0)=1$，得到了方程（6-50）的解为

$$p_0(0,t)=\mathrm{e}^{-\lambda t} \quad (6\text{-}51)$$

计算 $p_1(0,t)$ 的过程与上述过程非常相似。在整个区间上有一个电子通过意味着只有两种可能性：要么事件发生在第一个区间而不是在第二个区间，要么事件发生在第二个区间而不是在第一个区间。因此，利用概率的性质，有

$$p_1(0,t+\Delta t)=p_1(0,t)\cdot p_0(t,t+\Delta t)+p_0(0,t)\cdot p_1(t,t+\Delta t) \quad (6\text{-}52)$$

对于第二个假设，式（6-48）和式（6-51）在 $\Delta t\to 0$ 时得到：

$$\frac{\mathrm{d}p_1(0,t)}{\mathrm{d}t}=-\lambda p_1(0,t)+\lambda\mathrm{e}^{-\lambda t} \quad (6\text{-}53)$$

然后利用边界条件 $p_0(0,0)=1$ 得到了式（6-53）的解：

$$p_1(0,t)=\lambda t\mathrm{e}^{-\lambda t} \quad (6\text{-}54)$$

我们可以确定更高的阶，对于 k 个事件，在这两个区间内共有 $k!$ 种可能性发生。因此，通过数学归纳，有

$$p_k(0,t)=\frac{(\lambda t)^k\mathrm{e}^{-\lambda t}}{k!} \quad (6\text{-}55)$$

式（6-55）是由区间 $[0,t]$ 上的平均比率 λ 定义的 k 事件过程的泊松概率质量函数。用泊松分布模拟的现象称为泊松过程，散粒噪声是一个泊松过程。

泊松分布的一个性质是可以用已知的级数展开性质 [⊖] 来计算期望值：

$$\begin{aligned}E[X(0,t)]&=\sum_{k=0}^{\infty}k\cdot p_k(0,t)=\mathrm{e}^{-\lambda t}\sum_{k=0}^{\infty}k\cdot\frac{(\lambda t)^k}{k!}\\&=(\lambda t)\mathrm{e}^{-\lambda t}\sum_{k=1}^{\infty}\frac{(\lambda t)^{k-1}}{(k-1)!}=(\lambda t)\mathrm{e}^{-\lambda t}\mathrm{e}^{\lambda t}=\lambda t\end{aligned} \quad (6\text{-}56)$$

这个简洁的结果非常有趣，但并不令人惊讶。因为它表明这个过程的平均值是由平均比率乘以观测周期给出的。

使用与式（6-56）相同的方法，有一个更意想不到的结果，也就是说，这个过程的方差是

$$\sigma^2_{X(0,t)}=\lambda t \quad (6\text{-}57)$$

⊖　$\mathrm{e}^x=\sum_{n=0}^{\infty}\frac{x^n}{n!}=\sum_{n=1}^{\infty}\frac{x^{n-1}}{(n-1)!}=1+x+\frac{x^2}{2}+\frac{x^3}{6}+\cdots$

它和平均值相同。

综上所述，将电荷传输过程作为发生在区间 $[0,t]$ 中的一般"事件"，即

$$\lambda = 事件的平均发生率或平均密度$$

$$\lambda t = 均值 = 时间区间内的预期事件数$$

$$\sqrt{\lambda t} = 时间区间内事件的标准差 \qquad (6\text{-}58)$$

当周期内事件数量变得相关时，泊松过程服从中心极限定理，其分布变成高斯分布。如图 6-14 所示，绘制了发生 k 个事件的概率与事件数量的对比。对于比预期事件数 λt 低的值，分布不对称，对于低均值最为显著。当均值变大时，其分布非常接近于高斯分布，正如中心极限定理所期望的那样。

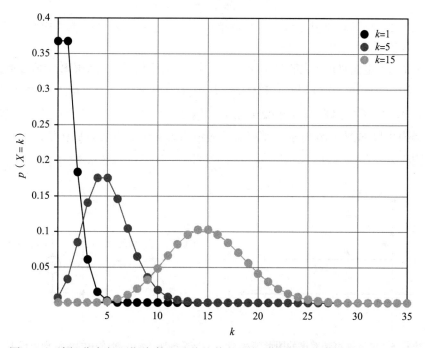

图 6-14 泊松分布与预期事件 k 随着均值的增加非常接近高斯分布（为简单起见，这里 $t = 1$）

6.2.3 电流（散粒）噪声功率谱密度计算

为了计算噪声功率谱，我们应用卡森定理，它指出，信号 $x(t)$ 是由大量随机发生的、被随机值 a_i 调制的脉冲整形函数 $g(t)$（如图 6-12 所示的信号）数量组成：

$$x(t) = \sum_{i=1}^{N} a_i g(t - t_i) \qquad (6\text{-}59)$$

其特征是单边功率谱密度是

$$S_X(f) = 2\lambda \overline{a^2} |G(f)|^2 + 2\langle g(t)\rangle^2 \delta(f) \qquad (6\text{-}60)$$

其中，$G(f)$ 是能量有限函数 $g(t)$ 的傅里叶变换。

现在，考虑电子电荷 $a = q$：

$$\overline{a^2} = q^2$$
$$g(t) = \delta(t)$$
$$\lambda q = \frac{\text{平均电荷量}}{\text{区间}} = I_0 \qquad (6\text{-}61)$$

得到

$$S_X(f) = 2qI_0 + 2I_0^2 \delta(f) \qquad (6\text{-}62)$$

这是电流噪声和信号的功率谱密度。更具体地说，右侧的第一项与噪声的功率有关，第二项与直流信号功率有关，如图 6-16 所示。

图 6-15 显示了电流噪声（或散粒噪声）为何不能独立于信号，而是依赖于信号本身。此外，由于当前的噪声是一个泊松过程，有 $\langle I(t)\rangle = \langle I_0 + i_N(t)\rangle = \lambda q = I_0$ 以及 $\langle i_N^2(t)\rangle = \sigma_N^2 = \lambda q = I_0$。

电流噪声的电子电路模型与热噪声相似。例如，对于诸如结二极管的电子器件（第 9 章），电流噪声可以如图 6-16 所示：噪声器件显示为无噪声二极管叠加功率谱为 $\overline{i_N^2}(f) = 2qI_0$ 的噪声发生器。

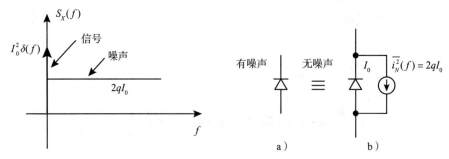

图 6-15 电流噪声功率谱的图形表示　　　图 6-16 结二极管中的电流噪声模型

因此，即使物理来源不同，电流噪声建模与热噪声建模也是相同的。当噪声由均匀的 PSD 表征时，它就被称为"白噪声"。

6.2.4 散粒噪声与热噪声的关系

指出热噪声和散粒噪声之间的主要区别是有用的：

- 在热平衡状态下，热噪声公式和关系是能够计算出来的，并且这种情况与热平衡情况或平衡小偏差的状况相关。
- 散粒噪声本质上是在非平衡条件下计算出来的，因为它是由势垒中电荷从一边到另一边产生的电流波动导致的。

然而，能够看出热噪声能被建模为两个几乎相等的正向电流和反向电流的散粒噪声的组合。因此，散粒噪声和热噪声能用一个独特的模型来表示，当系统几乎处在热平衡状态时，这里的热噪声是散粒噪声的一个特例。

6.3 光学探测器中的噪声

光学探测器是一种将光转换成电信号的器件。因此，把光学探测器视为一种将光子通量转换为若干电荷的器件是便利的。现代的固态光学传感器可以在极小尺寸下处理非常低亮度的光照水平，因此，作为描述噪声特性的必要步骤，对器件的分析应该考虑到信号的颗粒度。第 9 章将讨论可能实现的光学探测器的具体结构，现在我们讨论与此类设备中的噪声建模相关的概念。

6.3.1 光电流噪声

在连续时间模式下工作的光电二极管应该通过在图 6-16 所示的简化模型中添加更多噪声源来进行建模。更具体地说，必须添加器件电阻噪声和暗电流噪声的贡献。

暗电流本质上是 PN 结在光电二极管没有光作用时（即在黑暗条件下）的泄漏电流。器件的电阻 R_P 不是光电二极管的等效模型电阻（因为它是建模的结果，不会产生噪声），而是光电二极管触点和基板的真实串联电阻。

因此，在系统的带宽 Δf 内，主要的噪声源为：

- 由光电流 $\overline{i_O^2} = 2qI_O\Delta f$ 引起散粒噪声，其中 I_O 为光电流。
- 由暗电流 $\overline{i_D^2} = 2qI_D\Delta f$ 引起的散粒噪声，其中 I_D 为暗电流。
- 由光电二极管的电阻引起的热噪声 $\overline{i_T^2} = \dfrac{4kT\Delta f}{R_P}$，其中 R_P 为光电二极管的串联电阻。

一个有噪声的光电二极管的完整模型如图 6-17 所示。

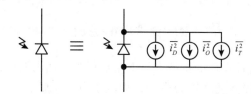

a）真实的光电二极管 b）无噪声光电二极管与噪声源

图 6-17 光电二极管中的噪声

6.3.2 图素的散粒噪声

到目前为止，已经处理了来自光电二极管的连续时间信号，然而，光电二极管和电荷耦合器件（Charge-Coupled Device，CCD）可以在离散时间模式下运行（第 9 章）。这两种情况下的工作模式非常相似。在一段固定的时间（称为积分时间）内，通过测量光生电荷数量来评估光子通量以检测光的强度（即能量），然后，该信息被重置，并定期重复该操作。

不幸的是，由于随机过程，操作受到一定程度的不确定性的影响。其中之一是信号本身颗粒度引起的散粒噪声，这种散粒噪声由泊松分布来描述。这是另一种看待当前噪声的方法。

假设我们在离散时间内处理固定量的光信号，并重复收集、计数光生电荷数。我们希望理想情况下计算的电荷量相同。然而由于信号的颗粒度和每个光生作用事件发生的随机性，这并不能实现。

因此，正如我们已经讨论过的那样，这个过程遵循泊松统计。假设我们进行了 K 个独立的实验，如图 6-18 所示。我们可以将收集的平均光生电荷数量 N 定义为

$$\bar{n} = \lambda T_i = \frac{1}{K}\sum_{i=1}^{K} n[i] = N \equiv [\cdot] \tag{6-63}$$

其中 λ 为收集电荷的平均速率，T_i 为积分时间，$n[i]$ 为数字序列。现在，我们可以定义一个遵循泊松统计等于其均值的过程方差：

$$\sigma^2 = \lambda T_i = \overline{(n-N)^2} = \frac{1}{K}\sum_{i=1}^{K}(n[i]-N)^2 = N \equiv [\cdot^2]$$

$$\sigma = \sqrt{N} \equiv [\cdot] \tag{6-64}$$

注意，方差还是 N。在这种情况下，维数是无量纲量的平方。

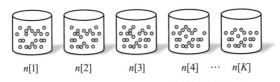

图 6-18　光电探测器在离散时间内的工作

6.4　闪烁噪声或 1/f 噪声

术语"闪烁噪声"或"1/f噪声"是指一种具有以下功率谱密度形式的噪声：

$$S(f) = \frac{k^2}{f^\alpha}, \ 0 < \alpha < 2 \tag{6-65}$$

其中，k 是一个常数。这种噪声的特征本质上是从行为层面出发的，而不是物理层面。闪烁噪声已经在各种电子过程波动中被观察到，如电子设备（真空管、二极管、晶体管、电阻）中的电压／电流、半导体，金属薄膜中的电阻以及在自然或合成膜和神经上的电流／电压。

此外，1/f PSD 波动谱出现在各种地质、天文、物理、化学和生物的观测现象中，并有大量的文献记载。当然，这方面背后的物理模型是非常不同的，尽管人们在这个方向上已经进行了多次尝试，但还没有发现关于这种噪声的统一理论。在这本书中，我们将只把讨论限制在电子设备上。在这方面，物理现象和模型更加明确，但对于所有观察到的电 1/f 噪声是否都属于同一物理现象，目前还没有达成一致。我们将介绍自 1937 年对真空管提出的分布时间常数求和方法的模型。

图 6-19 显示了式（6-65）在时间域和功率域上对于不同的 α 值的行为。注意，随着 α 的增加，时间行为变得越来越 "凹凸不平" 和不稳定。还要注意，$\alpha = 0$ 的行为与热和 "白色" 电流噪声相同。

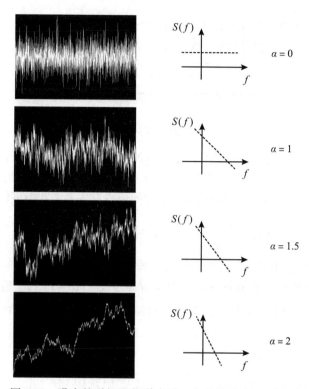

图 6-19　噪声的时间和频谱表示，定义见式（6-65）。注
意 $\alpha = 0$ 的噪声是 "白噪声"

通常，对 $1/f$ 噪声的研究与其他噪声源分析相比，方向是相反的。人们不是从物理模型出发，而是试图从数学的角度来理解物理机制。在任意情况下，对于某些物理现象的 PSD 的精确推导仍然是一个有待解决的问题。例如，对于平稳的 $1/f$ 噪声，它的方差

$$\sigma^2 = \int_0^\infty S(f)\mathrm{d}f \tag{6-66}$$

必须是有限的，而式（6-65）却不是这样的。因此需要假设闪烁噪声是非平稳的，或者是在有限的频率范围内定义的 $S(f)$。我们稍后会讨论这个问题。

在电子设备中，我们可以写出一个电流功率密度频谱（连同其他噪声源）的形式：

$$S_I(f) = k^2 \frac{I^2}{f^\alpha} \tag{6-67}$$

基于捕获的概念，此处建立了一个针对电子设备中 $1/f$ 噪声的有说服力的模型。在小

型固态电子器件中，载流子在单个缺陷位置交替地捕获和发射，在电阻器件中表现为离散开关，称为单个载流子的随机电报信号（Random Telegraph Signal，RTS）。

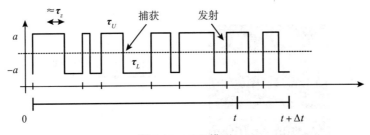

图 6-20　RTS 模型

在导电通道中，自由载流子被冻结，落入陷阱，它对电流没有任何贡献。因此，载波的行为可以用一个如图 6-20 所示的随机电报信号来建模，从一个较低的状态"$-a$"到一个上层"a"。根据泊松过程，我们可以将在给定的时间段内发生 k 个此类事件的概率视为

$$p_k(0,t) = \frac{(\lambda t)^k \, \mathrm{e}^{-\lambda t}}{k!}, \quad \lambda = \text{状态之间的平均跃迁率} \tag{6-68}$$

在这里，为了简单起见，我们假设 λ 是转换的平均速率，即正负符号的变化。

自相关函数的计算可以参见图 6-21，其中显示了 $x(t)x(t+\tau)$ 只能给出两个结果：区间 $[t, t+\tau]$ 中跃迁数为偶数时结果为 a^2，为奇数时结果为 $-a^2$。然后乘以由泊松分布给出的概率，有

$$
\begin{aligned}
R_x(\tau) &= \overline{x(t)x(t+\tau)} \\
&= a^2 \left[p_0(0,\tau) + p_2(0,\tau) + \cdots \right] - a^2 \left[p_1(0,\tau) + p_3(0,\tau) + \cdots \right] \\
&= a^2 \mathrm{e}^{-\lambda \tau} \left[1 - \lambda \tau + \frac{(\lambda \tau)^2}{2!} - \frac{(\lambda \tau)^3}{3!} + \cdots \right] = a^2 \mathrm{e}^{-\lambda \tau} \mathrm{e}^{-\lambda \tau} = a^2 \mathrm{e}^{-2\lambda \tau} = a^2 \mathrm{e}^{-\frac{\tau}{\tau_z}}
\end{aligned}
\tag{6-69}
$$

因此，自相关函数是一个指数衰减函数，其弛豫时间常数 $\tau_z = 1/(2\lambda)$ 等于平均陷落时间。现在能用这个通常关系来求得功率谱密度：

$$
\begin{aligned}
S_{\tau_z}(f) &= 2 \int_{-\infty}^{\infty} R_x(\tau) \mathrm{e}^{-\mathrm{j}\omega\tau} \mathrm{d}\tau = 2a^2 \int_{-\infty}^{\infty} \mathrm{e}^{-2\lambda|\tau|} \mathrm{e}^{-\mathrm{j}\omega\tau} \mathrm{d}\tau = 4a^2 \int_{-\infty}^{\infty} \mathrm{e}^{-2\lambda\tau} \cos(\omega\tau) \mathrm{d}\tau \\
&= 4a^2 \frac{2\lambda}{4\lambda^2 + \omega^2} = a^2 \frac{4\tau_z}{1 + \omega^2 \tau_z^2}
\end{aligned}
\tag{6-70}
$$

结果表明，指数递减自相关函数如何提供式（6-70）中给定形式的功率谱密度，这是一个在第 4 章中讨论过的洛伦兹功率谱。

你可能会想，为什么"平均陷落时间"是平均上升下降状态时间的一半？答案是一个矩形脉冲的能量等于一个具有一半特征时间和双倍振幅的指数衰减脉冲（第 4 章）。更具体地说，如果我们认为设备的电流受随机过程影响，其中的随机事件，如电荷的释放，引起系统

在时间常数 $\tau_z/2$ 内"吸收"扰动，那么设备具有相同的洛伦兹功率谱，如图 6-22 所示。这种过程称为弛豫过程。

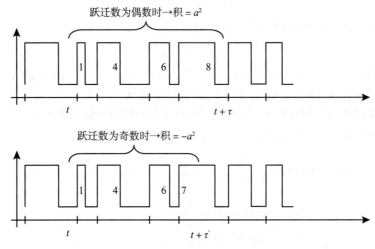

图 6-21 一个 RTS 信号的相关性的计算

这可以很容易地证明，如果我们将卡森定理应用于发生在平均时间 $\lambda_C=1/(4\tau_z)$ 振幅 $4a$ 的函数 $g(t)=4a\exp(2t/\tau_z)$，就会得到相同的洛伦兹频谱式（6-70）。这意味着 RTS 信号可以模拟捕获 – 释放电荷过程，但从物理的角度来看，这个模型相当于一个弛豫过程（发生在 RTS 波形的正边缘），其特征时间常数等于 $\tau_z/2$。请注意，因为 RTS 信号的形状不是固定的，是随机变化的，所以单个波形的形状是不能用卡森定理来计算的。

更详细的分析表明，如果我们分别将 RTS 信号的上、下状态的平均时间描述为 τ_U 和 τ_L（见图 6-20），会得到一个洛伦兹功率谱，其状态间的跃迁频率为 $1/\tau_z=1/\tau_U+1/\tau_L$。如果 $\tau_L=\tau_U=\tau$，就有 $\tau_z=\tau/2$，给出与式（6-70）相同的表达式。

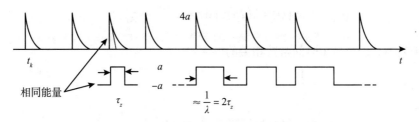

图 6-22 指数衰减函数的随机脉冲序列

现在我们可以假设整体电流是由大量受捕获的单一随机贡献组成的。但必须考虑到不仅存在一种陷阱，而且具有不同捕获时间的陷阱分布。因此，噪声是随机过程的线性叠加，是时间常数 τ 分布在 τ_1 和 τ_2 之间的随机过程的线性叠加构造的，因此总体谱是

$$S_x(f)=\int_0^\infty S_\tau(f)p(\tau_z)\mathrm{d}\tau=a^2\int_0^\infty\frac{4\tau p(\tau_z)}{1+\omega^2\tau_z^2}\mathrm{d}\tau \tag{6-71}$$

当然应该有

$$\int_0^\infty p(\tau_z)\mathrm{d}\tau_z = 1 \tag{6-72}$$

现在我们可以假设这些陷阱的分布规律如下：

$$p(\tau_z)\cdot\tau_z = k \tag{6-73}$$

假设更宽的弛豫时间陷阱比与短弛豫时间相关的可能性更小。需要指出的是，假定陷阱之间不存在交互作用或转换（孤立的陷阱条件），这意味着捕获事件在统计上是独立的。

洛伦兹功率谱叠加效应如图 6-23 所示，其中各角的包络线斜率为 $1/f$。

因此，在式（6-73）的假设下，我们可以写出

$$S(\omega) = k(2a)^2 \int_{\tau_1}^{\tau_2} \frac{1}{1+\omega^2\tau^2}\,\mathrm{d}\tau = kI^2 \frac{\arctan(\omega\tau_2) - \arctan(\omega\tau_1)}{\omega}$$

$$\text{如果}\begin{cases} \omega\tau \gg 1 \to \arctan(\omega\tau) \approx \dfrac{\pi}{2} \\ \omega\tau \ll 1 \to \arctan(\omega\tau) \approx 0 \end{cases} \tag{6-74}$$

因此，对于中频，有

$$\frac{1}{\tau_1} < \omega < \frac{1}{\tau_2}$$

$$S(f) = kI^2 \frac{\pi/2 - 0}{2\pi f} = \frac{kI^2}{4}\frac{1}{f} \tag{6-75}$$

其中 $1/f$ 的斜率得到了数学证明。

对于频率低于与最长时间常数相关的频率：

$$\omega \ll \frac{1}{\tau_1}$$

$$S(\omega) = k(2a)^2 \int_{\tau_1}^{\tau_2} \mathrm{d}\tau = kI^2(\tau_2 - \tau_1) \tag{6-76}$$

而对于频率高于与最短时间常数相关的频率：

$$\omega \gg \frac{1}{\tau_2}$$

$$S(\omega) = k(2a)^2 \int_{\tau_1}^{\tau_2} \frac{1}{\omega^2\tau^2 z}\,\mathrm{d}\tau_z = kI^2\left(\frac{1}{\tau_1} - \frac{1}{\tau_2}\right)\frac{1}{\omega^2} \tag{6-77}$$

该效应如图 6-23 所示，其中 $1/f$ 的行为在两个弛豫时间频率之间的中点上很明显，而 $1/f^2$ 的行为在高频处很明显。

对于不同的陷阱分布，一个有趣而相似的结论被给出。例如，它能展示为

$$\text{如果}[\tau_z p(\tau)] \propto \tau_z^{\alpha-1} \to S(f) \propto \frac{1}{f^\alpha} \tag{6-78}$$

闪烁噪声来源于不同时间常数 RTS 信号的和，这仅仅是电子器件中 $1/f$ 频谱来源的一种解释，即使它是最受认可的解释之一。

闪烁噪声与其存储的平稳问题

在概念和实验方面，与闪烁噪声框架相关的主要问题之一是，解析函数 $1/f$ 在趋近于 0 的频率时不收敛，除非时间是无限的，否则我们不能通过实验验证这个模型。这方面已经得到了广泛的分析，目前还有一些未解决的问题和争论。有两种方法来看待这个问题：

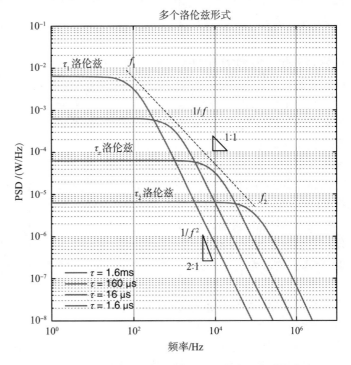

图 6-23　弛豫过程的叠加对 $1/f$ 噪声组成的影响

1. 根据闪烁噪声的物理因素，我们假设它是一个平稳过程。例如，根据前面讨论的陷阱模型，我们假设一个下界陷落时间，洛伦兹 PSD 使较低频率下 $1/f$ 噪声的光谱功率密度行为变平。因此，积分不发散，从而使总噪声功率是有限的。
2. 我们假设闪烁噪声是非平稳的，但它显示了一个下降到由观测时间的倒数给出的频率处的平稳 PSD。

后一种假设似乎与非平稳过程的一般处理相冲突。可以表明，在大多数情况下，非平稳过程的 PSD 和自相关函数依赖于观测时间。例如，一个非平稳过程的功率和方差随时间的增加而增加。然而，Keshner 表明，即使假设 $1/f$ 噪声模型是一个非平稳过程，它也显示了一个平稳的 PSD，直到由观测时间的倒数给出下界频率。时间依赖的 PSD 部分是在观测时间内无法测量的频率。总之，验证假设（如果过程是平稳的或是非平稳的）的唯一方法是增加观测时间，因为对于给定的独立于假设的时间框架，PSD 在实验上是平稳的和解析界定的。

根据上面的假设，一些观察结果允许我们从应用的角度忽略平稳性猜想。Flinn 指出 $1/f$ 函数的散度相对于频率的变化速度相当慢。例如，如果取 10^{-17} Hz 的下限对应宇宙 "年龄" 的估计倒数，10^{23} Hz 对应光穿越电子半径的时间的倒数，有 10^{40} 倍的差距。令人惊讶的是，对于如此大的范围，均方根波动程度只有 1Hz~10Hz 带宽下的波动的 6 倍 [⊖]。因此，下界选择

⊖　$\sqrt{\int_{10^{-17}}^{10^{23}} 1/f\, \mathrm{d}f} = \sqrt{\ln\left(10^{40}\right)} = 9.6$，估算 $\sqrt{\ln\left(10\right)} = 1.5$。

对总功率变化的影响较弱。可以在噪声计算中设置一个下限的参考频率（例如，观测值或系统寿命的倒数），而不会对估计的噪声方差有任何明显的改变。我们还将在第 7 章中介绍这些内容。

另一个重要的问题是理解 $1/f$ 噪声的存储水平。如 Keshner 所介绍的，从使用集总式无限链低通滤波器中的白噪声开始，我们能对 $1/f^\alpha$ 噪声进行建模，如图 6-24a 所示。在这个模型中，一个白噪声源供给于链的输入端，用来获得输出端的闪烁噪声。我们能将类似的方法应用于无限积分器链，如图 6-24b 所示。单级的 PSD 响应如图 6-24c 所示。对于给定的频谱，可以使用有限数量的积分器来近似 $1/f^\alpha$ 噪声的行为。

电阻的选择设定了链中单个片段的传递函数的极点和零点，如果波动频率比函数极点所指示的频率低，电容器模拟的内存就会丢失信息，并且响应是均匀的，就像在白噪声中一样。相反，如果频率高于函

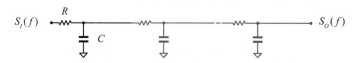

a）通过无限低通滤波器产生$1/f$噪声

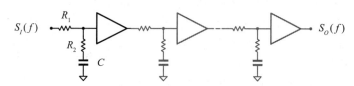

b）通过积分器（单存储器）级联产生$1/f$噪声

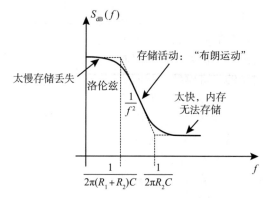

c）单积分器的PSD响应

图 6-24　闪烁噪声和存储状态的电路集合模型

数的零点所表示的频率，内存没有时间存储信息，响应同样是白噪声。在这些边界之间，我们有完整的存储功能，响应遵循 $1/f^2$ 函数。它可以表明，这种行为遵循粒子在黏性介质中热搅拌运动的相同模型，通常称为布朗运动（见第 4 章）。还要注意，该函数的第一部分是一个洛伦兹函数，这种方法与以前用于陷阱模型的方法类似。因此，通过建立一个无限长的单通路网络并使用正确的时间常数，就可以组成 $1/f$ 噪声，如本节讨论的那样。

这对理解闪烁噪声的存储行为非常有用。原则上，白噪声是无法存储的，这可以从它的自相关函数是一个狄拉克函数得到证明。布朗噪声或 $1/f^2$ 噪声是一个单存储过程。利用理想积分器对白噪声进行滤波，可以得到布朗噪声。在这两个例子之间，都可以得到 $1/f$ 噪声。

可以看出，如果我们在频域中每十倍频处放置一个时间常数，图 6-24b 所示的电路就模拟了 $1/f$ 过程。这意味着闪烁噪声通过将过去 1s、10s、100s、1000s 等的内存（平均弛豫时间）平均相加来决定未来的状态。

此外，可以看到，在给定的近似下，$1/f$ 噪声相对于其他 $1/f^\alpha$ 噪声源在观测时间内具

有最大的时间常数。这意味着我们可以用有限数量的积分器来近似 $1/f^{\alpha}$ 噪声的功率谱密度行为，但 $1/f$ 噪声需要在其他闪烁噪声（$\alpha \neq 1$）中最显著，才能得到相同程度的近似。

6.5　色噪声

我们已经根据物理来源对噪声进行了分类，然而，根据 PSD 的形状也能对它们进行分类。

如图 6-25 所示，一个均匀的 PSD 被称为白噪声。因此，热噪声和散粒噪声都可以归类为白噪声。相反，$1/f$ 噪声通常被称为粉红噪声。与 $1/f^2$ 和 f 成比例的 PSD 分别被称为红噪声和蓝噪声。如果我们在音频带宽中映射这些噪声，可以感觉到白噪声类似于风或气体阀溢气的声音。而粉红噪声和红色噪声由于频率较低，更像瀑布声。

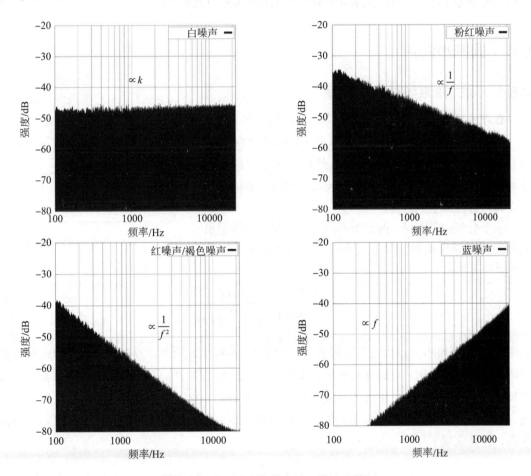

图 6-25　色噪声（资料来源：维基百科）

噪声的自相关函数

了解不同类型噪声的一个重要方面是了解它们的自相关函数。这是知道同一过程的两个样本相减效果的基础，如同将在第 8 章中讨论那样。其基本关系是维纳 – 辛钦定理。在白噪声情况下，由于功率谱是均匀的，自相关函数是一个狄拉克函数。因此，它是一个完全不相关的噪声，两个样本差值的标准差等于两个标准差之和。

而其他噪声源则不是这样。这是因为如果 PSD 不是均匀的，这必然意味着一个与狄拉克函数不同的自相关函数。例如，对于 $1/f$ 噪声，Keshner 表明对于给定的观测窗口 $[t_1, t_2]$，自相关函数为

$$R(t_2, \tau) = \ln(4t_2) - \ln(\tau), \ \tau \ll t_2 \tag{6-79}$$

其中 $\tau = t_2 - t_1$。这个结果表明，自相关函数（如非平稳过程一样依赖于时间）是一个关于 τ 的递减函数（一旦 t_2 是固定的），我们可以利用这个观察结果，通过做两个样本的差值来减少噪声的标准差（见第 4 章以及第 8 章将介绍的相关双采样技术）。

6.6 机械热噪声

6.6.1 对二阶系统的快速回顾

在进入机械传感系统和相关噪声描述之前，本节将总结二阶传递函数的基本概念。

如果 $x(t)$ 和 $y(t)$ 是一个线性时变（Linear Time-Invariant，LTI）系统的输入和输出，那么它们的复变换 $X(s)$ 和 $Y(s)$ 的比值称为该系统的传递函数（见图 6-26）。一个线性系统的传递函数完全描述了它在时域和频域上的行为。

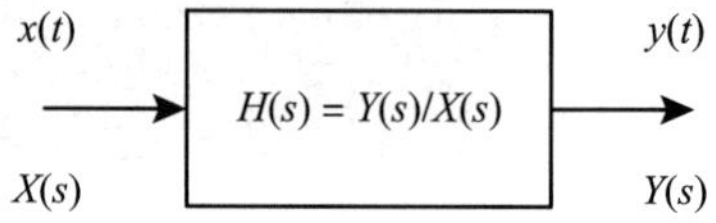

一个分母由复变量 s 的二阶多项式函数描述的传递函数称为二阶传递函数。以下的典范型表达式描述了一个二阶低通系统：

图 6-26　线性系统及相关的传递函数

$$H(s) = \frac{Y(s)}{X(s)} = \frac{k\omega_0^2}{s^2 + \dfrac{\omega_0}{Q}s + \omega_0^2} \tag{6-80}$$

其中 ω_0 为谐振频率，Q 称为品质因数，k 为增益。在数学表示中，Q 对于理解函数的极点是如何移动的非常有用。可以直接证明，如果 $Q < 1/2, Q = 1/2, Q > 1/2$，则两个极点（分母二次方程的解）分别是实的、重叠的和复共轭的。对于 $Q = 1/\sqrt{2}$，我们有一个特殊条件，称为正交，其中极点的实分量和虚分量相等。我们将看到 Q 也将有几个物理解释。如果用 $s \leftarrow j\omega$ 做替换，它就变成了

$$H(j\omega) = \frac{Y(j\omega)}{X(j\omega)} = k\frac{\omega_0 Q}{j\omega}\frac{1}{1 + jQ\left(\dfrac{\omega}{\omega_0} - \dfrac{\omega_0}{\omega}\right)} \tag{6-81}$$

这清楚地显示了一个低通行为，其模是

$$\left|H\left(\mathrm{j}\omega\right)\right| = kQ\frac{\omega_0}{\omega}\frac{1}{\sqrt{1+Q^2\left(\dfrac{\omega}{\omega_0}-\dfrac{\omega_0}{\omega}\right)^2}} \tag{6-82}$$

其伯德图如图 6-27 所示。该图的表示与 Q 值密切相关。如果极点是实的（ω_A 和 ω_B），并且是分开的，则它们在图中清晰可见。如果它们正交，曲线在到 ω_0 之前是最平坦的。如果极点越过正交点，图中显示了一个共振峰，其振幅大约是 Q 本身的值。

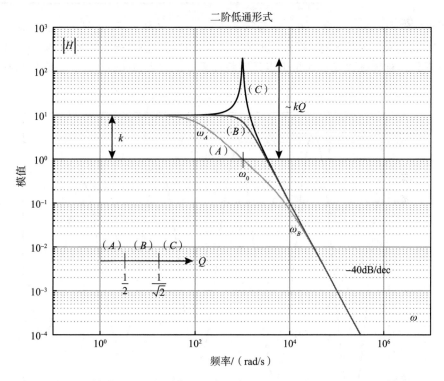

图 6-27　对数坐标图中的二阶低通滤波器特征 $k=10$，$\omega_0=1k$，$\omega_A=100$，$\omega_B=100k$，$Q=0.1(A)$，$Q=1/\sqrt{2}(B)$，$Q=20(C)$

这个行为反映在时域中。由于传递函数是脉冲响应的复变换，因此我们可以很容易地根据 Q 的值计算出具有不同行为的系统的时间响应，如表 6-1 所示，其中 τ_D 为响应的衰减时间。

表 6-1　二阶线性系统的时间响应

品质因数 $Q=\tau\omega_0/2$	脉冲响应	衰减时间常数	说明
$Q\leqslant 1/2$	$y(t)=Ae^{\frac{t}{\tau_D}}$	$1/\tau_D=1/\tau+\sqrt{1/\tau-\omega_0^2}$	$\tau=2Q/\omega_0$

（续）

品质因数 $Q = \tau\omega_0 / 2$	脉冲响应	衰减时间常数	说明
$Q = 1/2$	$y(t) = Ae^{\frac{t}{\tau_D}}$	$1/\tau_D = 1/\tau$	$\tau = 2Q/\omega_0$
$Q > 1/2$	$y(t) = Ae^{\frac{t}{\tau_D}}\cos(\omega t)$	$1/\tau_D = 1/\tau$	$\omega = \sqrt{\omega_0^2 - 1/\tau}$

为了更好地理解这些行为，图 6-28 显示了三个具有不同品质因数的情况：如果极点是复数的（ $Q > 1/2$ ），就会有一个凸起的"振铃"现象，称为欠阻尼；如果极点是实数的（ $Q \leqslant 1/2$ ），就没有振铃现象，称为过阻尼；如果极点是实数且重合的临界点（ $Q = 1/2$ ），则称为临界阻尼。

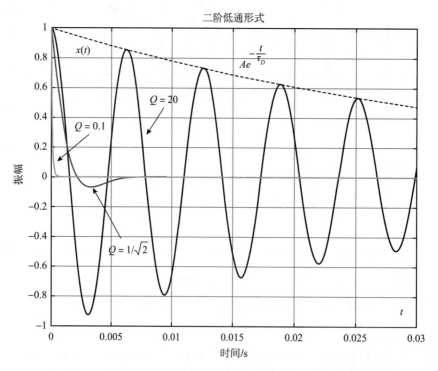

图 6-28 二阶系统的时间特性图。采用与频率响应图相同的 Q 值

对二阶系统的时间和频率行为的总结如表 6-2 所示。注意系统越过正交点（ $Q > 1/\sqrt{2}$ ）在频域内有一个峰值，而有复极点（ $Q > 1/2$ ），在时域内会产生过冲现象。

表 6-2 二阶系统的频率和时间行为的总结

品质因数 Q	极点	名称	频域	时域
$Q < 1/2$	实极点	过阻尼	无共振峰	无过冲

（续）

品质因数 Q	极点	名称	频域	时域
$Q=1/2$	实重极点	临界阻尼	无共振峰	单过冲尖峰
$1/2 < Q < 1/\sqrt{2}$	复共轭，在正交点内	中度欠阻尼	无共振峰	多过冲尖峰
$Q=1/\sqrt{2}$	复共轭，正交	强欠阻尼	有共振峰	阻尼振铃
$Q>1/\sqrt{2}$	复共轭，超过正交点	强欠阻尼	有共振峰	阻尼振铃

带通行为可以特征化另一种二阶系统，可用以下典型表达式来特征化一个二阶带通系统：

$$H(s) = \frac{k\frac{\omega_0}{Q}s}{s^2 + \frac{\omega_0}{Q}s + \omega_0^2} \tag{6-83}$$

其中 ω_0 为谐振频率，Q 为品质因数，k 为增益。Q 对于理解函数的极点是如何被移位的非常有用。如果我们做替换 $s \leftarrow j\omega$，就变成

$$H(j\omega) = \frac{k}{1 + jQ\left(\frac{\omega}{\omega_0} - \frac{\omega_0}{\omega}\right)} \tag{6-84}$$

其模值为

$$|H(j\omega)| = \frac{k}{\sqrt{1 + Q^2\left(\frac{\omega}{\omega_0} - \frac{\omega_0}{\omega}\right)^2}} \tag{6-85}$$

并且，如图 6-29 所示，可以清楚地表现出带通特性。

同样，图中行为与 Q 值密切相关。如果极点是实数（ω_A 和 ω_B），那么它们的值完全分离；在图中清晰可见。如果是在正交条件下，曲线在 ω_0 处平滑地弯曲。最后，如果极点超过正交点，将显示一个共振峰，其振幅大约是 Q 本身的值。注意函数的最大值是 k。

6.6.2　带通函数的带宽和噪声带宽

使用式（6-85），很容易表明频率 $\Delta\omega$ 相对于谐振频率 ω_0 的变化，所以函数衰减到 $k/\sqrt{2}$（即输入信号的功率减半，为 -3dB）时，给出为

$$\Delta_{1/2}\omega_{-3dB} \simeq \frac{\omega_0}{2Q} \tag{6-86}$$

这是函数一侧的截止频率。因此，考虑到带通函数的对称性，它的带宽是

$$BW_E(\omega) = \Delta\omega_{-3dB} = \frac{\omega_0}{Q}$$

$$BW_E(f) = \Delta f_{-3dB} = \frac{f_0}{Q} \tag{6-87}$$

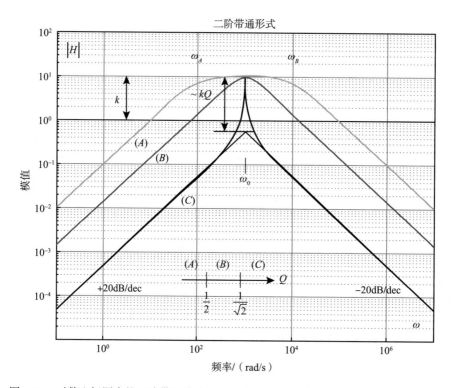

图 6-29 对数坐标图中的二阶带通滤波器行为 $k=10$, $\omega_0=1k$, $\omega_A=100$, $\omega_B=100k$, $Q=$
$0.1(A)$, $Q=1/\sqrt{2}(B)$, $Q=20(C)$

我们的目标是计算一个二阶带通滤波器的等效噪声带宽（Noise Band Width，NBW）。

与图 6-29 中 $Q=20$ 时情况相同的函数如图 6-30 中对数坐标图对应的模值平方所示。灰色矩形表示该函数覆盖的区域，以最大值为中心。

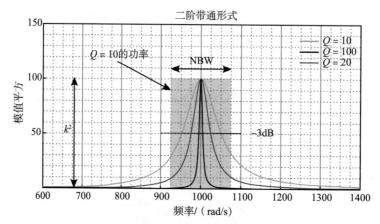

图 6-30 带通二阶传递函数的噪声带宽的计算，$k=10$, $\omega_0=1k$, $Q=10$, 线性坐标图形式下描述图

由 2.6 节可知，等效噪声带宽是以传递函数模的平方计算的，因为必须是功率谱形式：

$$\text{NBW} = \frac{1}{\left|H(\omega)\right|^2_{\max}} \frac{1}{2\pi} \int_0^\infty \left|H(\omega)\right|^2 \mathrm{d}\omega \tag{6-88}$$

因此，对于带通二阶滤波器的特殊情形，它变为 ⊖

$$\text{NBW} = \frac{1}{k^2} \frac{1}{2\pi} \int_0^\infty \frac{k^2}{1 + Q^2\left(\dfrac{\omega}{\omega_0} - \dfrac{\omega_0}{\omega}\right)^2} \, \mathrm{d}\omega = \frac{1}{4}\frac{\omega_0}{Q} = \frac{\pi}{2}\frac{f_0}{Q} \tag{6-89}$$

这与一阶系统的情况非常相似，其中 NBW 等于时间常数的四倍的倒数。注意，Q/ω_0 是能量时间常数，因此 NBW 的倒数是能量时间常数的四倍。

6.6.3 物理模型

二阶传递函数对于模拟共振物理系统（如电子系统或机械系统）非常有用，如图 6-31 所示。

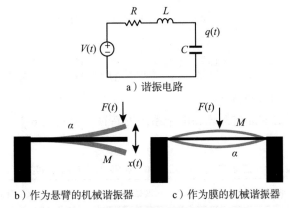

a）谐振电路

b）作为悬臂的机械谐振器　　c）作为膜的机械谐振器

图 6-31　谐振电路和机械谐振器示意图

在这些系统中，我们假设一些耗散平均值（在热中变换共振能量）起作用，如电子振荡器中的电阻和机械振荡器中的气体黏度。在电子振荡器中，有一个驱动电压 $v(t)$，在一个电阻 – 电感电容器（Resistor-Inductor-Capacitor，RLC）回路上施加一个电位。应用基尔霍夫电压定律，我们有

$$v(t) = v_L(t) + v_R(t) + v_C(t)$$
$$v(t) = L\frac{\mathrm{d}^2 q}{\mathrm{d}t^2} + R\frac{\mathrm{d}q}{\mathrm{d}t} + \frac{q}{C} \tag{6-90}$$

其中 $q = q(t) \equiv [\text{C}]$ 是电容的电荷量，$R \equiv [\Omega]$ 是电阻值，$L \equiv [\Omega \cdot \text{s}]$ 是电感值。经过拉普拉斯

⊖ 回顾 $\displaystyle\int_0^\infty \frac{1}{1 + Q^2\left(\dfrac{\omega}{\omega_0} - \dfrac{\omega_0}{\omega}\right)^2} \mathrm{d}\omega = \frac{\pi}{2}\frac{\omega_0}{Q}$ 。

变换后得到

$$V(s) = Ls^2 Q(s) + RsQ(s) + \frac{Q(s)}{C}$$

$$\rightarrow \frac{Q(s)}{V(s)} = H(s) = \frac{1/L}{s^2 + \frac{R}{L}s + \frac{1}{LC}} \tag{6-91}$$

它以二阶正则形式描述了电荷产生电压的行为，其中 R 是耗散元件。

同样，机械系统可以描述为一个典型的弹簧－质量－阻尼器系统，施加外力 $F(t)$ 是动力、阻尼和弹性力的总和：

$$F(t) = F_A(t) + F_D(t) + F_E(t)$$

$$F(t) = M\frac{\mathrm{d}^2 x}{\mathrm{d}t^2} + b\frac{\mathrm{d}x}{\mathrm{d}t} + \alpha x \tag{6-92}$$

其中 $x = x(t) \equiv [\mathrm{m}]$ 为位移，$M \equiv [\mathrm{kg}]$ 为物体的质量，$b \equiv [\mathrm{F/v}]$ 为阻尼系数，$\alpha \equiv [\mathrm{F/m}]$ 为刚度常数。$^\ominus$ 因此，该特征可以被描述为

$$F(s) = Ms^2 X(s) + bsX(s) + \alpha X(s)$$

$$\rightarrow \frac{X(s)}{F(s)} = H(s) = \frac{1/M}{s^2 + \frac{b}{M}s + \frac{\alpha}{M}} \tag{6-93}$$

它描述了位移相对于作用力的特性。

表 6-3 和表 6-4 总结了机械系统和电子系统的特征。有关表 6-3 中品质因数的物理解释参见下一段。

表 6-3   二阶方程（6-90）和（6-92）的参数之间的关系

系统	品质因数 Q	谐振频率 ω_0	衰减时间 $\tau = 2Q/\omega_0$
电子系统	$Q = \frac{1}{R}\sqrt{\frac{L}{C}}$	$\omega_0 = \frac{1}{LC}$	$\tau = \frac{2L}{R}$
机械系统	$Q = \frac{\sqrt{\alpha M}}{b}$	$\omega_0 = \sqrt{\frac{\alpha}{M}}$	$\tau = \frac{2M}{b}$

表 6-4   扰动电子和机械谐振器的自由行为

系统	阻尼频率	阻尼频率 ω_D
电子系统	$q(t) = q(0)\mathrm{e}^{-\frac{t}{\tau}}\cos(\omega_D t)$	$\omega_D = \sqrt{\omega_0 - \frac{1}{\tau^2}} = \omega_0\sqrt{1 - \frac{1}{4Q^2}}$
机械系统	$x(t) = x(0)\mathrm{e}^{-\frac{t}{\tau}}\cos(\omega_D t)$	

$\ominus$ 请注意，$b \equiv [\mathrm{F/v}]$ 是力与速度之比的单位，即物理迁移率的倒数（见第 10 章）。

一般来说，谐振器在两种形式之间交换能量。更具体地说，在电子振荡器中，电容器（电场）中的能量与存储在电感器中的能量进行切换。类似地，这也发生在动能和势能交换的机械谐振器，比如钟摆中。然而，任何时候进行能量交换，一部分能量都会被阻尼系数耗散。可以表明，平均能量以衰减时间 τ_E 衰减，即信号衰减时间 τ 的一半。其特性如图 6-32 所示。

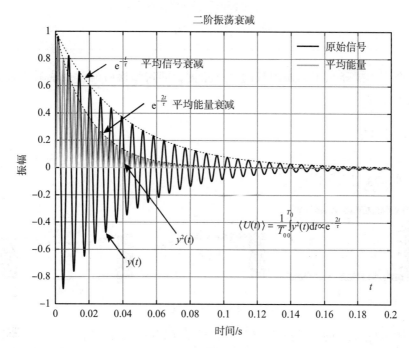

图 6-32　谐振器中的信号和平均能量衰减。一个通用的波形 $y(t) = A\mathrm{e}^{t/\tau}\cos(\omega t)$
绘制在该函数的平方旁边。该平方函数包络线的衰减速度是原始信号
的两倍。它可以表明，每个周期衰减的平均能量遵循这个时间常数

表 6-5 总结了各种谐振器的能量成分，其中 $q(0)$ 和 $x(0)$ 分别为初始电荷和位移。

因此，能量衰减时间是一半的信号衰减时间 $\tau_E = \tau/2$ 这一事实表明了谐振器重要的物理特性，即品质因数 Q。更具体地说，耗散率可以计算为能量衰减时间常数内的能量损失 [⊖]：

$$P_{\text{loss}} = \frac{\langle U(0) \rangle}{\tau_E} \equiv [\text{W}] \tag{6-94}$$

因此可以将 Q 定义为

$$Q \triangleq 2\pi \cdot \frac{每周期存储的能量}{每周期耗散的能量} = 2\pi \cdot \frac{\langle U \rangle}{P_{\text{loss}} T_0}$$

$$= \omega_0 \cdot \frac{\langle U \rangle}{P_{\text{loss}}} = \omega_0 \cdot \frac{每周期存储的能量}{耗散率} = \omega_0 \cdot \tau_E \equiv [\text{rad}] \equiv [\cdot] \tag{6-95}$$

⊖　这是一个典型的指数衰减的一阶近似，其中指数衰减的平均斜率由在函数初始点上绘制的切线斜率给出。

表 6-5 电子谐振器和机械谐振器的主要特性

系统	能量形式 1	能量形式 2	能量衰减时间 $\tau_E = Q/\omega_0$	每周期能量
电子系统	$U_L = \frac{1}{2}LI^2$	$U_C = \frac{1}{2}\frac{q^2}{C}$	$\tau_E = \frac{\tau}{2} = \frac{L}{R}$	$\langle U(t)\rangle = \frac{1}{2}\frac{q^2(0)}{C}e^{-\frac{t}{\tau_E}}$
机械系统	$U_K = \frac{1}{2}M\left(\frac{dx}{dt}\right)^2$	$U_E = \frac{1}{2}ax^2$	$\tau_E = \frac{\tau}{2} = \frac{b}{M}$	$\langle U(t)\rangle = \frac{1}{2}ax^2(0)e^{-\frac{t}{\tau_E}}$

最后一个表达式显示了品质因数的另一角度，即谐振器的能量衰减到其初始值的 $1/e$（37%）所需的弧度。

6.6.4　机械热噪声

每当具有一定自由度的机械部件受到大量粒子的撞击时，它就会受到机械热噪声引起的波动力，如图 6-33 所示。

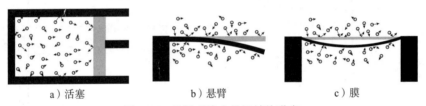

a）活塞　　　　　　　b）悬臂　　　　　　　c）膜

图 6-33　机械系统中的机械热噪声

噪声谱能用与 6.1 节相同的参数来计算，即基于系统能量的方法。第一点是计算力 F 和速度 v 之间的关系，因为所有气体的能量性质都与速度分布有关。因此参考式（6-93）中关于运动机械速度的部分，有

$$M\frac{dv}{dt} + bv + \alpha\int v\,dt = F$$
$$\rightarrow MsV(s) + bV(s) + \frac{\alpha}{s}V(s) = F(s)$$
$$\rightarrow H_{VF}(s) = \frac{V(s)}{F(s)} = \frac{1}{Ms + b + \frac{\alpha}{s}} \tag{6-96}$$

其中 $V(s)$ 和 $F(s)$ 分别为力和速度的变换。

式（6-96）的最后一个方程可以用角频率表示为

$$\left|H_{VF}(j\omega)\right|^2 = \left|\frac{V(j\omega)}{F(j\omega)}\right|^2 = \frac{1}{b^2 + \left(M\omega - \frac{\alpha}{\omega}\right)^2} = \frac{1/b^2}{1 + Q^2\left(\frac{\omega}{\omega_0} - \frac{\omega_0}{\omega}\right)^2} \tag{6-97}$$

它是一个二阶带通传递函数。

传递函数（6-97）对于理解力的功率谱函数与速度分布之间的关系很重要。此外，假设噪声 $\overline{F_N^2}(\omega)$ 持续地在我们感兴趣的频域内产生一个力的谱密度函数，有

$$\overline{v_N^2} = \frac{1}{2\pi} \int_0^\infty |H_{VF}(j\omega)|^2 \overline{F_N^2}(\omega) d\omega = \frac{1}{b^2} \cdot \text{NBW} \cdot \overline{F_N^2}(\omega) \tag{6-98}$$

可以计算出速度的均方为

$$\overline{v_N^2} = \frac{1}{b^2} \frac{1}{4} \frac{\omega_0}{Q} \overline{F_N^2}(\omega) = \frac{1}{b^2} \frac{1}{4} \frac{b}{M} \overline{F_N^2}(\omega) = \frac{1}{4bM} \overline{F_N^2}(\omega) \tag{6-99}$$

现在，既然写出总的速度噪声，将系统动能等同于 1 自由度的热能，则

$$\frac{1}{2} M \overline{v_N^2} = \frac{1}{2} kT \rightarrow v_{\text{rms}} = \sqrt{\frac{kT}{M}} \tag{6-100}$$

由此

$$\overline{F_N^2}(\omega) = \overline{F_N^2}(f) = 4kTb \tag{6-101}$$

这与电路中的 $4kTR$ 形式非常相似。

你可能会想知道，到目前为止所获得的结果是否与 6.1 节的结果一致？其中，压力传感器活塞的均方根偏差为 $\sqrt{kT/\alpha}$。可以很容易地证明这一点，假设大部分能量积累在由高 Q 值给出的共振峰值中。对于这个值，低通滤波器的 NBW 几乎等价于带通形式，基于式（6-84），我们得到：

$$\overline{x_N^2} = \text{NBW} \cdot |H|_{\text{max}}^2 \cdot \overline{F_N^2}(\omega) = \frac{1}{4} \frac{\omega_0}{Q} \cdot \frac{Q^2}{\alpha^2} \cdot 4kTb = \frac{kT}{\alpha} \tag{6-102}$$

6.7　相位噪声

相位噪声是几种噪声（主要是热噪声）对电子振荡器信号的影响。广义上讲，相位噪声是任何以谐波运动为特征的物理系统运动的扰动。由于振荡器的非线性效应，电子相位噪声是最难以预测和建模的现象之一。

首先使用一个机械系统模型来展示这个概念：在图 6-34 中，我们有两个自由运行的机械系统，它们的运动由一个谐波函数来描述。第一个是旋转的平衡轮（见图 6-34a），第二个是振荡的活塞（见图 6-34b）。这些系统被浸没在一种与运动机件相互作用的粒子气体中。每当一个粒子碰撞运动机件时，就会有一个动量的交换，从而导致轨迹发生扰动。前者由于车轮的直径是固定的，扰动只影响相位；后者在扰动的同时改变相位和振幅。原则上，如果没有碰撞发生，也没有摩擦，谐波运动将无限期地继续下去。任何碰撞都决定了运动机件的动能的损失。这种效应在宏观上被认为是介质的"黏度"，具有运动阻尼。

图 6-35 显示，在同时有"自由度"的情况下，扰动可以增加（或降低）振幅和相位，这取决于物体被击中时的瞬间。具体来说，当撞击发生在谐波函数的过零期间（正交或正弦扰动）时，相位受到的影响更大，而当撞击发生在摆动的顶部或底部拐点（同相或余弦扰动）

时，振幅受到的影响最大。这意味着扰动的功率，即这种噪声的谱密度，可以看作由振幅和相位贡献组成的，并共享其中粒子的动能。这在复平面上可以看出，如图 6-35c 所示。

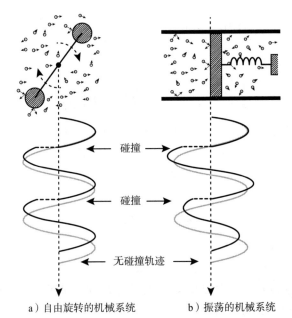

a）自由旋转的机械系统   b）振荡的机械系统

图 6-34 机械模型中相位噪声的概念。自由旋转或振荡机械系统
的谐波轨迹受到粒子撞击的扰动。前者只在相位上被扰
动，而后者同时在相位和振幅上被扰动（强调相位变化）

如图 6-35 所示，扰动的部分影响是使"信号"产生相位变化，在这种情况下，"信号"是振荡器的自然谐波。因此，从电子系统的角度来看，相位变化可以表示为一个载波，即振荡器的正弦信号的相位调制。总之，通常将噪声添加到信号中，会由于调制过程有一个与其他线性模型不同的非线性效应，由信号之间的乘法表示，如图 6-36 所示。

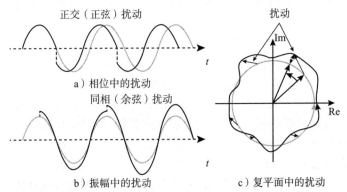

a）相位中的扰动

b）振幅中的扰动

c）复平面中的扰动

图 6-35 根据碰撞时刻的不同，自由轨迹在相位和振幅中都有扰动。然而，
扰动可以是上述两种情况的组合，如在复平面中所看到的那样

为了更好地理解相位的作用，我们必须考虑谐波函数的结构：

$$x(t) = A\cos\underbrace{(\omega t + \varphi)}_{\phi(t)} \qquad (6\text{-}103)$$

其中，"相位" $\phi(t) \equiv [\cdot] \equiv [\text{rad}]$ 只是余弦值的理论情况，即相位矢量（相量）在复平面上随时间的推进。其单位是半径与周长的比值，所以它是无量纲的，或者我们可以使用弧度（rad）作为辅助单位。在线性运动中，我们可以设计一个"速度"作为运动的进展相对于时间的导数，称为角频率。因此，我们将瞬时频率和瞬时相位定义为

$$\omega(t) \triangleq \frac{\mathrm{d}\phi(t)}{\mathrm{d}t}$$

$$\phi(t) \triangleq \phi(0) + \int_0^t \omega(t)\mathrm{d}t \qquad (6\text{-}104)$$

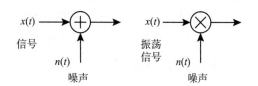

a）线性系统中的噪声对信号的作用　　b）相位噪声对信号的作用

图 6-36　电子设计中的相位噪声的概念。在线性系统中，我们一直认为噪声是信号的附加扰动。相反，在相位噪声中，有一个振荡器"载波"噪声的调制效应。因此，相位噪声应被认为是对信号的一种乘法（非线性）效应。注意，乘法器同时模拟了振幅调制（AM）和相位调制（PM）

如图 6-37a 所示，相位渐近是一个一般的单调递增函数，其各点的导数为 $\omega(t)$。如果行进方式是均匀的圆周运动，相位函数随时间变化呈现一条直线，其斜率为角频率 ω_0。如果是没有规律的行进，则可以通过计算连接两点的直线的斜率来计算函数两点之间的"平均"角频率。

关于振荡器的具体情况，最好以振荡器的固有频率 ω_0 作为参考，以便将谐波函数改写为

$$x(t) = A\cos\underbrace{(\omega_0 t + \varphi(t))}_{\phi(t)} \qquad (6\text{-}105)$$

其中，$\phi(t)$ 为图 6-37 中可以看到的相位误差，为点划线与固有频率之间的距离。

在存在扰动相位渐近的情况下可以计算平均频率，例如（但这只是一个可能的选择），选择在一个周期 T 内来计算它：

$$\omega_1 = \frac{\phi(T)}{T} = \frac{1}{T}\int_0^T (\omega_0 t + \phi(t))\mathrm{d}t = \omega_0 + \frac{1}{T}\int_0^T \phi(t) = \omega_0 + \Delta\omega_1 \qquad (6\text{-}106)$$

现在，如果我们假设相位的扰动由如图 6-37b 所示的随机阶跃函数给出，可以看出相位演化扰动相对于未受扰动的相位渐近的偏差，基于随机游走行为而随时间推移增加（见第 4 章的附录）。更准确地说，我们得到相位的有利或不利扰动的概率是相同的；系统存储最后一次的增量或减少量（见 6.4.1 节），因此误差就像随机游走一样累积（积分）。即使我们不知道是否在未来某个时刻会有一个相位滞后或超前，也会知道相对于原始未扰动轨迹的相位差，其平均值概率性地随时间的平方根而增加。

一个简化的电子振荡器模型由 LC 谐振电路与负电阻偶极子耦合组成，它的作用是维持谐振器的功率耗散，使振幅尽可能恒定（见图 6-38a）。简而言之，一个自由振荡器（没有自

恢复部分）有一个被谐振器的品质因数 Q 设定的阻尼特性。在存在自恢复的情况下，Q 等效增加（因为恢复的负电阻模型往往忽略了实际电阻的影响），以限制振荡器固有频率附近的所有频谱功率。原则上，一个理想的持续振荡器有一个以其固有频率为中心的狄拉克函数所模拟的频谱功率。但实际电阻 $\overline{v_N^2}$ 和恢复器 $\overline{v_G^2}$ 的噪声功率会通过改变调制效应后的频谱功率特性来扰乱振荡器的轨迹。

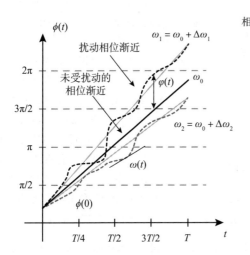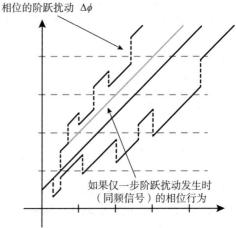

a）直线与恒定频率（角速度）有关，而曲线是由相位变化引起的与恒定频率的偏差　　b）相位随机阶跃变化的影响。注意平均频率是相同的，但与未受干扰相应渐近的偏差遵循"随机游走"

图 6-37　相位的作用

在电子振荡器等动力学系统中，我们可以用状态 - 空间图来描述系统的时间演化，如图 6-38b 所示。"状态"是任意选择的唯一描述系统时间演化的变量。一个理想的振荡器有一个时间演化，由一个循环曲线（运行振荡器的每个自然周期）定义在状态空间内，称为极限环，或闭合轨道、闭合轨迹。

如图 6-38b 中的状态空间所示，扰动 $u(t)$ 可以改变状态 $x(t)$（由两个分量组成）闭合轨道的相位和角度，形如：

$$u(t) = \Delta x = x(t+\Delta t) - x(t) = \left[1 + \Delta\alpha(t)\right] \cdot x\left(t + \frac{\Delta\phi(t)}{\omega_0}\right) - x(t)$$

$$\omega_0 = \frac{2\pi}{T}; \Delta t = \frac{\Delta\phi(t)}{\omega_0} \tag{6-107}$$

其中 $\Delta\alpha(t)$ 和 $\Delta\phi(t)$ 是在振幅和角度上的诱发扰动，是原始扰动的函数。要了解公式（6-107），见图 6-35，其中 $u(t)$ 为不同时间取的两个点的差值 Δt。如果轨迹（或函数）是平滑的，那么差值就非常小，但如果扰动在延时 Δt 内发生，那么会在振幅和相位依赖于发生的时刻内产生差异，在脉冲扰动存在的情况下，复位器保持振荡器的扰动轨迹尽可能接近原始轨迹，振幅分量被吸收，相位随阶跃函数而增加 / 减少。这可以在图 6-38b 中看到，在其中比较了

两个极限环之间有 / 没有扰动所发生的情况，在 t_0 和 t_1 时刻间没有扰动，在 t_0' 和 t_1' 时刻内有扰动。在扰动的情况下，轨道相对于未扰动轨道有一个相位引导。当振荡器的反馈系统限制了振幅扰动时，相位引导随着时间的推移而保持不变。因此，相位在任何扰动后都会累积。即使扰动有相同的概率去到相反方向，净偏移量也会在随机游走中发散。因此，相位保持了对事件的记忆，并总结了阶跃函数相位变化中的所有脉冲扰动。因此，

$$\Delta\alpha(t)\to 0, t\to\infty$$

$$\varphi(t)=\Delta\phi(t)\sim\int_{-\infty}^{t}u(t)\mathrm{d}t \qquad (6\text{-}108)$$

因此，即使它不是一个 LTI 系统，因为输出取决于扰动发生的时间，所以也可以将相位作为扰动的"积分器"（基于这个原因，我们使用了符号"～"）。

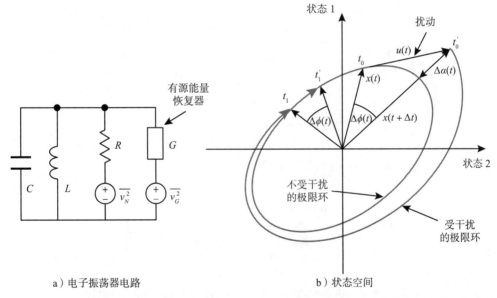

a）电子振荡器电路　　　　　　　　　　　b）状态空间

图 6-38　电子振荡器。它由一个 RLC 电路和一个负电阻偶极子组成，为持续和恒定的振幅振荡提供能量。在具有扰动振幅和相位的状态空间中也可以看到扰动效应

　　扰动的频域影响是基于调制效应，将理想振荡器从图 6-39a 所示的狄拉克函数的功率谱密度扩散到固有频率周围更广泛的对称谱（见图 6-39b）。这可以用图 6-39c 中的复相量图来建模，如图 6-39c 所示：固有频率用一个受限的旋转箭头表示，而任何偏离 ω_0 的频率 $\Delta\omega$ 的谱分量都可以用以频率 $\Delta\omega$ 向相反方向旋转的亚相量表示。由调制理论可知，最终的相量状态是由原始相量（作为"载波"的固有频）与两个反旋转子相量组合（作为"调制信号"）的向量和给出的。因此，与这些亚相量相关的功率可以分别表示为以固有频率为中心，位于上、下边带的对称谱线，如图 6-39b 所示。

　　噪声对自由振荡器的影响可以用分散运动的分布来表示，如图 6-39d 所示。相量长度的任

何变化（由于扰动）都与振幅调制（AM）有关，而相量角度的变化则与相位调制（PM）有关。因此一般扰动可以分解为 AM 和 PM 调制。AM 和 PM 调制都贡献了频谱边带，如图 6-39b 所示。

在持续振荡器中，通过恢复器尽可能地减少阻抗损失。因此，大多数扰动都是 PM 诱导的，如图 6-39e 所示。此外，注意，对于大频移，PM 是主要分量，而对于小扰动，AM 分量变得重要。

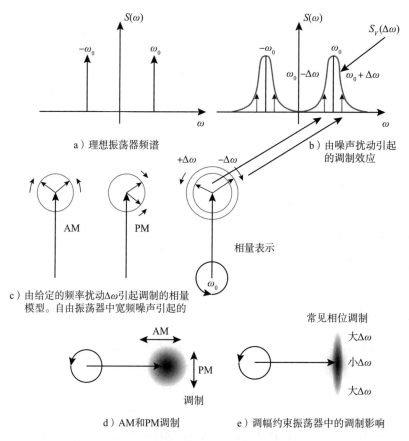

图 6-39 相位噪声的相量模型

用周期波形调制的噪声是一个循环平稳过程。当且仅当其自相关函数 $R(t,\tau)$ 和均值具有一定的周期性时，该过程是循环平稳的。如果载波不是正弦的，环平稳噪声的频谱类似于图 6-39b，有更多的"镜像"。可以表明，在循环平稳噪声的情况下，两个边带的功率分量在 AM 和 PM 分量上都是相关的，并且是对称的（如果信号是实的）和平稳的。但振荡器的相位噪声并不总是循环平稳的，因为调制在其他地方不同步，且平均频率随着相位偏差本身而移动。这方面对振荡器频率的设定也有影响。由于扰动，振荡频率应根据图 6-39d 和图 6-39e 的扩散分布的质心表示的平均值来计算。然而，在大范围内，即使是振荡器的频率也会由于扰动而发生位移（见图 6-37）。因此，质心本身在相量空间中运动缓慢。在任何情况下，只有在较小的观测时间内，相位噪声过程才可以被认为是平稳的。

回到导致式（6-108）的观察结果，得到

$$\varphi(t) = \Delta\phi(t) \sim \int_{-\infty}^{t} u(t)\mathrm{d}t$$

$$\rightarrow S_\varphi(f) \sim \frac{S_u(f)}{(2\pi f)^2} \qquad (6\text{-}109)$$

其中 $u(t)$ 为扰动，$S_\varphi(f)$ 为其 PSD。

因此，电压/电流功率噪声谱 $S_u(f)$ 的任意分量都以增益 $1/f^2$ 映射到功率谱 $S_\varphi(f)$ 中，如图 6-40 所示。这与布朗运动中噪声积分的影响完全相同（除了这里的参考点是 ω_0）；此外，在式（6-109）的基础上，将 $1/f$ 噪声映射为 $1/f^3$ 相位噪声，如图 6-40b 所示。

上述观察结果已经用线性系统参数进行了讨论，而我们应该考虑调制的影响，如图 6-39a 所示。因此，由于反馈系统的非线性效应，振荡器载波不是一个纯正弦波形，而是由谐波组成的。这也意味着有噪器件的原始功率分量 $S_u(f)$ 根据权重因子 c_x 与振荡波形的谐波系数相关的傅里叶变换，围绕振荡器频率的倍数 $f_0, 2f_0, 3f_0, \cdots$ 在相位噪声 $S_\varphi(f)$ 处被折叠起来，如图 6-41a 和图 6-41b 所示。

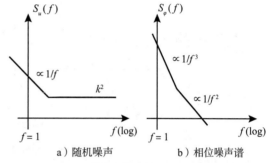

a) 随机噪声　　b) 相位噪声谱

图 6-40 将随机噪声转换为相位噪声谱

观测到的有噪振荡器的频谱是调制分量在频域内的映射，如图 6-39b 所示。然而，由于载波不是纯正弦波形，在载波谐波中也会产生调制效应，如图 6-41c 所示。$S_V(f) \equiv [\mathrm{V}^2/\mathrm{Hz}]$ 是用频谱分析仪从振荡器测量的，$S_\varphi(f) \equiv [\mathrm{rad}^2/\mathrm{Hz}]$ 只能用一个理想的相位探测器来测量，所以它更多地用作一个数学模型。通常，该振荡器信号也由一个相干解调器进行处理，得到 $S_V(\Delta f) \equiv [\mathrm{V}^2/\mathrm{Hz}]$，如图 6-41d 所示。表示载波功率时也记作 $L(\Delta f)$。$S_V(f)$ 和 $S_V(\Delta f)$ 同时包含振幅噪声和相位噪声。通常，远离谐波 $f_0, 2f_0, 3f_0, \cdots$ 的频率分量是小信号，易于用数学和模拟工具处理。另外，接近谐波的频谱分量是受非线性影响的大信号，因此难以建模。

提示　相位噪声谱不是根据实际的功率来表示的。这是因为谐波演化的状态（以及它的功率）可用两种复平面的等价形式——Re 和 Im 分量或模和相位分量来表示。在第一种情况下，功率分量（Re 和 Im）用相同的单位（I、V 等）表示，而在第二种情况下，模用物理单位（I、V 等）表示，相位则不是，因此，相关的"功率"用无量纲单位的平方表示（或 rad^2）。这意味着要组合这两个"功率"成分，我们需要一个相位的耦合因子，正如我们将在 6.7.2 节中看到的那样。

到目前为止，所讨论的 $1/f^2$ 映射也能够在其他关于电子电路的讨论中看到。RLC 并联谐振器（见图 6-38a）作为一个双极点带通滤波器，利用方程（6-109）很容易表明电压–电

流关系是一个传递函数，对于高品质因数值和在 f_0 附近的微小偏差 Δf，具有表达式

$$\left| Z(f_0 + \Delta f) \right| = \left| H(\Delta f) \right| = \left| \frac{v(f_0 + \Delta f)}{i(f_0 + \Delta f)} \right| \approx R \frac{f_0}{2Q \cdot \Delta f} \qquad (6\text{-}110)$$

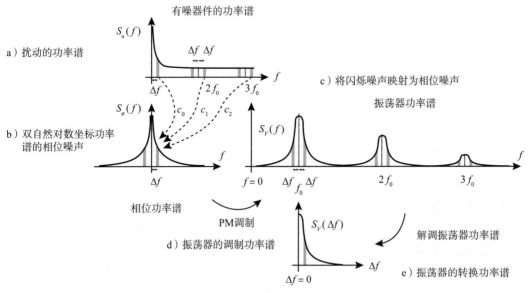

图 6-41   相位噪声的关系

这种关系也可以看作一个 $-3\mathrm{dB}$ 带宽等于 f_0/Q 的传递函数，其中，对于 $f = f_0$（共振）$Z = R$，R 是谐振器的损耗。请注意，品质因数 Q 还应该考虑恢复器的影响。因此，在每一侧，都有一个阻抗等于 $f_0/2Q$ 的滚降（见 6.6.2 节）。换句话说，对于频率的任何变化 $\Delta f = f - f_0$，阻抗的幅度都会降低一个因数 $f_0/2Q$，因此，噪声的功率谱密度 $S_u(f) = \overline{i_n^2}(f) = 4kT/R$ 被映射成一个 f_0 附近的频移 $\Delta f = f - f_0$，这通过下式实现：

$$S_V(\Delta f) = \overline{v_n^2}(\Delta f) = \left| H(\Delta f) \right|^2 \overline{i_n^2}(f) \approx \frac{4kT}{R} \left(\frac{f_0}{2Q \cdot \Delta f} \right)^2 \qquad (6\text{-}111)$$

因此，即使器件的原始噪声可能是均匀的，输出的功率谱密度也是由谐振器形成的。斜率 $1/f^2$ 是因为 RLC 频谱在谐振频率两侧滚降为 $1/f$，因此，我们应该期望有两倍的功率斜率。

我们可以根据热力学均分定理（在热力学平衡中粒子的平均动能在自由度之间相等）看到系统的行为，因此振幅和相位噪声功率是相等的。然而，在真实振荡器中活跃的振幅限制机制消除了式（6-111）给出的噪声的一半。

振荡器的噪声不仅由谐振器的损耗给出，也由恢复器的噪声给出（见图 6-38a）；因此，必须考虑过量噪声的乘法因子 F：$S_u(f) = \overline{i_n^2}(f) = F4kT/R$，此外，所测量的噪声 $L_{\mathrm{dB}}(\Delta f)$ 通常被称为谐波信号的功率。

$$L_{\mathrm{dB}}\left(\Delta f\right)=10\,\log\frac{P_N}{P_S}=10\,\log\frac{S_V\left(f\right)}{P_S}=\frac{1/2\left|H\left(\Delta f\right)\right|^2\overline{i_n^2\left(f\right)}}{1/2V_0^2}$$

$$=10\,\log\left(\frac{F}{P_S}\frac{2kT}{R}\left(\frac{f_0}{2Q\cdot\Delta f}\right)^2\right)\equiv[\mathrm{dBc}/\mathrm{Hz}]\qquad（6\text{-}112）$$

这被称为 Leeson 公式的一部分（通常表达式中有其他项），F 因子通常作为实验数据的拟合参数。Leeson 公式的这一部分只能适用于 $L_{\mathrm{dB}}\left(\Delta f\right)$ 具有 $(1/\Delta f)^2$ 特征的情况，即远离载波，这将在 6.7.1 节中讨论。

最后还应考虑到相位噪声过程的平稳性。回顾图 6-39d 和图 6-39e，我们假设相量位置的质心在固有频率上是稳定的。如果振荡器与参考点持续保持一致，这可能是正确的。然而自由运行的振荡器由于相位的扰动，质心会缓慢移动。这可以表明，如果相量的质心在时间上是稳定的，那么对于非常小的相位偏差，相位噪声是一个广义上的平稳随机过程（WSS），但不是一般的平稳过程。如果观测时间短于固有频率运动，我们可以使用 WSS 假设，采用类似于闪烁噪声的处理方法。

6.7.1　总振荡器噪声

我们用频谱分析仪观测到的频谱是已解调的 $S_V\left(\Delta f\right)$ 或 $L_{\mathrm{dB}}\left(\Delta f\right)=S_{V(\mathrm{dB})}\left(\Delta f\right)$ 的振幅和相位噪声功率分量。另外，除非使用理想的检相器，否则很难直接测量相位噪声 $S_\phi\left(f\right)$；我们将在 6.7.2 节中看到，在某些假设下，$S_\phi\left(f\right)$ 可以由 $S_V\left(\Delta f\right)$ 估算。从测量的角度来看，如果我们直接测试振荡器的功率，将总是得到平均值 $V_0^2/2$。在一个理想的自由振荡器中，PSD 是一个以具有这样的总功率的谐振频率为中心的狄拉克函数。另一方面，在一个有噪声的振荡器中，PSD 脉冲函数通过保持相同的平均总功率在 f_0 附近展开。噪声越大，展开范围就越大。扰动以相对于自由度的等概率在该点散射，具有（对于相对较小的观测时间）作为固有频率的平均值。然而，由于持续振荡器限制了振幅，大部分的扰动作用于相位自由度，如图 6-39e 所示。相量表明，扰动作用于与固有频率的差值 $\Delta f = f - f_0$，因此功率谱应在解调谱中得到展现。此外，在功率方面，我们应该评估相对于平均功率 $V_0^2/2$ 的波动，所以最好的表示是将总频谱称为平均功率"信号"，用 $S_{V(\mathrm{dB})}\left(\Delta f\right)$ 表示。

由于振荡器相位总体的散度，相位的"功率"谱有为 0 的一条渐近线，即 $\overline{\phi^2\left(t\right)}=2Dt$ 随时间增加，就像在扩散过程中一样。然而，这是功率的一个变量的某一方面，而不是总功率的，这是由 $S_{V(\mathrm{dB})}\left(\Delta f\right)$ 衡量的。其 PSD 必然会随着拐角频率变平，因为总功率是有限的。

如图 6-42 所示，在我们测量的相位滞后的波形总体中，可以看到 $\overline{\phi^2\left(t\right)}=2Dt$ 给出的总体平均值周围的分布，其中 D 是扩散系数，因为它遵循随机游走（见图 6-42b）。D 取决于碰撞的次数，因此它与系统的耗散特性（黏度/电阻）有关。图 6-42 显示，最终相位相对于平均频率 ω_0 有频移 $\Delta\omega$。

　　因此，扩散过程有了平均大小为 D 的斜率边界，其中相位的演化遵循不同的特性。离共振频率越远，得到的相位变化之和就越有建设性：这个过程保持了对变化的记忆，它们就像在随机游走中一样被整合。偏离固有频率越远，对过去的记忆就越清晰。换句话说，我们偏离原始频率越远，就越能计算出导致这种偏差的碰撞次数（记忆）。这就是为什么功率谱在扩散过程中是 $1/f^2$ 形式的，比如随机游走。然而，在边界内，对过去的记忆是丢失的，因为我们无法评估发生的扰动的数量，类似于一个完全不相关的白噪声。这就是为什么在 $\Delta\omega = 0$ 附近有一个均匀的功率谱。这在相量中也很清楚，对于频率的小变化，我们用白噪声表示调幅。

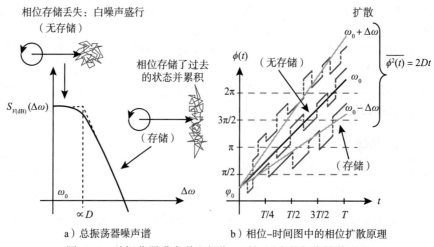

a）总振荡器噪声谱　　　　　　b）相位–时间图中的相位扩散原理

图 6-42　总振荡器噪声谱和相位 – 时间图中的相位扩散原理

　　由于相位噪声遵循一个扩散过程，它可以表明总功率谱（振荡器 + 噪声）具有洛伦兹形式：

$$S_V\left(\Delta\omega\right) = V_0^2 \frac{D}{D^2 + \left(\Delta\omega\right)^2} \qquad (6\text{-}113)$$

其中 D 被称为相位噪声的扩散常数，见第 4 章。当然，如前所述，总集成功率值为 $V_0^2/2$。对拐角频率很难进行先验估计，通常是基于实验数据（以及 $L(\Delta\omega)$ 的其他实验证据）来拟合的，它完全定义了物理过程。

　　如果振荡器在很大程度上受到极限环限制（非常小的调幅），那么洛伦兹的平坦部分减少，拐角频率增加，但任何情况下总功率都是 $V_0^2/2$。

　　我们可以用 $L(\Delta\omega)$ 来重写式（6-113）为

$$L\left(\Delta\omega\right) = \frac{S_V\left(\omega\right)}{V_0^2/2} = \frac{2D}{D^2 + \left(\Delta\omega\right)^2} \qquad (6\text{-}114)$$

而对固定频率，则为

$$L_V\left(\Delta f\right) = \frac{\beta}{f_L^2 + \Delta f^2} \simeq \frac{\beta}{\Delta f^2} \equiv \left[\mathrm{V}^2/\mathrm{Hz}\right] \qquad (6\text{-}115)$$

其中 $L_V(\Delta f)$ 为双边功率谱，β 为常数，f_L 为洛伦兹频谱的截止频率。最后的近似等价性存在于 $f \gg f_L$，提示 L 是远离 f_0 的 $S_\phi(\Delta f)$ 的近似值。

6.7.2 调制视角下总噪声中相位噪声的特征

即使是振荡器的功率大多数相当于相位噪声，有噪振荡器的 PSD 测量还是既要考虑相位噪声，还要考虑振幅噪声。一个典型的相位噪声谱如图 6-43a 所示，即使该图是在如图 6-41d 所示的纵坐标变量的对数尺度上，但由于过程中测量点的数量较少，在固有频率上会产生一个锐利的尖峰。

特征化振荡器实验谱的一个有用的方法是让它参考一个基本的功率，并用分贝表示：

$$L_{\mathrm{dB}}(\Delta f) = 10 \log\left(\frac{S_V(\Delta f)}{P_{\mathrm{sig}}}\right) \equiv [\mathrm{dBc/Hz}] \tag{6-116}$$

其中，P_{sig} 是载波的功率，dBc 被称为每赫兹低于载波的分贝 $^\ominus$。然而，载波的功率相对于噪声形状可能会很高，以至于超过了频谱分析仪的动态范围。因此，最好利用解调来观察振荡器固有频率附近的频谱。

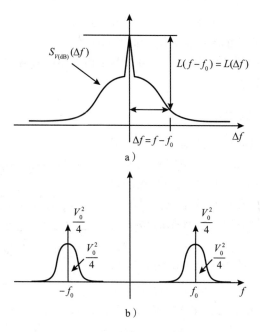

图 6-43 $L(\Delta f)$ 的测定

我们能够认为在一个周期内的相变非常小，所以可以把信号表示为

$$V(t) = V_0 \sin(2\pi f_0 t + \phi(t)) \approx V_0 \sin(2\pi f_0 t) + V_0 \phi(t) \cos(2\pi f_0 t) \tag{6-117}$$

$\ominus$ 这个定义可能会产生误导，因为频率在对数参数范围内，带宽翻倍并不意味着分贝值翻倍。

这是将相位噪声表示为附加振幅噪声，其单边功率谱为

$$\tilde{S}_V(f) = \frac{V_0^2}{2}\left[\delta(f-f_0)\right] + \frac{V_0^2}{2}\left[S_\phi(f-f_0)\right] \qquad (6\text{-}118)$$

这表明功率分为相等的载波功率和边带功率，如图 6-43b（双边频谱）所示。这两个分量之间的分裂是基于小相位偏差的近似，而不是真实的。由此我们可以模拟调制的影响。

现在可以使用一种基于正交解调器的载波抑制技术来消除前一项。因此，对于解调信号，有

$$S_V(\Delta f) \approx \frac{V_0^2}{2}S_\phi(\Delta f) \qquad (6\text{-}119)$$

因此

$$L_{\mathrm{dB}}(\Delta f) = L_{\mathrm{dB}}(f-f_0) = 10\log\left(\frac{S_V(f)}{S_V(f_0)}\right) = 10\log\left(S_\phi(f-f_0)\right)$$

$$\rightarrow S_\phi(\Delta f) = 10\frac{L_{\mathrm{dB}}(\Delta f)}{10} \qquad (6\text{-}120)$$

其中，$S_V(f_0) = V_0^2/2$。这种关系意味着，对于较小的相位变化，$L(f)$ 只是 $S_\phi(f)$ 的近似。

由于历史上 $L(f)$ 一直被用作相位噪声的"恒等式"，在直接用检相器测量相位噪声的情况下，这种关系式（6-116）可能会导致不正确的结果（例如，值大于 0dBc）。当违反了小角度扰动假设时，这种情况就会发生。因此，在直接测量相位噪声的情况下，最好使用式（6-119）和式（6-120）作为 $L(f)$ 的定义。

6.7.3　抖动及其相位噪声估计

抖动是由相位噪声引起的谐波信号内的周期性偏差，如图 6-44 所示。同样的现象能够视为一个二进制信号（例如，一个时钟）的周期变化，它的状态转换相当于由此推导出它的正弦信号的零交叉，在电信和数字信号处理中，评估时域中周期的波动是非常重要的。

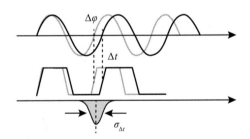

图 6-44　相位和抖动之间的关系

看图 6-44，当正弦信号 $\sin(2\pi f_0 + \varphi(t))$ 过零点参考时，能够设置方波的边沿。注意 $\varphi(t)$ 是时变的，因为它受到噪声的影响，如图 6-37a 所示。因此，正弦信号在 0 和 N 周期的零交叉为

$$\begin{aligned}2\pi f_0 t_0 + \varphi(t_0) &= 0 \\ 2\pi f_0 t_N + \varphi(t_N) &= 2\pi N\end{aligned} \qquad (6\text{-}121)$$

其中 t_0 为观测到的第一次交叉的时间，t_N 为 N 个周期后的交叉时间。两者相减，得到：

$$\begin{aligned}\tau &= t_N - t_0 = NT_0 + \Delta t \\ \Delta t &= \frac{T_0}{2\pi}\left[\varphi(t_0) - \varphi(t_N)\right]\end{aligned} \qquad (6\text{-}122)$$

其中 Δt 是我们可以通过统计方法估计的周期（抖动）的变化。

因此

$$\overline{\Delta t^2} = \frac{T_0^2}{4\pi^2} \overline{\Delta \varphi^2} \qquad (6\text{-}123)$$

由图 6-45 可以看到，未受抖动的时钟和受抖动的时钟之间的 $\Delta t = \Delta t_N - \Delta t_0$ 的差值考虑了所有的周期变化。

我们可以计算出抖动的第一种形式，它称为绝对抖动或长时抖动 $\sigma_{\text{abs}}(\tau)$。在受相位噪声影响的方波中，考虑由 N 个周期组成的总长度 τ 样本，其中每个单周期变化（相对于平均周期）为 Δt_n，如图 6-45 所示。我们取一个测量总体，其中 N 个周期 $\Delta t^{(i)}$ 上的总体变化是

$$\Delta t^{(i)} = \sum_{n=0}^{N} \Delta t_n^{(i)}; \ \tau \simeq NT_0 \qquad (6\text{-}124)$$

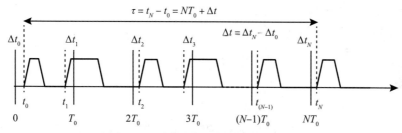

图 6-45 确定由相位噪声引起的抖动

现在我们估计了总体的统计性质，以理解 N 个周期中周期的平均变化。

根据式（6-123），可以首先评估相位的统计特性，然后返回到周期。因此

$$\overline{\varphi^2(\tau)} = E\left[\left(\varphi(t_N) - \varphi(t_0)\right)^2\right] = \overline{\left(\varphi(t_N) - \varphi(t_0)\right)^2}$$
$$= \overline{\varphi^2(t_N)} - 2\overline{\varphi(t_N)\varphi(t_0)} + \overline{\varphi^2(t_0)} = 2\left(\overline{\varphi^2(t_0)} - \overline{\varphi(t_N)\varphi(t_0)}\right) \qquad (6\text{-}125)$$

因为具有平稳性 $\ominus$，所以 $\ominus$

$$\overline{\varphi^2(t_N)} = \overline{\varphi^2(t_0)} = \int_0^\infty L_V(f)\mathrm{d}f = R_\varphi(0) \qquad (6\text{-}126)$$

其中 $S_V(f)$ 为单边谱。需要注意的是，$\overline{\varphi^2(t_N)}$ 是一个总体在 t_N 处的一个方差。

对于自相关，由于 $\tau = t_N - t_0$，因此有

$$\overline{\varphi(t_N)\varphi(t_0)} = R_\varphi(\tau) = 1/2 \cdot F^{-1}\{L_V(f)\} = 1/2 \int_{-\infty}^\infty L_V(f)\mathrm{e}^{\mathrm{j}2\pi f \tau}\mathrm{d}f$$
$$= \int_0^\infty L_V(f)\cos(2\pi f \tau)\mathrm{d}f \qquad (6\text{-}127)$$

$\ominus$ 可以表明，对于小的相位扰动，相位噪声是广义平稳的。

$\ominus$ 为了简单表示，使用 f 来代替 Δf。

其中 $1/2$ 因子是必需的，因为 $S_V(f)$ 是一个单边功率谱，而傅里叶变换是定义在一个双边（对称）频谱上的。

因此 [⊖]

$$\overline{\varphi^2(\tau)} = 2\int_0^\infty L_V(f)\left[1-\cos(2\pi f\tau)\right]\mathrm{d}f = 4\int_0^\infty L_V(f)\sin^2(\pi f\tau)\mathrm{d}f \equiv \left[\mathrm{rad}^2\right] \tag{6-128}$$

参考式（6-123），在时域上，

$$\sigma_{\mathrm{abs}(\Delta t)}^2 = \overline{\Delta t^2} = \frac{T_0^2}{\pi^2}\int_0^\infty L_V(f)\sin^2(\pi f\tau)\mathrm{d}f \equiv \left[s^2\right] \tag{6-129}$$

其中 $\tau = t_N - t_0$，式（6-129）允许基于相位噪声频谱计算绝对抖动，当然，它还依赖于观测时间 τ。

假设相位频谱模型由式（6-115）的洛伦兹形式（但从实验的角度来看并非总是如此）给出，我们能用闭环形式表达有趣的结论。

假设 $S_V(f)$ 作为洛伦兹形式，有

$$\overline{\varphi^2(t_0)} = \int_{-\infty}^\infty L_V(f)\mathrm{d}f = \frac{\beta\pi}{f_L} \tag{6-130}$$

以及

$$\overline{\varphi(t_N)\varphi(t_0)} = R_\varphi(\tau) = \frac{\beta\pi}{f_L}\mathrm{e}^{-2\pi f_L\tau} \approx \frac{\beta\pi}{f_L}(1-2\pi f_L\tau) \tag{6-131}$$

如前所见，洛伦兹频谱的傅里叶变换是一个指数衰减函数。所以

$$\overline{\varphi^2(\tau)} = 2\left(\overline{\varphi^2(t_0)} - \overline{\varphi(t_N)\varphi(t_0)}\right) = 4\beta\pi^2\tau$$

$$\rightarrow \sigma_{\mathrm{abs}(\varphi)} = \sqrt{4\beta\pi^2\tau} \equiv [\mathrm{rad}] \tag{6-132}$$

在时域上，

$$\sigma_{\mathrm{abs}(\Delta t)} = \frac{T_0}{2\pi}\sigma_{\mathrm{abs}(\varphi)} = \frac{\sqrt{4\beta\pi^2\tau}}{2\pi f_0} = \frac{\sqrt{\beta}}{f_0}\sqrt{\tau} = \alpha\sqrt{\tau} \equiv [s] \tag{6-133}$$

其中 α 为一个常数。以上是一个简单而重要的关系，表明由于每个周期的均方误差是独立的，且贡献是求和计算的，因此随周期的平方根增加，抖动增加。这并不奇怪，因为它是一个随机游走的扩散过程。当传感系统中使用时钟来测量与时间相关的事件时，这个抖动表达式是有用的。

抖动还有另一种表达式，称为均方根抖动或周期抖动：

$$\sigma_{\mathrm{rms}} = \lim_{N\to\infty}\sqrt{\frac{1}{N}\sum_{n=1}^N \Delta t_n^2} \tag{6-134}$$

⊖　$1-\cos(2\pi f\tau) = 2\sin^2(\pi f\tau)$。

基于前面的讨论，可以很容易地计算它：

$$\sigma_{\mathrm{rms}} = \sigma_{\mathrm{abs}(\Delta t)}\left(\tau = T_0\right) = \frac{\sqrt{\beta}}{f_0\sqrt{f_0}} \equiv [\mathrm{s}]\qquad(6\text{-}135)$$

因此，从式（6-133）到式（6-135），我们有

$$\sigma_{\mathrm{abs}(\Delta t)} = \sigma_{\mathrm{rms}}\sqrt{f_0}\sqrt{\tau}\qquad(6\text{-}136)$$

现在，总结一些重要提示：

- 式（6-133）和式（6-135）是在相位噪声为洛伦兹模型的假设下计算的。
- 如果频谱不是洛伦兹形式的（实验相位噪声在其他许多物理效应的基础上有很大的变化），则应该使用式（6-129）作为绝对抖动和均方根抖动：

$$\sigma_{\mathrm{rms}}^2 = \frac{T_0^2}{\pi^2}\int_0^\infty L_V(f)\sin^2(\pi f\tau)\mathrm{d}f \equiv \left[\mathrm{s}^2\right]\qquad(6\text{-}137)$$

其中 $\tau \approx NT_0$，对于周期对周期的抖动 $\tau \approx T_0$。应仔细考虑 $\sin^2(\pi f\tau)$ 对 $L_V(f)$ 的调制，其中 $\sin^2(\pi f\tau) \approx \pi^2 f^2 / f_0^2$，频率 $f \leqslant f_0/2$ 时表现高通滤波特性。

- 通常，对于均方根抖动，需要考虑以下表达式：

$$\sigma_{\mathrm{rms}}^2 \simeq \frac{T_0^2}{(2\pi)^2}\overline{\varphi^2(T_0)} = \frac{T_0^2}{(2\pi)^2}\cdot\int_0^\infty L_V(f)\mathrm{d}f = \frac{T_0^2}{4\pi^2}\int_0^\infty L_V(f)\mathrm{d}f\qquad(6\text{-}138)$$

然而，它并没有考虑到 $\sin^2(\pi f\tau)$ 的调制。这意味着我们忽略了式（6-127）的交叉 - 互相关，并且这有时能夸大地给出抖动的过高估计。

延伸阅读

Baghdady, E. J., Lincoln, R. N., and Nelin, B. D., Short-term frequency stability: Characterization, theory, and measurement. *Proc. IEEE*, vol. 53, pp. 704–722, 1965.

Brillouin, L., *Science and Information Theory*, 2nd cd. Mineola, NY: Dover Publications, 1962.

Cutler, L. S. and Searle, C. L., Some aspects of the theory and measurement of frequency fluctuations in frequency standards. *Proc. IEEE*, vol. 54, pp. 136–154, 1966.

Drakhlis, B., Calculate oscillator jitter by using phase-noise analysis, *Microwaves RF*, vol. 40, no. 2, pp. 109–119, 2001.

Feynman, R. P., Robert, B. L., Sands, M., and Gottlieb, M. A., *The Feynman Lectures on Physics*. Reading, MA: Pearson/Addison-Wesley, 1963.

Gabrielson, T. B., Mechanical-thermal noise in micromachined acoustic and vibration sensors. *IEEE Trans. Electron Devices*, vol. 40, pp. 903–909, 1993.

Hajimiri, A., and Lee, T. H., A general theory of phase noise in electrical oscillators. *IEEE J. Solid-State Circuits*, vol. 33, pp. 179–194, 1998.

Hajimiri, A., and Lee, T. H., *The Design of Low Noise Oscillators*. Norwell, MA: Kluwer Academic, 2003.

Hajimiri, A., Limotyrakis, S., and Lee, T. H., Jitter and phase noise in ring oscillators. *IEEE J. Solid-State Circuits*, vol. 34, pp. 790–804, 1999.

Ham, D., and Hajimiri, A.,Virtual damping and Einstein relation in oscillators, *IEEE J. Solid-State Circuits*, vol. 38, no. 3, pp. 407–418, Mar. 2003.

Herzel, F., and Razavi, B., A study of oscillator jitter due to supply and substrate noise. *IEEE Trans. Circuits Syst. II: Analog Digital Signal Process.*, vol. 46, pp. 56–62, 1999.

Johnson, J. B., Thermal agitation of electricity in conductors. *Nature*, 119, p. 50, 1927.

Johnson, J. B., Thermal agitation of electricity in conductors. *Phys. Rev.*, 541, pp. 97–129, 1927.

Keshner, M. S., 1/F Noise. *Proc. IEEE*, vol. 70, pp. 212–218, 1982.

Lee, T. H., and Hajimiri, A., Oscillator phase noise: A tutorial. *IEEE J. Solid-State Circuits*, vol. 35, 2000.

Leeson, D. B., A simple model of feedback oscillator noise spectrum. *Proc. IEEE*, vol. 54, pp. 329–330, 1966.

MacDonald, D. K. C., *Noise and Fluctuations*. New York: John Wiley & Sons, 1962.

McNeill, J. A., Jitter in ring oscillators, 1994.

Nyquist, H., Thermal agitation of electric charge in conductors. *Phys. Rev.*, 32, pp. 110–113, 1928.

Phillips, J., and Kundert, K., An introduction to cyclostationary noise. *Cust. Integr. Circuits Conf.* pp. 1–43, 2000.

Razavi, B., A study of phase noise in CMOS oscillators. *IEEE J. Solid-State Circuits*, vol. 31, pp. 331–343, 1996.

Rice, S. O., Mathematical analysis of random noise. *Bell System Tech. J.* 23, pp. 282–332, 1944.

Sarpeshkar, R., Delbruck, T., and Mead, C. A., White noise in MOS transistors and resistors. *IEEE Circuits Devices Mag.*, vol. 9, pp. 23–29, 1993.

第 7 章
电子器件和电路中的噪声

本章将处理电子传感器设计中两个至关重要的步骤。第一个步骤是从功能模块到集总模型电子电路的转变。在这种方法中，噪声将不再与行为模块相关，而是与电路拓扑和电子元器件相关。第二个步骤是分析读出模式对噪声的影响，强调连续和离散时间方法之间的差异。最后，我们将根据第 3 章的关系讨论与采集链中的带宽和分辨率有关的一些折中。

7.1 限制了信噪比和带宽的热噪声

大多数在环境条件下工作的电子系统在分辨率上都受到热噪声的限制。出发点可以是计算一个电阻给出的热噪声与它的电阻值的关系，并与 1V 的参考值进行比较，来得到一个比较表。因此，信噪比（SNR）由式（7-1）给出：

$$\text{SNR} = 20\log\left[\frac{1\,\text{V}}{\sqrt{4kTRB}}\right] \tag{7-1}$$

其中，B 为系统带宽。然后，我们把上述数值转换为有效位数（ENOB），与 A/D 转换器的特征进行比较。

这种行为的概括图如图 7-1 所示。

该图很好地说明了传感器设计的约束条件。一般来说，传感器系统的信号带宽频率相对较低，我们选择的范围是 10 Hz~10 MHz。此外，输入等效电阻很少低于几十欧姆。

因此，如果我们需要在这样的边界中设计一个接口，那么动态范围不超过 150dB

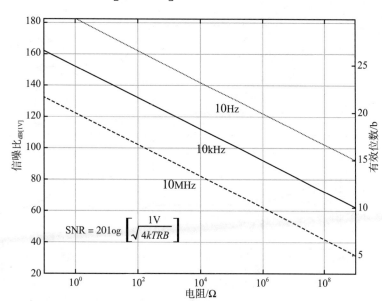

图 7-1　一个可变值电阻相对于参考电压 1V 所给出的信噪比图。相应的 A/D 转换器的有效位数显示在右侧

或 24 位有效位数。特别是在直流测量中，有一些技术可以覆盖更高的动态范围，但其基础是将动态范围（DR）划分为子域，在子域上根据信号强度来调整接口。详细讨论见 2.11.2 节和 2.13.1 节。

7.2　粉红噪声和白噪声的组合

我们已经介绍了根据噪声的功率谱密度形状对其进行"颜色"分类的方法。在大多数电子应用中，我们必须处理白（热和散粒）噪声与粉红（闪烁）噪声的组合，其中一阶低通行为定义了系统带宽。

图 7-2a 表明了以白噪声和粉红噪声为特征的噪声系统中功率谱密度（PSD）的形状，其带宽受一阶低通滤波器的截止频率 f_0 限制。请注意，$1/f$ 噪声遵循一条斜率为 1∶1 的渐近线（每十倍频噪声下降为原来的 1/10），而白噪声是一条直线。两条渐近线之间的截点称为噪声拐角频率 f_C，它是粉红噪声和白噪声对总噪声贡献相等时的频率。在图的远端有一个典型的系统的主导单极截止频率 f_0。由于我们处理的是功率图，所以截止频率以外的图形斜率为 2∶1。如果我们想在一个特定的带宽中以几何形式可视化噪声功率，就必须关注图 7-2b 所示的 PSD 函数的线性坐标图（而不是对数坐标图）。注意，这个图是如何与对数坐标图有所区别的，我们必须放大图的最开始部分才能看到函数的双曲线行为。因此，角频率和截止频率离放大的线性图很远。如果我们想把它们包括在图中，那么图中的粉红噪声部分将被挤压成左边的一个非常尖锐的脉冲。这一观察强调了对数坐标图相对于其他表示方法的优势。

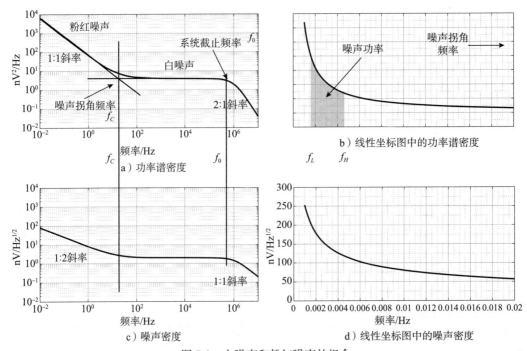

图 7-2　白噪声和粉红噪声的组合

［示例来自德州仪器公司的 OPA209：$k_W = 2.2\text{nV}/\sqrt{\text{Hz}}$；$k_P = 8\text{nV}/\sqrt{\text{Hz}}$］

正如第 4 章所介绍的，我们必须谨慎地从噪声密度图中计算出均方根值。我们必须首先进入功率图域，然后再返回噪声密度图。有两种典型情况，如果频谱密度是均匀的，则可以计算均方根值为

$$W(f) = k_W^2; \; \overline{v_N^2} = k_W^2 \cdot B \rightarrow v_{Nrms} = k_W \cdot \sqrt{f_H - f_L}; \; k_W \equiv \left[V / \sqrt{Hz} \right] \tag{7-2}$$

其中，$W(f)$ 是白噪声 PSD，k_W^2 是白噪声常数，$B = f_H - f_L$ 是我们要计算随机过程的均方根值的带宽。

如果功率谱有一个典型的"粉红"噪声谱，则可以计算出均方根值为

$$P(f) = k_P^2 / f; \; \overline{v_N^2} = k_P^2 \int_{f_L}^{f_H} \frac{1}{f} df = k_P^2 \ln\left(\frac{f_H}{f_L}\right) \rightarrow v_{Nrms} = k_P \cdot \sqrt{\ln\frac{f_H}{f_L}}; \; k_P \equiv \left[V / \sqrt{Hz} \right] \tag{7-3}$$

其中，k_P^2 是粉红噪声在 1Hz 下的功率值。请注意，任意十倍频内的噪声功率都是一样的。

示例 使用图 7-2 中的数据，我们有 $k_W = 2.2\text{nV} / \sqrt{Hz}$，所以在 100Hz 和 1kHz 的带宽之间，总的均方根噪声值是 $v_{N_{rms}} = \left(2.2 \times 10^{-9} \times \sqrt{1 \times 10^3 - 100}\right) = 66\text{nV}$，在 1kHz 和 10kHz 之间，总的均方根噪声值是 $v_{N_{rms}} = \left(2.2 \times 10^{-9} \times \sqrt{10 \times 10^3 - 100}\right) = 208\text{nV}$。

示例 再次使用图 7-2 中的数据，我们有 $k_P = 8\text{nV} / \sqrt{Hz}$。如果想计算 0.1Hz 和 1Hz（粉红区域）带宽之间的噪声功率，则有 $v_{N_{rms}} = \left(8.0 \times 10^{-9} \times \sqrt{\ln(1 / 0.1)}\right) = 12\text{nV}$。0.01Hz 和 0.1Hz 之间也有同样的均方根噪声。

> **提示** 对数坐标图对于带宽内总噪声的图形估计可能会产生误导。即使粉红部分的噪声值大于白色部分的噪声值，每十倍频内的总噪声值也可能小于白噪声某个十倍频内的计算值。这是因为当我们在横坐标的右侧移动时，真正的面积（只有在线性坐标图上才能表示）应该以指数形式展开。

如果粉红噪声和白噪声都存在，我们有一个总的 PSD 噪声，由以下公式给出：

$$N(f) = W(f) + P(f) = k_W^2 + \frac{k_P^2}{f} = k_W^2 \left(1 + \frac{f_C}{f}\right), \; f_C = \frac{k_P^2}{k_W^2} \tag{7-4}$$

其中 f_C 被称为拐角频率。请注意，拐角频率是 PSD 值比白噪声的渐近值大两倍（3dB）的频率。还应指出，图 7-2a 中的线性坐标图与图 7-2b 中的对数坐标图之间的巨大差异。以 PSD 曲线下的面积为特征的噪声功率的图形表示只能在线性图中完成。相反，对数图很容易显示拐角频率，即粉红噪声和白噪声渐近线之间的截点，但在线性图中几乎看不到。

为了计算总功率，我们必须解决两个问题：首先，我们不能对 $f \rightarrow 0$ 的功率进行积分，因为积分不收敛；其次，我们必须处理 f_C 和 f_0 之间的关系。对于第一个问题，我们已经在第 6 章中讨论了这个问题以及假设有限的低限频率 f_L 的意义；对于第二个问题，我们将假设 $f_0 \gg f_C$，

因此，如式（7-5）所示，我们将粉红噪声从 f_L 积分到 f_0，而将白噪声在整个频谱上积分为

$$\overline{v^2} = \int_{f_L}^{\infty} k_W^2 \left(1 + \frac{f_C}{f}\right) |H|^2 \, df \cong \int_0^{\infty} k_W^2 |H|^2 \, df + \int_{f_L}^{\infty} k_W^2 \frac{f_C}{f} \, df$$

$$\cong \int_0^{f_0} k_W^2 |H|^2 \, df + \int_{f_L}^{f_0} k_W^2 \frac{f_C}{f} \, df = k_W^2 \left(\frac{\pi}{2} f_0 + f_C \ln \frac{f_0}{f_L}\right) \qquad （7\text{-}5）$$

换句话说，在有粉红噪声的情况下，粉红噪声的影响是使一阶系统的噪声带宽从典型 $(\pi/2) f_0$ 值增加到了

$$\mathrm{NBW} \approx \frac{\pi}{2} f_0 + f_C \ln \frac{f_0}{f_L} \qquad （7\text{-}6）$$

因此，粉红噪声占总噪声的百分比为

$$\frac{P_P}{P_{W+P}} = \frac{\beta}{1+\beta} \cdot 100 \equiv [\%]$$

$$\beta = \frac{f_C}{\pi/2 \cdot f_0} \ln \frac{f_0}{f_L} \qquad （7\text{-}7）$$

这很好地表明了整体计算选择的有限影响。正如在关于闪烁噪声的物理推导的讨论中所注意到的那样，f_L 可以与系统观测时间或寿命的倒数相联系，从而避免了积分发散问题。然而，对式（7-7）的简单检验表明，低频的功率增量是 f_L 的一个弱函数。

示例　设系统的截止频率为 100 kHz，$f_C = 500 \, \mathrm{Hz}$，f_L 由传感器的最大观测时间给出。考虑到观测时间从一个月递增到一个世纪，估计的粉红噪声在总噪声中的权重仅从 7.7% 增加到 9.6%。

最后，我们可以观察如何在对数坐标图中考虑噪声功率，如图 7-3 所示。同样，噪声功率与对数曲线所对应的面积并不成正比。

因此，我们可以看到，粉红区域每十倍频的功率是相同的，而白色区域每十倍频的功率是相邻增加频率的 10 倍。此外，我们很容易看到，拐角频率的白噪声和粉红噪声每十倍频的功率比可能大于或小于 1，这取决于拐角频率值。

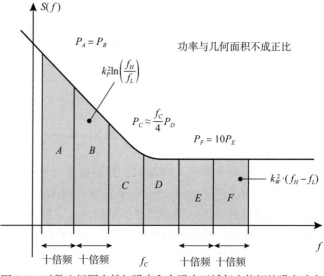

图 7-3　对数坐标图中粉红噪声和白噪声区域每十倍频的噪声功率

7.3　线性电路中总噪声的计算

第 5 章中讨论的器件级噪声模型允许通过传统的基尔霍夫定律（Kickhoff's Law, KL）与功率叠加技术按照如下步骤计算线性电路的总噪声：

1）用每个组件的噪声模型替代噪声器件。

2）通过应用噪声功率叠加技术得出假设不相关的噪声源的总电路噪声。

第二个命题得到了以下事实的支持：噪声是由完全独立的物理过程产生的，这些物理过程与不同的组件相关。这种方法的基础是，噪声模型是遍历性的。这意味着对于具有相同特征的其他物理器件，器件的模型都是相同的。

为了更好地理解这一过程，让我们使用两个简单的示例。第一个示例如图 7-4 所示，两个有噪声的电阻串联在一起。

为了计算图 7-4a 中两个噪声电阻的开路噪声，我们用图 7-4b 所示的噪声模型代替它们。为简单起见，我们将假设噪声是在等于 Δf 的频谱的给定部分中观测到的：

$$\overline{v_{oN}^2}(f)\Delta f = \overline{v_{1N}^2}(f)\Delta f + \overline{v_{2N}^2}(f)\Delta f$$
$$= 4kTR_1\Delta f + 4kTR_2\Delta f = 4kT(R_1 + R_2)\Delta f \qquad (7\text{-}8)$$

其中，$v_{1N}^2(f)$，$v_{2N}^2(f)$，$v_{oN}^2(f)$ 分别是两个电阻的频谱功率密度和输出的频谱功率密度。请注意，根据传统的线性电路计算规则，如图 7-4c 和图 7-4d 所示，其结果是两个电阻的输出噪声等同于由两个电阻值之和给出的唯一电阻的噪声。

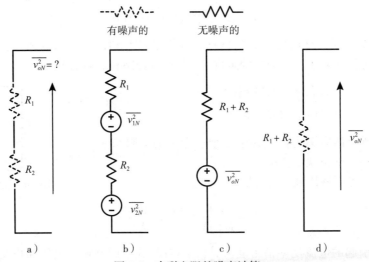

图 7-4　串联电阻的噪声计算

为了进一步说明这一技术，让我们来看第二个示例，如图 7-5 所示，两个电阻并联，为了更明确，我们假设只有白噪声。

因此，每个电阻的 PSD 由 $\overline{v_N^2}(f) = 4kTR$ 给出，Δf 的噪声功率由 $\overline{v_N^2}(f) = 4kTR_1\Delta f$ 给出。

因此，利用线性电路的噪声功率叠加，我们可以得出

$$\overline{v_{oN}^2} = \overline{v_{1N}^2}(f)\left(\frac{R_2}{R_1+R_2}\right)^2 \Delta f + \overline{v_{2N}^2}(f)\left(\frac{R_1}{R_1+R_2}\right)^2 \Delta f$$

$$= 4kTR_1\left(\frac{R_2}{R_1+R_2}\right)^2 \Delta f + 4kTR_2\left(\frac{R_1}{R_1+R_2}\right)^2 \Delta f$$

$$= 4kT\left(\frac{R_1 R_2}{R_1+R_2}\right)\Delta f = 4kT\left(R_1 // R_2\right)\Delta f \qquad (7\text{-}9)$$

表明并联电阻的总噪声功率相当于一个单一电阻所产生的噪声功率，其值由等效的电阻给出。一旦器件的噪声模型被确定，就可以对任何复杂的线性电路应用同样的规则。

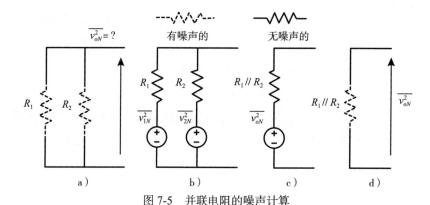

图 7-5　并联电阻的噪声计算

通过第 5 章中对奈奎斯特公式的概括，我们已经看到，电容和电感不会对噪声做出贡献，基于这个原因，对于一个通用的阻抗 Z，我们有开路和短路的 PSD 是

$$\overline{v_N^2}(f) = 4kT\ \text{Re}\{Z\}$$
$$\overline{i_N^2}(f) = 4kT\ \text{Re}\{Y\} \qquad (7\text{-}10)$$

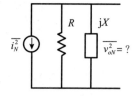

图 7-6　复数阻抗噪声示例

以图 7-6 所示的方案为例，其中一个有噪声的电阻与一个纯虚阻抗 jX（如电容或电感）并联。

因此，噪声发生器检测到的阻抗是

$$Z = \frac{jRX}{R+jX} = \frac{RX^2 + jR^2 X}{R^2 + X^2} \qquad (7\text{-}11)$$

由于电阻引起的电流功率谱密度为 $\overline{i_N^2}(f) = 4kT/R$，因此输出电压噪声是在两个并联阻抗上消耗的电流功率给出的：

$$\overline{v_{oN}^2}(f) = \frac{4kT}{R}|Z|^2 = \frac{4kT}{R}\frac{R^2 X^2}{R^2+X^2} = 4kT\frac{RX^2}{R^2+X^2} = 4kT\ \text{Re}[Z] \qquad (7\text{-}12)$$

这是对式（7-10）的证实。

7.4　电路中的输入参考噪声

每当我们处理一个有噪声的电子系统时，通过将噪声因素移到系统之外（在输入端或输出端）来降低复杂程度是很方便的（例如，比较噪声和信号）。在实践中，根据广义的戴维南（Thévenin）定理和诺顿（Norton）定理，我们可以用一个新的系统来模拟任何包含内部发生器的线性时不变的双端口系统，其中内部发生器被插入系统的输入或输出的外部来源所取代。

具体来说，上面提到的概念可以应用于线性双端口系统，如图 7-7 所示。第一个示例见图 7-7b，使用戴维南的广义定理，所有的内部源都被两个串联到输入和输出的电压发生器 v_{N1}, v_{N2} 所取代。按照戴维南的方法，这两个发生器在开路条件下实现在两个端口看到的噪声（无限阻抗边界条件：$I_1 = I_2 = 0$）。

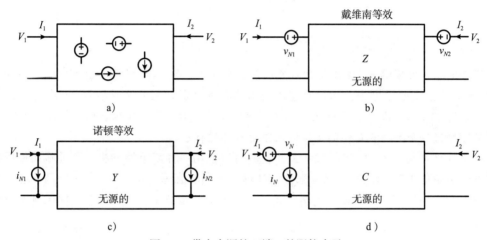

图 7-7　带有内源的双端口的阻抗表示

因此，通过使用阻抗表示法（Z 矩阵），两个端口的输入输出关系变为

$$\begin{bmatrix} V_1 \\ V_2 \end{bmatrix} = \begin{bmatrix} Z_{11} & Z_{12} \\ Z_{21} & Z_{22} \end{bmatrix} \begin{bmatrix} I_1 \\ I_2 \end{bmatrix} + \begin{bmatrix} v_{N1} \\ v_{N2} \end{bmatrix} \qquad (7\text{-}13)$$

其中 v_{N1} 和 v_{N2} 也称为等效开路发生器。

以类似的方式并使用诺顿的等效电路方法，包含发生器的同一系统可由图 7-7c 所示的系统表示，其中 i_{N1} 和 i_{N2} 称为短路等效电流发生器。像以前一样，这些源可以被确定为通过短路输入和输出端口 $V_1 = V_2 = 0$ 而测得的电流。

通过使用导纳表示法（Y 矩阵），这种情况下的关系成为

$$\begin{bmatrix} I_1 \\ I_2 \end{bmatrix} = \begin{bmatrix} Y_{11} & Y_{12} \\ Y_{21} & Y_{22} \end{bmatrix} \begin{bmatrix} V_1 \\ V_2 \end{bmatrix} + \begin{bmatrix} i_{N1} \\ i_{N2} \end{bmatrix} \qquad (7\text{-}14)$$

最后，另一个重要的代表可以通过使用链矩阵（C 矩阵）得到

$$\begin{bmatrix} V_1 \\ I_1 \end{bmatrix} = \begin{bmatrix} A & B \\ C & D \end{bmatrix} \begin{bmatrix} I_2 \\ V_2 \end{bmatrix} + \begin{bmatrix} v_N \\ i_N \end{bmatrix} \qquad (7\text{-}15)$$

其中 v_N 和 i_N 是输入等效开路和短路发生器。

这些表示法有共同的特点，都是由自由度为 2 的系统的线性特性衍生出来的。更具体地说，可以证明（除病理情况外）要用无噪声系统来完全模拟一个有噪声的双端口线性系统：

- 至少需要两个外部发生器。
- 对于一个给定的配置，两个发生器是由单个内部发生器的特性和配置唯一决定的。
- 图 7-7b~ 图 7-7d 所示的模型与图 7-7a 所示的原始模型完全等价。因此，两个发生器的值与构成边界条件的任何输入或输出负载无关。

此外，图 7-7b~ 图 7-7d 的输入和输出噪声源可以从一个模型映射到另一个。例如，很容易得到

$$v_N = -\frac{i_{N2}}{Y_{21}} = v_{M} - v_{N2}\frac{Z_{11}}{Z_{21}}$$

$$i_N = i_{M} - i_{N2}\frac{Y_{11}}{Y_{21}} = -v_{N2}Z_{21} \qquad (7\text{-}16)$$

不幸的是，如果输入 / 输出负载有渐近值，图 7-7b、图 7-7c 的模型就不成立。例如，在图 7-7b 和图 7-7c 的模型中，如果要连接的源的阻抗分别为无限值或零值（即在开路或短路的边界条件下），v_{N1} 和 i_{N1} 就变得无效。由于这些条件在电子设计中很普遍，因此参考图 7-7d 这样的模型是安全的，它对任何边界输入阻抗条件都有效。

由于外部源与输入 / 输出阻抗无关，我们可以使用一种简单的方法，通过施加相反的和渐近的阻抗条件（$Z_i = \infty$ 和 $Z_i = 0$）来独立计算电压和电流源，如图 7-8 所示。请注意，在这种情况下，我们使用了开路输出的边界条件。在下面的章节中，当应用于一些示例时，该过程将更加明显。

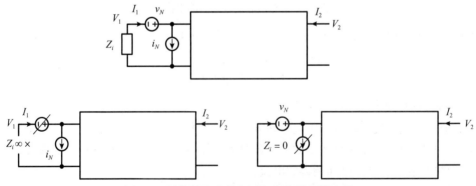

图 7-8　计算输入参考电压和电流噪声的流程

到目前为止，讨论的关系与线性系统中的通用电流或电压发生器的映射有关。这些结果可以应用于噪声源，但我们必须记住，在这种情况下，发生器由随机变量表示，因此它们可能有一些相关度。当处理参考系统边界的噪声源时，可以采用以下步骤：

- 我们假设所有的内部噪声源彼此不相关（例如，假设它们来自不同的器件或独立的物理过程）。

- 任何内部的第 k 个噪声功率源都通过 $|H_k|^2$ 与输入 / 输出参考源相联系，其中 H_k 是单源映射传递函数。
- 噪声功率的叠加将被用来计算总的输入 / 输出参考噪声。
- 我们检查输入 / 输出参考噪声源之间的相关度。

更具体地说，我们可以通过任何内部源的映射传递函数 $|H_k|^2$ 的倒数来确定任何外部输入噪声源，最后把它们全部相加。从数学的角度来看，如果我们有一个参考带宽 Δf，则输入源的噪声功率贡献是

$$\overline{v_{iN}^2} = \sum_k \frac{S_{kN}(f)\Delta f}{|H_k(f)|^2}\Bigg|_{Z_i=0} \quad , \quad \overline{i^2}_{iN} = \sum_k \frac{S_{kN}(f)\Delta f}{|H_k(f)|^2}\Bigg|_{Z_i=\infty} \tag{7-17}$$

其中，$S_{kN}(f)$ 代表电压平方或电流平方的功率谱密度：$\overline{v_{iN}^2}(f)$ 和 $\overline{i_{iN}^2}(f)$。同样，输出源通过使用其映射传递函数 $|H_k|^2$ 从每个内部源映射出来：

$$\overline{v_{oN}^2} = \sum_k S_{kN}(f)|H_k(f)|^2 \Delta f \tag{7-18}$$

注意，我们没有包括任何输出电流源，因为通常情况下，输出是在开路条件下进行的，例如通过高阻抗 A/D 转换器。

重要的是，外部源是如何联系在一起的。更具体地说，即使所有的内部噪声源都是独立的，相同的噪声源也可以映射到两个噪声源上。因此，这两个通用的外部源可能是部分相关的。如果这两个等效的噪声是图 7-7b 中描述的那些（作为一个示例），则相关关系可以通过如下相关系数来表示：

$$\gamma = \frac{\overline{v_{N1}v_{N2}}}{\sqrt{\overline{v_{N1}^2 v_{N2}^2}}} = \frac{S_{12}(f)\Delta f}{\sqrt{S_1(f)\Delta f \cdot S_2(f)\Delta f}} \tag{7-19}$$

其中，$S_{12}(f)$ 是两个电压噪声的交叉频谱。正如第 4 章所讨论的，即使两个噪声发生器是实函数，它们的互相关也可能是复数，其中 $\mathrm{Re}\{\gamma\}$ 考虑到了同相位的相关性，而 $\mathrm{Im}\{f\}$ 考虑到了噪声之间的正交相关性。

对于随机的电源，如噪声，总结如下：

就噪声而言，任何双端口线性系统都完全由四个实数定义：两个定义外部噪声发生器，另外两个（一个复数）考虑到它们之间的复相关性。

什么时候这两个发生器完全不相关？假设一个内部噪声源被映射到两个外部发生器，无论图 7-7b~ 图 7-7d 的模型是什么。在这种情况下，外部噪声源之间存在相关性，因为内部噪声源的任何变化都会映射到两个外部发生器。相反，如果一个源只被映射到一个外部发生器，那么它的贡献将不会在两个源之间产生关联。例如，如果一个内部电阻串联到图 7-7b 模型的输入或输出，那么它的噪声将只被映射到一个外部源，而对另一个没有贡献。下一个关于双极结晶体管（BJT）噪声模型的示例将阐明这个问题。

现在，如图 7-9 的步骤所示，由于选择了线性系统的"边界条件"（输入 / 输出端口的极

化），因此一旦我们找到了外部噪声发生器，就可以进一步简化噪声模型。在图 7-9a 中，传感器的等效阻抗和电导分别表示为 Z_s 和 Y_s，接口的输入参考电压和电流噪声功率分别表示为 $\overline{v_N^2}$ 和 $\overline{i_N^2}$，源的噪声（非接口产生）表示为 $\overline{v_{sN}^2}$。如果我们选择使用 C 矩阵模型和戴维南的输入源模型，就可以得出图 7-9c 所示的结构，其中 $\overline{v_{oN}^2}$ 称为输出参考电压噪声。或者，我们可以很容易地推导出与图 7-9d 所示相同的模型，其中 $\overline{v_{iN}^2}$ 称为输入参考噪声电压。请注意，这三个模型是完全等价的。

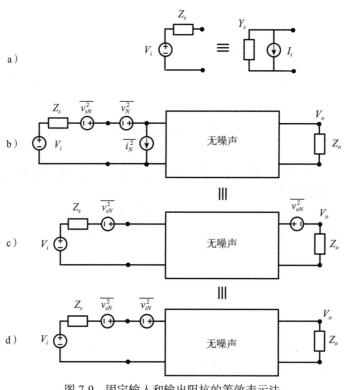

图 7-9 固定输入和输出阻抗的等效表示法

现在我们可以回到图 7-10 所示的行为表示。这对于在电路模型和其他形式的表示之间建立联系是很重要的。在图 7-10a 中，与信号 V_i 一起显示了图 7-9d 所示的输入参考噪声（$\overline{v_{iN}^2}$）和源噪声（$\overline{v_{sN}^2}$）。图 7-10b 和图 7-10c 显示了等效的行为表示，其中分别表示了输入参考和输出参考噪声。当然，根据诺顿定理，可以推导出一个非常类似的电流模型，而不是电压模型。

作为一个最终标记，注意，输入/输出参考噪声通常依赖于增益（这影响噪声源的映射传递函数）。然而，我们将在 7.5 节中看到，Friis 公式表明，最有效的噪声源是那些物理上被放置在放大链路起始端的噪声源，因此，输入–参考噪声对增益的依赖性较弱。这就是为什么系统的等效信噪比（仅指接口的噪声，而不是与信号相关的噪声）相对于增益变化几乎是恒定的。

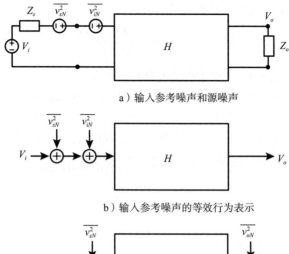

a）输入参考噪声和源噪声

b）输入参考噪声的等效行为表示

c）输出参考噪声的等效行为表示

图 7-10 图 7-9b 的电路表示

7.5 噪声系数和最佳噪声性能

图 7-9 的情况表明了来自传感器的输入信号 V_i 以及输入参考噪声和输出参考噪声的表示，然而，由于 Z_s 或 Y_s 的存在，传感器本身是有噪声的，理解零输入条件下传感器噪声和放大器噪声之间的关系很重要。说明传感器噪声和放大器噪声的一个参数是噪声因子 F，定义为

$$F = \frac{\text{考虑系统内部噪声源的输出噪声}}{\text{考虑无噪声系统模型的输出噪声}} \in [1, \infty) \tag{7-20}$$

它是由传感器和接口贡献组成的系统的输出噪声与假设无噪声接口的同一系统的输出噪声之比。由于无噪声接口的输出噪声等于或小于实际放大器的输出噪声，因此随着噪声条件的增加，F 的值也在增加，其范围为从 1 到无穷大。以分贝表示的噪声因子称为噪声系数。

式（7-20）所表达的噪声因子的定义也可参考输入

$$F \triangleq \frac{\overline{v_{oN}^2} + \overline{v_{sN}^2}|H|^2}{\overline{v_{sN}^2}|H|^2} = \frac{\overline{v_{iN}^2} + \overline{v_{sN}^2}}{\overline{v_{sN}^2}} = \frac{\text{总有效输入噪声}}{\text{仅考虑传感器的输入噪声}} \tag{7-21}$$

此外，参考图 7-10c，定义 P_i 和 P_o 分别为输入和输出信号功率，P_{oN} 为总输出噪声功率，我们有

$$F \triangleq \frac{\overline{v_{oN}^2} + \overline{v_{sN}^2}|H|^2}{\overline{v_{sN}^2}|H|^2} = \frac{P_{oN}}{\overline{v_{sN}^2}|H|^2}\frac{P_i}{P_i} = \frac{P_{oN}}{P_o}\frac{P_i}{\overline{v_{sN}^2}} = \frac{\text{SNR}_i}{\text{SNR}_o} \tag{7-22}$$

此外，回顾第 2 章的信噪比之间的关系，我们有

$$\mathrm{SNR}_{i(\mathrm{EQ})} = \mathrm{SNR}_o = \frac{P_o}{P_{oN}} = \frac{\mathrm{SNR}_i}{F} \tag{7-23}$$

现在我们可以将源的噪声与接口的噪声合并，如图 7-11 所示，以了解整个系统的最佳噪声性能与源阻抗的关系。在零输入条件下，假设噪声不相关，利用传感器的戴维南等效表示，传感器系统的噪声如图 7-11 所示，其中 v_N 和 i_N 分别是电压和电流输入参考的接口噪声发生器。由于图 7-11a 和图 7-11b 的结构是等价的，我们可以推导出总的输入参考噪声为

$$\overline{v_{iNT}^2} = \left(\overline{v_N^2} + \overline{i_N^2}R_S^2\right) + \overline{v_{sN}^2} = \overline{v_N^2} + \overline{i_N^2}R_S^2 + 4kTR_S\Delta f \tag{7-24}$$

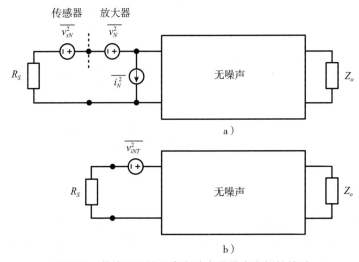

图 7-11　传感器和输入参考放大器噪声之间的关系

图 7-12 显示了源阻抗对噪声的影响，其中噪声分量以均方根值显示。

如果我们计算噪声系数，则从式（7-21）得到

$$F = 1 + \frac{1}{4kT\Delta f}\left(\frac{\overline{v_N^2}}{R_S} + \overline{i_N^2}R_S\right) \tag{7-25}$$

对式（7-25）关于 R_S 取微分，我们得到使噪声系数最小的源电阻值为

$$R_{\mathrm{opt}} = \sqrt{\frac{\overline{v_N^2}}{\overline{i_N^2}}} \tag{7-26}$$

另外，如果计算信噪比，则有

$$\mathrm{SNR}_i = \frac{V_i^2}{\overline{v_N^2} + \overline{i_N^2}R_S^2 + 4kTR_S\Delta f} \tag{7-27}$$

因此，我们认为最大的信噪比是由 $R_S \to 0$ 给出的，而最小的噪声系数是由 R_{opt} 给出的。

这可以很容易地在图 7-12 中显示出来。请注意，对于小的 R_s 来说，噪声主要是由电压接口噪声引起的。然后，源噪声给出普遍的贡献，最后，对于大的 R_s，主要贡献来自电流。

等效噪声电压

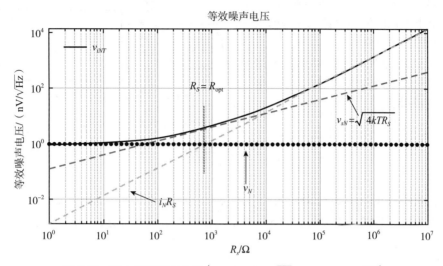

图 7-12　输入参考噪声分量 $\left(v_N = 1.0\text{nV}/\sqrt{\text{Hz}}, i_N = 1.4\text{pA}/\sqrt{\text{Hz}}\right)$

　　根据前面的观察，如果最小化 R_s 实现最小信噪比，那么为什么 R_{opt} 被称为"最佳源电阻"？因此，哪个是设计传感器接口的最佳流程？对于第一个问题，我们必须观测到，对于给定的 R_s，总均方根噪声有一个由 $\sqrt{4kTR_s}$ 给出的下界，因此对于"最佳源电阻"，它是由接口贡献的最小噪声增量，即 $\sqrt{4kTR_s}$。

　　对于第二个问题，应当指出，在电子传感器设计中，我们通常不能改变源阻抗，因为传感器的特性确定了它的阻抗。因此，在设计中应采取以下步骤：

- 在具有相同性能的传感器中，选择具有较小源电阻 R_s 的传感器是很方便的，因为这在网络的任何条件下都能使信噪比最小。
- 一旦源电阻被设定，就可以通过适应源电阻的接口来优化总的噪声性能，从而使 R_{opt} 向 R_s 移动。因此，我们应该设计接口，以便获得与式（7-26）有关的噪声分量。

　　如果 v_N 和 i_N 是固定的呢？原则上，我们可以通过阻抗匹配来提高性能，当然，这只能在交流操作（如射频低噪声放大器）中实现，因为即使噪声是随机信号，它的频谱分量也是确定性的。例如，原则上我们可以使用一个线圈变压器来改变 v_N 和 i_N 之间的关系。众所周知，在我们的示例中，变压器的关系可以映射为 $v_{N2}/v_{N1} = i_{N1}/i_{N2} = N_2/N_1$，其中下标 1 代表一次变压器电路，下标 2 代表二次变压器电路，N_x 是一个绕组的匝数。因此，电流和电压噪声之间的平衡可以通过保持相同的乘积不变来改变：我们可以通过减少电流噪声来增加电压噪声的数量，反之亦然。因此，如果能做到这一点，我们可以调整接口以适应传感器。

　　如果源电阻最初小于最佳值，我们能够减少原来的 v_N 并增加 i_N 来使 R_{opt}（由两条渐近线

的交叉点来表征）向左移动到 R_S。另外，如果最初源电阻大于最佳值，那么可以增加原始的

v_N 并减少 i_N 来使拐角向右移动。如果在图上使用这种方法，你可以很容易发现，在两种情况下，最终的结果都比原来的结果拥有更好的噪声性能。

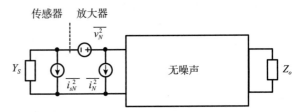

图 7-13　考虑电抗的阻抗匹配计算模型

为了更好地分析交流中阻抗匹配的效果，我们在使用诺顿模型时应该考虑电抗，如图 7-13 所示。

噪声系数（以电流为单位）可表示为

$$F = \frac{\overline{i_{sN}^2} + \overline{\left|i_N + Y_S v_N\right|^2}}{\overline{i_{sN}^2}} \tag{7-28}$$

注意，我们假设 i_{sN} 和其他源之间的噪声功率是叠加的，但在 i_N 和 v_N 之间不是，因为如前所述，它们可能是部分相关的。因此，我们可以把 i_N 分成两部分，一部分是 i_u，与 v_N 不相关，另一部分是 i_c，与 v_N 相关：

$$i_N = i_u + i_c = i_u + Y_c v_N \tag{7-29}$$

其中 Y_c 称为相关导纳，它是表达输入 – 参考噪声电流和电压关系的另一种方式。由于根据定义有 $\overline{i_u v_N} = 0$，因此 i_N 和 v_N 之间的相关系数 γ 可以表示为

$$\gamma = \frac{\overline{i_N v_N}}{\sqrt{\overline{i_N^2 v_N^2}}} = Y_c \sqrt{\frac{\overline{v_N^2}}{\overline{i_N^2}}} \tag{7-30}$$

现在，如果我们假设白噪声条件下

$$\overline{v_N^2} = 4kTR_N\Delta f; \overline{i_u^2} = 4kTG_u\Delta f; \overline{i_{sN}^2} = 4kTG_S\Delta f \tag{7-31}$$

其中，G_S 是传感器的真实电导，而 R_n 和 G_u 分别是输入参考电压噪声和不相关的输入参考电流噪声的模型电阻和电导。因此，将式（7-29）和式（7-31）代入式（7-28），得到

$$F = \frac{\overline{i_{sN}^2} + \overline{\left|i_N + Y_S v_N\right|^2}}{\overline{i_{sN}^2}} = \frac{\overline{i_{sN}^2} + \overline{\left|i_u + \left(Y_c + Y_S\right)v_N\right|^2}}{\overline{i_{sN}^2}} = 1 + \frac{\overline{i_u^2} + \left|Y_c + Y_S\right|^2 \overline{v_N^2}}{\overline{i_{sN}^2}}$$

$$= 1 + \frac{G_u + \left|Y_c + Y_S\right|^2 R_N}{G_S} = 1 + \frac{G_u}{G_S} + \frac{R_n}{G_S}\left[\left(G_c + G_S\right)^2 + \left(B_c + B_S\right)^2\right]$$

$$Y_c = G_c + jB_c, \quad Y_S = G_S + jB_S \tag{7-32}$$

其中，G 和 B 符号表示电导和电纳。注意，对于不相关的噪声和可忽略不计的电纳，式（7-32）等于式（7-25）。

能够很容易证明，使噪声系数最小的最佳值是

$$B_{\text{opt}} = B_S = -B_c$$

$$G_{\text{opt}} = G_S = \sqrt{\frac{G_u}{R_N} + G_c^2} = \sqrt{\frac{\overline{i_u^2}}{\overline{v_N^2}} + G_c^2} \tag{7-33}$$

这意味着为了优化噪声，源电纳应等于相关电纳的负值，并使源电导等于式（7-33）中的表达式。

如果假设频率低到足以忽略电纳，那么现在有趣的是，假设完全相关和完全不相关的噪声源等价，我们就可以得到这个结论。

在第一种情况下，让我们假设两个源是完全不相关的。因此

$$i_c = 0; Y_c = 0; G_c = 0; i_u = i_N$$

$$\rightarrow G_{\text{opt}} = \sqrt{\frac{\overline{i_N^2}}{\overline{v_N^2}}} \tag{7-34}$$

在第二种情况下，即两个源完全相关的情况下，有

$$i_u = 0; Y_c = G_c = i_N / v_N$$

$$\rightarrow G_{\text{opt}} = \sqrt{G_c^2} = \sqrt{\frac{\overline{i_N^2}}{\overline{v_N^2}}} = \frac{1}{R_{\text{opt}}} \tag{7-35}$$

如前所述，其中 $R_{\text{opt}} = \sqrt{\overline{v_N^2}/\overline{i_N^2}}$。

值得关注的是，在放大器链中，噪声系数是如何构成的。图 7-14a 所示的系统等同于图 7-14b 中所显示的，其中所有的噪声源都在系统的输入端移动。

我们能够按照式（7-21）定义第 k 级的噪声系数为

$$F_k \triangleq \frac{\overline{v_{sN}^2} + \overline{v_{kN}^2}}{\overline{v_{sN}^2}} = \frac{源噪声 + 第 k 级输入参考噪声}{源噪声} \tag{7-36}$$

由此

$$(F_k - 1) \triangleq \frac{\overline{v_{kN}^2}}{\overline{v_N^2}} = \frac{第 k 级输入参考噪声}{源噪声} \tag{7-37}$$

因此，我们有

$$F_T = \frac{\overline{v_{sN}^2} + \overline{v_{1N}^2} + \dfrac{\overline{v_{2N}^2}}{S_1^2} + \dfrac{\overline{v_{3N}^2}}{S_1^2 S_2^2} + \cdots + \dfrac{\overline{v_{kN}^2}}{S_1^2 S_2^2 \cdots S_{k-1}^2}}{\overline{v^2 N}}$$

$$= F_1 + \frac{F_2 - 1}{S_1^2} + \frac{F_3 - 1}{S_1^2 S_2^2} + \cdots + \frac{F_k - 1}{S_1^2 S_2^2 \cdots S_{k-1}^2} \tag{7-38}$$

这被称为 Friis 公式。

该公式指出了两个重要方面：第一级的噪声系数在总的噪声系数中占主导地位；第一级

的高增益减少了后面几级的噪声系数（NF）的贡献。上述方面表明，（在大多数情况下）输入前端是确定采集链中总体噪声的关键。噪声的大部分贡献来自放大的第一级，这意味着大多数实际系统的输入参考噪声对增益的依赖性很弱（在带宽相等的情况下），因此，相对于增益的变化，等效信噪比几乎稳定。

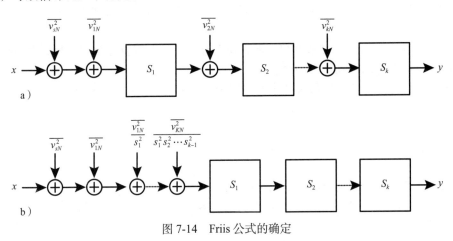

图 7-14 Friis 公式的确定

7.6 示例：结型晶体管的噪声

为了更好地理解 7.5 节介绍的输入参考噪声计算，我们将利用这个机会对双极结晶体管（BJT）进行计算。这对本书中将进一步介绍的更复杂的电路有用。其思想是推导出一个如图 7-15a 所示的噪声模型，其中所有的内部噪声源都被压缩在一个无噪声器件的输入端。通过这种方法可以很容易地得到复杂电路中使用单个 BJT 器件的噪声特性。

为此，我们将假设晶体管在正常模式下工作，这是使用器件工作点最常用的一种模式，器件的小信号模型（无噪声）如图 7-15b 所示，所有的符号都在图 7-15 中表示，其中 B、C、E 分别是器件的基极、集电极和发射极；β_0 是电流增益，r_{BE} 是 BE 模型电阻；r_{CE} 是 CE 模型电阻，R_B 是基极电阻。小信号增量用小写字母表示（i_B、i_C、v_B、v_C 等），而静态大信号量（偏置点）则用大写字母表示（I_B、I_C、V_B、V_C 等）。器件的跨导率由 $g_m = \beta_0 / r_{BE}$ 给出。

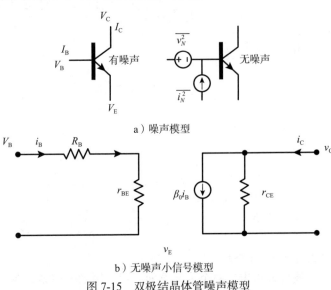

a）噪声模型

b）无噪声小信号模型

图 7-15 双极结晶体管噪声模型

对于该目标，第一步是使用等效模型找到输入参考噪声 $\overline{i_{iN}^2}$ 和 $\overline{v_{iN}^2}$，如图 7-16a 所示。注意 r_{BE} 和 r_{CE} 不贡献噪声，因为它们分别是电流和电压的导数模型。相反，R_B 确实对噪声有贡献，因为它是基极的物理电阻。$\overline{i_{BN}^2}$ 和 $\overline{i_{CN}^2}$ 分别是由于 BE 和 CB 结势垒引起的基极和集电极电流的散粒噪声。仅考虑热噪声和散粒噪声，带宽 Δf 中的功率贡献为 $\overline{i_{BN}^2} = 2qI_B\Delta f\,\overline{i_{CN}^2} = 2qI_C\Delta f$，以及 $\overline{v_{BN}^2} = 4kTR_B\Delta f$。当然，闪烁噪声总是存在的，然而，在这个示例中，为了简单起见，它将被忽略，因为它比其他器件（如金属–氧化物–半导体）中的相应值小得多。在任何情况下，该流程都是非常通用的，可以很容易地应用于闪烁噪声贡献。

第二步是通过规定图 7-16a 的电路行为等于图 7-16b 的行为，即应该总是满足 $v_i = v_i'$，$v_o = v_o'$, $i_i = i_i'$, $i_o = i_o'$，其中带单引号的符号与底部模型有关，从而得出输入参考电流和电压噪声 $\overline{i_N^2}$ 和 $\overline{v_N^2}$。

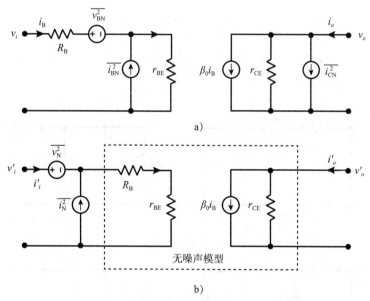

a)

b)

图 7-16　向 BJT 等效电路模型添加噪声

为了方便推导输入参考噪声，我们将使用 7.5 节中介绍的技巧，将输入阻抗设置为渐近值。因此，为了推导出 $\overline{v_N^2}$，我们将首先对两个模型施加一个短路，如图 7-17 所示。这样一来，$\overline{i_N^2}$ 的贡献就变得无效了，如图 7-17b 所示。通过假设 $R_B \ll 1$ 和通常的等价关系 $r_{BE} = V_T / i_B = kT / qi_B$，有

$$v_o = r_{CE}\left(\beta_0 i_B + i_{CN}\right) = v_o' = r_{CE}\beta_0 i_B' = r_{CE}\beta_0 \frac{v_N}{r_{BE}}$$

$$\rightarrow v_N = r_{BE}i_B + \frac{r_{BE}}{\beta_0}i_{CN} = v_{BN} + \frac{r_{BE}}{\beta_0}i_{CN}$$

$$\rightarrow \overline{v_N^2} = \overline{v_{BN}^2} + \left(\frac{r_{BE}}{\beta_0}\right)^2 \overline{i_{CN}^2} = 4kTR_B\Delta f + \left(\frac{r_{BE}}{\beta_0}\right)^2 \frac{V_T}{I_C}\cdot 2qI_C\Delta f$$

$$= 4kT\left(R_B + \frac{r_{BE}}{2\beta_0}\right)\Delta f \equiv \left[\mathrm{V}^2\right] \tag{7-39}$$

相反，为了得出 $\overline{i_{iN}^2}$，我们将使用相反的开路输入阻抗条件，如图 7-18 所示。

同样，通过在两个模型之间施加相同的等价关系，我们有

$$v_o = r_{CE}\left(\beta_0 i_{BN} + i_{CN}\right) = v_o' = r_{CE}\beta_0 i_N'$$

$$\rightarrow \overline{i_N^2} = \overline{i_{BN}^2} + \frac{\overline{i_{CN}^2}}{\beta_0^2} = 2qI_B\Delta f + \frac{1}{\beta_0^2}2qI_C\Delta f = 2qI_B\left(1+\frac{1}{\beta_0^2}\right)\Delta f \equiv \left[\mathrm{A}^2\right] \tag{7-40}$$

综上所述，输入参考噪声电压和电流为

$$\begin{cases} \overline{v_N^2} = 4kT\left(R_B + \dfrac{r_{BE}}{2\beta_0}\right)\Delta f \equiv \left[\mathrm{V}^2\right] \\[3mm] \overline{i_N^2} = 2qI_B\left(1+\dfrac{1}{\beta_0}\right)\Delta f \equiv \left[\mathrm{A}^2\right] \end{cases} \tag{7-41}$$

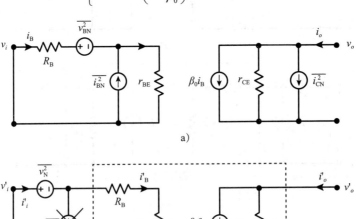

图 7-17　使用零输入阻抗（短路）的输入参考电压噪声推导

值得注意的是，内部噪声发生器是如何被映射回输入端的，更具体地说，重新排列式（7-41），如图 7-19 所示，我们能够注意到 $\overline{i_{CN}^2}$ 被映射在两个发生器中，并且这两个贡献通过输入端口电阻 r_{BE} 相互关联。然而，输入电阻和基极电流噪声只被映射到一个源。这种行为使得两个贡献不相关，如图 7-19 所示。

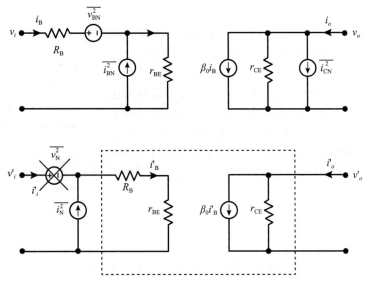

图 7-18　使用无限输入阻抗（开路）的输入参考电流噪声推导

这是由于一些噪声发生器被放置在特殊的和"病态"的连接中（即一个电压噪声发生器串联到输入端或一个电流噪声发生器并联到输入端），因此没有电流或电压的输入参考发生器可以对系统产生同样的影响。总之，对于 $\beta_0 \gg 1$ 的 BJT 器件，可以假设两个输入参考发生器不相关。

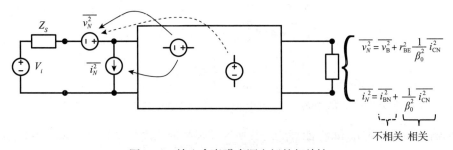

图 7-19　输入参考噪声源之间的相关性

7.7　示例：金属－氧化物－半导体晶体管的噪声

金属－氧化物－半导体（MOS）晶体管的物理行为与 BJT 晶体管有很大不同，因此，噪声源的贡献与双极结晶体管不同。MOS 的噪声源主要有两种：闪烁噪声和热噪声。其他噪声也是存在的，如散粒噪声和脉冲噪声，但在本推导中它们将被忽略。

同样，我们的想法是推导出一个如图 7-20a 所示的噪声模型，其中所有的内部噪声源都被压缩在一个无噪声器件的输入端。使用这种技术可以很容易地推导出使用单 MOS 晶体管的更复杂电路的噪声特性。出发点将是使用图 7-20b 所示的线性化小信号模型，其中，C_i 是输入电容，g_m 是跨导。

主要的 MOS 噪声源是闪烁噪声。目前还不清楚这种噪声是源自表面状态的电荷捕获导致的载流子数量的波动（MacWhorter 模型），还是源自改变通道电阻的体外迁移率波动（Hooge 模型）。最近，人们做出的一些努力旨在将这两种模型结合到一个统一的模型中，其中的想法就是通道电荷被俘获时，确实会引起相关的表面迁移率波动。在这个示例中，我们将简单地使用一个经验表达式表明，在栅极电压处的输入参考噪声功率谱密度（PSD）是由以下公式给出的：

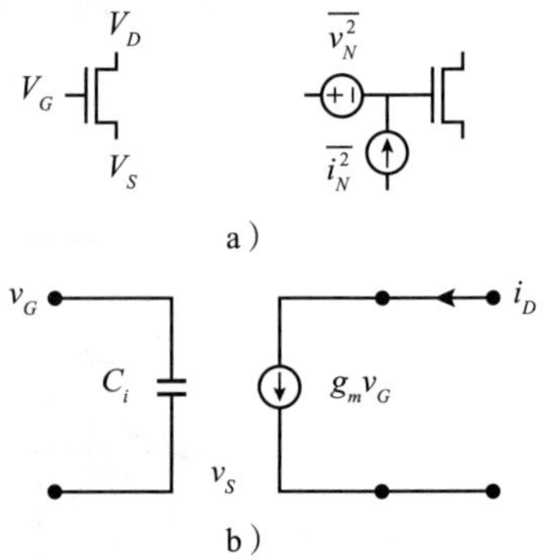

图 7-20　MOS 晶体管噪声模型

$$\overline{v_{\mathrm{NF}}^2}(f)=\frac{K_f}{C_{\mathrm{OX}}WL}\frac{1}{f} \tag{7-42}$$

其中，C_{OX} 是氧化层电容，W 和 L 是通道的宽度和长度，$K_f \approx 3\times10^{-24}\equiv\left[\mathrm{V}^2\cdot\mathrm{F}\right]$ 是 MOS 晶体管的一个常数。注意，式（7-42）在物理上是一致的，因为与时间相关的表面电荷分量被映射回阈值电压，阈值电压与 C_{OX} 是成反比的。

另外，能够表明热噪声是由通道的电导造成的，其电导在饱和区域等于 $2/3gm$。因此，所有的噪声源都能够被看作漏极电流噪声源 $\overline{i_{\mathrm{DN}}^2}$，它总结了以下两个方面的贡献：热噪声 $\overline{i_{\mathrm{DNT}}^2}$ 和闪烁噪声 $\overline{i_{\mathrm{DNF}}^2}$。

$$\begin{aligned}
\overline{i_{\mathrm{DN}}^2}&=\overline{i_{\mathrm{DNT}}^2}+\overline{i_{\mathrm{DNF}}^2}\\
\overline{i_{\mathrm{DNT}}^2}&=4kT\frac{2}{3}g_m\Delta f=\frac{8}{3}kTg_m\Delta f\\
\overline{i_{\mathrm{DNF}}^2}&=g_m^2\frac{K_f}{C_{\mathrm{OX}}WL}\frac{1}{f}\Delta f
\end{aligned} \tag{7-43}$$

注意，在这个表示中，闪烁噪声是通过 g_m^2 向前映射的。

目标输入参考噪声 $\overline{i_N^2}$ 和 $\overline{v_N^2}$ 能够通过替换等效模型的噪声分量给出，如图 7-21 所示，其中内部源被映射回输入端。

如图 7-22 所示，通过先让输入端短路，就可以很容易地找到这两个源。

通过设置 $v_o=v_o'$ 可以找到输入参考电压噪声：

$$\begin{aligned}
&v_i=v_i'=0\\
&i_o=i_{\mathrm{DN}}+g_m v_G=i_o'=g_m v_G'=g_m v_{in}\\
&\overline{i_{\mathrm{DN}}^2}=g^2{}_m\overline{v^2{}_{in}}\rightarrow\\
&\overline{v_N^2}=\frac{1}{g_m^2}\overline{i_{\mathrm{DN}}^2}=\frac{1}{g_m}\frac{8}{3}kT\Delta f+\frac{K_f}{C_{\mathrm{OX}}WL}\frac{1}{f}\Delta f
\end{aligned} \tag{7-44}$$

同样，输入参考噪声源可以通过设置 $i_o=i_o'$ 和使用第一端口阻抗来获得（见图 7-23）：

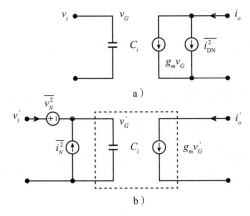

图 7-21 等效 MOS 噪声模型推导

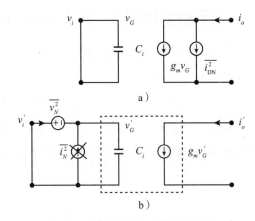

图 7-22 输入参考电压噪声的推导

$$i_i = i_i' = 0$$

$$\overline{i_N^2} = \frac{\overline{v_N^2}}{Z_i^2} = \left(\omega^2 C_i^2\right)\overline{v_N^2} = \left(\omega^2 C_i^2\right)\left[\frac{1}{g_m}\frac{8}{3}kT\Delta f + \frac{K_f}{C_{\text{OX}}WL}\frac{1}{f}\Delta f\right] \quad (7\text{-}45)$$

注意，在这种情况下，借助于相关导纳 $Y_c =$ jωC_i，两个源是严格相关的。这就是为什么栅极开路和栅极短路的 MOS 晶体管的噪声是相同的，如图 7-24 所示。

当输入开关闭合时，如图 7-24a 所示，栅极电压被置于一个固定值，这样器件的偏置点就会产生输出噪声。现在，如果打开开关，如图 7-24b 所示，栅极电荷仍然被捕获，这样晶体管的偏置输出等效噪声保持不变。从输入参考噪声源的角度来看，这两种情况用电压和电流噪声功率模型交替处理，但效果相同，因为它们是严格相关的。

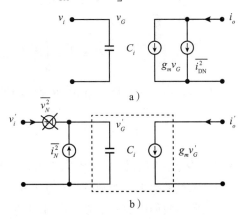

图 7-23 输入参考电流噪声源的推导

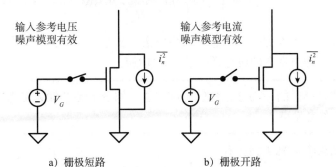

a) 栅极短路　　　　　b) 栅极开路

图 7-24 栅极短路的 MOS 晶体管的噪声及栅极开路的
　　　　 MOS 晶体管的噪声

7.8   频谱域中的输入参考噪声表示

我们讨论了在通用带宽 $\Delta f = f - f_0$ 的线性电路中，总输入参考噪声功率和总输出参考噪声功率之间的关系：

$$\overline{v_{oN}^2}(f_0)\Delta f = \left|H(f_0)\right|^2 \overline{v_{iN}^2}(f_0)\Delta f \tag{7-46}$$

现在，假设我们不向输入端注入任何信号/噪声，只观察接口噪声导致的输出 PSD。我们想定义一个通用的输入参考噪声频谱密度为

$$\overline{v_{iN}^2}(f) \triangleq \frac{1}{\left|H(f)\right|^2} \overline{v_{oN}^2}(f) \tag{7-47}$$

换句话说，虽然输出 PSD $\overline{v_{oN}^2}(f)$ 可以通过实验测量，但输入参考噪声 PSD 只是一个数学模型。问题是，在大多数情况下，输出 PSD 是带宽自限的，因此在整个频谱上的积分是收敛的，而输入参考 PSD 可能是均匀的，因此，我们不能在整个频谱上进行积分。为了将这方面的问题纳入一个一致的模型，我们将做一些假设并提供一些示例。

假设系统是带宽自限的，因此可以为它定义噪声带宽（NBW），正如第 4 章式（4-100）所示，因此，

$$P_o = \overline{v_{oN}^2} = \int_0^\infty \overline{v_{oN}^2}(f)\,\mathrm{d}f = \int_0^{\mathrm{NBW}} \overline{v_{oN}^2}(f)\,\mathrm{d}f = \alpha^2 \mathrm{NBW} \tag{7-48}$$

同时，由式（7-48），假设带宽内的增益是恒定的，我们有

$$P_o = \int_0^{\mathrm{NBW}} \overline{v_{oN}^2}(f)\,\mathrm{d}f = \int_0^{\mathrm{NBW}} \overline{v_{iN}^2}(f)\left|H(f)\right|^2\,\mathrm{d}f \simeq \left|H_K\right|^2 \int_0^{\mathrm{NBW}} \overline{v_{iN}^2}(f)\,\mathrm{d}f = \left|H_K\right|^2 P_i \tag{7-49}$$

其中，$\left|H_K\right|^2 = \left|H_{\max}(f)\right|^2$ 是带宽内增益（例如，对于低通行为，$\left|H_K\right|^2 = \left|H(0)\right|^2$）。在实践中，我们计算总的输入参考噪声功率是推导出给定无噪声系统的总测量输出功率（由接口产生）。

因此，我们用输入参考 PSD 来计算输入参考功率为

$$\overline{v_{iN}^2} \triangleq \int_0^{\mathrm{NBW}} \overline{v_{iN}^2}(f)\,\mathrm{d}f = \frac{\alpha^2}{\left|H_K\right|^2} \cdot \mathrm{NBW} \tag{7-50}$$

式（7-50）表明，（均匀的）输入参考噪声频谱应被整合到噪声带宽中，以便与总输出噪声功率一致。这就为噪声带宽的研究开辟了一个新视角。

> **提示**   噪声带宽是频谱的一部分，我们应该在这一部分上整合输入参考噪声 PSD，以计算系统的总输入参考噪声。

举个例子，如果参考图 7-25，有

$$\overline{v_{oN}^2}(f) = \frac{1}{1 + (f/f_0)^2} \overline{v_{iN}^2}(f) = \frac{4kTR}{1 + (f/f_0)^2} \tag{7-51}$$

其中，$f_0 = 1/2\pi RC$。因此，输出参考噪声是由洛伦兹形式塑造出来的电阻的噪声（应注意，在图中，为了简单起见，我们使用了噪声的均方根表示）。

我们能够通过用输出噪声除以传递函数的模来确定输入参考噪声频谱模型，如图 7-25 所示。请注意，这可以通过将输出噪声频谱的图与获得均匀分布的传递函数的图相减（因为我们使用的是对数表示）来从图形上确定：

$$\overline{v_{iN}^2}(f) = \frac{1}{|H_K|^2}\overline{v_{iN}^2}(f) = v_{RN}^2 = 4kTR \qquad (7\text{-}52)$$

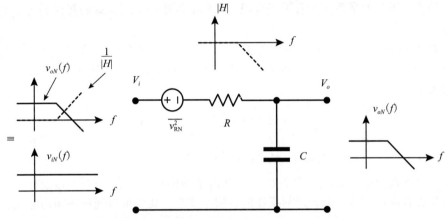

图 7-25 输入参考噪声频谱的概念。注意，在这种情况下，我们指的是均方根值，而不是功率值，因为它们是等价的

这是我们期待的结果，因为噪声源是电阻的均匀噪声。然而，这一步对于理解应用于更复杂情况的过程很重要。为了计算总的输出噪声，有

$$\overline{v_{oN}^2} = \int_0^\infty \overline{v_{iN}^2}(f)\frac{1}{1+(f/f_0)^2}\,\mathrm{d}f = 4kTR\cdot\frac{\pi}{2}f_0 = \frac{kT}{C} \qquad (7\text{-}53)$$

为了得到总的输出噪声，我们对整个频谱中的输出参考噪声进行积分。然而，我们不能在输入参考噪声频谱上这样做，因为会产生无限的噪声功率。答案就在前面的分析中：我们应该积分到 NBW，即

$$\overline{v_{iN}^2} = \int_0^{\text{NBW}} \overline{v_{iN}^2}(f)\,\mathrm{d}f = 4kTR\cdot\text{NBW} = \frac{kT}{C} \qquad (7\text{-}54)$$

注意，总的输入噪声和输出噪声是相等的，因为带宽内增益是统一的。

因此，对于任何带宽自限的系统，信噪比可以计算为

$$\text{SNR}_O = \frac{P_o}{P_{oN}} = \frac{\displaystyle\int_0^\infty V_o^2(f)\,\mathrm{d}f}{\displaystyle\int_0^\infty v_{oN}^2(f)\,\mathrm{d}f} \qquad (7\text{-}55)$$

反过来说，按照我们所发现的，就参考输入而言，信噪比可以为

$$\mathrm{SNR}_{I(\mathrm{EQ})} = \frac{P_I}{P_{iN}} = \frac{\displaystyle\int_{\mathrm{BW}} V_i^2(f)\,\mathrm{d}f}{\displaystyle\int_{\mathrm{NBW}} v_{iN}^2(f)\,\mathrm{d}f} = \mathrm{SNR}_O \qquad (7\text{-}56)$$

其中，BW 是信号传递函数的带宽（实际上，对于带宽有限的信号，积分可以扩展到无穷大），而 NBW 是噪声增益的噪声带宽。换句话说，在输入端，信号 PSD 可以积分到带宽（BW），而噪声 PSD 应该积分到噪声带宽（NBW）。

在其他情况下，如果系统没有带宽自限，我们必须小心，正如我们将在下一个示例中看到的那样。

图 7-26 与图 7-25 非常相似，但增加了一个新的电阻（此刻，不考虑 R_3）。R_3 在戴维南的模型方法中作为输出电阻，第一步是将输出参考噪声视为两个电阻的噪声的组合（因为它们被假定为不相关的）：

$$\overline{v_{oN}^2}(f) = v_{R_2}^2(f) + v_{R_1}^2(f)\frac{1}{1+(f/f_0)^2}$$

$$v_{R_1}^2(f) = 4kTR_1;\ v_{R_2}^2(f) = 4kTR_2 \qquad (7\text{-}57)$$

因此，总的输出噪声表现为图 7-26 中曲线所示的那样。注意，由于 R_2 会存在一个恒定值。这意味着输出噪声不会受到之前系统的自限。现在，我们可以通过用输出除以已经完成的传递函数（在对数坐标图中加入 0dB 线旋转传递函数）来推导出输入参考噪声频谱。正如你能够从图中看出的那样，输入参考噪声频谱是具有递增行为特征的。

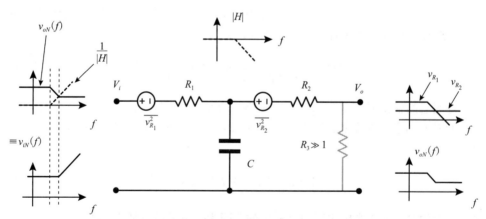

图 7-26 一个更复杂网络的输入参考噪声频谱

这并不直观，在物理上也不一致，因为它是一个模型，而不是施加于输入端的真实噪声。输入参考噪声频谱是递增的，因为滤波器的滚降效应将导致恒定的输出噪声，在这种情况下，噪声带宽的概念更难定义，因为系统不是带宽自限的，对噪声行为的准确计算应通过闭合第二环路来进行，然而，使用一个非常高的 R_3 值，很容易表明该结果正是图 7-27 中所说明的。

如果对测量仪器的带宽做了噪声限制，那么我们能够用 NBW 的概念来计算总的输入参考的等效噪声。

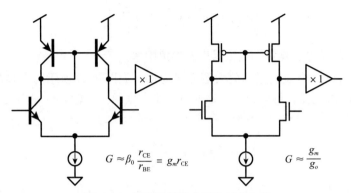

$$G \approx \beta_0 \frac{r_{CE}}{r_{BE}} = g_m r_{CE} \qquad\qquad G \approx \frac{g_m}{g_o}$$

图 7-27　单端运算放大器的基本方案

7.9　运算放大器配置中的噪声

电子设计中使用得最多的器件之一是运算放大器（OPAMP）。运算放大器的使用使设计更加容易，这要归功于结构化设计的使用。在结构化设计中，将复杂的模拟系统按照终端定义的功能划分为层次化的子模块，子模块之间相互作用。

最常见的 OPAMP 结构基于差分对电路，可以通过 BJT 和 MOS 晶体管来实现，如图 7-27 所示。在大多数情况下，大部分增益是差分输入器件带来的，因此，按照 Friis 公式，大部分输入参考噪声是由这些器件引起的，如图 7-28a 所示。因此，使用运算放大器的常规电路符号，我们可以总结出运算放大器的输入参考噪声，如图 7-28b 所示。然而，由于运算放大器放大了输入电压差 $V_o = A_0 (V_+ - V_-)$，而且差分对噪声是不相关的，因此我们可以说电压贡献是额外的，如图 7-28c 所示。请注意，这对电流源来说是不可能的，因为输入阻抗会调整它们的贡献。

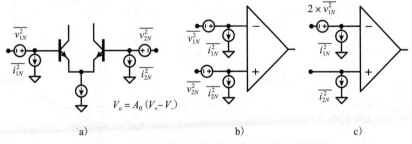

图 7-28　一般运算放大器输入参考源噪声的推导

一般来说，输入参考电压和电流噪声功率谱密度是按照关系式（7-4）给出的：

$$\begin{cases} \overline{v_N^2}(f) = \overline{v_N^2}\left(1 + \dfrac{f_{CE}}{f}\right) \equiv \left[\dfrac{\mathrm{V}^2}{\mathrm{Hz}}\right] \\[3mm] \overline{i_N^2}(f) = \overline{i_N^2}\left(1 + \dfrac{f_{CI}}{f}\right) \equiv \left[\dfrac{\mathrm{A}^2}{\mathrm{Hz}}\right] \end{cases} \tag{7-58}$$

其中，f_{CE} 和 f_{CI} 分别是电压噪声和电流噪声的拐角频率。

现在，我们将以一个最通用的放大器方案为例，如图 7-29 所示。大多数较简单的原理图，如反相和同相放大器，可以很容易地通过这个方案得出。输入 – 输出关系是由以下传递函数给出的：

$$V_o = -\frac{Z_2}{Z_1}V_X + \frac{1+(Z_2/Z_1)}{1+(Z_3/Z_4)}V_Y \tag{7-59}$$

其中，Z_k 是通用阻抗，如图 7-29a 所示。如果我们设置 $Z_4 \to 0$ 和 $Z_3 \to \infty$ 并将 V_Y 连接到地，我们可以得到反相放大器的配置。反之，如果我们把 V_X 连接到地，我们就得到一个非反相放大器。

正如已经做的那样，噪声计算是通过用一个无噪声阻抗代替每个噪声阻抗来进行的，如式（7-10）所示的串联电压噪声功率发生器，这样 $\overline{v_k^2} = 4kT\mathrm{Re}[Z_k]\Delta f$。另一方面，对于 OPAMP，我们使用输入参考噪声功率发生器，如图 7-28a 所示。

> **注意**　为了简单起见，下面我们假定所有的阻抗都是实的（电阻）或纯虚的（电容或电感）。在后一种情况下，它们将是无噪声的。

输出噪声能够通过使用功率叠加原理来计算，其中输出噪声由反射到输出的所有单源贡献之和给出。在这里，应该做一个重要的区分。当信号通过信号传递函数（称为信号增益）遵循其路径走向输出时，噪声扰动遵循不同的传递函数，称为噪声增益。对于该方案的具体情况，关系函数（7-59）代表其信号增益。

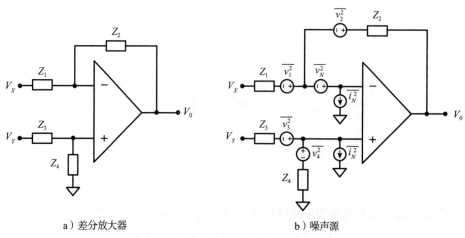

a）差分放大器　　　　　　　b）噪声源

图 7-29　差分放大器和噪声源的通用方案

其中，我们将只计算输入 OPAMP 的电压噪声（见图 7-30）作为示例，把其他噪声贡献的推导留给读者。

> **注意**　为简单起见，我们将在 Z 的增益计算中假设所有电阻都是纯电阻（产生噪声）或所有电抗都是纯电抗（不产生噪声），如电容。

假设运算放大器具有一个主极点的行为，进行求导，那么其开环增益可以表达为

$$A(f) = \frac{A_0}{1 + j(f/f_0)} \tag{7-60}$$

其中，f_0 是运算放大器的开环增益的极点（截止频率）。现在，运算放大器反相输入的电压可以写成

$$v_- = v_N + v_o \frac{Z_1}{Z_1 + Z_2} = -\frac{v_o}{A(f)} \tag{7-61}$$

从中我们可以推导出输出和噪声扰动之间的关系为

$$H_N(f) = \frac{v_o}{v_N} = -\frac{1}{\dfrac{Z_1}{Z_1 + Z_2} + \dfrac{1}{A(f)}} = -\frac{1}{\dfrac{Z_1}{Z_1 + Z_2} + \dfrac{1}{A_0}} \cdot H'(f)$$

$$\approx -\left(1 + \frac{Z_2}{Z_1}\right) \cdot H'(f)$$

$$H'(f) = \frac{1}{1 + j(f/f_0')} \ , \ f_0' = f_0\left(1 + A_0 \frac{Z_1}{Z_1 + Z_2}\right) \tag{7-62}$$

其中，$H_N(f)$ 是 OPAMP 的输入参考电压噪声的噪声增益，f_0' 是闭环系统的新极点（截止频率）。注意，这个关系与同相放大器的关系相似（除了符号）。这是因为我们在同相输入上建立输入参考电压噪声的模型——这也是等效的，所以有相同的结果。

如果我们计算其他的噪声增益，总是得到一个包含函数 $H'(f)$ 的关系。例如，如果参考与图 7-31 有关的扰动，会得到关系

$$H_1(f) = \frac{v_o}{v_1} = -\frac{Z_2}{Z_1 + \dfrac{Z_1 + Z_2}{A_0}} \cdot \frac{1}{1 + j(f/f_0')} \approx -\left(\frac{Z_2}{Z_1}\right) \cdot H'(f) \tag{7-63}$$

存在 $H'(f)$ 是因为系统是线性的，所以任何扰动都会以相同的频谱特性反映到输出上。⊖

现在，应用噪声功率叠加，整个输出噪声的计算可以表示为

$$\overline{v_{oN}^2}(f) = \begin{bmatrix} \left|1 + \dfrac{Z_2}{Z_1}\right|^2 \left(\overline{v_N^2}(f) + \overline{v_P^2}(f) + Z_P^2 \overline{i_N^2}(f)\right) \\[2mm] + \left|\dfrac{Z_2}{Z_1}\right|^2 \overline{v_1^2}(f) + Z_2^2 \overline{i_N^2}(f) + \overline{v_2^2}(f) \end{bmatrix} \cdot |H'|^2 \equiv \left[\frac{V^2}{Hz}\right] \tag{7-64}$$

其中，$\overline{v_p^2}(f)$ 是 Z_3 和 Z_4 并联的噪声谱密度。

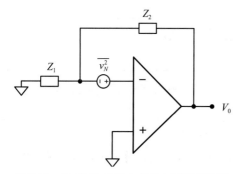

图 7-30　OPAMP 的输入参考电压噪声的噪声增益计算

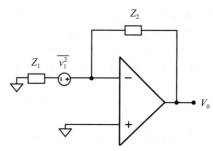

图 7-31　输入阻抗噪声 Z_1 的噪声增益计算

现在，利用噪声带宽的概念（系统是带宽自限的）。我们有

$$\overline{v_{oN}^2} = \left[\begin{array}{l} \left|1+\dfrac{Z_2}{Z_1}\right|^2 \left(\overline{v_N^2}(f) + \overline{v_P^2}(f) + Z^2{}_P\,\overline{i_N^2}(f) \right) \\[3mm] + \left|\dfrac{Z_2}{Z_1}\right|^2 \overline{v_1^2}(f) + Z_2^2\,\overline{i_N^2}(f) + \overline{v_2^2}(f) \end{array} \right] \cdot \text{NBW} \equiv \left[\text{V}^2 \right]$$

$$\text{NBW} = \frac{\pi}{2} f_0' = \frac{\pi}{2} f_0 \left(1 + A_0 \frac{Z_1}{Z_1 + Z_2} \right) \tag{7-65}$$

更准确地说，NBW 可以包含对电流和电压噪声情况下的粉红噪声（见式（7-6））的修正 ⊖：

$$\text{NBW}_{\text{E}} = \frac{\pi}{2} f_0' + f_{\text{CE}} \ln \frac{f_0'}{f_L}; \quad \text{NBW}_{\text{I}} = \frac{\pi}{2} f_0' + f_{\text{CI}} \ln \frac{f_0'}{f_L} \tag{7-66}$$

7.9.1　信号和噪声增益路径

信号和噪声遵循不同的路径。例如，如图 7-32a 所示，这里只考虑一个噪声源，信号增益由反相放大器的通用表达式给出：

$$H_S(f) = \frac{v_o}{v_i} \approx -\left(\frac{Z_2}{Z_1} \right) \cdot H'(f) \tag{7-67}$$

其中 $H'(f)$ 是已经找到的表达式。

另一方面，噪声增益为

$$H_N(f) = \frac{v_o}{v_N} \approx -\left(1 + \frac{Z_2}{Z_1} \right) \cdot H'(f) \tag{7-68}$$

⊖　线性系统传递函数的极点总是线性电路本身特征函数的根。

注意，在图 7-32a 中，两个信号沿着不同的路径移动，分别称为信号路径和噪声路径。

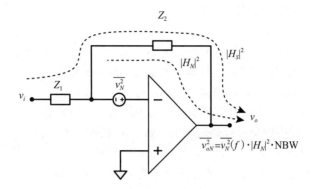

a）信号和噪声的不同路径

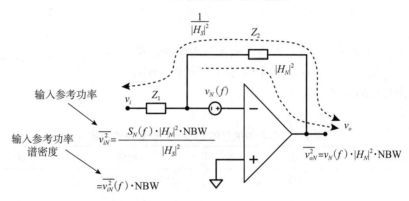

b）输入参考噪声的反向计算

图 7-32　信号和噪声的不同路径以及输入参考噪声的反向计算

现在，一旦得出输出等效噪声，假设在 NBW 中 PSD 是均匀的，有

$$\overline{v_{oN}^2} = \overline{v_N^2}\left(f\right) \cdot \left|H_N\right|^2 \cdot \mathrm{NBW} \tag{7-69}$$

其中，$\left|H_N\right|$ 是带宽内的噪声增益。

然而，由于我们想要在输入级比较噪声和信号，必须沿着信号路径返回

$$\overline{v_{iN}^2} = \frac{S_N\left(f\right) \cdot \left|H_N\right|^2 \cdot \mathrm{NBW}}{\left|H_S\right|^2} = \overline{v_{iN}^2}\left(f\right) \cdot \mathrm{NBW} \tag{7-70}$$

其中，$\left|H_S\right|$ 是带宽内的信号增益。

7.9.2　示例：运算放大器的噪声计算

我们将使用之前讨论的图 7-33 所示的方案来评估之前的结果。

在这种情况下，我们将使用一个经典的低噪声 BJT OPAMP OP27/OP37 的信息，参数如表 7-1 所示。

此外，我们假设$f_L = 1/365$天。为了评估 7.9 节所有表达式的置信度，我们使用 LTSpice 进行了模拟。结果总结在表 7-2 中。

应该注意以下几点：

- 按照 7.8 节和 7.9 节的论点和关系，输出噪声在大频谱上计算（由于自限带宽），而输入参考噪声在 NBW 上计算（根据式（7-66）考虑粉红噪声）。
- 这些方程与模拟结果高度一致。然而，这是因为 OP27 有一个尖锐和清晰的 $1/f$ 噪声行为。在其他器件中，噪声模型可能是复杂的（如 $1/f^\alpha$ 的噪声），与 9.1 节的分析表达式的一致性可能不再匹配。
- 输入参考噪声的减少主要是由于带宽的减少，因为该架构显示了一个恒定的增益带宽积。
- 电流噪声 NBW（未显示）可能与电压噪声 NBW 不同。
- 请注意，即使对于高增益来说，输入参考噪声因带宽减少而减少，而 ENOB 量化的等效分辨率位数因输入满量程的减少而减少。

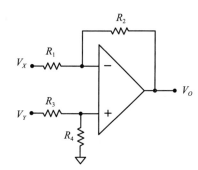

图 7-33　差分放大器配置中的噪声计算示例

表 7-1　示例中使用的 OP27 数据表中的数据

数据	值	单位	数据	值	单位
开环增益	125	dB	电压噪声转角频率（f_{CE}）	2.7	Hz
GBW	8.0	MHz	电流噪声转角频率（f_{CI}）	140	Hz
输入参考电压噪声（VN）	3.0	nV/$\sqrt{\text{Hz}}$	电源电压	±5	V
输入参考电流噪声（iN）	40.0	pA/$\sqrt{\text{Hz}}$			

表 7-2　式（7-65) 与 LTSpice 仿真模拟的比较

增益	输出参考噪声式（7-65）	输出参考噪声（LTSpice）	绝对误差/%	产生粉红噪声/%	输入参考噪声式（7-50）	输入参考噪声（LTSpice）	绝对误差/%	电压噪声带宽	有效位数
1	25.3μV	22.1μV	15	0	25.3μV	23.1μV	10	7.2MHz	18.3
10	73.6μV	63.8μV	4	0	4.36μV	6.6μV	12	1.1MHz	16.7
100	231μV	260.3μV	12	0.1	2.31μV	2.2μV	5	124kHz	15.1
1000	731μV	844μV	13	0.8	73.1μV	70.3μV	4	13kHz	13.4
10 000	2.34mV	2.59mV	13	3.2	234nV	227nV	3	1.3kHz	11.7
100 000	8.0mV	8.6mV	10	20	80nV	83nV	4	156kHz	10.0

7.9.3　噪声效率因子和功率效率因子

为了比较不同的放大结构在噪声方面的差异，其思想是将所有架构与渐近理想情况进行比较。为此，如果我们采取 BJT 的输入参考噪声的表达方式，其中假设可忽略基极电阻 $(R_B \to 0)$，可忽略由于输入电流 $(I_B \to 0)$ 而产生的噪声影响，那么从式（7-41）可以看出：

$$\overline{v_N^2} = 4kT \frac{r_{BE}}{2\beta_0} \Delta f = \frac{2kT}{g_m} \Delta f \equiv \left[V^2 \right] \tag{7-71}$$

这被认为是一种"理想"情况，因为它考虑了穿过由输入电压直接产生的单个理想势垒的散粒噪声。因此，BJT 实现了势垒散粒噪声的理想化情况。在其他器件示例中，例如在亚阈值 MOS 中，势垒是由栅极电压通过定义增益斜率因子的电容分压器设置的，因此不处于理想的阀门效应状态。因此，在噪声带宽 $\text{NBW} = \text{BW} \cdot \pi/2$ 时，这种理想情况下的差分耦合对的总噪声为

$$v_N = \sqrt{\text{BW} \frac{\pi}{2} \frac{4kT}{g_m}} = \sqrt{\text{BW} \frac{\pi}{2} \frac{4kTV_T}{I_{\text{tot}}}} \equiv [V] \tag{7-72}$$

其中，$V_T = kT/q$ 是热电压，I_{tot} 是供给放大器的电流。

现在，使用噪声效率因子（Noise Efficiency Factor，NEF）将放大结构的噪声与这种理想情况进行比较：

$$\text{NEF} = v_{iN} \cdot \sqrt{\frac{2I_{\text{tot}}}{\text{BW}\pi \cdot 4kTV_T}} \equiv [\cdot] \tag{7-73}$$

其中，v_{iN} 是要表征的结构的输入参考噪声，I_{tot} 是提供给放大器的总电流（例如，差分对的电流）。对于一对差分的"理想"超导体，$\text{NEF} = 1$。NEF 是为经典的连续时间架构所设想的，应该指出的是，对于先进的技术，如电流重用和信号斩波，NEF 可能低于 1。

NEF 是通过观察经典的模拟品质因数来定义的：提供的电流和跨导的比率 I/g_m。然而，在更先进的架构中，最好是考虑所提供的总功率，从而将功率效率因子（Power Efficiency Factor，PEF）定义为

$$\text{PEF} = \overline{v_{iN}^2} \cdot \frac{2P_{\text{tot}}}{\text{BW}\pi \cdot 4kTV_T} = \text{NEF}^2 V_{\text{DD}} \equiv [V] \tag{7-74}$$

这能够被解释为放大器的功耗与理想的跨导体对工作在 1V 电源下获得相同的输入参考噪声所需的功率之比。

7.10　电容耦合放大器技术

电容耦合技术有两个优点：首先，电容器本质上是无噪声的，相对于以电阻为基础的架构，我们可以获得更好的整体性能；其次，由于 CMOS 技术的高阻抗，我们可以使用离散时

间方法，如开关电容技术。

7.10.1 连续时间电压传感技术

CMOS OPAMP 的输入阻抗非常高，很容易实现基于负反馈的配置作为电容耦合的反相放大器，如图 7-34 所示。

假设 OPAMP 为主极点近似，其中 f_0 为开环一阶截止频率，并使用 6.9 节的相同表达式，其中 $Z_1 \leftarrow C_i // C_L$，$Z_2 \leftarrow C_F$，我们可以很容易地得到式（7-63）的信号增益为

$$\frac{V_o}{V_i} = -\frac{C_I}{C_F + C_T / A_0} \cdot \frac{1}{1 + j(f/f'_0)} = -\frac{C_I}{C_F + C_T / A_0} \cdot H'(f) \approx -\frac{C_I}{C_F} \cdot H'(f)$$

$$f'_0 = f_0 \left(1 + A_0 \frac{C_F}{C_T} \right) \tag{7-75}$$

其中，$H'(f)$ 是反馈传递函数，f'_0 是反馈效应给出的系统的新截止频率，其中 $C_T = C_L + C_F + C_I$。

为了计算图 7-35 所示电路中的噪声，我们能够使用 7.7 节中已经讨论过的关于 CMOS OPAMP 的表达式：

$$\overline{v_N^2}(f) = 2 \cdot \frac{8}{3} \cdot \frac{kT}{g_m} + \frac{2K_f}{C_{ox}WL} \cdot \frac{1}{f} \tag{7-76}$$

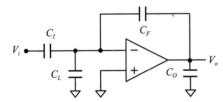

图 7-34　CMOS OPAMP 的反相放大器结构

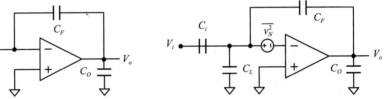

图 7-35　电容耦合反相放大器的噪声模型

因此，噪声增益可以计算为

$$\overline{v_{oN}^2}(f) = \left| 1 + \frac{Z_2}{Z_1} \right|^2 \left| H'(f) \right|^2 \overline{v_N^2}(f) \tag{7-77}$$

$$Z_1 \leftarrow C_i // C_L, \quad Z_2 \leftarrow C_F$$

因此，可以得出以下结论：

$$\overline{v_{oN}^2}(f) = \left(\frac{C_T}{C_F + C_T / A_0} \right)^2 \left| H'(f) \right|^2 \overline{v_N^2}(f) \tag{7-78}$$

现在，我们假设运算放大器是以跨阻放大器（TIA）实现的，这意味着放大器可以由一个电压控制的电流发生器来建模，以输出电导为终端，如图 7-36a 所示。使用主极点近似法，我们假设输出电容给出了主要的时间常数，我们可以很容易地计算出通用 OPAMP 噪声带宽，如图 7-36 所示。

如图 7-36b 所示，小信号增益由 g_m / g_o 给出，主极点由 g_m / C_O 给出，因此，增益带宽积为

$$f_0 A_0 = \frac{g_m}{g_o}\frac{g_o}{2\pi C_O} = \frac{g_m}{2\pi C_O} \quad (7\text{-}79)$$

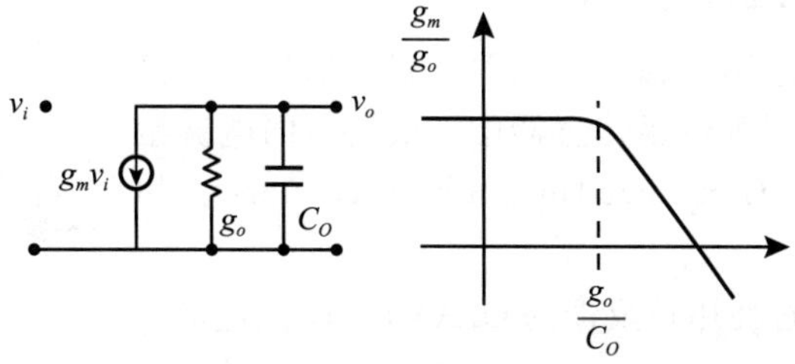

图 7-36　使用主极点近似法计算跨阻放大器模型 NBW

利用上述表达式，我们可以通过反馈得到噪声带宽截止频率 f_0' 为

$$f_0' = f_0\left(1 + A_0\frac{C_F}{C_T}\right) \approx f_0 A_0 \frac{C_F}{C_T} = \frac{g_m}{2\pi C_O}\frac{C_F}{C_T} \rightarrow$$

$$\text{NBW} = \frac{\pi}{2}f_0' = \frac{\pi}{2}f_0\left(1 + A_0\frac{C_F}{C_T}\right) \approx \frac{g_m}{4C_O}\frac{C_F}{C_T} \quad (7\text{-}80)$$

现在，输出参考噪声（仅适用于热噪声）可以简单地计算为噪声功率密度乘以带宽内噪声增益和噪声带宽：

$$\begin{aligned}\overline{v_{oN}^2} &= \left(\frac{C_T}{C_F + C_T / A_0}\right)^2 \cdot \text{NBW} \cdot \overline{v_N^2}(f) \\ &= \left(\frac{C_T}{C_F + C_T / A_0}\right)^2 \cdot \frac{g_m}{4C_O}\frac{C_F}{C_T} \cdot \frac{16}{3}\frac{kT}{g_m} \approx \frac{4}{3}\frac{kT}{C_O}\frac{C_T}{C_F}\end{aligned} \quad (7\text{-}81)$$

其中，$C_T = C_F + C_i + C_L$。注意这个计算是如何实现的，因为带宽是由 OPAMP 本身的极点固定的。式（7-81）的最终结果是电容式运算放大器输出热噪声功率的典型表达。

此外，输入参考的最小可检测信号 $\overline{v_{iN}^2}$ 可以很容易地通过噪声功率 $\overline{v_{oN}^2}$ 除以带宽内的信号增益的平方来计算：

$$\overline{v_{iN}^2} = \overline{v_{oN}^2} / \left(\frac{C_I}{C_F}\right)^2 = \frac{4}{3}\frac{C_F}{C_I^2} \cdot \frac{C_T}{C_O} \quad (7\text{-}82)$$

注意式（7-81）和式（7-82）在 $C_F \rightarrow 0$ 时，由于近似而不成立。我们可以计算这种情况下的输入和输出参考噪声。回顾一下，对于 $C_F \rightarrow 0$，我们有

$$C_F \rightarrow 0$$

$$\text{NBW} \rightarrow \frac{g_o}{4C_O}$$

$$\overline{v_{oN}^2} \rightarrow \frac{4}{3}\frac{kT}{C_O}A_0; \overline{v_{iN}^2} \rightarrow \frac{4}{3}\frac{kT}{C_O}\frac{1}{A_O}\left(\frac{C_I + C_L}{C_I}\right)^2 \quad (7\text{-}83)$$

这与开环连接 OPAMP 的输出和输入参考噪声一致。

7.10.2　连续时间电流传感技术

电流传感技术广泛应用于辐射探测器、阻抗谱接口、机械传感器以及生物传感器等电子传感器中。最简单的电流检测技术基于跨阻放大器（TransImpedance Amplifier, TIA），如图 7-37 所示。

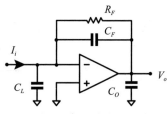

图 7-37　用跨阻放大器进行电流传感

在 TIA 方案中，通过使用负反馈的 OPAMP，输入电流 I_i 被转化为输出电压 V_o。和以前一样，我们将重点使用具有高阻抗输入的 CMOS OPAMP。按照 7.10.1 节中的流程，我们得到的信号增益为

$$\frac{V_o}{I_i} = -Z_2 \cdot H'(f) = -\frac{R_F}{1 + \mathrm{j}2\pi f R_F C_F} \cdot H'(f)$$

$$H'(f) = \frac{1}{1 + \mathrm{j}(f / f_0')}$$

$$f_0' \approx f_0 A_0 \frac{Z_1}{Z_1 + Z_2} = f_0 A_0 \frac{1 + \mathrm{j}2\pi f R_F C_F}{1 + \mathrm{j}2\pi f R_F C_T} \approx f_0 A_0 \tag{7-84}$$

其中，$Z_1 \leftarrow C_L$ 和 $Z_2 \leftarrow R_F // C_F$，$C_T = (C_F + C_L)$。请注意，对于 $C_F \to 0$，我们有基本的电流–电压跨阻放大器，对于低频，我们有

$$\frac{V_o}{I_i} = -R_F \tag{7-85}$$

C_F 的存在是出于这样的考虑：它可以很容易地固定系统的带宽。在这种情况下，我们总是假设 C_F 引入的极点低于 OPAMP 的负反馈截止频率：$1/(2\pi C_F R_F) \ll f_0'$。相反，我们可以使用一个大的 R_F 值，将 C_F 作为电流的一个积分电容。在这种情况下，TIA 实现了一个用于离散时间方法的积分器，如 7.10.3 节中所示。使用式（7-84），我们可以很容易地发现，噪声带宽是由以下因素决定的：

$$\mathrm{NBW} = \frac{1}{4 R_F C_F} \tag{7-86}$$

类似地，使用同样的过程，我们可以将输入参考噪声的 PSD 定义为

$$\overline{i_{iN}^2}(f) = \frac{4kT}{R_F} + \overline{v_N^2}(f)\left[\frac{1}{R_F} + (2\pi f)^2 C_T\right] \tag{7-87}$$

其中，$\overline{v_N^2}(f)$ 是 OPAMP 的输入噪声功率密度，由式（7-76）[⊖] 给出，然后是 $C_T = (C_F + C_L)$。

⊖ 在文献中也出现了表达式（7-87），在 BJT 或 JFET 等情况下，该表达式还附加了一个 $2qI_{iN}$ 来模拟输入器件的电流 I_{iN} 的散粒噪声。

因此，输入参考噪声功率（仅适用于热噪声）能够计算为

$$\overline{i_{iN}^2} = \overline{i_{iN}^2}(f) \cdot \text{NBW} = \frac{kT}{R_F}\left[\frac{1}{R_F C_F} + \frac{4}{3}\frac{kT}{g_m R_F}\right] \tag{7-88}$$

而输出参考噪声功率为

$$\overline{v_{oN}^2} \approx \overline{i_{iN}^2} \cdot R_F^2 = \frac{kT}{C_F} + \frac{4}{3}\frac{kT}{g_m} \tag{7-89}$$

注意 $\overline{i_{iN}^2}$ 是如何强烈依赖于 R_F 的，并且诱使 R_F 增加其值来减少噪声，然而，从式（7-86）中可以明显看出，所获得的结果是以减少带宽为代价的。图 7-38 表明了具有有限反馈电阻和无限反馈电阻的标准 TIA 的输入参考噪声功率谱。

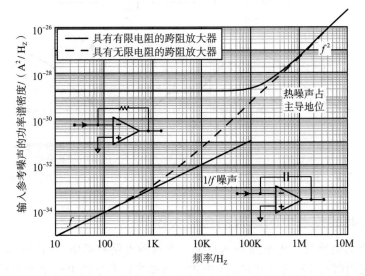

图 7-38　具有有限反馈电阻 $R_F = 1\,\text{G}\Omega$（实线）和无限反馈电阻的标准 TIA 的输入参考噪声功率谱。该图描述的 OPAMP 热噪声电压约为 $3\,\text{nV}/\sqrt{\text{Hz}}$，$C_T = 1.2\,\text{pF}$ [Crescentini, 2015]

式（7-87）显示了输入参考噪声的功率谱密度形状如何取决于 R_F 或 C_F 的值。对于一个小的 R_F，有一个低频噪声下限为 $4kT/R_F$，在低频时占主导地位。对于更高的频率，输入参考噪声通过连接到输入节点 C_T 的总电容，渐近式地增加为 f^2。显然，总的噪声功率将随着更高的频率而减少，趋向于典型电荷积分器的情况。因此，从噪声的角度来看，用无噪声的电容器取代 R_F 是最佳选择，但正如所说的，工作模式应该改变。

总结一下，有两种相反的情况：

1）对于 $R_F \ll 1/\omega C_F$，目前的接口就像一个典型的 TIA。

2）对于 $R_F \gg 1/\omega C_F$，接口表现为一个积分器。然而，积分器之后必须有一个微分器来恢复原来的传递函数。电荷积分器感应到的电荷量遵循电流的积分函数。因此，电荷积分

器后面必须有一个微分器，或者在离散时间模式下工作，正如我们看到的，这与微分函数相近。

有趣的是，在第二种情况中我们看到了噪声谱密度的变化，如图 7-39 所示。

第一级的输出是考虑闪烁噪声和反馈结构的截止频率的典型积分器的输出。因此，如果我们使用积分函数返回输入，可以再次找到图 7-38 所示的输入噪声的行为。然而，我们必须在第一级的输出端放置一个微分器来得到原始信号。

如图 7-38 和图 7-39 所示，由于积分函数或 R_F 的噪声优势的影响，电流传感对闪烁噪声的依赖性很弱。

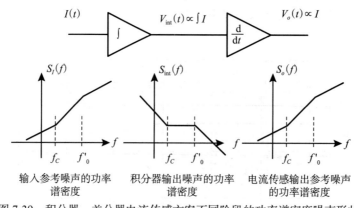

图 7-39   积分器 – 差分器电流传感方案不同阶段的功率谱密度噪声形状

7.10.3   离散时间技术中的电容耦合放大器

本节要分析的电路与一种电路技术有关，在这种电路技术中，信号不是在模拟域中工作，而是在固定的时间（称为采样时间）内由电容器之间共享的电荷量来识别的。这种离散时间分析方法称为开关电容电路技术。

参考图 7-40，在固定的时间 T_S 内，进入电容器 C 的电荷变化 ΔQ 为 $\Delta Q = C(\Delta V_A - \Delta V_B)$，其中 ΔV_A 和 ΔV_B 是两个相邻采样周期内两个终端的电压变化。

注意，电荷和电压的变化之间的线性关系与欧姆定律中电流和电压之间的情况相似。因此，我们可以将基尔霍夫定律应用于网和节点上的电荷和电压变化。

一个基本的传感器接口被称为电荷放大器。电荷放大器是一个电子系统，通过提供一个输出电压的变化来测量采样时间内的电荷量。图 7-41 显示了一个使用 OPAMP 的电荷放大器的典型实现。放大器的工作原理如下：输入电荷引起运算放大器的反相输入电压 V_- 的增加。在负反馈方案中，放大器的反应是通过从输入端下沉等量的电荷 ΔQ_F 来恢复原始电压值。这只有通过降低输出电压 V_o 才能实现。因此，输出电压变化 ΔV_o 是对输入电荷 ΔQ_i 的度量。

为了计算输入 – 输出关系，我们在输入节点上应用基尔霍夫定律：

$$\Delta Q_i = \Delta Q_L + \Delta Q_F = C_L \Delta V_- + C_F \left(\Delta V_- - \Delta V_o \right) = -\frac{C_L + C_F}{A} \Delta V_o - C_F \Delta V_o$$

$$\rightarrow \frac{\Delta V_o}{\Delta Q_i} = -\frac{1}{C_F + \dfrac{C_T}{A}} \approx -\frac{1}{C_F} \qquad (7\text{-}90)$$

其中 A 是 OPAMP 的开环增益。因此，电荷放大器的传递函数只是由反馈电容给出。请注意，在这种情况下，放大器的增益不是无限的，$\Delta Q_F \neq \Delta Q_i$，$V_-$ 也不完全是 0。这是负反馈系统在没有无限开环增益时的一个常见现象。

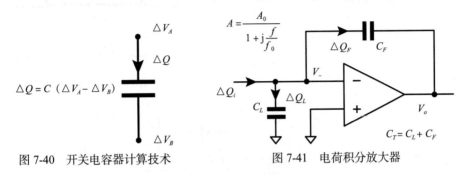

图 7-40　开关电容器计算技术　　　　图 7-41　电荷积分放大器

如果我们想了解电荷放大器的时间响应，就必须像往常一样引入 OPAMP 的主极点近似：

$$\frac{\Delta V_o}{\Delta Q_i} = -\frac{1}{C_F + \dfrac{C_T}{A_0}\left(1 + \mathrm{j}\dfrac{f}{f_0}\right)} = -\frac{1}{\left(C_F + \dfrac{C_T}{A_0}\right) + \mathrm{j}\dfrac{C_T}{A_0}\dfrac{f}{f_0}}$$

$$= -\frac{1}{\left(C_F + \dfrac{C_T}{A_0}\right)} \cdot \frac{1}{\left(1 + \mathrm{j}\dfrac{f}{f_0'}\right)} = -\frac{1}{C_F + \dfrac{C_T}{A_0}} \cdot H'(f)$$

$$f_0' = f_0 \left(1 + A_0 \frac{C_F}{C_T}\right) \qquad (7\text{-}91)$$

其中，$H'(f)$ 是系统的反馈传递函数，已在 7.9 节中使用。综上所述，我们可以得出以下结论：

- 无限增益 OPAMP 的电荷放大器输入 – 输出关系由 C_F 给出。
- 如果增益是有限的，关系由式（7-90）给出。
- C_F 越大，灵敏度越低。
- C_F 越大，响应越快。
- C_L 越大，响应越慢。

7.10.4　复位技术及相关问题

由于图 7-41 的电路应在离散时间内工作，因此需要进行复位。有几种方法可以做到这一点，然而，图 7-42 所示的结构是最简单的结构之一，其在输出和 OPAMP 输入之间插入了一个开关。

当开关闭合后，C_F 中积累的电荷被复位，OPAMP 处于缓冲区。如图 7-42 所示，在放大器复位后，开关被打开，这样它就准备好接收要量化的输入电荷。输出的稳定时间 $\tau_o' = 1/f_o'$ 取决于反馈截止频率，如式（7-91）所示。

一个电荷放大器的复位和读出的反复操作如图 7-43 所示，在采样时间内，这里不同数量的电荷（$\Delta Q_{i1}, \Delta Q_{i2}, \cdots, \Delta Q_{i4}$）被注入放大器。输出电压的波动量（$\Delta V_{o1}, \Delta V_{o2}, \cdots, \Delta V_{o4}$）取决于输入电荷。按照离散时间架构，一旦输出稳定在一个点上，我们就可以使用 A/D 将输出转换为每个采样时间的数字值。

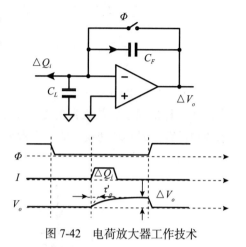

图 7-42 电荷放大器工作技术

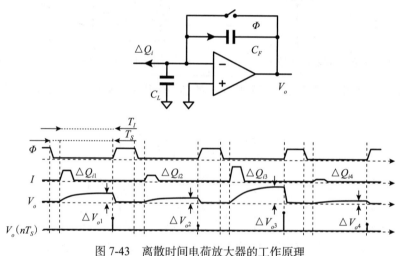

图 7-43 离散时间电荷放大器的工作原理

电荷放大器的离散时间操作是通用积分采样技术的一个示例，如图 7-44 所示。一个通用的输入被积分了一定的时间 T_I，这个时间称为积分时间。然后，放大器被复位，输出在一个周期 T_S 被读出。因此，T_I 是 T_S 的一小部分。这个流程对于使用电荷积分器来检测电流是很有用的，如图 7-39 所示，按照这个方案，电流可以先由电荷放大器进行积分，而采样过程本身进行微分。因此，使用电荷放大器作为离散时间模式下的电流放大器，意味着它的传递函数与跨阻放大器的传递函数（式（7-85））相同，其中反馈电阻由下式给出：

$$\frac{V_o}{I_i} = -R_{EQ}$$

$$R_{EQ} = \frac{T_I}{C_F} \approx \frac{T_S}{C_F} = \frac{1}{f_S C_F} \tag{7-92}$$

如图 7-45 所示，离散时间方法甚至可以用于电压放大而不是电荷放大。这可以通过简单地使用一个电容 C_I 作为电压 – 电荷转换器来实现（见图 7-45a）。

因此，按照开关电容的分析技术，我们可以得到电压放大器的传递函数：

$$\frac{\Delta V_o}{\Delta V_i} = -\frac{C_I}{C_F + \dfrac{C_T}{A_0}} \cdot \frac{1}{\left(1 + \mathrm{j}\dfrac{f}{f_0'}\right)} = -\frac{C_I}{C_F + \dfrac{C_T}{A_0}} \cdot H'(f) \approx -\frac{C_I}{C_F} \cdot H'(f)$$

$$f_0' = f_0\left(1 + A_0\frac{C_F}{C_T}\right)$$

（7-93）

其中，$H'(f)$ 也是反馈传递函数。

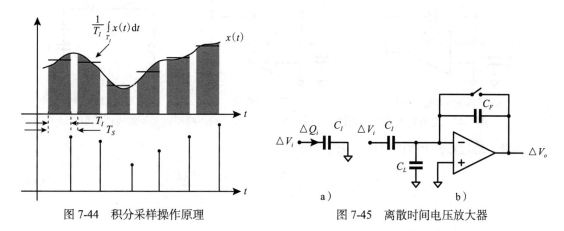

图 7-44　积分采样操作原理　　　　　　　图 7-45　离散时间电压放大器

复位过程在噪声和失调方面有成本，因为开关通常用 MOS 晶体管实现，如图 7-46 所示。当它被关闭时，部分通道电荷 Q_J 可能被注入输入端，就像它是一个产生输出失调的信号。这被称为 MOS 通道电荷注入。可以证明，注入输入的电荷与 OPAMP 的开关时间和增益带宽的乘积成反比。因此，GBW 越大，开关越慢，注入输入的电荷越少。

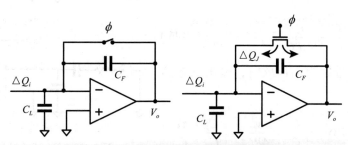

图 7-46　复位晶体管造成的电荷注入问题

另一个问题在于开关晶体管有一个产生噪声的电阻。如图 7-47 所示，我们可以通过确定与复位开关 $\overline{v_N^2}$ 的噪声发生器相关的噪声增益来计算输出参考的噪声。因此，噪声增益为

$$v_- = v_o \frac{\dfrac{1}{sC_L}}{\dfrac{1}{sC_L} + \dfrac{R}{1+sRC_F}} + v_N \frac{\dfrac{1}{sC_T}}{R + \dfrac{1}{sC_T}}$$

$$= v_o \frac{1+sRC_F}{1+sRC_T} + v_N \frac{1}{1+sRC_T} = -\frac{v_o}{A}$$

$$A \gg 1 \frac{v_o}{v_N} \simeq \frac{1}{1+sRC_F} \qquad (7\text{-}94)$$

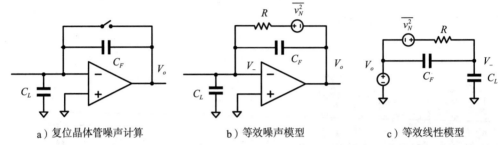

a）复位晶体管噪声计算　　　　b）等效噪声模型　　　　c）等效线性模型

图 7-47　电荷放大器上的复位晶体管噪声计算、等效噪声模型以及等效线性模型

因此，通过对整个频谱积分，我们得到

$$\overline{v_{oN}^2} = \int_0^\infty 4kTR \cdot \left| \frac{v_o}{v_N} \right|^2 \mathrm{d}f = \frac{kT}{C_F}, \ A < \infty \ \overline{v_{oN}^2} = \frac{kT}{C_F + \dfrac{C_T}{A_0}} \qquad (7\text{-}95)$$

　　另一个重要的噪声源是连接输入到放大器的开关。如图 7-48 所示，真正的开关有一个电阻，会产生热噪声。

　　因此，我们可以很容易地看到，对于 $A_0 \gg 1$，噪声增益是

$$\frac{v_o}{v_N} = \frac{C_I}{C_F} \frac{1}{1+sRC_I} \qquad (7\text{-}96)$$

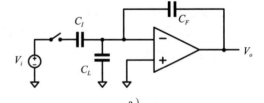

a）

　　因此，噪声带宽为 $1/(4RC_I)$，输出参考热噪声为

$$\overline{v_o^2} = \overline{v_N^2} \left(\frac{C_I}{C_F} \right)^2 \cdot \mathrm{NBW} = \left(\frac{C_I}{C_F} \right)^2 \frac{\overline{v_N^2}}{4RC_I} = \left(\frac{C_I}{C_F} \right)^2 \frac{kT}{C_I}$$

$$(7\text{-}97)$$

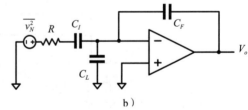

b）

图 7-48　输入开关引起的噪声计算

　　迄今为止我们所做的噪声分析与连续模式下的开关有关（即在它们被打开之前，如在 kTC 噪声分析中）。然而，由于电荷放大器是在离散时间循环模式下工作的，因此我们必须引入与离散时间噪声分析相关的新概念。

7.10.5 使用电容耦合跨阻放大器的接口技术综述

图 7-49 展示了前面的章节中已经讨论过的使用运算放大器的最常见的传感接口，以及它们的传递函数。

对于电容式传感，我们可以既感知输入电容，也感知反馈电容：

- 在使用输入电容的情况下，可以使用等电平的重复输入电压步长，并读取输出的变化（$\Delta\Delta V_o$），或者将输入电压固定在一个参考值（V_R）上，并查看输出的变化（ΔV_o）。

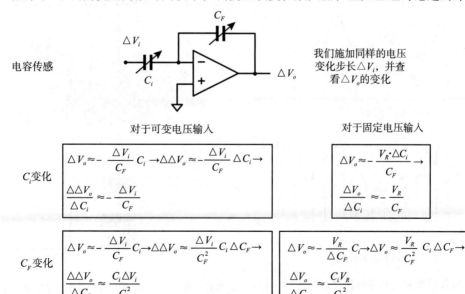

电荷放大器 ΔQ_i C_F ΔV_o $\dfrac{\Delta V_o}{\Delta Q_i} \approx -\dfrac{1}{C_F}$

电压放大器 ΔV_i C_F C_I ΔV_o $\dfrac{\Delta V_o}{\Delta V_i} \approx -\dfrac{C_i}{C_F}$

电流放大器 I_i R_F C_F ΔV_o $R_F \to \infty; \dfrac{\Delta V_o}{I_i \Delta t} \approx -\dfrac{1}{C_F}$ 离散时间

$C_F \to 0; \dfrac{V_o}{I_i} \approx -R_F$ 连续时间

图 7-49 各种传感器接口，用于电荷、电压和电流感应

- 如果用反馈电容的变化来感知，即使恢复了传递函数关系，我们也可能应用与之前相同的两种技术。例如，如果通过保持与参考电压相同的输入电压来感应输入电容，则有

$$\frac{\Delta V_o}{\Delta C_I} = -\frac{V_R}{C_F} \tag{7-98}$$

对于其他组合，请参考图 7-50。

当然，如果我们使用离散时间技术，我们必须复位放大器，正如已经讨论过的那样。

电容传感 ΔV_i C_F C_i ΔV_o

我们施加同样的电压变化步长 ΔV_i，并查看 ΔV_o 的变化

对于可变电压输入

对于固定电压输入

C_i 变化：
$\Delta V_o \approx -\dfrac{\Delta V_i}{C_F} C_i \to \Delta\Delta V_o \approx -\dfrac{\Delta V_i}{C_F}\Delta C_i \to$

$\dfrac{\Delta\Delta V_o}{\Delta C_i} \approx -\dfrac{\Delta V_i}{C_F}$

$\Delta V_o \approx -\dfrac{V_R \cdot \Delta C_i}{C_F} \to$

$\dfrac{\Delta V_o}{\Delta C_i} \approx -\dfrac{V_R}{C_F}$

C_F 变化：
$\Delta V_o \approx -\dfrac{\Delta V_i}{C_F} C_i \to \Delta\Delta V_o \approx \dfrac{\Delta V_i}{C_F^2} C_i \Delta C_F \to$

$\dfrac{\Delta\Delta V_o}{\Delta C_F} \approx \dfrac{C_i \Delta V_i}{C_F^2}$

$\Delta V_o \approx -\dfrac{V_R}{\Delta C_F} C_i \to \Delta V_o \approx \dfrac{V_R}{C_F^2} C_i \Delta C_F \to$

$\dfrac{\Delta V_o}{\Delta C_F} \approx \dfrac{C_i V_R}{C_F^2}$

图 7-50 使用输入或反馈电容的离散时间电容感应

7.11 离散时间技术中的噪声混叠

应用离散时间方法对信号进行采样，应遵守奈奎斯特·香农采样定理。图 7-51a 中显示了一个使用狄拉克函数的理想采样器。然而，从噪声的角度出发，相较使用傅里叶变换来处理这个问题使用功率谱密度的效果更好。可以证明，对于高斯白噪声，由于样本之间是不相关的，因此理想采样的随机信号的功率谱由以下公式给出：

$$S_S(f) = \sum_{k=-\infty}^{k=\infty} S\left(f - \frac{k}{T_S}\right) \qquad (7\text{-}99)$$

其中，$S(f)$ 是随机信号的双边功率谱，$T_S = 1/f_S$ 是采样周期。如果噪声带宽受限，如图 7-52 所示，并且我们根据奈奎斯特 – 香农定理对噪声进行欠采样，那么就会出现噪声频谱的重叠，称为噪声折叠，这在第 3 章中已经讨论过了。

假设采样频率 f_S 小于 NBW，我们可以定义一个称为欠采样率（UnderSampling Radio，USR）的参数。如果一个单极点函数限制了带宽，则有

$$\text{USR} = \frac{2\text{NBW}}{f_S} = \pi \frac{f_0}{f_S} = \pi f_0 T_S \qquad (7\text{-}100)$$

现在，由式（7-99）定义的（双边）折叠功率谱变为

$$S_S(f) = \sum_{k=-\infty}^{k=\infty} S\left(f - \frac{k}{T_S}\right) \approx \text{USR} \cdot S(0) = \pi f_0 T_S \cdot S(0) \qquad (7\text{-}101)$$

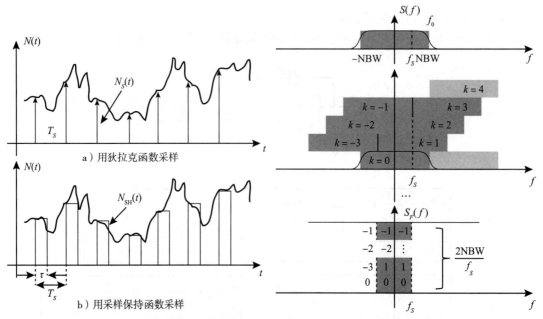

图 7-51 用狄拉克函数和采样保持函数对噪声进行采样

图 7-52 噪声折叠原理。图中说明了 $\text{NBW} = 2f_S$ 的情况

其中，$S(0)$ 是带宽内（双边）的频谱密度。例如，在通过电阻 R 的开关对电容器上的热噪声进行理想采样的情况下，可以看到对于 $f_0 = 1/2\pi RC$，$S_0 = 2kTR$，双边 PSD 为

$$S_s(f) \approx \text{USR} \cdot S(0) = \pi \frac{1}{2\pi RC} \frac{1}{f_S} \cdot 2kTR = \frac{1}{f_S} \frac{kT}{C} \tag{7-102}$$

这意味着采样的功率谱密度是 kTC 噪声除以采样频率。应该注意的是，如果在奈奎斯特基带中对该噪声进行积分，使 $B = f_s/2$，则有

$$P_N = \int_{-B}^{B} S_s(f) \, \mathrm{d}f \approx \frac{kT}{C} \tag{7-103}$$

因此，我们得到了与连续时间的相同结果。

图 7-51b 显示了另一种对噪声进行采样的方法，即每隔 T_s 对随机信号进行采样并保持一段时间 τ，这个过程被称为"采样保持"。

在这种情况下，可以证明功率谱是

$$S_{\text{SH}}(f) = \left(\frac{\tau}{T_S}\right)^2 \text{sinc}^2\left(\left(\frac{\tau}{T_S}\right) f T_S\right) \sum_{k=-\infty}^{k=\infty} S\left(f - \frac{k}{T_S}\right) \tag{7-104}$$

其中，和以前一样，$\text{sinc}(x) = \sin(\pi x)/(\pi x)$。

现在，让我们假设由电阻 R 产生的热噪声在电容 C 上以 f_s 为周期进行采样（见图 7-53），其中 $\overline{v_N^2}(f) = 2kTR$ 是电阻 R 的（双边）噪声功率密度，目的是了解输出 $\overline{v_{oN}^2}(f)$ 的功率谱密度。如前所述，储能元件导致系统表现出一个具有 PSD 形状的响应。

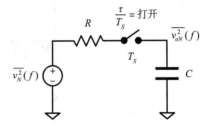

图 7-53　热噪声的周期性采样

如图 7-54a 所示，当开关闭合时，噪声被一个 RC 低通滤波器过滤，其频谱密度由洛伦兹曲线形成：

$$S(f) = \overline{v_{oN}^2}(f) = \frac{2kTR}{1 + (f/f_0)^2} \tag{7-105}$$

然而，当开关被打开时，电容电压被冻结在打开前的数值上，正如在 kTC 噪声中讨论的那样。因此，输出电压 $v_{oN}(t)$ 由两个独立的贡献组成：一个仅在一定的窗口时间内作用的滤波白噪声（见图 7-54b），以及一个采样保持噪声（见图 7-54c）。由于每个采样的影响都是独立的（自相关函数在小于 T_S 的时间内衰减，因为 $f_0 > f_s$），因此可以把输出端两边的总的 PSD 写成两个贡献的总和：

$$S_o(f) = S_R(f) + S_{\text{SH}}(f) \tag{7-106}$$

其中，$S_R(f)$ 是系统的窗口噪声，$S_{\text{SH}}(f)$ 是电容上的采样保持噪声。

对于 $S_{\text{SH}}(f)$，利用式（7-101）和式（7-104）的关系和式（7-105），当 $f \ll f_S$ 时，得到以下表达式：

$$S_{\text{SH}}(f) = \left(\frac{\tau}{T_S}\right)^2 \text{sinc}^2\left(\frac{\tau}{T_S}fT_S\right) \cdot \frac{1}{f_S}\frac{kT}{C} \approx \left(\frac{\tau}{T_S}\right)^2 \cdot \frac{1}{f_S}\frac{kT}{C} \tag{7-107}$$

对于 $S_R(f)$，我们只是考虑到噪声是作用于一个时间窗口的，因此

$$S_R(f) = \left(1 - \frac{\tau}{T_S}\right)\frac{2kTR}{1 + (f/f_0)^2} \tag{7-108}$$

所以，总的单边功率谱密度由下式给出：

$$\hat{S}(f) = \left(1 - \frac{\tau}{T_S}\right)\frac{4kTR}{1 + (f/f_0)^2} + \left(\frac{\tau}{T_S}\right)^2 \text{sinc}^2\left(\frac{\tau}{T_S}fT_S\right) \cdot \frac{1}{f_S}\frac{2kT}{C} \tag{7-109}$$

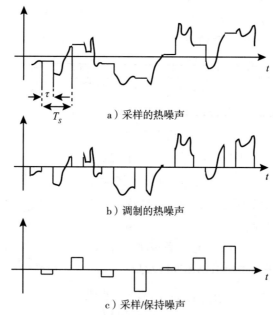

a）采样的热噪声

b）调制的热噪声

c）采样/保持噪声

图 7-54　开关电容噪声的分区

很容易看出，通过从 0 到无穷的积分，我们有总的 PSD：

$$\int_0^\infty \hat{S}(f)\text{d}f = \left(1 - \frac{\tau}{T_S}\right)\frac{kT}{C} + \left(\frac{\tau}{T_S}\right)^2 \cdot \frac{1}{f_S}\frac{2kT}{C}\frac{1}{2\tau} = \frac{kT}{C} \tag{7-110}$$

很容易表明，如果 $\tau/T_S > 60\%$，SH 噪声比窗口热噪声大 8 倍，当 $\tau/T_S > 75\%$，则大 30 倍。

总结一下，可以概括出以下规则：

- 一个被电阻周期性充电的电容器在奈奎斯特基带中显示出一种称为噪声折叠的混叠效应。

- 当固定 NBW 的充电时间常数小于采样周期（见式（7-100））时，噪声折叠是主要的噪声影响；采样和保持周期占采样周期的较大部分。

7.11.1　离散时间电容耦合放大器的噪声

由式（7-80）表示的电荷放大器的输出噪声在连续时间内有效。当电荷放大器在离散时间模式下复位时，噪声被折叠。结合式（7-76）、式（7-78）、式（7-79）和式（7-101），我们可以评估这一点，因此有

$$
\begin{aligned}
\overline{v_{oN}^2} &\approx \left(\frac{C_T}{C_F}\right)^2 \frac{16}{3} \frac{kT}{g_m} \cdot 2\text{USR} \\
&= \left(\frac{C_T}{C_F}\right)^2 \frac{16}{3} \frac{kT}{g_m} \cdot \frac{4\text{NBW}}{f_S} \\
&= \frac{C_T}{C_F} \frac{16}{3} \frac{kT}{C_O} \frac{1}{f_S}
\end{aligned}
\qquad (7\text{-}111)
$$

其中，由于在式（7-101）中使用了 USR 因子，因此使用了因子 2，这是一个双边 PSD，而在式（7-111）中，我们指的是单边 PSD。

我们能够用电容耦合放大器计算各种配置下的输入参考噪声。例如，对于在离散时间工作的电压放大器，我们能够总结出表 7-3 所示的噪声源。

图 7-55 中的图表明了表 7-3 的表达式与使用基于谐波平衡计算的 Spectre 噪声模拟器的模拟的对比。

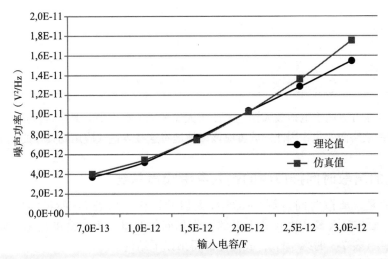

图 7-55　式（7-111）和 Spectre 模拟的输入和反馈电容之间的输出噪声功率比较。CMOS 工艺为 $0.35\mu s$，$T_S = 100\mu s$，$C_O = 10\text{pF}$（M. Crescentini 提供）

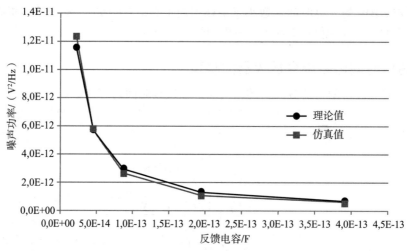

图 7-55 式（7-111）和 Spectre 模拟的输入和反馈电容之间的输出噪声功率比较。CMOS

工艺为 0.35μs，$T_S = 100\mu s$，$C_O = 10pF$（M. Crescentini 提供）(续)

表 7-3 CMOS 放大器在离散时间下工作的噪声源

噪声源	输出参考（单边）噪声功率谱密度 $\overline{v_{oN}^2}(f) \equiv \left[V^2 / Hz \right]$
OPAMP 噪声	$\dfrac{1}{f_S} \dfrac{16}{3} \dfrac{kT}{C_O} \dfrac{C_T}{C_F}$
复位开关	$\dfrac{1}{f_S} \dfrac{2kT}{C_F}$
输入开关	$\dfrac{1}{f_S} \dfrac{2kT}{C_I} \left(\dfrac{C_I}{C_F} \right)^2$

表 7-3 中的数据可应用于电荷放大器、电压放大器和电流放大器。其中，表达式可以根据放大器的结构和时钟策略而变化，因此，读者应该谨慎地将这些表达式应用到具体的上下文中。

7.11.2 常见的离散时间接口中的输入参考噪声总结

值得注意的是，离散时间运算 CMOS 放大器的运作，如表 7-3 所证实的那样，具有与电荷放大器、电压放大器和电流放大器的运作相同的背景。为了简单起见，如果只考虑 OPAMP 的热噪声（表 7-3 的第一行），我们能够得出以下结论。

现在，我们也可以计算出这三个 CMOS 接口的输入参考最小可检测信号。根据以下关系，有

$$\overline{\xi_{iN}^2} \simeq \frac{\overline{v_{oN}^2}(f) \cdot f_S / 2}{\left| H(0) \right|^2} \tag{7-112}$$

其中，$\overline{\xi_{iN}^2}$ 可以是电荷、电压或电流，$H(0)$ 是接口的带宽内传递函数。我们期望将输出噪声积分到最大频率，也就是采样频率的一半。因此，我们能够得到表 7-4 中的输入噪声功率。

当然，如果我们想考虑表 7-4 中总结的所有其他噪声源，就必须对每个噪声源重复式（7-112）中的运算，并对每个噪声源进行平方求和。

表 7-4　离散时间 CMOS 接口的输入参考噪声只与 OPAMP 的热噪声有关

接口	传输函数 $H(0)$	参考	输入参考噪声 $\overline{\xi_{iN}^2} \equiv \left[\xi^2\right]$	公式
电荷传感	$\dfrac{\Delta V_o}{\Delta Q_i} = -\dfrac{1}{C_F}$	式（7-90）	$\overline{q_{iN}^2} \approx \dfrac{8}{3}\dfrac{kT}{C_O}C_T C_F$	式（7-113）
电压传感	$\dfrac{\Delta V_o}{\Delta V_i} = -\dfrac{C_I}{C_F}$	式（7-93）	$\overline{v_{iN}^2} \approx \dfrac{8}{3}\dfrac{kT}{C_O}\dfrac{C_T C_F}{C_I^2}$	式（7-114）
电流传感	$\dfrac{\Delta V_o}{\Delta I_i} = -R_{EQ}$ $= -\dfrac{1}{C_F f_S}$	式（7-92）	$\overline{i_{iN}^2}\dfrac{8}{3}C_T C_F\dfrac{kT}{C_O}\dfrac{1}{R_{EQ}^2}$ $\approx \dfrac{8}{3}\dfrac{kT}{C_O}C_T C_F f_S^2$	式（7-115）
输入电容传感（恒压基准）	$\dfrac{\Delta V_o}{\Delta C_I} = -\dfrac{V_R}{C_F}$	式（7-98）	$\overline{c_{iN}^2} \approx \dfrac{8}{3}\dfrac{kT}{C_O}\dfrac{1}{V_R^2}C_T C_F$	式（7-116）

在离散时间条件下，输入参考均方根噪声是随着噪声带宽功率的增加而增加的，如式（7-115），而对于连续时间电流放大器，它通常随 1/2 的功率增加。因此，与基于开关电容的接口相比，连续时间电流接口在大带宽下有更好的噪声性能。

7.11.3　级联放大器的分辨率优化

3.7.7 节讨论了两级通用放大器的分辨率下降问题。现在我们有了计算输入参考噪声的工具，我们可以在一个真正的放大器上对其进行分析。

为了显示这种行为，我们在一个商用 OPAMP（LT1028）上进行了计算，其特性如表 7-5 所示。图 7-56 显示了两级接口的增益对动态范围和分辨率位数的影响。

表 7-6 中显示了降低第一个放大器 G1 的增益并增加第二个放大器 G2 的增益，从而保持总增益不变。对于每个阶段，动态范围已经用前几节的最小可检测信号计算出来了。然后我们应用采集链的分辨率规则计算出总的分辨率位

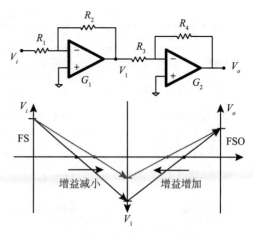

图 7-56　两级接口增益对动态范围（DR）和分辨率位数（NL）的影响

数。总的 NL 数据如图 7-57 所示。因此，很明显，从第一级转移到第二级的增益越多，NL 就越小。

　　就带宽而言，我们能够注意到增益在链路的各级之间平均分配时，就会取得链路的最大带宽，如图 7-57 所示。这些结果确认了 3.7.7 节关于恒定增益带宽乘积放大器配置的分析，最后，为了表征能量的优劣，我们绘制了带宽乘与分辨率的乘积。这表明从能量的角度来看，我们有一个最大值，直到增益在两级之间平均分配；然后，随着第二级的增益大于第一级的增益，它开始减小。

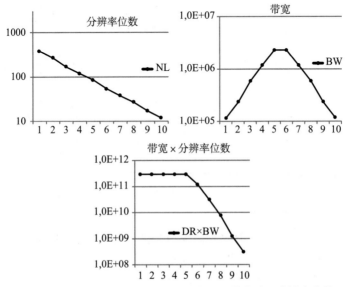

图 7-57　分辨率（信息）总位数、带宽，以带宽乘以分辨率位数

表 7-5　噪声计算数据

OPAMP	LT1028	OPAMP	LT1028
GBW	7.50E+07	f_{ce}（电压拐角频率）/Hz	3.5
A0（开环增益）/dB	146	f_{ci}（电流拐角频率）/H	250
A0（开环增益）/(V/V)	2.00E+07	$R_{1,3}$/Ω	1 000
$v_{in}/\left(\dfrac{V}{\sqrt{Hz}}\right)$	8.00E-10	V_{DD}/V	5
$i_{in}/\left(\dfrac{A}{\sqrt{Hz}}\right)$	1.00E-12	均方根因子	$\sqrt{2}$
$v_{in}^{2}/\left(\dfrac{V^{2}}{\sqrt{Hz}}\right)$	6.40E-19	覆盖率/σ	6
$i_{in}^{2}/\left(\dfrac{A^{2}}{\sqrt{Hz}}\right)$	1.00E-24	总增益	10 000

表 7-6　采集链数据

序号	G1	G2	DR1	DR2	DRT	NL	BW
1	1000	1	2.54E+06	2.54E+09	2.54E+06	375.83	1.18E+05
2	500	5	1.28E+06	1.28E+09	1.27E+06	266.02	2.35E+05
3	200	5	5.11E+05	5.12E+08	5.10E+05	168.35	5.86E+05
4	100	10	2.55E+05	2.56E+08	2.55E+05	119.07	1.17E+06
5	50	20	1.28E+05	1.28E+08	1.28E+05	84.21	2.31E+06
6	20	50	5.11E+04	5.11E+07	5.11E+04	53.28	2.31E+06
7	10	100	2.56E+04	2.55E+07	2.56E+04	37.69	1.17E+06
8	5	200	1.28E+04	1.28E+07	1.28E+04	26.66	5.86E+05
9	2	500	5.11E+03	5.10E+06	5.11E+03	16.85	2.35E+05
10	1	1000	2.54E+03	2.54E+06	2.53E+03	11.86	1.18E+05

总而言之，对于恒定的 GBW 两级放大器：

- 第一级的增益越大，总的 NL 就越高。
- 当两个放大器的增益相等时，可实现最大带宽。
- 当第一级增益大于第二级时，就能实现最高能量性能。

延伸阅读

Crescentini M., Bennati M., Carminati M., and Tartagni M., " Noise limits of CMOS current interfaces for biosensors: A review, " *IEEE Trans. Biomed. Circuits Syst.*, vol. 8, no. 2, pp. 278–92, April 2014.

Enz, C. C., and Temes, G. C., " Circuit techniques for reducing the effects of opamp imperfections: Autozeroing, correlated double sampling, and chopper stabilization, " *Proc. IEEE*, vol. 84, no. 11, pp. 1584–1614, 1997.

Gray, P. R., Hurst, P. J., Lewis, S. H., and Meyer, R. G., *Analysis and Design of Analog Integrated Circuits*, 4th ed. New York: John Wiley & Sons, 2001.

Gregorian, R., and Temes, G. C. *Analog MOS Integrated Circuits*. New York: John Wiley & Sons, 1987. Kester, W. Ed., *The Data Conversion Handbook*. Philadelphia; Elsevier, 2004.

Kulah H., Chae J., Yazdi N., and Najafi, K. " Noise analysis and characterization of a sigma-delta capacitive microaccelerometer, " *IEEE J. Solid-State Circuits*, vol. 41, no. 2, pp. 352–361, February 2007.

Lee, T. H., *The Design of CMOS Radio-Frequency Integrated Circuits*, 2nd ed. Cambridge: Cambridge University Press, 2004.

Mondal S. and Hall D. A., " An ECG chopper amplifier achieving 0.92 NEF and 0.85 PEF with ACcoupled inverter-stacking for noise efficiency enhancement," *Proc. IEEE Int. Symp. Circuits Syst.*, no. c, pp. 2–5, 2017.

Muller, R. Gambini, S.and Rabaey, J. M. "A 0.013 mm2, 5 μW, DC-coupled neural signal acquisition ic with 0.5 v supply," *IEEE J. Solid-State Circuits*, vol. 47, no. 1, pp. 232–243, 2012.

Rothe H., and Dahlke, W., "Theory of noisy fourpoles," *Proc. IRE*, vol. 44, no. 6, pp. 811–818, June 1957.

Steyaert, M. S. J., Sansen, W. M. C., and Zhongyuan C., "A micropower low-noise monolithic instrumentation amplifier for medical purposes," *IEEE J. Solid-State Circuits*, vol. 22, no. 6, pp. 1163–1168, 1987.

Tartagni, M., and Guerrieri, R. "A fingerprint sensor based on the feedback capacitive sensing scheme," *IEEE J. Solid State Circuits*, vol. 33, no. 1, pp. 133–142, 1998.

第 8 章
检测技术

电子器件和基本模块的噪声性能和主要特征已经在前几章进行了讨论。这里，我们将介绍更复杂的传感接口技术，分析针对特定情况下的架构，如电阻传感与电容传感，此外，还将解释调制、反馈和信号检测的时间 – 数字技术。

8.1 从单端到差分架构

模拟信号能够用几种排列方式进行编码。在大多数示例中，我们假设所有的模拟信号都涉及一个被称之为"地"（GND）的共同参考，如图 8-1a 所示。根据该惯例设计的电子电路称为单端架构，意味着输入 / 输出模拟信号参考共地来定义电势。

另一种技术是将两个电压之间差值中的信息进行编码，即 V_A 和 V_B（参考 GND），如图 8-1b 所示。因此，既然在这种新情况下有两个自由度，我们就能够定义差模信号 $V_D(t) = (V_A - V_B)$ 和共模信号 $V_C(t) = (V_A + V_B)/2$。普遍的做法是用差分信号与信息联系起来，并且固定共模为一个参考点，例如，使用电源轨电压的一半：$V_C(t) = V_R = V_{DD}/2$。通过固定共模，差分信号相对于参考信号是不对称的。使用这种惯例实现的电子电路通常称为全差分架构。差分模型的一个重要优势是我们能够实现负信号，即使我们采用的是单个电源轨。当然，全差分方法也能够用于电流 / 电荷信号，其中，通常共模电流 / 电荷参考信号是电流 / 电荷的值为 0。当信号为正弦形式时，它可以用图解的方式在相量形式下表示全差分，如图 8-1c 所示。这也能够用作频谱的一般正弦分量。此外，从电路表示的视角来看，一个全差分等效性如图 8-1d 所示。

8.1.1 全差分方法的优点

在第 4 章中，我们已经注意到两个一般的随机信号 x 和 y 的加权差值 $z = a \cdot x - b \cdot y$ 的方差为

$$P_{ZAC} = a^2 \sigma_X^2 + b^2 \sigma_Y^2 - 2ab\rho_{XY} \cdot \sigma_X \sigma_Y \tag{8-1}$$

式中，ρ_{XY} 为随机过程的相关系数。一般而言，对于低相关系数，作用于差分线上的扰动称为"噪声"，而对于高相关系数，它被称为"干扰"。

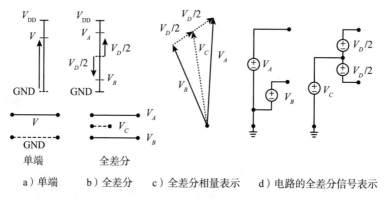

a）单端 b）全差分 c）全差分相量表示 d）电路的全差分信号表示

图 8-1 模拟信号的惯例和参考

现在，在式（8-1）中，我们假设一个差分信号是由两个扰动信号 A 和 B 的差值组成的，它们由相同功率的随机过程 $\sigma_{AN}^2 = \sigma_{BN}^2 = \sigma_N^2$ 产生，因此，差分信号的总噪声功率为

$$P_{DN} = \sigma_{AN}^2 + \sigma_{BN}^2 - 2\rho_{AB} \cdot \sigma_{AN}\sigma_{BN} \qquad (8\text{-}2)$$

如果随机过程是相同的，但实现却完全不相关，那么 $\rho_{AB} = 0$ 且 $P_{DN} = 2\sigma_N^2$，因此，差分信号架构在降低噪声方面没有任何改进。另外，如果有相关性（即在干扰的情况下，诸如 50/60Hz 本地的交流电源或磁耦合），那么会明显地减少这个问题的影响。在完全相关干扰的极端情况下，有 $\rho_{AB} = 1$ 和 $P_{DN} = 0$，这意味着差分架构完全消除了扰动。

8.1.2　示例：全差分电荷放大器

只要简单地保持差分对的原始对称性，全差分方法就能够扩展到运算放大器（OPAMP），如图 8-2a 所示。因此，该 OPAMP 称为全差分 OPAMP，其符号如图 8-2b 所示，并且其输入 / 输出关系为

$$V_D = (V_A - V_B) = A \cdot (V_b - V_a) \qquad (8\text{-}3)$$

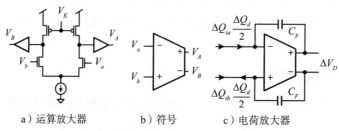

a）运算放大器 b）符号 c）电荷放大器

图 8-2 全差分方法的运算放大器、符号以及电荷放大器的实现

全差分的 OPAMP 能够用于与单端的 OPAMP 构思相同的目的。一般而言，全差分放大器的共模电平由内部电路设置为 $(V_A + V_B) / 2$，能够很容易地表明，如果使用差分信号代替常规信号，那么在反馈配置中偏置的全差分放大器具有与单端配置相同的增益。例如，在一

个全差分的反馈结构中，$R_2 = R_4$ 为反馈电阻，$R_1 = R_3$ 为输入电阻，那么对于 $A \gg 1$ 的开环 OPAMP，其输入／输出关系为 $V_D = (V_{O+} - V_{O-}) = R_2 / R_1 \cdot (V_{i+} - V_{i-})$（其中 V_{i+}，V_{i-} 是反馈放大器的输入），这是单端"反相"放大器传递函数的差分版本，其中，$V_O = -R_2 / R_1 \cdot V_i$。在实践中，一个对称的全差分配置可作为两个完全相同的单端配置的组成部分，以便整体增益与相对于差分信号的单端增益相同。然而，我们必须注意，非对称方式下单个的输出值会有一些值跨过共模。另一个示例如图 8-2c 所示，电荷放大器具有以下传递函数：

$$\Delta V_D = \frac{-\Delta Q_{ia} + \Delta Q_{ib}}{2C_F} = -\frac{\Delta Q_d}{C_F} \qquad (8\text{-}4)$$

其中，$(-\Delta Q_{ia} + \Delta Q_{ib}) / 2$ 是电荷的差分信号。

8.2　电阻传感

无论何时，传感器都是由电阻实现的，我们将参考的电阻传感，其电阻值 R_0 由物理激励 x 通过电阻相对变化量的递增比率 $\gamma = \Delta R / R_0 \in [0,1]$ 改变。通过第 2 章中给出的灵敏度的定义以及一阶近似，有

$$R = R_0 + \Delta R = R_0 \left[1 + \frac{\Delta R}{R_0} \right] = R_0 (1 + \gamma)$$

$$R(x) \cong R(x_0) + \frac{dR}{dx} \bigg|_0 \Delta x = R_0 + \Delta R = R_0 \left[1 + \frac{\Delta R}{R_0} \right] = R_0 [1 + S' \Delta x]$$

$$\gamma = S' \Delta x = \frac{\Delta R}{R_0} \rightarrow S' = \frac{1}{R_0} \frac{dR}{dx} \bigg|_0 \equiv \left[\frac{1}{\xi} \right] \qquad (8\text{-}5)$$

$$S = \frac{dR}{dx} \bigg|_0 \equiv \left[\frac{\Omega}{\xi} \right]$$

上述 S 和 S' 分别为电阻传感器的灵敏度和相对灵敏度。因此，根据上述示例中的测量单元，一个电阻温度传感器将具有用 $\Omega / \degree C$ 表达的灵敏度，而电阻应变传感器则用 Ω / N 表达。

因此，电阻传感器接口本质上是一个欧姆表。一个电阻测量会由于待测器件的连接和接口的电阻带来误差，如图 8-3a 所示，根据欧姆定律，我们能够通过在已知电流 I 下读取其两端的电压来估计电阻 R_X 的阻抗，然而，由于连接电阻 R_{W1} 和 R_{W2}，特别是使用长连接线时，估计值会受到误差的影响。

一种测量电阻的技术避免了由于连接导线而引起的系统误差，这种技术称为开尔文传感或四线传感技术。使用图 8-3b 所示的方案，我们用高阻抗电压计读取跨接在 R_X 上的电压降，以便在 R_{W3} 和 R_{W4} 上没有电压降，而 R_{W1} 和 R_{W2} 不会改变参考电流，因此，它们在测试中不会影响跨接电阻器上的电压，该技术能够在电子传感器接口中以多种方式实现。

电阻传感器最古老和最常用的接口之一是惠斯通电桥，如图 8-4 所示，这个概念的作用是测量两个电阻（阻抗）分压器之间的不平衡电压。遵循常用标记法，可变电阻器是位于右

下方的电阻 $R_3 = R_0(1+\gamma)$。

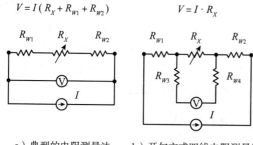

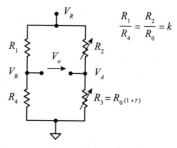

a）典型的电阻测量法   b）开尔文或四线电阻测量法

图 8-3 典型的电阻测量法和开尔文或四线电阻测量法

图 8-4 惠斯通电桥

为简单起见，我们假设两个分压器的电阻比相等：$R_1/R_4 = R_2/R_0 = k$。因此，输出电压是

$$V_0 = V_A - V_B = V_R\left(\frac{R_3}{R_2 + R_3} - \frac{R_4}{R_1 + R_4}\right) = V_R\left(\frac{R_0(1+\gamma)}{R_2 + R_0(1+\gamma)} - \frac{1}{k+1}\right)$$

$$= V_R\left(\frac{1+\gamma}{k+1+\gamma} - \frac{1}{k+1}\right) = V_R\frac{k\gamma}{(k+1)(k+1+\gamma)} \tag{8-6}$$

其中，V_R 为惠斯通电桥的参考电压，因此，惠斯通电桥的输出与参考电压成正比。这表明了利弊：一方面，通过提高参考电压的均值，可以提高灵敏度；另一方面，惠斯通电桥容易受到干扰（特别是来自参考源的电压）。

我们能够引入电桥灵敏度 S_B 作为输出相关的相对电阻变化 γ 的变化率。

$$S_B = \frac{1}{V_R}\frac{\mathrm{d}V_o}{\mathrm{d}\gamma} = \frac{1}{V_R}\frac{\mathrm{d}V_o}{\mathrm{d}x}\frac{1}{S_R'} \equiv [\cdot] \tag{8-7}$$

注意，电桥灵敏度被 V_R 归一化，以使其独立于参考值。通过推导对 γ 的灵敏度表达式，我们能够找到使 S_B 最大化的最佳 k 值：

$$S_B = \frac{1}{V_R}\frac{\mathrm{d}V_o}{\mathrm{d}\gamma}\bigg|_{x=0} = \frac{\mathrm{d}}{\mathrm{d}\gamma}\left(\frac{k\gamma}{(k+1)(k+1+\gamma)}\right)$$

$$= \frac{k(k+1)(k+1+\gamma) - k\gamma(k+1)}{[(k+1)(k+1+\gamma)]^2}\bigg|_{x=0} = \frac{k}{(k+1)^2} \tag{8-8}$$

为了找到最佳值，我们现在应该推导出 k 的灵敏度：

$$\frac{\mathrm{d}S_B}{\mathrm{d}k} = \frac{\mathrm{d}}{\mathrm{d}k}\frac{k}{(1+k)^2} = \frac{(1+k)^2 - 2k(1+k)}{(1+k)^4} = \frac{1-k^2}{(1+k)^4} = 0 \rightarrow k = 1 \tag{8-9}$$

使用该值将式（8-6）改写为

$$V_0 = V_0(\gamma) = V_R\frac{\gamma}{2(2+\gamma)} \approx V_R\frac{\gamma}{4} \tag{8-10}$$

　　注意，这种非线性关系仅在一阶近似下与 γ 成正比。因此，惠斯通电桥存在非线性系统误差，应该进行量化，以理解测量的准确性。

　　如图 8-5 所示，我们能够注意到，如果相对阻值变化在 $\pm25\%$ 范围内，真实特性似乎是理想特性的良好近似。然而，很容易证明仍然有大约 10% 的积分非线性（INL）。因此，这种电桥只适用于非常小的输入变化的情况。

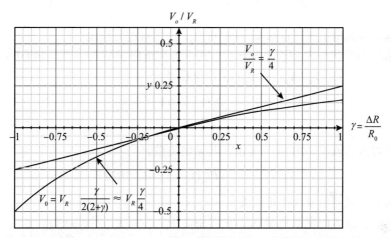

图 8-5　由式（8-10）给出的惠斯通电桥关系的线性近似

　　我们可以计算出电桥的总灵敏度，即与电桥耦合的电阻传感器的传递函数：

$$S_T = S_B \cdot S'_R = \frac{1}{V_R}\frac{\mathrm{d}V_o}{\mathrm{d}x} \equiv \left[\frac{V}{V}\frac{1}{\xi}\right] \tag{8-11}$$

它的测量单位是灵敏度的倒数。

　　为了减少式（8-6）的非线性失真，我们可以对桥的同一分压器的电阻进行反对称变化，如图 8-6a 所示。这种构造称为半惠斯通电桥。

　　因此，电桥的响应与相对变量是线性相关的，根据这个关系，有

$$V_0 = V_A - V_B = V_R\left(\frac{R_0(1+\gamma)}{R_0(1-\gamma)+R_0(1+\gamma)} - \frac{1}{2}\right) = V_R\left(\frac{1+\gamma}{2} - \frac{1}{2}\right) = V_R \cdot \frac{\gamma}{2} \tag{8-12}$$

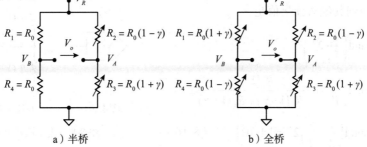

a）半桥　　　　　　　　　　　　　b）全桥

图 8-6　半桥和全桥结构

半桥的进一步演化通过图 8-6b 所示的桥双臂的反对称变化实现，称为全惠斯通电桥，这里的输出关系为

$$V_0 = V_A - V_B = V_R \left(\frac{R_0(1+\gamma)}{R_0(1-\gamma) + R_0(1+\gamma)} - \frac{R_0(1-\gamma)}{R_0(1-\gamma) + R_0(1+\gamma)} \right)$$

$$= V_R \left(\frac{1-\gamma}{2} - \frac{1+\gamma}{2} \right) = V_R \cdot \gamma \tag{8-13}$$

半桥和全桥的典型示例将在第 11 章中对应变传感器进行检验。

电阻式传感的替代技术如图 8-7 所示，其中可变电阻被插入一个反相 OPAMP 放大器的反馈回路中。由此，$I_o = V_R / R_0$，得到的输出电压是

$$V_o = V_R + I_o R_0 (1+\gamma) = V_R(2+\gamma) \tag{8-14}$$

所以它与相对变量 γ 呈线性相关。另一种技术是基于两条电阻路径之间的差值，其中电流被一个电流镜偏置为等值，如图 8-7b 所示，其输出关系为

$$V_o = V_A - V_B = IR_0 (1+\gamma) - IR_0 = IR_0 \gamma \tag{8-15}$$

这里输出与相对电阻变量成线性正比关系。

图 8-7 中所示技术的主要优势在于它们相对于 V_R 的一定程度的抗扰度。事实上，与惠斯通电桥相关的问题之一是输出与参考值的直接比例。因此，任何作用于电源的扰动都可以很容易地传递到输出。在图 8-7a 所示的情况下，对干扰的抵抗与 OPAMP 的电源抑制比（Power Supply Rejection Ratio，PSRR）有关，而在图 8-7b 所示情况下，则与电流槽的理想性有关。

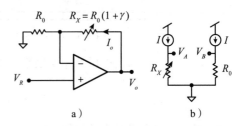

图 8-7   电阻式传感的替代技术

比率读出

另一种抵消由电源引起的干扰的技术称为比率读出，如图 8-8 所示。该技术是基于 A/D 转换器和模拟接口的转换输出（如惠斯通电桥或阻抗分频器）的线性输出依赖性。因此，请参考本示例，我们得到其绝对读出值是

$$V_{O(\text{bin})}[n] \equiv \text{Round}\left(\frac{V_i}{V_R} 2^N \right)$$

$$= \text{Round}\left(\frac{1}{V_R} \cdot V_R \frac{R_o(1-\gamma)}{R_o(1-\gamma) + R_o(1+\gamma)} 2^N \right)$$

$$= \text{Round}\left(\frac{1}{2} - \frac{\gamma}{2} \right) 2^N \equiv [\text{LSB}] \tag{8-16}$$

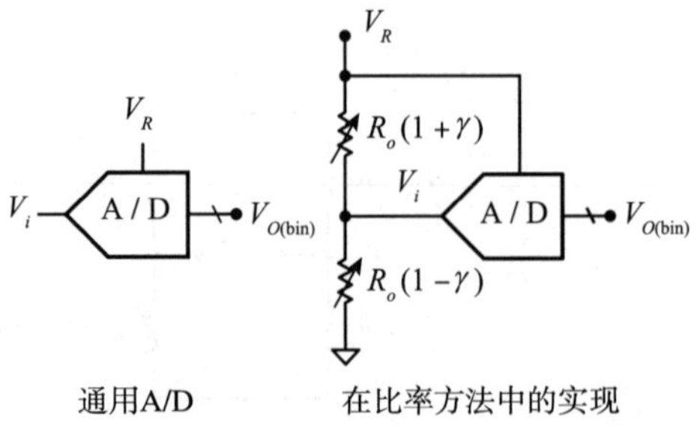

通用A/D   在比率方法中的实现

图 8-8   比率读出传感技术

其中，下标是 N 位的二进制表示，Round 为舍入取整函数。

按照同样的想法，如图 8-9 所示，我们可以使用仪表放大器（IA）读出惠斯通电桥，保持电桥的输出平衡和对称后接一个参考电位与电桥相同的 A/D 转换器。

IA 的关系是由全差分前端给出，全差分前端由两个 OPWAP，跟随一个差分转单端电路级构成，所以传递函数为

$$V_1 = V_X \left(1 + \frac{R_B}{R_A}\right) - V_Y \frac{R_B}{R_A}; V_2 = V_Y \left(1 + \frac{R_B}{R_A}\right) - V_X \frac{R_B}{R_A}$$

$$\rightarrow V_o = V_1 - V_2 = \left(1 + \frac{2R_B}{R_A}\right)(V_X - V_Y) = (1 + G)(V_X - V_Y) \tag{8-17}$$

其中，G 为 IA 的增益。

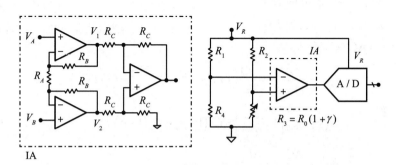

图 8-9　IA 的惠斯通电桥读数

或者，我们能够使用一个高阻抗差分 A/D 转换器（与电桥有相同的参考偏置）来实现相同的结果。

8.3　电容传感

当传感器借助于一个电容值关于物理激励而变化的电容器来实现时，就需要用到电容传感。电容体现电场对两个导体之间电荷的影响。如果电场是均匀的，并且在两个相反的极板之间是平行的，则电容 C_0 的值为

$$C_0 = \frac{\varepsilon A}{h} \tag{8-18}$$

其中，ε 为极板之间材料的介电常数，A 为极板的面积，h 为它们之间的距离。不幸的是，这种简洁的关系在现实中并不成立，因为电场的形状遵循边界处对称电荷的偶极行为。

如图 8-10a 所示，两个极板之间的电场的真实形状是由称为"边缘场"的边界效应来特征化的，这种效应的作用导致式（8-18）不成立，并且一般为 $C_0 > \varepsilon A / h_0$。

一种如图 8-10b 所示的技术称为开尔文保护环，以避免边缘场效应。底板被分割成三个部分，每个部分都有相同的参考电势，如地面。如果电极之间的空间 S 足够小，那么电极 1

和 2 之间的电容不受边缘场的影响，因此

$$C_{12} = \frac{\Delta Q_2}{\Delta V_1} \simeq \frac{\varepsilon A_2}{h};$$

$$C_{13} > \frac{\varepsilon A_3}{h}; C_{14} > \frac{\varepsilon A_4}{h}$$

(8-19)

其中，ΔQ_2 是第二极板上的电压变化 ΔV_1 引起的电荷变化，A_2 是第二极板的面积，C_{XY} 是极板间的电容。综上所述，利用开尔文保护环，我们能够对式（8-18）有一个很好的近似。

现在，参考静止距离 h_0 的相对距离变化 $\delta = \Delta h / h_0$，在一阶近似下，相对电容变化 $\gamma = \Delta C / C_0$ 有

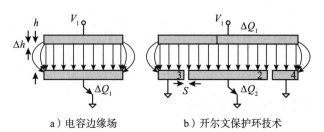

a）电容边缘场　　b）开尔文保护环技术

图 8-10　电容边缘场和开尔文保护环技术

$$C = \frac{\varepsilon A}{h_0(1+\delta)} = \frac{\varepsilon A}{h_0}\left[1 - \delta + \delta^2 - \delta^3 + \cdots\right] \approx C_0(1-\delta)$$

$$C(\gamma) = C_0\left(1 + \frac{\Delta C}{C_0}\right) = C_0(1+\gamma) = C_0(1-\delta)$$

$$\rightarrow \gamma = \frac{\Delta C}{C_0} = -\frac{\Delta h}{h_0} = -\delta$$

(8-20)

开尔文保护环可以放置在电荷放大器架构中，或代替输入电容器（见图 8-11a），或代替反馈电容器（见图 8-11b）。

注意负反馈的虚拟短路如何确保开尔文保护环的所有底极板处于相同电位这一条件。因此，极板 2 需要连接到放大器的反相输入的输入端。

在第一种情况下，输出与极板间的距离成正比：

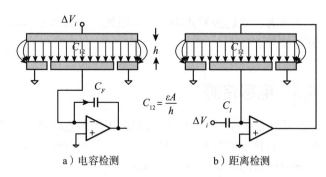

a）电容检测　　b）距离检测

图 8-11　开尔文保护环的使用

$$\frac{\Delta V_o}{\Delta V_i} \approx -\frac{C_I}{C_{12}} \rightarrow \Delta V_o = -C_I \Delta V_i \cdot \frac{h}{\varepsilon A}$$

(8-21)

在另一种情况下，输出与极板的面积或介电常数 ε 呈线性相关：

$$\frac{\Delta V_o}{\Delta V_i} \approx -\frac{C_{12}}{C_F} \rightarrow \Delta V_o = -\frac{\Delta V_i}{C_F} \cdot \frac{\varepsilon A}{h}$$

(8-22)

例如，使用图 8-11a 的结构能够实现距离感知传感器，而使用图 8-11b 的结构可以实现

面积或介电传感器。

可以采用一种使用差分电容和单端OPMAP的技术来降低式（8-20）的非线性，如图8-12所示。

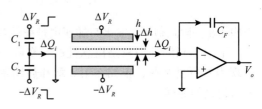

图 8-12 差动电容传感技术

在图8-12所示的方案中，对称的电压阶跃施加在电容器的两个极板上，收集电荷的中间极板相对于其他极板具有一定的位移自由度。

因此，这种关系变为

$$\begin{cases} C_1 \approx C_0\left(1-\gamma+\gamma^2+\cdots\right) \\ C_2 \approx C_0\left(1+\gamma+\gamma^2+\cdots\right) \end{cases}$$
$$\rightarrow \Delta Q_i = \left(\Delta V_R C_1 - \Delta V_R C_2\right) = \Delta V_R C_0\left(1-1-\gamma-\gamma+\gamma^2-\gamma^2+\cdots\right)$$
$$\approx -2C_0\Delta V_R\gamma = 2C_0\Delta V_R\frac{\Delta h}{h} \rightarrow \Delta V_o = -\frac{\Delta Q_i}{C_F} = -2\Delta V_R\frac{C_0}{C_F}\frac{\Delta h}{h} \tag{8-23}$$

注意差分方法是如何消除了按幂展开的所有偶数项，大大减少了电容相对于极板距离的非线性影响的。

使用具有不同结构的全差分运算放大器也可以得到相同的结果，如图8-13所示。将电压施加到中间极板来代替施加对称的电压这一步骤，通过一个差分电荷放大器感知单个电容器的电荷。

同样，差分输出电荷与距离的变化有关：

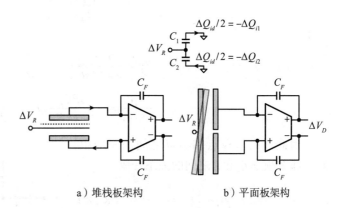

a）堆栈板架构　　b）平面板架构

图 8-13　通过完全差分的 OPMAP 来进行电容传感

$$\Delta Q_{iD} = -\left(\Delta Q_{i1} + \Delta Q_{i2}\right) \rightarrow \Delta V_{OD} = -\frac{\Delta Q_{id}}{C_F} = -2\Delta V_R\frac{C_0}{C_F}\frac{\Delta h}{h} \tag{8-24}$$

这与式（8-23）是一致的。

8.3.1 示例：电容式加速度计

上述思想可用于实现电容式加速度计，如图8-14所示。移动的内极板被锚定在一个惯性质量块 M 上，其位移与一个弹性常数 α 有关。在沿自由度施加的均匀加速度下，在机械平衡时所获得的位移为

$$F = Ma = -\alpha\Delta h \rightarrow \Delta h = \frac{M}{\alpha}a \tag{8-25}$$

因此：

$$\Delta V_O = -2\Delta V_R \frac{C_0}{C_F}\frac{\Delta h}{h} = -2\Delta V_R \frac{C_0}{C_F}\frac{M}{h\alpha}\cdot a \qquad (8\text{-}26)$$

表明（在一阶近似下）输出与加速度是线性相关的。

上面提到的处理只是概念性的，实际的实现当然更复杂些，正如在第 3 章和后续章节所讨论的那样。

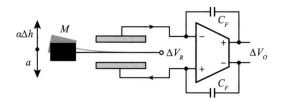

图 8-14　电容式加速度计的概念表示

8.3.2　交流电容传感

另一种实现电容传感的方法是基于谐波状态，如图 8-15 所示。其中对输入端施加固定幅度的正弦信号，并测量读出的峰－峰值或均方根值。

利用 OPMAP 的一阶近似，我们能够知道由反馈 f_0' 给出的截止极点，正如第 7 章所讨论的那样。此外，根据以下关系，反馈电阻的作用相当于一个高通滤波器：

$$\left|\frac{V_O}{V_I}\right| = -\frac{Z_F}{Z_i}$$

其中

$$Z_F = \frac{R/sC_F}{R+1/sC_F},\; Z_i = \frac{1}{sC_i}$$

$$\to \left|\frac{V_O}{V_I}\right| = -\frac{sRC_i}{1+sRC_F};\; f_1 = \frac{1}{2\pi RC_F} \qquad (8\text{-}27)$$

因此，如果极点和零点之间的间隔很好，那么频率 f_0' 和 f_1 之间的关系变成

$$\left|\frac{V_O}{V_I}\right| \simeq \frac{C_i}{C_F} \qquad (8\text{-}28)$$

因此，通过比较输出信号相对于输入信号的振幅，我们可以使用这个电路来读出放置在 C_i 或 C_F 中的电容传感器的读数。

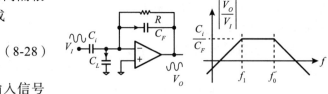

图 8-15　交流电容传感

8.4　利用瞬态技术读出电阻和电容

一般而言，一旦其他元件已知，一个电阻电容（RC）电路的瞬态能够用来估计元件中任意一个电阻或电容的值。

因此，利用 RC 瞬态关系（其中 V_∞ 和 V_o 是输入电势的渐近值和初始值），我们能够获得达到通用阈值 V_T 的时间（见图 8-16）：

$$V(t) = V_o - (V_o - V_\infty)\left(1 - e^{-\frac{t}{RC}}\right)$$

$$\rightarrow \Delta t = -RC\ln\left(1 - \frac{V_T}{V_\infty}\right) \qquad (8\text{-}29)$$

现在，这种思路是比较两个瞬态值，一个值是参考电阻 R_R，另一个值是未知的电阻 R_X，所以就有了以下关系：

$$R_X = R_R \frac{\Delta t_X}{\Delta t_R} \qquad (8\text{-}30)$$

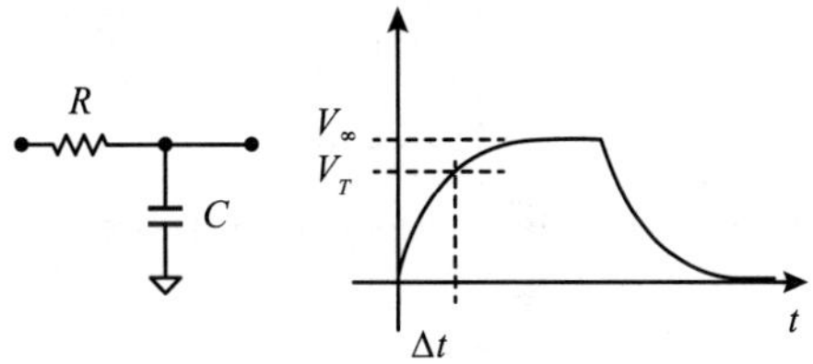

注意，同样的技术甚至能够应用于电容未知的

图 8-16 RC 电路瞬态响应

情况，因此，也可以作为具有电路微弱变化的一个电容式传感器接口（即使用参考电容而不是参考电阻）。

我们能够计算出采用该技术取得的分辨率。由第 5 章，我们得出的 RC 瞬态的信号和噪声是

$$V_C(t) = V_\infty\left(1 - e^{-t/RC}\right), \text{对于信号}$$

$$\overline{V_{CN}^2(t)} = \frac{kT}{C}\left(1 - e^{-2t/RC}\right), \text{对于噪声} \qquad (8\text{-}31)$$

因此，信噪比能够计算为

$$\text{SNR} = \frac{V_\infty^2\left(1 - e^{-t/RC}\right)^2}{(kT/C)\left(1 - e^{-2t/RC}\right)} \qquad (8\text{-}32)$$

它表明了在第 5 章中讨论的 *KTC* 噪声的信噪比（SNR）的渐近情况，它大约是给定时间常数值的一半。

参照图 8-17，可以得到利用该技术估计的输入电阻的最小值和最大值。因此，根据 2.11.2 节的讨论，可实现的分辨率位数（即动态范围）是

$$\text{DR}_{dB} = \text{SNR}_{dB} + 20\log\frac{R_{max}}{R_{min}}; \ \text{NL}_b = \frac{1}{2}\log_2(1 + \text{DR}) \qquad (8\text{-}33)$$

反之，一旦设定了所需的分辨率位数，就可以使用式（8-32）来确定最小电阻、最大电阻和参考电容。

一种可能的技术能够通过单片机（MCU）来实现，如图 8-18 所示。假设我们想测量传感器 $R_X = R_0(1 + \gamma)$ 相对于参考电阻 R_R 的电阻值，这些电阻连接到单片机的两个输入/输出（I/O）引脚，如图 8-18a 所示，并通过另一个 I/O 引脚监测瞬态值。一般而言，I/O 引脚能够用于钳制电位或监测电压，如图 8-18b 所示。每个 I/O 引脚的操作取决于嵌入 MCU 中的固件。

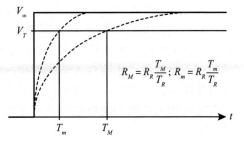

图 8-17 利用瞬态技术估计两个电阻值

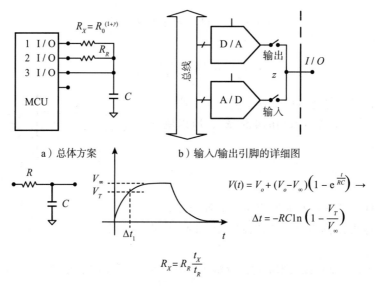

a）总体方案　　　　　b）输入/输出引脚的详细图

$$V(t) = V_o + (V_o - V_\infty)\left(1 - e^{\frac{t}{RC}}\right) \rightarrow$$

$$\Delta t = -RC\ln\left(1 - \frac{V_T}{V_\infty}\right)$$

$$R_X = R_R \frac{t_X}{t_R}$$

图 8-18　利用单片机实现的电阻测量技术

8.5　采用 Sigma-Delta 调制器反馈的传感系统集成

8.5.1　Sigma-Delta 转换器的概念

Sigma-Delta（SD）（也称为（DS））转换器是一种基于反馈回路的过采样转换器。

图 8-19a 展示了一个通用的反馈系统，其中反馈回路首先将模拟信号转换为数字信号，再将其转换回到模拟信号。一般而言，除了量化效应，该行为与模拟反馈系统非常相似。量化级别应当是无限的，以匹配模拟的具体情况，然而，在位数减少的情况下，量化噪声将发生作用，并且它将作为环路中的累加和（代替 A/D 转换器）。我们将注意到量化噪声被反馈回路很好地抑制和控制，所以不必关心位数的减少。

鉴于此，我们将最小位数减少到下限 1，如图 8-19b 所示。在这种情况下，A/D 转换器只是一个比较器，并且 D/A 转换器是一个两路输出选择器。由控制理论得知，为了确保系统在所需的输入范围内的稳定性，直连的模块是积分器。

从现在开始，我们假设输入电压是静止的，

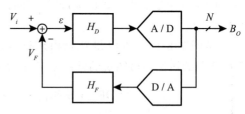

a）一个具有量化反馈回路的系统

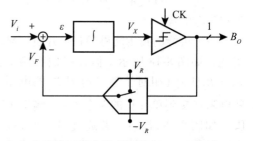

b）具有1b反馈回路的同步Sigma-Delta概念

图 8-19　Sigma-Delta 转换器的概念

$-V_R < V_i < V_R$。如果积分器的电压大于 0，则反馈回路减去输入值的最大值（即参考值），以便使误差电压为负，积分器的输出为负斜率。另外，如果积分器的输出等于或低于 0，则反馈给出响应，以便使最大可能值（参考电压）添加到输入端，积分器具有正斜率。换句话说，反馈总是像"负"反馈方法那样减弱误差信号。然而，在这种情况下，减弱效果不是立即呈现的，但会在几个时钟周期内均匀呈现。

　　该行为如图 8-20 所示，其中应用了一个固定的输入端 $V_i = 0.5V = 1/2\ V_R$。每次积分器输出大于 0 时，数字输出为"高"电平，并在输入端增加一个负参考电压。相反，当积分器输出小于等于 0 时，数字输出为"低"电平。

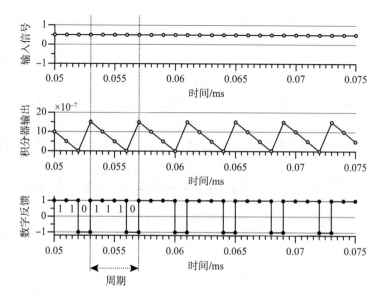

图 8-20　$V_R = 1V$ 和 $V_i = 0.5V$ 的 Sigma-Delta 转换器的时域分析（用 SimuLink® 进行模拟）

　　因为，在平均状态下，反馈使误差电压最小化：

$$V_\varepsilon \to 0$$

$$V_i - \frac{1}{N}\sum_{i=1}^{N} V_F(i) \to 0 \tag{8-34}$$

　　因此：

$$V_F(i) = \begin{cases} +V_R \\ -V_R \end{cases}; V_i \cong V_R \underbrace{\frac{n_1 - n_0}{n_1 + n_0}}_{N} \tag{8-35}$$

其中，n_1 是"高"或"1"位的数量，并且 n_0 是输出流中的"低"或"0"位的数量。因此，输入能够从比特流的移动平均滤波器（低通滤波器）中估计出来，N 是比特流中适合的位数，并且能够设定为周期性的位数。

现在回到图 8-20，我们能够注意到周期数是 4 位，模式是 1110。我们选择将输入固定在满量程的 1/4 处。因此，应用式（8-35），有 $V_i \approx (3-1)/4V_R = 1/2V_R$，，这与我们的设定一致，具有 4 位模式的组合的（子集）是

$$\begin{cases} 1111 \rightarrow 4/4 = 1V_R \\ 1110 \rightarrow 2/4 = 1/2V_R \\ 1010 \rightarrow 0/4 = 0 \\ 1000 \rightarrow -2/4 = -1/2V_R \\ 0000 \rightarrow -4/4 = -1V_R \end{cases} \qquad (8\text{-}36)$$

注意，这里并没有考虑到 0 和 1 的模式的所有可能组合，而只考虑了那些与 SD 行为一致的组合。

让我们看另一个示例。在图 8-21 中，$V_i = 0.1V = 1/10 \cdot V_R$，在这种情况下，该模式在 20b 中是递归的，更具体地说，该模式为 01010101010110101011，因此 $V_i \approx (11-9)/20V_R = 1/10V_R = 0.1V_R$。当然，在这种情况下，模式更为复杂，现在有必要收集 20b 来覆盖 20+1 个电平，就像之前使用 4b 来覆盖 4+1 个离散电平一样。总之，递归模式的位数与所需的离散电平成正比。从数学的角度来看，要检测一个为无理数的输入，我们需要无限个位，因为它不具备周期性。

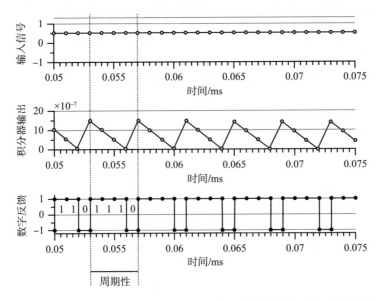

图 8-21　$V_R = 1V$ 和 $V_i = 0.1V$ 的 Sigma-Delta 转换器的时域分析（用 SimuLink 进行模拟）

然而，从实现的角度来看，我们必须确定离散转换电平和比特流的窗口来计算平均值。在这种情况下，如果输入电平属于所需的离散电平之间的某个中间值，则该平均值会在窗口和窗口之间波动。减少这种变化的唯一方法是采用一个更大的窗口。这是系统的带宽中存在的缺点：再一次，这是一个分辨率 – 带宽的折中。

为了计算比特流窗口的平均值，我们能够使用一个称为抽取滤波器的数字滤波器。图 8-22 表明了一个概念示例，其中模式由 8b 组成，并编码为 5b 的二进制补码作为 1 与 0 的差值。从实现的角度来看，要计算一个数字低通滤波器，最好的选择是在比特流上使用一个有限脉冲响应（Finite Impulse Response，FIR）滤波器，通常，$sinc^3$ 或 Kaiser 滤波器被用作抽取滤波器，其性能类似于低通滤波器，如移动平均滤波器，但具有更好的选择性。

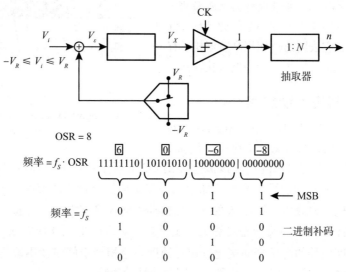

图 8-22　抽取滤波器的概念。OSR 是转换器的过采样比

如果我们想在奈奎斯特频率 f_S 下估计输入，反馈回路必须运行得更快，需要用 OSR 乘以 f_S，其中，OSR 为过采样比率。这就是为什么该转换器被分类为过采样转换器。正如 3.5 节所讨论那样，如果我们在 $OSR \cdot f_S$ 上过采样，相同的量化噪声功率 P_N 均匀分布在 $-OSR \cdot f_M$ 和 $OSR \cdot f_M$ 之间。然而，通过滤波返回基带，量化噪声被降低到 $P_N' = P_N / OSR$。因此，过采样意味着可以减少量化噪声。Sigma-Delta 方案能够做

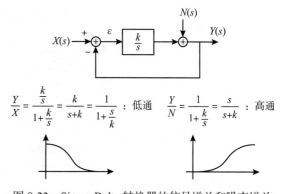

图 8-23　Sigma-Delta 转换器的信号增益和噪声增益

的不止这些，具体如图 8-23 所示。如前所述，量化噪声可以被表示为循环中的一个附加节点。

因此，我们可以定义两个不同的传递函数，即信号增益和噪声增益：

$$\frac{Y(s)}{X(s)} = 信号增益 = \frac{1}{1+\dfrac{s}{k}}$$

$$\frac{Y(s)}{N(s)} = 噪声增益 = \frac{s}{s+k} \tag{8-37}$$

其中，k 是积分器的一个常数。注意，对于信号增益和噪声增益的定义，我们应用线性系统的叠加原理，所以当一个输入起作用时，另一个输入设为 0。结果为信号增益的是低通有限的带宽，结果为噪声增益的是一个高通整形的函数。因此，如图 8-24 所示，噪声的高通滤波进一步降低了量化噪声。这种过程称为噪声整形。

图 8-23 所示的噪声整形被称之为一阶 Sigma-Delta 架构，它表明通过使用高阶架构（有多个反馈回路），我们能够进一步降低量化噪声。

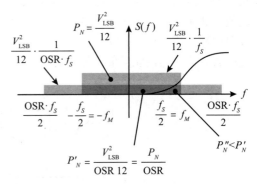

图 8-24　Sigma-Delta 转换器中的噪声整形对降低量化噪声的影响

8.5.2　示例：静电反馈加速度计

无论何时我们利用反馈传感，Sigma-Delta 架构都会非常有用，如 3.2.1 节所述。例如，图 8-25 所示为静电反馈加速度计。该概念如图 8-25a 所示：正如之前所讨论的那样，在开环条件下，由于弹力和加速度力平衡，加速度引起了惯性质量块的位移 Δx_a，这很容易产生非线性效应和其他误差效应。思路是在一个反馈环中插入将该方案，引起一个与加速度力相反的静电力。因此，只要环路增益足够大，负反馈就可以降低位移误差 Δx_ε。从而，可以通过用来抵消加速度位移的电压来间接地读出加速度。这相当于使惯性质量块尽可能地呈现刚性，减少静止位置附近的位移，这有利于限制非线性的影响。

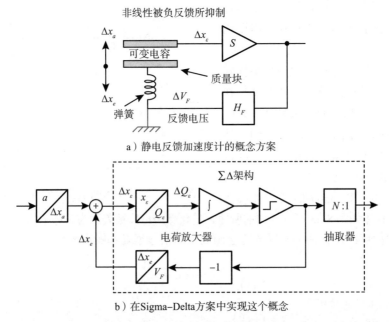

a）静电反馈加速度计的概念方案

b）在 Sigma-Delta 方案中实现这个概念

图 8-25　静电反馈加速度计的概念方案及该方案在 Sigma-Delta 方案中的实现

现在，这个思路将使用 Sigma-Delta 方案来实现反馈，如图 8-25b 所示。电荷放大器在离散时间模式下实现了积分功能。该方案的优势是在相同的架构中（即在相同的集成电路（IC）上）实现了过采样的 A/D 转换，并且由于噪声整形而降低了量化噪声。

8.6 相关双采样技术

我们在第 4 章已经表明，在纯白噪声（均匀功率谱密度（PSD））情况下，在任何时间差上我们都不能找出与样本一一对应的关系。这意味着，从统计视角来看，在白噪声状态下，通过减去输出结果（如连续样本）来减少噪声影响的任何尝试都会导致总噪声加倍，这在其他情况下是不同的，诸如滤波的白噪声和粉红噪声。在这种情况下，由于 PSD 不是均匀的，因此自相关函数必然不是一个狄拉克脉冲，并且有可能通过减去两个连续的样本来减少噪声的影响，正如 4.7 节所讨论的那样。有几种电路技术能够用来执行这个方法，对减少由输入放大器失调带来的固定系统误差，这个方法也是有效的。

图 8-26 展示了一个称为自动调零的示例。该概念是在相位重置期间，基于采样不需要的量，诸如失调和噪声，然后在读出值中减去它。如图 8-26a 所示，一个差分放大器用一个电压发生器表示，该电压发生器做出了失调和输入参考噪声两者的模型。离散时间操作由两个相位来组织安排，在第一阶段相位 t_1 期间，输入放大器的输入端对地短路，因此失调和输出处的噪声被采样到放置在输出和地之间的电容实现的模拟存储器上。在第二阶段相位（t_2）期间，开关相位被反转。此时系统的输出是从前一个相位中减去采样的失调量和噪声后的放大过的输入。

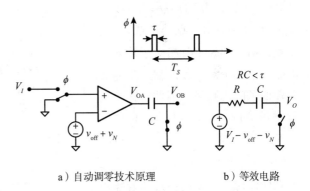

a）自动调零技术原理   b）等效电路

图 8-26 自动调零技术原理和等效电路

按照图 8-26 的符号表示，自动调零能够被描述为

$$
\begin{aligned}
V_{OA}(t_1) &= -G(v_{off} + v_N(t_1)) \\
V_{OB}(t_1) &= 0 \\
V_{OA}(t_2) &= GV_I - G(v_{off} + v_N(t_2)) \\
V_{OB}(t_2) &= V_{OA}(t_2) - V_{OA}(t_1) = GV_I + G(v_N(t_1) - v_N(t_2))
\end{aligned}
\tag{8-38}
$$

其中，G 是放大器的增益。因此，由于失调量是固定的一个确定性的误差，因此它被消除了。现在的问题是，从功率谱密度的角度来看，对噪声样本做差会产生怎样的效果。这种用于降低噪声功率（失调除外）的自调零技术称为相关双采样（CDS）。

利用图 8-26b 所示的简化模型，能够分析整个过程对噪声 PSD 的影响，我们假设电路的

时间常数小于开关时间（$RC \ll \tau$）。存在热噪声和 $1/f$ 噪声贡献的情况下，PSD 频谱是

$$S_N(f) = \frac{k_W^2}{1+(f/f_0)^2}\left(1+\frac{f_C}{f}\right) \tag{8-39}$$

其中，f_0 为系统的截止频率，f_C 为粉红噪声拐角频率。考虑到电路类似于第 7 章所讨论的（即使现在输出不是跨接在电容器的电压，并且信号通过高通滤波器而不是低通滤波器），能够表明 [注]，PSD 由两个部分组成，一个与噪声 $S_D(f)$ 直接相关，另一个 $S_{SH}(f)$ 与采样保持的混叠过程有关。在 $\tau \ll T_S$、$\pi f_C T_S \gg 1$ 和 $\pi f T_S \ll 1$ 的条件下，自动调零过程的 PSD 是

$$S_{AZ}(f) = S_D(f) + S_{SH}(f)$$

$$S_D(f) \cong (\pi f T_S)^2 k_W^2(f)$$

$$S_{SH}(f) \cong \left(\left(\pi f_0 T_S - 1\right) + 2 f_C T_S \left(1+\ln\left(\frac{2}{3}f_0 T_S\right)\right)\right)k_W^2 \mathrm{sinc}^2(f T_S) \tag{8-40}$$

其中，$f_s = 1/T_S$ 为采样频率，USR $= \pi f_0 T_S$ 为欠采样比（见第 7 章）。请注意，第一项 $S_D(f)$ 相对于输入噪声充当了一个高通滤波器，从而大大降低了闪烁噪声。因此，在奈奎斯特带宽内，$|fT_S| < 1/2$，直接噪声 $S_D(f)$ 一般小于 $S_{SH}(f)$。然而，我们必须意识到，由于 $S_{SH}(f)$ 中包含采样保持，自动调零意味着噪声混叠。

一个相关双采样真实的实现如图 8-27 所示，其中一个电容式放大器与作为模拟存储器的存储电容 C_X 耦合。其工作行为如下：在将输入端连接到放大器之前，C_X、

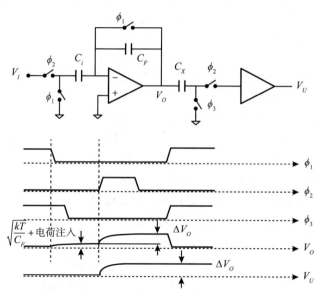

图 8-27　电容式 / 电荷传感的相关双采样实现

C_F 和 C_I 通过 ϕ_1 和 ϕ_3 短路。然后打开 ϕ_1，使 C_I 和 C_F 的电荷被释放。因此，kTC 噪声和电荷注入作为一个失调量存储在 C_X 中。然后打开 ϕ_3，关闭 ϕ_2，以便将输入传递到放大器上，借助于 C_X 来减去失调量和噪声。

⊖　参见 C. C. Enz 和 G.C.Temes1996 年的著作了解详情。

8.7　锁定技术

在一些传感技术应用中（例如，在化学传感、温度传感和生物传感中），信号带宽通常非常小，频谱重叠，使 $1/f$ 噪声超过热噪声，在拐角频率的左侧，如图 8-28 所示。当该架构在互补金属 – 氧化物 – 半导体（CMOS）技术中实现时，这一点更加明显。在该技术中，由于 MOS 通道中的电荷陷阱，闪烁噪声在低频时占主导地位。

如图 8-28a 所示，一旦信号和接口噪声在输入端一起累加，提高信噪比就很困难。一种可能的解决方案是在进入放大阶段之前进行信号调制，如图 8-29 所示。将信号 $x(t)$ 乘以一个参考正弦波形 $V_R(t)=V_R\sin(\omega_0 t+\theta_R)$，然后通过振幅调制（AM）进行放大。自此，信号和噪声都被放大了一个因子 G，它再次与一个正弦信号 $V_L(t)=V_L\sin(\omega_0 t+\theta_L)$ 相乘，以此作为一种解调方式。

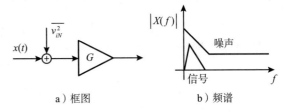

a）框图　　　　b）频谱

图 8-28　传感技术中输入参考噪声的框图和频谱表示

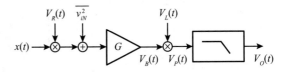

图 8-29　锁定放大器原理

整体效果可以在数学上表示为一种乘积和差的关系：

$$V_B(t)=x(t)\cdot G\cdot V_R\sin(\omega_0 t+\theta_R)$$
$$\rightarrow V_P(t)=x(t)\cdot G\cdot V_R\cdot V_L\cdot\sin(\omega_0 t+\theta_R)\cdot\sin(\omega_0 t+\theta_L)$$
$$=x(t)\cdot G\cdot V_R\cdot V_L\cdot\frac{1}{2}\Big[\cos(\theta_R-\theta_L)-\cos(2\omega_0 t+\theta_R+\theta_L)\Big]\qquad(8\text{-}41)$$

这里的最后一项是相对于调制频率的双倍频率下的正弦信号。因此，将其滤除后有：

$$V_O(t)=x(t)\cdot\frac{G\cdot V_R\cdot V_L}{2}\cdot\cos(\theta_R-\theta_L)\qquad(8\text{-}42)$$

应当注意的是，输出信号是一个输入信号乘以增益 G 和一个由 $\cos(\theta_R-\theta_L)$ 因子给定的常量值。

从频谱的角度来看，我们应当注意到，将一个信号乘以另一个信号意味着一个幅度调制，如图 8-30 所示。在幅度调制中，基带信号被转移到更高的频率，形成围绕载波周围的对称边带的频谱复制（$f_0=\omega_0/2\pi$）。由于该操作是在添加噪声之前进行的，因此噪

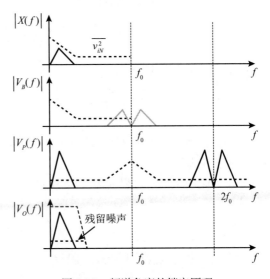

图 8-30　频谱角度的锁定原理

声和信号频谱在放大过程之前就占据了不连续的带宽。反之，在 $V_L \sin(\omega_0 t + \theta_L)$ 的解调过程中，信号和噪声都被转移回基带中。因此，$1/f$ 波段噪声被复制到 f_0 附近，而信号带宽被混叠回基带。

为了避免 $\cos(\theta_R - \theta_L)$ 因子的系统误差，可以使用一个复杂一点的系统，如图 8-31 所示，使用一个正交解调器架构，并采用一个 $\pi/2$ 相移的参考信号：

$$V_L'(t) = V_L \sin\left(\omega_0 t + \theta_L + \frac{\pi}{2}\right) = V_L \cos(\omega_0 t + \theta_L) \tag{8-43}$$

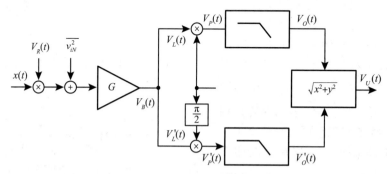

图 8-31　正交解调锁定方法

这两条路径上的信号是

$$V_P(t) = V_B(t) \cdot V_L(t)$$

$$= x(t) \cdot G \cdot V_R \cdot V_L \cdot \frac{1}{2}\left[\cos(\theta_R - \theta_L) - \cos(2\omega_0 t + \theta_R + \theta_L)\right]$$

$$V_P'(t) = V_B(t) \cdot V_L'(t)$$

$$= x(t) \cdot G \cdot V_R \cdot V_L \cdot \frac{1}{2}\left[\sin(2\omega_0 t + \theta_R + \theta_L) + \sin(\theta_R - \theta_L)\right] \tag{8-44}$$

$$\left.\begin{aligned} V_O(t) &= x(t) \cdot G \cdot V_R \cdot V_L \cdot \frac{1}{2}\cos(\theta_R - \theta_L) \\ V_O'(t) &= x(t) \cdot G \cdot V_R \cdot V_L \cdot \frac{1}{2}\sin(\theta_R - \theta_L) \end{aligned}\right\} \rightarrow V_U(t) = \frac{G \cdot V_R \cdot V_L}{2} x(t)$$

最后，输出信号 $V_U(t) = \sqrt{V_O^2 + V_O'^2}$ 用欧拉公式进行恢复。在这种情况下，输出不再依赖于参考相位差。

作为应用示例，可根据图 8-32 所示的方案来确定复阻抗。将正弦电压施加于待测量的复阻抗：

$$\overline{Z} = R + \mathrm{j}X = |\overline{Z}| \mathrm{e}^{\mathrm{j} \sphericalangle(\overline{Z})} \tag{8-45}$$

相应的电流被读出并通过跨阻放大器放大，因此

$$V_P(t) = \frac{A^2 G}{|\overline{Z}|} \cdot \frac{1}{2} \Big[\cos(\theta) - \cos(2\omega_0 t + \theta) \Big]$$

$$\rightarrow V_O(t) = \frac{1}{2}\frac{A^2 G}{|\overline{Z}|}\cos(\theta) = x$$

$$V_P(t) = \frac{A^2 G}{|\overline{Z}|} \cdot \frac{1}{2} \Big[\sin(\theta) + \sin(2\omega_0 t + \theta) \Big]$$

$$\rightarrow V'_O(t) = \frac{1}{2}\frac{A^2 G}{|\overline{Z}|}\sin(\theta) = y \tag{8-46}$$

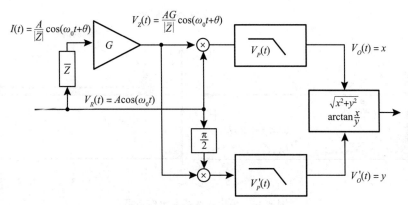

图 8-32　采用锁定正交方法的复阻抗检测

从 x 和 y 信号中，我们可以根据以下关系来恢复阻抗：

$$\frac{1}{|\overline{Z}|} = \frac{2\sqrt{x^2 + y^2}}{A^2 G}$$

$$\theta = \sphericalangle\,\overline{Z} = \arg\left(\overline{Z}\right) = \arctan\frac{y}{x} \tag{8-47}$$

回到单路锁定方案，如果我们使用一个方波（数字）信号来代替正弦参考信号，将能够得到一种类似的技术来减少噪声和失调，这称为斩波技术，如图 8-33 所示。

在锁定方案中，输入在进入放大器之前乘以 $a+1$，-1 方波。输出信号显示了一个被调制的信号和一个被放大的失调量。然后，信号再次乘以 $a+1$，-1 方波。因此，当失调量被"斩"时，信号被重建为直流值。最后，一个低通滤波器把放大的直流信号从相对于调制的放大失调量中分离出来。注意方波乘法等价于调幅调制，其中载波由（奇数）谐波组成。频谱如图 8-34 所示。

斩波技术基于"数字乘法器"，如图 8-35 所示。目前使用的原理符号如图 8-35a 所示，采用开关的实现如图 8-35b 所示，另一个使用逆 / 非逆缓冲器的实现如图 8-35c 所示。

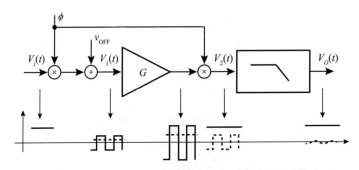

图 8-33 减少放大器对直流信号的失调影响的斩波技术

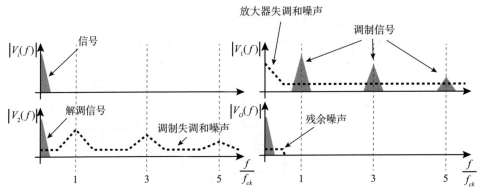

图 8-34 采用斩波技术实现降噪

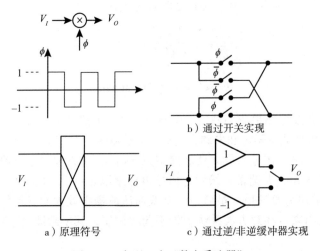

图 8-35 实现一个"数字乘法器"

8.8 基于振荡器的传感

基于振荡器的传感技术是指信号与谐波谐振器的频率或相位的演变有关的技术。

一些频率和相位相关的重要关系如图 8-36 所示。相位与相量在其谐波运动中所经过的圆周长度成正比，而频率是在该长度下的速度。如果是匀速运动，那么 $\mathrm{d}\phi(t)/\mathrm{d}t = k$，可以很容易地计算出恒定角频率是单相周期和相量经过该周期的时间 T 之间的比率 $\omega_0 = \mathrm{d}\phi(t)/\mathrm{d}t = 2\pi/T$，其中 $f_0 = \omega_0/2\pi = 1/T$ 是恒定的通常频率。因此，在这种情况下，谐波信号能够被描述为

$$y(t) = A_0\cos\left[\phi(t)\right] = A_0\cos\left[\omega_0 t\right] = A_0\cos\left[2\pi f_0 t\right] \tag{8-48}$$

其中，A_0 为谐波振幅。

如果不是匀速的，就必须考虑通过积分瞬时角频率（或速度）来得到所覆盖的行程，所以 $\omega(t) = \mathrm{d}\phi(t)/\mathrm{d}t \equiv \left[\mathrm{rad/s}\right]$，瞬时通常频率 $f(t) = \omega(t)/2\pi \equiv \left[\mathrm{Hz}\right]$，有

$$y(t) = A_0\cos\left[\phi(t)\right] = A_0\cos\left[2\pi\int_0^t f(t)\mathrm{d}t\right] \tag{8-49}$$

其中 $\phi(t)$ 为瞬时相位。相位随可变频率的变化如图 8-36a 所示。注意，如果在周期结束时，随着频率（速度）的变化，相位（略过的路径）大于 2π，谐波演化达到最终条件，正如普通频率是恒定的，等于 $f_0' = f_0 + \Delta f$，如用细直线表示的图形。换句话说，周期 T 内的平均频率与 f_0 不同。

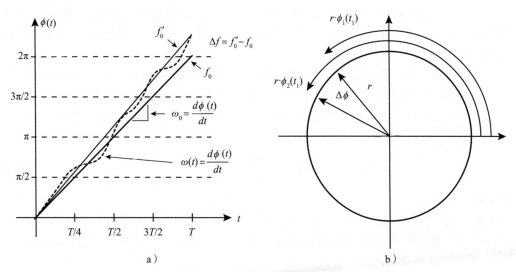

图 8-36 相位与角频率的关系

现在假设一个通用信号 $x(t)$ 通过改变具有线性函数 $f(t) = f_0 + K_X x_i(t)$（其中 K_X 为常数）的振荡器的"固有频率" f_0 来进行相位调制，因此，先前的关系就变成了

$$y(t) = A_0\cos\left[\frac{\phi(t)}{2\pi\int_0^t (f_0 + K_X x(t))\mathrm{d}t}\right] = A_0\cos\left(2\pi f_0 t + \varphi(t)\right) \tag{8-50}$$

其中，$\varphi(t) = \Delta\phi(t)$。从空间的角度来看，该常数用单位激励 $K_X = \Delta f / \Delta x \equiv [\mathrm{Hz}/\xi]$ 上的频率表示。因此，经过一段时间 ΔT 后，函数有了以下变化：

$$y(t) = A_0\cos\left[\underbrace{2\pi f_0 t}_{\phi_0} + \underbrace{2\pi K_X \Delta x\, t}_{\Delta f}\right], \quad \Delta x = \frac{1}{t}\int_0^t x(t)\mathrm{d}t \tag{8-51}$$

其中，Δx 为信号在 t 中的平均值。因此，对于一个给定的自然参考频率 f_0，我们可以用两种方式来估计输入的变化：

1）通过固定参考相位 ϕ_0，读取经过该相位所需的时间量 $\Delta t = t_2 - t_1$：

$$\Delta x = \frac{\phi_0 \Delta t}{2\pi K_X T(T + \Delta t)} \tag{8-52}$$

2）确定时间（例如 n 个周期 $\Delta t = nT$）并读取相位 $\Delta\phi$ 的变化：

$$\Delta x = \frac{\Delta\phi}{2\pi K_X nT} \tag{8-53}$$

注意，在这两种情况下，$\Delta x = \Delta f / K_X$。需要指出的是，信号在积分时间内的变化不能携带信息；对于带宽有限的信号，应有 $1/T > 2\mathrm{BW}$，其中 BW 为信号 x 的带宽。值得注意的是，正如 7.10.4 节的积分采样部分所述，时域传感进行"自然"积分，不同的是，之前的示例中采用了电荷放大器。

如果使用电压作为输入信号，系统特征化为压控振荡器（Voltage-Controlled Oscillator，VCO），其功能框图如图 8-37 所示，其中 $V_i = x, K_V = K_X$。

根据应用的不同，能够使用频率或相位作为 VCO 的输出变量。后者需要一个积分器，它能够在变换域中进行建模：

$$\varphi(s) = \frac{2\pi K_V}{s} V_i(s) \tag{8-54}$$

如图 8-37b 所示。

如前所述，振荡器频率变化（即与测量信号相关的变化）的计算可以基于时间差变化（见图 8-38a）或相位差变化（见图 8-38b）。在第一种情况下，频率可以通过以下关系来估算：

$$\Delta f = f_0 - f_0' = \frac{\Delta t}{T(T + \Delta t)} \simeq \frac{\Delta t}{T^2} \tag{8-55}$$

另外，相位检测依赖于已有技术，如锁相环架构。它通过比较相位差检测相位固定一个

参考时间, 如图 8-38b 所示。在这种情况下, 频率变化可以为:

$$\Delta f = f_0 - f_0' = \frac{1}{2\pi}\frac{\phi_0}{T} - \frac{1}{2\pi}\frac{\phi_0'}{T} = \frac{1}{2\pi}\frac{\Delta\phi}{T} \tag{8-56}$$

这里的 T 是参考周期时间。同样, 当存在 VCO 时, 相位做差是从输入信号中恢复信息的最简单的方法。

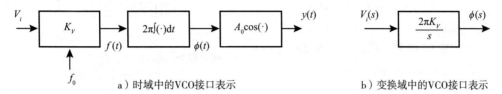

a) 时域中的VCO接口表示　　　　　　　　b) 变换域中的VCO接口表示

图 8-37　在时域和变换域中的 VCO 接口表示。根据情况不同, VCO 的输出可以是频率或相位。
　　　　在第二种情况下需要进行进一步的集成转换

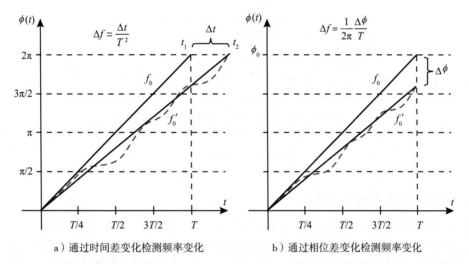

a) 通过时间差变化检测频率变化　　　　　　　b) 通过相位差变化检测频率变化

图 8-38　通过时间差变化和相位差变化来检测频率变化。假设在这两种情况下, 两次测
　　　　量之间的频率变化非常缓慢, 因此, 图像表现为直线

　　在正弦波形的模拟域中, 可以计算出谐波演化的任意点的相位差。另外, 对于数字信号, 只能通过边沿计算相位差。然而, 即使是在数字系统中, 我们也能看到相位检测的有效替代解决方案。

　　应当指出的是, 相位差和时间差满足的一阶关系如下:

$$\frac{\Delta\phi}{\Delta t} \simeq \frac{\phi_0}{T + \Delta t} \tag{8-57}$$

如果差值很小, 式 (8-57) 的近似是有效的。

　　VCO 传感技术的总体方案如图 8-39 所示。一个受信号控制的振荡器产生一个随时间变化的信号，其频率与信号的振幅有关。然后，时间量化器将中间信号转换为受到量化误差影响的输出。

因此，信号链的整体传递函数为

$$\Delta f = F(\Delta x_i) \qquad (8\text{-}58)$$

其中，F 为接口的特征函数。

现在，上述时间和相位检测技术可以分别使用时间 – 数字转换器（TDC）或频率 – 数字转换器（FDC）来实现，分别如图 8-40a 和图 8-40b 所示。

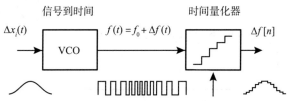

图 8-39　一种基于时间转换的信号量化器。在这里，"时间 – 数字"指的是几种转换技术

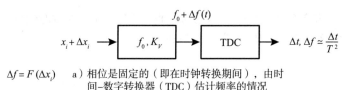

$\Delta f = F(\Delta x_i)$　　a）相位是固定的（即在时钟转换期间），由时间–数字转换器（TDC）估计频率的情况

b）时间是固定的，其频率是使用频率–数字转换器（FDC）根据相位差计算出来的

图 8-40　VCO 传感方法

8.8.1　时间 – 数字转换传感

时间 – 数字转换是一种旨在估计时间事件差异的技术，可用于不同的情况下，特别是用于光学和超声波中的距离测量。因此，本节的结果和技术可以独立使用或与 VCO 一起使用。我们也将抓住机会让 TDC 的使用与基于频率估计的系统联系起来，如图 8-38 和图 8-40 所示。

频率变化的一种时间 – 数字转换估计方法如图 8-40a 所示。采样数字信号的方法如图 8-41 所示。都是针对单个或多个周期，$\Delta T(N)$ 是 N 个周期后的时差。如果频率从参考值 f_0 变化到 $f_0 + \Delta f$，那么可以测量单个周期的变化为

$$\Delta T = \frac{1}{f_0} - \frac{1}{f_0 + \Delta f} = \frac{\Delta f}{f_0^2 + f_0 \Delta f} \approx \frac{\Delta f}{f_0^2} \qquad (8\text{-}59)$$

其中 $f_0 = 1/T$，假设 $\Delta f \ll f_0$。例如，如果 $f_0 = 300\text{kHz}$，$\Delta f = 20\text{kHz}$，那么单个周期的变化约为 222ns。请注意，式（8-59）是等价于式（8-55）的。如果系统测量单个时间量很困难，可以考虑 N 个周期有一个更宽的动态范围，如图 8-41b 所示。在本例中：

$$\Delta T(N) = N \cdot \Delta T \approx \frac{N \Delta f}{f_0^2} \qquad (8\text{-}60)$$

　　然而，N 的增加应该与带宽相折中，因为必须假设信号几乎是稳定的，至少对于 NT 是这样的。换句话说，信号的奈奎斯特带宽应该是 $BW < 1/2NT$。因此：

$$N < \frac{f_0}{2BW} \qquad (8\text{-}61)$$

　　式（8-61）表示 N 不能大于所需带宽的某个值。

　　两种估计时间差的方法如图 8-42 所示。实现 TDC 转换器最简单的方法之一是使用一个计数器，如图 8-42a 所示，它总结了时钟在开始时间和停止时间之间的转换次数。注意，该方案能够直接通过反转两个输入的方式检测到频率的变化。这种实现很简单，但对于非常短的时间差估计可能很困难。TDC 的另一

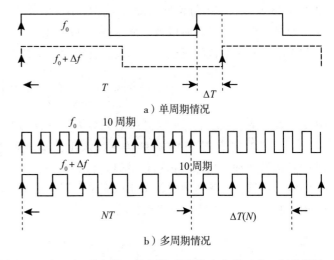

a）单周期情况

b）多周期情况

图 8-41　利用单周期和多周期内的数字信号对基于振荡器的传感系统进行频率检测。请注意本例中 $\Delta f < 0$

种实现使用了一个延迟链，如图 8-42b 所示。在这种情况下，上升沿以量化的步幅方式穿过信号链，在结束时间处，信号定格在寄存器的温度计编码中，寄存器的位数由加法器求和。

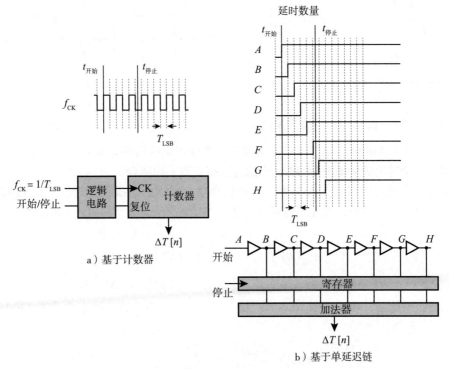

a）基于计数器

b）基于单延迟链

图 8-42　基于计数器和单延迟链的时间 – 数字转换器

在这两种方法中，时间差估计都受到量化噪声的影响，如在 A/D 中信号的转换。该情况如图 8-43 所示，其中量化器的输入 – 输出函数由 K 个电平组成。K 可以是计数器的状态数，也可以是延迟线的延迟阶段数。如果假设 TDC 有一个最大的测量时间 ΔT_{max}，并且离散化的时间 T_{LSB} 由每个阶段的延迟时间给出，就得到数字转换器的输出 $\Delta T[n]$：

$$\Delta T[n] = \text{Round}\left(\frac{\Delta T}{\Delta T_{max}} \cdot K\right); \Delta T[n] \in [0, 1, \cdots, K] \tag{8-62}$$

其中，$\Delta T = t_{stop} - t_{start}$，$K = \Delta T_{max} / T_{LSB}$ 是延迟缓冲器的数量。

在实现 TDC 的基于 VCO 的传感技术中，噪声源的影响能够被建模，如图 8-44 所示，其中随机噪声和量化噪声都可以体现。因此，图 8-44a 中的采集链方案应包括如图 8-44b 所示的噪声贡献。更具体地说，由于频率来自时间差值，因此最好使用随机变量 ΔT_N 而不是与它相关的相位噪声来特征化绝对抖动。

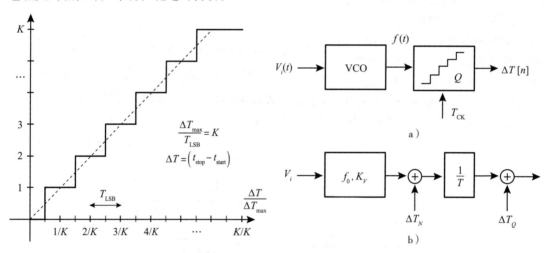

图 8-43　时间 – 数字转换器的量化函数　　　　图 8-44　时间 – 数字转换器的噪声评估

因此，在图 8-44b 中，我们可以分别评估每个噪声贡献的动态范围（即分辨率位数），然后使用第 3 章中讨论的采集链（RRC）中的分辨率规则一起组合。

如果有一个理想的时间差探测器，就可以在这个数据的基础上推导出一个 TDC 的动态范围。由于存在时间差异，因此更容易计算关于抖动的 DR，因此利用式（8-60），有

$$\text{DR}_O = \frac{(\Delta T(N))^2}{\sigma^2_{abs}(NT)} = \frac{N^2(\Delta f)^2}{f_0^4} \cdot \frac{1}{\alpha^2(NT)} = \frac{N(\Delta f)^2}{\alpha^2 f_0^3} \tag{8-63}$$

其中 $\sigma^2_{abs}(NT) = \alpha^2 NT$ 是时间计算（第 5 章）中绝对抖动的方差，$\Delta f = K_V \Delta x$。

很明显，N 越高，动态范围（DR）就越大；然而，这不可避免地减少了式（8-61）中的带宽：

$$\text{DR}_O = \frac{N(\Delta f)^2}{\alpha^2 f_0^3} < \frac{(\Delta f)^2}{2\text{BW} \cdot \alpha^2 f_0^2} \tag{8-64}$$

就量化误差而言，我们已经看到（第 2 章），一个 K 级量化器的动态范围是

$$\mathrm{DR}_Q = K^2 \frac{3}{2} \tag{8-65}$$

在本例中，$K = \Delta T_{\max} / T_{\mathrm{LSB}}$。因此，使用采集链的分辨率规则（RRC），TDC 的整体动态范围为

$$\frac{1}{\mathrm{DR}_T} = \frac{1}{\mathrm{DR}_Q} + \frac{1}{\mathrm{DR}_O} \tag{8-66}$$

这也可以被映射到总分辨率（信息）位数中：

$$\mathrm{NL}_b = \frac{1}{2} \log_2 \left(1 + \mathrm{DR}_T\right) \tag{8-67}$$

检测时间变化的方法是使用 Nutt 插值器，如图 8-45 所示。粗测和细测确定开始信号和停止信号之间的时间差。

一个周期（即分辨率）为 $T_{\mathrm{LSB}} \ll T$ 的振荡器作为起始上升沿的参考。然后由输入信号的下一个上升沿作为停止，存储这段时间的脉冲数 a(细测)。

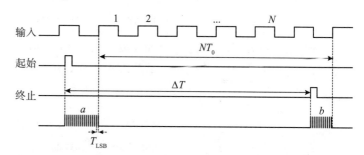

图 8-45　Nutt 飞行时间内插法

然后，计算周期 T 的数目，直到终止信号的上升沿到来（粗测）。最后，通过停止信号的上升沿激活参考振荡器，并计算转换的次数 b，直到输入信号的下一个上升沿（细测）。

因此，时间测量的差值是

$$\Delta T = NT + a T_{\mathrm{LSB}} - b T_{\mathrm{LSB}} \tag{8-68}$$

其中测量值的分辨率由 T_{LSB} 给出。这个方法包括使用一个粗糙的计数器来计算时差（NT），使用一个更精细的计数器来计算周期的微小差值。因此，从量化噪声的角度来看，可以把这种情况看作有一定离散电平，相当于

$$K \approx \frac{NT}{T_{\mathrm{LSB}}} \tag{8-69}$$

其中 $1/NT > 2\mathrm{BW}$，动态范围是

$$\mathrm{DR}_{\mathrm{QNC}} = K^2 \frac{3}{2} \tag{8-70}$$

这比没有插值器的 DR 要大得多，因此，分辨率（DR 的分母）保持不变，范围（DR 的分子）被任意增加几个周期，当然，缺点是带宽的减少。

表 8-1 显示了具体数值的示例，其中对不同的信号带宽使用了一个分辨率为 10ns 的 Nutt 计数器。

表 8-1　不同带宽下的 Nutt 插值器动态范围计算

输入				
BW 信号 / Hz	10.00	100.00	10 000 .00	20 000 .00
T_{LSB} / s	1.00E − 08	1.00E − 08	1.00E − 08	1.00E − 08
f_0 / Hz	3.00E + 05	3.00E + 05	3.00E + 05	3.00E + 05
Δf / Hz	2.00E + 04	2.00E + 04	2.00E + 04	2.00E + 04
α^2 / s	3.80E − 16	3.80E-16	3.80E − 16	3.80E − 16
$T = 1/f_0$ / s	3.33E − 06	3.33E-06	3.33E − 06	3.33E − 06
ΔT / s	2.22E − 07	2.22E − 07	2.22E − 07	2.22E − 07
$N = f_0 / 2BW$（式（8.61））	15 000.00	15 000.00	15.00	7.50
$N \cdot T = 1/2BW$ / s	5.00E − 02	5.00E − 03	5.00E − 05	2.50E − 05
$\Delta T(N)$ / s	3.33E − 03	3.33E − 04	3.33E − 06	1.67E − 06
VCO				
DR_O（式（8.64））	5.85E + 11	5.85E + 10	5.85E + 08	2.92E + 08
NL_O / b	19.54	17.88	14.56	14.06
量化器				
$K = N \cdot T / T_{LSB}$（式（8.69））	5.00E + 06	5.00E + 05	5.00E + 03	2.50E + 03
$DR_Q = K^2 \cdot 3/2$（式（8.70））	3.75E + 13	3.75E + 11	3.75E + 07	9.38E + 06
NL_C / b	22.55	19.22	12.58	11.58
TOTAL				
DR_{TOT}	5.76E + 11	5.06E + 10	3.52E + 07	9.08E + 06
NL_{TOT}	757 034.75	225 067.78	5955.47	3019.30
ENOB / b	19.53	17.78	12.54	11.56

　　有一个中心频率为 30MHz 的 VCO，在实践中，VCO 常数为 $K_x = 20kHz / V$。现在有几个具有不同信号带宽特征的输入，其思想是首先在抖动数据上描述 VCO 的动态范围，然后将其与 Nutt 计数器的 DR 组合起来，以评估整体链的分辨率。

　　在本例中，只要带宽足够低，就值得增加周期数来计算时间（相位差）。例如，在 10Hz 的带宽下，信号在 15 000 个周期内几乎保持稳定，总时间变化约为 3 ms。这增加了 VCO 的 DR，因为抖动随着时间差的平方根而增加，而信号与时间差本身成正比。时间差的增加进一步增加了量化器的 DR，给出了约 19b 的总有效位数。

如果增加带宽，就会随着动态范围的减少而减少计算时间差的周期数。有趣的是，带宽的进一步增加会使 VCO 的 DR 超过量化器的 DR。这是因为量化噪声与 T_{LSB} 相关，而 T_{LSB} 是固定的。这意味着，如果需要在一个小数值（或只有单个）周期上进行测量，那么 T_{LSB} 必须是皮秒量级。

8.8.2 频率 – 数字转换传感

除了使用数字计数器外，还有更复杂的方法来基于相位差实现频率 – 数字传感。一个有趣的解决方案是使用基于 VCO 的环形振荡器量化器，如图 8-46 所示。环形振荡器的每个节点的波形相对于相邻的节点移动了一个反相器延迟时间。随着环形振荡器偏振率的变化，反相器的延迟增大 / 减小，从而改变了环形振荡器的频率。正如已经讨论的那样，频率能够通过区分相位状态来估计。对于此任务，振荡器的状态在开始和停止时间内被存储在两个寄存器中。然后对两个寄存器进行异或处理，通过相位状态之间的差值 $f[n] = \varphi[n] - \varphi[n-1]$ 得到量化的频率。更具体地说，如图 8-46 所示，异或操作显示了起始时间和终止时间之间的转换次数，从而显示了取决于环形振荡器频率的延迟时间内的反相器延迟次数。为了更好地理解这种方法，将环形振荡器映射到图 8-36 中的谐波圆中是很有效的。这样做，在相量圆中，我们可以映射环形振荡器的每个状态。如果频率增加，图形中起始 - 终止时间间隔将扩大，包含更多的映射边缘。确保映射有效的条件是 $T_{VCO} > 2T_{CK}$，其中 $T_{CK} = \left(t_{stop} - t_{start} \right)$。在理想的条件下，映射在圆上是均匀地分布在一起的。因此，频率是通过计算每个时间差 $\left(t_{stop} - t_{start} \right)$ 中的点（映射）的数量来确定的。在实际情况下，单个测量结果之间的不匹配使得映射点之间的间隔不相等。这种方法的主要优点之一是，量化的结果是环形振荡器状态的采样时间平均值，从而可以通过将多个结果平均化来减少环形振荡器中反相器的失配分布。噪声计算可建模成图 8-47b 所示效果，其中随机噪声作为相位噪声功率谱密度加入。采用微分器具有整形量化噪声的优点，正如使用 Sigma-Delta 转换器一样。对于 DR 的计算，我们可以将相位噪声引入输入端。因此，输入参考相位噪声是

$$S_I \left(\Delta f \right) = S_\varphi \left(\Delta f \right) \left(\frac{\omega}{2\pi K_V f_0} \right)^2 = S_V \left(\Delta f \right) \frac{2\Delta f^2}{K_V^2 f_0^2} \tag{8-71}$$

其中，相位噪声 $S_V \left(\Delta f \right) = S_\varphi \left(\Delta f \right) / 2$ 定义为归一化输入功率。

基于振荡器传感的最后深度的改进是，再次基于反馈。事实上，VCO 具有固有的非线性（例如，考虑环形振荡器 VCO），这严重影响了整个系统的精度，如图 8-48a 所示。换句话说，式（8-58）的函数 F 不是线性的，也不能等效于 $K_V = K_V \left(x_i \right)$。

其想法是通过使用第 3 章中讨论的反馈系统，保持 VCO 在函数原点附近，如图 8-48b 所示。一个负反馈回路中包括输出和一个固定的参考之间的相位差。通过开环增益尽可能地减少"误差"估计（$V_\varepsilon \to 0$），使 VCO 输入保持在原点附近，从而使 F 的非线性大大降低。

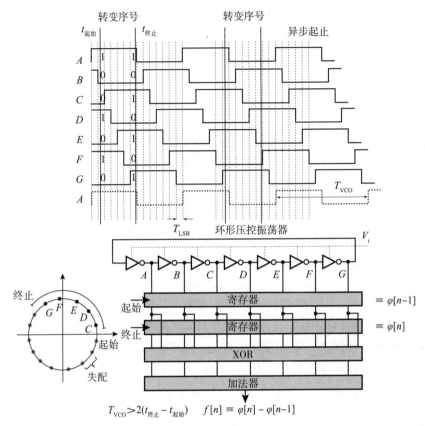

图 8-46 基于环形振荡器的频数转换器。这种特殊的情况下有在起始时间和终止时间之间的五
次转变频率的平均值。相量圆只显示了概念，它没有精确地将环形振荡器映射到图中

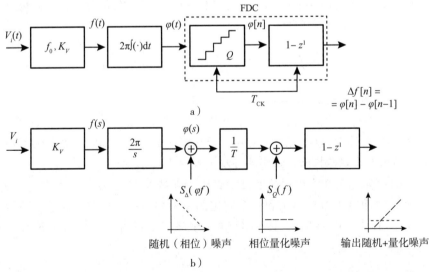

图 8-47 频数转换器中的噪声评估。注意 $\left(1-z^{-1}\right)$ 是两个相邻样本差值的 Z 变换函数

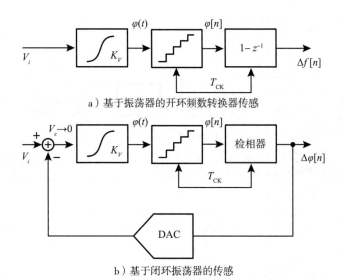

a）基于振荡器的开环频数转换器传感

b）基于闭环振荡器的传感

图 8-48 基于振荡器的并环频数转换器传感以及基于闭环振荡器的传感。在这种情况下，相位差不是相邻样本之间的，而是时钟参考和量化器输出之间的

8.9　基于时间的电阻和电容传感技术

8.9.1　弛豫振荡器技术

估计电阻值或电容值的最常用技术之一是使用弛豫振荡器，如图 8-49 所示。图 8-49a 说明了当 RC 瞬态达到高阈值电平 V_{TH} 时，采用以高低两个阈值电压 V_{TH} 和 V_{TL} 为特征的磁滞比较器对电容器进行复位的概念。在这种情况下，周期 T 的值恰好由式（8-29）给出，其中 $V_T = V_{TH}$。

在图 8-49b 中显示了另一种技术，其中未知电容 C_X 可以通过周期估计为

$$I_0 = C_X \frac{dV_O}{dt} \rightarrow \frac{V_{TH} - V_{TL}}{T} = \frac{I_0}{C_X}$$

$$\rightarrow T = C_X \frac{V_{TH} - V_{TL}}{I_0}$$

（8-72）

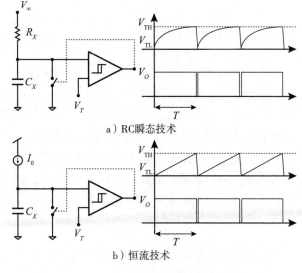

a）RC瞬态技术

b）恒流技术

图 8-49　弛豫振荡器技术读出电容或电阻值

因此，对于已知阈值电压和电流，周期的测量可以通过对容许电容值的估计来进行。

8.9.2　Bang-Bang 锁相环传感技术

时域传感的一种非常智能的技术是使用二元相位探测器，也称为 Bang-Bang 锁相环（BBPLL），最初用于时钟恢复。在使用环形振荡器感测电容的情况下，这个想法如图 8-50 所示。

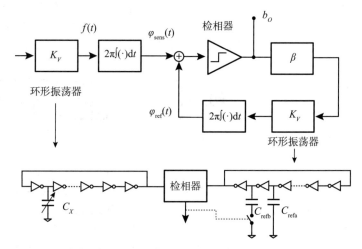

要被测量的电容与一个环状振荡器节点相连，频率由其值决定，从而作为一个传感器控制的振荡器，其灵敏度由 K_V 给出。请注意，即使电容只影响一个节点，它也影响了环形振荡器的所有其他节点的均匀频率（在理想情况下）的变化。不是直接测量频率，而是将其

图 8-50　利用环形振荡器的 Bang-bang 锁相环电容传感技术（改编自 Danneels 等人 2011 年的著作）

相位与通过开关电容 C_{refb} 获得二进制频率值的参考环振荡器的相位进行了比较，如图 8-50 所示。由于处理的是二进制信号，因此使用一个 D 触发器可以很容易地实现检相器。现在，检相器的输出通过控制 C_{refb} 的开关，以负反馈的方式确定参考振荡器的频率开关。因此，参考振荡器在两个频率值之间转换，并且通过比较器检测传感振荡器是否超前或滞后于参考振荡器。给定振荡器的静止频率为 f_0，则有

$$f_{sens} = f_0 + \Delta f = f_0 + K_V \Delta x;$$
$$f_{dig} = f_0 + \varepsilon \cdot f_{bb} = f_0 + \varepsilon \cdot \beta K_V; \quad \varepsilon \in \{+1, -1\} \tag{8-73}$$

比较的结果是一个二进制的误差 $\varepsilon = \text{sign}[\varphi_{sens} - \varphi_{ref}]$，该值被反馈给参考振荡器，确定一个频移 $\varepsilon \cdot \beta K_V$。在工作速度下，检相器的输出显示参考振荡器的频率高于或低于传感振荡器的频率。为了帮助理解，请参见图 8-38，其中传感频率的表示为斜率为 f_0 的一条直线。参考振荡器曲线改变其斜率二进制值（高于和低于 f_0），这样它变成锯齿状的传感振荡器线，类似于传统的 Sigma-Delta 转换器在零值附近的情况（见图 8-21），即使在这种情况下它还可以在时间 - 相位图中表示。因此，如果 D 是检相器输出在一个二进制电平下的平均时间分数，那么平均下来，得到的参考频率将是 D、f_{bb} 和 $(1-D)$、$(-f_{bb})$。因此，平均频移 $\overline{\Delta f}$ 和 D 与信号的关系是

$$\overline{\Delta f} = D \cdot f_{bb} + (1-D)(-f_{bb}) \rightarrow D = \frac{1}{2} + \frac{\overline{\Delta f}}{2f_{bb}} = \frac{1}{2} + \frac{\Delta f}{2K_V \beta} = \frac{1}{2} + \frac{\Delta x}{2\beta} \tag{8-74}$$

综上所述，PLL 输出处的占空比平均与激励 $\Delta x = \Delta C_X$ 成正比。

8.9.3　频率锁定环传感技术

另一种检测电阻和电容的技术称为锁频环（FLL），如图 8-51 所示。

其关键思想是使用开关电容器电路，如图 8-51a 所示，其中电容器首先通过电阻充电到 V_I，然后复位到 V_R。电阻电流和开关电容电流之间的差被输入积分器，控制压控振荡器产生两相开关信号。因此，该系统实现了负反馈，如果回路增益很高，那么综合误差电流 I_ε 将尽可能小。因此，流过 R 的平均电流 $\overline{I_C}$ 应等于流过开关电容的电流：

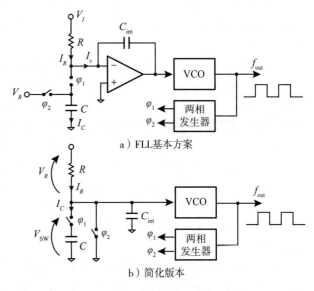

a）FLL 基本方案

b）简化版本

图 8-51　一种 FLL 基本方案和简化后的版本

$$\overline{I_C} = C \cdot V_R \cdot f_{\text{out}} = \frac{V_I}{R}$$
$$\to f_{\text{out}} = \frac{V_I}{V_R}\frac{1}{RC} \tag{8-75}$$

因此，输出频率与电阻值和电容值成反比，即时间常数。

该实现的进一步简化如图 8-51b 所示，其中积分器只是一个连接到地面的电容器 C_{int}。同样，平均开关电流是

$$\overline{I_C} = C \cdot V_{\text{SW}} \cdot f_{\text{out}} = \frac{V_R}{R}$$
$$\to f_{\text{out}} = \frac{V_R}{V_{\text{SW}}}\frac{1}{RC} \tag{8-76}$$

这与时间常数成反比，其中 V_{sw} 和 V_R 分别为开关电容器和电阻之间的电压，其中回路增益越高，其值越稳定。因此，输出频率是 R 和 C 的值的倒数的过采样值。FLL 技术的主要优点是负反馈中和了 VCO 的非线性，因此只要开环增益很高，该方法就可以在不考虑振荡器线性特性的情况下实现。

延伸阅读

Abidi, A. A. and Meyer, R. G., Noise in relaxation oscillators, *IEEE J. Solid-State Circuits*, vol. 18, pp. 794–802, 1983.

Barbe, D. F., Imaging devices using the charge-coupled concept, *Proc. IEEE*, vol. 63, no. 1, pp. 38–67, 1975.

Danneels, H., Coddens, K., and Gielen, G. A fully-digital, 0.3 V, 270 nW capacitive sensor interface without external references, in 2011 Proceedings of the ESSCIRC (ESSCIRC), 2011, pp. 287–290.

Enz, C. C. and Temes, G. C., Circuit techniques for reducing the effects of opamp imperfections: Autozeroing, correlated double sampling, and chopper stabilization, *Proc. IEEE*, vol. 84, no. 11, pp. 1584–1614, 1996.

Henzler, S., *Time-to-Digital Converters*, vol. 29. Dordrecht: Springer, 2010.

Jang, T., Jeong, S., Jeon, D., Choo, K. D., Sylvester, D., and Blaauw, D., A noise reconfigurable all-digital phase-locked loop using a switched capacitor-based frequency-locked loop and a noise detector, *IEEE J. Solid-State Circuits*, vol. 53, no. 1, pp. 50–65, 2018.

Kester, W. Ed., *The Data Conversion Handbook*. Philadelphia: Elsevier, 2004.

Navid, R. Lee, T. H., and Dutton, R. W., Minimum achievable phase noise of RC oscillators, *IEEE J. Solid-State Circuits*, vol. 40, no. 3, pp. 630–637, March 2005.

Nutt, R., Digital time intervalometer, *Rev. Sci. Instrum.*, vol. 39, no. 9, pp. 1342–1345, Sept. 1968.

Pallas-Areny, R. and Webster, J., *Sensors and Signal Conditioning*. Hoboken, NJ: John Wiley & Sons, 2001.

Park, M. and Perrott, M. H., A 78 dB SNDR 87 mW 20 MHz bandwidth continuous-time deltasigma ADC with VCO-based integrator and quantizer implemented in 0.13 μm CMOS, *IEEE J. Solid-State Circuits*, vol. 44, no. 12, pp. 3344–3358, Dec. 2009.

Schreier, R. and Temes, G. C., *Understanding Delta-Sigma Data Converters*. New York: IEEE Press, 2005.

Straayer, M. Z. and Perrott, M. H., A 12-bit, 10-MHz bandwidth, continuous-time sigma-delta ADC with a 5-bit, 950-MS/s VCO-based quantizer, *IEEE J. Solid-State Circuits*, vol. 43, no. 4, pp. 805–814, 2008.

第三部分　关于物理转换的精选主题

第 9 章
关于光子转换的精选主题

　　光子转换是光学探测器或图像传感器中的基本过程，其主要任务是估计光子相对于时间或空间的平均数量。我们将从光学转换的基本物理现象开始，考虑光子通量作为一个平均量，不考虑单光子的量子力学特性，然后，我们将考察噪声在转换过程中的作用，以更好地评估接口电子设计中的设计规则。同样，在第 10 章和第 11 章中，我们将仅仅处理现有光学传感器执行中的很小一部分，将其作为转换原理应用的示例。

9.1　基本概念概述

9.1.1　电磁与可见光的频谱

　　本节的内容与光学转换有关，即将发光信号（或更一般的电磁信号）转换为电信号。

　　电磁波传播既可以用波形模型描述，也可以用粒子模型描述，这称为波粒二象性。我们将把电磁辐射建为波模型或光子通量模型，这取决于方便程度。

　　在任何正弦传播的波中，波长 λ、速度 u 和频率 f 之间的关系由下式给出：

$$\lambda \cdot f = u \tag{9-1}$$

这个表达式对任何以正弦方式传播的波形都有效，无论是机械的还是电磁的，因此也适用于波压的传播，诸如声音。关于电磁波，对于真空中给定的光速 $u = c$，我们能将特定的电磁辐射按照波长和频率来分类。图 9-1 表明了在波长和频率变量之间一个井然有序的宽带电磁波频谱，人眼能够感知的电磁辐射只是频谱中的一小部分，典型值在 400nm（紫光）到 800nm（红光）之间。

　　在其他情况下，总电磁功率可以由信号频谱中不同波长（或频率）的正弦信号贡献之和组成。因此，电磁信号可以用总频谱功率来测量，更具体地说，可以用辐射通量来测量：

$$\Phi = \int_{0}^{\infty} \Phi(\lambda) \mathrm{d}\lambda \equiv [\mathrm{W}] \tag{9-2}$$

其中：

$$\Phi(\lambda) \triangleq \frac{\mathrm{EM}\ 功率}{\mathrm{d}\lambda} = \frac{\mathrm{d}\Phi}{\mathrm{d}\lambda} \equiv \left[\frac{\mathrm{W}}{\mathrm{m}}\right] \tag{9-3}$$

是频谱通量 $^{\ominus}$。

当涉及光辐射时，我们指的是人眼可见的电磁辐射频谱，其灵敏度自 1931 年以来已由国际照明委员会标准化。

因此，与人眼敏感光谱相关的总光谱功率称为光通量。

$$\Phi_O = \int_0^\infty \Phi(\lambda) V(\lambda) \mathrm{d}\lambda = K \int_0^\infty \Phi(\lambda) V'(\lambda) \mathrm{d}\lambda \equiv [\mathrm{lm}] \qquad (9\text{-}4)$$

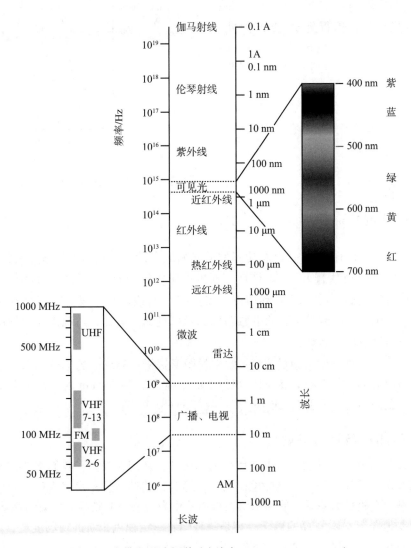

图 9-1 宽带电磁波频谱（改编自 Wikimedia Commons）

这里 $V(\lambda)$ 是眼睛灵敏度的"带通"滤波器，称为光度函数。人眼以具有两种灵敏度为特征：

$\ominus$ 我们也能够用频率变量代替波长，这样 $\Phi(f) \equiv [\mathrm{W}/\mathrm{Hz}]$。

一种用于明视觉，称为明视，另一种用于暗视觉，称为暗视，如图 9-2 所示。通用的光功率导出单位为流明（lm），因此，光度函数的单位为 lm/W。或者，我们可以使用归一化光度函数 $V'(\lambda) = V(\lambda)/K \in [0,1]$ 在无量纲单位中来表达，因此，式（9-4）中的 K 比例因子在以 lm/W 为单位给出。如图 9-2 所示，我们能够说明，在明视下及波长为 555 nm 的 1 W 单色光下，我们得到 683 lm（因此，$K = 683\,\text{lm}/\text{W}$），并且在暗视下及波长为 507 nm 的 1 W 单色光下，我们得到 1699 lm（因此，$K = 1699\,\text{lm}/\text{W}$）。

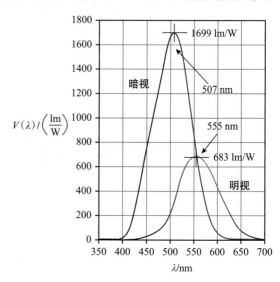

在光源多色发射的情况下，我们能够通过定义发光效率来确定其功率在人眼的灵敏度上下降的程度，即

$$\text{发光效率} = \frac{\int_0^\infty \Phi(\lambda) \cdot V'(\lambda)\,\mathrm{d}\lambda}{\int_0^\infty \Phi(\lambda)\,\mathrm{d}\lambda} \in [0,1] \qquad (9-5)$$

图 9-2 人眼对光谱的敏感度（改编自 Wikimedia Commons）

这是光谱密度所朝向的面积，并以总功率的适光响应来计算。我们也能够定义为光视效能，在式（9-5）中用 $V(\lambda)$ 代替 $V'(\lambda)$，这样它就可以用单位 lm/W 来衡量。有两种情况可用于获得最大的光视效能 / 效率。第一种情况是发射光谱的地点与人眼灵敏度具有相同的形状（$\Phi(\lambda)V'(\lambda) = \Phi(\lambda)$），以至于所有的电磁功率都是可见的。第二种情况是在灵敏度最大值下的单色发射功率（狄拉克函数）。

图 9-3 显示了四种不同发射的光效 / 效率的图形解析：555nm 的单色发射、红绿蓝发光二极管（RGB LED）、荧光粉 LED 和白炽灯 LED，显然，在 555nm 的单色发射情况下，根据式（9-5），我们的光效等于 1（或 100%），或等于 683 lm/W。

9.1.2 光度测量与辐射测量

由于人眼是对电磁频谱的特定带宽敏感的，因此，从现在开始，我们将使用术语发光的或视觉的来表示那些属于这些频谱的电磁信号。通常，我们将把光度测量作为专门的科学来考虑可见光谱中电磁量的关系，使用术语辐射测量作为与整个电磁频谱相关的科学。

我们简要地介绍立体角 Ω 的概念，它是一种朝着一定视点来看的视场度量，如图 9-4 所示，并以球面度表示，这是一个无量纲的衍生 SI 单位。在接下来的图 9-4 中，球面度被定义为单位面积上所构成的单位球中心朝向的立体角，因此，一般而言，对于一个球体的情况，球面度中立体角的测量为

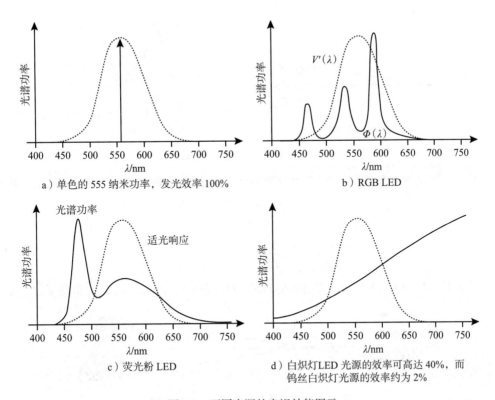

a）单色的 555 纳米功率，发光效率 100%

b）RGB LED

c）荧光粉 LED

d）白炽灯 LED 光源的效率可高达 40%，而
钨丝白炽灯光源的效率约为 2%

图 9-3　不同光源的光视效能图示

$$\Omega = \frac{朝向面积}{球体总表面积} \cdot 4\pi = \frac{S}{4\pi r^2} \cdot 4\pi = \frac{S}{r^2} \equiv [\cdot] \equiv [sr] \qquad (9\text{-}6)$$

注意，球面度被定义为一个无量纲的比率，类似于弧度，弧度被定义为弧线长度除以圆的半径。

对于小的立体角 ⊖，由其倾斜而导致的所朝向的面积增加，这能够通过使用一个恒定的立体角的余弦定律来考虑，如图 9-5a 所示：

$$d\Omega = \frac{dS}{r^2} = \frac{dS'\cos\theta}{r^2} \qquad (9\text{-}7)$$

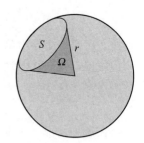

图 9-4　立体角和球面度
的概念

这里 dS 是垂直于纵轴的表面面积，而 $dS' > dS$ 是倾斜的面积。如图 9-5b 所示，这一效应对恒定面积也是有效的：

$$d\Omega' = \frac{dS\cos\theta}{r^2} = d\Omega \cdot \cos\theta \leqslant d\Omega \qquad (9\text{-}8)$$

其中，$d\Omega$ 是天顶角，而 $d\Omega'$ 是弯曲的天顶角。

⊖　从现在开始，我们将会提到微分量或无穷小量，因为将会在微分比率中使用它们。因此，分子上的量（功率、能量、通量）与分母上的量成正比；但根据微分规则，它们的比值在无穷小时收敛为一个固定值。

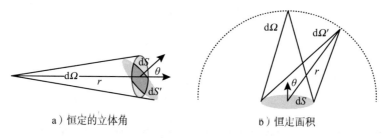

a）恒定的立体角   b）恒定面积

图 9-5   立体角所含面积的倾斜效果

立体角能够用于确定由等效的立体角所朝向的表面面积之间的比率，如图 9-6 所示，其中：

$$\mathrm{d}\Omega = \frac{\mathrm{d}O}{r_1^2} = \frac{\mathrm{d}O'\cos\alpha}{r_1^2} = \frac{\mathrm{d}S}{r_2^2} = \frac{\mathrm{d}S'\cos\theta}{r_2^2}$$

$$\rightarrow \frac{\mathrm{d}O}{\mathrm{d}S} = \frac{r_1^2}{r_2^2}; \quad \frac{\mathrm{d}O'}{\mathrm{d}S'} = \frac{r_1^2}{r_2^2}\frac{\cos\theta}{\cos\alpha} \tag{9-9}$$

表明了在表面倾斜的情况下，所朝向面积是如何与具有余弦定律校正的半径比值的平方相关的。

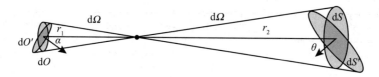

图 9-6   两个立体角之间的等效性的影响

光度测量中的第一个定义是照度（辐射测量中的辐照度），它是入射到一个表面的光通量功率

$$E \triangleq \frac{光功率}{表面积} = \frac{\mathrm{d}\Phi_O}{\mathrm{d}S} \equiv \left[\frac{\mathrm{W}}{\mathrm{m}^2}\right] \equiv \left[\frac{\mathrm{lm}}{\mathrm{m}^2} \triangleq \mathrm{lx}\right] \tag{9-10}$$

这里，lx 是一个导出单位，被定义为每平方米的流明，因此，对于式（9-4）中的明视觉，使用恒定值，我们就得到了电磁功率与光功率之间的关系，即

$$1\left[\frac{\mathrm{W}}{\mathrm{m}^2}\right] = 683[\mathrm{lx}] \tag{9-11}$$

在这种情况下，发光功率是从表面发射的，称为发射率（在辐射度量学中称为辐射率、辐射度或辐射出射率）。

如果我们参考的是分布在光谱上的发光功率，就有了光谱照度：

$$E(\lambda) = \frac{光功率}{表面积 \times 波长} = \frac{\mathrm{d}^2\Phi_O}{\mathrm{d}S \cdot \mathrm{d}\lambda} \equiv \left[\frac{\mathrm{lm}}{\mathrm{m}^2} \cdot \frac{1}{\mathrm{m}}\right]$$

$$E = \int_0^\infty E(\lambda)\mathrm{d}\lambda \tag{9-12}$$

参照波粒二象性，我们能够用光子的通量而不是辐射波长的能量来表达电磁功率的概念。因此，定义光谱照度的另一种方法是考虑光子通量，其中，每个光子的能量与它的波长有关：

$$E(\lambda) \triangleq \frac{光子数量 \times 光子能量}{\mathrm{d}S \cdot \mathrm{d}t \cdot \mathrm{d}\lambda} = \Phi_P(\lambda) \cdot \frac{hc}{\lambda} \equiv \left[\frac{\mathrm{lm}}{\mathrm{m}^2}\frac{1}{\mathrm{m}}\right] \equiv \left[\frac{\mathrm{W}}{\mathrm{m}^2}\frac{1}{\mathrm{m}}\right]$$

$$\Phi_P(\lambda) \triangleq \frac{光子数量}{\mathrm{d}S \cdot \mathrm{d}t \cdot \mathrm{d}\lambda} \tag{9-13}$$

其中，$\Phi_P(\lambda)$ 是光子通量，hc/λ 是波长为 λ 的单个光子的能量。

> **符号**　由于我们主要参考的是光学传感器，为了简化符号，从现在起我们将使用符号 Φ 来表示光通量功率 Φ_O。

注意，光子通量不是与发光功率成比例，因为我们能够使用波长较短的光子，通过减少其数量来获得相同的功率。在这种情况下，功率是从表面射出的，辐照度被称为辐射度。

光度测量的另一个重要参量是发光强度（辐射测量用辐射强度），它是每单位立体角的发光功率，有

$$I \triangleq \frac{光功率}{立体角} = \frac{\mathrm{d}\Phi}{\mathrm{d}\Omega} \equiv \left[\frac{\mathrm{W}}{\mathrm{sr}}\right] \equiv \left[\frac{\mathrm{lm}}{\mathrm{sr}} \triangleq \mathrm{cd}\right] \tag{9-14}$$

其中，Ω 是立体角。强度测量通常以烛光为单位，即流明每球面度 ⊖，因此，不考虑光源的距离，一个光源辐射进到立体角的总光强度是保持不变的。

照度和强度可以通过使用射线追踪抽象法（射线光学）进行可视化，其中，射线能够被认为是沿着直线在空间移动的极小的光笔。为了在已经讨论过的定义中应用这一技术，我们绘制了如

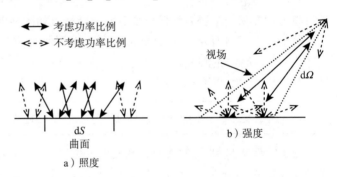

图 9-7　使用光子射线追踪的照度和强度的概念。光线轨迹可以从两个方向考虑

图 9-7 所示的光线轨迹，其中，光线轨迹与一个表面的相交点可以代表光子对该表面的影响 ⊖。在这种照度的情况下，我们首先考虑由撞击表面的光子（实线）提供的功率比例，并且不考虑光子向外撞击（虚线），如图 9-7a 所示。面积越小，所考虑的光功率就越小，以至于

⊖　实际上，参考 SI 单位是烛光；因此，将流明定义为烛光乘以球面度更为正确。

⊖　光线追踪抽象概念与光子通量之间的关系可能非常容易引起误解。射线可以被认为是光子通量的统计平均值（如在激光器中）。一旦光子被一个物体接收，我们就可以将其视为贡献能量 / 功率的离散效应，但我们不能把它们看作一个在空间中旅行的宏观粒子，沿着直线运动，因为它们服从量子动力学定律。换句话说，我们可以假设光子在哪里发射，在哪里撞击，但我们将忽略它们的真实轨迹，即使我们可以将它们建模为射线轨迹作为我们需要的有价值的抽象。

这个比值的极限将收敛于照度。如果现在考虑与所有光线轨迹相关的发光功率比值的极限，这些光线包含了在立体角所朝向的视场内的所有光线，那么就得到了强度，如图 9-7b 所示。因此，根据这一观点，我们可以将上述参量重新定义为

$$照度 = 单位面积\ S\ 接收（发射）的光通量$$

$$强度 = 单位立体角\ \Omega\ 传输（发射）的光通量 \tag{9-15}$$

应当指出强度和照度之间的显著关系：

$$I = \frac{\mathrm{d}\Phi_O}{\mathrm{d}\Omega} = \frac{\mathrm{d}\Phi}{\mathrm{d}S} r^2 = E \cdot r^2 \tag{9-16}$$

这表明了照度如何与给定强度的物理量来源的距离的平方成反比，遵循平方反比定律（经常用于电磁传播），如图 9-8 所示。

第三个重要的参量是每单位立体角、单位投射源面积的光功率，称为亮度（在辐射测量中称为辐射度），通常以尼特（nit）衡量：

$$L = \frac{\mathrm{d}^2\Phi}{\mathrm{d}S \cdot \mathrm{d}\Omega} \equiv \left[\frac{\mathrm{lm}}{\mathrm{m}^2 \cdot \mathrm{sr}}\right] \equiv [\mathrm{nit}] \tag{9-17}$$

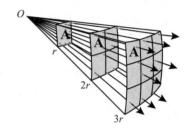

图 9-8 照度和强度之间适用的平方反比定律（改编自维基共享资源）

亮度的概念可能很棘手，这需要更多的解释。亮度可以被设想为计算从一个表面到另一个表面的能量，如图 9-9a 所示，我们将开始计算从一个表面 S_B 到另一个以平行方式放置的表面 S_A 的功率传输，注意，正如图 9-9a 所显示的那样，一些射线轨迹（实线）从一边到另一边，对功率传输有贡献，而另一些（虚线）对功率传输没有贡献。

> **符号**　在下文中，我们将把 Ω_X 称为具有一个顶点在表面 S_X 上的立体角，并与 S_X 相减。

为了计算从 S_B 到 S_A 的能量，我们可以想象 S_B 被细分为更小的子段 s_{iB}，向所有方向发射光子，如图 9-9b 所示。然而，只有在对应的立体角 Ω_B 的视场内发射的射线才会击中目标。因此，发射的功率与这些光点的大小和立体角的大小成正比（系数为 L）：

$$光功率\ B \rightarrow A = L \cdot s_{1B} \cdot \Omega_{1B} + L \cdot s_{2B} \cdot \Omega_{2B} + \cdots \tag{9-18}$$

其中，$s_{1B} + s_{2B} + \cdots = S_B$。现在，如果我们把面积减少到无限小，即 $S_A \rightarrow \mathrm{d}S_A$ 和 $S_B \rightarrow \mathrm{d}S_B$，立体角就会变得相等 $\Omega_B = \Omega_{2B} = \cdots = \mathrm{d}\Omega_B$，因此

$$微分光功率\ \mathrm{d}B \rightarrow \mathrm{d}A = \mathrm{d}^2\Phi = L \cdot \underbrace{\left(s_{1B} + s_{2B} + \cdots\right)}_{\mathrm{d}S_B} \cdot \mathrm{d}\Omega_B \tag{9-19}$$

从中我们发现，比例因子是系统的亮度，即

$$L = \frac{\mathrm{d}^2\Phi}{\mathrm{d}S_B \cdot \mathrm{d}\Omega_B} \tag{9-20}$$

反之，我们能够使用从 S_A 看到的视场进行反向计算。因此

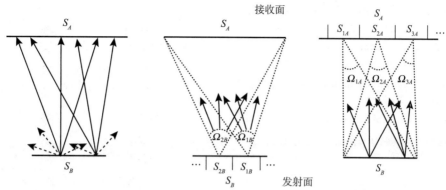

a）通过射线轨迹进行功率传递。虚线是　　b）相对于S_A视场的亮度计算　　c）根据S_B视场计算的亮度
　那些没有功率传输贡献的射线轨迹

图 9-9　两个平行表面之间的光能传递，底部为发射面，顶部为接收面

$$光功率\ B \rightarrow A = L' \cdot s_{1A} \cdot \Omega_{1A} + L' \cdot s_{2A} \cdot \Omega_{2A} + \cdots$$

$$微分光功率\ \mathrm{d}B \rightarrow \mathrm{d}A = \mathrm{d}^2\Phi = L' \cdot \underbrace{(s_{1A} + s_{2A} + \ldots)}_{\mathrm{d}S_A} \cdot \mathrm{d}\Omega_A \qquad (9\text{-}21)$$

由于传输的功率是相同的，因此两个比例常数是相等的：

$$L' = \frac{\mathrm{d}^2\Phi}{\mathrm{d}S_A \cdot \mathrm{d}\Omega_A} = \frac{\mathrm{d}^2\Phi}{\mathrm{d}S_A \cdot \mathrm{d}S_B} \cdot r^2 = \frac{\mathrm{d}^2\Phi}{\mathrm{d}S_B \cdot \mathrm{d}\Omega_B} = L \qquad (9\text{-}22)$$

其中，r 是两个区域之间的距离。换句话说，亮度是表面 $\mathrm{d}S_B$ 在立体角 $\mathrm{d}\Omega_B$（由 $\mathrm{d}S_A$ 定义）中发出的光功率或 $\mathrm{d}S_A$ 在视场 $\mathrm{d}\Omega_A$（由 $\mathrm{d}S_B$ 定义）中接收的光功率。

现在，我们将处理倾斜的表面。从式（9-22）开始，我们必须考虑余弦定理，这样，利用图 9-11a 所示的图形惯例，在图 9-10 中，我们有

$$L = \frac{\mathrm{d}^2\Phi}{\underbrace{\mathrm{d}S_B\cos\theta_B}_{倾斜表面} \cdot \mathrm{d}\Omega_B} = \frac{\mathrm{d}^2\Phi \cdot r^2}{\mathrm{d}S_B\cos\theta_B \cdot \mathrm{d}S_A\cos\theta_A}$$

$$= \frac{\mathrm{d}^2\Phi}{\underbrace{\mathrm{d}S_A\cos\theta_A}_{倾斜表面} \cdot \mathrm{d}\Omega_A} \qquad (9\text{-}23)$$

这证明了图 9-10b 的亮度测定结构的等效性。应该注意的是，即使使用了相反的立体角来获得相同的结果，如果两个表面具有不同的发射特性，那么在功率传输方面也不存在对等性。也就是说，如果我们交换发射面和接收面的作用，那么亮度定义是不同的。

到目前为止，我们所做的推导阐明了一些图形解释，因为亮度通常是像图 9-11a 那样绘制出来的，意味着由一小片 $\mathrm{d}S_B$ 传递的能量进入立体角 $\mathrm{d}\Omega_B$，然而，应该理解的是，我们是在计算所有来源于视场 $\mathrm{d}S_A$ 中发射片 $\mathrm{d}S_B$ 的每一点中立体角产生的光线的总数（积分和），这些片越小，这些立体角彼此就越相似。按照式（9-22），将 $\mathrm{d}S_B$ 发射的所有射线和 $\mathrm{d}S_A$ 中各点

的视角接收的射线相加，可以得到相同的
结果，如图 9-11c 所示。

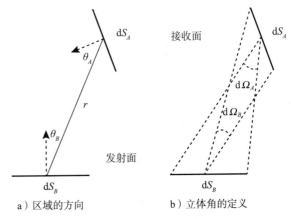

a）区域的方向　　　　b）立体角的定义

图 9-10　倾斜区域情况下的亮度

> **提示**　亮度能够由接收面视场定义的
> 立体角或由发射面视场定义的立体角
> 来计算。

另一个重要的关系是亮度与照度之间
的关系：

$$L = \frac{\mathrm{d}^2\varPhi}{\mathrm{d}S_B \cdot \mathrm{d}\varOmega_B} = \frac{\mathrm{d}E_B}{\mathrm{d}\varOmega_B} = \frac{\mathrm{d}E_A}{\mathrm{d}\varOmega_A} \qquad （9\text{-}24）$$

其中，E_A 是接收面的照度，E_B 是发射面
的发射率。

此外，与强度有关的关系是

$$L = \frac{\mathrm{d}^2\varPhi}{\mathrm{d}S_B \cdot \mathrm{d}\varOmega_B} = \frac{\mathrm{d}I_B}{\mathrm{d}S_B} = \frac{\text{光源的发光强度}}{\text{光源面积}} \qquad （9\text{-}25）$$

其中，I_B 是发射面的强度。

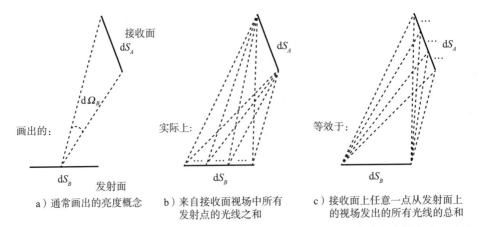

a）通常画出的亮度概念　　　b）来自接收面视场中所有　　　c）接收面上任意一点从发射面上
　　　　　　　　　　　　　　　　发射点的光线之和　　　　　　　的视场发出的所有光线的总和

图 9-11　通常画出的亮度概念，实际上是指来自接收面视场中所有发射点的光线之和，反过
来，它等价于在接收面上的任意一点，从发射面上的视场发出的所有光线的总和

现在，我们能够参考照射到物体表面的光功率和反射到特定方向的光功率之间的关系，
如图 9-12 所示。一个来自极坐标方向 (θ_I, φ_I) 的光子通量，落在表面 $\mathrm{d}S_P$ 上会向任何方向散
射。具体来说，图中考虑的是反射方向（θ_R, φ_R）。我们将假设表面特征相对于法向轴是对称
的，因此，与 φ 无关，即 $L_R(\theta_R, \varphi_R) = L_R(\theta_R)$。

我们能够将双向反射率分布函数图（Bidirectional Reflectance Distribution Runction, BDRF）

定义为从 θ_R 方向的一小片反射亮度与同一小片从 θ_I 方向上的照度之比：

$$\text{BDRF}(\theta_I, \theta_R) = \frac{L_R(\theta_R)}{E_I(\theta_I)} \qquad (9\text{-}26)$$

其中 $L_R(\theta_R)$ 是反映在半球 $\mathrm{d}S_O$ 表面上的亮度，$E_I(\theta_I)$ 是来自半球 $\mathrm{d}S_I$ 表面的入射光线部分。

现在，对于这个小片的能量平衡，总反射能量（发射率）是这个小片上总照度的一部分：

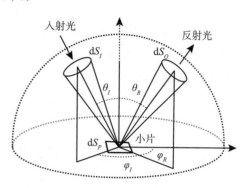

$$E_O = k \cdot E_I, \quad k \in [0, 1] \qquad (9\text{-}27)$$

因为部分能量可以被材料吸收，因此 k 也称为反射率。

现在，如果反射功率在任何方向都是恒定的，那么有 $L_R(\theta_R) = L_R$。在这种情况下，表面称为朗伯。因此，在这种情况下，有

图 9-12 双向反射率分布函数图的几何构造（BDRF）

$$E_O = \int_\Omega L_R(\theta_R) \mathrm{d}\Omega_R = L_R \int_\Omega \mathrm{d}\Omega_R = L_R \int_0^{2\pi} \int_0^{\pi/2} \cos\theta_I \sin\theta_I \mathrm{d}\theta_I \mathrm{d}\varphi_I = L_R \cdot \pi = k \cdot E_I \qquad (9\text{-}28)$$

其中 Ω 是半球空间，立体角所朝向的无限小片的边长分别为 $\sin\theta_I \mathrm{d}\theta_I$ 和 $\sin\varphi_I \mathrm{d}\theta_I$。因此，对于一个朗伯表面，有

$$L_R = \frac{k}{\pi} E_I \qquad (9\text{-}29)$$

因此，在恒定的光照方向下，朗伯表面有一个恒定的 BDRF。此外，观察图 9-13，我们可以看到 $\mathrm{d}S_O$ 和 $\mathrm{d}S_P$ 之间定义的立体角为

$$\mathrm{d}\Omega_P = \frac{\mathrm{d}S_O}{r^2}; \quad \mathrm{d}\Omega_O = \frac{\mathrm{d}S_P \cos\theta_R}{r^2} \qquad (9\text{-}30)$$

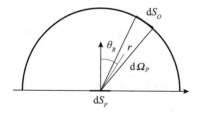
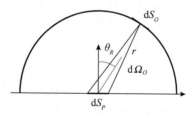

图 9-13 朗伯表面特性的几何构造

因此

$$L_R = \frac{k}{\pi} E_I = \frac{\mathrm{d}^2\Phi}{\mathrm{d}\Omega_P \mathrm{d}S_P} = \frac{\mathrm{d}I_P}{\mathrm{d}S_P} \rightarrow \mathrm{d}I_P = L_R \cdot \mathrm{d}S_P$$

$$L_R = \frac{\mathrm{d}^2\Phi}{\mathrm{d}\Omega_O dS_O} = \frac{\mathrm{d}I_O}{\mathrm{d}S_O} \rightarrow \mathrm{d}I_O = L_R \cdot \mathrm{d}S_O$$

$$L_R = \frac{\mathrm{d}^2\Phi}{\mathrm{d}\Omega_O dS_O} = \frac{\mathrm{d}E_O}{\mathrm{d}\Omega_O} \rightarrow \mathrm{d}E_O = L_R \cdot \mathrm{d}\Omega_O \qquad (9\text{-}31)$$

这意味着在朗伯表面，由小片 $\mathrm{d}S_P$ 发出的强度为 $\mathrm{d}I_P$ 和在视场 $\mathrm{d}\Omega_O$ 上看到的强度 $\mathrm{d}I_O$ 的光在任何方向上都是恒定的。然而，$\mathrm{d}S_O$ 接收的功率量取决于 θ_R，因为结合式（9-30）和式（9-31），就会发现

$$\mathrm{d}E_0 = L_R \frac{\mathrm{d}S_P}{r^2} \cos\theta_R \propto \cos\theta_R \qquad (9\text{-}32)$$

9.1.3 图像投影系统中的功率传输

每次图像传感器与环境相互作用时，都是借助于图像投影系统进行的。我们的任务是了解源（物体）和目的地（传感器）之间的光功率比。到目前为止，我们将使用由此得出的定义和关系。作为第一步，我们将考虑两个投影系统的简单案例。

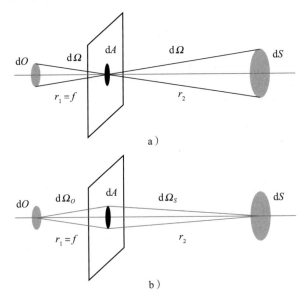

如图 9-14 所示，我们将使用一个针孔投影系统，通过使用一个在分隔开的薄板上制作的针孔，将发射面 $\mathrm{d}S$ 投影到平面 $\mathrm{d}O$。孔与投影平面的距离也称为焦距 f。如果针孔面积小，物体上的每个点都会被映射成投影平面上的一个唯一点。针孔的面积越小，对应得就越精确。

然而，把针孔做得非常小，再加上光的衍射问题，将导致光功率传输问题。由等同的针孔亮度，通过使用图 9-14a 与图 9-14b 的结构能够更好地理解光通量之间的关系：

图 9-14　针孔投影系统

$$L = \frac{\mathrm{d}^2\Phi}{\mathrm{d}\Omega \cdot \mathrm{d}A} = \frac{\mathrm{d}^2\Phi}{\mathrm{d}\Omega_S \cdot \mathrm{d}S} = \frac{\mathrm{d}^2\Phi}{\mathrm{d}\Omega_O \cdot \mathrm{d}O} \qquad (9\text{-}33)$$

重要的是要计算出通过系统的光能量

$$\mathrm{d}^2\Phi = L \cdot \mathrm{d}A \cdot \mathrm{d}\Omega$$

$$\rightarrow \frac{\mathrm{d}\Phi}{\mathrm{d}O} = E_O = \frac{L \cdot \mathrm{d}A}{f^2} \qquad (9\text{-}34)$$

这意味着投影图像的照度是与孔的尺寸乘以系统的亮度，并再除以焦距的平方成比例

的，因此，当 $dA \to 0$ 时，光功率或亮度的大小显然可以忽略不计。这是针孔摄像机的主要问题之一：针孔越小，传感器接收到的绝对光功率越小。

众所周知，解决这一问题的方法是使用透镜投影系统，如图 9-15 所示。能够表明，透镜投影系统的行为恰好像针孔摄像机的行为一样：物体的每一点都被映射到投影平面的一个唯一点上。然而，在这种情况下，从一边到另一边传输的光子数量取决于透镜的光圈。

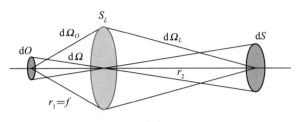

图 9-15　透镜投影系统

更准确地说，在这种情况下，有

$$d^2\Phi = L \cdot S_L \cdot d\Omega$$
$$\to \frac{d\Phi}{dO} = E_O = \frac{L \cdot S_L}{f^2} \tag{9-35}$$

其中，S_L 是透镜的直径。透镜的面积在能量转移中起了至关重要的作用，它确保了与针孔系统相同的映射，但提供与透镜直径成比例的更大的发光功率传输。我们可以通过减少 S_L 来调节总能量，通常在相机中使用放置在镜头前的光圈进行调节。

现在我们将通过分析一个更真实的透镜投影系统来完成前面的讨论，考虑投影与中心轴的偏差。主要问题是：在给定的场景照明下，有多少能量（功率）传递到传感器表面？为了得到这个问题的答案，我们画了一个基于透镜的简单投影方案，如图 9-16 所示。在图中，被照亮物体的一小片 dS 被映射到传感器所在的投影平面中的一小片 dO 上。上一个问题的答案是计算物体的照度与传感器的照度的比率，从而了解系统两边的功率比。

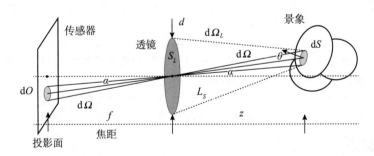

图 9-16　镜头图像投影系统。镜头离投影平面的距离称为焦距，此处表示为 f

我们已经注意到，根据式（9-35），通过系统的光功率为

$$d^2\Phi = L_S \cdot S_L \cdot d\Omega \tag{9-36}$$

其中，L_S 是区域 S_L 透镜视场下所呈现的景象片的亮度。因此，片照度 dO 为

$$E_O = \frac{d\Phi}{dO}\cos\alpha = \frac{L_S \cdot S_L \cdot d\Omega}{dO}\cos\alpha \tag{9-37}$$

其中，α 是投影轴和中心轴之间的夹角，并且 $\cos\alpha$ 的校准是必要的，因为与中心轴上同一片

区投影相关的区域被放大了，那么，由于

$$d\varOmega = \frac{dS\cos\theta}{(z/\cos\alpha)^2}\qquad(9\text{-}38)$$

使用式（9-9）：

$$\frac{dS}{dO} = \frac{\cos\alpha}{\cos\theta}\left(\frac{z}{f}\right)^2\qquad(9\text{-}39)$$

我们有

$$E_O = \frac{dS\cos\theta}{(z/\cos\alpha)^2}\frac{L_O\cdot S_L}{dO}\cos\alpha = \frac{1}{f^2}\cdot S_L\cdot L_S\cdot\cos^4\alpha\qquad(9\text{-}40)$$

考虑到投影轴与中心轴的偏差，式（9-40）是式（9-35）的广义形式。因子 $\cos^4\alpha$ 确定了传感器边界内光晕的影响（就像在没有使用镜头校正系统的旧摄影中一样）。

现在，考虑到圆形透镜的直径 d，并假设物体表面是朗伯场景，我们能够使用式（9-29），所以

$$E_O = L_S\left(\frac{d}{f}\right)^2\cdot\frac{\pi}{4}\cdot\cos^4\alpha = L_S\frac{\pi}{4}\left(\frac{d}{f}\right)^2\cos^4\alpha \approx \frac{1}{4}\left(\frac{d}{f}\right)^2 k\cdot E_S\qquad(9\text{-}41)$$

其中，f/d 为焦距与透镜直径（或孔径）的比率，称为 f 数或焦距比。通过在镜头前插入一个可变光圈的膜片，能够减少传输的功率。

对于混合场景和高性能目标的 f 数（约为 1.4），使用典型反射率（k）值，我们得到传递到传感器的光功率比传递到物体的光功率要小一个数量级。这是传感器设计中的重要一点，因为在最理想的情况下，我们必须知道落在传感器表面的光子数量大约为落在场景上的光子数量的 1/10。

> **提示**　即使在投影系统（更高的光圈孔径）中有更好的功率传输的条件下，撞击到传感器表面的光功率能比撞击到场景的光功率小一个数量级。

9.2　黑体辐射

黑体的定义是吸收所有入射的电磁辐射物体的一种理想模型。因此，不管入射的波长和角度如何，它不传输（如透明物体）或反射（如镜面物体）入射辐射，对所有入射辐射都起到完美的吸收作用。真实的物体能够恰好近似于黑体的定义，因为它代表了一种物理上的抽象概念。

由于人体吸收了能量，因此最终会达到热平衡，从而发出电磁辐射。量子力学最早的开创性成果之一称为黑体发射的普朗克定律，该定律规定，黑体的发射光谱仅取决于物体的温度，与物体的物质组成无关。

普朗克定律通常指的是光谱辐射度：

$$L(\lambda, T) = \frac{2hc^2}{\lambda^5} \frac{1}{e^{\frac{hc}{\lambda kT}} - 1} \equiv \left[\frac{W}{m^2} \frac{1}{sr \cdot m} \right] \qquad (9\text{-}42)$$

其中，h 和 k 分别是普朗克常数和玻尔兹曼常数，c 是真空中的光速$^{\ominus}$，T 是温度，单位是开尔文。根据光谱辐照度，对于朗伯表面，同样的定律能够由乘以一个因子 π 显示：

$$E(\lambda, T) = \frac{2\pi hc^2}{\lambda^5} \frac{1}{e^{\frac{hc}{\lambda kT}} - 1} \equiv \left[\frac{W}{m^2} \frac{1}{m} \right] \qquad (9\text{-}43)$$

通过让整个光谱对黑体辐射积分，我们发现斯特藩 - 玻尔兹曼定律：

$$E = \frac{2\pi^5 k^4}{15 h^3 c^2} T^4 = \sigma T^4 \equiv \left[W / m^2 \right] \qquad (9\text{-}44)$$

其中，σ 是斯特藩 - 玻尔兹曼常数。因此，黑体在每个表面上发出的总功率与温度的四次方成正比。

此外，对普朗克表达式求一阶导数，根据维恩定律得到辐射的最大峰值是如何随温度变化的：

$$\lambda_{max} = \frac{b}{T}; b = 2.89 \times 10^6 \text{ nm} \cdot K \qquad (9\text{-}45)$$

黑体辐照度光谱如图 9-17 所示，这里证实了眼睛敏感度的发光光谱带宽。注意，温度越高，波长越短，换言之，发射源的颜色越"冷"。更具体地说，发射源的色温被定义为理想黑体光谱的开尔文温度，它与发射源的色温（尽可能地）相匹配。

典型的 60W 的白炽灯、暖光和冷光荧光灯的色温各自具有的温度约为 2700K、3500K 和 5500K，其中，最像黑体发射的光源是白炽灯。返回到图 9-3d 中，根据白炽灯的发光效率，我们能够看到眼睛的灵敏度曲线在 2700K 处与黑体

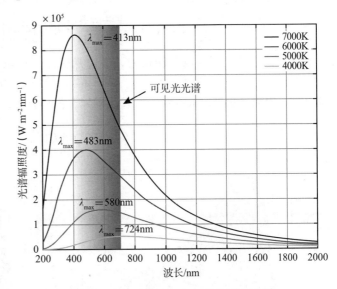

图 9-17　不同温度下的黑体辐照度光谱

光谱的"尾部"相重叠。既然太阳的估计温度是 5778K，使用维恩定律，我们可以在接近人眼的最高灵敏度光谱的绿色区域内，发现一个波长约为 500nm 的发射峰。

图 9-18 表明了太阳光谱辐照度（在地球大气层之上）与温度为 5777K 的黑体光谱发射的比较。应当注意的是，由式（9-44）给出的光谱辐照度值的绝对值和由图 9-17 所示的绝对值有很

$\ominus$　$h = 6.62 \times 10^{-34} \text{J} \cdot \text{s}$，$k = 1.38 \times 10^{-23} \text{J} / \text{K}$，$c = 2.99 \times 10^8 \text{m} / \text{s}$。

大不同，因为它们一个是取自太阳的理想表面，一个是取自地球表面，因此，我们应该考虑到太阳和地球之间的距离。由这两个函数所包含的面积是非常相似的，并等于

$$\int_0^\infty E(\lambda)\mathrm{d}\lambda = 1362\ \mathrm{W/m^2} \qquad (9\text{-}46)$$

这被称为太阳常数，表示在地球大气层上方每单位面积区域所接收的来自太阳的最大功率。结论是，太阳是一个非常好的黑体辐射器的近似，即使它的辐射通常不是朗伯形式的。

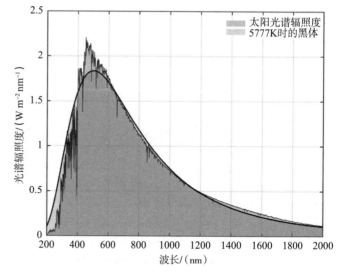

图 9-18　太阳光谱辐照度与黑体在 5777 K 时的光谱发射比较

在光子转换中，我们必须考虑到每个光子的能量随波长的变化而变化。因此，对于相等的功率，可以有不同的光子通量。通过重新整理式（9-13），这种关系可以表示为

$$\Phi_P(\lambda) = \frac{\text{光子数量}}{\mathrm{d}S \cdot \mathrm{d}t \cdot \mathrm{d}\lambda} = E(\lambda)\frac{\lambda}{hc} \equiv \left[\frac{1}{\mathrm{m}^2\mathrm{s}}\frac{1}{\mathrm{m}}\right] \qquad (9\text{-}47)$$

通常，涉及光子 – 电荷转换时，考虑光谱光子通量要比考虑光谱辐照度更方便，如图 9-19 所示。注意，根据式（9-47），对于更高的波长，光谱的形状比辐照度更明显。因此，单位时间内撞击单位表面并从光源发出的光子数具有光谱辐照度 $E(\lambda)$，有

$$\int_0^\infty \Phi_P(\lambda)\mathrm{d}\lambda = \int_0^\infty E(\lambda)\frac{\lambda}{hc}\mathrm{d}\lambda \qquad (9\text{-}48)$$

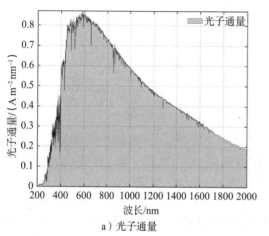

a）光子通量

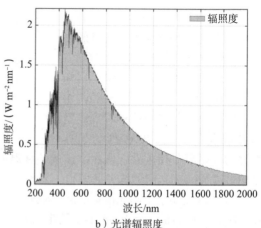

b）光谱辐照度

图 9-19　太阳的光子通量与其光谱辐照度的比较。出现这种差异，是因为每个光子的能量根据波长的不同而变化

9.3　光子与半导体的相互作用

根据半导体器件的物理学原理，当光子能够穿透半导体时，它有一定的概率将其能量转化为一对带电荷的载流子生成（即一个电子和一个空穴）或转化为晶格动能的增量，如图 9-20a 所示。

将光子转化为带电荷载流子的过程称为光生作用，而转化为动能的过程可以被建模为一种虚拟"粒子"的生成，这种粒子也称为声子，这里，我们将不考虑声子的生成。

光生作用将产生许多电荷，这些电荷能够由电子器件收集，用来量化入射光的强度（能量）。大多数电子图像传感器都是基于这种原理转换的。在一个特定的区域和单位时间内，光生电荷的数量能够由被称为光生电流密度的电流密度进行量化：

$$J_P(\lambda) = q \cdot \text{电荷通量} = q \cdot \frac{\text{光生电荷数量}}{\mathrm{d}S \cdot \mathrm{d}t \cdot \mathrm{d}\lambda} \equiv \left[\frac{\mathrm{A}}{\mathrm{m}^2} \frac{1}{\mathrm{m}} \right] \tag{9-49}$$

相对于其他转换，材料转化为光生作用的有效性被称为光子（或量子）效率，能够通过产生的电荷通量与光子通量之间的比率来计算：

$$\eta(\lambda) = \frac{\text{电荷通量}}{\text{光子通量}} = \frac{1}{q} \frac{hc}{\lambda} \frac{J_P(\lambda)}{E_P(\lambda)} = \frac{hc}{q\lambda} R(\lambda) \equiv [\cdot] \tag{9-50}$$

其中，$R(\lambda)$ 被称为响应度：

$$R(\lambda) = \eta(\lambda) \cdot \frac{q\lambda}{hc} = \frac{J_P(\lambda)}{E_P(\lambda)} \equiv \left[\frac{\mathrm{A}}{\mathrm{W}} \right] \tag{9-51}$$

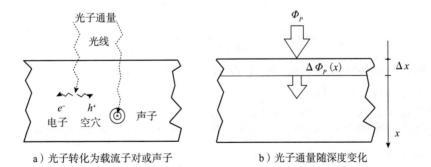

a）光子转化为载流子对或声子　　　　　b）光子通量随深度变化

图 9-20　光子与物质的相互作用

量子效率与几个因素有关，在这几个因素下，光子在电荷转换过程中可能是失效的，诸如光子能量与半导体带隙的匹配，声子转换，或电子 – 空穴复合。

需要注意的是，在这种情况下，每个光子转换为一个电子，即 $\eta = 1$：

$$R(\lambda) = \frac{q\lambda}{hc} \tag{9-52}$$

式（9-52）能够以下面的方式来解读：如果光子在单位时间和单位面积内给出的每一个

量子能量（W/m²）在单位时间和单位面积内产生一个电荷（A/m²），我们就获得了最大效率。因此，基于光的量子本性，这被称为响应度的渐近极限，永远不可能被超过。

我们想要专注于仅由几何考虑因素产生的效率（从而关注响应度），换句话说，我们假设对于一种通用的技术，能够在一个确定的区域内收集光生电荷，而在该区域之外产生的所有其他光生电荷都消失了（例如突然重组），从而降低了效率。为了理解这种现象，我们必须考虑到光生作用与光子通量渗透到材料中的深度的关系。

如果我们指的是深度上的光子通量行为，我们期望 x 由每个与光子通量数量成比例或与路径长度成比例的因子所缩减。因此，如果引用一个小的离散元素 Δx：

$$-\Delta \Phi_P(x) = \alpha \cdot \Phi_P(x) \cdot \Delta x = \Phi_{P0} - \Phi_P(x) \tag{9-53}$$

其中 Φ_{P0} 是冲击表面的光子通量，α 是比例常数。

因此，使用微分计算的边界条件 $\Phi_P(0) = \Phi_{P0}$，有

$$-\frac{\mathrm{d}\Phi_P(x)}{\mathrm{d}x} = \alpha \cdot \Phi_P(x) \to \Phi_P(x) = \Phi_{P0}\mathrm{e}^{-\alpha x}$$

$$\alpha = 吸收系数 \equiv \left[\frac{1}{\mathrm{m}}\right] \tag{9-54}$$

其中，α 称为吸收系数，一般来说，它取决于波长 $\alpha = \alpha(\lambda)$。总之，光子通量沿其进入材料的路径衰减，遵循一个指数递减的函数。

还要注意的是，数量 $\alpha \cdot \Phi_P(x)$ 满足

$$-\Delta \Phi_P(x) = \frac{光子损失数量}{\Delta S \cdot \Delta t} = \frac{光子损失数量}{\Delta V \cdot \Delta t} \cdot \Delta x$$

$$\to \alpha \cdot \Phi_P(x) = \frac{光子损失数量}{\Delta V \cdot \Delta t} = G(x) \tag{9-55}$$

指单位体积内每单位时间内电荷转化的光子数量，称为光生函数。

$1/\alpha$ 也表示通量进入物质的平均穿透深度，因此，也称为穿透深度。由于光子与物质的复杂相互作用，对于大多数半导体来说，波长越长（即光子能量越低），穿透深度越大，如图 9-21 所示。

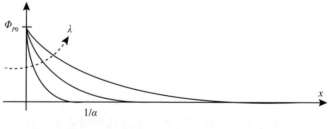

图 9-21   光子通量相对于波长的表现

就硅而言，如图 9-22 所示，首先显示的是吸收系数，然后是吸收深度。请注意，在光学窗口中，紫外线辐射的渗透深度约为 0.1μm，而红外线的渗透深度约为 10μm。因此，相对于其他辐射而言，红外线辐射的穿透力更强。在任何情况下，这些范围都与现代微电子技术完全兼容。

到目前为止，我们已经提到了均匀的硅晶体，不幸的是，在微电子器件中的情况是完全

不同的。电子图像传感器的目标是捕获尽可能多的光生电荷，然而这可能仅在硅工艺结构的特定区域内可实现。我们将适用于收集光生电荷的区域称为图素。图素可能是单一的，也可能排列成阵列，这里它们也被称为像素。

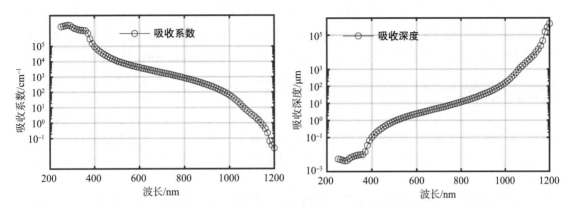

图 9-22 硅的吸收系数及相关的吸收深度

因此，我们必须假设不能在任何深度捕获光生电荷，而仅在固定的边界内捕获，如图 9-23 所示，这取决于工艺，这要么发生在电荷耦合器件（CCD）、互补金属氧化物半导体（CMOS）上，要么发生在其他工艺上。

现在，在边界 x_1 和 x_2 内的每单位面积上收集的光生电荷的密度由该区间内的光生作用函数的积分给出：

$$G_l = \frac{载流子数量}{\Delta V \cdot \Delta t} \cdot \Delta x = \int_{x_1}^{x_2} G(x)\,dx = \int_{x_1}^{x_2} \alpha \cdot \Phi \cdot e^{-\alpha x}\,dx$$

$$= \alpha \cdot \Phi \cdot \int_{x_1}^{x_2} e^{-\alpha x}\,dx = \Phi \cdot e^{-\alpha x_1}\left[1 - e^{-\alpha l}\right] = \frac{载流子数量}{\Delta S \cdot \Delta t} \equiv \left[\frac{1}{m^2 s}\right] \quad (9\text{-}56)$$

其中 $l = x_2 - x_1$ 是收集区域的厚度。

因此，光生电荷的通量为

$$J_P(\lambda) = q \cdot G_l = \frac{电荷数量}{\Delta S \cdot \Delta t} = q \cdot \Phi_P \cdot e^{-\alpha x_1}\left[1 - e^{-\alpha l}\right]$$

$$\approx q \cdot \Phi_P \cdot \left[1 - e^{-\alpha l}\right] \equiv \left[\frac{A}{m^2}\right] \quad (9\text{-}57)$$

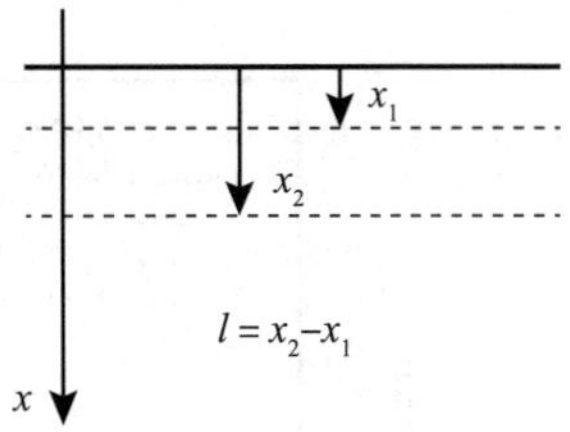

这就是光生电流。

图 9-23 在电子器件技术内光生作用收集的区域

因此，我们可以再次计算给定材料在收集区域中的响应度 $R(\lambda)$ 和效率 $\eta(\lambda)$ 为

$$R(\lambda) = \frac{J(\lambda)}{E(\lambda)} = \frac{光电流}{光照度} = \frac{q \cdot \Phi_P \cdot e^{-\alpha x_1}\left[1 - e^{-\alpha l}\right]}{\frac{hc}{\lambda} \cdot \Phi_P}$$

$$= \frac{q\lambda}{hc} \cdot e^{-\alpha x_1} \left[1 - e^{-al} \right] \equiv \left[\frac{A}{W} \right]; \alpha = \alpha(\lambda) \qquad (9\text{-}58)$$

并且

$$\eta(\lambda) = e^{-\alpha x_1} \left[1 - e^{-\alpha l} \right] \equiv [\cdot] \qquad (9\text{-}59)$$

注意，在这种情况下，计算出的响应度和效率只取决于在选定区域收集电荷工艺的效率。同样，$\eta = 1$ 是一个渐近值，即在 $x_1 = 0$ 和 $x_2 = \infty$ 时所能达到的光转换的最大响应线。

换句话说，这条线决定了假设任何光子在任何深度和给定效率下转化为电荷的最大可能灵敏度。

图 9-24 表明了基于硅的假设图素响应，这是通过式（9-58）及图 9-22 所示的数据来确定的，注意，一般而言，无论灵敏度如何，它在红外区上的转移要比人眼能够捕捉的在暗视区或明视区上的转移更大些，这就是为什么硅图像传感器通常对近红外辐射敏感，而人眼对它不敏感。

如图 9-24a 所示，在较短的波长下，硅的响应度会增加，即使它低于式（9-59）给出的最大反应线（单位效率）。然而，由于表面阱数量的增加，在实际中很难捕获表面附近的光生电荷。

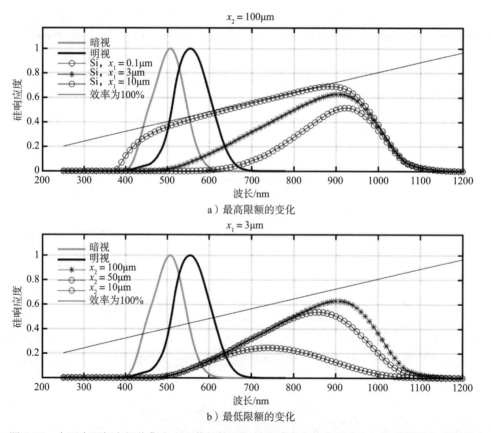

图 9-24　在两个配额之间收集光生电荷的情况下硅基感光点的本征响应。这些曲线是理想的
反应，没有考虑真实器件中的状况，诸如非均匀的药物浓度和复杂的电场模式等

另一方面，如图 9-24b 所示，即使它降低了整体响应度，降低的底部限额也会使峰值转移到右边。根据效率，响应度的变化也能够用图表的形式显示，如图 9-25 所示的（参考式（9-59））：通过利用相应的最大响应线与响应度图的交叉点能够找到每个波长处的效率。

在我们知道源（即黑体或其他）的光谱发射率的情况下，能够通过以下方式确定与光源相关的图素的总响应度：

$$R_T = \frac{\int_0^\infty R(\lambda) \cdot E(\lambda) \mathrm{d}\lambda}{\int_0^\infty E(\lambda) \mathrm{d}\lambda} \equiv \left[\frac{\mathrm{A}}{\mathrm{W}} \right] \qquad (9\text{-}60)$$

典型值在 0.3 和 0.8 A / W 之间。

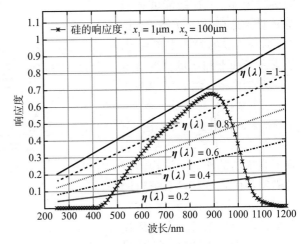

图 9-25　硅的响应度与效率

9.4　图像传感器器件和系统

本节旨在将前几节的概念应用到图像传感器的常见基本实现上，因此，有意地高度简化了所描述的结构，并且不包括所有大类的可能的实现方式。学习本节，读者需要具有电子器件的基础知识。

9.4.1　图素示例：电荷耦合器件和光电二极管

电荷耦合器件（CCD）是最早实现固态光学图像传感器的器件之一，它的物理横截面和基本工作原理如图 9-26 所示，半导体的表面覆盖着一组部分透光的周期性电极，通过使用图中顶部所示的电极电压模式，一个电势阱（或"桶"）通过捕获光生载流子来生成，因此，之前收集电荷参考的区域位于电势阱容量深度内，经过一段固定的时间（称为积分时间）后，这里光生电荷被收集起来，通过使用施加在电极上的电压相位的周期性模式，信息被移动到一个读出部分（没有在图中显示）。

该过程包括将电势阱扩大到相邻的右电极，然后将电势阱限制在这个新的位置下，如果该技术被正确执行，那么光生电荷（其数字代表信息）不会丢失，并与所有其他像素的电荷一起，以模拟移位寄存器的方式移动到旁边的原始阵列中。

在过去的几十年里，CCD 器件遇到了与 CMOS 技术集成的困难，特别是对于所需求的适度的高电势用来产生的阱，以确保高光子效率。因此，消费电子市场倾向于 CMOS 工艺内基于光电二极管实现的不同技术。经过几十年的发展和改进，当今，CMOS 传感器技术提供了在同一个硅芯片上集成的能力，同一个硅芯片既包括传感器件，又包括综合品质极高的模拟和数字信号处理器件。

光电二极管就是暴露在光作用下的半导体结，一种可能的横截面实现的光电二极管如图 9-27 所示。P-N 结能够通过将 P 型杂质（阳极）扩散进入由 P 型衬底生成的 N 阱中来制造，暴露在光线下的区域称为有源区，通常用涂层覆盖，以减少光线的反射或执行滤色器，触点位于顶部表面，用于电气连接。

图 9-28 用突变结近似⊖表明了光敏结的概念。该模型假设横跨结的耗尽区具有恒定的空间电荷分布 ρ，如图 9-28a 所示，形成耗尽区。在远离耗尽区的地方有中性区域，这里净电荷浓度和电场几乎为 0。

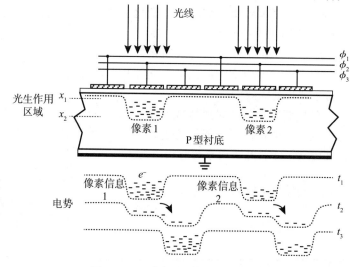

图 9-26　电荷耦合器件的简化结构

利用泊松方程，我们发现在耗尽区内电场属性是线性的，并且电势呈抛物线函数特征，由此对自由载流子产生一个势垒。当光敏结暴露在光下时，根据半导体器件的物理原理，光子的能量可能会产生一对电子 – 空穴电荷。

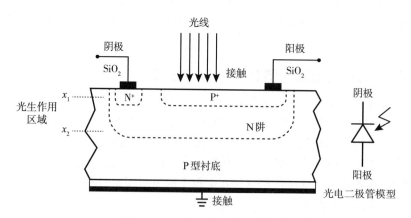

图 9-27　光电二极管的物理结构

光生电荷带来的光生电流的最重要区域（但不是唯一的区域）是耗尽区。在该区域，由光子产生的电子和空穴载流子在强电场作用下向相反的方向分离，因此，光产生的 I_O 电流与二极管的直流相关的方向相反，如图 9-28b 所示。光电二极管的电气符号如图 9-28c 所示。

在上述假设情况下，让我们考虑图 9-27 中的物理横截面。考虑到光生作用限额 x_1 和 x_2 作为耗尽区的划定界限，我们能够建立一个近似的物理模型，这也在图 9-27 中说明。因此，

⊖　关于该模型的更多细节，请参考电子器件物理教科书。

遵循图 9-28b 中的参考电压和电流，我们能够很容易地从已知的半导体结型二极管中得出光电二极管的静态 *I-V* 特性：

$$I_D = I_S \left(e^{\frac{V}{V_T}} - 1 \right) - I_O \qquad （9-61）$$

其中，I_O 是光电流或光生电流。

图 9-29 显示了三个不同光电流值的 *I-V* 特性中的光电流效应，其中 *I-V* 特性的行为能够根据象限来特征化：在第一象限，光电二极管作为一个整流器，消耗外部功率 $P = V \cdot I > 0$；在第四象限，功率是负的，因此，它可以从光中产生能量，如太阳能电池那样；在第三象限，它表现为典型的光电二极管模式，显示出相对于光信号的最有效的曲线变化。因此，在微电子背景中，为了达到传感目的，光电二极管大多数用在反向模式中。

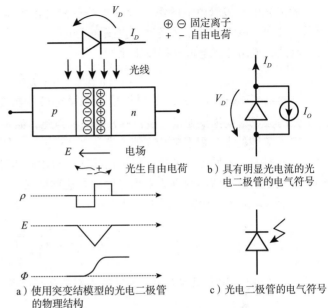

a）使用突变结模型的光电二极管的物理结构

b）具有明显光电流的光电二极管的电气符号

c）光电二极管的电气符号

图 9-28　用突变结近似表明光敏结的概念

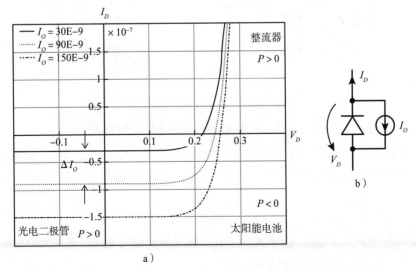

a）

b）

图 9-29　不同光电流下光电二极管的特性。*Is* = 5E-12, *T* = 300 K

9.4.2 连续时间读出模式

读出光电二极管电流的第一种方法是在光伏传感模式下，直接感知其电流，如图 9-30a 所示，其中，电流 – 电压转换器直接感知光电流。

因此，输出与光电流直接成正比例：

$$V_O = V_R + I_O(t) \cdot R \tag{9-62}$$

电容器 C_F 通过设定系统的反馈增益来设定最佳配置。反馈控制系统的理论规定，总传递函数的极点会根据反馈量（根轨迹）移动，因此，如果反馈很强，极点可能成为共轭复数，它决定了整体的强欠阻尼响应（第 6 章），一方面，因为大的过冲和振铃，这可能是有益的。此外，强烈的欠阻尼行为可能会损害信噪比（SNR），因为噪声功率会在谐振峰值中积累（第 6 章），我们能够用图形的方法来更好地观察这种情况。

反馈系统的闭环增益由以下公式给出：

$$G = \frac{A}{1 + A\beta} = \frac{1}{\beta} \frac{1}{1 + \dfrac{1}{A\beta}} \tag{9-63}$$

其中，A 是 OPAMP 的开环增益，β 是放大器的反馈增益，$A\beta$ 称为系统的开环增益。

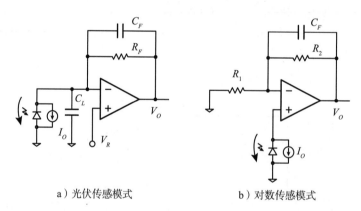

a）光伏传感模式   b）对数传感模式

图 9-30   光电二极管的光伏传感模式和对数传感模式

对于高环路增益，增益 G 由反馈增益 $1/\beta$ 的倒数给出，而对于适度的环路增益，我们应该使用式（9-63），反馈增益（即反馈输出与输入的比值）由阻抗比给出（第 7 章）。

$$\beta = \frac{Z_1}{Z_1 + Z_2} \tag{9-64}$$

其中，Z_1 是寄生电容 C_L（包括二极管电容）和二极管等效电阻 R_S（没有在图中显示）的并联，而 Z_2 是 R_F 和 C_F 的并联给出的反馈阻抗，有

$$\frac{1}{\beta} = \frac{Z_1}{Z_1 + Z_2} = \frac{\dfrac{1}{R_F}(1 + sR_F C_F)}{\dfrac{R_F + R_S}{R_F R_S} + s(C_F + C_L)} \tag{9-65}$$

因此，传递函数 $1/\beta$ 在 f_1 处有一个零点（这是 β 的一个极点）由反馈阻抗给出。此外，它在 f_2 处有一个极点（这是 β 的一个零点），由所有电阻的并联与所有电容的并联给出，有

$$f_1 = \frac{\dfrac{R_F R_S}{R_F + R_S}}{2\pi(C_F + C_L)}; f_2 = \frac{1}{2\pi R_F C_F} \qquad (9\text{-}66)$$

整体行为如图 9-31 所示，这里绘制了 A 和 $1/\beta$ 函数。两个对数坐标图之间的几何距离是环路增益 $A\beta$，因此，两个函数的交叉点相当于频率 f_U，其中，环路增益为 $A\beta = 1$，这对系统的稳定性至关重要，闭环增益 G 跟随 $1/\beta$ 的行为，直至 $A\beta = 1$，然后它随着 A 滚降。

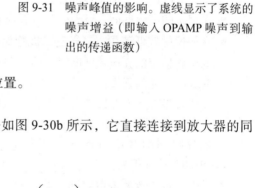

该系统的问题是 f_U 处环路增益的相位必须小于 $180°$ 以保证稳定性（相位裕度）；因此，重要的是 β 的零点（在 f_2 处）低于 f_U，以避免强烈的欠阻尼行为，也可能对系统的噪声产生负面影响，因为它倾向于归并到频谱峰值中，这种效应称为噪声峰值。这种效应在图 9-31 中有图解说明。

图 9-31　噪声峰值的影响。虚线显示了系统的噪声增益（即输入 OPAMP 噪声到输出的传递函数）

采用以下设计方法可以避免上述问题：
- 选择 C_F，使 f_2 被设置为在 f_U 之前合适的位置。
- 对同一目标增加 OPAMP 的 GBW。

在连续模式下读出光电二极管的另一种方法如图 9-30b 所示，它直接连接到放大器的同相相输入端，使用这种方法，我们得到

$$I_D = 0$$

$$I_O = I_S\left(\mathrm{e}^{\frac{V}{V_T}} - 1\right) \rightarrow V_D = V_T \ln\left(\frac{I_O}{I_S} + 1\right)$$

$$V_O = \left(1 + \frac{R_2}{R_1}\right) \cdot V_T \ln\left(\frac{I_O}{I_S} + 1\right) \qquad (9\text{-}67)$$

因此，接口的输出与光强的对数函数成正比。基于上述原因，这被称为对数光电二极管接口。

9.4.3 存储模式的概念

从光电二极管读取信息的最常见的技术之一是使用一种称为存储模式的离散时间读出传感技术。当光电二极管保持电悬浮时，这种存储模式的基本点是在耗尽电荷通过光敏结时的光电流积分。更具体地说，由于光电流相对于结电流的反向作用，光电流起到减少耗尽区电荷的作用。存储模式的主要步骤如下：

1）光电二极管在反向模式下复位到固定的参考电压。

2）光电二极管保持一段时间的电悬浮，这段时间称为积分时间，在此期间光电流通过结被积分。

3）积分电荷通过电压敏感技术或电荷敏感技术读出。

应该指出的是，由于光电流减少耗尽电荷，在电容器中，二极管的电压随时间减小，如图 9-32a 的模型所示。因此，对于给定的光电流 $I_O(t)$ 和复位电压 V_R，积分时间 T_i 结束时二极管两端的电压 V_D 为

$$V_D = V_R - \frac{1}{C_D}\int_0^{T_i} I_O(t)\mathrm{d}t = V_R - \frac{Q_o}{C_D} \tag{9-68}$$

其中，C_D 是光电二极管的电容。信号也可以用积分时间 Q_o 中光产生的电荷来表示，也称为光电荷。

采用电压读出存储模式的一个电路示例如图 9-32 所示。在图 9-32a 中，光电二极管的等效电荷模型如图 9-32b 所示。其中显示了电压读出技术。当高输入阻抗电压缓冲器检测其电压时，光电二极管通过离散时间方法交替复位。

总之，电压读出存储方式的步骤是：

- 在相位的高值期间，ϕ 光电二极管通过参考电压 V_R 以反向模式偏置。
- 在相位的较低值中，ϕ 光电二极管保持浮动，以便光电流对结电容放电。假设有线性电容和恒定的光电流（即恒定的光照），光电二极管电压几乎线性下降，其中放电的斜率取决于光的强度。
- A/D 转换器（未在图中显示）在一段固定的时间（称为积分时间）后对光电二极管电压进行采样。采样值对积分时间的光电荷按式（9-68）线性编码。
- 光电二极管按照离散时间方法控制的周期再次复位。

早期的上述方案如图 9-32c 所示，注意，当积分时间低于从一个循环到另一个循环时，光照度是稳定的，因此，系统的响应与光照度成反比。

积分的时间能有多长？斜坡电压不可能无限降低。事实上，只要光电二极管保持反向模式，斜度就会降低。因此，电压可以降低，直到正向电流等于光电流。一旦达到平衡，电压由横轴

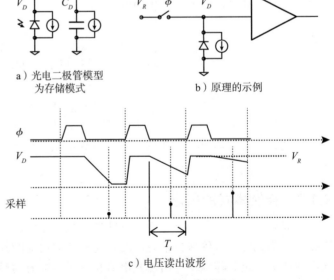

a）光电二极管模型为存储模式

b）原理的示例

c）电压读出波形

图 9-32 电压读出存储模式

的交点给出，对应于图 9-29 所示的 I-V 图的 $I_D = 0$ 状态。这个极限也定义了光电二极管的饱和极限，对计算动态范围很有用。

到目前为止，为了简单起见，我们假定了一个线性结电容，但这是不正确的。然而，即使这不会影响图像传感器的感知性能，由于我们的视觉系统对强度函数中的小非线性的灵敏度有限，因此可以使用存储模式下的电荷读取来避免这个问题，如图 9-33 所示。

光电二极管连接到电荷放大器，电荷放大器感知在积分时间内由光电流引起的电荷变化。

存储模式的电荷读取能够总结为以下步骤：

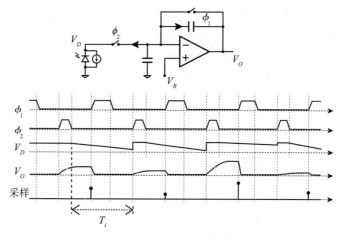

图 9-33 存储模式下的电荷读取

- 在相位高值时，ϕ_2 通过 OPAMP 的虚短路使光电二极管向 V_R 偏移，而不受 ϕ_1 状态的影响。

- ϕ_2 打开，开始积分时间，使光电二极管保持浮动状态。然后，ϕ_1 被打开，读取电荷。

- ϕ_2 的闭合设置积分时间的结束和电荷的读出。光电二极管在读出过程中同时复位。

- A/D 转换器（图中没有显示）对 OPAMP 的输出进行采样。采样值对积分时间的光电荷进行线性编码。

- OPAMP 再次重置，循环重新开始。

与电压读出不同的是，输出现在直接与光电荷信号（包含信息）成比例，现在它在 C_F 上的积分为

$$V_O = V_R + \frac{1}{C_F}\int_0^{T_i} I_O(t)\,\mathrm{d}t = V_R + \frac{Q_O}{C_F} \tag{9-69}$$

注意，符号现在改变了，因为光电二极管必须恢复由光电流移走的电荷，因此，在复位／读出阶段，电流应该从电荷放大器中流出。

9.5 光电二极管的噪声

光电二极管中的噪声可以模拟为连续时间模式和离散时间模式读数。我们将回顾在第 6 章中已经解释过的概念。

对于连续模式，我们将一个有噪声的光电二极管建模为一个无噪声的光电二极管，噪声电流源以并联的方式贡献电流。

在一个带宽为 Δf 的系统中，主要的噪声源是：

- 由于光电流，散粒噪声 $\overline{i_O^2} = 2qI_O\Delta f$，其中 I_O 是光电流。

- 由于暗电流，散粒噪声 $\overline{i_O^2} = 2qI_D\Delta f$，其中 I_D 是暗电流。

- 由光电二极管引起的热噪声 $\overline{i_R^2} = \sqrt{\dfrac{4kT\Delta f}{R_P}}$，其中 R_P 是光电二极管的串联电阻。

当没有光作用在光电二极管上时，即在黑暗条件下，暗电流本质上是结的漏电流，注意，R_P 不是光电二极管的等效模型电阻（因为它是不产生噪声的模型的结果），而是光电二极管接触点和衬底的真实串联电阻。

从上述早期的表达式看出，有可能特征化本征光电二极管的信噪比为

$$\mathrm{SNR}_{\mathrm{P(dB)}} = 20\log \frac{I_O}{\sqrt{\overline{i_O^2} + \overline{i_D^2} + \overline{i_R^2}}} \tag{9-70}$$

其中，I_O 是信号光电流。请注意，对于高照明水平，相对于其他噪声源，光电流的散粒噪声占主导地位，因此信噪比为

$$\mathrm{SNR}_{\mathrm{P(dB)}} \approx 20\log \frac{I_O}{\sqrt{2qI_O\Delta f}} = 20\log \frac{\sqrt{I_O}}{\sqrt{2q\Delta f}} \tag{9-71}$$

与光电流的平方根成正比。

我们使用本征这个术语来强调仅由光电二极管产生信噪比的这个事实。在借助于接口传感的情况下，我们可以定义一个输入参考 SNR，该信噪比还考虑了电子接口 $\overline{i_E^2}$ 的等效输入参考噪声（第 7 章）：

$$\mathrm{SNR}_{\mathrm{I(dB)}} = 20\log \frac{I_O}{\sqrt{\overline{i_O^2} + \overline{i_D^2} + \overline{i_R^2} + \overline{i_E^2}}} \tag{9-72}$$

对于离散时间模式（如存储模式），可以参考第 6 章中描述的遵循泊松分布的过程特征，其中信号被认为是积分时间 T_i 期间收集到的平均光电荷：

$$\overline{n} = \lambda T_i = \frac{1}{K}\sum_{i=1}^{K} n[i] = N \equiv [\cdot] \tag{9-73}$$

其中，λ 为收集电荷的平均速率，T_i 为积分时间，$n[i]$ 为第 i 次实验中收集到的电荷数。按照泊松方法，过程的方差等于均值，有

$$\sigma^2 = \lambda T_i = \overline{(n-N)^2} = \frac{1}{K}\sum_{i=1}^{K}\left(n[i]-N\right)^2 = N \equiv \left[\cdot^2\right]$$
$$\sigma = \sqrt{N} \equiv [\cdot] \tag{9-74}$$

因此，类似于表达式（9-72）的连续时间，我们可以用散粒噪声来定义光电探测器的信噪比。这个信噪比的定义还考虑了读出器的噪声和输入的电荷：

$$\mathrm{SNR}_{\mathrm{P(dB)}} = 20\log \frac{N_O}{\sqrt{N_O + N_D + N_E}} \tag{9-75}$$

其中，N_O，N_D 和 N_E 分别为电子接口光电流、暗电流和噪声等效电荷的平均收集电荷。N_E 还包括一些 kTC 噪声效应，这是光电二极管复位和到读出系统的连线造成的，如 9.6 节所示。注意，N_E 不是一个可测量的电荷量，但它是一个输入参考的"等效"电荷量，会在接口的输出端产生相同的噪声。我们忽略了电阻的噪声，因为通常，存储模式用于非常小的光电二极管（如区域图像中的传感器阵列），所以它的贡献比散粒噪声小。

相对于散粒噪声计算得到的信噪比可以用图 9-34 所示的对数坐标图表示。信噪比是信号图（以 1∶1 的坡度上升）和噪声图（以 1∶2 的坡度上升）之间的几何距离。另外，动态范围（DR）是饱和给出的最大允许信号与输入参考噪声和暗电流噪声的平台之间的距离，通常称为噪声基底。

在这种情况下，由于噪声对信号强度的依赖，DR 不是最大信噪比。

在这个图中，我们使用了以下关系：

$$N_O = E \cdot \frac{A \cdot K \cdot R_T \cdot T_i}{q}$$

$$N_D = \frac{I_D \cdot A \cdot T_i}{q}$$

$$N_T = \sqrt{N_O + N_D + N_E} \qquad (9\text{-}76)$$

式中，E 为照度（lx），$T_i = 30\,\text{ms}$ 为积分时间，$R_T = 0.3\,\text{A/W}$ 为响应度，$K = 683\,\text{lx/W}$ 为发光转换因子，$I_D = 0.6\,\text{nA/cm}^2$ 为暗电流，$A = 5 \times 5\,\mu\text{m}^2$ 为结面积，$N_E = 1000$ 为接口输入噪声，包括几个 kTC 噪声源。由结电容 C_D 计算饱和电荷 N_O^*：

$$N_O^* = \frac{C_D \cdot V_R}{q} \qquad (9\text{-}77)$$

式中，$C_D = 10\,\text{fF}$ 为结电容，$V_R = 3.3\,\text{V}$ 为复位电压。

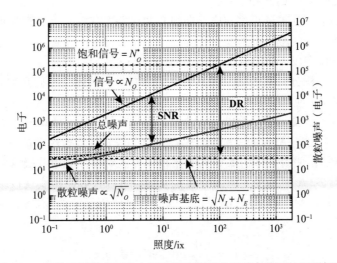

图 9-34 离散时间模式下光电探测器的信噪比和动态范围的图形解释

9.6 CMOS 区域图像传感器架构

CMOS 光电二极管结构特别适合布置在传感器阵列中，也称为 CMOS 光学传感器阵列。光电二极管阵列的最早实现之一是无源像素传感器（Passive Pixel Sensor, PPS）架构，如图 9-35 所示。这种方法类似于随机存取存储器（RAM）的架构，读取模拟值而不是二进制值。

在这种排列中，一组光电二极管被组织成由垂直或水平移位寄存器或解码器选择性寻址的 $M \times N$ 阵列。单个光电二极管和开关的位置是通过像素抽象的物理实现。阵列扫描通过同时启用列开关和像素开关每次只寻址一个像素来执行。垂直移位寄存器激活一行像素开关，水平移位寄存器扫描所有列，这样集成的光电荷就被电荷放大器读出。每次读出一个像素，电荷放大器复位。一旦水平移位寄存器到达该行的

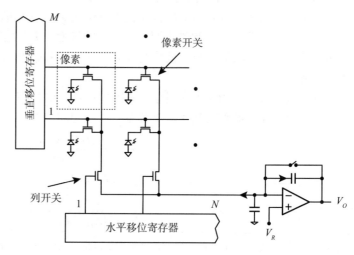

图 9-35　无源像素传感器实现

末尾，垂直移位寄存器将递增，从而选择另一行通过水平寻址进行扫描，并从起点重新开始。这种寻址阵列的方法称为光栅扫描模式，如图 9-36 所示。整个阵列的扫描时间称为帧时间，其倒数称为帧速率。

我们必须将积分时间称为每个光电二极管保持浮动的时间，因此，它对应于帧时间。这是可以在这里总结的 PPS 的问题之一：

- 每个像素的电荷在被读出之前应该在很长的线路上移动，而且它很容易产生噪声和干扰。面积越大，线路越长。
- 一旦读取操作完成，信息就会丢失。
- 光电二极管的积分时间相同，但它们之间不同步。因此，我们必须假设图像变化（即图像信号带宽）应当比帧速率慢得多。

针对 PPS 的缺点，提出了一种以复杂的像素架构为代价的有源像素传感器（Active Pixel Sensor, APS）读出方法。APS 的关键概念是在光电二极管的像素区直接操作存储模式电压读出。如图 9-37a 所示，使用 PPS 方案中的光栅模式方法对每个光电二极管电压进行缓冲和寻址。通过使用如图 9-37c 所示的"源跟随器"方案，可以很容易地实现该缓冲区，其中一个恒定的电流 ID 被引入 MOS 晶体管的通道，因此可以使用经典的 MOS 饱和关系找到输入 – 输出关系：

$$I_D = \frac{1}{2}\frac{W}{L}\mu C_{OX}\left(V_{GS} - V_T\right)^2$$

$$\to V_{GS} = V_T + \sqrt{\frac{2I_D}{\frac{W}{L}\mu C_{OX}}} = V_K \to V_Y = V_X - V_K \qquad (9\text{-}78)$$

其中，W、L、C_{OX}、V_{GS}、V_T 分别为 MOS 晶体管的宽度、长度、氧化物电容、栅源电压和阈值电压。因此，由于电流是恒定的，源跟随器被配置为一个高阻抗电压电平移位器。

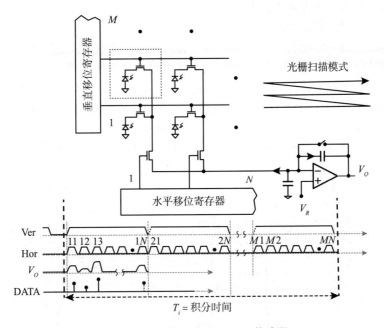

图 9-36　无源像素读出 CMOS 传感器

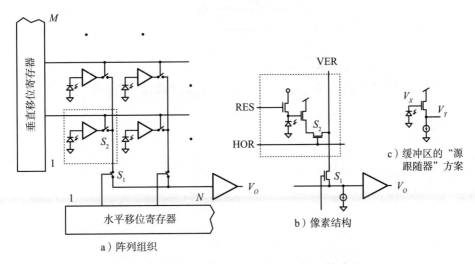

图 9-37　有源像素传感器（APS）CMOS 传感器

因此，缓冲区的低阻抗输出可以很容易地沿着寻址线读出。如图 9-37b 所示，电流发生器可以是唯一的，并且可以放在数组的外部。有源像素传感器（APS）的布置需要两个更多的 MOS 晶体管进入像素 ⊖，但有源结面积缩小的缺点可以由更有效的读出方法来弥补。综上所述，APS 方案的主要优点是：

- 减少读出噪声。
- 无损读出模式，允许多次读出。
- 在行或列上并行读出的可能性。

更具体地说，后一种说法可以在图 9-38 中显示出来，其中对数组的每一列应用一个读出 A/D 转换。垂直线上的电容和电阻的差异引起了典型的"图像噪声"，这是一种系统的区域噪声。线的重置值被存储到一个电容中，同时读出一个值到另一个相同的电容中，以通过微分减少模式噪声，一个差分 A/D 转换器通过操作相关双采样（Correlated Double Sampling，CDS）来放大差值，这在第 8 章中已经解释过，从而降低了 kTC 噪声和列线的失调量。

目前，APS CMOS 图像传感器是固态图像传感器实现中最常用的结构。

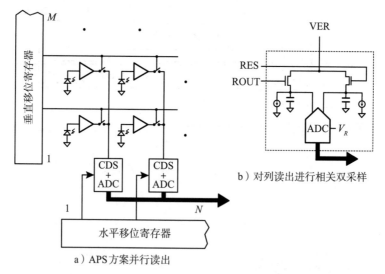

a）APS 方案并行读出

b）对列读出进行相关双采样

图 9-38　APS 方案并行读出及对列读出进行相关双采样

⊖　APS 架构有很多。这里我们只展示了最简单的一个示例来说明这个概念。

9.7 附录：光度学 / 辐射学定义摘要

物理定义	名称	单位	说明
$\Phi = \int_0^\infty \Phi(\lambda)\mathrm{d}\lambda$	辐射通量（功率）	$[\mathrm{W}]$	
$\Phi_o = \int_0^\infty \Phi(\lambda)V(\lambda)\mathrm{d}\lambda$	光通量（功率）	$[\mathrm{lm}]$	
$\Phi(\lambda) \triangleq \dfrac{\mathrm{EM\ 功率}}{\mathrm{d}\lambda} = \dfrac{\mathrm{d}\Phi}{\mathrm{d}\lambda}$	光谱辐射通量	$\left[\dfrac{\mathrm{W}}{\mathrm{m}}\right]$	
$\Phi_o(\lambda) \triangleq \dfrac{\mathrm{光功率}}{\mathrm{d}\lambda} = \dfrac{\mathrm{d}\Phi_o}{\mathrm{d}\lambda}$	光谱光通量	$\left[\dfrac{\mathrm{lm}}{\mathrm{m}}\right]$	
$E \triangleq \dfrac{\mathrm{光功率}}{\mathrm{区域}} = \dfrac{\mathrm{d}\Phi_o}{\mathrm{d}S}$	照度 发光度	$\left[\dfrac{\mathrm{lm}}{\mathrm{m}^2} \triangleq \mathrm{lx}\right]$	接收 发射
$E \triangleq \dfrac{\mathrm{EM功率}}{\mathrm{区域}} = \dfrac{\mathrm{d}\Phi}{\mathrm{d}S}$	辐照度 辐射度	$\left[\dfrac{\mathrm{W}}{\mathrm{m}^2}\right]$	接收 发射
$I \triangleq \dfrac{\mathrm{光功率}}{\mathrm{立体角}} = \dfrac{\mathrm{d}\Phi_o}{\mathrm{d}\Omega}$	发光强度	$\left[\dfrac{\mathrm{lm}}{\mathrm{sr}} \triangleq \mathrm{cd}\right]$	
$I \triangleq \dfrac{\mathrm{EM功率}}{\mathrm{立体角}} = \dfrac{\mathrm{d}\Phi}{\mathrm{d}\Omega}$	辐射强度	$\left[\dfrac{\mathrm{W}}{\mathrm{sr}}\right]$	
$L = \dfrac{\mathrm{d}^2\Phi_o}{\mathrm{d}S \cdot \mathrm{d}\Omega}$	亮度	$\left[\dfrac{\mathrm{lm}}{\mathrm{m}^2 \cdot \mathrm{sr}}\right] \equiv \left[\dfrac{\mathrm{cd}}{\mathrm{m}^2}\right] \equiv [\mathrm{nit}]$	
$L = \dfrac{\mathrm{d}^2\Phi}{\mathrm{d}S \cdot \mathrm{d}\Omega}$	辐射率	$\left[\dfrac{\mathrm{W}}{\mathrm{m}^2 \cdot sr}\right]$	

延伸阅读

Barbe, D. F., Imaging devices using the charge-coupled concept, *Proc. IEEE*, vol. 63, no. 1, pp. 38–67, 1975.

Fossum, E. R., Active pixel sensors – are CCD dinosaurs?, *Proc. SPIE*, vol. 1900, pp. 2–14, 1993.

Horn, B. K. P., *Robot Vision*. Cambridge: Cambridge University Press, 1986.

Mendis, S. K., Kemeny, S. E., and Fossum, E. R., A 128 × 128 CMOS active pixel image sensor for highly integrated imaging systems." In *Proceedings of the IEEE International Electron Devices Meeting*, pp. 583–586, 1993.

Smith, L., and Sheinghold, D., "AN-358 analog devices application note," 1969.

Sze, S. M., and Ng, K. K., *Physics of Semiconductor Devices*. Hoboken, NJ:Wiley-Interscience, 2007.

Wurfel, P., *Physics of Solar Cells*. Weinheim, Germany: Wiley-VCH, 2005.

Yadid-Pecht, O., Ginosar, R., and Shacham-Diamand, Y., A random access photodiode array for intelligent image capture, *IEEE Trans. Electron Devices*, vol. 38, no. 8, pp. 1772–1780, 1991.

第 10 章
关于离子 – 电子转换的精选主题

离子 – 电子转换是生物传感的基础。基于一些经典统计力学的概念，我们通过强调电子和离子行为之间的共同背景来提出一些基本原理，然后，我们将专注于该领域中更具体的应用实例，当然，所涵盖的例子仅仅是这个主题的一小部分，在生物传感器接口电子设计框架中，更倾向于把它们作为转换过程中一种应用的验证。

10.1 统计热力学：背景概述

回顾一些基本的统计热力学概念是有用的，特别是关于电子和离子之间相互作用的概念。即使我们能实现一些基本的物理关系，得到相同的形式化结果，接下来的结果也远非严格的数学处理。尽管这些想法被证明是过度简单化的，但它们有助于创造一个心理意象，以理解生物传感中的单一过程是如何联系在一起的。

10.1.1 麦克斯韦 – 玻尔兹曼统计

根据第 6 章所介绍的内容，我们现在的主要任务是理解气体粒子在受到保守力影响时的行为。图 8-1 表明了在重力作用下，全同粒子气体被部分地限制在一个开放的容器中。该系统处于均匀温度 T 下，所以可以说它处于热力学平衡状态。一方面，粒子的动力学搅动倾向于将气体扩散出容器；另一方面，重力倾向于将粒子拖到底部。因此，这些粒子在容器底部积累的浓度更大，形成了一个压力梯度，类似于在地球大气层中发生的情况。水平高度为 h 和水平高度为 $h+\Delta h$ 之间的压力差如图 10-1a 所示，由厚度为 Δh 的切片的重量增量给出：

$$P_{h+\Delta h} - P_h = \Delta P = -mgn\Delta h \tag{10-1}$$

其中，n 为粒子浓度，m 为单个粒子的质量。而对于理想气体，压力和温度的关系是 $P = nkT$，因此，利用增量比率的极限，在参考水平上得到边界条件 $n = n_0$ 的微分方程，有

$$\Delta nkT = -mgn\Delta h$$
$$\rightarrow \frac{\Delta n}{\Delta h} = -\frac{mg}{kT}n \underset{\Delta h \to 0}{\longrightarrow} n = n_0 e^{-\frac{mgh}{kT}} \tag{10-2}$$

说明气体中粒子的浓度是一个关于高度（以及势能）的指数衰减函数，这里 n_0 是参考点处的分子浓度。

如图 10-1b 所示，我们能够看到，达到参考点 h 的粒子在地面上应该有一个初始速度 u，这是由能量等价性 $1/2mu^2 = mgh$ 给出的。此外，当速度 v 大于 0 时，达到水平高度 h 的粒子的浓度 $n_{v>0}(h)$ 等于那些具有初始速度 $v > u$（由于在水平高度为 0 时存在反弹）的粒子的浓度 $n_{v>u}(0)$，然而，既然我们处于热力学平衡状态，则有

$$n_{v>u}(0) = n_{v>0}(h)$$

$$\rightarrow \frac{n_{v>0}(h)}{n_{v>0}(0)} = e^{-\frac{mgh}{kT}} = \frac{n_{v>u}(0)}{n_{v>0}(0)} = e^{-\frac{mu^2}{2kT}} \rightarrow n_{v>u}(0) \propto e^{-\frac{E_C}{kT}} \qquad (10\text{-}3)$$

因此，达到一个水平高度的粒子的浓度与电势垒的高度和它们的初始动能相关。在式（10-3）中，我们假设：温度均匀，因此速度分布均匀；没有粒子或边界碰撞。然而，从其他参数中能够看出，后一个假设并不是式（10-3）成立的必要条件。

我们现在能够想象，在相同的温度下，以图 10-2 所示的方式连接两个粒子数量大致相同的容器，左边容器上的粒子看到的势垒是 h_A，而右边的粒子看到的势垒是 h_B。因此，左边的粒子更容易穿过右边的势垒，因为所需要的动能更少。因此，左边总体中的粒子浓度大于右边具有相同动能的粒子浓度。考虑到所有具有足够能量的粒子，我们可以估计粒子通过势垒的速率：

$$速率 = \frac{穿过势垒的粒子数量}{\Delta t} \equiv \left[\frac{1}{s}\right]$$

$$速率_{A \rightarrow B} \propto e^{-\frac{mgh_A}{kT}} ; \ 速率_{B \rightarrow A} \propto e^{-\frac{mgh_B}{kT}} \qquad (10\text{-}4)$$

因此，在容器合并后，我们有粒子从左向右移动的净速率的一个暂态，这种暂时的（非平衡）情况给出了由两种速率的差给出的净流：

$$速率_{tot} = 速率_{A \rightarrow B} - 速率_{B \rightarrow A} \propto e^{-\frac{mgh_B}{kT}} \left(e^{\frac{mg\Delta h}{kT}} - 1\right) = k\left(e^{\frac{mg\Delta h}{kT}} - 1\right) \qquad (10\text{-}5)$$

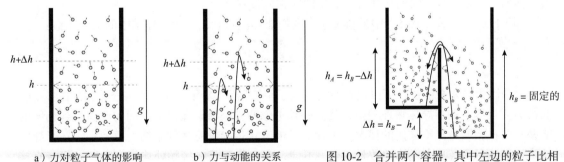

a）力对粒子气体的影响　　b）力与动能的关系　　图 10-2　合并两个容器，其中左边的粒子比相
图 10-1　力对粒子气体的影响及其与动能的关系　　　　　　反方向的粒子往右边跳跃的概率要大

经过暂态后，通过减少容器中最容易穿过势垒的粒子的数量，系统达到稳定状态，如图 10-3 所示。

在实际中，该系统通过降低势垒的容器浓度来实现平衡（两个方向的速率相等），从而更容易通过势垒。换句话说，通过势垒的难度是由其高度给出，能够由总体中穿过势垒的概率所抵消。平衡条件的任何进一步变化，如势垒的位移，都决定了由式（10-5）得出的"流"（即电流）。

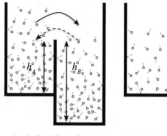

a）在非平衡状态下，　b）在平衡状态下，速
A到B的速率比B到　　率相等，A的浓度
A的速率更显著　　　应该低于B

图 10-3　两个容器之间从非平衡状态到平衡状态

一般而言，式（10-2）可以在气体受到保守力（即来源于诸如电势梯度的势梯度）作用的任意情况下扩展。在这种情况下，对每个粒子的力乘以粒子浓度（式（10-1）中的 mgh 因子）应当通过压力变化来平衡：

$$F \cdot n \cdot \Delta x = \Delta P = kT \cdot \Delta n \rightarrow n = n_0 e^{-\frac{U}{kT}} \qquad (10\text{-}6)$$

其中，$U = -\int_S F dx (\forall S \in$ 连接 x_1, x_2 的任意路径$)$ 是决定保守力 $F = -\nabla U$ 的势能。

在电场作用下，我们施加在带电粒子上的力是 $F = zqE$，其中 z 是离子价（即载流子单位电荷的数目和符号）。换句话说，电场施加给载流子的力是 z 乘以电荷单位。因此，对于电势能 U_E，有 $U_E = zq\Phi$，其中 Φ 是电势，所以 $E = -d\Phi/dx$。因此，之前的关系就变成了

$$n = n_0 e^{-\frac{zq\Phi}{kT}} \qquad (10\text{-}7)$$

常用于半导体器件物理学（$z = 1$），其中，n_0 是载流子在参考电势的浓度。综上所述，目前所达成的关系可应用于原子或分子气体和带电粒子气体（如半导体中的电子和空穴）。

式（10-6）中的最后一个关系是玻尔兹曼定律之一，表明了由势决定的保守力作用下的自由电荷分布。粒子气体服从玻尔兹曼定律的行为与麦克斯韦－玻尔兹曼统计有关。它通常被认为是"可区分"经典粒子的统计。当涉及电子和光子时，根据量子力学原理，没有可区分的粒子，需要使用新的模型来深入描述这类气体，而麦克斯韦－玻尔兹曼统计是一种近似。然而，它足以描述我们在任务目标中感兴趣的过程。

如果回顾一下式（10-5）中的流关系，我们能够注意到它与半导体结中的电流相似：

$$I = I_0 \left(e^{\frac{q\Delta\Phi}{kT}} - 1 \right) \qquad (10\text{-}8)$$

这是因为玻尔兹曼统计可以模拟通用"电子整流器"（半导体或真空二极管）存在势垒时的行为。当然，在半导体物理学中，我们必须考虑两种载流子在两个不同的侧面看到相同的势垒，并在相同电流下作用的情况。为什么结的直接传导没有达到平衡？事实是，在半导体结中，与该示例（其中气体的数量有限）不同，自由载流子在接触处连续产生，以保持直接流通量恒定。

假设现在我们构建一个器件，其中另一终端控制势垒。在这种情况下，在任何三端"有源"电子器件［如热离子阀、双极结晶体管（Bipolar Junction Transistor，BJT）、在亚阈值区工作的金属氧化物半导体晶体管（Metal Oxide Semiconductors Transistor，MOST）］和其他

器件的基础上都有一个典型行为。因此，根据麦克斯韦－玻尔兹曼统计，有源电子器件可以看作控制电子气体之间势垒的阀门。

10.1.2　麦克斯韦－玻尔兹曼统计的一些应用

在物理学中经常使用的 kT/q 因子（在半导体器件物理学中称之为热电压）能够用（电）化学中的摩尔数来看待。更具体地说，如第 6 章所述，理想气体定律也是用粒子的摩尔数 $\tilde{n}$ 来表示的：

$$PV = NkT = \tilde{n}RT \tag{10-9}$$

式中 N 为粒子数，R 为理想气体常数：

$$R = \frac{N}{\tilde{n}}k = N_A \cdot k = 8.314 \equiv \left[\frac{J}{mol \cdot K}\right] \tag{10-10}$$

其中，$N_A = 6.02 \times 10^{23}$ 为阿伏伽德罗常数，k 为玻尔兹曼常数。因此，用这两项除以基本电荷，得到

$$\frac{k}{q} = \frac{R}{q \cdot N_A} = \frac{R}{F}$$

$$\rightarrow \frac{q}{kT} = \frac{F}{RT} \tag{10-11}$$

其中，F 称为法拉第常数，即 1 库仑（C）的电荷量表示携带了 $1mol^{\ominus}$ 的基本电荷（电子电荷）：

$$F = \frac{总电荷}{1mol 的基本电荷} = 电子电荷 \cdot N_A$$

$$= 1.6 \times 10^{-19} \cdot 6.02 \times 10^{23} = 96\,500 \equiv \left[\frac{C}{mol}\right] \tag{10-12}$$

这个常数在电化学中是基础的，这里涉及的以摩尔为单位的过程是至关重要的。

玻尔兹曼统计能够表明大量的化学和物理过程中的行为。例如，我们可以在化学平衡态中使用它。众所周知，一个化学反应是由吉布斯自由能 G（每摩尔反应）决定的，这是一个热力学势（因此，它具有与目前所讨论的势相同的特征），表示系统做可逆非机械功的能力，如化学键。因此，可以用反应坐标系表示一个化学反应，如图 10-4 所示，其中不同的平面点识别反应物和生成物。为了在坐标中将一个点转换为另一个点，我们需要对化学键做非机械功，而没有任何可能的机械功和热交换。

我们将参考最简单的反应，其中 A 和 B 是反应物，AB 是生成物：

$$A + B \underset{k_b}{\overset{k_f}{\rightleftharpoons}} AB \tag{10-13}$$

根据玻尔兹曼热力学，我们可以分析反应中发生的情况，如图 10-4 所示，反应的正向速率 k_f 和反向速率 k_b 取决于能量势垒：

$\ominus$　$1mol$ 即阿伏伽德罗常数 $N_A = 6.02 \times 10^{23}$。由于摩尔是 SI 的基本单位，因此 N_A 的单位为 1/mol。

$$k_f \propto \mathrm{e}^{-\frac{\Delta G_f}{RT}}$$

$$k_b \propto \mathrm{e}^{-\frac{\Delta G_b}{RT}} \tag{10-14}$$

因此，如果我们考虑向生成物转变的速率，那么它应该与两种反应物 A 和 B 的浓度成正比。另外，反向速率应该与生成物 AB 的浓度成正比。在化学平衡时，我们知道净正向和反向速度（速率乘以浓度）应该相等：

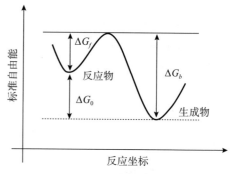

$$\begin{cases} v_f = k_f C_A \cdot C_B \\ v_b = k_b C_{AB} \end{cases} \quad v_{\mathrm{NET}} = k_f C_A \cdot C_B - k_b C_{AB} = 0$$

$$C \equiv [\mathrm{M}] \equiv \left[\frac{\mathrm{mol}}{\mathrm{m^3}}\right]; v \equiv \left[\frac{\mathrm{M}}{\mathrm{s}}\right]; k \equiv \left[\frac{1}{\mathrm{s}}\right] \tag{10-15}$$

图 10-4　在化学平衡状态下（生物）化学反应的热力学

其中，C_A、C_B 和 C_{AB} 为以摩尔浓度为单位的浓度 $\mathrm{M}^{\ominus}$。注意，速率系数以频率为单位。因此，在平衡状态下，有

$$k_f C_A \cdot C_B - k_b C_{AB} = 0$$

$$K = \frac{k_f}{k_b} = \frac{C_{AB}}{C_A \cdot C_B} = \mathrm{e}^{-\frac{\Delta G_0}{RT}} \tag{10-16}$$

其中，ΔG_0 是反应的标准吉布斯能变化，K 为反应常数，浓度为化学平衡时的浓度$^{\ominus}$。因此，

$$\Delta G_0 = -RT\ln K \equiv \left[\frac{\mathrm{J}}{\mathrm{mol}}\right] \tag{10-17}$$

需要指出的是，K 和 ΔG_0 只依赖于反应的类型（温度除外）。根据反应动力学，反应总是（如果允许的话）在长或短时间内趋向于其反应常数的浓度比。根据热力学，如果 $\Delta G_0 < 0$，那么反应是自发的；如果 $\Delta G_0 > 0$，则不是。生物传感最常见的反应中，有一些电子交换的反应，称为还原–氧化（氧化还原）反应：

$$O + z e^- \underset{k_b}{\overset{k_f}{\rightleftharpoons}} R \tag{10-18}$$

其中，O 是氧化物或氧化态，R 是还原物，z 是单个反应中涉及的电子数。我们用该反应作为法拉第过程的参考，如 10.2.5 节所示。当不处于平衡状态时，生成物的浓度与反应物浓度的比值（以化学计量系数作为浓度的指数）称为反应商 Q_R。在式（10-14）的简单反应示例中，有 $Q_R = C'_{AB}/\left(C'_A \cdot C'_B\right)$。随着反应的进行，它趋于平衡常数 $Q_R \to K$。

$\ominus$　为了简单起见，我们将跳过化学反应中所涉及的"活性"的概念。

$\ominus$　化学平衡是指反应物和生成物的浓度随时间变化而稳定的系统状态。这对热力学平衡是必要的，反之则不成立。

另一个涉及电荷交换反应的例子是水的自电离。这个反应是

$$H_2O \rightleftarrows OH^- + H^+ \tag{10-19}$$

其中 H^+ 表示溶剂阳离子（通常写成水合氢离子 H_3O^+），OH^- 称为氢氧化物。

使用常用符号，其中 $[\cdot]$ 是指每升（或 dm^{-3}）的摩尔浓度，得到反应常数是

$$\frac{\left[H^+\right]\left[OH^-\right]}{\left[H_2O\right]} \approx \left[H^+\right]\left[OH^-\right] = K_W \tag{10-20}$$

其中，K_W 称为水的自电离常数。

通常，常数 K_W 以对数形式表示：在 25℃时，$pK_W = -\log\left(K_W\right) = 13.99$。因此，氢离子和氢氧化物的浓度存在以下关系：

$$\left[H^+\right]\left[OH^-\right] \approx 1 \times 10^{-14} \frac{mol}{L} \tag{10-21}$$

此外，以对数形式存在的溶剂阳离子的浓度被称为 pH：

$$pH = -\log\left[H^+\right] \tag{10-22}$$

因此，pH = 7 意味着两种物质的浓度相等，水被认为是中性的。

10.1.3　氧化还原反应中电势之间的关系

在一个化学反应的演变过程中，自由能的曲线在反应坐标中发生了变化，如图 10-5 所示。在这种电荷交换的情况下，如在氧化还原反应中，我们可以将反应过程中自由能的变化与电势的变化联系起来。

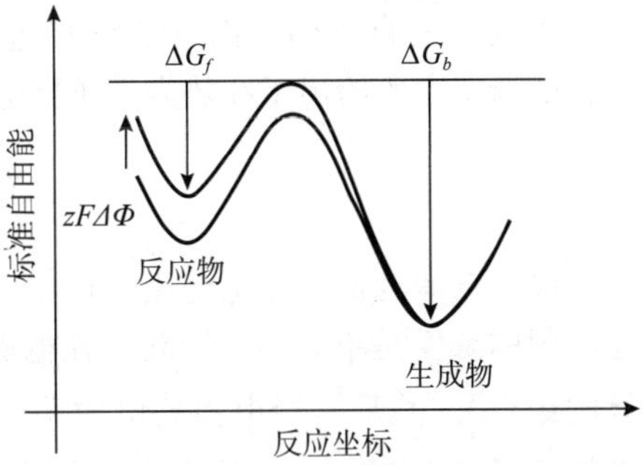

自由能是每摩尔所做的功，而电势能 $U_E = zq\Phi$ 是由 z 基本电荷从其参考面到达电势 Φ 所做的功。因此，在反应过程中，自由能发生的微小变化决定了给定电势下的电荷转移：

$$|\Delta G| \equiv \left[\frac{J}{mol}\right] = \frac{能量}{摩尔（分子数）}$$

$$= \frac{能量}{转移的电荷} \cdot \frac{转移的电荷}{摩尔} = zF \cdot |\Phi| \tag{10-23}$$

$$\equiv \left[\frac{J}{C} \cdot \frac{C}{mol}\right] \equiv \left[V \cdot \frac{C}{mol}\right]$$

图 10-5　非平衡态化学反应的反应坐标演化。在氧化还原反应电荷交换的情况下，自由能的变化与电势的变化有关（式（10-23））（该图是该概念的一个简单示意图表示，并没有涵盖所有具体情况）

现在，参照式（10-17），有

$$\Delta G_0 = -RT\ln K = -zF\Phi_0 \tag{10-24}$$

其中，Φ_0 是细胞反应或氧化还原电势的标准电动势，z 是参与反应的电子数。

式（10-23）显示了生物传感的一个基本规律：通过使用与化学反应严格关联的导电器件

（称作电极），我们可以将电势的变化与（生物）化学反应的热力学性质联系起来。一方面，电极可以从其电压中感知反应的状态（使用能斯特方程，稍后将讨论）；另一方面，我们可以施加一些电极上的电变化来感知反应特性，这将在 10.2.9 节中讨论。

现在，如果反应远离化学平衡，回顾反应系数，我们有

$$\Delta G = \Delta G_0 + RT \ln Q_R \qquad (10\text{-}25)$$

对于一个氧化还原反应，这变成

$$\Delta G = \Delta G_0 + RT \ln \frac{C_R}{C_O} \qquad (10\text{-}26)$$

其中，C_R 和 C_O 分别为氧化物和还原物的浓度。这一关系也表明，当物质处于单一浓度时，ΔG_0 是自由能的差值（并且也通过式（10-17）与 K 相关）。

然而，使用式（10-23），我们有

$$\Phi = \Phi_0 + \frac{kT}{zq} \ln \frac{C_O}{C_R}, \quad \Phi_0 = \frac{kT}{zq} \ln K = \frac{RT}{zF} \ln K \qquad (10\text{-}27)$$

其中，Φ 是电极上的电势。式（10-27）称为能斯特方程。

能斯特方程表明了电极电势与反应物的浓度之间的关系，注意，式（10-27）给出了一个关于标准电势的提示，即当氧化还原浓度为单一浓度时，在电极上观察到的电势为标准电势 ⊖。

当反应是自发的，而且还没有达到化学平衡时，就可以应用能斯特方程。在这种情况下，能斯特方程给出了在热力学（非化学）平衡下给定浓度的电极电势，即采用开路条件：

$$\Phi_{OC} = \Phi_0 + \frac{kT}{zq} \ln \frac{C_O}{C_R} \qquad (10\text{-}28)$$

以原电池为例，原电池用于产生电能，当氧化还原反应偏离平衡时，通常认为氧化剂和还原剂的浓度是单一的。因此，在电极上看到的电势是 $\Phi = \Phi_0$（实际上，这是两个半反应电势的组合）。然后，当电池放电时（有一个负载，直到电流为 0），C_R 增加，C_O 减少，因此电势关于 Φ_0 递减。当电池完全放电时，反应达到平衡，$\Delta G = 0$，$\Phi = 0$。

在反应不是自发的情况下，电荷交换很弱，以致于无法定义开路电势。这是可极化电极的典型情况，如图 10-24 所示（其中，对于一个大电势集，电流可以忽略不计），并将在 10.3.2 节中进行讨论。式（10-28）也表明，我们可以对外部势施加微小变化，并感知相应电流，以得到反应性质的信息，这将在 10.2.5 节中进行讨论。

10.1.4　漂移和扩散效应

在热力学平衡的粒子气体中，我们可以设想观测单个粒子 T_0 时间，并计算其与其他粒子碰撞的次数。可以在同一个实验中确定两个平均值：

⊖　实际上，为了感知这样的电势，我们需要采用参考标准电极的两个电极。参照标准电化学教科书。

$$平均碰撞次数 = \frac{1}{\tau} = \lim_{T_0 \to \infty} \frac{碰撞次数}{T_0}$$

$$\to 平均碰撞时间 = \tau \tag{10-29}$$

其中，τ 具有时间维度。如果碰撞事件与一个独立同分布过程相关联，则根据大数定律，T_0 越大，平均值越优。

现在让我们考虑 N 个粒子的情况：在一个短时间框架 Δt 中，碰撞的次数是单个粒子期望值的 N 倍，也就是 $N \cdot \Delta t / \tau$。因此，$\Delta t / \tau$ 是给定数量的粒子在一定时间内碰撞的比例。因此，如果我们称 $N(t)$ 为一段时间 t 后没有发生碰撞的粒子数，则有

$$N(t + \Delta t) = N(t) - N(t)\frac{\Delta t}{\tau}$$

$$\to \frac{\mathrm{d}N(t)}{N(t)} = -\frac{N(t)}{\tau}$$

$$\to N(t) = N_0 \mathrm{e}^{-t/\tau} \tag{10-30}$$

其中，$N(t) \cdot \Delta t / \tau$ 是在时间 Δt 内发生碰撞的粒子的比例，N_0 是我们认为在观测时间 $t = 0$ 时的粒子数。因此，任何碰撞的自由粒子数量随时间常数 τ 呈指数衰减。回顾之前给出的参数，不难证明，τ 既是 63% 的粒子碰撞的时间，也是单个粒子的平均碰撞时间。

根据之前的结果，在经典力学模型中，我们可以考虑带电粒子（电子或离子）在电场驱动下的运动以及与其他分子的碰撞，如图 10-6 所示。在真空中，它们会有一个均匀的加速运动，但在这种情况下，运动由碰撞随机改变。所以，即使它们受到可能改变其方向的撞击，平均而言，它们也是在向电场的方向移动。因此，由于定义了平均碰撞时间 τ，我们可以确定碰撞之间的平均距离，称为平均自由程 $l = \tau \cdot v$，其中 v 是粒子的平均速度。换句话说，由于粒子的碰撞涉及动能的持续损失，平均而言，粒子在速度 v 下的运动是均匀的。此外，动能的损失与电阻概念基础上的散热有关。

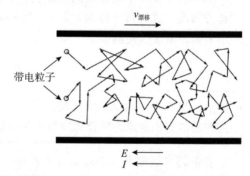

图 10-6 电场作用下带电粒子传导的简化模型

因此，类似于式（10-30），在路程 x 后未碰撞的粒子数为

$$N(t) = N_0 \mathrm{e}^{-x/l} \tag{10-31}$$

因此，一个粒子在一个非常小的深度 Δx 中碰撞的概率（或被击中的粒子的比例）是 $\Delta x / l$。

如果一个粒子受到驱动它的力的影响，我们可以定义上述速度（称为漂移速度）为

$$v_{漂移} = \frac{力 \cdot \tau}{等效质量} = \frac{F \cdot \tau}{m^*} \tag{10-32}$$

其中 τ 是平均碰撞时间，F 是施加的力，等效质量 m^* 不是粒子的真实质量，但它的值与粒子

移动的环境条件有关。

根据式（10-32），粒子的迁移率被定义为

$$\tilde{\mu} = \frac{v_{漂移}}{力} \equiv \left[\frac{s}{kg}\right] \tag{10-33}$$

然而，在电动力学的情况下，最好是参考电场 E 而不是力 F，其中 z 同样是离子价（即带符号的载流子等效电荷数）。因此，电迁移率（electrical mobility）被定义为

$$\mu = \frac{v_{漂移}}{E} = |z|q \cdot \frac{v_{漂移}}{F} = |z|q \cdot \tilde{\mu} \equiv \left[\frac{m^2}{V \cdot s}\right] \tag{10-34}$$

这个力是粒子的如下电流密度（称为漂移电流）产生的原因：

$$J_{漂移} = zqn \cdot v_{漂移} = zqn\mu E \tag{10-35}$$

式中 $n \equiv [1/m^3]$ 为单位体积内的粒子数，E 为电场，q 为电子电荷。因此 $|z|qn$ 为单位体积的电荷密度。漂移在电化学中也称为迁移（migration）。因为我们知道电流密度也通过电导率 σ 与电场成正比：

$$J_{漂移} = \sigma \cdot E = zqn\mu E \rightarrow \sigma = \frac{1}{\rho} = zqn\mu \tag{10-36}$$

其中，ρ 为材料电阻率。

单个粒子在粒子更密集的地方会有更多的碰撞，所以平均而言，它会倾向于向浓度较小的地方移动。这种行为称为扩散（diffusion）。由于浓度梯度给出了扩散，因此我们可以定义一个扩散系数 D，使得 ⊖

$$J_{扩散} = -zqD \cdot \frac{dn}{dx} \tag{10-37}$$

> **提示**   我们将使用电流的传统定义，它是由电场方向上流动的正电荷组成的。这遵循电路的基尔霍夫定律，尽管物理事实是金属导体中的电流是由电子构成的。

扩散趋势通常由一个驱动力来平衡，如图 10-7 所示。这正是图 10-1a 中的情况，其中的力是电力，而非引力。然而，在这种情况下，我们想了解新引入的扩散效应的作用以及与迁移率的关系。在图 10-7 中，气体倾向于通过扩散从左向右运动，但同时，它是由电场从右向左驱动的。因此，我们可以期待一个使这两种趋势达到平衡的平衡状态。

我们想了解 D 和其他参数（如迁移率）之间的关系。为此，施加一个作用于带电气体粒子的力，这样由于电流平衡，我们可以保持梯度差：

$$J_{扩散} = -zqD \cdot \frac{dn}{dx} = -J_{漂移} = zqn\mu E \rightarrow \frac{dn}{dx} = \frac{n\mu}{D}E \tag{10-38}$$

通过微分麦克斯韦 – 玻尔兹曼统计表达式 $n = n_0 \exp(-zq\Phi/kT)$，我们有

⊖   如果没有必要进行讨论，我们将使用 $z=1$ 来简化并与半导体物理学建立联系。

$$\frac{\mathrm{d}n}{\mathrm{d}x} = -n_0 \mathrm{e}^{-\frac{zq\Phi}{kT}} \frac{zq}{kT} \frac{\mathrm{d}\Phi}{\mathrm{d}x} = -n\frac{zq}{kT}\frac{\mathrm{d}\Phi}{\mathrm{d}x} = n\frac{zq}{kT}E \qquad (10\text{-}39)$$

现在，将表达式 $E = -\mathrm{d}\Phi / \mathrm{d}x$ 代入式（10-38）中，有

$$n\frac{zq}{kT}E = \frac{n\mu}{D}E \qquad (10\text{-}40)$$

得到：

$$D = \frac{\mu kT}{|z|q} \equiv \left[\frac{\mathrm{m}^2}{\mathrm{s}}\right] \qquad (10\text{-}41)$$

这是由爱因斯坦首先推导出的扩散系数和迁移率之间的关系。利用玻尔兹曼统计学的概念，可以证明这种关系在非平衡状态中也是有效的。因此，如果我们结合考虑漂移的影响和扩散效应对电流的贡献，则有

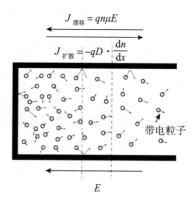

图 10-7　漂移电流和扩散电流之间的平衡。为简单起见，我们假设 $z=1$

$$J = J_{扩散} + J_{漂移} = -zqD\frac{\mathrm{d}n}{\mathrm{d}x} + zqn\mu E = -zqD\frac{\mathrm{d}n}{\mathrm{d}x} - zqn\mu\frac{\mathrm{d}\Phi}{\mathrm{d}x} \qquad (10\text{-}42)$$

这被称为带电粒子的漂移（迁移）– 扩散方程（或能斯特 – 普朗克方程）。

　　然而，最好参考摩尔量来处理溶液中的情况。因此，使用式（10-12）和式（10-41）并在器件的横截面积 A 上积分式（10-42），最好参考电化学中使用的另一种形式。具体来说，考虑到

$$zqn = 每个粒子携带的电荷数 \cdot \frac{粒子数}{体积} = \frac{电荷}{体积}$$

$$= 每个粒子携带的电荷数 \cdot \frac{粒子数}{1\mathrm{mol}基本电荷} \cdot \frac{摩尔数}{体积} = zFC \qquad (10\text{-}43)$$

因此，也考虑到 $q / kT = F / RT$，有

$$I = -zFAD\frac{\mathrm{d}C}{\mathrm{d}x} - \frac{(zF)^2}{RT}ADC\frac{\mathrm{d}\Phi}{\mathrm{d}x} \qquad (10\text{-}44)$$

其中，$C \equiv \left[\mathrm{mol} / \mathrm{m}^3\right]$，$F$ 是法拉第常数，z 是离子价。

　　玻尔兹曼统计的另一个应用是渗透膜，如图 10-8 所示。选择性膜分离出两个含有溶液（如氯化钠离子盐）的腔室。在左边的腔室里有正离子（阳离子）和负离子（阴离子）。在初始状态下，溶液完全是中性的。然而，该膜允许阳离子通过，而阴离子由于它们的大小无法通过。因此，扩散将阳离子推向膜的右边，但这会产生一个势梯度来抵消扩散，直到达到平衡。换句话说，由于扩散，有一个阳离子从左到右的速率，而由于电漂移，有一个阳离子从右到左的速率。因此，到目前为止，我们能够使用引入的模型，在平衡状态下保持漂移和扩散电流相等：

$$qD\frac{\mathrm{d}n}{\mathrm{d}x} = -qn\mu E = qn\mu\frac{\mathrm{d}\Phi}{\mathrm{d}x} \qquad (10\text{-}45)$$

这可以很容易地通过分离变量来解决，给出

$$\Delta\Phi_{AB} = \frac{kT}{q}\ln\frac{n_A}{n_B} = \frac{RT}{zF}\ln\frac{C_A}{C_B} \qquad (10\text{-}46)$$

其中，n_A、n_B 和 C_A、C_B 分别为两个储液槽的粒子浓度和单位体积的摩尔浓度。式（10-46）只是应用于多孔膜的能斯特方程。

请注意，应用式（10-7）可以得到相同的结果。这意味着扩散电流是观测玻尔兹曼统计的另一种方法。

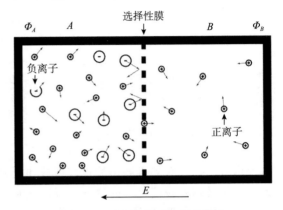

图 10-8　选择性膜对离子的影响

10.2　物质的电导和极化

10.2.1　电导率

如图 10-9 所示，导体的电阻与长度成正比，与面积成反比，因此

$$R = \rho\frac{L}{W\cdot H} = \rho\frac{L}{S} \equiv [\Omega]$$

$$\rho = \text{电阻率} = \frac{R\cdot S}{L} \equiv [\Omega\cdot\mathrm{m}]$$

$$\sigma = \text{电导率} = \frac{1}{\rho} = \frac{L}{R\cdot S} \equiv \left[\frac{1}{\Omega\cdot\mathrm{m}}\right] \equiv \left[\frac{\mathrm{S}}{\mathrm{m}}\right] \qquad (10\text{-}47)$$

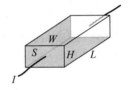

图 10-9　带电粒子越过的材料的结构定义

其中，R 为基本结构的电阻。对于相同的基本结构，我们能够将电流密度（即单位面积的电流）定义为

$$J = \frac{I}{A} = \frac{V}{A\cdot R} = \frac{E\cdot L\cdot S}{A\cdot\rho\cdot L} = \frac{E}{\rho} = \sigma\cdot E \equiv \left[\frac{\mathrm{A}}{\mathrm{m}^2}\right] \qquad (10\text{-}48)$$

其中，A 是横截面的面积。

根据电流密度的定义和式（10-44），我们也能够将导体 / 溶液的电导率 σ 表示为

$$J = znq\mu E,\ \sigma = znq\mu = zFC\mu = \frac{(zF)^2}{RT}DC \qquad (10\text{-}49)$$

其中，E 为电场，n 为电荷密度，μ 为迁移率。式（10-49）也被称为爱因斯坦 – 斯莫鲁霍夫斯基方程。

对于球状粒子在液体中的运动，已经证明了它们的迁移率是

$$\mu = D\frac{q}{kT} \equiv \left[\frac{\mathrm{m}^2}{\mathrm{V}\cdot\mathrm{s}}\right],\ D = \frac{kT}{6\pi\eta a} \equiv \left[\frac{\mathrm{m}^2}{\mathrm{s}}\right] \rightarrow \mu = \frac{q}{6\pi\eta a} \qquad (10\text{-}50)$$

其中，a 为粒子的有效半径，η 称为介质的黏度。

表 10-1 给出了几种常见的离子以及相应的迁移率和扩散系数。

表 10-1　25℃条件下，几种离子在水溶液中的迁移率和扩散系数

类型	z_i	$\mu_i /\left(m^2/V/s\right)$	扩散系数 /$\left(m^2/s\right)$
H^+	+1	36.3×10^{-8}	9.31×10^{-9}
OH^-	−1	20.4×10^{-8}	5.27×10^{-9}
K^+	+1	7.62×10^{-8}	1.96×10^{-9}
Cl^-	−1	7.91×10^{-8}	2.03×10^{-9}
Ca^{2+}	+2	6.17×10^{-8}	0.79×10^{-9}
Na^+	+1	5.2×10^{-8}	1.33×10^{-9}
Li^+	+1	4.0×10^{-8}	1.03×10^{-9}

如果由多个离子维持电导率，那么对于第 i 个离子，我们有

$$\sigma_i = z_i F \mu_i C_i \tag{10-51}$$

其中，z_i 是离子价。通常以每升的摩尔数表示浓度，因此，式（10-51）的关系变为

$$\sigma_i = z_i F \mu_i \cdot \underbrace{c_i \cdot 1000}_{\frac{n\cdot mol}{m^3}}, \ c_i \equiv \left[\frac{mol}{L}\right] \tag{10-52}$$

当多种离子存在时，总电导率可为

$$\sigma = 1000\cdot\sum_i c_i\cdot F\cdot z_i\cdot\mu_i = 1000\cdot\sum_i c_i\lambda_i \tag{10-53}$$

其中，λ_i 被称为该物质的等效离子电导率。对于匀称电解质，它是

$$\sigma_i = \left(\lambda_i^+ + \lambda_i^-\right)c_i = \Lambda_i c_i$$
$$\sigma = 1000\cdot\sum_i \Lambda_i c_i \tag{10-54}$$

其中，Λ_i 为摩尔电导率，并经常根据不同的离子种类列成表格。

示例　25℃时，10mmol 氯化钾溶液的电导率 $\sigma = 96\,500\times1000\times0.01\times(7.62+7.91)\times10^{-8} = 1.49\times10^{-3}S/m$，接近实验结果 $1.41\times10^{-3}S/m$。

示例　pH=7 的高度去离子水的离子浓度等于 $\left[H^+\right]=\left[OH^-\right]=1\times10^{-7}mol/L$。25℃时电导率为 $\sigma = 96\,500\times1000\times0.01\times(36.4+20.4)\times10^{-8}=5.5\times10^{-6}S/m$，接近实验结果。

不幸的是，实验证据表明，在高浓度下，电导和浓度之间不再是正比关系，而强电解质

存在关于浓度平方根的非线性定律。

10.2.2　物质极化

　　电中性材料由具有有限位移自由度的区域组成，自由度受到相反电荷引起的外部电场限制。因此，在电场的作用下，电荷倾向于向相反的方向分离或移动，如图 10-10 所示。这种效应称为电极化，相反符号电荷重心的位移构造称为电偶极子。这在不同的空间维度（如原子、分子和大分子）上都是可能的。有两种主要的极化效应。第一种情况如图 10-10a 所示，只有在施加电场后才会引起正负电荷的重心位移。第二种情况如图 10-10b 所示，材料是由已经存在电偶极子的单元组成的，但它们是随机定向的。在施加电场后，基本偶极子面向同一方向。这被称为定向极化，在水分子中尤为典型。

　　极化可以用由距离为 δ 的两个电荷给出的一阶近似来模拟，如图 10-10c 所示。换句话说，复极化产生的电势和电场"好像"是由放置在给定距离上的两个相反符号的电荷产生的。我们可以通过在偶极子中增加高阶项（四极、八极等，称为多极展开）的影响，增加极化的阶数来提高模型的精度。

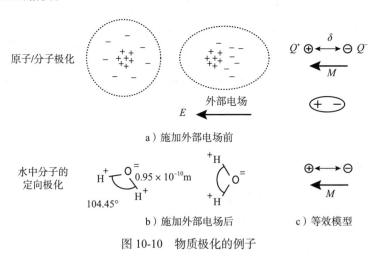

a）施加外部电场前

b）施加外部电场后　　　c）等效模型

图 10-10　物质极化的例子

注意　下面我们将使用向量及其变换的符号 $\overline{V}(x,t) = \mathrm{Re}\left\{\overline{V}(x,\mathrm{j}\omega)\mathrm{e}^{\mathrm{j}\omega t}\right\} = \mathrm{Re}\left\{|\overline{V}|\,\mathrm{e}^{\mathrm{j}\omega t+\varphi}\right\} = |\overline{V}|\cos\left(\omega t + \sphericalangle\overline{V}\right)$，其中 $\overline{V}(x,\mathrm{j}\omega)$ 是正弦（或谐波）的相量，$\sphericalangle\overline{V}$ 是它的辐角。但是，为了简化表示，只要暗示是在处理时域或相量变换，就可以使用 $\overline{V} \leftarrow \overline{V}(x,t)$ 或 $\overline{V} \leftarrow \overline{V}(\mathrm{j}\omega) \leftarrow \overline{V}(x,\mathrm{j}\omega)$。此外，有时我们会使用 $\overline{V} \leftarrow |\overline{V}|$ 作为向量的模（或振幅）的符号。请注意，如果两个向量在空间中是共线的，这并不意味着它们在复相量空间中是共线的。

　　我们能够由定义一个称为电偶极矩的向量来测量电极化强度的效应，单位为库仑 – 米 ⊖：

<hr />

　　⊖　在分子或原子物理学中，偶极矩的单位仍在使用，即德拜（D），$1\mathrm{D} = 3.33\times10^{-30}\mathrm{C}\cdot\mathrm{m}$。

$$\overline{M} = Q \cdot \overline{\delta} = 偶极矩 \equiv [\text{C·m}] \qquad (10\text{-}55)$$

这里它由两个相对距离为 δ 的相反符号电荷 $|Q|$ 定义。也可以定义极化密度为

$$\overline{P} = \frac{偶极矩数目}{体积} \equiv \left[\frac{\text{C·m}}{\text{m}^3}\right] \equiv \left[\frac{\text{C}}{\text{m}^2}\right] \qquad (10\text{-}56)$$

这是一个向量。极化密度利用与极化物质的一般表面向量 $\vec{n}$ 的标量积对于求极化表面电荷密度是有用的：

$$\overline{P} \cdot \vec{n} = \frac{偶极矩数目}{体积} = \frac{电荷数}{体积} \cdot \overline{\delta} \cdot \vec{n}$$

$$= \frac{电荷数}{面积} \cdot \cos\theta = \sigma_P \equiv \left[\frac{\text{C}}{\text{m}^2}\right] \qquad (10\text{-}57)$$

图 10-11 显示了当极化向量与表面不正交时，表面密度 σ_P ⊖ 是如何减小的。注意，在表面"看到"的电荷密度包括束缚电荷，而不是自由电荷。

以上讨论有助于理解电容介质中的自由电荷和极化电荷之间的关系，如图 10-12 所示。

在图 10-12 所示的区域中应用高斯定理，有 ⊖

$$\nabla \cdot \overline{E} = \frac{\rho_F + \rho_P}{\varepsilon_0} = \frac{\rho}{\varepsilon_0} \rightarrow \int_S \overline{E} \cdot \vec{n}\,\mathrm{d}S = \frac{Q}{\varepsilon_0} \qquad (10\text{-}58)$$

其中 ρ_P 和 $\rho_F \equiv [\text{C}/\text{m}^3]$ 分别为束缚电荷和自由电荷的体积密度 ⊜。因此

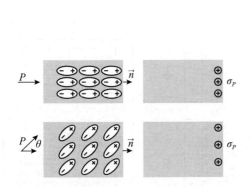

图 10-11　极化密度与电荷表面密度的关系

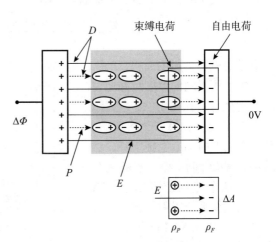

图 10-12　D 和 E 场之间的关系

⊖　不要混淆表面电荷密度 σ_P, $\sigma_F \equiv [\text{C}/\text{m}^2]$ 和电导率 $\sigma \equiv [\text{S}/\text{m}]$。

⊜　$\varepsilon_0 = 8.85 \times 10^{-12} [\text{F}/\text{m}]$。

⊜　不要混淆体积电荷密度 $\rho_P, \rho_F \equiv [\text{C}/\text{m}^3]$ 和电导率 $\rho \equiv [\Omega \cdot \text{m}]$。

$$-\overline{E}\cdot\vec{n}\Delta A = \frac{(\sigma_P - \sigma_F)}{\varepsilon_0}\cdot\Delta A \rightarrow \overline{E}\cdot\vec{n} = \frac{\sigma_F - \sigma_P}{\varepsilon_0} = \frac{\sigma_F - \overline{P}\cdot\vec{n}}{\varepsilon_0} \equiv \left[\frac{V}{m}\right]$$

$$\rightarrow \varepsilon_0\overline{E} + \overline{P} = \sigma_F = \overline{D} \equiv \left[\frac{C}{m^2}\right]$$

$$\nabla\cdot\overline{D} = \rho_F \rightarrow \int_A D\cdot\vec{n}dA = Q_F \tag{10-59}$$

其中，D 称为电位移，由极化线和电场线组成，如图 10-12 所示。因此，高斯定理对电位移场的应用如式（10-59）所示，表明 D 是电极上总自由电荷的度量。

然而，极化密度与电场成正比，其因子称为电极化率 χ：

$$\overline{P} = \chi\cdot\varepsilon_0\cdot\overline{E};\ \overline{E}\cdot\vec{n} = \frac{\sigma_F - \overline{P}\cdot\vec{n}}{\varepsilon_0} \rightarrow E = \frac{\sigma_F}{(1+\chi)\cdot\varepsilon_0} = \frac{\sigma_F}{\varepsilon_R\cdot\varepsilon_0}$$

其中：

$$\varepsilon_R = (1+\chi)$$
$$\rightarrow \overline{D} = \varepsilon_R\varepsilon_0\overline{E} = \sigma_F = \varepsilon_0\overline{E} + \overline{P}$$
$$\rightarrow \overline{P} = \varepsilon_0(\varepsilon_R - 1)\overline{E} \tag{10-60}$$

其中，$\varepsilon_R \equiv [\cdot]$ 称为相对介电常数。

如果电介质是使用极化材料实现的，那么极化引起的相对介电常数的增加就是电容具有更大容值的原因，由下面的关系能够看出：

$$C = \frac{Q}{\Phi} = \frac{Q}{E\cdot L} = \frac{\sigma_F\cdot A\cdot\varepsilon_R\cdot\varepsilon_0}{\sigma_F\cdot L} = \frac{A\cdot\varepsilon_R\cdot\varepsilon_0}{L} > \frac{A\cdot\varepsilon_0}{L} \tag{10-61}$$

其中 A 是电容器板的面积，L 是它们之间的距离。

为了从不同的角度更好地理解上述概念，在图 10-13 中显示了两个实验。在第一个实验中，我们在板上施加一个恒定势，然后在它们之间插入一个极化介质。外部电势固定了电场，然而，极化偶极子吸引了更多的自由电荷，如图 10-13a 所示，电容根据式（10-61）增加。在第二个实验中，我们保持极板在开路中带电漂浮，这样板中就不

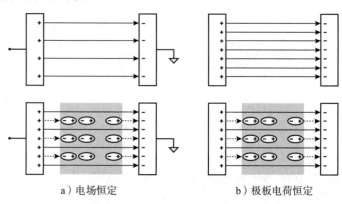

a）电场恒定　　　　　b）极板电荷恒定

图 10-13　电容变化效应实验

会发生自由电荷的电荷量变化。通过插入可极化材料，一些电场线被材料偶极子打断，如图 10-13b 所示。因此，电容再次根据式（10-61）增大。

10.2.3　复介电常数和德拜弛豫模型

复介电常数是模拟正弦态介质的电导和极化影响的一种方法。使用自下而上的方法，我们将首先介绍一个特定的示例；然后，我们将对 E 场和 D 场的物理关系进行更普遍的考虑。

考虑一些放置在两个电极之间的材料，如图 10-14 所示，同时显示电导率（离子或电子）σ 和由介电常数 ε 表示的电极化率。

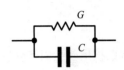

假设材料内的电场恒定均匀，我们可以用基于电阻和电容的电集总模型来表示电导率和极化率，如图 10-14 所示，有

$$C = \frac{\varepsilon_0 \varepsilon_R A}{L} = \varepsilon_R C_0; C_0 = \frac{\varepsilon_0 A}{L}$$

$$G = \frac{\sigma S}{L} = \sigma \frac{C_0}{\varepsilon_0} \tag{10-62}$$

图 10-14　一个关于物质主体电导率和极化的集总电路模型的简单示例

其中，L 和 A 是极板间的距离和极板面积，C_0 是在真空中测量的极板间电容。注意，相对介电常数可以定义为两个电容值的比率 $\varepsilon_R = C / C_0 \equiv [\cdot]$。

系统的时间常数可以是

$$\tau = \frac{C}{G} = \frac{\varepsilon_R C_0}{\sigma \dfrac{C_0}{\varepsilon_0}} = \frac{\varepsilon_0 \varepsilon_R}{\sigma} = \frac{\varepsilon}{\sigma} \tag{10-63}$$

显示了集总模型参数 R 和 C 与物理参数 ε 和 σ 之间的关系。

在没有电导的正弦状态下，电流相量 $\overline{I}(j\omega)$ 与电压 $\overline{V}(j\omega)$ 有关：

$$\overline{I}(j\omega) = j\omega C_0 \overline{V}(j\omega) = j\omega \cdot \varepsilon_0 \cdot \frac{C_0}{\varepsilon_0} \overline{V}(j\omega) \tag{10-64}$$

其思想是在有传导的情况下也有类似的关系。因此，我们可以定义一个复介电常数 $\tilde{\varepsilon}$，使得

$$\overline{I}(j\omega) = j\omega \cdot \tilde{\varepsilon} \cdot \frac{C_0}{\varepsilon_0} \overline{V}(j\omega) \tag{10-65}$$

因此，复介电常数在电导和极化中都考虑了电流和电压的相位和大小关系。

为了找到 $\tilde{\varepsilon}$ 的分量，我们可以重新排列前面的表达式：

$$\overline{I}(j\omega) = [G + j\omega C]\overline{V}(j\omega) = \left[\sigma \frac{C_0}{\varepsilon_0} + j\omega \varepsilon_R C_0\right]\overline{V}(j\omega)$$

$$= \left[\sigma \frac{C_0}{\varepsilon_0} + j\omega \varepsilon_R \varepsilon_0 \frac{C_0}{\varepsilon_0}\right]\overline{V}(j\omega) = [\sigma + j\omega \varepsilon_R \varepsilon_0] \frac{C_0}{\varepsilon_0} \overline{V}(j\omega) \tag{10-66}$$

由此可以得出以下关系：

$$j\omega \cdot \tilde{\varepsilon} \cdot \frac{C_0}{\varepsilon_0} z \triangleq [\sigma + j\omega \varepsilon_0 \varepsilon_R] \frac{C_0}{\varepsilon_0} \rightarrow \sigma + j\omega \varepsilon_0 \varepsilon_R = j\omega \cdot \tilde{\varepsilon}$$

$$j\omega\left(\frac{\sigma}{j\omega} + \varepsilon_0\varepsilon_R\right) = j\omega \cdot \tilde{\varepsilon} \rightarrow \tilde{\varepsilon} = \varepsilon_0\varepsilon_R - j\frac{\sigma}{\omega} = \varepsilon' - j\varepsilon''$$

$$\rightarrow \begin{cases} \varepsilon' = \varepsilon_0\varepsilon_R \equiv \left[\dfrac{F}{m}\right] \\ \varepsilon'' = \dfrac{\sigma}{\omega} \equiv \left[\dfrac{F}{m}\right] \end{cases}$$

（10-67）

根据前面的情况，从阻抗中流动的电流的性质出发，我们能够创建一个更普遍的复介电常数模型。我们能够识别由电导和极化作用引起的总电流的两种贡献。第一种贡献，基于电导，被称为电导电流，$J_C(x) = \sigma E(x)$。第二种贡献不是基于移动电荷的电流，而是基于时变的电场。它只存在于一个动态状态下（如电容中的交流电流 $i(t) = Cdv(t)/dt$）。因此，利用电场和电流密度，有 $J_D(x) = \varepsilon_0\varepsilon_R(dE(x)/dt)$，称作位移电流，在正弦状态下的相量空间中被写成

$$\overline{J}_D = j\omega \cdot \varepsilon' \overline{E} = j\omega \cdot \overline{D} \equiv \left[\frac{A}{m^2}\right]$$

（10-68）

在电容端子中流动的交流电流源于板中自由电荷的时变累积。然而，由式（10-68），我们已经看到这些自由电荷与电位移向量 D 成正比。在这种情况下，位移电流与所施加的电压正交，因此不会产生热量。相反，电导电流与施加的电压处于同相，会造成热耗散。

因此，在谐波状态下工作的阻抗端处的总电流可以看作两个（同相和正交）贡献的和：

$$\overline{J} = \overline{J}_C + \overline{J}_D = \sigma\overline{E} + j\omega\varepsilon_0\varepsilon_R\overline{E} = (\sigma + j\omega\varepsilon_0\varepsilon_R)\overline{E} = j\omega\tilde{\varepsilon}\overline{E}$$
$$= j\omega(\varepsilon' - j\varepsilon'')\overline{E}$$

（10-69）

我们再次发现了式（10-67），因为

$$\overline{J} = j\omega(\varepsilon' - j\varepsilon'')\overline{E} = \sigma\overline{E} + j\omega\varepsilon_0\varepsilon_R\overline{E}$$
$$\rightarrow \begin{cases} \varepsilon' = \varepsilon_0\varepsilon_R \\ \varepsilon'' = \dfrac{\sigma}{\omega} \end{cases}$$

（10-70）

这是一般情况，并且它并不限于图 10-14 中的特定模型。此外，我们能够在正弦状态下扩展式（10-60）中所示的 E 和 D 之间的关系，结果是

$$\overline{D} = \varepsilon \cdot \overline{E} = \varepsilon_0\varepsilon_R \cdot \overline{E} \rightarrow \overline{D} = \tilde{\varepsilon} \cdot \overline{E} = (\varepsilon' - j\varepsilon'') \cdot \overline{E}$$

（10-71）

这种关系中隐藏着基本的能量特性。我们知道，根据正弦电路理论，只要电流和电压是同相的，就会存在热耗散，像电阻一样。另外，每当电流和电压正交时，电力就会在系统之间无耗散地交换，如在电容或电感中。现在，由于器件的总电流由自由电荷组成，所以它与 D 的导数成正比。因此，我们在式（10-71）中可以发现，公式的第二部分一旦推导出，就包含电流的两个附加端：一个保持 ε'' 同相（贡献热），另一个保持正交（只进行能量交换），包括 ε'。因此，ε'' 是导致热量损失的复介电常数的一部分。

更具体地说，单位体积传递的功率由两个贡献组成，一个提供给电场，另一个提供给电极：

$$\frac{输送功率}{单位体积} = P_D = \frac{\mathrm{d}}{\mathrm{d}t}\left(\frac{1}{2}\varepsilon_0 \overline{E}\cdot\overline{E}\right) + \overline{E}\cdot\frac{\mathrm{d}}{\mathrm{d}t}\overline{P}$$

$$= \overline{E}\cdot\frac{\mathrm{d}}{\mathrm{d}t}\varepsilon_0\overline{E} + \overline{E}\cdot\frac{\mathrm{d}}{\mathrm{d}t}\overline{P} = \overline{E}\cdot\frac{\mathrm{d}}{\mathrm{d}t}\left(\varepsilon_0\overline{E} + \overline{P}\right) = \overline{E}\cdot\frac{\mathrm{d}\overline{D}}{\mathrm{d}t} \qquad (10\text{-}72)$$

最好在相量空间谐波条件下分析式（10-72）：

$$P_D = \overline{E}\cdot\mathrm{j}\omega\varepsilon_0\overline{E} + \overline{E}\cdot\mathrm{j}\omega\overline{P} = \overline{E}\cdot\mathrm{j}\omega\overline{D} \qquad (10\text{-}73)$$

因此，第一部分的和是由总是处于正交的相量的乘积给出。因此，它总是一个与电场交换的无功功率。第二项根据极化引起的相位滞后给出有功或无功功率。例如，如果极化总是与电场正交（瞬时极化），就有总无功功率。否则，如果极化相对于电场有一定的相位滞后，第二项可能有耗散贡献，因此产生有功功率。

现在，在正弦状态下，由于存储在场中的平均能量在整个系统中有一个净交换，时间平均给出了在热耗散下的平均功率：

$$\langle P_D\rangle = \left\langle \overline{E}\cdot\frac{\mathrm{d}\overline{D}}{\mathrm{d}t}\right\rangle \qquad (10\text{-}74)$$

类似于集总电路模型的电流和电压关系。因此 [⊖]，正弦状态下的时间平均值可以用相量符号表示（因为 $\overline{D} = (\varepsilon' - \mathrm{j}\varepsilon'')\overline{E}$）：

$$\langle P_D(\mathrm{j}\omega)\rangle = \frac{1}{2}\mathrm{Re}\left\{\mathrm{j}\omega\overline{D}\cdot\overline{E}^*\right\} = \frac{1}{2}\omega\left|\overline{E}\right|^2\varepsilon'' \qquad (10\text{-}75)$$

上式表明极化引起的正弦功率耗散与 ε'' 成正比。

电介质中电导率造成的损失指数可以用"正切 – 德尔塔"因子求得：

$$\tan\delta = \frac{|J_C|}{|J_D|} = \frac{\varepsilon''}{\varepsilon'} = \frac{\sigma}{\omega\varepsilon} \qquad (10\text{-}76)$$

我们现在能够从复介电常数测量实验开始，推导出一个集总电模型。更具体地说，可以观察到介电常数在低频率的高值开始，在一个给定频率后下降。为了应对观察到的实验行为，德拜引入了一个基于介电常数随频率变化的弛豫模型，从低频处的较高值 ε_S 开始，然后在较低值 ε_∞ 处衰减，直到频率趋于无穷大。因此，使用单极点近似，有

$$\tilde{\varepsilon}_R = \varepsilon_\infty + \frac{\varepsilon_S - \varepsilon_\infty}{1 + \mathrm{j}\omega\tau} \qquad (10\text{-}77)$$

结果是复介电常数变成

⊖　回想一下，对于谐波相量有 $\langle A(t)B(t)\rangle = \frac{1}{2}\mathrm{Re}\left\{\overline{A}\cdot\overline{B}^*\right\}$，其中〈 〉为时间平均值，· 为相量空间中的标量积。

$$\tilde{\varepsilon} = \varepsilon_0 \tilde{\varepsilon}_R - j\frac{\sigma}{\omega} = \varepsilon_0 \left[\varepsilon_\infty + \frac{\varepsilon_S - \varepsilon_\infty}{1 + j\omega\tau} \right] - j\frac{\sigma}{\omega}$$

$$= \varepsilon_0 \varepsilon_\infty + \varepsilon_0 \frac{\varepsilon_S - \varepsilon_\infty}{1 + j\omega\tau} - j\frac{\sigma}{\omega} = \varepsilon_0 \varepsilon_\infty + \varepsilon_0 \frac{\varepsilon_S - \varepsilon_\infty}{(1 + j\omega\tau)} \frac{(1 - j\omega\tau)}{(1 - j\omega\tau)} - j\frac{\sigma}{\omega}$$

$$= \varepsilon_0 \varepsilon_\infty + \varepsilon_0 \frac{\varepsilon_S - \varepsilon_\infty}{1 + \omega^2\tau^2} - j\omega\tau\varepsilon_0 \frac{\varepsilon_S - \varepsilon_\infty}{1 + \omega^2\tau^2} - j\frac{\sigma}{\omega} \qquad (10\text{-}78)$$

给出如下两个表达式：

$$\varepsilon' = \varepsilon_0 \varepsilon_\infty + \varepsilon_0 \frac{\varepsilon_S - \varepsilon_\infty}{1 + \omega^2\tau^2}; \quad \varepsilon'' = \varepsilon_0 \frac{(\varepsilon_S - \varepsilon_\infty)\omega\tau}{1 + \omega^2\tau^2} + \frac{\sigma}{\omega} \qquad (10\text{-}79)$$

注意式（10-79）的实数部分是洛伦兹形式。

这种行为的一个示例如式（10-14）中所示，其中，一些值来自高度纯净水的数据，这是一个过于简化的模型，因为它基于单一的弛豫时间。

我们可以通过以下方式来评论所说明的行为：对于低频，极化几乎是瞬间跟随电场的。当频率接近偶极子时间常数的倒数时，极化电荷的运动变得缓慢，加剧了相位滞后。偶极子没有时间以非常高的频率跟随外部电场的速度，并且没有更多的极化。这就是高频率介电常数下降的原因。ε'' 变量的第一个"凸起"源于静态传导。第二个源于偶极子在其位移中对周围分子/原子的作用。

如果有多个弛豫时间，则可以在以下表达式中考虑它们：

$$\tilde{\varepsilon}_R = \varepsilon_\infty + \frac{\varepsilon_S - \varepsilon_\infty}{(1 + j\omega\tau_1)(1 + j\omega\tau_2)(1 + j\omega\tau_3)\cdots} \qquad (10\text{-}80)$$

该模型对复介电曲线的影响如图 10-15 所示。例如，可以有不同的极化现象（离子的、原子的等），其中每个都有不同的时间常数。这种效果表现在曲线实部和虚部的多个"过渡"和"凸起"中。

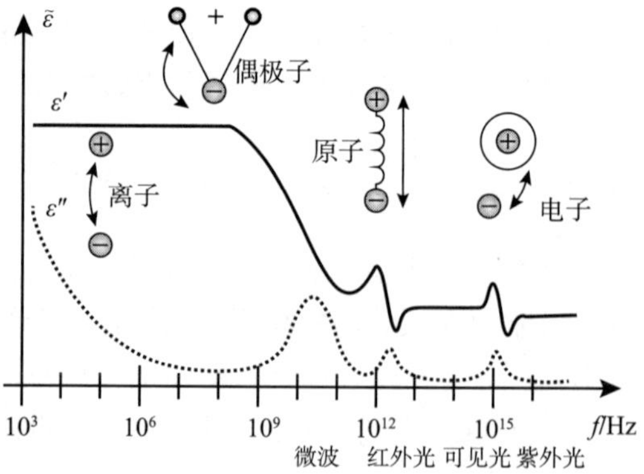

图 10-15 物质的多重极化示例（改编自维基社区）

根据德拜弛豫模型，用一个电集总电路来模拟材料的电导和极化是很有趣的。这是很重要的，因为电气模型可以集成到电子接口模拟的统一设计方法中。因此，我们开始将弛豫模型放入一个电导模型中：

$$\tilde{\sigma} = \frac{J(j\omega)}{E(j\omega)} = j\omega\tilde{\varepsilon}$$

$$= j\omega \left[\varepsilon_0 \varepsilon_\infty + \varepsilon_0 \frac{\varepsilon_S - \varepsilon_\infty}{1 + \omega^2\tau^2} \right] + \left[\varepsilon_0 \frac{(\varepsilon_S - \varepsilon_\infty)\omega^2\tau}{1 + \omega^2\tau^2} + \sigma \right] \equiv \left[\frac{1}{\Omega \cdot m} \right] \qquad (10\text{-}81)$$

然后，使用归一化分量建立一个如图 10-17a 所示的集总模型。从式（10-47）和式（10-62）

可以看到电阻乘以电极距离再除以它们的面积，而电容乘以电极面积再除以它们的距离。因此，R_S 模拟了材料的电阻率，C_∞ 模拟了非常高频率下的介电常数。$R_\tau C_\tau$ 为弛豫时间常数。求解基尔霍夫方程，我们得到

$$\widetilde{\sigma} = Y \cdot \frac{L}{A} = j\omega \left[C_\infty + \frac{C_\tau}{1 + \omega^2 R_\tau^2 C_\tau^2} \right] \frac{L}{A} + \left[\frac{\omega^2 R_\tau C_\tau}{1 + \omega^2 R_\tau^2 C_\tau^2} + \frac{1}{R_S} \right] \frac{L}{A} \equiv \left[\frac{S}{m} \right] \quad (10\text{-}82)$$

将式（10-81）和式（10-82）进行比较，有

$$\tau = R_\tau C_\tau \equiv [s]$$

$$\sigma = \frac{L}{A} \frac{1}{R_S} \equiv [S]$$

$$C_\infty = \frac{L}{A} \varepsilon_\infty \varepsilon_0 \equiv [F]$$

$$C_\tau = \frac{L}{A} (\varepsilon_S - \varepsilon_\infty) \varepsilon_0 \equiv [F] \quad (10\text{-}83)$$

用曲线替代表示复介电常数是很有趣的，就像把图 10-16 用参数曲线表示在介电常数的实部和虚部组成的复平面中，如图 10-17b 所示。这种曲线图（类似于奈奎斯特曲线图）称为导纳科尔 – 科尔图。

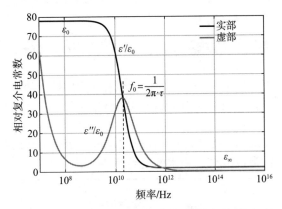

图 10-16　由式（10-79）得出的图形与高度去离子水简化模型的频率曲线的对比。其中 $\varepsilon_0 = 78$，$\varepsilon_\infty = 2$，$f_0 = 20\text{GHz}$，$\sigma = 5.5\mu S/m$

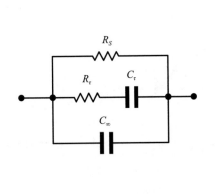

a）复介电常数德拜弛豫集总模型

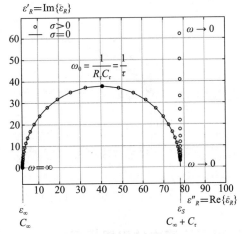

b）复平面的图形表示

图 10-17　高度去离子水的复介电常数德拜弛豫集总模型（$\sigma = 5.5 \times 10^{-6} S/m$，$\varepsilon_\infty = 2$，$\varepsilon_S = 78$，$C_\tau = 20\text{GHz}$）和复平面的图形表示（电导的科尔 – 科尔图），这个物理系统的近似模型只考虑了第一弛豫时间

> **警告**　式（10-77）中的弛豫时间与式（10-63）中的弛豫时间无关。第一个是偶极子对周围分子／原子的置换工作有关的典型时间。第二个是整个电池相对于外部信号的特征。

该曲线图描绘了一个半圆，其顶部对应于系统的时间常数。

然而，在各种材料和溶液上的实验结果显示，该图的形状应该更加"收缩"，一些作者认为，出现这种情况是因为主要时间常数 τ_0 周围的准高斯分布。这个观察结果指向一个模型，被描述为

$$\tilde{\varepsilon}_R = \varepsilon_\infty + \frac{\varepsilon_S - \varepsilon_\infty}{1 + (j\omega)^{(1-\alpha)}\tau_0} \tag{10-84}$$

其中，α 是一个与时间常数在 τ_0 周围的扩散有关的指数。α 越大，扩散范围就越大。扩散的影响也显示在图 10-18 所示的复曲线中，其中收缩的程度与时间常数的扩散有关。

> **提示**　溶液的介电常数也取决于溶解离子的类型和浓度。例如，1 摩尔氯化钠溶液的介电常数是 67，而水的大约是 78。

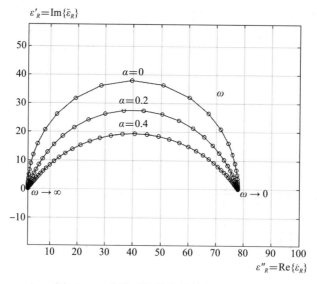

图 10-18　弛豫时间分布的科尔 – 科尔图

10.2.4　离子溶液中的双层界面

当一个具有给定电势的电极浸没在两个界面之间没有电荷交换（没有氧化还原反应）的水溶液中时，我们观察到的电荷分布如图 10-19 所示。一般来说，电势吸引反离子并排斥靠近表面的同离子 $^\ominus$。因此有一个比本体密度更大的反离子的累积。当远离电极，直到达到本

$\ominus$　同离子是指对电荷参考具有相同电荷符号的离子（在这种情况下，是电极的电荷符号），而反离子则是相反的。

体浓度时，这种差异会变小。自由电荷和反离子积累的区域称为双层。更具体地说，参考图10-19，我们有：

- 离子应当考虑它们的离子雾（或云），这是离子周围的一个区域。在这个区域内，由于离子产生电场，因此附近的水分子粘附并定向。

- 负自由电子和阳离子分别倾向于在金属表面和液体一侧积累，以保持整体电荷呈中性。到界面的距离越短，阳离子的浓度就越高。自由离子相对于电极距离的浓度取决于电势分布，我们将在后面讨论。

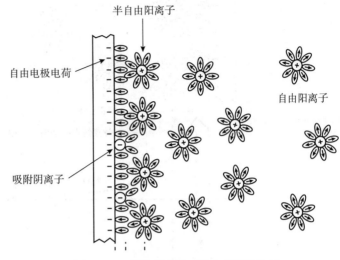

图 10-19　离子在金属－液体表面的分布

- 水分子、同离子或没有离子雾的反离子可以被吸附（即粘附在表面 $\ominus$）。即使是具有相同电荷的离子也可能被吸附，以满足总能量的局部最小值。这是基于阴离子和阳离子之间的差异。阴离子的离子云刚性较低，它们更容易去溶剂化，离表面更近，而阳离子通常保持它们的溶剂化层。

上述构造决定了如图 10-20 所示的静电分布。根据古依－查普曼－斯特恩－格雷厄姆模型，可以分辨出与电极的距离相关的以下区域：

- 随着反离子浓度的降低，双层的扩散区域在电极外向本体延伸。在这里，正如已经讨论过的，扩散和静电力之间有一个平衡。

- 斯特恩层，其中溶液侧的电荷相对地与电极结合。对模型的进一步细化确定了斯特恩层中的其他两个区域：

  - 内亥姆霍兹平面（Inner Helmholtz Plane，IHP），其特征是没有离子云的离子与极化的水分子一起被吸附。静电势分布根据被吸附分子的符号而增加或减小。图 10-20 显示了吸附同离子的情况。由于极化自由度的降低，这一层的深度可能约为几埃，且相对介电系数较小。

  - 外亥姆霍兹平面（Outer Helmholtz Plane，OHP），其中反离子被结合。其深度约为 1nm，其介电常数大于 IHP 的介电常数。

一般而言，要观察系统的电荷中性，应保持以下条件：

$$\sigma_E = -\sigma_S - \sigma_D \tag{10-85}$$

其中，σ_E 为电极单位面积的电荷，σ_S 和 σ_D 分别为斯特恩层和扩散层的电荷密度。斯特恩层的电荷密度往往比其他层小，因此被忽略了。

$\ominus$　吸附是一种基于表面的电极过程，而吸收涉及电极材料的体积。

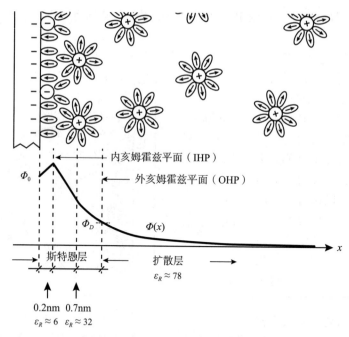

内亥姆霍兹平面（IHP）

外亥姆霍兹平面（OHP）

Φ_0

Φ_D

$\Phi(x)$

x

斯特恩层

扩散层
$\varepsilon_R \approx 78$

0.2nm 0.7nm
$\varepsilon_R \approx 6$ $\varepsilon_R \approx 32$

图 10-20　电极 – 液体（水）界面层和静电势分布（改编自 Morgan 与 Green，2003）

一般情况下，溶液中的总电荷密度由玻尔兹曼分布给出：

$$\rho(x) = q\sum_i z_i n(x) = q\sum_i z_i n_{0i}\mathrm{e}^{-\Phi(x)\frac{z_iq}{kT}} \qquad (10\text{-}86)$$

其中，z_i 为价，n_{0i} 为第 i 个离子的体积密度。我们可以用球坐标 $x \leftarrow r$ 来取半径为 a 的带电球体的特殊情况。在离球体很远的地方，电势等于由点电荷产生的电势，利用泊松方程，有

$$\nabla^2\Phi(r) = -\frac{\rho(r)}{\varepsilon} \rightarrow \nabla^2\Phi(r) = -\frac{q}{\varepsilon}\sum_i n_{0i}z_i\mathrm{e}^{-\Phi(r)\frac{z_iq}{kT}} \qquad (10\text{-}87)$$

其中，$\Phi(r)$ 是相对于电荷点距离 r 的未知静电势。然后，假设指数表达式的一阶近似 $\ominus$

$$\nabla^2\Phi(r) = -\sum_i \frac{qn_{0i}z_i}{\varepsilon} + \sum_i \frac{q^2 n_{0i}z_i^2}{\varepsilon kT}\Phi(r) = \sum_i \frac{q^2 n_{0i}z_i^2}{\varepsilon kT}\Phi(r) \qquad (10\text{-}88)$$

其中，由于溶液的中性条件，第一项等于 0。

因此，微分方程成为一个典型的二阶表达式：

$$\nabla^2\Phi(r) = \alpha^2\Phi(r), \quad \alpha^2 = \sum_i \frac{q^2 n_{0i}z_i^2}{\varepsilon kT} \qquad (10\text{-}89)$$

$\ominus$　$\mathrm{e}^{-\Phi(r)\frac{z_iq}{kT}} \approx 1 - \frac{z_iq}{kT}\Phi(r)$。

所以静电势呈指数衰减：

$$\Phi(r) = \Phi_0 e^{-\alpha r} \tag{10-90}$$

其中，Φ_0 是 $r=0$ 的电势。这是德拜 – 赫克尔模型理论的结论。

对于对称溶体的特殊情况，其中 $z = z^+ = z^-$，使用式（10-36）和式（10-41），有以下关系：

$$\alpha^2 = \frac{2q^2 n_0 z^2}{\varepsilon kT} \Longrightarrow \frac{1}{\alpha} = \sqrt{\frac{\varepsilon kT}{2z^2 q^2 n_0}} = \sqrt{\frac{D\varepsilon}{\sigma}} = \sqrt{D\tau} = \lambda_D \equiv [\text{m}] \tag{10-91}$$

其中，λ_D 称为德拜长度。这个量将作为进一步涉及电极间电势表达式的参考。德拜长度设置了一个维度，超过这个维度，点电荷电场的影响可以忽略不计。请注意，τ 与式（10-63）一致，因此这与系统构建双层的时间有关。

回到产生这个表达式的一阶近似，可以看到，如果 $r \ll \lambda_D$，那么这是有效的。当粒子的有效半径为 $\alpha \ll \lambda_D$ 时，情况也是如此。这种情形称为厚双层。因此，任何离子都被一个典型长度为 λ_D 的指数衰减静电势所包围。

对于如图 10-20 所示的平坦表面，德拜 – 赫克尔理论不再有效。更具体地说，平面电极是粒子半径为 $a \gg \lambda_D$ 的极限情况。这称为薄双层。在这种情况下，电势模型是由古依和查普曼确定的，其等势面是

$$\Phi(x) = \frac{2kT}{q} \ln\left(\frac{1 + \gamma e^{-\frac{x}{\lambda_D}}}{1 - \gamma e^{-\frac{x}{\lambda_D}}}\right) \approx \frac{4kT}{q} \gamma e^{-\frac{x}{\lambda_D}}$$

$$\gamma = \tanh(q\Phi_0 / 4kT) \tag{10-92}$$

其中，类似于古依 – 查普曼表达式，电势有一个德拜长度因子的指数衰减。

对于低电势（$\Phi_0 < 50\text{mV}$），式（10-92）成为具有相同指数衰减的德拜 – 赫克尔方程（10-90）的近似值。

古依 – 查普曼理论可以利用高斯定律求导式（10-92），估计平面电极扩散层单位面积的电荷，得到格雷厄姆方程：

$$\sigma_D = -\frac{\varepsilon}{\lambda_D} \Phi_D \frac{\sinh\left(\frac{z_i q}{2kT} \Phi_D\right)}{\left(\frac{z_i q}{2kT} \Phi_D\right)} \approx -\frac{\varepsilon}{\lambda_D} \Phi_D \tag{10-93}$$

其中，Φ_D 为扩散层电势，如图 10-20 所示。通常会忽略斯特恩层的影响，使扩散层电势等于电极电势 $\Phi_D \approx \Phi_0$。

到目前为止，我们已经处理了时间平稳的情况。然而，如果使电极电位发生改变（例如，小信号谐波的改变），就会有整个电势分布的对应变化，从而产生双层电荷的变化。我们可以估算电荷变化比与电势变化比（也称为差分电容）。因此，利用格雷厄姆方程，可以计算出扩散层差分电容值：

$$C_D = -\frac{d\sigma_E}{d\Phi_0} \approx \frac{d\sigma_D}{d\Phi_D} = \frac{\varepsilon}{\lambda_D}\cosh\left(\frac{z_i q}{2kT}\Phi_D\right) \approx \frac{\varepsilon}{\lambda_D} \equiv \left[\frac{F}{m^2}\right] \tag{10-94}$$

计算斯特恩层的电容更容易，因为电势的变化是线性的。因此，在计算总双层电容时，应该考虑一系列电容的不同贡献，如图 10-21 所示。

$$\frac{1}{C_{DL}} = \frac{1}{C_D} + \frac{1}{C_{S1}} + \frac{1}{C_{S2}} = \frac{\varepsilon_1}{d_1} + \frac{\varepsilon_2}{d_2} + \frac{\varepsilon}{\lambda_D} \approx \frac{\varepsilon}{\lambda_D} \tag{10-95}$$

其中 d_1 和 d_2 分别为 IHP 层和 OHP 层的宽度。这个近似成立是因为通常 $C_{S1}, C_{S2} \gg C_D$。

示例 对于 1mmol 氯化钾溶液，有 $\lambda_D \approx 10nm$ 和 $C_D \approx 70\times10^{-3}F/m^2 = 7.0\mu F/cm^2$，这是一个相当高的值，通常，双层电容的数量级为每平方厘米微法拉。

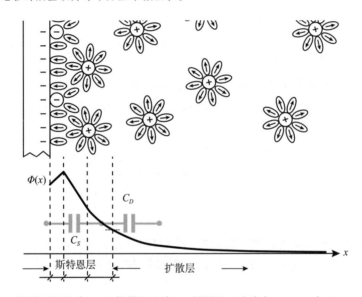

图 10-21 斯特恩层电容 C_S 和扩散层电容 C_D 的图示（改编自 Morgan 与 Green 的著作）

不幸的是，双层电容应该包括其他影响。第一个简化模型通过双层电阻 R_{DL} 在界面处引入了一个弛豫时间，如图 10-22a 所示，它在低频有效。在高频下，电极电势的作用就像直接施加到溶液上一样。因此，可以通过总阻抗减去溶液阻抗来估计界面阻抗。在电极特性相等的情况下，可以用图 10-22b 中的简化模型。需要注意的是，在溶液模型中，不包括如图 10-17 所示的水分子弛豫模型，因为相比于该模型所考虑的弛豫情形，它发生的频率太高。

从实验的角度来看，双层阻抗比简单串联电阻和电容表现出更复杂的行为。该行为遵循一个恒相位元件（Constant Phase Element，CPE）模型，定义为

$$Z_{DL} = Z_{CPE} = \frac{A}{(j\omega)^\beta} = \frac{A}{\omega^\beta}\left[\cos\left(\frac{\pi}{2}\beta\right) - j\sin\left(\frac{\pi}{2}\beta\right)\right]; \beta \in [0,1]$$

$$\beta = 1, Z_{CPE} \to C$$
$$\beta = 0, Z_{CPE} \to R \tag{10-96}$$

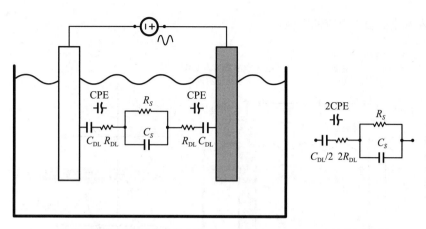

a）非法拉第过程的小信号集总模型　　　　b）简化的等效模型

图 10-22　非法拉第过程的小信号集总模型和简化的等效集总模型

在该范围的边界处，当 β 的值为 0 或 1 时，CPE 表现为电阻或电容阻抗。

在电路理论中，一个集总线性电路模型由变换域中的多项式方程来描述，因此不能在集总模型中用电阻或电容的组合来表示 CPE 效应。

然而，可以表明，CPE 是由电阻 – 电容（Resistor-Capacitor，RC）电路的无限阶梯网络描述的，如图 10-23 所示。

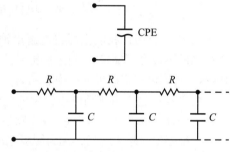

图 10-23　用无限 RC 电路网络表示恒相位元件

这意味着，从物理的角度来看，在界面上存在一个弛豫时间分布。因此，回到图 10-22，我们可以用 CPE 元件代替双层的电阻和电容部分。在模型中，可以通过考虑两个 CPE 阻抗的和来简化这两个界面的效果，和之前的情况一样。

使用式（10-92），它可以很容易地表示成 ⊖

$$\beta = -\frac{2}{\pi}\arctan\frac{\text{Im}\{Z\}}{\text{Re}\{Z\}} = -\frac{2}{\pi}\sphericalangle Z \tag{10-97}$$

注意 $\beta = 0.5 \rightarrow \sphericalangle Z = 45°$ 以及 $\beta = 1 \rightarrow \sphericalangle Z = 90°$。

10.2.5　电解电池中的法拉第过程

电极和溶液之间存在氧化还原反应的电荷转移，称为法拉第过程。一般来说，两个电极与一个溶液的相互作用可以描述为一个电化学电池，如图 10-24 所示。电化学电池可细分为两类：原电池，其中自发氧化还原反应对外部负载做电功；电解电池，其中驱动电动势 E 迫

⊖　通过式（8-1）计算的 β 仅对纯 CPE 有效。如果将 CPE 插入一个复杂的网络中，则该关系将不再有效。在这种情况下，指数参数只可以在 CPE 对电流 / 电压关系占主导地位的频率范围内进行估计，如 $\beta = -(2/\pi)\arctan\left(\Delta\text{Im}\{Z\}/\Delta\text{Re}\{Z\}\right)$。

使电流进入发生非自发反应的电池。

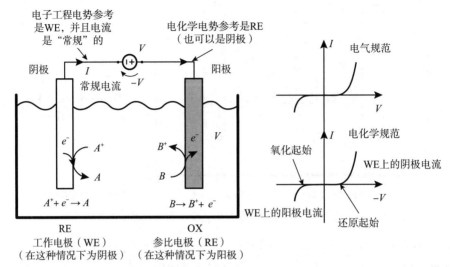

图 10-24　电解电池。A 在阴极处还原，B 在阳极处还原。注意，在这种情况下，阴极供应电
子，而在原电池中，阴极聚集电子。因此，对于这个电池，电流是由阴极发出的

在 10.3 节中，我们主要将电解电池作为最常见的生物传感案例。电子在每个电极和电极周围的溶液之间交换，发生半电池反应。半反应用来描述电极的氧化和还原过程。参照图 10-24，我们可以将电极的行为总结为：

- 阴极：这是由驱动电流供给的电子与溶液中存在的阳离子结合产生中性产物的电极。因此，还原反应 $A^+ + e^- \to A$ 发生在阴极，而物质 A 称作在阴极被"还原"。阴极的特征是电子进入电极，称为阴极电流。

- 阳极：这是溶液中一种物质 B 氧化反应为 $B \to B^+ + e^-$ 的电极，从而向电极提供电子，向溶液提供阳离子。这称作物质 B 在阳极上被"氧化"了。阳极的特征是电子从电极中流出，称为阳极电流。

> **警告**　图 10-24 表明了电化学（Electrochemistry，EC）和电气工程（Electrical Engineering，EE）中的常用惯例。在 EC 中，电位参考由参比电极（Reference Electrode，RE）给出，并认为正极电流（由电子构成）进入阴极。由于 EE 常规电流是由正电荷构成的，对于电力平衡惯例，最好使用工作电极（WE）作为参考，并将从阴极流出的常规电流视为正电极。这种对偶性在图 10-24 中得到了证明。注意，WE 对描述阴极或阳极 $I(V)$ 图的全部特征都是有用的。

10.2.6　电荷和质量传递效应

与电极相互作用时的电荷路径如图 10-25 所示。可以设计两类主要的带电载流子 / 电极过程：通过电子引起氧化还原反应，这种情况称为电荷传递效应；通过离子携带电荷，称为质量传递效应。

我们已经看到，根据玻尔兹曼统计，当有相反速率之间的平衡时，就会有一个电势。因此，图 10-25 中所示的任何双箭头都是电势差之间的速率交换。由此，因为净电荷率沿着路径是恒定的，一个集总元件模型可以通过一个电阻来描述这个过程，所以每个过程都有不同的电阻值，如图 10-25 所示。

溶液中的质量传递以多种形式发生，如迁移（漂移）、扩散、对流和电渗透。除了已讨论过的迁移之外，我们将只讨论扩散的影响。

在非自发氧化还原的情形下（如在电解槽中），如果对电极施加外部电势信号，就会迫使反应远离平衡，这样就可以在电极上看到电流。本节的一个任务是用电集总模型来模拟电解池的效应，通过电压信号和电流信号之间的比值来表示复阻抗。

当有一个法拉第过程时，情况如图 10-26 所示，可以总结为以下几点：

- 总静电流总是由传导电流和扩散电流的和给出，并且在系统的任何部分都是恒定的：$I = A \cdot (J_C + J_D)$。
- 远离电极，则电流由电场维持，因为带电物质的浓度是恒定的，等于体积浓度 C^∞。
- 靠近电极，离子被电极减少，因此它们的浓度呈现"抑制"状态。产生的扩散电流仅有一部分被德拜长度的电势梯度补偿。因此，总电流主要由界面处的扩散电流给出。
- 接近电极的浓度梯度取决于总电流的量。电流越大，梯度就越陡。但界面浓度 C^0 不能为负值。因此，条件 $C^0 \approx 0$ 设定了反应所能获得的最大电流，并被称为限制电流 I_L。

远离热力学平衡，利用式（10-13）、式（10-15）和式（10-23），并对反应坐标图进行一些简单的分析，它能够表明

$$v_c = C_O k_0 e^{-\frac{q\alpha}{kT}\Delta\Phi'}; \; v_a = C_R k_0 e^{\frac{q(1-\alpha)}{kT}\Delta\Phi'} \tag{10-98}$$

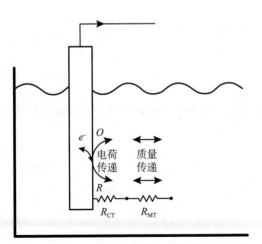

图 10-25　电化学界面中的电荷转移（改编自 Bard 和 Faulkner 的著作）

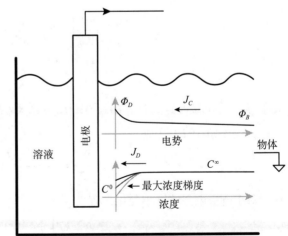

图 10-26　法拉第过程存在时的电解液电势和浓度

其中，v_c 和 v_a 是阴极和阳极的流速，$\alpha \in [0,1]$ 称为电荷传递系数，可以从化学反应图的斜率看出（见图 10-5），k_0 是比例常数，称为标准速率常数，$\Delta\Phi' = \Phi - \Phi_0$ 是电极电势相对于电池的标准电势的变化。这里采用的是电流的电气规范。

因此，总电流将与前后速度比率之间的不平衡有关：

$$I = zFA[v_a - v_c] = zFAk_0\left[C_R \mathrm{e}^{\frac{q(1-\alpha)}{kT}\Delta\Phi'} - C_O \mathrm{e}^{-\frac{q\alpha}{kT}\Delta\Phi'} \right] \tag{10-99}$$

这被称为电流 – 过电位方程，因为 $\Delta\Phi'$ 是相对于电池的标准电势的变化，z 是参与电极反应 $O + ze^- \leftrightarrow R$ 的电子化学计量数。

可以表明，用开路电势 $\Delta\Phi = \Phi - \Phi_{OC}$（见式（10-28）和 10.1.3 节的讨论）而不是标准电势作为参考，电流 - 过电位可以进一步简化为

$$I = zFA[v_a - v_c] = I_0\left[\frac{C_R^0}{C_R^\infty} \mathrm{e}^{-\frac{q\alpha}{kT}\Delta\Phi} - \frac{C_O^0}{C_O^\infty} \mathrm{e}^{\frac{q(1-\alpha)}{kT}\Delta\Phi} \right] = I_A + I_C \tag{10-100}$$

这被称为巴特勒 – 福尔默方程，其中 I_0 为交换电流，I_A 和 I_C 分别为阳极电流和阴极电流。

由于界面处的浓度不能为负值（见图 10-26），因此浓度梯度上限限制了总电流。所以，可以将这种条件与实验极限电流 I_{LO} 和 I_{LR} 联系起来：

$$\frac{C_O^0}{C_O^\infty} = \left(1 - \frac{I}{I_{LO}}\right); \quad \frac{C_R^0}{C_R^\infty} = \left(1 - \frac{I}{I_{LR}}\right) \tag{10-101}$$

当 $I = I_L$ 时，显然 $C^0 = 0$。现在，我们可以考虑当前函数存在三个变量的情况，$I = I\left(C_O^0, C_R^0, \Phi\right)$，采用变分法：

$$\frac{\Delta I}{I_0} = \frac{\mathrm{d}I}{\mathrm{d}C_O^0}\bigg|_o \Delta C_O^0 + \frac{\mathrm{d}I}{\mathrm{d}C_R^0}\bigg|_o \Delta C_R^0 + \frac{\mathrm{d}I}{\mathrm{d}\Phi}\bigg|_o \Delta\Phi$$

$$= \frac{\Delta C_R^0}{C_R^\infty} - \frac{\Delta C_O^0}{C_O^\infty} + \frac{q}{kT}\Delta\Phi \tag{10-102}$$

其中导数是在参考点上计算的，$0 \equiv \left\{ C_O^0 = C_O^\infty, \ C_R^0 = C_R^\infty, \ \Delta\Phi = 0 \right\}$，通过利用式（10-101）的关系，式（10-102）变成

$$\frac{\Delta I}{I_0} = -\frac{\Delta I}{I_{LR}} + \frac{\Delta I}{I_{LO}} + \frac{q}{kT}\Delta\Phi \tag{10-103}$$

对于电极电势的微小变化，有

$$\frac{\Delta\Phi}{\Delta I} = \frac{kT}{q}\left[\frac{1}{I_0} + \frac{2}{I_L} \right] = R_{CT} + R_{MT} \tag{10-104}$$

为了简单起见，我们可以使 $I_{LR} = -I_{LO} = I_L$。此外，像往常一样，$kT/q = RT/F$。毫不奇怪，式（10-104）类似于半导体结的小信号电阻，因为两者都是由麦克斯韦 – 玻尔兹曼热力

学得到的。

根据这两个分量绘制式（10-100）是很有趣的，如图 10-27 所示。交换电流是两个分量与 y 轴的交点，它越大，$I = F(\Phi)$ 特征的斜率就越高。

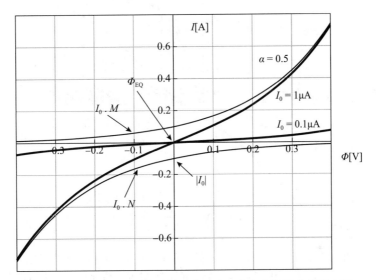

图 10-27　根据式（10-100）得出的电极 – 溶液法拉第过程的电流 –
电压特性，未考虑限制电流效应

式（10-100）与式（10-101）的曲线图如图 10-28 所示。由于交换电流与反应动力学有关，所以它越小，电荷交换就越慢。因此，达到相同电流的过电位应该越高。注意，电荷传递电阻是原点特征斜率的倒数，在任何情况下，它都受到质量传递电阻的限制。一般来说，由于电流的限制，我们假设电荷传递电阻大于质量传递电阻。

总之，电势 – 电流图可以显示重要的特征，从中我们可以评估集总模型组成部分，如质量传递和电荷传递等效电阻。

10.2.7　扩散的复杂效应

到目前为止，我们已经讨论了由于扩散引起的质量传递效应对极限电流的影响。然而，基于浓度分布调制的扩散，还存在其他质量传递效应，目的是推导出一个考虑扩散剖面效应的等效集总电模型。我们必须从扩散控制定律开始，并将它们转化为一个正弦状态。

菲克第二扩散定律显示了浓度分布 $C = C(x, t)$ 的时间演化：

$$\frac{dC}{dt} = D \frac{d^2 C}{dx^2}, \quad C = C(x, t) \tag{10-105}$$

现在，采用正弦小信号状态，这个变量可以写成

$$C(x, t) = \langle C(x, t) \rangle + c(x, t) = \langle C(x, t) \rangle + \mathrm{Re}\left\{ c(x, j\omega) \mathrm{e}^{j\omega t} \right\} \xrightarrow{F} C(x, j\omega) \tag{10-106}$$

其中，$c(x,t)$ 为浓度分布的扰动，$C(x,j\omega)$ 是浓度 $c(x,t)$ 的时间变量的变换，即平均值附近的振荡振幅 ⊖。

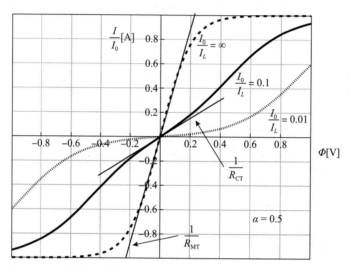

图 10-28   根据式（10-100）得出的电极 – 溶液法拉第过程电流 – 电压特性，考虑扩散限制质量传递效应以及式（10-101）对于不同交换 / 限制电流的比值

为了表征一个等效的集总模型，我们必须评估两个时变变量：电势和相应的电流的比率。首先，有

$$\Phi(x,t) = \frac{kT}{zq}\ln\frac{C(x,t)}{C^\infty} = \frac{kT}{zq}\ln\frac{C^\infty + c(x,t)}{C^\infty} \simeq \frac{kT}{zq}\frac{c(x,t)}{C^\infty}$$

$$\rightarrow \Phi(x,j\omega) = \frac{kT}{zq}\frac{1}{C^\infty}C(x,j\omega) \tag{10-107}$$

其次，使用扩散电流的变换（因为它是漂移 – 扩散模型中界面的主要贡献），利用式（10-44），有

$$I(x,t) = -zFAD\cdot\frac{\mathrm{d}C(x,t)}{\mathrm{d}x}$$

$$\rightarrow I(x,j\omega) = -zFAD\cdot\frac{\mathrm{d}C(x,j\omega)}{\mathrm{d}x} = -zFAD\cdot C'(x,j\omega) \tag{10-108}$$

其中，$C'(j\omega)$ 是浓度变换相对于空间的导数。

因此，电极上看到的阻抗可以视为电势与界面处相应电流的比值：

$$Z(j\omega) = \frac{\Phi(0,j\omega)}{I(0,j\omega)} = -\frac{kT}{(z)^2 qFADC^\infty}\cdot\frac{C(0,j\omega)}{C'(0,j\omega)} \tag{10-109}$$

⊖   在 $C(x,j\omega)$（浓度随时间变化的变换）中，我们没有使用符号 Δ 来避免与空间的变化相混淆。

然后，对式（10-105）的两边应用傅里叶变换（在时域上），有

$$j\omega \cdot C(x, j\omega) = D\frac{d^2 C(x, j\omega)}{dx^2} \rightarrow C(x, j\omega) = \frac{D}{j\omega}\frac{d^2 C(x, j\omega)}{dx^2} \tag{10-110}$$

它的通解是以下形式：

$$C(x, j\omega) = M\sinh\left(\sqrt{\frac{j\omega}{D}}x\right) + N\cosh\left(\sqrt{\frac{j\omega}{D}}x\right) \tag{10-111}$$

其中，M 和 N 是常数。

现在，在本体长度无限的情况下，扰动离电极的距离可以忽略不计，因此，应用这个边界条件，有

$$C(x, j\omega) \xrightarrow{x \to \infty} 0, \Leftrightarrow M = -N$$

$$C(x, j\omega) = Me^{-\sqrt{\frac{j\omega}{D}}x} \tag{10-112}$$

因此

$$\frac{C(0, j\omega)}{C'(0, j\omega)} = -\sqrt{\frac{D}{j\omega}} \tag{10-113}$$

为了更好地理解扩散的影响，图 10-29 显示了由式（10-113）的逆变换得到的浓度变化，即浓度分布对施加在电极上的正弦扰动的时间响应。上述变化与图 10-26 所示的浓度梯度叠加，其中一部分如图 10-29 所示，渐近于本体浓度梯度。

如图所示，扩散过程还应考虑

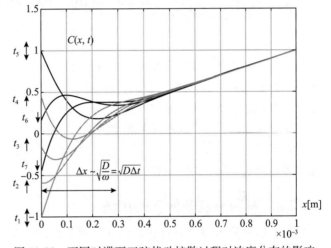

图 10-29 不同时滞下正弦扰动扩散过程对浓度分布的影响。这种行为来源于 $\mathrm{Re}\left[C(x, j\omega)\exp(j\omega t)\right]$，$C(x, j\omega)$ 由式（10-112）给出。将扰动叠加为图 10-26 所示的扩散梯度。$D = 7.93 \times 10^{-9}\,\mathrm{m^2/s}\,(\mathrm{Ca{++}})$，$\omega = 0.1\mathrm{rad/s}$，$M = 1$，还要注意，相同 $C(0, t)$ 的浓度剖面取决于运动方向（如箭头所示）

施加扰动时的角速度。扰动越慢，对浓度的调制就越深。在任何情况下，扩散过程和角速度的平衡改变了剖面的梯度，这与界面的电流有关。因此，理解外部电势和由此产生的电流之间的正弦状态关系，有助于我们模拟一个等效的电路集总元件。

考虑到氧化剂和还原剂的贡献，有

$$Z_W(j\omega) = -\frac{kT}{(z)^2 qFAD} \cdot \left[\frac{1}{C_O^\infty}\frac{C_O^\infty(0, j\omega)}{C_O^{\infty\prime}(0, j\omega)} + \frac{1}{C_R^\infty}\frac{C_R^\infty(0, j\omega)}{C_R^{\infty\prime}(0, j\omega)}\right]$$

$$= \frac{kT}{(z)^2 qFAC_O^\infty}\frac{1}{\sqrt{j\omega D_O}} + \frac{kT}{(z)^2 qFAC_R^\infty}\frac{1}{\sqrt{j\omega D_R}} = \sigma\left(\frac{1}{\sqrt{\omega}} - j\frac{1}{\sqrt{\omega}}\right)$$

$$\sigma = \frac{kT}{(z)^2 qFA\sqrt{2}\left(C_O^\infty\sqrt{D_O} + C_R^\infty\sqrt{D_R}\right)} \tag{10-114}$$

其中，C^∞ 是指物质的本体浓度，采用恒等式 $\sqrt{j}=\left(1/\sqrt{2}\right)(1+j)$，$\sigma\equiv\left[\Omega\cdot s^{1/2}\right]$ 是瓦尔堡常数 $\ominus$，请注意，我们已经改变了还原项的符号，因为它与电流方向符号相反。

因此，考虑式（10-104），而忽略质量传递贡献，法拉第过程的电阻路径的总体表达式为

$$R_{\text{TOT}}=R_{\text{CT}}+Z_{\text{W}}=\frac{kT}{qI_0}+\frac{\sigma\sqrt{2}}{\sqrt{j\omega}} \tag{10-115}$$

瓦尔堡阻抗是 CPE 的一种特殊情况，其中 $\beta=0.5$，然而，它有一个完全不同的物理过程。

还应该观察到扩散方程（10-105）还描述了信号存在有线耗散时的传输，如图 10-23 所示：

$$\frac{dV}{dt}=\frac{1}{RC}\frac{d^2V}{dx^2},\ V=V(x,t) \tag{10-116}$$

其中，$V(x,t)$ 为线上的电压信号。基于上述原因，瓦尔堡阻抗（如 CPE 元件）不能由有限数量的集总电路元件来建模，因为在这种情况下，阻抗是一个基于多项式函数变换的变量。相反，任何 CPE 元件都可以由无限数量的电路元件来建模，如图 10-23 所示。

注意式（10-112）依赖于角频率的平方。事实上，受布朗运动影响的粒子的均方位移基于扩散系数 $\Delta x\sim\sqrt{D\Delta t}=\sqrt{D/\omega}$。因此，如图 10-29 所示，扰动深度与粒子根据布朗运动覆盖这条路径所需的平均时间有关。

10.2.8　有限长度条件下的扩散

扩散的效果可能受到目前讨论的边界条件的影响，如图 10-30a 所示，其中仅说明了浓度扰动 $c(x,t)$。更具体地说，有两种有趣的情况：一种是扩散扰动远远大于电极间距，如图 10-30b 所示。在这种情况下，浓度扰动曲线可以近似为一阶线性，因为另一侧的反电极浓度固定。后一种行为在燃料电池中很典型，称为有限长度瓦尔堡（Finite-Length Warburg，FLW）行为。从电势分布的角度来看，很明显，其行为与电阻非常相似。

它能够表明扩散方程（10-105）在一个有限长度下的通解是

$$C(x,j\omega)=M\sinh\left(\sqrt{\frac{j\omega}{D}}(x-L)\right)+N\cosh\left(\sqrt{\frac{j\omega}{D}}(x-L)\right) \tag{10-117}$$

因此，由于器件的长度比扩散的长度短，有

$$C(L,j\omega)=0,\ \Leftrightarrow N=0$$

$$C(x,j\omega)=M\sinh\left(\sqrt{\frac{j\omega}{D}}(x-L)\right)\rightarrow-\frac{C(0,j\omega)}{C(0,j\omega)}=\sqrt{\frac{D}{j\omega}}\sinh\left(\sqrt{\frac{j\omega}{D}}L\right) \tag{10-118}$$

然后将该表达式代入式（10-114），FLW 阻抗表达式为

$$Z_W(j\omega)=\frac{\sigma\sqrt{2}}{\sqrt{j\omega}}\tanh\left(\sqrt{\frac{j\omega}{D}}L\right) \tag{10-119}$$

$\ominus$　希腊符号西格玛没有电导的维度，不应该与之混淆。

第二个有趣的情况是，电极没有固定浓度，如图 10-30c 所示。这种情况被称为有限空间瓦尔堡（Finite-Space Warburg, FSW）行为，是锂离子电池的典型情况。如图 10-30 所示，反电极上的浓度没有限制，因此不存在氧化还原反应。因此，它也被称为阻塞或不渗透的电极条件。

在这种情况下，我们知道边界处浓度的导数是 0：

$$C'(L, j\omega) = 0, \iff M = 0$$

$$C(x, j\omega) = N\cosh\left(\sqrt{\frac{j\omega}{D}}(x - L)\right)$$

$$\rightarrow -\frac{C(0, j\omega)}{C(0, j\omega)} = \sqrt{\frac{D}{j\omega}}\coth\left(\sqrt{\frac{j\omega}{D}}L\right) \quad （10\text{-}120）$$

同样，将该表达式替换入式（10-114），FSW 阻抗表达式为

$$Z_W(j\omega) = \frac{\sigma\sqrt{2}}{\sqrt{j\omega}}\coth\left(\sqrt{\frac{j\omega}{D}}L\right) \quad （10\text{-}121）$$

从电势的角度来看，它的行为与电容非常相似。

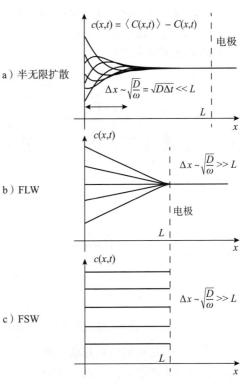

图 10-30　扩散过程中的边界条件

10.2.9　兰德尔斯模型

如果我们同时考虑界面上的氧化还原和电荷积累过程，就可以建立离子 / 电子界面的兰德尔斯模型，如图 10-31 所示，该模型考虑了前面讨论的大部分物理现象。

兰德尔斯模型包括电荷转移电阻 R_{CT}、溶液电阻 R_S、可以用 CPE 表示的双层电容 C_{DL}，以及瓦尔堡阻抗建模的扩散过程。该模型可以与求解模型一起组合，如图 10-31 所示。

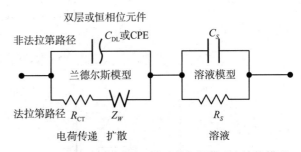

图 10-31　离子 / 电子界面的兰德尔斯模型和溶液模型

10.2.10　借助于科尔 – 科尔图和伯德图的模型分析

我们已经展示了在复介电常数的情况下的科尔 – 科尔图。典型的效果是阻抗或导纳的实部参数频率曲线与同一实体的虚部参数频率曲线。在这方面，科尔 – 科尔图只不过是一个具有负轴的奈奎斯特图，它是正弦信号关系（振幅和相位或实部和虚部）以及其他关系的图像表示，如伯德图一样。我们将说明一些简单的科尔 – 科尔图示例，以更好地理解它的

主要特征。

在简单并联和串联 RC 电路的情况下，有图 10-32 所示的曲线，其中曲线以 $\omega = 0$ 开始，以 $\omega = \infty$ 结束。请注意，在 Z 和 Y 两种拓扑中，曲线的形状是不对称的。阻抗和导纳科尔 – 科尔图也分别称为 Z 弧图和 Y 弧图。

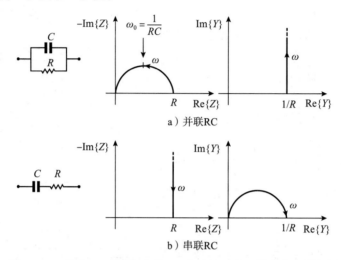

a）并联RC

b）串联RC

图 10-32　并联 RC 电路和串联 RC 电路的 Z 和 Y 域科尔 – 科尔图

在 RC 电路有串联和并联两种情况下（即两个时间常数），如图 10-33 所示，半圆向右偏移，偏移量为串联电阻值 R_1。本例适用于图 10-22 中所示的非法拉第模型。

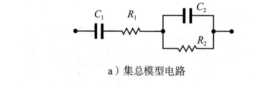

a）集总模型电路

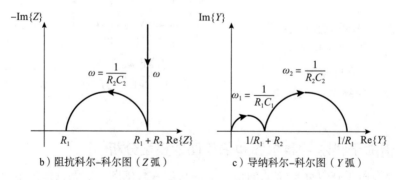

b）阻抗科尔–科尔图（Z 弧）　　c）导纳科尔–科尔图（Y 弧）

图 10-33　带串联电阻的 RC 并联电路科尔 – 科尔图

如图 10-34 所示，在两个并联 RC 时间常数的情况下，阻抗科尔 – 科尔图具有两个半圆凸起的特征。首先展示了两个极点高度分离的情况，因此半圆很明显；然后显示了当两个时间常数相当接近时，即两个半圆相交时所发生的情况。

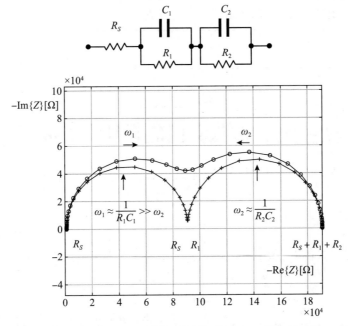

图 10-34　两个并联 RC 时间常数系统的阻抗科尔 – 科尔图。第一个例
子两个极点相差 20 倍，第二个例子两个极点相差 1000 倍

图 10-22 中的非法拉第过程的标准化科尔 – 科尔图如图 10-35 所示，其中溶液的电导率不同。半圆由溶液的 RC 定义，而界面定义了直线。直线的斜率越低，CPE 的指数就越低。很容易表明，对于 $\beta = 1$，线是垂直的（作为电容），而 $\beta = 1/2$，对于相等单位的轴，直线的斜率为 45°。低频率的大部分特征都在直线上，只有非常高的频率表示为半圆上的点，因为溶液的时间常数很小。

在扩散的情况下，使用兰德尔斯模型和图 10-31 中先前引入的溶液模型（见图 10-36a）是有用的。在半无限体积中有两个半圆，一个是溶液（在非常高的频率下），另一个的时间常数与双层电容和电荷传递电阻有关。带有实轴的半圆的边界分别为 0、R_S 和 $R_S + R_{CT}$。在非常低的频率下，扩散开始发挥作用，图像呈斜率为 45° 的直线，因为瓦尔堡元件是 $\beta = 1/2$ 的 CPE 阻抗。也很容易证明渐近线与实轴的交点是 $\sigma^2 C_{DL}$，在 $R_S + R_{CT}$ 之前。如果扩散过程是强烈的，直线向左移动，甚至可以完全隐藏半圆。

在有限长度扩散（FLW）的情况下，瓦尔堡阻抗的电阻行为与电荷传递电阻耦合，在双层电容中产生一个时间常数，可以在科尔 – 科尔图中非常低频率的第三个半圆中印证。

最后，在有限空间扩散（FSW）的情况下，这种行为就像一个非法拉第过程（阻塞电极），在非常低的频率下，图形遵循一条与电容情况一样的直线。

> **警告** 当扩散过程包含在模型中时，我们不能将阻抗的长度和面积归一化（如式（10-82）和式（10-83）所示），因为瓦尔堡阻抗与它们不成比例。

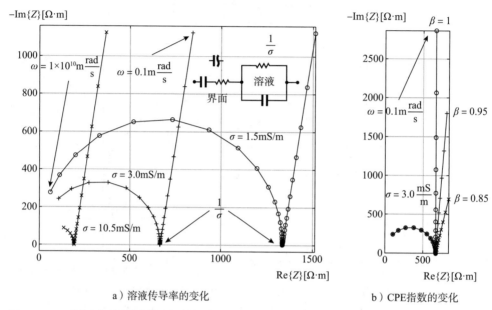

图 10-35　不同浓度的氯化钾溶液（1E-4mol/L、2E-4 mol/L 和 7E-4mol/L）对图 10-22 中的非法拉第模型（阻塞电极）进行归一化的科尔 – 科尔图。需要指出的是，对于非常高的频率（例如，1.5mS/m 时为 1.9GHz），溶液传导率的半圆达到最大

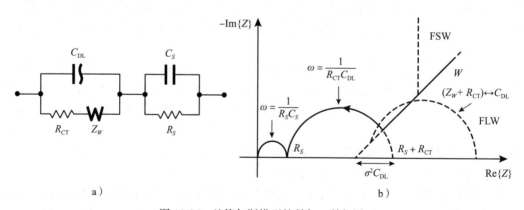

图 10-36　兰德尔斯模型的科尔 – 科尔图

图 10-37 显示了科尔 – 兰德尔斯模型的科尔 – 科尔图的模拟示例，其中包括了三种情况。有趣的是，当扩散长度 $\Delta x = \sqrt{D/\omega}$ 大于本体（100μm）时，FLW 和 FSW 的行为就开始了。当扩散长度 $\Delta x \sim 100$μm 时，效应从 $\omega = 0.2$rad / s 开始。

注意，因为溶液引起的半圆比其他影响引起的半圆小，所以在放大图中显示。

通过伯德图看到相同的模是很有趣的。伯德图表明了模值（或幅度）$|Z| = \sqrt{\text{Re}\{Z\}^2 + \text{Im}\{Z\}^2}$ 和阻抗相位 $\lhd Z = \arctan\left(\text{Im}\{Z\}/\text{Re}\{Z\}\right)$ 与频率的关系。

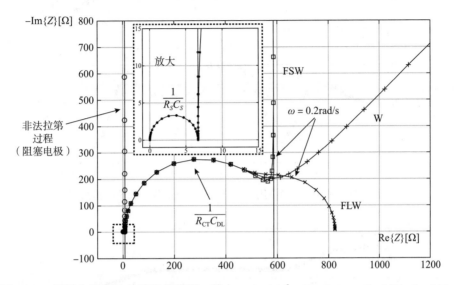

图 10-37　模拟水溶液的兰德尔斯模型，其中，$A = 1\text{cm}^2$，$L = 1\text{mm}$，$C = 20E - 4\text{mol}/\text{L}$，$C_{DL} = 70E - 3\text{F}/\text{m}^2$，$D = 2E - 9\text{m}^2/\text{s}$，得出瓦尔堡常数 $\sigma = 101.5\Omega \cdot \text{s}^{1/2}$，然后，为了显示有限长度条件的影响，长度被限制在 $100\mu\text{m}$。这个示例满足基于上述值的教学目的，可能不满足实际需求

图 10-38 为兰德尔斯模型的伯德图，其科尔 – 科尔图如图 10-37 所示。对于扩散占主导地位的低频，幅度的斜率为 $-1/2\,[\text{dec/dec}]$（这意味着每十倍频幅度增长五倍），并从 $-45°$ 相位开始。然后，随着电荷传递的极点，该幅度以 $-1[\text{dec/dec}]$ 的斜率下降，最后，在非常高的频率下，由于溶液极点为常数，因此斜率一元化。相位的变化可以很容易地在科尔 – 科尔图中显示。

一个类似的图能够说明 FSW 和 FLW 的行为，如图 10-39 所示。如图所示，主要的差异是在低频率下，FLW 和 FSW 相位分别达到 $-90°$ 或 $0°$。在这种情况下，科尔 – 科尔图能够更好地表示信息所驻留的位置，然而，没有通用规则，根据应用情况我们能够设计出复阻抗的最佳表示。

阻抗谱在理解或检测纳米级过程方面非常强大。例如，一个表面的纳米孔隙可以显著地改变扩散过程，能够很容易地通过阻抗谱检测到。

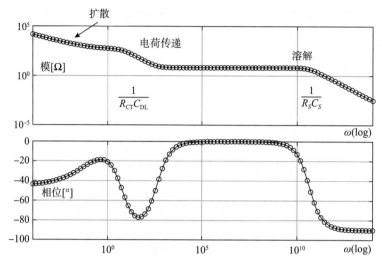

图 10-38　图 10-37 中使用的兰德尔斯模型的模和相位的伯德图

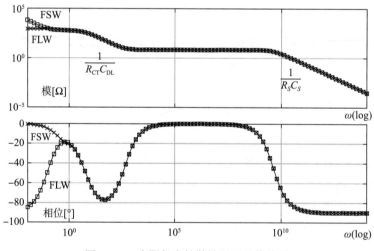

图 10-39　有限长度扩散情况下的伯德图

10.3　生物化学传感

10.3.1　基本原理

　　生物传感是最大的传感领域之一。一般来说，生物传感器与旨在测量来自生命活动或产物信号的传感器技术有关，而且它与生物化学密切相关。生物传感器的激励可以是身体和组织的物理性质、生物数量和浓度、细胞或生物分子计数，以及其他变量。

　　然而，生物传感器是在一个更有限的定义中提供生物化学分析的定量信息的传感器。根据我们的传感器分类,更多地基于传感的接口架构而不是应用,本节将重点介绍电化学接口,而其他生物传感方法采用光学和机械转换,这些生物传感方法将不被涵盖。

正如所讨论的,生物学中的电信号是用离子传输来表示的,因为生命是以水为基础并从水进化而来的,在水中只有离子可以传输电荷。因此,在电化学生物传感器中,电极将作为生物环境的离子信号与图 10-40 所示的固态、电子基电气工程和信息技术平台之间的接口发挥重要作用。

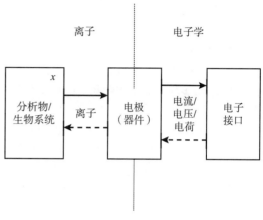

图 10-40　(生物)化学接口的概念

信号要么是由生物物理的离子位移引起电极中电荷的变化,要么是由法拉第过程给出的电流与电压的关系。主要有两种情况:第一种情况下,电子接口仅通过电流、电压或电荷的变化来记录离子的位移,如图 10-40 中的实心箭头所示。例如,一种记录生物电势(EEG,ECG)的生物传感器就是基于这种方法的。

在第二种情况下,电子界面引起电极随时间的电变化(如图 10-40 中的虚线箭头所示),并检测电压、电流或电荷的感应变化。例如,基于阻抗谱或伏安法的化学或生物传感器就基于这种方法。上述示例适用于法拉第或非法拉第过程。

如前所述,离子交换遵循几种方式,如图 10-41 所示。在第一种情况下(见图 10-41a),氧化还原建立了化学空间和物理空间的直接联系。关系 $\Delta G = -zF\Delta\Phi$ 是两种环境之间的基本纽带。这意味着,在定义电势空间的任何点上,化学变量的变化是通过上述关系来定义的。反过来,这也造成了载流子浓度的变化,这在漂移 – 扩散传输方程中是平衡的。有两种情况可以用图 10-41a 的方案来实现(生物)传感:

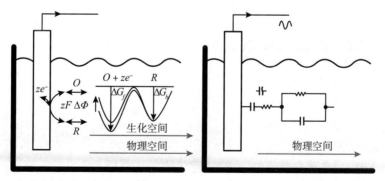

a)存在法拉第过程的生物传感示意图　　b)非法拉第过程的生物传感示意图

图 10-41　存在法拉第和非法拉第过程时的生物传感概念示意图

- 氧化还原不是自发的,但可以通过使用外部电势来暂时改变平衡。在这种情况下(电解槽），我们应该施加一个外部电功来感知反应的性质。

- 自发氧化还原反应确定了电极电势。在这种情况下，我们可以通过开路电压传感方法来监测反应 / 过程的特征。

当然，这种感知方法有许多可能的组合 / 变体。当不存在氧化还原时，相互作用基本上是在物理方面，如图 10-41b 所示。在这种情况下，与物质的相互作用本质上是基于材料的极化和传导特性。

在图 10-42 中，我们描绘了在界面上可以感知到的几个过程：

- 激励（携带信息的变量）决定了离子界面中离子的位移，从而在电极侧发生相应的电子位移。两个界面之间不存在电荷交换（见图 10-42a）。电荷的位移可以被感知为电容或阻抗的变化。这种方法可以扩展到电极用电子器件（ISFET、纳米线、纳米带、纳米管）取代，在这种情况下，其电导率（图 10-42a 中的水平箭头）随着界面附近的离子数量而变化。

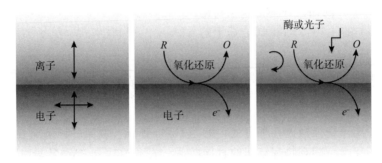

a）界面之间没有发生　　b）氧化还原反应实现了　　c）类似于 b，但氧化
　电荷交换　　　　　　　界面之间的电荷交换　　　还原是被酶（E）或
　　　　　　　　　　　　　　　　　　　　　　　　光子（hv）激活的

图 10-42　在（生物）化学界面上的离子交换过程

- 激励在界面处触发氧化还原反应，如图 10-42b 所示。在这种情况下，界面之间存在一个电荷交换。因此，与反应相关的激励可以通过电极间接测量。

- 氧化还原还受到其他几种化学反应链的控制，如图 10-42c所示。例如，激励可以触发基于酶的氧化还原。在其他例子中，氧化还原的触发是由外部能量激活的，比如来自光的能量（光电化学传感）。

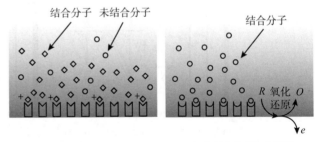

a）电极表面被目标分子　　b）分子位点的结合激活
　的生物受体功能化　　　　界面的氧化还原反应

图 10-43　表面功能化的方法

另一种强大的生物传感方法是基于功能化的概念。电极的表面覆盖着针对特定（生物）化学分子目标

的分子层。如图 10-43a 所示，这些分子（结合位点或受体）相对于激励的目标分子具有亲和性。亲和性是一种分子特征，其中结合位点相对于目标具有互补的三维分子结构，从而与目标进入化学平衡。分子的亲和性对于在生物传感中实现极高的特异性（即选择性）是非常重要的。目标分子与结合位点的连接诱使了电子界面的电荷位移，该位移可以被检测到。在更复杂的方法中（见图 10-43b），电极表面被功能化；然而，分子结合效应激活了电子界面可以检测到的氧化还原反应。

10.3.2　电极极化方法

如图 10-44a 所示，电解质－电极界面可以用准静态特性描述。也可以是非线性的，用方程描述：

$$F(V, I) = 0 \tag{10-122}$$

只有当使用随时间变化得极慢的电压来改变偏置点时，这才成立。例如，如果施加一个变化非常缓慢的电压并测量相应的电流，将得到图 10-44a。

I-V 平面上偏置点随时间的变化称为轨迹。如果激励非常慢，则轨迹的路径遵循随驱动力的增加或减少而变化的静态特性（见式（10-122））。如果激励速度非常快，则其运动轨迹就会偏离静态特性。如果激励是循环的，通过不断等量增加和减少驱动力，轨迹将遵循一条由系统的动态行为决定的封闭线。在小信号正弦状态下，轨道由等效集总电路模型的时变元件定义。

界面的一般准静态特性如图 10-44a 显示：一个是开路点，即无负载时界面显示的电势，因此没有电流穿过结构（式（10-28）中的 Φ_{OC}）。另一个是短路点，当它被短路时，通过界面流动的电流可以确定该短路点。

电解槽曲线的某些部分可以显示非法拉第行为，如图 10-44b 所示。因此，在这个

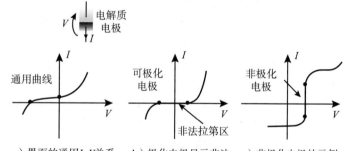

a）界面的通用 I-V 关系。这两点被称为开路偏置点和短路偏置点　　b）极化电极显示非法拉第行为的特性　　c）非极化电极的示例

图 10-44　电化学界面与标准参考电极的准静态电压－电流关系

区域中，电极是可极化的，需要使用一个外部电势来固定偏置点。一般来说，这个区域的大小取决于电极材料的类型和发生的反应。该区域没有自发反应，只能通过控制电极电压来激活。在这些偏置点附近，电流跟随电流－过电位方程（10-99）开始指数行为。

在电极界面上发生自发的氧化还原反应，其电势由热力学平衡固定。这种电极可以作为生物传感的参考电极，例如银／氯（Ag/AgCl）电极。其典型特征如图 10-44c 所示，其中曲线的一部分为垂直截面。这意味着对于包含在该分段范围内的任何电流，电极的电压是固定的。这种行为也被称为非极化电极。

现在，我们将看到（生物）化学传感中可能采用的电极极化方法。图 10-45 总结了三种可能的方法：

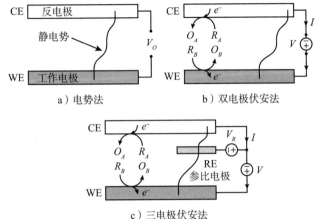

- 电势法（见图 10-45a）。电势通过界面被感知，没有任何偏置。由激励（需要感知的变量）引起的静电势的变化由电压放大器读出。一个具有已知电位的电极称为参比电极或反电极（Counter Electrode，CE），而观察到反应的电极称为工作电极（Working Electrode，WE）。

a）电势法　　b）双电极伏安法

c）三电极伏安法

图 10-45　电极激发

- 双电极伏安法（见图 10-45b）。在法拉第过程的情况下，存在氧化还原反应来固定当前状态。对界面施加外部驱动电势 E，并测量相应的界面电流 I。电势可以是静态的或时变的。同样，电极的特征是具有已知电位，例如使用非极化电极。

- 三电极伏安法（见图 10-45c）。双电极结构的问题是电极也给出了电流的关系。如果溶液的电势未知，那么重构特征可能会有问题。因此，引入了参比电极（Reference Electrode，RE）。RE 使用一个已知的氧化还原电位来固定溶液的电位。因此，WE 的特性中可以忽略 CE 的 I-V 关系。

一种叫作稳压器的电子技术可以更好地实现三电极方法。从图 10-45a 所示的电极方案开始，将参比电极插入 OPAMP 的负反馈回路中，如图 10-45b 所示。RE 通常是非极化电极，其表面差分电位是已知的，如 Ag/AgCl 电极。负反馈的作用使得 RE 电势等于 E。因此，V 改变了 WE 的电势降，而不考虑 CE 的电势降。同时，从 CE 流出的电流等于进入 WE 的电流，因为 RE 中没有电流流动。

电流变量也可以通过使用电流 – 电压转换器（连续时间方法）或电荷积分器（离散时间方法）来感知，如图 10-46c 所示。最后，通过一个变化非常缓慢的 V 或采用一个时变驱动电势的时间响应特性，可以使用稳压器界面来确定时间响应特性。

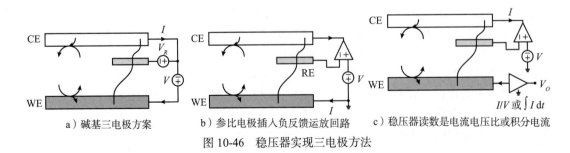

a）碱基三电极方案　　b）参比电极插入负反馈运放回路　　c）稳压器读数是电流电压比或积分电流

图 10-46　稳压器实现三电极方法

10.3.3　稳压器的应用

稳压器是一种通用界面，可以用于多种配置，还能根据不同的工作机制来检查（生物）化学反应。

第一个应用是阻抗伏安法。使用正弦电压信号围绕静态特性的偏置点激励界面，并在如图 10-47 所示的相同区域内监测电流。当然，由于函数可以是非线性的，因此输出是一个扭曲的正弦波形，失真取决于激励的大小和偏置点的位置特征。如图 10-47a 所示，由于参考点位于函数的一个几乎为线性的部分，因此信号发生了弱失真。另外，图 10-47b 显示了输入强度和偏置点位置导致的波形高度失真的情况。这种关系也可以变换为以电流为激励来感应电位下降；然而，在这种情况下，稳压器的结构应该被修改。

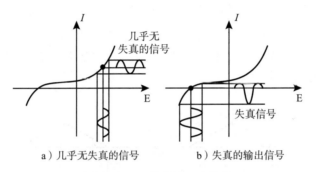

a）几乎无失真的信号　　　　b）失真的输出信号

图 10-47　阻抗谱的正弦状态

根据幂级数展开近似，在小信号系统中，采用了一种理想的小谐波激励。

使用相量表示法，电流 / 电压信号可以被描述为

$$V(t) = |V|\cos(\omega t + \varphi) = \text{Re}\{V(j\omega)e^{j\omega t}\}$$
$$I(t) = |I|\cos(\omega t) = \text{Re}\{I(j\omega)e^{j\omega t}\}$$

（10-123）

其中 ω 为角频率，φ 为正弦波形的相位。参考值（在这种情况下，是电流）通常假设为零相位，如图 10-48 所示。使用复数表示，阻抗被定义为

$$\left. \begin{array}{l} V(j\omega) = |V|e^{j\varphi} \\ I(j\omega) = |I|e^{j0} \end{array} \right\} \to Z(j\omega) = \frac{V}{I}(j\omega) = \frac{|V|}{|I|}e^{j\varphi}$$
$$= |Z|e^{j\sphericalangle Z} = \text{Re}(Z) + j \cdot \text{Im}(Z)$$
$$I(t) = |Z|\cos(\omega t + \sphericalangle Z)$$

（10-124）

其中，$\sphericalangle Z$ 是阻抗的辐角。

有了这个设置，阻抗伏安法就能够用于采集感知阻抗的振幅与相位对于频率的关系，我们已经把感知阻抗称为阻抗谱（Impedance Spectroscopy，IS）。IS 的领域之一是特征化具有复杂谱的物理系统，并建立一个可能的电路集总模型，如已经讨论过的那样。该电路模型有助于确定界面的物理洞察力，即便是在纳米尺度上。重要的是，电流和电压的大小和相位关系能够用拓扑上不同但电路上等效的模型来描述，如图 10-49b~ 图 10-49d 所示。

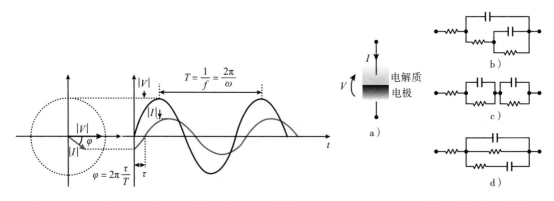

图 10-48 电压和电流之间的正弦关系产生了阻抗的概念　图 10-49 电化学界面的线性电路模型

　　能够用于稳压器的另一种技术是循环伏安法，如图 10-50 所示。与阻抗伏安法不同的是，即使对于强非线性系统，循环伏安法也是非常强大的。它基于在界面上施加瞬态电压来确定电流－电压关系的时间特性。

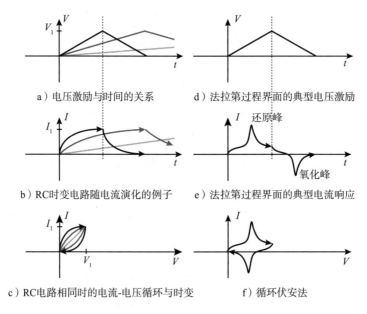

图 10-50 循环伏安法技术

　　如果激励非常缓慢，I-V 对的轨迹在变量的增加和减少中都遵循"静态特性"。然而，如果用一个快速变化的变量，I-V 关系的轨迹偏离了静态特性。例如，如果如图 10-50a 所示的RC 模型施加电压扫描，对应的电流如图 10-50b 所示。请注意，电流响应越快，在上升和下降阶段的电压坡度就越陡。如果用一个单独的图收集 I 和 V 响应，如图 10-50c 所示，就得到了物理过程的几个轨道特征。

如果将相同的方法应用于真实的电化学界面，我们得到如图 10-50d~ 图 10-50f 所示的典型宽高比，其中的峰称为还原峰和氧化峰。

综上所述，循环伏安法是一种非常强大的技术，因为它甚至考虑了 IS 无法检测到的大信号激励而引起的非线性效应。

10.4　电生理学生物传感

电生理学是研究生物组织中离子交换并记录相应信号的生理学分支。基本上有两种主要的电生理学技术：第一种是在体内记录人体等生物体的生物电势；第二种是在体外记录单细胞甚至单膜离子通道的胞内电活动。

10.4.1　生物电势传感器

生物电势的特征是与生化反应或身体的生理现象有关的离子或带电分子的位移。

转换功能是由接触或靠近身体组织的电导体组成的电极完成的。电极传感方法主要有两种：第一种是使用无创电极进行皮肤耦合，第二种是使用有创电极。无创电极有几种方式；其中一种是湿接触，电极与凝胶耦合，以增强界面之间的电荷交换。另一种是干接触，其中电极通过电容耦合的方式与对应生物相互作用。另一方面，有创电极的耦合是通过植入体内的电极或针头直接接触目标组织来实现的。

生物势电极感知到的主要生物电信号为：

- 心电图（Electrocardiogram，ECG），这是一种使用放置在病人身上的电极来记录心脏的电活动与时间变化的过程。电极可以感知每次心跳时心肌去极化引起的皮肤上微小的电变化。
- 脑电图（Electroencephalography，EEG），其特征是监测大脑的电活动。脑电图感知大脑神经元内离子电流产生的电势波动。它使用沿着头皮放置的电极，通常是无创的，在一些应用中也使用有创电极。
- 肌电图（Electromyography，EMG），检测肌肉细胞在电或神经系统刺激时产生的电势。它是一种评估和记录骨骼肌产生的电活动的电诊断方法。
- 眼电图（Electrooculography，EOG），特征是测量人眼前后的角膜－视网膜电势。应用于眼科疾病的诊断和记录眼球运动。
- 局部场电势（Local Field Potential，LFP），一个很小的神经组织体积内的神经元电流产生的信号。由于突触活动而变化的动作电势在局部细胞外空间产生一个电势。该电势由嵌入在体内的神经元组织或体外维持的脑组织中的微电极记录。

生物电势波形的示例如图 10-51 所示，其中信号在同一时间采集自同一位被检测者。

无创电极和有创电极生物电势信号的带宽和振幅范围如图 10-52 所示。注意 EEG 和 ECG 的带宽范围大多是重叠的，因此心电信号可能会干扰 EEG，如图 10-51 所示。因此，必须从脑电图中消除心电的干扰，同样，也可以发现 ECG 对 EMG 的干扰。

获取生物势的另一个重要问题是由于与人体的电容耦合而对 50/60 Hz 交流电源线产生干

扰，如图 10-53 所示。即使所寻求的信号是 V_1 和 V_2 之间的差值，交流耦合也可以对两个信号产生巨大的干扰，这很容易使传感放大器饱和。

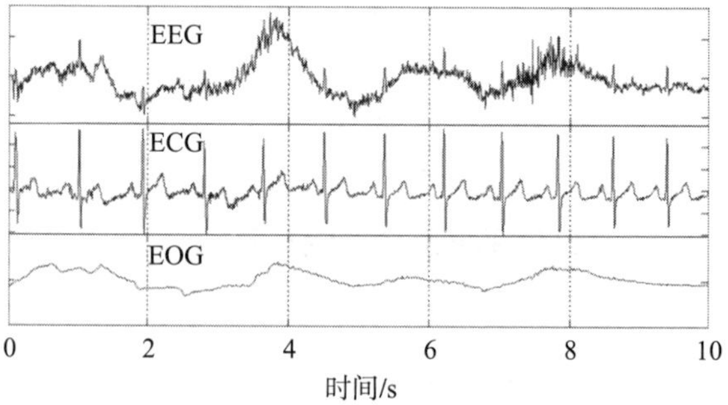

我们可以使用共模/差模的向量表示更好地看待这个问题。由于这些信号是在身体的不同部位发出的，因此它们受不同相位和振幅的影响，如图 10-53b 所示。所以，我们可以定义下面这两个信号：

$$\overline{V_D} = \overline{V_2} - \overline{V_1}$$
$$\overline{V_C} = \frac{\overline{V_1} + \overline{V_2}}{2} \qquad (10\text{-}125)$$

图 10-51　EEG、ECG 和 EOG 信号的生物势波形的示例
（来自 *In Adaptive Filtering Applications*）

其中，$\overline{V_C}$ 被称为共模信号，$\overline{V_D}$ 是应该被感知的差模信号。由于干扰，共模信号很大，因此接口对差模信号应具有较高的增益，而对共模信号非常不敏感。减少共模干扰的一种可能的方法如图 10-54a 所示，它包括一个附在身体上的中间参考电极 E_3，称为右腿驱动（Driven Right Leg，DRL）电极。即使现在参考地是身体，由于生物电势，仍然可能存在共模信号，正如已经讨论过的 ECG 信号对 EEG（或 EMG）的干扰。等效模型如图 10-54b 所示，其中 Z_{E_1}、Z_{E_2}、Z_{E_2} 分别为皮肤/电极接触的电子模型。换句话说，即使干扰 V_{AC} 的影响减弱，仍然可能存在由图 10-54b 中的 V_C 电压源建模的生物电势的共模干扰。

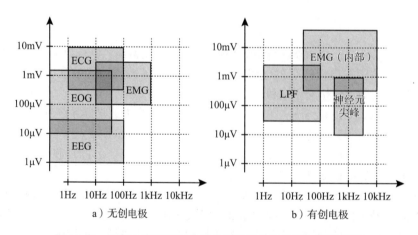

a）无创电极　　　　　　　　　　b）有创电极

图 10-52　无创电极和有创电极的生物势信号带宽和振幅范围

为了更好地理解皮肤/电极接触的电行为，图 10-55 显示了几种电集总模型。图 10-55a 显示了皮肤的横截面，其中每一层都由一个并联 RC 建模，如图 10-55b 所示。该层越深，C 和 R 就越小。接触电极通过几种方式与组织耦合。历史上，最常见的耦合方式是 Ag/AgCl 电极制成的法拉第界面，有时用导电凝胶来增强耦合。每次不同材料通过氧化还原反应耦合在

一起时，都会在界面上建立一个半细胞电位 V_{HC}，如电模型所示。使用单个 RC 电路表示的主导时间常数近似，对模型进行了有用的简化，如图 10-55c 所示。在这种情况下，电极的行为是由阻抗给出的：

$$Z_E(s) = R_B + \frac{R}{1+sRC} \rightarrow z_1 = (R_B // R) \cdot C; p_1 = R \cdot C \tag{10-126}$$

其中 z_1 和 p_1 是复函数的零点和极点。因此，阻抗模块从 $R_B + R$ 开始，并在 $\omega_p = 1/|p_1|$ 和 $\omega_z = 1/|z_1|$ 之间的频率范围内向下减小到 R。

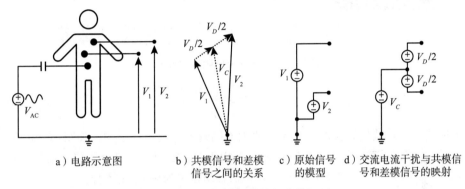

a）电路示意图　　b）共模信号和差模　　c）原始信号　　d）交流电流干扰与共模信
　　　　　　　　　信号之间的关系　　的模型　　　号和差模信号的映射

图 10-53　交流电源干扰及共模问题

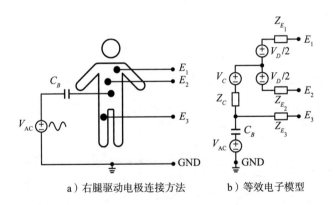

a）右腿驱动电极连接方法　　b）等效电子模型

图 10-54　右腿驱动电极连接方法及等效电子模型

最近的趋势是在接触电极处采用绝缘或非接触电极，其模型如图 10-55d 所示，其中电极电容替代了半电池电势。

身体模型与差动仪表放大器的相互作用如图 10-56 所示。对称放大器的输出可以用差模信号和共模信号表示为

$$V_O = A_D V_D + A_C V_C \tag{10-127}$$

这样我们就可以定义共模抑制比（这是电子接口的一个特征）为

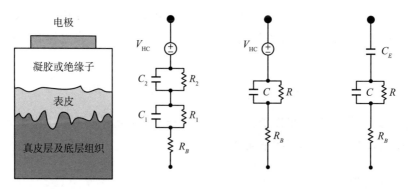

a）电极/皮肤接触的横截面　　b）考虑不同组织层的接触模型　　c）具有主导时间常数和湿接触的简化模型　　d）干/绝缘电极模型

图 10-55 电极 / 皮肤阻抗的模型

$$CMRR = \frac{A_D}{A_C} \qquad (10\text{-}128)$$

CMRR 越大，它就越好。但假设差分放大器的输入电阻是有限的，如图 10-56 所示。在这种情况下，我们必须处理另一个称为失调 CMRR 的缺陷源，不是由于放大器的固有特性，而是由于边界工作条件，如电极阻抗的差异。很容易得出失调 CMRR 是

$$CMRR_{IMB} = \frac{2R_D}{\Delta Z_E}; \ \Delta Z_E = Z_{E_1} - Z_{E_2} \qquad (10\text{-}129)$$

所以总的 CMRR 是

$$\frac{1}{CMRR_{TOT}} = \frac{1}{CMRR} + \frac{1}{CMRR_{IMB}} \qquad (10\text{-}130)$$

这表明了两者之间更低的 CMRR 是盛行的那个。

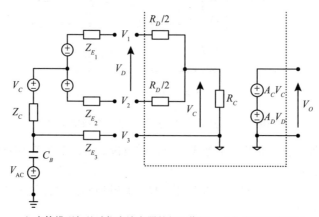

a）身体模型与差动仪表放大器的相互作用　　b）右腿驱动电极

图 10-56 身体模型与差动仪表放大器的相互作用地线与 V_3
点的接触被称为右腿驱动电极

从式（10-129）可以看出，很明显，利用 CMOS 技术，失调 CMRR 可以通过增加输入

阻抗来大大减小，即使它比 BJT 或 JFET 技术噪声更大。

针对生物电势的仪表放大器的通用结构如图 10-57 所示，我们已经在第 8 章中讨论过。对 CMRR 有一个重要的改进，即增益 A_F 的辅助放大器实现了对共模电压的负反馈。使用这种技术，对于高输入阻抗条件，有

$$-A_F V_C + V_{GC} = A_C \rightarrow V_C = \frac{V_{GC}}{1 + A_F} \tag{10-131}$$

从而大大降低了 V_{GC}（如 ECG 对 EEG 信号的影响）对共模电压效应的影响。

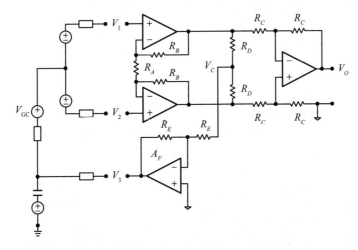

图 10-57　实现右腿驱动电极与仪表放大器

电极的噪声模型如图 10-58 所示，其中 $\overline{v_E^2}$ 为电极接触噪声（通常由来自生化过程的 $1/f''$ PSD 建模），$\overline{v_N^2}$ 和 $\overline{i_N^2}$ 分别为放大器的输入参考电压和电流噪声。因此，无限大输入阻抗的放大器电极参考噪声是

$$\overline{v_{NE}^2}(\omega) = \overline{v_E^2} + \overline{v_N^2} + \left(\overline{i_N^2} + \frac{4kT}{R_E} \right) \frac{R_E^2}{1 + \omega^2 R_E^2 C_E^2} \tag{10-132}$$

有趣的是，对于一个噪声非常低的输入放大器，有

$$\overline{v_{NE}^2}(\omega) \approx \frac{4kT R_E}{1 + \omega^2 R_E^2 C_E^2} \tag{10-133}$$

这意味着可以在两种极端情况下尽可能地减少输入噪声：

- 使用接触传感时，采用极低的接触电阻。
- 使用非接触式传感时，采用极高的接触式电容。

不幸的是，图 10-58 所示的方案受到外部干扰的影响很大。因此，可以采用主动屏蔽，如图 10-59 所示。在这种方法中，输出驱动具有正增益屏蔽，从而减少电容耦合的扰动对输入的影响。该机制相当于在输入端放置一个增益为 A_0 的同向放大器，产生负米勒电容效应。

参照图 10-59b 的方案，即图 10-59a 的电路表示，信号传递函数 $H_S(j\omega)$ 为

$$H_S(j\omega) = \frac{v_O(j\omega)}{v_E(j\omega)} = A_0 \frac{Y_E(j\omega)}{Y_E(j\omega) + Y_I(j\omega) + j\omega(1-A_0)C_S}$$

$$= A_0 \frac{G_E + j\omega C_C}{G_E + G_I + j\omega\left[C_E + C_I + (1-A_0)C_S\right]} \qquad (10\text{-}134)$$

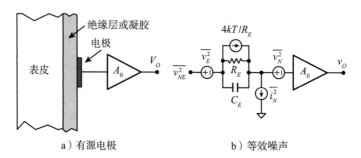

a）有源电极   b）等效噪声

图 10-58　有源电极构造和等效噪声模型

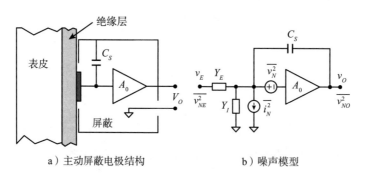

a）主动屏蔽电极结构   b）噪声模型

图 10-59　主动屏蔽电极结构和噪声模型

其中，$Y_E = G_E + j\omega C_E$ 为皮肤电极导纳，$Y_I = G_I + j\omega C_I$ 为放大器输入导纳。注意，传递函数增益从低频的 $G_E/(G_E+G_I)$ 开始，在 1 个零点和 1 个极点后在高频上升到 $C_E/\left(C_E+C_I+(1-A_0)C_S\right)$。因此，作为干扰和失调的主要影响的 Y_E 的任何变化，都可以在以下条件下忽略：

$$Y_I(j\omega) + j\omega(1-A_0)C_S = 0 \rightarrow G_I + j\omega C_I = j\omega(A_0-1)C_S$$

$$\Leftrightarrow \begin{cases} G_I = 0 \\ C_I = (A_0-1)C_S \end{cases} \qquad (10\text{-}135)$$

利用 CMOS 技术可以很容易地实现零输入电导的第一个条件，而第二个条件可以在清楚 C_I 的条件下实现，这并不总是可以保证的。如果满足该条件，则该增益为实数，且等于 $G_C/(G_C+G_I)$。一种可能的方法是对增益进行精确的调整，以忽略杂散输入电容。另一种方法是设置 $A_0=1$（即带有缓冲区的主动屏蔽），并保持 C_I 尽可能低。

从噪声的角度来看，参照图 10-59b，输入的噪声 $\overline{v_{NE}^2}$ 可以为

$$v_{NE} = \frac{Y_E(\mathrm{j}\omega) + Y_I(\mathrm{j}\omega) + \mathrm{j}\omega C_S}{Y_E(\mathrm{j}\omega)} v_N + \frac{1}{Y_E(\mathrm{j}\omega)} i_N + \frac{1}{Y_I} i_{NR_I} + \frac{1}{Y_E} i_{NR_E}$$

$$= \frac{1/R_E + 1/R_I + \mathrm{j}\omega(C_S + C_I + C_E)}{1/R_E + \mathrm{j}\omega C_C} v_N + \frac{1}{1/R_E + \mathrm{j}\omega C_E} i_N + \frac{1}{1/R_I + \mathrm{j}\omega C_I} i_{NR_I} + \frac{1}{1/R_E + \mathrm{j}\omega C_E} i_{NR_E}$$

$$\rightarrow \overline{v_{NE}^2} = \frac{(1/R_E + 1/R_I)^2 + \omega^2(C_S + C_I + C_E)^2}{1/R_E^2 + \omega^2 C_E^2} \overline{v_N^2} + \frac{1}{1/R_E^2 + \omega^2 C_E^2} \overline{i_N^2}$$

$$+ \frac{4kT}{R_I} \frac{1}{1/R_I^2 + \omega^2 C_I^2} + \frac{4kT}{R_E} \frac{1}{1/R_E^2 + \omega^2 C_E^2} \tag{10-136}$$

其中没有考虑到源 $\overline{v_E^2}$ 的噪声。

现在，我们可以对有限案例给出一些结论。对于非常高的输入阻抗（如在 CMOS 技术中）和非接触式传感中，有 $R_I \gg 1$，C_I 包括杂散电容（即连接在参考源与放大器输端之间的所有寄生电容），得到

$$\overline{v_{NE}^2} = \frac{1/R_E^2 + \omega^2(C_S + C_I + C_E)^2}{1/R_E^2 + \omega^2 C_E^2} \overline{v_N^2} + \frac{1}{1/R_E^2 + \omega^2 C_E^2} \overline{i_N^2} + \frac{4kT}{R_E} \frac{1}{1/R_E^2 + \omega^2 C_E^2} \tag{10-137}$$

因此，对于非接触式高阻抗电极，电压放大器的噪声仅被 $1 + (C_S + C_I)/C_E$ 因子放大；所以最主要的噪声贡献是电流噪声和来自 R_E 的噪声。对于 CMOS 低阻抗接触传感器，有 $R_E \ll 1$，如式（10-137）所示，噪声主要由放大器输入噪声主导。最后，如果传感是由极低噪声放大器执行，式（10-137）收敛于式（10-133）的相关结论。

10.4.2　细胞内记录的生物传感

离子通道是存在于生物细胞膜上的纳米级孔隙，允许离子电流在细胞的内外环境之间进行通信。离子通道的开启 / 关闭行为通过不同的机制进行调节，例如，电压、配体结合、pH 变化或机械应变。离子通道对生物体的生理控制至关重要，它们的功能障碍是各种病理和疾病的基础。离子通道记录是药物研究、DNA 测序和单分子检测的重要组成部分。离子通道筛选主要有两种技术（见图 10-60）：

- 膜片钳，即用一个玻璃移液管或一个固态装置中的一个微孔来拉动细胞膜上的一个膜片。
- 平面双分子层脂质膜（Bilayer Lipid Membrane，BLM），将单个离子通道插入悬浮在微孔上的脂质双分子层中。

膜片钳技术被广泛应用于膜离子通道研究。膜片钳的优点是高保真度，因为离子通道在其自身的生理环境中运行，并且通过当今的技术实现了高水平的自动化和并行化。由于多个不同的离子通道一起测量，且膜具有较大的电容，因此特异性低，电容噪声高。相反，BLM 技术提供了优良的电密封和高灵敏度的检测，可以下降到单个分子测量，且噪声和电容最小。

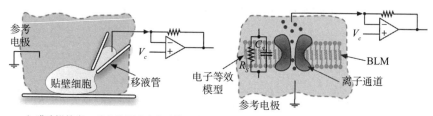

a）膜片钳技术，其中使用玻璃移液管
拉动细胞膜的膜片。一个低噪声跨
阻放大器测量信道电流

b）BLM技术，其中悬浮的脂质双分子层包含一个离子
通道。同样，电流是由一个低噪声跨阻放大器读取
的。图中还显示了BLM的电等效模型，由一个高值
电阻（GΩ或更大）与电容C_S并联组成

图 10-60　膜片钳技术和 BLM 技术〔改编自 M. Crescentini,M.Bennati,S.C.Saha,J.Ivica,M. R.R.de Planque,H Morgan, and M.Tartagni,A low-noise，transimpedance amplifier for BLM-based Ion Channel,Sensors,pp.1–20,2016〕

　　具体要求主要与所研究的离子通道的种类有关。例如，钾离子通道 KcsA，具有快速响应（~100μs）和低于 100 pS 的零电压电导率，导致在施加电压低于 100mV 时产生几个皮安（pA）量级的电流。一般来说，离子通道具有非常高的输出阻抗（1~100GΩ）；在 1kHz 时噪声小于 1pA rms；开启 / 关闭事件的范围从几毫秒到数百微秒不等；电容量级为几十皮法（pF）。因此，对电子接口的主要要求是噪底低于 $10fA/\sqrt{Hz}$，高灵敏度（跨阻大于 1GΩ），带宽大于 10 kHz。

　　天然或人工膜有离子通道，可以根据几种生理或病理原因打开或关闭离子电流。因此，膜可以建模为如图 10-61 所示效果，其中电容代表膜电容，变阻器模拟了一个或多个离子通道的开启 / 关闭。其主要任务是记录电流随时间的变化，获取分析数据。如前所述，对于数百毫伏的输出电压和几十皮安的输入满量程，反馈电阻应该在吉欧姆（GΩ）级。这就是这些放大器经常被称为"千兆欧姆电流 – 电压放大器"的原因。

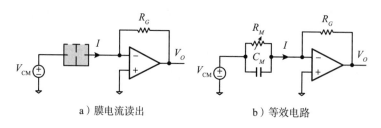

a）膜电流读出　　　　　　b）等效电路

图 10-61　膜电流读出及等效电路

　　信号记录的一个示例如图 10-62 所示。电流水平取决于同时打开的单个离子通道的数量，如图 10-62a 所示，其直方图如图 10-62b 所示。

　　细胞内记录电流传感的工作原理如图 10-63 所示。该任务是记录与离子通道激活变量相关的电流信号。图 10-63a 显示了记录方法的出发点，使用电流 – 电压转换器实现，其中钳制电位 V_{CM} 施加在两个细胞室的一侧。由于虚短假设，也可以将钳制电位应用于放大器的同相输入，如图 10-63b 所示。不幸的是，系统受到非理想的影响，如串联电阻 R_S 和内建电极电势的变化而导致的可变失调，如图 10-63c 所示。在这种情况下，被读出的电流并不对应于所施加的电压 V_{CM}：

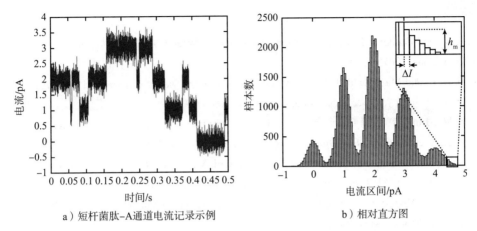

a）短杆菌肽–A通道电流记录示例　　　　　　b）相对直方图

图 10-62　短杆菌肽 – A 通道电流记录示例和相对直方图

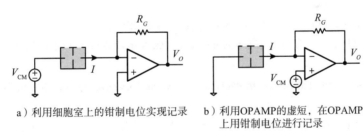

a）利用细胞室上的钳制电位实现记录　　　　b）利用OPAMP的虚短，在OPAMP
　　　　　　　　　　　　　　　　　　　　　上用钳制电位进行记录

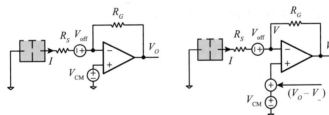

c）由电极失调和连接电阻引起的问题　　　　d）对失调和电阻连接的补偿

图 10-63　电生理记录的传感原理

$$I = \frac{V_{CM} - R_S I - V_{off}}{R_G}, \; I = \frac{V_{CM}}{R_G} \tag{10-138}$$

因此，我们需要对输入用一个可变的钳制电位来抵消这种影响：

$$I = \frac{V_{CM} - R_S I - V_{off} - \alpha(V_O - V_-)}{R_G}, \; R_S I = \alpha(V_O - V_-) = \alpha R_G I \tag{10-139}$$

如图 10-63d 所示，这使得我们同时忽略了 R_S 和 V_{off} 的影响。

延伸阅读

Bard, A. J., and Faulkner, L. R., *Electrochemical Methods Fundamentals and Applications*. Hoboken, NJ: John Wiley & Sons, 2001.

Barsoukov, E. and Macdonald, J. R., *Impedance Spectroscopy: Theory, Experiment, and Applications*, 2nd ed. Hoboken, NJ: John Wiley & Sons, 2005.

Chi, Y. M., Jung, T., and Cauwenberghs, G., Dry-contact and noncontact biopotential electrodes: Methodological review. *IEEE Rev. Biomed. Eng.*, vol. 3, pp. 106–119, 2010.

Crescentini, M., Bennati, M., Carminati, M., and Tartagni, M., Noise limits of CMOS current interfaces for biosensors: A review. *IEEE Trans. Biomed. Circuits Syst.*, vol. 8, no. 2, pp. 278–292, April 2014.

Feynman, R. P., Robert, B. L., Sands M., and Gottlieb M. A., The Feynman Lectures on Physics. Reading, MA: Pearson/Addison-Wesley, 1963.

Haus, A. H. and Melcher, J. R., *Electromagnetic Fields and Energy*. Upper Saddle River, NJ: Prentice Hall, 1989.

Hille, B., *Ion Channels of Excitable Membranes*. Sunderland, MA: Sinauer Associates, 2001.

Morgan, H., and Green, N. G., AC *Electrokinetics: Colloids and Nanoparticles*. Research Studies Press, 2003.

Orazem, M. E. and Tribollet, B. *Electrochemical Impedance Spectroscopy*. Hoboken, NJ: John Wiley & Sons, 2008.

Webster, J. G., Clark, J. W., Neuman, M. R., Peura, R. A., Wheeler, L. A., and Olson, W. H., *Medical Instrumentation*, 4th ed. Hoboken, NJ: John Wiley & Sons, 2009.

第 11 章
关于机械和热转换的精选主题

本章专注于与材料中电导和极化变化有关的机械和热转换的概念，因此，在引入基本概念之后，还会讨论压阻效应、压电效应和电阻温度效应的转换过程，最后，给出了电阻传感器的应用示例，专注于一些由影响变量引起的误差减少技术。

> **提示** 有时会在具有不同含义的章节之间使用相同的符号，我们选择不统一符号，以便与目前在不同语境下使用的相一致。为了便于读者理解，我们已经在本章的附录中总结了注释。

11.1 基本概念概述

11.1.1 一维结构中的应变和应力

图 11-1 表明了一种弹性、均匀、各向同性的材料在受对称力而产生形变时处于机械平衡状态。在施加力后，材料分别相对于原始长度 l，横向尺寸 t 被拉长了一个因子 δl，而横向尺寸也受到一个数量 δt 的限制。

应变 ε 是长度与原始长度的比值：

$$\varepsilon = \frac{\delta l}{l} \equiv [\cdot] \equiv \left[应变 \right] \tag{11-1}$$

它是一个无量纲量，但可以使用称为应变或者 ε 的辅助单位。此外，施加的力与平板截面积的比被定义为应力：

$$\sigma = \frac{F}{A} \equiv [\text{Pa}] \tag{11-2}$$

用压强单位表示，即帕斯卡（Pa）。材料的应力和应变之间的关系称为应变 – 应力图。

典型的实验应变 – 应力图如图 11-2 所示，其中表示了特征点。直到点 A（比例极限）的特征是一个线性关系，其斜率称为杨氏模量 E_Y，有

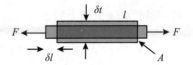

图 11-1 材料受一维牵引力作用产生形变

$$E_Y = \frac{\sigma}{\varepsilon} \equiv [\text{Pa}] \qquad (11\text{-}3)$$

这也可以用帕斯卡来测量。材料在这个区域的表现遵循胡克定律，这个区域称作线性和弹性域，有

$$\sigma = E_Y \cdot \varepsilon \qquad (11\text{-}4)$$

这表明应变与应力成正比，就像在弹簧中一样。从 A 到 B（弹性极限），这个关系不再是线性的；然而，总是可以返回到原始状态，没有结构上的变化。这个区域被称为非线性弹性区域。在 B 点之前，固体在弹性区域发生形变。

从 B 点开始，外力的作用使材料的结构发生不可逆的变化（例如，分子键的断裂），不能回到原始状态。因此，具有不可逆形变特征的区域（在 B 点的右侧）称为塑性区域。从 C 点（屈服点）开始，材料有一定的伸长，但没有增加载荷。因处于不可逆状态，如果外力归零，就会得到一个不可逆的延伸，称为永久应变。增加 C 点右侧的强

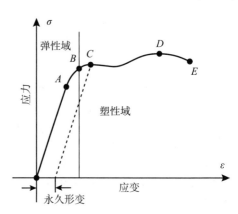

图 11-2　一种材料的应变 – 应力图

制伸长量，材料的阻力增大，直到达到 D 点（极限强度），这是可以施加于平板的抗拉强度的最大值。最后，出现颈状限制，直到断裂点 E，在那里器件不可逆地断裂。

图 11-2 是韧性材料的典型例子；然而，也有其他情况，如脆性材料，断裂在弹性区域之后，或塑性材料，其弹性区域比弹性材料小。

11.1.2　施加于正交轴上的应变和应力

11.1.1 节中介绍了应力和应变是如何在一维最简单的情况下工作的。然而，力以一种复杂的方式作用于材料，因此我们在基本单位体积材料上扩展了应力和应变的概念。考虑一个理想的实验，即力施加在两个正交轴 x 和 y 上，这个概念也适用于 x，y，z 三个轴中的任意一对。我们对与微元有关的无穷小量使用 Δ 算子，用 δ 运算符来表示施加激励对材料的变化影响。

图 11-3 显示了均匀、各向同性、完全弹性的有限基本的立方体材料在力学平衡状态下的形变，其中各边均等于 Δl，表面区域表示为 $\Delta A_x, \Delta A_y, \Delta A_z$。$\Delta$ 符号的意思是，比如，ΔA_x 是由沿 x 方向看过去的表面。类似地，$\Delta F_x, \Delta F_y, \Delta F_z$ 指的是朝着下标的反方向施加的力。因此，我们可以将 x 方向上的法向应力和法向应变定义为

$$\sigma_{xx} = \lim_{\Delta A_x \to 0} \frac{\Delta F_x}{\Delta A_x} \equiv [\text{Pa}]; \; \varepsilon_{xx} = \lim_{\Delta l \to 0} \frac{\delta x}{\Delta l} \equiv [\cdot] \qquad (11\text{-}5)$$

其中，$\Delta F_x / \Delta A_x$ 和 $\delta x / \Delta l$ 是在基本单位体积上定义的平均法向应力和法向应变。因此，当 ΔA_x 和 Δl 变为无穷小时，这些关系被用来作为平均值的极限，定义了连续体在三维空间中的

点函数。我们可以将这个定义扩展到其他的笛卡儿变量。

另外，也可以施加一个切向表面 A_y 的力（见图 11-3b），从而使材料产生一个扭矩。当然，由于基本元件处于平衡状态，一个等效的相反扭矩是必要的，作为主体的边界条件（虚线箭头）。在此条件下，我们可以将剪应力定义为

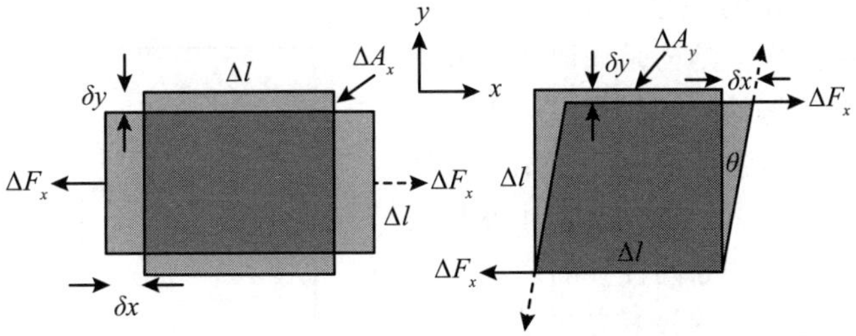

图 11-3　力作用于 x 方向时的法线形变和剪切形变

$$\tau_{xy} = \lim_{\Delta A_y \to 0} \frac{\Delta F_x}{\Delta A_y} \equiv [\text{Pa}] \qquad (11\text{-}6)$$

式中 $\Delta F_x / \Delta A_y$ 为单位体积的平均剪应力。同样地，我们也可以将（工程）剪应变定义为

$$\gamma_{xy} \hat{=} 2\varepsilon_{xy} = \lim_{\Delta l \to 0} \frac{\delta x}{\Delta l} = \tan(\theta) \approx \theta \qquad (11\text{-}7)$$

其中 $\gamma_{xy} \equiv [\cdot]$。

与一维情况类似，我们可以定义特定变量的杨氏模量，例如 x：

$$E_y = \frac{\sigma_{xx}}{\varepsilon_{xx}} \equiv [\text{Pa}] \qquad (11\text{-}8)$$

其中，在各向同性材料的假设下，它等价于其他变量的计算值。然而，在一维情况下，我们也可以将剪切模量定义为

$$G = \frac{\tau_{xy}}{\gamma_{xy}} \equiv [\text{Pa}] \qquad (11\text{-}9)$$

这是材料的另一个重要特征。

材料的特征也与其抗形变的体积性质有关，例如，形变过程中体积的变化确定了 δx 和 δy 之间的关系。因此，定义泊松比为

$$v_{xy} = \frac{\delta y}{\delta x} = \frac{\varepsilon_{yy}}{\varepsilon_{xx}} \equiv [\cdot] \qquad (11\text{-}10)$$

它能够很容易地表明，当体积相对于单轴应变没有变化时，泊松比接近于 $1/2$。对于至少有一个各向同性平面的材料，有

$$G = \frac{E_y}{2(1+v)} \qquad (11\text{-}11)$$

11.1.3　应力张量

到目前为止，我们已经讨论了应力和应变的概念，力只作用于对齐的笛卡儿坐标的切向

和正交方向。

我们表明了作用在连续体边界上的力是如何在一般点上分解的。问题是，边界条件不会对物体的一个通用点施加"简单"的力，而是对协调系统产生"导向性"的影响。理解这一点的最好方法是进行一个虚拟实验，想象一下，在一个处于平衡状态的连续物体中切下一个假想的小切口，这意味着原始形状的变化可以忽略不计，也不会影响整个系统的稳定性。现在，我们想计算出将这些断裂重新组合为原始连续体所需的力。这在欧拉－柯西应力原理中进行了总结，即说明在划分物体的任何表面（真实或虚构的）上，物体的一部分对另一部分的作用相当于作用在划分物体表面的分布力的总和。因此，对于一个确定的切割，相对于定向表面的应力向量，考虑了所有边界条件对物体的影响。

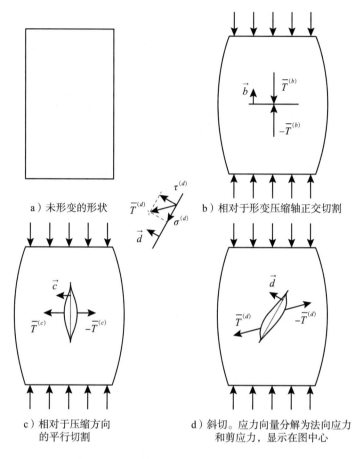

a）未形变的形状　　b）相对于形变压缩轴正交切割

c）相对于压缩方向的平行切割　　d）斜切。应力向量分解为法向应力和剪应力，显示在图中心

图 11-4　受压缩的弹性体在不同方向切割后的平均表面牵引力

作为实验的一个示例，我们参考图 11-4，这里一个弹性体受到压缩，我们能够通过对区域 ΔA 做一个假想小切口测试内应力（即施加在表面上的力），然后观察重新组成原始物体结构所需的力来估计应力。因此，我们能够利用对物体的应变效应来理解重组物体所需的应力的大小和方向。

我们参考下面的向量：

$$\overline{T}^{(k)} = \lim_{\Delta A_k \to 0} \frac{\Delta \overline{F}}{\Delta A_k} \equiv [\text{Pa}] \qquad (11\text{-}12)$$

其中，$\overline{T}^{(k)}$ 称为相对于由规范相量 $\overline{k}$ 定义的表面 ΔA_k 的应力向量（或牵引力）。这是作用在基本表面 ΔA_k 上的所有力 $\Delta \overline{F}$ 的比值的极限。然而在图中，为了更清晰地讨论，我们参照的是一个离散区域。如果断裂垂直于纵轴，如图 11-4a 所示，可以看到由于两个等应力 $T^{(b)}$ 作用在一起，彼此对抗，没有产生实质性变化。然而，如果如图 11-4b 所示，进行纵向切割，我们观察到两个平面的分离，表明两个相反的牵引力 $\overline{T}^{(c)}$。最后，如果做图 11-4d 所示的斜切，观察到的反对称形变表明，物体施加的牵引力 $\overline{T}^{(d)}$ 的影响相对于表面是倾斜的。因此，根据所考虑的平面的方向，应力向量可以分解为两个分量：一个是垂直于平面的 $\sigma^{(d)}$，另一个是切向于同一平面的 $\tau^{(d)}$，如图 11-4 所示。

因此，我们也能够定义这两个标量：

$$\sigma^{(k)} = \lim_{\Delta A_k \to 0} \frac{\Delta F_n}{\Delta A_k} \equiv [\text{Pa}], \tau^{(k)} = \lim_{\Delta A_k \to 0} \frac{\Delta F_s}{\Delta A_k} \equiv [\text{Pa}],$$

$$\left|\overline{T}^{(k)}\right|^2 = \sigma^{(k)2} + \tau^{(k)2} \tag{11-13}$$

其中，σ 为法向应力，与之前相同，仅考虑作用于同一表面上的法向分力 ΔF_n，τ 为仅考虑切向分力 ΔF_s 的剪应力。

> **提示**　在本节中，简单字母（即 V）作为标量，带有条的字母 $\overline{V}$ 是用笛卡儿坐标系的分量表示的向量，用方括号 $[V]$ 表示的字母是同一坐标系中的矩阵或张量。此外，根据上下文，使用 $x \leftrightarrow 1, y \leftrightarrow 2, z \leftrightarrow 3$ 作为笛卡儿轴的等价。

综上所述，即使连续体的边界条件相同，三个应力 $T^{(b)}$，$T^{(c)}$ 和 $T^{(d)}$ 也不相等。因此，在给定的边界条件下，物体每个点的牵引向量（或应力向量）取决于虚拟切割的方向。

切割方向和应力向量之间的关系是什么？基于笛卡儿坐标系 (x,y,z) 有相对于规范向量 $\ominus$ $\vec{k} = \left[k_x, k_y, k_z\right]^{\mathrm{T}}$ 所定义的表面应力 $\ominus$

$$\overline{T}^{(k)} = [\sigma] \cdot \vec{k} \tag{11-14}$$

其中，$[\sigma]$ 称为关于该表面的柯西应力张量。因此，在形变状态下，材料内每个点的应力不能由单个向量来定义，而是由一个张量来定义。式（11-14）是柯西应力定理的形式表达式，指出平衡体的应力状态在任意一点由应力张量定义，应力张量可以计算出向量 $\vec{k}$ 确定的表面被施加的力。式（11-14）的展开式变成如下形式：

$$\begin{bmatrix} T_x^{(k)} \\ T_y^{(k)} \\ T_z^{(k)} \end{bmatrix} = \begin{bmatrix} \sigma_{xx} & \sigma_{xy} & \sigma_{xz} \\ \sigma_{yx} & \sigma_{yy} & \sigma_{yz} \\ \sigma_{zx} & \sigma_{zy} & \sigma_{zz} \end{bmatrix} \begin{bmatrix} k_x \\ k_y \\ k_z \end{bmatrix} = \begin{bmatrix} \sigma_{xx} & \tau_{xy} & \tau_{xz} \\ \tau_{yx} & \sigma_{yy} & \tau_{yz} \\ \tau_{zx} & \tau_{zy} & \sigma_{zz} \end{bmatrix} \begin{bmatrix} k_x \\ k_y \\ k_z \end{bmatrix} \tag{11-15}$$

注意，张量 $[\sigma]$ 的单个标量元素根据坐标系 (x,y,z) 定义了相对于定向表面的法向应力

$\ominus$　回想一下，一个规范向量是一个单位向量，其分量与方程 $k_x^2 + k_y^2 + k_z^2 = 1$ 有关。

$\ominus$　这个表达式可以很容易地对一个无穷小四面体（称为柯西四面体）施加力平衡，该四面体有与笛卡儿坐标正交的三个面，第四个面由 $\vec{k}$ 指定的任意方向定向。

和剪应力。例如，相对于 xy 平面的法向应力和剪应力为 $\sigma = \sigma_{zz}$ 和 $\tau = \sqrt{\tau_{zy}^2 + \tau_{zx}^2}$。

式（11-14）可以用两种紧凑形式表示：

$$T_i^{(k)} = \sum_j \sigma_{ij} k_j \, or \, T_i^{(k)} = \sigma_{ij} k_j \tag{11-16}$$

这里可以理解为 i 表示 x, y, z 之一，求和时还要考虑 $j = x, y, z$。σ_{ij} 是 $[\sigma]$ 的一种紧凑形式，称作二阶张量，因为它有两个索引向量并将一个向量映射到另一个。

如果我们现在想计算总的法向分量和剪切分量（标量），可以使用点乘向量计算和毕达哥拉斯定理表示式（11-14）：

$$\sigma^{(k)} = \overline{T}^{(k)} \cdot \vec{k} = \sigma_{ij} k_i k_j$$

$$\tau^{(k)} = \sqrt{\left|\overline{T}^{(k)}\right|^2 - \sigma^{(k)2}}, \quad \left|\overline{T}^{(k)}\right|^2 = T_x^{(k)2} + T_y^{(k)2} + T_x^{(k)2} = \sigma_{ij} \sigma_{ik} k_j k_k \tag{11-17}$$

应力张量的一个基本性质产生于基本立方体的平衡条件，如图 11-5 所示。根据线性动量守恒原理，如果连续体处于静态平衡，则可以证明柯西应力张量的分量满足平衡方程。因此，如图 11-5a 所示，相对立方体表面上的法向应力 σ 相等。同样，根据角动量守恒原理，平衡要求对任意点的力矩之和等于 0。因此，如图 11-5a 所示，邻近表面的剪应力相等，即 $\tau_{xy} = \tau_{yx}$ 等。这就得出了应力张量是对称的结论，因此只有 6 个独立的应力分量，而不是原来的 9 个。

因此，由于张量的对称性，以下坐标符号等价：

$$[\sigma] \equiv \begin{bmatrix} \sigma_{xx} & \sigma_{xy} & \sigma_{xz} \\ \sigma_{yx} & \sigma_{yy} & \sigma_{yz} \\ \sigma_{zx} & \sigma_{zy} & \sigma_{zz} \end{bmatrix} = \begin{bmatrix} \sigma_1 & \tau_3 & \tau_2 \\ \tau_3 & \sigma_2 & \tau_1 \\ \tau_2 & \tau_1 & \sigma_3 \end{bmatrix}$$
$$= \begin{bmatrix} \sigma_{11} & \sigma_{12} & \sigma_{13} \\ \sigma_{21} & \sigma_{22} & \sigma_{23} \\ \sigma_{31} & \sigma_{32} & \sigma_{33} \end{bmatrix} = \begin{bmatrix} \sigma_1 & \sigma_6 & \sigma_5 \\ \sigma_6 & \sigma_2 & \sigma_4 \\ \sigma_5 & \sigma_4 & \sigma_3 \end{bmatrix} \tag{11-18}$$

最后一个张量表示也称为福格特标记（Voigt Notation）。式（11-18）中张量的第三个表示法也在图 11-6 中用图形表示。请注意，福格特标记意味着以下替换：$11 \rightarrow 1$，$22 \rightarrow 2$，$33 \rightarrow 3$，以及 $12 \rightarrow 6$，$13 \rightarrow 5$，$23 \rightarrow 4$。

由于应力张量的平衡约束是对称的，那么，它仅有实部特征值，能够对角化具有正交特征的向量。这意味着我们能够找到一组合适的新的笛卡儿坐标轴（x', y', z'），以便应力仅作用于表面 ⊖ 的法线方向，如图 11-5b 所示。因此，对于这种新的坐标系，可以写出

$$[\sigma'] = \begin{bmatrix} \sigma_1' & 0 & 0 \\ 0 & \sigma_2' & 0 \\ 0 & 0 & \sigma_3' \end{bmatrix} \tag{11-19}$$

⊖ 对于坐标系的变化，可以使用线性代数关系 $[\sigma'] = [A][\sigma][A^T]$，其中 $[A]$ 是坐标变换矩阵，其中上标 T 表示转置矩阵。

其中 σ_1'、σ_2' 和 σ_3' 称为主应力,它们的方向向量是主方向 ⊖。主应力相等的特殊情况称为流体静力学张量。

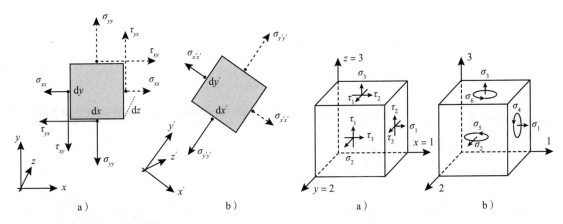

图 11-5　应力张量的变换　　　　　　　图 11-6　应力张量的紧凑表示

主方向是没有剪应力的方向,因为

$$T^{(n)} = [\sigma] \cdot \vec{n} = \lambda \cdot \vec{n} \tag{11-20}$$

因此,在受力体的每一点上,通过规范向量 $\vec{n}$ 定义三个平面,其中相应的应力向量垂直于该平面,不存在剪应力。λ 变量的解是特征值,如对角化过程所示,$\vec{n}$ 是主方向的规范向量。

用式(11-20)以外的替代方法作为示例,我们能够做一个坐标系的旋转(简单起见,在一个二维坐标系中)来寻找主方向。参照图 11-7,并考虑到旋转矩阵 $[R]$ 和常用的三角变换,有

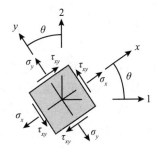

图 11-7　应力张量的坐标变换

$$[R] = \begin{bmatrix} \cos\theta & -\sin\theta \\ \sin\theta & \cos\theta \end{bmatrix} \rightarrow \left[\sigma_{(1,2)}\right] = [R]\left[\sigma_{(x,y)}\right]\left[R^{\mathrm{T}}\right],$$

其中

$$\sigma_1 = \frac{\sigma_x + \sigma_y}{2} + \frac{\sigma_x - \sigma_y}{2}\cos(2\theta) + \tau_{xy}\sin(2\theta)$$

$$\sigma_2 = \frac{\sigma_x + \sigma_y}{2} - \frac{\sigma_x - \sigma_y}{2}\cos(2\theta) - \tau_{xy}\sin(2\theta)$$

$$\tau_{12} = \tau_{21} = -\frac{\sigma_x - \sigma_y}{2}\sin(2\theta) + \tau_{xy}\cos(2\theta) \tag{11-21}$$

其中,σ_1,σ_2,τ_{12} 是应力张量关于新的 $(1,2)$ 坐标系的元素;θ 为新坐标系的旋转角。值得注意的是,使用第一个表达式(11-17),σ_1 也可以作为相对于规范 $k_x = \cos(\theta)$ 和 $k_y = \sin(\theta)$ 的法向应力,然后对角度加 $\pi/2$ 得到 σ_2。

⊖　主应力是应力张量的不变量,它只是应力张量的特征值,主方向是张量的特征向量。

通过对表达式的 θ 求导并使其等于 0，得到最大法向应力方向为

$$\tan\left(2\theta_{\sigma\max}\right) = \frac{2\tau_{yx}}{\sigma_x - \sigma_y} \qquad (11\text{-}22)$$

其中，$\theta_{\sigma\max}$ 为主方向的角度。同样，最大剪应力角度是

$$\tan\left(2\theta_{\tau\max}\right) = -\frac{\sigma_x - \sigma_y}{2\tau_{yx}} \qquad (11\text{-}23)$$

最大应力的计算是至关重要的，因为它是物体可能产生裂纹和裂缝的每个点的平面方向。

11.1.4　三维应变：应变张量

物体构造的变化由两个部分得出：刚体位移和形变。第一种是同时平移和旋转，而不改变其形状或大小；第二种情况意味着物体的形状或尺寸从初始或未形变的结构中发生变化。

我们考虑一个维数为 Δx 和 Δy 的二维的、无穷小的矩形材料元素，其形变后呈菱形，如图 11-8 所示。

从图中考虑位移向量 $\bar{u}(x, y)$，我们可以将法向应变定义为

$$\varepsilon_{xx} = \frac{\mathrm{d}u_x}{\mathrm{d}x}; \; \varepsilon_{yy} = \frac{\mathrm{d}u_y}{\mathrm{d}y} \qquad (11\text{-}24)$$

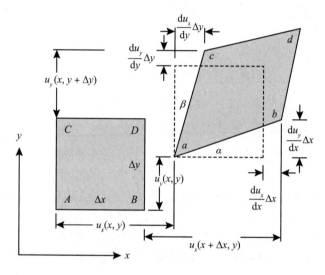

图 11-8　一个无穷小的物质元素的形变(改编自 Wikicommon)

此外，还得到了角度 α 的近似：

$$\tan\alpha = \frac{\dfrac{\mathrm{d}u_y}{\mathrm{d}x} \cdot \Delta x}{\Delta x + \dfrac{\mathrm{d}u_x}{\mathrm{d}x} \cdot \Delta x} = \frac{\dfrac{\mathrm{d}u_y}{\mathrm{d}x}}{1 + \dfrac{\mathrm{d}u_x}{\mathrm{d}x}} \approx \alpha \approx \frac{\mathrm{d}u_y}{\mathrm{d}x} \qquad (11\text{-}25)$$

因此，剪切应变为

$$\frac{\mathrm{d}u_y}{\mathrm{d}x} = \varepsilon_{yx} \approx \alpha$$

$$\frac{\mathrm{d}u_x}{\mathrm{d}y} = \varepsilon_{xy} \approx \beta \qquad (11\text{-}26)$$

而工程剪切应变为

$$\gamma_{xy} = \varepsilon_{xy} + \varepsilon_{yx} \approx \alpha + \beta \qquad (11\text{-}27)$$

如果排除刚体旋转，则可以将剪应力定义为两个分量的平均值，使它通过参数交换实现对称：

$$\varepsilon_{xy} \triangleq \frac{1}{2}\left[\frac{\mathrm{d}u_x}{\mathrm{d}y}+\frac{\mathrm{d}u_y}{\mathrm{d}x}\right]=\frac{1}{2}\left[\frac{\mathrm{d}u_y}{\mathrm{d}x}+\frac{\mathrm{d}u_x}{\mathrm{d}y}\right]=\varepsilon_{yx}$$

$$\rightarrow [\varepsilon]=\begin{bmatrix} \varepsilon_{xx} & \varepsilon_{xy} & \varepsilon_{xz} \\ \varepsilon_{yx} & \varepsilon_{yy} & \varepsilon_{yz} \\ \varepsilon_{zx} & \varepsilon_{zy} & \varepsilon_{zz} \end{bmatrix}=\begin{bmatrix} \varepsilon_{xx} & \gamma_{xy}/2 & \gamma_{xz}/2 \\ \gamma_{yx}/2 & \varepsilon_{yy} & \gamma_{yz}/2 \\ \gamma_{zx}/2 & \gamma_{zy}/2 & \varepsilon_{zz} \end{bmatrix} \qquad (11\text{-}28)$$

其中，$[\varepsilon]$ 是应变张量，根据定义，$\varepsilon_{xy}=\varepsilon_{yx}$，$\gamma_{xy}=\gamma_{yx}$，$\gamma_{xy}=2\cdot\varepsilon_{xy}$，因此应变张量是对称的。出于物理考虑，这个定义模拟了大多数实际情况，因此，我们从现在开始假设应变张量对称。

11.1.5　三维剪切与应力之间的关系

与一维空间中的情况类似，我们能够借助于一个四阶张量将三维空间中的应变和应力联系起来：

$$[\sigma]=[C]\cdot[\varepsilon] \text{ 或}$$

$$\sigma_{ij}=\sum_{k,l}C_{ijkl}\varepsilon_{kl},C_{ijkl}\equiv[\mathrm{Pa}] \text{ 或}$$

$$\sigma_{ij}=C_{ijkl}\varepsilon_{kl} \qquad (11\text{-}29)$$

称之为刚度张量 $[C]$，其中，每个索引都可以有 (x,y,z) 值。在实践中，它是三维胡克定律的反转形式。记住应力和应变张量由 9 个分量组成，原则上它由 $3^2\times3^2=81$ 个元素组成 ⊖。然而，应力张量和应变张量的对称性可以用来确保刚度张量也是对称的，有 36 个独立分量，将 6 个法向应变和剪切应变映射到 6 个相应的应变中。此外，通过加强可逆弹性形变的热力学性质，这能够表明张量可以简化为仅 21 个独立元素（6 个对角元素加上 15 个非对角对称元素）。此外，对于具有三个正交对称平面的各向异性材料 ⊖，张量可以变成以下形式：

$$\begin{bmatrix} \sigma_1 \\ \sigma_2 \\ \sigma_3 \\ \tau_1 \\ \tau_2 \\ \tau_3 \end{bmatrix}=\begin{bmatrix} \sigma_1 \\ \sigma_2 \\ \sigma_3 \\ \sigma_4 \\ \sigma_5 \\ \sigma_6 \end{bmatrix}=\begin{bmatrix} C_{11} & C_{12} & C_{13} & 0 & 0 & 0 \\ C_{12} & C_{22} & C_{23} & 0 & 0 & 0 \\ C_{13} & C_{23} & C_{33} & 0 & 0 & 0 \\ 0 & 0 & 0 & C_{44} & 0 & 0 \\ 0 & 0 & 0 & 0 & C_{55} & 0 \\ 0 & 0 & 0 & 0 & 0 & C_{66} \end{bmatrix}\cdot\begin{bmatrix} \varepsilon_1 \\ \varepsilon_2 \\ \varepsilon_3 \\ \varepsilon_4 \\ \varepsilon_5 \\ \varepsilon_6 \end{bmatrix} \qquad (11\text{-}30)$$

这里，我们使用了福格特标记。因此，在福格特紧凑形式中，张量符号变成了

$$\sigma_p=\sum_q C_{pq}\varepsilon_q;\text{或}\ \sigma_p=C_{pq}\varepsilon_q \qquad (11\text{-}31)$$

由于物理系统的冗余性，现在我们使用 p,q 各表示 6 个值，即 $6^1\times6^1=36$。这就解释了

⊖　3^2 表示两个索引 (i,j) 的 3 个值 (x,y,z) 有 9 种排列。

⊖　这被称为正交各向异性材料，是各向异性材料的一个子集。可以证明，具有两个对称平面的材料必须有第三个对称平面。三角对称、四方对称、单斜对称和三斜对称不是正交的。立体对称是正交各向异性材料的一个子集。最后，各向同性材料具有无限数量的对称平面。

81 元素张量的尺寸（而不是秩）减少到 36 个矩阵元素的原因。

对于立方晶体（例如硅），我们有 $C_{12} = C_{13} = C_{23}$ 和 $C_{44} = C_{55} = C_{66}$。对于各向同性材料，$C_{44} = C_{55} = C_{66}$ 是 C_{11} 和 C_{12} 的函数。式（11-30）对沿着晶体的对称平面排列的主材料坐标系是有效的，在任意旋转的情况下，所有矩阵项都被填满。

前一关系的倒置形式，即胡克定律的推广形式，是

$$\varepsilon_p = S_{pq}\sigma_q \tag{11-32}$$

其中，$[S]$ 称为柔度张量。

所有的对称关系和 C 的元素数缩减也适用于 S 张量。

11.1.6 各向同性材料的弹性

在各向同性材料的情况下，这些关系被进一步简化。各向同性材料的特征是具有与空间方向无关的物理性质，因此，这种关系应当独立于用来代表它们的坐标系。从胡克定律开始：

$$\varepsilon_{xx} = \frac{1}{E_Y}\left[\sigma_{xx} - v\left(\sigma_{yy} + \sigma_{zz}\right)\right]; x, y, z = \{1, 2, 3\}\, x \neq y \neq z$$

$$\varepsilon_{xy} = \frac{1}{2G}\sigma_{xy}; x, y = \{1, 2, 3\}\, x \neq y \tag{11-33}$$

其中，$x \neq y \neq z$ 意味着如果下标互换，则它们不相等。式（11-33）的第二项是式（11-9）的重新排列。

很容易表明柔度张量变成

$$
\begin{bmatrix} \varepsilon_{11} \\ \varepsilon_{22} \\ \varepsilon_{33} \\ \varepsilon_{12} \\ \varepsilon_{13} \\ \varepsilon_{23} \end{bmatrix} = \frac{1}{E_Y}
\begin{bmatrix}
1 & -v & -v & 0 & 0 & 0 \\
-v & 1 & -v & 0 & 0 & 0 \\
-v & -v & 1 & 0 & 0 & 0 \\
0 & 0 & 0 & (1+v) & 0 & 0 \\
0 & 0 & 0 & 0 & (1+v) & 0 \\
0 & 0 & 0 & 0 & 0 & (1+v)
\end{bmatrix}
\cdot
\begin{bmatrix} \sigma_{11} \\ \sigma_{22} \\ \sigma_{33} \\ \sigma_{12} \\ \sigma_{13} \\ \sigma_{23} \end{bmatrix}
\tag{11-34}
$$

通过对上述矩阵进行反转，我们得到了刚度张量关系：

$$
\begin{bmatrix} \sigma_{11} \\ \sigma_{22} \\ \sigma_{33} \\ \sigma_{12} \\ \sigma_{13} \\ \sigma_{23} \end{bmatrix} = k \cdot
\begin{bmatrix}
(1-v) & v & v & 0 & 0 & 0 \\
v & (1-v) & v & 0 & 0 & 0 \\
v & v & (1-v) & 0 & 0 & 0 \\
0 & 0 & 0 & (1-2v) & 0 & 0 \\
0 & 0 & 0 & 0 & (1-2v) & 0 \\
0 & 0 & 0 & 0 & 0 & (1-2v)
\end{bmatrix}
\cdot
\begin{bmatrix} \varepsilon_{11} \\ \varepsilon_{22} \\ \varepsilon_{33} \\ \varepsilon_{12} \\ \varepsilon_{13} \\ \varepsilon_{23} \end{bmatrix}
\tag{11-35}
$$

$$k = \frac{E_Y}{(1+v)(1-2v)}$$

一个非常有用的情况是这里有平面应力；换言之，应力在一个方向上是 0。例如，对于一个金属片，垂直于其表面的方向上没有应力施加，在金属片的边界上施加张力。在这种情况下，使用"3"方向作为不施加应力的方向（$\sigma_{13} = \sigma_{23} = \sigma_{33} = 0$），式（11-34）的柔度张量变成

$$
\begin{bmatrix} \varepsilon_{11} \\ \varepsilon_{22} \\ \varepsilon_{12} \end{bmatrix} = \frac{1}{E_Y} \begin{bmatrix} 1 & -v & 0 \\ -v & 1 & 0 \\ 0 & 0 & (1+v) \end{bmatrix} \cdot \begin{bmatrix} \sigma_{11} \\ \sigma_{22} \\ \sigma_{12} \end{bmatrix} \qquad (11\text{-}36)
$$

现在，反转方程（11-36），得到刚度张量关系：

$$
\begin{bmatrix} \sigma_{11} \\ \sigma_{22} \\ \sigma_{12} \end{bmatrix} = \frac{E_Y}{1-v^2} \begin{bmatrix} 1 & v & 0 \\ v & 1 & 0 \\ 0 & 0 & (1-v) \end{bmatrix} \cdot \begin{bmatrix} \varepsilon_{11} \\ \varepsilon_{22} \\ \varepsilon_{12} \end{bmatrix} \qquad (11\text{-}37)
$$

注意，虽然平面情况下的柔度张量是普遍情况下的一个子集，但刚度张量不是。这是因为在平面应力的定义上，应力是形变的一个原因，所以可以应用效应的叠加。相反，我们只能在应变的柔度张量的一个子集上反转矩阵。

11.1.7　简单结构的形变

在简单结构中，机械形变和施加力之间的关系可能对以下两方面有益。一方面，它们能够在感知形变的基础上估计对物理结构的作用力，例如应变计。另一方面，这种关系能够用于微机电系统（Microelectromechanical System，MEMS）的设计级别，这些关系的推导可以在机械工程教科书中找到。在这里，我们总结了常见结构中基于两个假设的最简关系：梁和平板的小形变；平面结构中的薄板，板的厚度相对于其尺寸而言很小。更具体地说，上述假设表明，载荷对固定梁和板上的平面内轴向应力的贡献（相对于弹性常数）可以忽略不计。如果施加的力足够大，违反这一假设，结构的形变就变成非线性的，这种情况称为大挠度，这里的解析解能够通过能量方法找到。在任何情况下，建议用 CAD 工具进行有限元方法模拟，来实现形变的最佳估计。

在传感器和 MEMS 中应用的最基本结构如图 11-9 和图 11-10⊖ 所示，相对位移和应变列于表 11-1~ 表 11-3。

所有的表达式中 I 都是结构的惯性动量。

表 11-1　自由梁、固定梁和扭转梁的位移和应变

参数	弯曲梁 (见图 11-9a)	固定弯曲梁 (见图 11-9b)	扭转梁 (见图 11-9c)
位移	$\Delta z = \dfrac{l^3}{3EI} F$	$\Delta = \dfrac{l^3}{12EI} F$	$\theta = M / \left[\dfrac{G \cdot ab^3}{l} \left[\dfrac{1}{3} - 0.21 \dfrac{b}{a} \left(1 - \dfrac{b^4}{12a^4} \right) \right] \right]$ $a > b$

⊖　大部分值来自文献 Kaajakari[2009]、Liu[2012]、Senturia[2000] 和其他来源。

（续）

参数	弯曲梁 （见图 11-9a）	固定弯曲梁 （见图 11-9b）	扭转梁 （见图 11-9c）
位移（矩形侧断面 $I = \dfrac{ab^3}{12}$）	$\Delta z = \dfrac{4l^3}{Eab^3}F$	$\Delta z = \dfrac{3l^3}{8Eab^3}F$	
固定端的应变（最大值）	$\varepsilon = \dfrac{lb}{2EI}F$	$\varepsilon = \dfrac{lb}{4EI}F$	

注：I 是二阶惯性矩，E 是杨氏模量（参见图 11-9）。

表 11-2 自由板和固定板的位移和应变

参数	点载荷双固定板（见图 11-9d）	均匀分布载荷双固定板（见图 11-9e） $F = P \cdot A$
位移	$\Delta z = \dfrac{l^3}{192EI}F$	$\Delta z = \dfrac{l^3}{384EI}F$
位移（矩形侧断面 $I = \dfrac{ah^3}{12}$）	$\Delta z = \dfrac{l^3}{16Eah^3}F$	$\Delta z = \dfrac{l^3}{32Eah^3}F$
固定端的应变 （最大值）	$\varepsilon = \dfrac{3l}{4Eh^2}F$	$\varepsilon = \dfrac{l}{2Eh^2}F$
中心应变	$\varepsilon = -\dfrac{3l}{4Eh^2}F$	$\varepsilon = -\dfrac{l}{4Eh^2}F$

注：I 是二阶惯性矩，E 是杨氏模量（参见图 11-9）。

表 11-3 圆形板和方形板的位移和应变

参数	圆形板	方形板
位移	$\Delta z = \dfrac{3\left(1-v^2\right)r^4}{16Eh^3}P$	$\Delta z = \dfrac{12\left(1-v^2\right)r^4}{47Eh^3}P$
固定端的应变（最大值）	$\varepsilon = \dfrac{3r^2}{4Eh^2}P$	$\varepsilon = \dfrac{48r^2}{47Eh^2}P$

注：E 是杨氏模量，P 是压强（参见图 11-10）。

11.2 压阻效应

压阻效应是材料在应力应变作用下电阻改变的特性。电导是与迁移率成比例的，迁移率是与载流子碰撞、等价质量之间的平均自由时间严格相关的（见第 10 章）：

$$J_{\text{drift}} = qn\mu E = \frac{1}{\rho}E; \mu = \frac{q \cdot \tau}{m^*} \tag{11-38}$$

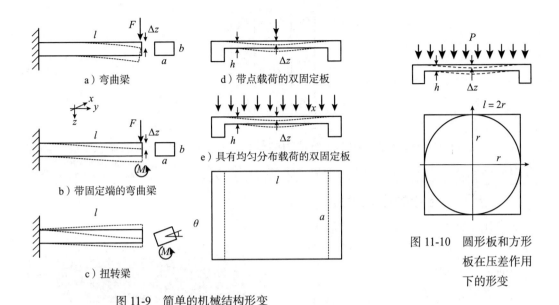

a）弯曲梁

d）带点载荷的双固定板

b）带固定端的弯曲梁

e）具有均匀分布载荷的双固定板

c）扭转梁

图 11-9　简单的机械结构形变

图 11-10　圆形板和方形板在压差作用下的形变

因此，材料在微粒尺寸水平上的任何变化都会导致 τ 和 m^* 变化，从而导致恒定电场（即外加电势）的宏观电导变化。对于普通材料或晶体，上述关系也能够通过电阻率张量 $[p]$ 扩展到三维空间：

$$\overline{E} = [\rho] \cdot \overline{J} \text{ 或}$$

$$\begin{bmatrix} E_1 \\ E_2 \\ E_3 \end{bmatrix} = \begin{bmatrix} \rho_1 & \rho_6 & \rho_5 \\ \rho_6 & \rho_2 & \rho_4 \\ \rho_5 & \rho_4 & \rho_3 \end{bmatrix} \cdot \begin{bmatrix} J_1 \\ J_2 \\ J_3 \end{bmatrix} \tag{11-39}$$

在大多数情况下，这里采用物理和能量性质来表明其对称性。注意，非对角线元素暗示我们应当期待所施加的电场对正交电流的贡献。对于非晶态各向同性材料和立方晶体（如大多数半导体）以及主坐标系，有 $\rho_4 = \rho_5 = \rho_6 = 0$。

在存在材料应变的情况下，使用福格特标记，我们可以参考非应力材料 ρ_0 的电阻率变化，它在所有方向上都是相同的：

$$[\rho_0] \left(1 + \left[\frac{\delta \rho}{\rho_0} \right] \right) = [\rho_0] \left(1 + [\pi] \cdot \overline{\sigma} \right) \tag{11-40}$$

其中，$[\pi]$ 称为压阻张量，也称为压阻系数，σ 为应变分量。它是一个四阶张量，考虑了由材料受力引起的电阻率的变化。元素 $[\pi]$ 用以下单位测量：

$$\pi_{ij} = \frac{\delta \rho_i / \rho}{\sigma_j} \equiv \left[\mathrm{Pa}^{-1} \right] \tag{11-41}$$

然而，由于电阻率和应力张量的对称性，在相同的各向同性材料和立方晶体的假设下，有

$$
\overline{\sigma} = \begin{bmatrix} \sigma_1 \\ \sigma_2 \\ \sigma_3 \\ \sigma_4 \\ \sigma_5 \\ \sigma_6 \end{bmatrix}; \ \rho_0 = \begin{bmatrix} \rho_0 \\ \rho_0 \\ \rho_0 \\ 0 \\ 0 \\ 0 \end{bmatrix} \tag{11-42}
$$

我们首先分析了金属和合金中的一维应力的行为，然后，将用张量的概念来展示晶体中压阻的性质。

11.2.1 金属和合金的压阻效应

对于具有如图 11-11 所示的几何形状的导体，它在静止时的电阻 R_0 与长度 L 成正比，与面积 A 成反比：

$$
R_0 = \rho \frac{L}{A} \tag{11-43}
$$

其中，比例系数 ρ 称为电阻率。

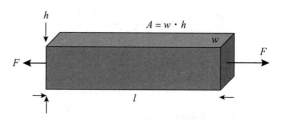

图 11-11　一维导体压阻效果

现在，如果沿着主轴施加应力 F，可以用一阶近似写出电阻率的相对变化，将其变量的相对变化分解为 ⊖

$$
\frac{\Delta R}{R_0} = \frac{\delta l}{l} - \frac{\delta A}{A} + \frac{\delta \rho}{\rho} \tag{11-44}
$$

由于

$$
\frac{\delta A}{A} = -2v \frac{\delta l}{l} \tag{11-45}
$$

因此电阻的总相对变量为

$$
\frac{\Delta R}{R} = (1+2v)\frac{\delta l}{l} + \frac{\delta \rho}{\rho} = (1+2v+\pi E_Y)\frac{\delta l}{l} = G_F \varepsilon = G_F \frac{\sigma}{E_Y} = \frac{G_F}{AE_Y}\Delta F \equiv [\cdot] \tag{11-46}
$$

其中，G_F 称为应力系统的应变灵敏度因数。式（11-46）为阻力传感器应变计的基础。也可以写成

$$
G_F = 1 + 2v + \pi E_Y \equiv [\cdot] \tag{11-47}
$$

其中，π 也是压阻系数。

需要注意的是，G_F 因数的第一部分 $1+2v$ 与体积的宏观变化引起的电阻变化有关，称为泊松效应，而第二个因数 πE_Y 与电阻率随材料应变的微小变化有关。根据不同的材料，可以得出一个相对于其他影响更普遍的效应。就第一项而言，应变灵敏度因数的期望值范围是

⊖　源自关系 $R = R(l, A, \rho) \rightarrow \Delta R = \mathrm{d}R/\mathrm{d}l \cdot \delta l + \mathrm{d}R/\mathrm{d}A \cdot \delta A + \mathrm{d}R/\mathrm{d}\rho \cdot \delta \rho$。

$1 \leqslant G_F \leqslant 2$，对应于泊松比的理论允许范围 $0 \leqslant v \leqslant 1/2$。还应该指出的是，上述关系都以线性假设为前提；然而，对于大应变，应变灵敏度因数可能表现出非线性行为。

11.2.2　晶体中的压阻效应

半导体晶体（特别是硅）的压阻效应常用于 MEMS。可以表明，在半导体晶体中，应变灵敏度因数主要源于晶格的微观变化，而不是宏观体积的变化，因此

$$G_F = 1 + 2v + \frac{\delta \rho}{\rho} = 1 + 2v + \pi E_Y \approx \pi E_Y \qquad (11\text{-}48)$$

参考 MEMS 工艺中常见的硅的金刚石立方结构，由式（11-30）的刚度张量结构可以看出，根据晶体的对称轴，压阻系数的张量为

$$\frac{1}{\rho}\begin{bmatrix} \delta\rho_1 \\ \delta\rho_2 \\ \delta\rho_3 \\ \delta\rho_4 \\ \delta\rho_5 \\ \delta\rho_6 \end{bmatrix} = \begin{bmatrix} \pi_{11} & \pi_{12} & \pi_{12} & 0 & 0 & 0 \\ \pi_{12} & \pi_{11} & \pi_{12} & 0 & 0 & 0 \\ \pi_{12} & \pi_{12} & \pi_{11} & 0 & 0 & 0 \\ 0 & 0 & 0 & \pi_{44} & 0 & 0 \\ 0 & 0 & 0 & 0 & \pi_{44} & 0 \\ 0 & 0 & 0 & 0 & 0 & \pi_{44} \end{bmatrix} \cdot \begin{bmatrix} \sigma_1 \\ \sigma_2 \\ \sigma_3 \\ \tau_1 \\ \tau_2 \\ \tau_3 \end{bmatrix} \qquad (11\text{-}49)$$

其中的系数依赖于掺杂物和温度。

通常，硅的切割根据晶格的方向进行分类的，称为密勒指数，如图 11-12 所示。

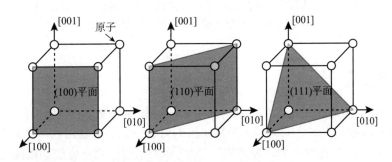

图 11-12　硅切割平面的密勒指数

注意，平面名称（hkl）表示与 $hn_1 + kn_2 + ln_3$ 正交的平面族，其中，n_i 是晶格规范向量的分量，而 [hkl] 表示相应基坐标上的方向。

因此，对于最常见的硅晶体技术，图 11-13 所示的情况变少。对于沿着图中所示的方向施加的固定电流 I，根据指示的方向感知电压。因此，利用压阻张量的坐标变换 [⊖]，可以得出以下关系：

⊖　$[\pi'] = A[\pi]A^{\mathrm{T}}$，$[\pi']$ 是新坐标中的张量，A 是旋转矩阵。

$$情况a: \frac{\delta\rho/\rho}{\sigma} = \pi_{11}$$

$$情况b: \frac{\delta\rho/\rho}{\sigma} = \pi_{12}$$

$$情况c: \frac{\delta\rho/\rho}{\sigma} = \frac{1}{2}\left(\pi_{11} + \pi_{12} + \pi_{44}\right)$$

$$情况d: \frac{\delta\rho/\rho}{\sigma} = \frac{1}{2}\left(\pi_{11} + \pi_{12} - \pi_{44}\right) \tag{11-50}$$

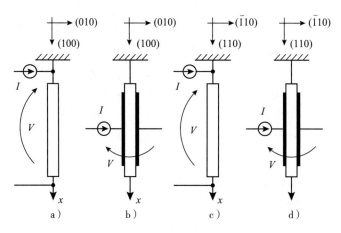

图 11-13　硅晶体中压阻效应的一些常见情况。请注意，($\bar{1}$10) 平面与 (110) 平面呈正交关系（源自文献 [Smith，1954]）

11.3　压电效应

我们已经在第 10 章中讨论了由外部电场引起的材料具有极化的性质，称为电介质极化。介电材料的极化密度与电场之间的理想关系如图 11-14a 所示，并且由在两个方向内运行的线性特性来特征化。这种特性称为"理想值"，因为我们期望极化密度能够跟随无限的外部激励变化。然而，在真正的材料中我们发现，由于分子和晶格的尺寸有限，极化中心的位移有限，导致了饱和效应。在任何情况下，移除外部激励时都不存在电极化密度。没有残余极化密度的 P(E) 图的饱和效应称为顺电效应，显示这种效应的材料称为顺电材料。

然而，一些材料被称为铁电材料，这类材料具有自发电极化的特性，也就是说，即使在没有外部电场的情况下，它们也发生电极化。此外，通过施加外力，自发极化也可以改变。因此，铁电材料的典型实验 P(E) 图特征如图 11-14b 所示。该行为能够解释如下。在一开始，材料的特征是自发的单电偶极子（或具有整齐排列的偶极子材料的子域）在体内随机移位。因此，由于偶极子的平均效应，材料的总极化可以忽略不计。当开始增加电场时，偶极子开始朝向外部激化，从而增加了整体极化密度。一旦它们接头对准，由于在该方向上的有限位移和极化的饱和效应，极化更加较慢。如果我们将电场降至 0，将观察到残留的极化，这意味着偶极子已经转移到新的静止状态，并保留了对过去激励的记忆。

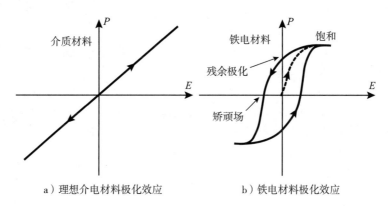

　　　a）理想介电材料极化效应　　　　　　b）铁电材料极化效应

图 11-14　理想介电和铁电材料的极化效应

　　残留的极化意味着一些偶极子已经移动到一个新的结构上，因此外部场对物质做了一些功。我们看到这对需要热耗散的材料的能量平衡有影响。如果电场不断减小，就会得到一个值，称为矫顽场，以便使极化被中和。

　　最后，如果我们保持外部激励从低值变化到高值，P-E 曲线遵循一个磁滞回线，如图 11-14b 所示。

　　具有电极化特性的一类重要材料称为压电材料。压电性是材料在机械应力引起的变形下产生 / 移位电偶极子的特性。在同一材料上，压电以两种不同的方式被观察到。一方面，在机械形变条件下产生电偶极子，称为正压电效应；另一方面，外部电场引起材料形变（如收缩或膨胀）的特性称为逆压电效应。压电材料体让非铁电体（无自发极化）具有铁电性（具有自发极化）。

　　另一组材料是热电材料，其特征是温度变化时显示可变极化。对于这些材料，温度的变化迫使晶体结构中的原子形成一个新的结构，从而增强或减少极化的影响。

　　就晶体材料而言，由于极化性质与原子结构严格相关，因此能够根据晶体的对称性来进行分类。研究表明，任何一种晶体都可以根据其对称的晶格性质（对称点群）进行分类。在32 类点群中，只有 20 类非中心对称群（即具有中心对称点）具有压电效应。因此，非中心对称是压电性的必要条件。其中，10 类自发极化，10 类非自发极化。分类以及材料的示例如表 11-4 所示。

表 11-4　根据晶体类型所确定的物质的极化性质

32 类	21 类非中心对称	20 类具备压电特性	10 类具备焦电性	铁电体	PbZr/TiO$_3$ BaTiO$_3$, PbTiO$_3$
			10 类不具备焦电性	非铁电体	ZnO, AlN 石英
	11 类中心对称				

以压电下的非中心对称结构条件为例，参考图 11-15，图 11-15a 中解释了应力作用下的立方中心对称晶格（如氯化钠），形变不会引起极化。相反，在图 11-15b 中，一个非中心对称的六角形晶格（如石英）显示了压力下偶极子的产生。此外，在图 11-15c 中，同一晶格的另一个形变轴表明了沿着与应力相关的正交方向偶极子是如何产生的。

大多数压电材料可以分为两类：

- 晶体，其中偶极子的产生是由于晶格中电荷中心的不对称形变。
- 多晶体，如陶瓷，其中压电源于现有材料中电偶极子性质的子域的定向特性。

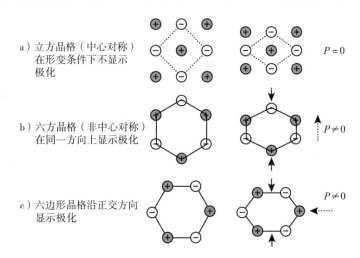

a）立方晶格（中心对称）在形变条件下不显示极化

b）六方晶格（非中心对称）在同一方向上显示极化

c）六边形晶格沿正交方向显示极化

图 11-15　晶体中压电效应的示例

表明有压电效应的晶体是石英（SiO_2）、黄玉、电气石、磷铝矿（$AlPO_4$）、正磷酸镓（$GaPO_4$）、铌酸铅镁 – 钛酸铅（PMN-PT）和氮化铝（AlN）。

第二类压电材料是基于由许多具有电介质极化的晶体子畴组成的多晶材料，称为铁电畴。介电畴是多晶材料中分子极化取向均匀的区域，如图 11-16a 所示。这意味着晶格结构的单个偶极矩彼此对齐，并且它们指向相同的方向，如图 11-16b 所示。各域内的极化指向方向唯一，但不同域间的极化分布几乎是均匀的。铁电畴的形成过程如下。在居里温度以上（陶瓷通常在 300℃ 左右），这种材料既能够呈现中心对称结构，又能够表现出完全随机的偶极子位移。晶体结构低于居里温度时，将获得相同方向的自发极化定向偶极子。基于上述原因，材料通常只有在居里温度下才变成铁电。区域的大小和方向由材料总能量的最小化决定：通常，这些域被边界分开，其中，相对的两侧的偶极子彼此之间的方向约为 180° 或 90° 。在任何情况下，材料的净平均偶极矩都接近于 0，如图 11-16a 所示。

为了增强压电效应，对高温高电场下的材料采用了称为极化的生产工艺。当材料冷却时，铁电偶极矩沿极化轴几乎均匀且永久定向，如图 11-16c 所示。

在这类材料中，锆钛酸铅

a）介电畴　　b）晶格的单个偶极矩彼此对齐　　c）极化后的材料

图 11-16　多晶材料的压电效应铁电畴及经过极化工艺处理后的材料

（$Pb(ZrTi)O_3$，也称为 PZT）是最常用的压电材料之一，钛酸钡（$BaTiO_3$）、钛酸铅（$PbTiO_3$）、铌酸钾（$KNbO_3$）、铌酸锂（$LiNbO_3$）和钽酸锂（$LiTaO_3$）中的一些材料也可以以晶体形式用于压电应用。

一旦材料被极化，它就能够用作压电传感器或激励源，引起机械应力或外部电场。然而，这类材料在取代偶极子时表现出更高的热损耗，从而降低了它们相对于晶体的 Q 因子。

11.3.1 正逆压电效应

正压电效应意味着在材料的应力作用下产生一个电场。在了解数学关系之前，我们应当用图 11-17 来研究这个概念。

在图 11-17a 中，有一个极化的压电材料，在两个板之间形成电介质。为了简单起见，我们假设板中的总自由电荷为 0。箭头显示了极化的方向。在计算电流和电压符号时，重要的不是偶极矩本身，而是由变化引起的微分偶极矩。如图所示，一个原始偶极子和一个具有相同符号的微分矩相加的和能够作为一个应力偶极子。相反，压缩偶极子可以用原始偶极子与相反符号的微分偶极子求和来建模。图 11-17b 中表明了一个应力结构，为了清晰起见，只显示了微分偶极子。偶极子的定向吸引了板上的相反电荷。然而，由于电极是中性的（开路条件 $D=0$），相同数量的反电荷在它们之间产生一个电场。需要注意的是，决定两个板之间静电势的是它们之间的电场 E。相反，结构的压缩产生了与之前的情况相反的微分偶极矩，如图 11-17c 所示，导致电场方向相反。综上所述，沿极化方向的压缩产生了与极化电压极性相同的电压。还要注意，所产生的电场以某种方式来抵消微分偶极子的形成。因此，参见图 11-17c，其中压缩过程没有电荷的变化，$\Delta D=0, \Delta E \neq 0$。

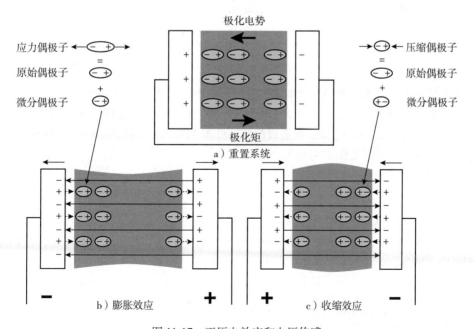

图 11-17 正压电效应和电压传感

　　因此，我们能够感知电场来估算施加的力。这称为压电转换器的电压传感 ⊖。电压传感并不是感应压电材料的唯一方法。如果以短路方式连接端子，如图 11-18 所示，电荷从一边回流到另一边，通过电流位移感知形变。这被称为电荷传感。当然，我们可以从一开始就保持短路，得到相同的结果。

　　一般来说，在一维开路条件下，应力 T 与电场 E 的关系为

$$E = -g \cdot T; g = \underbrace{\left.\frac{\mathrm{d}E}{\mathrm{d}T}\right|_{D=k}}_{\text{开路}} \equiv \left[\frac{\mathrm{V}\cdot\mathrm{m}}{\mathrm{N}}\right] \qquad (11\text{-}51)$$

其中，g 称为压电电压常数。由于这种关系是在开路条件下建立的，因此通常对 g 使用上标带有 D 的表示法 g^D，这意味着在形变过程中自由电荷被设置为一个常数或 0。

　　通过物理边界条件 $\Delta D \neq 0$，$\Delta E = 0$ 可得到上述条件。应当注意的是，由于我们摆脱了抵消微分偶极矩的电场，压电材料在电荷传感或在短路条件下工作时表现出较低的刚度。

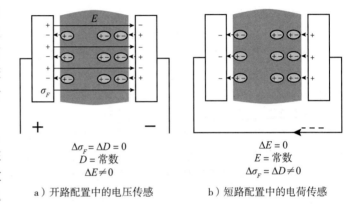

a）开路配置中的电压传感　　b）短路配置中的电荷传感

图 11-18　直接压电效应的传感方法

　　相反，在短路条件下，正压电效应可以模拟为

$$D = d \cdot T; d = \underbrace{\left.\frac{\mathrm{d}D}{\mathrm{d}T}\right|_{E=k}}_{\text{短路}} \equiv \left[\frac{\mathrm{C}}{\mathrm{N}}\right] \qquad (11\text{-}52)$$

式中，d 为压电电荷常数，由恒定（如零）电场下的电荷随施加应力的变化给出。

　　逆压电效应如图 11-19 所示。首先，电极通过短路复位，如图 11-19a 所示。如果我们在极化的同一方向上应用一个电势，就造成膨胀（见图 11-19b），而如果有一个与极化方向相反的电势，就会造成收缩（见图 11-19c）。

　　逆压电效应被模拟为

$$S = d \cdot E; d = \left.\frac{\mathrm{d}S}{\mathrm{d}E}\right|_{T=k} \equiv \left[\frac{\mathrm{m}}{\mathrm{V}}\right] \qquad (11\text{-}53)$$

其中，S 是应变 ⊖，E 是电场，d 是压电电荷常数。注意，为了推导式（11-53），我们保持了施加力恒定（例如，0）。

⊖　由于泄漏电流影响压电材料并会迅速重置累积电荷，电压传感通常非常严格。

⊖　在压电中，用于应变的是 S 而不是 ε，假设 ε 是介电常数。

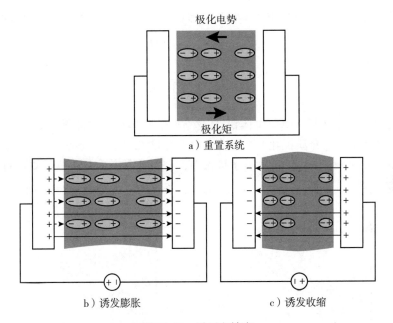

极化电势

极化矩

a）重置系统

b）诱发膨胀　　　　　　　　c）诱发收缩

图 11-19　逆压电效应

你可能会想知道 d 是否与式（11-52）中相同。从单位 $[\mathrm{C/N}] \equiv [\mathrm{m/V}]$ 的角度和能量平衡的角度，都能够证明常数是相同的。

现在回想一下，压电材料也作为一种弹性应力材料，服从 $S = s \cdot T$，其中 $s \equiv \left[\mathrm{Pa}^{-1} \right]$ 是弹性顺服常量 [一]，表现为电介质：$D = \varepsilon \cdot E$，其中 ε 为介电常数，假设其为线性材料，并应用叠加原理，我们能够得到在一维情况下的本构压电方程：

$$\begin{cases} S = s^E \cdot T + d \cdot E \\ D = d \cdot T + \varepsilon^T \cdot E \end{cases} \tag{11-54}$$

其中，E 和 T 上标分别表示在恒电场和恒牵引下计算的微分量。从这些方程中，可以很容易地看出，在式（11-51）中，$g = d/\varepsilon$。

本构方程可以用这种方式解读：第一个方程指出，应力给出了压电材料在恒电场下的应变（胡克定律）或施加了恒定应力下的电场（逆压电效应）。第二种关系表明，电极上的自由电荷是通过在恒定电场下施加应力（正压电效应）或在恒定应力下在电介质上施加电场而得出的。

这些方程将 S 和 D 与 T 和 E 联系起来；然而，还有其他三种替代形式的本构方程，即将 T 和 D 与 S 和 E 联系等。其中一种形式的所有系数都可以用其他形式的系数来表示，但为了简单起见，我们省略了它们 [二]。

○　它是杨氏模量的倒数。

○　参考 176–1987 – ANSI/IEEE Standard on Piezoelectricity，IEEE 1988 了解详情。

借助于热力学定律，通过应用压电材料的能量守恒，所有的本构形式也能够推导出

$$\frac{dU}{dt} = T \cdot \frac{dS}{dt} + E \cdot \frac{dD}{dt}$$

$$\rightarrow U = \int_0^T T\delta S + \int_0^D E\delta D \tag{11-55}$$

其中，U 为存储的能量密度（每单位体积）。这意味着每体积存储能量的变化是由机械功（通过应变）和电功（通过电介质极化）给出的。对式（11-55）的一个重要的洞悉是能量转换能够用图形化的方法来识别，(T,S) 图表示机械功，(E,D) 图表示电功，正如我们在第 10 章所讨论那样，为了更好地理解这一点，我们能够通过图 11-20 看到能量转换的图形化示例。

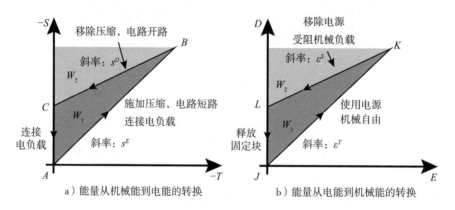

图 11-20　压电材料的机电转换表示（改编自 176–1987–ANSI/IEEE Standard on Piez-oelectricity）

图 11-20a 表明了压电材料的（T,S）图（这是一个应变 - 应力图的负轴），显示了从机械能到电能的转换。首先，系统短路，施加压缩应力，做功为 $W_1 + W_2$，斜率为 s^E，然后移除压缩应力，将电路开路，做功为 W_2。如图所示，该材料保持了一个残余应变。这是因为，如前所述，材料在短路条件下的刚度比开路条件下要小。最后，施加电负载使之回到原有状态。因此，能量转换可以通过耦合因子 k 来估计：

$$k^2 = \frac{\text{传递至压电系统的机械能}}{\text{供应的总机械能}}$$

$$= \frac{W_1}{W_1 + W_2} = \frac{s^E - s^D}{s^E} = \frac{d^2}{s^E \varepsilon^T} \tag{11-56}$$

这里使用本构方程能够找到最后等效性。在这种情况下，电能的供应分为两个步骤：在 A-B 步骤中，可以通过施加电负载本身来重置电场，而在 C-A 步骤中，电负载被用来释放应变。然而，也可以使用其他循环，例如，在开路条件下进行压缩，然后施加负载，其中的转换耦合因子可以使用相同的图形化方案来计算。

图 11-20b 表明了压电材料的（E,D）图，显示了电能到机械能的转换。首先，在系统保

持机械自由时，对系统施加电势，沿斜率 ε^T 的功为 $W_1 + W_2$，然后电路开路，固定机械保持其不形变，然后，当 $E = 0$ 时，去除固定块，从而完成机械功。因此，能量转换可以通过耦合因子 k 来估计：

$$k^2 = \frac{\text{传递至压电系统的电能}}{\text{供应的总电能}}$$

$$= \frac{W_1}{W_1 + W_2} = \frac{\varepsilon^T - \varepsilon^S}{\varepsilon^T} = \frac{d^2}{s^E \varepsilon^T} \tag{11-57}$$

其中，利用本构方程能够得到方程的最后等效性，表明耦合因子与之前相同。

即使通常寻求高 k^2 值来进行有效的转换，它也不是效率的衡量标准，因为它表示供应给压电系统的净能量。然而，我们不知道这些能量是否完全转化为电能或机械能，是否有热损失。例如，参考图 11-20b，我们已经在第 10 章中看到，影响该区域的 $E \cdot \Delta D$ 因子包括能量存储和热损失，取决于位移场的相位滞后。此外，未转换的能量不一定会损失（耗散成热量），在许多情况下可以被恢复。例如，我们可以选择一种 W_1 面积很小且损耗很低的材料，比如石英。这意味着它是一种几乎完美的可逆弹性材料，但不能很好地转换来自外部源的能量。因此，耦合因子对于理解压电材料是否能有效地使系统转换机械能 / 电能（如在能量收集中）是有用的，但它们与衡量效率的 Q 因子无关。换句话说，高耦合因子是能量传递的必要条件，而非充分条件。例如，石英的耦合因子很低，但 Q 因子很高。因此，石英非常适合用在谐振器中，而不是用在能量收集器中。

评估实际热损失的最佳方法之一是特征化磁滞回线，如下文中所述。图 11-21 表明了相同材料的介电磁滞回线和蝶状磁滞回线。介电磁滞回线在 (E, P) 空间中显示了一个闭合的循环，如图 11-21a 所示。蝶状磁滞回线是 (E, P) 空间中的一条闭合曲线，如图 11-21b 所示。从未极化材料中位置 1 的子域的随机位移开始，增加的电场沿着场的方向定向了更多的域。然而，与磁性材料类似，在任意强度的电场中，定向域的数量达到饱和点 P_S。这一点在两图中显示为 2。蝶状回线也显示出应变的饱和度，如图 11-21b 所示。发生这种情况的电场称为饱和电场 E_S。如果现在将电场降到 0，我们会看到不是所有的偶极子都回到原来的状态，其中一些偶极子保持了先前外部电场引导的方向，导致残余极化 P_R，在回线中对应点 3。这是一个不可逆的物理效应的指标。为了重新设定残留的极化，我们必须施加一个反向电场使之降到 $-E_C$，如点 4 所示，称为矫顽场。如果继续在负方向降低电场，将达到一个对应于点 5 的 $(-E_S, -P_R)$ 的饱和极化。由于偶极子的记忆性，如果我们开始增大电场，将不会遵循同样的轨迹，而是遵循如图 11-21a 所示的磁滞回线。

我们能够在 (E, S) 平面中找到蝶状回线的相应点，如图 11-21b 所示。必须注意，在 (E, S) 图中第 4 点和第 7 点的应变从收缩到膨胀的反转。图 11-21c 解释了从 3 点到 5 点转换的这种效应。如果偶极子有残余极化，那么反转场的增加就会导致材料尺寸收缩（从而减小）。如果不断增加反向电场，一些偶极子可能会改变成相反的方向。当偶极子反转效应等于还原效应时，达到第 4 点。现在，如果不断增加反向电场，偶极子开始反转方向，使材料再次膨胀，直到达到饱和点 5。

(E, D) 介电回线所包含的面积与材料耗散的功率成正比。这个区域非常小，对于晶体材料，如石英，它与多晶陶瓷有关。要理解这一点，请考虑 (E, P) 图是在没有负载时绘制的，无论是机械负载还是电负载。因此，如果没有损失，在系统的正向和反向模式之间应该有相同的能量交换，因此，在两个方向上的 $E \cdot \Delta P$ 面积增量应该是相同的。相反，磁滞回线所对应的不同区域表明损失的可能是热量。另一种方法是考虑第 10 章的讨论，其中电场和极化密度之间的相位滞后导致了热损失 ⊖。实际上，图 11-21a 中的闭环清楚地表明了输入和输出之间的相位滞后。最后我们可以观察到，由于 P 和 D 的关系，上述注意事项可以在 (E, D) 图中找到，而不是在 (E, P) 图中。

蝶状回线表明我们不可能总以相同的电势得到相同的应变。基于上述原因，在传感器和激励源的应用中，最好将迟滞范围限制在单极或半极范围内，如图 11-22 所示。

因此，在极化材料中，从点 1 开始，得到一个简化的单极滞后，如图 11-22a 所示。不同数量的外部电场产生了几个环，如图 11-22b 所示，它们在原点处移动。最后，我们也可以使用一个半极性循环，如图 11-22c 所示。

另一个针对热耗散设备（特别是谐振器）的重要优质因数是 Q 因子，这已经在第 6 章中讨论过。更具体地说，在这种情况下，同样重要的是 Q 因子与耦合因子的乘积 $Q \cdot k$。

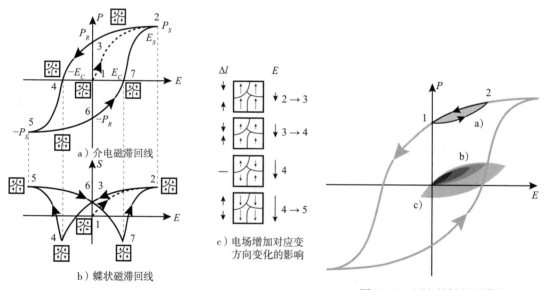

a) 介电磁滞回线

b) 蝶状磁滞回线

c) 电场增加对应变方向变化的影响

图 11-21　介电磁滞回线、蝶状磁滞回线及电场增加对应变方向变化的影响。对于典型的 PZT "软"材料，P_S 和 P_R 约 $0.3 - 0.5 \mathrm{C/m^2}$，E_S 约为 $1.5 \mathrm{kV/mm}$，E_C 约为 $0.5 \mathrm{kV/mm}$

图 11-22　压电材料的迟滞性

⊖　$P_D = \bar{E} \cdot \mathrm{j} \omega \varepsilon_0 \bar{E} + \bar{E} \cdot \mathrm{j} \omega \bar{P} = \bar{E} \cdot \mathrm{j} \omega \bar{D}$。

11.3.2　三维压电效应

正如前面已经看到的，压电的本构方程能够用张量的概念扩展到三维中。因此，方程可以用张量符号表示：

$$\begin{cases} S_{ij} = s_{ijkl}^{E} \cdot \sigma_{kl} + d_{kij} \cdot E_k \\ D_i = d_{ikl} \cdot \sigma_{kl} + \varepsilon_{ik}^{T} \cdot E_k \end{cases} \tag{11-58}$$

我们在这里使用 σ 代替 T。与其他情况类似，压电系统具有对称性，可以证明福格特简化符号的合理性：

$$\begin{cases} S_p = s_{pq}^{E} \cdot \sigma_q + d_{qp} \cdot E_q \\ D_p = d_{pq} \cdot \sigma_q + \varepsilon_{pq}^{T} \cdot E_q \end{cases} \tag{11-59}$$

例如，下面是 PZT 材料的表达式：

$$
\begin{bmatrix} S_1 \\ S_2 \\ S_3 \\ S_4 \\ S_5 \\ S_6 \end{bmatrix} =
\begin{bmatrix}
s_{11} & s_{12} & s_{13} & 0 & 0 & 0 \\
s_{12} & s_{11} & s_{13} & 0 & 0 & 0 \\
s_{13} & s_{13} & s_{11} & 0 & 0 & 0 \\
0 & 0 & 0 & s_{44} & 0 & 0 \\
0 & 0 & 0 & 0 & s_{44} & 0 \\
0 & 0 & 0 & 0 & 0 & 2(s_{11}-s_{12})
\end{bmatrix}
\begin{bmatrix} \sigma_1 \\ \sigma_2 \\ \sigma_3 \\ \sigma_4 \\ \sigma_5 \\ \sigma_6 \end{bmatrix} +
\begin{bmatrix}
0 & 0 & d_{31} \\
0 & 0 & d_{32} \\
0 & 0 & d_{33} \\
0 & d_{24} & 0 \\
d_{15} & 0 & 0 \\
0 & 0 & 0
\end{bmatrix}
\begin{bmatrix} E_1 \\ E_2 \\ E_3 \end{bmatrix}
$$

$$
\begin{bmatrix} D_1 \\ D_2 \\ D_3 \end{bmatrix} =
\begin{bmatrix}
0 & 0 & 0 & 0 & d_{15} & 0 \\
0 & 0 & 0 & d_{24} & 0 & 0 \\
d_{31} & d_{32} & d_{33} & 0 & 0 & 0
\end{bmatrix}
\begin{bmatrix} \sigma_1 \\ \sigma_2 \\ \sigma_3 \\ \sigma_4 \\ \sigma_5 \\ \sigma_6 \end{bmatrix} +
\begin{bmatrix}
\varepsilon_{11} & 0 & 0 \\
0 & \varepsilon_{22} & 0 \\
0 & 0 & \varepsilon_{33}
\end{bmatrix}
\begin{bmatrix} E_1 \\ E_2 \\ E_3 \end{bmatrix} \tag{11-60}
$$

对于石英晶体：

$$
\begin{bmatrix} S_1 \\ S_2 \\ S_3 \\ S_4 \\ S_5 \\ S_6 \end{bmatrix} =
\begin{bmatrix}
s_{11} & s_{12} & s_{13} & s_{14} & 0 & 0 \\
s_{12} & s_{11} & s_{13} & -s_{14} & 0 & 0 \\
s_{13} & s_{13} & s_{11} & 0 & 0 & 0 \\
s_{14} & -s_{14} & 0 & s_{44} & 0 & 0 \\
0 & 0 & 0 & 0 & s_{44} & 0 \\
0 & 0 & 0 & 0 & 0 & 2(s_{11}-s_{12})
\end{bmatrix}
\begin{bmatrix} \sigma_1 \\ \sigma_2 \\ \sigma_3 \\ \sigma_4 \\ \sigma_5 \\ \sigma_6 \end{bmatrix} +
\begin{bmatrix}
d_{11} & 0 & 0 \\
-d_{11} & 0 & 0 \\
0 & 0 & 0 \\
d_{14} & d_{24} & 0 \\
0 & -d_{14} & 0 \\
0 & -2d_{11} & 0
\end{bmatrix}
\begin{bmatrix} E_1 \\ E_2 \\ E_3 \end{bmatrix}
$$

$$
\begin{bmatrix} D_1 \\ D_2 \\ D_3 \end{bmatrix} =
\begin{bmatrix}
d_{11} & -d_{11} & 0 & d_{14} & 0 & 0 \\
0 & 0 & 0 & d_{24} & -d_{14} & -2d_{11} \\
0 & 0 & 0 & 0 & 0 & 0
\end{bmatrix}
\begin{bmatrix} \sigma_1 \\ \sigma_2 \\ \sigma_3 \\ \sigma_4 \\ \sigma_5 \\ \sigma_6 \end{bmatrix} +
\begin{bmatrix}
\varepsilon_{11} & 0 & 0 \\
0 & \varepsilon_{22} & 0 \\
0 & 0 & \varepsilon_{33}
\end{bmatrix}
\begin{bmatrix} E_1 \\ E_2 \\ E_3 \end{bmatrix} \tag{11-61}
$$

注意，通常，3 是极化过程（极化）的方向。因此，ε_{33} 为材料在极化方向上的介电常数，而 ε_{11} 为垂直方向上的介电常数。

图 11-23 说明了一个式（11-60）所示关系的应用示例，其中 H,W,L 是压电材料的尺寸。例如，我们想使用压电材料作为压力传感器，在这种情况下，可以使用与极化方向同轴的电极来传感系统。因此，我们能够通过两种方式来传感：电荷模式和电压模式。第一种情况是对图 11-23a 所示的系统使用式（11-60）的第二项，利用电荷模式传感（$E=0$），我们有

$$D_3 = d_{33} \cdot \sigma_3 \rightarrow Q = d_{33} \cdot F \qquad (11\text{-}62)$$

这就是力和电荷之间的关系。相反，如果对相同的系统使用电压模式，则必须将电极保持在高阻抗（$D=0$）。使用式（11-60）的第二项，有

$$D_3 = 0 = d_{33} \cdot \sigma_3 + \varepsilon_{33} \cdot E_3 \rightarrow E_3 = g_{33} \cdot \sigma_3$$
$$\rightarrow V = g_{33} \frac{H}{W \cdot L} \cdot F \qquad (11\text{-}63)$$

这是电极上受力和电压之间的关系。

如果我们使用图 11-23b ～ 图 11-23d 所示的构造，根据式（11-60），则必须分别把式（11-62）中的 d_{33} 替换为 d_{31}，d_{15} 和 d_{15}。

相反地，如果使用图 11-23a 的系统作为激励，不固定材料材料，即可以自由移动（$\sigma=0$），位移可以计算为

$$S_3 = \frac{\Delta H}{H} = d_{33} \cdot E_3 \rightarrow \Delta H = d_{33} \cdot V \qquad (11\text{-}64)$$

其中，V 为所施加的电压。在使用 d_{31}，d_{15} 的构造（见图 11-23b～ 图 11-23d）中也可以发现类似的关系。

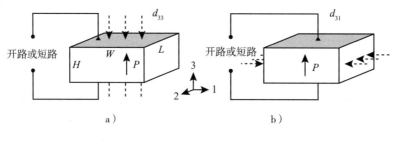

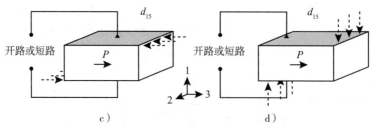

图 11-23　压电系数的实验特征和应用。P 是极化方向

表 11-5 总结了一些压电材料的主要特性（注意，这些因素可能因实际情况变化很大，只能作为材料之间比较的参考）。再次注意石英是如何在高 Q 的情况下具有一个非常低的耦合因子的。

表 11-5 一些压电材料的主要特性

材料	d_{33} /(pC/N)	d_{31} /(pC/N)	d_{15} /(pC/N)	g_{33} /($\frac{mV \cdot m}{N}$)	g_{31} /($\frac{mV \cdot m}{N}$)	$\varepsilon_{33}/\varepsilon_0$	$\sqrt{k^2}$	Q
软 PZT[1]	400	−180	550	25	−11.3	1750	0.69	80
硬 PZT[2]	290	−130	475	29	−13.1	1500	0.66	1500
AIN	5.4	−2.78					0.47	
PMN-PT (33%)	2500	−1300	146	38	−18	8200	0.90	80
多晶石英	−2.3 (d_{11})	−0.67 (d_{14})		−50		4.5	0.09	$10^4 - 10^6$

注：1. 数据参考 PI ceramic GmbH 提供的 PI255 材料。

　　2. 数据参考 PI ceramic GmbH 提供的 PI114-1 材料。

11.4 电阻温度传感

导体的电阻也可以用来感知温度。潜在的现象相当复杂，因为它涉及量子物理和能量带隙理论的概念，超出了本节的介绍范围。但是，对原理的快速解释可以概括如下。

电导和温度之间的关系取决于材料，在金属和半导体之间是不同的。一般来说，金属或合金的电导主要是由于电子和声子之间的相互作用。声子是描述原子或分子晶格基本运动的振动模式的准粒子。因此，它与晶格的动能和材料的温度有关。金属中的电导是由声子的电子散射、声子辅助的带间电子散射和电子相互作用引起的。这些方式的相对发生率在很大程度上取决于金属的种类和温度范围。然而，一般来说，我们能够说明金属的电阻率随温度的升高而增大，因为电子和声子之间的碰撞次数增多。在经典物理学方法中，我们可以说晶格的振动能量越大，电子碰撞的次数就越多，因此它的电阻就越大。一般来说，这种行为完全遵循线性关系。

另一方面，半导体中的电导和温度之间的关系应当有区别地建模。半导体中的电导特征是导带和被能隙分隔的价带之间的关系。带隙只允许几个电子跃迁到导带，并在一定程度上允许电流通过。然而，随着温度的升高，它们获得了足够的能量（通过声子散射）来克服能量势垒，并跃迁到导带中来增加电导率。因此，半导体的电阻率随温度的升高而降低。不幸的是，这种行为的依赖性通常是非线性的。

11.4.1 电阻温度探测器

电阻温度探测器（Resistance Temperature Detector，RTD）是由金属或合金制成的电阻传感器，显示出电阻随温度的升高而增加，具有相当的线性行为。正如我们在第 2 章和第 8 章

中看到的，使用一阶近似，有

$$R(T) = R_0 + \Delta R = R_0\left(1 + \frac{\Delta R}{R_0}\right) = R_0\left(1 + \alpha \cdot \Delta T\right)$$

$$\Delta T = T - T_0$$

$$\alpha = \frac{1}{R_0}\frac{\Delta R}{\Delta T} \equiv \left[\frac{\Omega}{\Omega \cdot \text{℃}}\right] \equiv \left[\frac{\Omega}{\Omega \cdot K}\right] \qquad (11\text{-}65)$$

其中，T_0 为参考温度，α 称为电阻温度系数（Temperature Coefficient of Resistance，TCR），这也是器件的相对灵敏度。在大多数情况下，参考温度为 $T_0 = 0\text{℃}$，以便 TCR 在 100℃ 处的计算为

$$\alpha = \frac{1}{R_0} \cdot \frac{R_{100} - R_0}{100} \qquad (11\text{-}66)$$

其中，$R_{100} = R(100\text{℃})$。金属和合金的典型 TCR 范围为 0.003 ~ 0.005$\Omega/(\Omega/\text{℃})$，因此相当低，100℃ 的相对变化只有 0.5%。利用线性关系，温度能够从公式的电阻中扣除：

$$T = \frac{1}{\alpha} \cdot \left(\frac{R(T)}{R_0} - 1\right) \qquad (11\text{-}67)$$

铂 RTD，也称为铂电阻温度计（Platinum Resistance Thermometer，PRT），由于贵金属的稳定性和相对于其他材料的优越线性，经常被用作精密温度仪器。然而，为了满足 PRT 的精度需求，使用了一个插值函数来代替式（11-65）。因此，非线性可以用 $T_0 = 0\text{℃}$ 的以下多项式来近似：

$$R(T) = R_0\left[1 + A \cdot T + B \cdot T^2\right] \qquad (11\text{-}68)$$

然后，基于实验特征，用多项式方程来表示温度：

$$T = \frac{1}{\alpha} \cdot \left(\frac{R(T)}{R_0} - 1\right) + \delta\left(\frac{T}{100} - 1\right)\frac{T}{100} \qquad (11\text{-}69)$$

其中，第一项是式（11-67）。产生这种形式的原因是，对于 $T = 100\text{℃}$，多项式函数被迫与独立于 δ 参数的 R_{100} 相交。对于 δ 的测定，采用较高的温度，通常为 $T_R = 260\text{℃}$，因此

$$\delta = T_R - \frac{R(T_R) - R_0}{R_0 \cdot \alpha} \left/ \left[\left(\frac{T_R}{100} - 1\right)\frac{T_R}{100}\right]\right. \qquad (11\text{-}70)$$

由此很容易证明

$$A = \alpha + \frac{\alpha\delta}{100} \equiv \left[\text{℃}^{-1}\right], B = -\frac{\alpha\delta}{100^2} \equiv \left[\text{℃}^{-2}\right] \qquad (11\text{-}71)$$

当（且仅当）$T < 0$ 时，建议对插值进一步细化，并且

$$R(T) = R_0\left[1 + A \cdot T + B \cdot T^2 + C \cdot (T - 100) \cdot T^3\right] \qquad (11\text{-}72)$$

称之为卡伦达 – 范杜森方程，其温度依赖关系为

$$T = \frac{1}{\alpha} \cdot \left(\frac{R(T)}{R_0} - 1 \right) + \delta \left(\frac{T}{100} - 1 \right) \frac{T}{100} + \beta \left(\frac{T}{100} - 1 \right) \frac{T^3}{100^3} \qquad （11\text{-}73）$$

所以

$$C = -\frac{\alpha\beta}{100^4} \qquad （11\text{-}74）$$

式（11-74）是有用的，因为大多数 PRT 和 RTD 的其他金属或合金特征都是由 A、B、C 常数表示的。表 11-6 显示了最常用的 RTD 材料的插值常数。

表 11-6　一些 RTD 材料常数示例

材料	R_0 [Ω]	A [℃$^{-1}$]	B [℃$^{-2}$]	C [℃$^{-4}$]	α [Ω/(Ω·℃)]	β [Ω/(Ω·℃)]	δ [Ω/(Ω·℃)]
铂	100	3.908×10^{-3}	-5.775×10^{-7}	-4.183×10^{-12}	0.003 85	0.108 63	1.499 9
镍	120				0.006 72		
镍铁	604	多项式形式，见数据表			0.005 18	多项式形式，参见数据表	
铜	10				0.004 27		

11.4.2　热敏电阻

热敏电阻不同于 RTD，因为传感材料不是金属或合金，而是由半导体材料的复杂化合物制成的，更具体地说，热敏电阻可以根据以下相关特征分为两类：

- 负温度系数（Negative Temperature Coefficient，NTC）热敏电阻，其中电阻随温度的升高而减小。它们主要由烧结半导体材料制成，如掺杂钛的氧化铁或掺杂锂的氧化镍。
- 正温度系数（Positive Temperature Coefficient，PTC）热敏电阻，其中电阻随温度的升高而增大。它们是由含有钛酸钡或其他化合物的掺杂多晶陶瓷制成的。

PTC 的热行为是复杂的，严格依赖于材料，所以这里不处理。另外，如前所述，NTC 遵循典型半导体的电导下降的特征，这能够通过斯坦哈特 – 哈特方程来构建高精度模型：

$$\frac{1}{T} = a + b\ln(R) + c\left[\ln(R)\right]^3 \qquad （11\text{-}75）$$

其中，a, b, c 是常系数。

在实际应用中忽略了三次因子，并采用以下表达式：

$$a = \frac{1}{T_0} - \frac{1}{B}\ln(R_0); b = \frac{1}{B} \qquad （11\text{-}76）$$

其中，T_0 和 $R_0 = R(T_0)$ 为参考温度和电阻。因此，电阻与温度的关系就变成了

$$R = R_0 \mathrm{e}^{-B\left(\frac{1}{T_0} - \frac{1}{T}\right)}; B \equiv [℃] \equiv [\mathrm{K}] \qquad （11\text{-}77）$$

其中，B 称为热敏电阻的 B 参数。这个表达式非常有用，因为 B 参数与器件的归一化灵敏度有关：

$$S' = \alpha = \frac{1}{R_0}\frac{dR}{dT}\bigg|_{T_0} = -\frac{B}{T^2} \qquad (11\text{-}78)$$

为了评估 RTD 和 NTC 之间的差异，电阻与温度图如图 11-24 所示，需要考虑以下几点：

- 铂 RTD（PRT）有最好的线性，但有最差的灵敏度。
- 金属 RTD 有更好的灵敏度，但线性最差。
- NTC 特性具有强非线性，但具有较高的灵敏度。

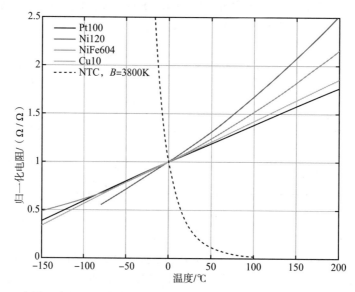

图 11-24　金属和合金 RTD 与典型 NTC 特性的比较。RTD 曲线分别为纯铂 100Ω、纯镍 120Ω、镍铁合金 604Ω，纯铜 10Ω。电阻以 $0℃$ 环境为准。NTC 特性与一个在 $25℃$ 下的 $1k\Omega$ 器件有关（为了清晰表示，曲线被移到原点）

11.5　力和温度电阻传感器的应用

本节将介绍电阻温度传感器和力电阻传感器的一些应用。此外，我们还将讨论混合输入（即力测量中的温度变化）和考虑其他误差的情况。在详细介绍之前，在表 11-7 中列出了用于热传感器和力传感器（应变计）材料的主要热系数和机械系数。

表 11-7　导电材料的机械性能和热性能综述

材料	组成	G_F（小形变）[·]	电阻 $[\Omega\cdot m]$	TCR=α $[\Omega/(\Omega/℃)]$
铜镍合金	铜（55%），镍（45%）	2.0	4.87E-07	8.0E-06
弹性弹簧合金	镍（36%），铬（8%），钼（0.5%），铁（55.5%）	3.5	11.4E-07	
锰镍铜合金	铜（84%），锰（12%），镍（4%）	0.5	4.82E-07	2.0E-06
卡玛合金	镍（74%），铬（20%），铝（3%），铁（3%）	2.4	13.51E-07	1E-06

（续）

材料	组成	G_F（小形变）[·]	电阻 [$\Omega \cdot m$]	TCR=α [$\Omega/(\Omega/℃)$]
镍合金	镍（67%），铜（33%）	1.9	4.82E-07	600E-06
镍铬合金	镍（80%），铜（20%）	2.0	11.80E-07	130E-06
铂铱合金	铂（95%），铱（5%）	5.1	2.28E-07	400E-06
镍	镍（100%）	−12.0	0.68E-07	6000E-06

注：所有与合金相关的数据可能由于成分和制造工艺的变化而有很大差异。

11.5.1　电阻传感器的实现与读出技术

在实际器件组成中，大多数电阻传感器（依据力或温度）的实现基于绝缘基板上的导电层沉积或图案，这在应变计的设计中是灵活的。长金属线以锯齿形图案刻在基板上，以获得更高的电阻，如图 11-25 所示。在应变计中，这种特殊的构造相比于横向轴导线提供了更高的灵敏度，如图 11-25a 所示，因为在这个方向上，整个导电路径的延伸率更大。然而，即使是垂直延伸率也应该考虑在内，如后文所示。多个应变计可以重叠放置在相同的器件基板上，如感知如图 11-25b 所示的正交力，或感知图 11-25c 所示的 60° 方向的正交力。

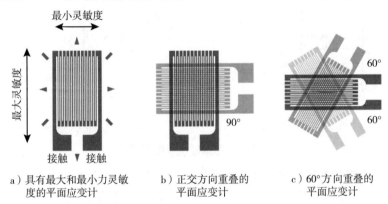

a）具有最大和最小力灵敏度的平面应变计　　b）正交方向重叠的平面应变计　　c）60° 方向重叠的平面应变计

图 11-25　平面应变计的实现

感知热或力的电阻传感器中最常见的技术是使用惠斯通电桥，如图 11-26 所示。如第 8 章所示，图 11-26a 的四分之一桥配置提供了如式（11-79）所示的输出：

$$\Delta V_O \approx V_R \frac{1}{4} \frac{\Delta R}{R_0} \tag{11-79}$$

其中，V_R 为参考电压，ΔR 为传感器电阻的变化，R_0 为其余电桥臂的电阻。更具体地说，参见式（11-46）和式（11-65），有

$$\frac{\Delta R}{R_0} = \begin{cases} G_F \varepsilon; & \text{用于力传感器（应变计）} \\ \alpha \Delta T; & \text{用于温度传感器} \end{cases} \tag{11-80}$$

例如，在使用四分之一桥实现的最简单的应变计应用中，对于截面积为 A 的一维结构，其特征是具有杨氏模量 E_Y 的材料，并受力 F 的轴向牵引，桥的输出为

$$\Delta V_O \approx V_R \frac{1}{4}\frac{\Delta R}{R_0} = \frac{V_R}{4}\frac{G_F}{AE_Y}F = \frac{V_R}{4}G_F\varepsilon = \frac{V_R}{4}\frac{G_F}{E_Y}\sigma \qquad (11\text{-}81)$$

因此，桥的输出与施加在结构上的力成正比。应当指出的是，上述关系是针对一维结构，并没有考虑到泊松比的影响，正如 11.5.3 节所讨论的那样。

然而，四分之一桥的方法有几个缺点，特别是考虑到导线电阻 R_W，长距离连接传感器时它的值可能很大。这是因为对机械部件的监测通常是通过将接口放置在相对于传感点较远的位置来实现的，以减少尺寸占用。第一个缺点是，导线电阻增大了 R_0，从而降低了器件的灵敏度。第二个缺点是，任何由温度变化引起的 R_W 变化都会导致读数误差。可以采用三线四分之一桥技术来减少这些缺点，如图 11-26b 所示。通过使用该技术，仪表放大器的输入端通过第三根导线连接到传感器的"热"端上，该导线的电阻不会由于放大器的高阻抗而影响测量。此外，将两个原始传感器电阻放置在相反的电压感知点上，有两个优点。首先，导线的温度变化得到补偿；其次，灵敏度相对于双线版本有所增加，因为它们中仅有一条线对 R_0 有影响。

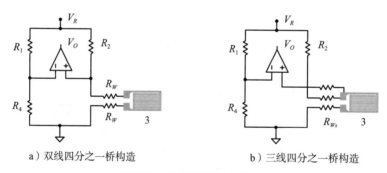

a）双线四分之一桥构造　　　　　　b）三线四分之一桥构造

图 11-26　惠斯通电桥电阻感应

力和温度的电阻传感器也可以使用电流激励进行连接，如图 11-27 所示。最简单的方法是基于双线连接，如图 11-27a 所示，其中参考电流 I_0 进入传感器，仪表放大器感知电压降。然而，导线电阻再次引起误差，因为它们的总和为传感器电阻 R_S：$V_O = I_0(R_S + 2R_W)$。

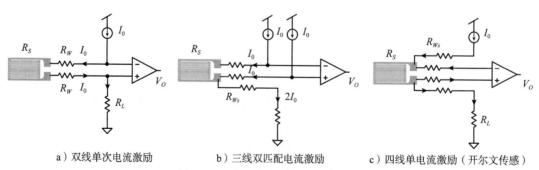

a）双线单次电流激励　　　b）三线双匹配电流激励　　　c）四线单电流激励（开尔文传感）

图 11-27　通过电流源进行电阻传感

第二种方法是使用三线双匹配电流激励的方法来解决这个问题，如图 11-27b 所示。在这种方法中，导线电阻上的电压降具有相同的符号，因此在差分传感中被抵消。类似的方法仅用单一电流源和四根导线来实现，如图 11-27c 所示。这也称为开尔文传感，由于放大器的高阻抗，在 R_s 的读出中，导线上没有感知到电压降。

11.5.2 应变计中的误差和影响变量

应变计传感器中几个误差来源应当被考虑到，特别是对精度有要求的情况下。

首先是横向灵敏度（即传感器在这个方向上的灵敏度）的影响。这个方向是垂直于与我们建立的方向，如图 11-25a 所示。因此，电阻的真实相对变化是

$$\frac{\Delta R}{R_0} = G_a \varepsilon_a + G_t \varepsilon_t = f\left(G_a, G_t\right) \tag{11-82}$$

其中，G_a 为纵向应变 ε_a 的纵向应变灵敏度因数，G_t 为横向应变 ε_t 的横向应变灵敏度因数 [⊖]。式（11-82）通过使用已知泊松比 $v_0 = -\varepsilon_t / \varepsilon_a$（通常为 $v_0 = 0.285$）的材料上的应变计进行实验特征化，以提供一个标称应变灵敏度因数 G_F：

$$\frac{\Delta R}{R_0} = G_a\left(1 - v_0 K_t\right)\varepsilon_a = G_F \varepsilon_a$$

$$K_t = \frac{G_t}{G_a} \tag{11-83}$$

其中，K_t 为横向灵敏度系数。因此，如果我们将传感器应用于具有不同特性的材料，会得到一个误差：

$$\frac{f\left(G_a, G_t\right) - G_F \varepsilon_a}{f\left(G_a, G_t\right)} = \frac{K_t\left(\dfrac{\varepsilon_t}{\varepsilon_a} + v_0\right)}{1 - v_0 K_t} \approx K_t \cdot \frac{\varepsilon_t}{\varepsilon_a} \equiv [\cdot] \tag{11-84}$$

其中，ε_t 和 ε_a 指应用于应变计的材料，而 v_0 是由所提及的参考材料的数据表提供的。如果我们感知到的应变材料的泊松比与 v_0 不同，那么这个最后关系是一个很好的近似。

另一个重要的误差来源是由热效应引起的。首先，应变计合金的电阻率随温度变化而变化。此外，因为合金的热膨胀系数通常与与其黏合的实验材料不同，所以电阻会变化。综上所述，这两种效应能够用一阶近似来建模：

$$\frac{\Delta R}{R_0} = \left[\alpha - G_F\left(\beta_S - \beta_G\right)\right]\Delta T = G_F \varepsilon_{ET}$$

$$\beta \equiv \left[\text{℃}^{-1}\right] \equiv \left[K^{-1}\right] \tag{11-85}$$

其中，α 为传感器导电材料的温度系数，β_S 和 β_G 分别为试件和应变计的热膨胀系数，ε_{ET} 称为温度诱导的视应变或热输出：

⊖ 符号 ε 隐含着一个变量，被定义为长度和它在静止时的值之间的比率。

$$\varepsilon_{ET} = \left[\frac{\alpha}{G_F} - (\beta_S - \beta_G)\right]\Delta T \qquad (11\text{-}86)$$

这是一个虚构的应变，由应当叠加到真实激励读出值的温度变化（系统误差）引起。

式（11-85）是一个高度非线性函数的线性化，并且最好参照数据表。金属（如钢或铝）的典型热膨胀值范围为 $10\ \text{ppm}/^\circ\text{C} \sim 20\text{ppm}/^\circ\text{C}$，应变计合金也有类似的范围。因此，应该考虑每度有几十 ppm 的差异。这可能在几百摄氏度的变化中产生高达数百个微应变的误差。

11.5.3 力传感器的传感技术和误差补偿技术

有几种技术可以用来感知力，并减少之前提到的误差。更具体地说，只要涉及误差补偿，就可以有效地采用差分传感或虚拟传感器技术，正如在第 3 章中所解释过的那样，其中，惠斯通半桥（第 8 章）和全桥接口被广泛使用，如图 11-28 所示。

一般来说，惠斯通电桥接口的一阶近似得到以下输出：

$$\Delta V_O = \frac{V_R}{4}\left[\frac{\Delta R_3}{R_3} - \frac{\Delta R_2}{R_2} + \frac{\Delta R_1}{R_1} - \frac{\Delta R_4}{R_4}\right] \qquad (11\text{-}87)$$

在桥的四个点内使用应变计，如图 11-28b 所示，有

$$\Delta V_O = \frac{V_R}{4}G_F\left[\varepsilon_3 - \varepsilon_2 + \varepsilon_1 - \varepsilon_4\right] \qquad (11\text{-}88)$$

其中，ε_i 是桥的四个点的应变计测得的应变。这个条件有助于减少误差。例如，在图 11-28a 所示的半桥配置中使用应变计，能够用它们中的一个作为虚拟传感器，即不受压力影响，但在相同的温度下减少热输出：

$$\Delta V_O = \frac{V_R}{4}G_F\left[(\varepsilon_3 + \varepsilon_{ET}) - (\varepsilon_{ET})\right] = \frac{V_R}{4}G_F\varepsilon_3 \qquad (11\text{-}89)$$

同样的技巧可以用来感知力，并且抑制使用应变计配置带来的非理想效应，如图 11-29 所示。例如，采用如图 11-29a 所示的全桥弯曲应变法，我们得到受拉伸应变影响的上应变和受压缩应变影响的下应变。此外，在一阶近似下，应变的绝对值大致相同，$\varepsilon_1 = \varepsilon_3 = \varepsilon$，$\varepsilon_2 = \varepsilon_4 = -\varepsilon$，因此

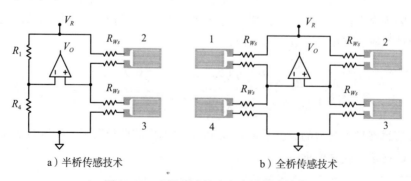

a）半桥传感技术   b）全桥传感技术

图 11-28　半桥传感技术和全桥传感技术

$$\Delta V_O = \frac{V_R}{4} G_F \left[\varepsilon_3 - \left(-\varepsilon_2\right) + \varepsilon_1 - \left(-\varepsilon_4\right) \right] = V_R G_F \varepsilon \tag{11-90}$$

注意，与前面一样，温度误差是由差分效应来自我补偿的。相反，对于半桥来说，这种关系是

$$\Delta V_O = \frac{V_R}{4} G_F \left[\varepsilon_3 - \left(-\varepsilon_2\right) \right] = \frac{V_R}{2} G_F \varepsilon \tag{11-91}$$

一个有趣的应用如图 11-29d 所示，用于测量考虑泊松因子的轴向力。再次感知到反对称应力 $\varepsilon_1 \leftrightarrow \varepsilon_4$，和与泊松因子相关的 $\varepsilon_2 \leftrightarrow \varepsilon_3$：

$$\Delta V_O = \frac{V_R}{4} G_F \left[\varepsilon_3 - \left(-v\varepsilon_2\right) + \varepsilon_1 - \left(-v\varepsilon_4\right) \right] \tag{11-92}$$

由于采用差分方法，这个应变计的主要优点是对热效应和弯曲力不敏感。然后，为了估计原始力，我们首先使用平面应力关系（11-37）（因为与应变计正交的维度上不受力）来计算应力：

$$\sigma_a = \frac{E_Y}{1-v^2} \left(\varepsilon_a + v\varepsilon_t \right) \tag{11-93}$$

其中，ε_a 和 ε_t 分别为所提到的计量表中的轴向应变和横向应变。因此，对式（11-92）使用 $\varepsilon_a = \varepsilon_1, \varepsilon_3$ 和 $\varepsilon_t = \varepsilon_2, \varepsilon_4$，且 $\sigma_a = F/A$，有

$$\Delta V_O = \frac{V_R}{2} G_F \left[\varepsilon_a + v\varepsilon_t \right] = \frac{V_R}{2} G_F \frac{\sigma_a}{E_Y} \left(1 - v^2\right) = \frac{V_R}{2} \frac{G_F}{AE_Y} \left(1 - v^2\right) F \tag{11-94}$$

这与式（11-81）相似，但考虑了泊松比的影响。

如果应变计与主轴不共线，那么能够使用式（11-21）进行转换，来估计传感器的任意方向的应力。

对于弯曲结构（见图 11-29a），在末端施加一个力时，可以将应变计放置在最大应变的位置，并用式（11-92）估算所施加的力：

$$F = \frac{\sigma_a \cdot Z}{L} \tag{11-95}$$

式中，L 为棒的长度，Z 为依赖于横截面形状的截面模量（矩形形状的 $Z = W \cdot H^2 / 6$，其中 W 和 H 为截面积的宽度和高度）。

参照图 11-29b 和图 11-29c，我们也能够使用全桥和经典力学关系来确定弯曲力 ⊖ 或力矩。这种情况利用了计量表上感知到的应变差

$$\varepsilon_1 - \varepsilon_4 = \varepsilon_2 - \varepsilon_3 \tag{11-96}$$

⊖ 利用 Zhuravskii 理论的近似值。

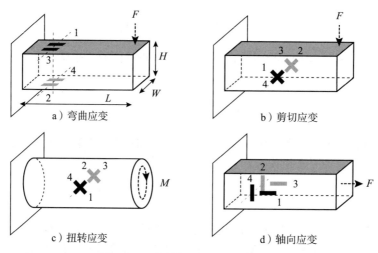

a）弯曲应变　　　　　　　b）剪切应变

c）扭转应变　　　　　　　d）轴向应变

图 11-29　全桥方法的主应变计分布

11.5.4　微机电系统中的应用

压敏电阻器（甚至压电材料）用于一些使用简单形变结构的 MEMS 中，如 11.5.3 节所示。悬臂和压力传感器这两种常见实现方式如图 11-30 所示。对于后一种情况，能够使用之前章节中提到的差分传感和桥传感。

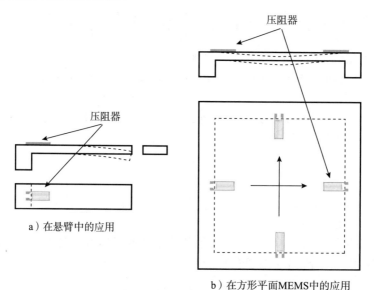

a）在悬臂中的应用

b）在方形平面MEMS中的应用

图 11-30　压阻器在悬臂或方形平面 MEMS 中的应用

压敏电阻器可以通过在柔性表面上使用光刻技术制作适当的材料来实现。还有许多不同的实现方法，请参考常见的 MEMS 技术教科书做进一步了解。

作为一般说明，我们总结了机械传感器的 MEMS 技术的一些替代和常见的实现方式：

- 柔性基底具有导电性，位移采用电容传感法测量。
- 柔性结构是绝缘体，在表面形成压敏电阻，通过电阻传感测量位移。
- 柔性基底由压电材料制成，通过测量压电材料导电板上产生的自由电荷来感知位移。
- 柔性结构放置在机电谐振中，并且通过工作频率的变化来读出机械相互作用，如在石英晶体微平衡（Quartz Crystal Microbalance，QCM）器件中。

11.5.5　电阻温度传感器的误差

当我们用电阻器测量温度时，应当考虑电阻器也会以热的形式消耗功率，并决定了温度的变化。更具体地说，从傅里叶热定律中，有

$$P = K\big(T(R) - T_0\big)$$
$$K \equiv [\text{W/℃}]$$
$$(11\text{-}97)$$

其中，P 为电阻耗散的功率，$T(R)$ 为通过电阻感知到的传感器的温度，T_0 为周围环境的温度。因子 K 称为耗散常数，它取决于封装和它在环境中的配置。如果考虑由电阻消耗的电功率，有

$$T_0 = T(R) - \frac{I^2 R}{K}$$
$$(11\text{-}98)$$

其中，I 是传感电流。因此，真实温度 T_0 与由传感器曲线 $T(R)$ 插值的温度之间存在误差。这种现象称为自热效应。一般来说，耗散常数值由数据表提供；然而，它的方差很难计算，因为它也取决于环境。因此，最好是设计传感器接口使自热效应保持在精度需求以下，典型值的范围是 5　mW/℃　~50　mW/℃。

11.6　附录：本章使用的符号

在文献和书籍中，有许多关于物理量的重叠符号，特别是在热转换和机械转换中。统一符号将比在本章的不同部分中使用单独的符号更令人困惑。表 11-8 提供了所使用的符号的总结。

表 11-8　不同部分的物理量符号

符号	机械部分	压阻部分	压电部分	单位
应力	T, σ, τ	σ, τ	T, σ, τ	[Pa]
应变	ε		S	[·]
刚度系数（胡克定律）	E_Y, G, C	E_Y		[Pa]
介电常数			ε	$[\text{F·m}^{-1}]$
柔度系数	S		s	$[\text{Pa}^{-1}]$
电场		E	E	[V/m]
电阻率		ρ		$[\Omega/\text{m}]$

延伸阅读

Caspari, E., and Merz,W. J., The electromechanical behavior of BaTiO$_3$ single-domain crystals, *Phys. Rev.*, vol. 80, no. 6, pp. 1082–1089, Dec. 1950.

Feynman, R. P., Robert, B. L., Sands, M., and Gottlieb, M. A., *The Feynman Lectures on Physics*. Reading, MA: Pearson/Addison-Wesley, 1963.

Institute of Electrical and Electronics Engineers, 176–1987 – ANSI/IEEE Standard on Piezoelectricity, 1988.

Kaajakari, V., *Practical MEMs*. Small Gear Publishing, 2009.

Kanda, Y., A graphical representation of the piezoresistance coefficients in silicon," *IEEE Trans. Electron Devices*, vol. 29, no. 1, pp. 64–70, 1982.

Kao, K. C., *Dielectric Phenomena in Solids*. Philadelphia: Elsevier Science, 2004.

Liu, C., *Foundations of MEMs*. Upper Saddle River, NJ: Pearson, 2012.

Kerr, D. R., and Milnes, A. G., Piezoresistance of diffused layers in cubic semiconductors, *J. Appl. Phys.*, vol. 34, no. 4, pp. 727–731, 1963.

Madou, M., *Fundamentals of Microfabrication: The Science of Miniaturization*, 2nd ed. Boca Raton, FL: CRC Press, 2002.

Nemeth, M. P., An in-depth tutorial on constitutive equations for elastic anisotropic materials, " NASA Report NASA/TM–2011–217314, 2011.

Senturia, S. D., *Microsystem Design*. New York: Springer Science+Business Media, 2000.

Smith, C. S., Piezoresistance effect in germanium and silicon, *Phys. Rev.*, vol. 94, no. 1, pp. 42–49, 1954.

Vishay Precision Group, Strain gage thermal output and gage factor variation with temperature," 2012.

Warren Young, A. S., and Budynas, R., *Roark's Formulas for Stress and Strain*, 8th ed. New York: McGraw-Hill, 2011.

www.acromag.com, Criteria for temperature sensor selection of T/C and RTD Sensor types, 2011.

第四部分　知识巩固

□ 第 12 章　习题与解答

第 12 章
习题与解答

Marco Chiani[⊖]

12.1 习题

1. 温度计测量工作范围为 [-40℃，80℃]，提供的输出电压从 0V 到 4V。假设输入和输出为纯线性关系，计算该温度计的满量程（FS）、满量程输出（FSO）、输出失调、输入失调和温度计静态特性的斜率。

2. 计算习题 1 中描述的温度计在室温为 25℃下的相对灵敏度。

3. 超市的自动重量计需要测量重达 50kg 的商品，且能够区分 5g 的变化，以检查物品条形码的重量。所需的分辨率和动态范围是什么？如果必须与一个 A/D 转换器相连，它的有效位数（ENOB）是多少？

4. 计算 PT1000 铂热敏电阻在 25℃室温下的灵敏度和相对灵敏度。假设存在以下温度 – 电阻关系：

$$R\left(T\right) = R_0\left(1 + AT + BT^2\right)$$

   其中，$A = 3.91 \times 10^{-3}℃^{-1}$，$B = -5.77 \times 10^{-7}℃^{-2}$。

5. 以下关系定义了一个电容式位移传感器：

$$C\left(d\right) = \frac{C_0}{\left(1 + \dfrac{d}{h_0}\right)}$$

   式中，d 为距离标称位置的位移，C_0 为传感器处于稳态位置时的标称电容，h_0 为极板间的标称距离。计算零位移点处附近的灵敏度和相对灵敏度。

6. 洛氏线圈用于感知粒子加速器中磁场的快速变化，其时间常数约为 100 ns。假设洛氏线圈的动态响应能够用主极点近似来描述，计算传感器的最小带宽，使误差小于 0.1%。

7. 一个单边白色频谱描述了具有 $10nV/\sqrt{Hz}$ 噪声密度的附加热噪声。计算 1 MHz 带宽下的

⊖ 博洛尼亚大学副教授。

噪声功率及相关的均方根噪声值。

8. 灵敏度为 $S = 0.3V/g$ 的模拟加速度计具有以下输出噪声特性：白噪声 $v_N = 400nV/\sqrt{Hz}$，粉红噪声拐角频率 $f_C = 2.3Hz$。如果系统被限制在 $f_0 = 10Hz$，系统总噪声是多少？系统最小可检测信号是多少？

9. 电导计被用来估计水样的电导率。以 1s 的时间间隔重复测量 10 次。测量结果报告见表 12-1。假设电导计有随机误差，无系统误差，估计测量值的不确定性。

表 12-1　习题 9 测量结果

实验编号	1	2	3	4	5	6	7	8	9	10
测量电导率 $C[mS/cm]$	13.4	15.4	8.9	13.9	13.0	10.4	11.8	13.0	18.2	16.9

10. 估算前面习题中描述的电导计的无噪声分辨率。

11. 为了提高习题 9 中描述的电导计的分辨率，我们决定对 M 个结果（或实验，如上表中所述）进行后处理求平均值。定义要平均的结果数 M，以便得到由于噪声小于 $1.5\,mS/cm$ 而引起的均方根误差。假设每个读数都在 1s 的时间步长上进行，再求平均值过程后的传感器吞吐量和带宽是多少？

12. 增益为 $S = 0.1V/\mu V$ 的放大器在给定带宽下具有 $\sigma_N(y) = 350\mu V$ 均方根输出噪声，并与 12b ENOB A/D 放大器接口相连，$V_R = 3.3\,V$，输入参考分辨率是多少？

13. 电导计相对于待测的电导率 $C \equiv [mS/cm]$ 改变其电导 $G \equiv [mS]$，其温度特征为

$$G(C,T) = F(C,T) = \frac{1}{1-k(T-20)} \cdot \frac{\alpha C}{1-\beta C}$$

相对于参考温度 $T_0 = 20℃$，$\alpha = 0.899\,2cm$，$\beta = 6.4 \times 10^{-5}cm/mS$，并且 $k = 0.03℃$。输入工作范围 $C = 10 \div 100mS/cm$。绘制理想静态特性和边界安全线，定义温度变化导致的最大偏差。覆盖因子 $p = 2$。

电导计在参考温度下提供输出值 $G_0 = 50mS$。考虑到具有 $\sigma(T) = 3℃$ 的环境温度变化的高斯分布，估计输入值和相应的测量不确定性。

14. 参考习题 13，计算在参考温度

$$G(C,T_0) = \alpha C$$

下关于回归线相对于理想特性的平均非线性误差。最后特征化整体积分非线性（INL）。

15. 当输出电压大于 2V 时，电导计与会出现饱和的电阻 - 电压转换器一起用于采集链中。该系统用于测量 10 ms/cm 至 20ms/cm 工作范围内生物流体的电导率。电导计的输出用 Ω 表示，其增益 G_1 等于 625 000 Ω^2cm。采集链的增益图如图 12-1 所示。计算电阻 - 电压（R/V）转换器的增益和失调，从而在不引起饱和的情况下使 FSO 最大化。

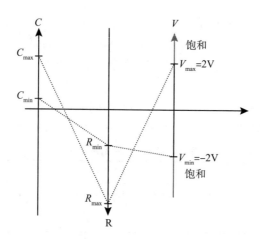

图 12-1 由电导计（C 到 R）和电阻 – 电压转
换器（R 到 V）组成的采集链增益图

16. 霍尔效应传感器是一种磁传感器，当它受到相对于霍尔平面法向的磁场影响时，在输出
处产生差分电压。以下静态特性描述了传感器的规律：

$$V_H = S_I I_b B_z$$

其中，V_H 为输出霍尔电压，S_I 为恒定增益因子，I_b 为流经传感器的偏置电流，B_z 为沿
z 轴的输入磁场。偏置电流由噪声电流源产生，噪声电流源的平均值为 1 mA，标准差为
66μA，其统计分布如图 12-2 所示。

假设 $S_I = 1000\text{V} / \text{AT}$，评估由于偏置电流的随机性而对输出电压产生的不确定性，并在
整个输入范围 ±1 mT 上绘制静态特性的可视化结果。

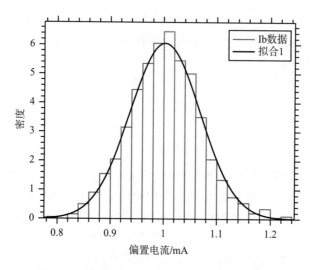

图 12-2 偏置电流在 1000 个样本上的统计分布

17. 霍尔效应传感器的特征是霍尔板中电子的搅动而产生的附加热噪声和由于传感器物理实现的不对称而产生的附加失调。假设在 300 K 温度下带宽为 100 kHz 的等效噪声电阻为 3 kΩ，计算该电阻所描述的热噪声，并且计算由 ±0.3 mV 范围内的均匀分布所描述的附加失调电压，使用习题 16 的参数，计算输入参考噪声和输入参考失调。

18. 对于习题 16 和习题 17 中描述的霍尔效应传感器，并考虑 2.2μV 均方根的热噪声，在 ±120μV 之间均匀分布的输出失调，以及标准差为 12μA 的偏置电流的随机变化，计算：

   - 输入参考分辨率，覆盖因子 $p = 3$；
   - 与精度相关的有效位数。

   假设磁场通常是正弦波，范围在 $-1\,\text{mT} \sim 1\,\text{mT}$ 之间。

19. 习题 18 中描述的系统的输出电压通过移动平均算法对超过 10 个连续的样本进行时间平均，以提高系统的精度。计算新的与精度相关的 ENOB。

20. 隔离式电流传感器由三个阶段组成：

   1）根据 Biot-Savart 定律，将感知到的无噪声电流流过铜条并产生磁场 $B = \dfrac{\mu_0 I}{2\pi r}$，$\mu_0$ 为空气磁导率（$12.56\text{E}^{-7}\,\text{TmA}^{-1}$），$r$ 是磁性感应元件的间距。在此阶段没有明显的误差或波动。

   2）产生的磁场由霍尔效应传感器感知，灵敏度 $S_I = 1000\,\text{V/AT}$，偏置电流为 1 mA。这个阶段在输出处增加了 20μV 均方根的热噪声。

   3）霍尔电压通过一个电子放大器放大 G_3 倍，该电子放大器在 $0 \sim 1\text{V}$ 范围之外的输出电平达到饱和。这个阶段在输出处增加了 20μV 均方根的热噪声。

   整个采集链如图 12-3 所示。注意，铜条和霍尔传感器之间的距离 r 不能任意减少，因为对于 $r < 100\mu\text{m}$，铜条的厚度必须缩小。因此最大电流是

   $$I_{\max} = \alpha r$$

   其中，$\alpha = 200\text{mA}/\mu\text{m}$。假设应用需要 16 A 的满量程输入（$0 \sim 16\,\text{A}$），计算距离 r 和增益 G_3，在不引起饱和的情况下最大化 FSO，并最大化直流输入信号的 SNR_p。写出得到的输入参考 ENOB_p。

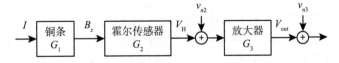

图 12-3　采集链实现了一个隔离式电流传感器。附加噪声被建模为噪声源

21. 参考习题 20 中描述的采集链，计算输入正弦波的最小可检测信号和 DR。

22. 给定 22 mW 的功耗，并且假设带宽为 500 kHz，计算习题 20 中描述的采集链的传感器优质因数（FoM）。

23. 在实验中，一个电流读出电路由施加已知的电流值（我们忽略了这些参考值的不确定性）被特征化，并且平均每十秒输出一次电压值，然后记录。这描述了一种电流读出电路

（即电流－电压转换器），结果见表 12-2。计算：

- 关于最佳拟合直线的失调和增益。
- 以 FSO 的百分比表示的 INL。
- 由于非线性误差引起的输入参考不确定性。
- 精度相关的直流输入 ENOB，忽略增益和相位误差。

表 12-2　电流读出电路的参考电流及输出电压

输入参考电流（nA）	−20	−15.5	−11.1	−6.6	−2.2	2.2	6.6	11.1	15.5	20
测量输出电压（V）	0.136	0.415	0.792	1.15	1.488	1.808	2.111	2.4	2.674	2.936

24. 经过一个校准过程，可以发现一个在 0.1 mPa 的 FS 范围内工作的麦克风的特性可以被描述为

$$V_{OUT} = V_{off} + GP_{IN} + \alpha P_{IN}^2$$

其中，$G = 72\text{kV}/\text{Pa}$，$\alpha = 1\text{MV}/\text{Pa}^2$。在数值模拟器（如 MATLAB）上实现该方程，并在 5μPa 振幅和 13 kHz 频率的理想输入压力正弦波上估算由麦克风引入的总谐波失真（THD）。为了在数值模拟器中正确地执行该方程，假设输出电压的理想采样频率为 200 kHz。

25. 激光计必须以 1% 的精度测量 100m 到 10cm 的距离。时间－数字转换器的 ENOB 特性应该是什么？

26. 在习题 23 的 A/D 转换器的输入中加入了 0.8μV 均方根热噪声。计算 $ENOB_{SNDR}$。假设输入为正弦波。

27. 计算要与习题 24 中描述的麦克风耦合的最优 A/D 转换器的 ENOB，并且不降低采集链精度。假设在校准过程中麦克风的失调和增益误差完全补偿，麦克风的输出参考噪声为 330μVrms，计算关于正弦输入信号的 ENOB。

28. 假设习题 27 中选择的 ADC 在架构和技术中实现的极限 Walden 优质因数为 $1\text{fJ}/\text{NL}$，估计采样频率为 96 kHz 时 ADC 的最小功耗。

29. 习题 4 中描述的 PT1000 热敏电阻和 3 个值为 $1\text{k}\Omega$ 的精密电阻被配置为惠斯通电桥（见图 12-4）。该桥的 $V_B = 5\text{V}$，计算由热敏电阻和惠斯通电桥组成的整个传感器的总灵敏度并绘制增益图。

30. 一个增益 $G = 2$ 的仪表放大器连接在习题 29 的惠斯通电桥的输出处。放大器由 ±15 V 的双电源电压供电，具有完美的线性输入－输出特性，饱和电平为 14 V 和 −14 V。绘制这个新的传感链的增益图，计算使 DR 最大化的 FS 和 FSO。

31. 习题 30 的采集链具有非常狭窄的 FS，修改该桥以在不改变 FSO 的情况下将 FS 增加 5

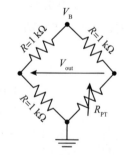

图 12-4　采用 PT1000 热敏电阻的惠斯通电桥原理图

倍。必须使用相同的 PT1000 传感器。

32. 有如图 12-5 所示的重量秤，在接受待测量重量的玻璃平板的中点下方放置了应变计。应变计被配置为惠斯通电桥结构，该电桥通过仪表放大器（IA）与 A/D 转换器接口相连。我们想在小于 1s 的时间内测量最大 100kg 的物体，且分辨率为 10g。数据如下：$h = 5\text{mm}$，$l = a = 50\text{cm}$，$R_x = 120\Omega$，$V_R = 3.3\text{V}$，$G_F = 2.1$。为获得测量中稳定的（无噪声）读数，IA 的输入参考噪声应该是多少？A/D 特性如何？

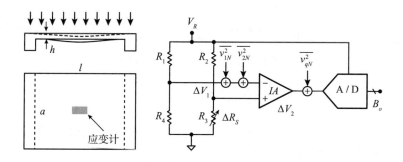

图 12-5　重量秤的物理和电路实现方案

12.2　解答

1. 满量程跨度是信号的最大值和最小值之间的差值（在这种情况下，信号对应于信息）。FSO 也有相同的定义。

$$\text{FS} = x_{\max} - x_{\min} = 120℃$$
$$\text{FSO} = y_{\max} - y_{\min} = 4\text{V}$$

线性关系表示输出 y 可以与输入 x 相关，因此，斜率 S、输出失调 y_{off} 和输入失调 x_{off} 可以计算为

$$S = \frac{\text{FSO}}{\text{FS}} = 33\text{m}\frac{\text{V}}{℃}$$
$$y_{\text{off}} = y_{\min} - S x_{\min} = 1.32\text{V}$$
$$x_{\text{off}} = x_{\min} - y_{\min} / S = -40℃$$

2. 我们首先必须计算 $x_0 = 25°\text{C}$ 的偏置点 y_0：

$$y_0 = S x_0 + y_{\text{off}} = 2.155\text{V}$$
$$S' = \frac{S}{y_0} = 0.015\frac{1}{℃}$$

3. 分辨率（最小可检测信号）为 5g，动态范围和所需的有效位数为

$$DR = 20\log\frac{50}{5\times10^{-3}} = 80\text{dB}, \ ENOB = \frac{80-1.76}{6.02} = 12.9\text{b}$$

我们应该使用一个至少带有 ENOB $= 14$ b 的 A/D 转换器。注意，我们用 $q=1$，因为在这里，它是一个直流测量。

4. 请注意，PT1000 传感器是标称电阻值为 $1\text{k}\Omega$ 的热敏铂电阻。因此

$$S = \frac{\mathrm{d}R}{\mathrm{d}T} = R_0 A + 2R_0 BT$$

$$S|_{T=25} = 3.91\frac{\Omega}{^\circ\text{C}}$$

$$R(25^\circ\text{C}) = R_0\left(1+AT+BT^2\right) = 1097.4\Omega$$

$$S' = \frac{S|_{T=25}}{R(25^\circ\text{C})} = 3.56E^{-3}\frac{1}{^\circ\text{C}}$$

5. 通过使用偏微分表示对每个变量的灵敏度，可以将灵敏度的概念扩展到多元函数。因此，传感器对位移的灵敏度可以计算为

$$S = \frac{\mathrm{d}C}{\mathrm{d}d}\bigg|_{d=0} = \frac{-C_0}{h_0}\frac{1}{\left(1+\dfrac{d}{h_0}\right)^2}\left[\frac{\text{F}}{\text{m}}\right]$$

$$S' = \frac{S|_{d=0}}{C_0} = \frac{-1}{h_0}\left[\frac{1}{\text{m}}\right]$$

6. 一阶系统在 6.9 个时间常数后得到响应值，误差为 0.1 %：

$$BW \geqslant \frac{1}{2\pi(6.9\tau)} = 230\text{MHz}$$

7. 噪声功率能够计算为

$$P_n = \int_0^{1\text{MHz}}\left(10E^{-9}\right)^2\mathrm{d}f = 100\text{pV}^2$$

$$n_{\text{rms}} = \sqrt{P_n} = 10\mu\text{V}$$

8. 我们首先计算粉红噪声系数：

$$k_P = k_W\sqrt{f_C} = 606\text{nV}$$

然后，假设一个最小的积分频率对应于 1 年的观测时间：

$$f_L = \frac{1}{365} = 3.2\times10^{-8}\text{Hz}$$

因此，总输出噪声可以计算为

$$\sigma_N(y)@10\text{Hz} = \sqrt{k_W^2\left(\frac{\pi}{2}f_0 + f_C\ln\frac{f_0}{f_L}\right)} = 3.11\mu\text{V}$$

也是输入参考噪声，因此最小可检测信号为

$$\text{MDS} = \sigma_N(x) = \frac{\sigma_N(y)}{S} = 10.3\mu g$$

9. 随机过程的方差量化了噪声过程的功率。通过对测量结果计算出实验方差，可以估计噪声过程的方差（见图 12-6）：

$$\overline{C} = \frac{1}{N}\sum_i C^{(i)} = 13.48\frac{\text{mS}}{\text{cm}}$$

$$s_n^2(C) = \frac{1}{N-1}\sum_i \left(C^{(i)} - \overline{C}\right)^2 = 7.96\left[\frac{\text{mS}}{\text{cm}}\right]^2$$

$$u(C) = \frac{s_n}{\sqrt{N}} = 2.51\left[\frac{\text{mS}}{\text{cm}}\right]$$

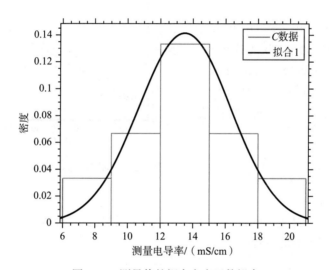

图 12-6 测量值的概率密度函数拟合

10. 无噪声分辨率定义为输入参考噪声标准差乘以 6.6，使置信水平为 99.9 %。用前一个习题计算的实验标准差 $s_n(C)$ 估计噪声标准差：

$$\sigma_n(C) \leftarrow s_n(C)$$

那么无噪声分辨率为

$$\text{无噪声分辨率} = 6.6 \cdot \sigma_n(C) = 18.62\frac{\text{mS}}{\text{cm}}$$

11. 根据中心极限定理，平均过程降低了噪声方差（见 2.8.3 节）：

$$s_n' \leqslant \frac{s_n}{\sqrt{M}} \Rightarrow M \geqslant \frac{s_n^2}{s_n'^2} = \frac{7.96}{2.25} = 3.5$$

因此，需要平均至少四个结果才能得到所需的分辨率。注意，平均过程将带宽减少为原来的 $1/M$（即 $1/4$），只要实现了移动平均，吞吐量就不受影响。

12. 我们首先计算量化噪声，然后计算 A/D 转换器的输入端（放大器的输出端）处的总体噪声：

$$\sigma_Q = \frac{3.3}{2^{12}\sqrt{12}} = 233\mu V; \quad \sigma(y) = \sqrt{\left(350\times10^{-6}\right)^2 + \left(233\times10^{-6}\right)^2} = 420\mu V$$

因此，输入参考噪声（最小可检测信号）为

$$\sigma(x) = \frac{350\times10^{-6}}{1\times10^5} = 4.2nV$$

13. 不同影响参数的特性绘制在图 12-7 中，图中也显示了由覆盖因子 $p = 2$ 定义的两条安全线之间的传感器的标称静态特性。

对于输入工作范围 $FS = 90mS/cm$，相对于参考温度，输出工作范围为 $G = 8.99 \div 89.92mS$，因此 $FSO = 80.93mS$。在参考温度 $T_0 = 20\ ℃$ 处，使用逆特征函数从输出值 $G_0 = 50mS$ 估计输入，得到

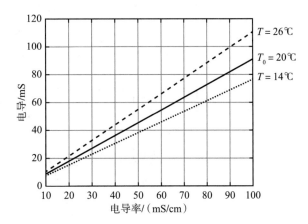

图 12-7　描述覆盖系数为 2 的静态特性和安全线

$$C_0 = F^{-1}\left(G_0, T_0\right) = \frac{G_0}{\left(\alpha + \beta G_0\right)}$$

$$= 55.41mS/cm$$

对于不确定性，不确定性的传播定律表明，变量通过在偏置点或估计点周围计算的灵敏度的平方沿着传感器链传播：

$$u_T^2(G) = \left(\left.\frac{dG}{dT}\right|_{C_0,T_0}\right)^2 u^2(T) = \left[k \cdot G(C_0, T_0)\right]^2 u^2(T), \quad G(C_0, T_0) = \frac{\alpha C_0}{1 - \beta C_0}$$

其中

$$u_T(C) = \left[k \cdot G(C_0, T_0)\right]\sigma(T) = 4.5\frac{mS}{cm}$$

输出的不确定性现在参考到输入，用函数的导数来表示：

$$F'(C_0, T_0) = \left.\frac{dG}{dC}\right|_{T_0,C_0} = \frac{\alpha}{\left(1 - \beta C_0\right)^2} = 0.90\frac{mS \times cm}{mS}$$

因此，输入参考的不确定性为

$$u_T(G) = \frac{u_T(C)}{F'(C_0, T_0)} = \frac{u_T(C)}{0.90} = 4.97\frac{mS}{cm}$$

因此，可以说测量结果是 $C_0 = 55.41 \pm 14.9\,\mathrm{mS/cm}$，真实值在区间内（$\pm 3\sigma$）的置信度为 99.7%。

14. 我们能够通过 MATLAB 用数值方法推导出这个问题的解。首先将关于参考线的误差描述为

$$\Delta y_{(D)\mathrm{ppm}}(x) = \frac{y_{\text{参考值}}(x) - y_{\text{真实值}}(x)}{\mathrm{FSO}} \times 10^6 \equiv [\mathrm{ppm}]$$

两条参考线的系统误差分别如图 12-8 所示。然后计算平均误差和方差。对于理想的参考特征，有

$$\overline{\Delta y_{(D)\mathrm{ppm}}} = \frac{1}{\mathrm{FS}} \int_{\mathrm{FS}} \Delta y_{(D)}(x)\,\mathrm{d}x = 2646\ \mathrm{ppm}$$

$$\sigma^2_{(D)\mathrm{ppm}}(y) = \frac{1}{\mathrm{FS}} \int_{\mathrm{FS}} \left(\Delta y_{(D)}(x) - \overline{\Delta y_{(D)}}\right)^2 \mathrm{d}x \to \sigma_{(D)}(y) = 2097\ \mathrm{ppm}$$

我们也能够找到插值线性回归函数的数值：

$$G = 0.906 \cdot C - 0.136$$

因此，增益误差和失调误差为

$$\Delta y_{\mathrm{off}} = -0.136$$

$$\Delta y_{\mathrm{gain(max)}} = (0.906 - 0.899) \cdot C = 0.636\,(C_{\max} = 100)$$

$$\max\left(\Delta y_{\mathrm{off}} + \Delta y_{\mathrm{gain}}\right) = 0.636 - 0.136 = 0.500\,\mathrm{mS} \to \frac{0.500}{80.93} = 6178\ \mathrm{ppm}$$

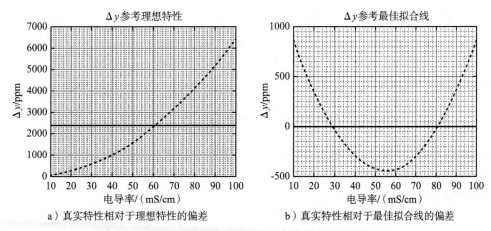

a）真实特性相对于理想特性的偏差　　　　b）真实特性相对于最佳拟合线的偏差

图 12-8　真实特性相对于理想特性和最佳拟合线的偏差。所有值都被归一化为 FSO

对于该函数，平均值当然是 0（回归插值的残差之和应该为 0），而标准差是

$$\sigma^2_{(D)\mathrm{ppm}}(y) = \frac{1}{\mathrm{FS}} \int_{\mathrm{FS}} \left(\Delta y_{(D)}(x) - \overline{\Delta y_{(D)}}\right)^2 \mathrm{d}x \to \sigma_{(D)}(y) = 436\ \mathrm{ppm}$$

通过以下公式我们总是可以将误差取绝对值：

$$\sigma_{(D)}(y) = \frac{\sigma_{(D)ppm}(y) \cdot FSO}{10^6}$$

在参考回归线的情况下，INL 为

$$INL = \frac{\max\left\{\Delta y_{(D)}\right\}}{FSO} = 969 \text{ ppm}$$

然而，在相对于回归线发生失真的情况下，总是必须考虑增加（或通过校准来抵消）增益和失调误差。

现在，我们可以将非线性误差参考到输入端，在理想参考特征的情况下有

$$\sigma_{(D)}(x) = \frac{\sigma_{(D)}(y)}{\alpha} = 0.1887 \text{mS / cm}$$

因此，参考前面的问题结果，我们能够说明有一个不确定（仅由于非线性）的读数

$$C_0 = 45.10 \pm 0.188\,7 \text{mS/cm}（\pm 1\,\sigma）。$$

使用此值，仅受非线性误差影响的精度（直流测量）为

$$SNR_a = 20\log\frac{FSO}{\sigma_{(D)}(y)} = 123 \text{ dB} \rightarrow ENOB_a = \frac{123 - 1.76}{6.02} = 20.1\text{b}$$

另一方面，假设失调误差和增益误差得到补偿，对回归线的非线性误差甚至可以改善为

$$\sigma_{(D)}(x) = 0.039\,3 \text{mS / cm}$$

15. 首先，我们必须计算出阻力变化的满量程：

$$R_{min} = G_1 \cdot C_{min} = 3125\Omega$$
$$R_{max} = G_1 \cdot C_{max} = 6250\Omega$$

使 FSO 最大化的增益可以计算为

$$G_2 = \frac{FSO}{R_{max} - R_{min}} = 1.28\frac{mV}{\Omega}$$

由于输出电压的符号发生变化，与输入电导率相反，因此必须添加一个附加的失调电压，以防止 R/V 转换器饱和。该电压被简单地定义为直接相加的电压，使最小输出电压等于负饱和电平：

$$V_{min} = -2V$$
$$V_{min} = R_{min} \cdot G_2 + V_{os} = -2V$$
$$V_{os} = -2 - R_{min} \cdot G_2 = -6V$$

16. 该习题的解决方式与问题 13 一样，因为在偏置电流上的散度可以被视为在影响参数上的散度。因此，必须估计输出电压对偏置电流的灵敏度，并且必须利用不确定性的传播定律：

$$u_{I_b}^2\left(V_H\right) = \left(\frac{\mathrm{d}V_H}{\mathrm{d}I_b}\right)^2 \cdot u^2\left(I_b\right) = \left(S_I B_z\right)^2 \cdot u^2\left(I_b\right)$$

注意，输出参考的不确定性取决于输入信号 B_z 的值，在不知道输入磁场的情况下无法估计单个值。相反，可以用图形绘制特征函数，显示偏置电流散度的影响，如图 12-9 所示。

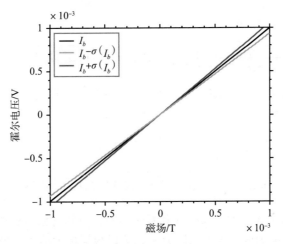

图 12-9　由偏置电流的散度引起的静态特性的变化

17. 对噪声和失调的描述可以添加到模型中，如下所述：

$$V_H = S_I I_b B_z + V_N + V_{\mathrm{off}}$$

其中，V_N 为热噪声，V_{off} 为附加失调。

该噪声被描述为由 3 kΩ 的等效电阻产生的热噪声，因此，它的方差可以计算为

$$u_N^2\left(V_H\right) = \sigma_N^2 = 4kTR_{\mathrm{eq}}B = 4.97E^{-12}\mathrm{V}^2$$

为了将这些不确定性参考到输入，我们必须将输入量 B 表示为输出霍尔电压的函数：

$$V_H = S_I I_b B_z + V_N + V_{\mathrm{off}}$$

$$B_z = \frac{V_H - V_N - V_{\mathrm{off}}}{S_I I_b}$$

$$u_N^2\left(B_z\right) = \left(\frac{\mathrm{d}B_z}{\mathrm{d}V_H}\right)^2 u_N^2\left(V_H\right) = \frac{u_N^2\left(V_H\right)}{\left(S_I I_b\right)^2} = 4.97E^{-12}\mathrm{T}^2$$

$$u_N\left(B_z\right) = 2.23\mathrm{\mu T}$$

$$u_{\mathrm{off}}^2\left(V_H\right) = \frac{0.002^2}{12} = 3E^{-8}\mathrm{V}^2$$

$$u_{\mathrm{off}}^2\left(B_z\right) = \left(\frac{\mathrm{d}B_z}{\mathrm{d}V_H}\right)^2 u_{\mathrm{off}}^2\left(V_H\right) = \frac{u_{\mathrm{off}}^2\left(V_H\right)}{\left(S_I I_b\right)^2} = 3E^{-8}\mathrm{T}^2$$

$$u_{\mathrm{off}}\left(B_z\right) = 173\mathrm{\mu T}$$

18. 分辨率的概念与输出的随机变化有关。这些变化可能是热噪声和其他不确定性的来源。因此，在计算输入参考噪声时，必须考虑热噪声和偏置电流的随机变化。输入参考分辨率通过灵敏度和输出参考分辨率等效到输入端来计算：

$$u_N^2\left(V_H\right)=\sigma_N^2\left(V_H\right)=u_{I_b}^2\left(V_H\right)+u_N^2\left(V_H\right)=\left(\frac{\mathrm{d}V_H}{\mathrm{d}I_b}\right)^2 u^2\left(I_b\right)+u_N^2\left(V_H\right)$$

$$\sigma_N^2\left(V_H\right)=\left(S_I B_z\right)^2 \cdot u^2\left(I_b\right)+u_N^2\left(V_H\right)$$

$$\Delta x=\frac{2\cdot p\cdot \sigma_N\left(V_H\right)}{S_I I_b}=\frac{2p}{S_I I_b}\sqrt{\left(S_I B_z\right)^2\cdot u^2\left(I_b\right)+u_N^2\left(V_H\right)}$$

由于偏置电流的随机散度在 FS 上不是恒定的，因此分辨率在 FS 上不是恒定的。然而，我们可以计算最小和最大输入参考分辨率（对于 1 mT 的磁场）：

$$\Delta x_{\min}=\frac{2p}{S_I I_b}u_n\left(V_H\right)=13.37\mu\mathrm{T}$$

$$\Delta x_{\max}=\frac{2p}{S_I I_b}\sqrt{\left(S_I B_z\right)^2\cdot u^2\left(I_b\right)+u_n^2\left(V_H\right)}=181\mu\mathrm{T}$$

与准确性相关的 ENOB 考虑了随机性和系统误差，因此它也不是常数。在小信号输入磁场下能获得更好的准确度，为了以防万一，可以根据最大输入信号功率下给出的最大误差来计算最小 ENOB。只要所有不确定器件不相关，（在 1Sigma 条件下）总不确定度可由 RSS 计算：

$$u_{\mathrm{tot}}\left(B_z\right)=\sqrt{u_{\mathrm{off}}^2\left(B_z\right)+u_N^2\left(B_z\right)+\max\left[u_{I_b}^2\left(B_z\right)\right]}=75\mu\mathrm{T}$$

$$\mathrm{SNR}_a=20\log\left(\frac{\mathrm{FS}}{q\cdot u_{\mathrm{tot}}\left(B_z\right)}\right)=27.38\mathrm{dB}$$

$$\mathrm{ENOB}_a=\frac{\mathrm{SNR}_a-1.76}{6.02}=4.2\mathrm{b}$$

19. 平均化在时域内执行，因此，只有产生输出电压散度的不确定性源头可以减少。这意味着失调不受影响，而由于热噪声和偏置变量的不确定性，可以除以 10 的平方根。

$$u_{\mathrm{tot}}\left(B_z\right)=\sqrt{u_{\mathrm{off}}^2\left(B_z\right)+\frac{u_n^2\left(B_z\right)}{N}+\frac{\max\left[u_{I_b}^2\left(B_z\right)\right]}{N}}=70\mu\mathrm{T}$$

$$\mathrm{SNR}_a=20\log\left(\frac{\mathrm{FS}}{q\cdot u_{\mathrm{tot}}\left(B_z\right)}\right)=28\mathrm{dB}$$

$$\mathrm{ENOB}_a=\frac{\mathrm{SNR}_a-1.76}{6.02}=4.4\mathrm{b}$$

只要失调限制了精度，平均过程得到的精度提高可以忽略不计。

20. 如第 3 章所述，根据该技术的所有限制，通过最大化每级的工作范围来实现采集链中分辨率最大化。在这种情况下，增益 G_1 理论上可以通过减少间距 r 来随意增加。该技术通过将 FS 与间距 r 联系起来，对 r 低于 100μm 的增益提出了一个限制。从这个关系中，可以找到允许所需输入 FS 的最小间距。

$$r = \frac{I_{max}}{\alpha} = 80\mu m$$

$$G_1 = \frac{\mu_0}{2\pi r} = 2.5 \frac{mT}{A}$$

现在调整第三级的增益，以将 FS 映射到不会引起饱和的最大 FSO：

$$G_3 = \frac{FSO}{FS \cdot G_1 \cdot G_2} = 25$$

我们现在可以计算 SNR_p 和 $ENOB_p$（在 1σ 处）：

$$SNR_p = 20\log\left(\frac{FS}{\frac{v_{n2}}{G_1 \cdot G_2} + \frac{v_{n3}}{G_1 \cdot G_2 \cdot G_3}}\right) = 66dB$$

$$ENOB_p = \frac{SNR_p - 1.76}{6.02} = 10.7b$$

21. 根据

$$MDS = \sigma(x) = \frac{v_{n2}}{G_1 \cdot G_2} + \frac{v_{n3}}{G_1 \cdot G_2 \cdot G_3} = 8.3mA$$

有

$$DR = 20\log\left(\frac{FS}{q \cdot MDS}\right) = 56.9dB$$

22. FoM_B 是

$$FoM_B = \frac{P \cdot \sigma^2(x)}{BW} = 3.05pJ \cdot A^2$$

23. 解答与问题 12.12 的解决方案非常相似，因此我们在这里提出了习题的 MATLAB 代码数值解：

```
ref = [..] % 在这里插入参考值
out = [..] % 在这里插入测量输出值
[P,S] = polyfit(ref,out,1); % 用一条直线与系数 P 拟合
Vos_stima = P(2) % 线性拟合失调
G_stima = P(1) % 线性拟合增益
yfit = polyval(P,ref); % 求定点数值
err = out - yfit; % 输出参考误差
FSO = max(out)-min(out);
INL = max(err)*100/FSO % 输出参考 INL
sigma_out=std(err);
```

```
sigma_in=std(err)/G_stima % 输入参考失真相关的不确定性
FS = max(ref) − min(ref)
SNRa = 20*log10(FS / sigma_in);
ENOBa= (SNRa-1.76)/6.02
```

数值结果如下：

$$V_{\text{off}} = 1.58\text{V}$$

$$G = 72.8\frac{\text{mV}}{\text{nA}}$$

$$\text{INL} = 2.4\%\text{FSO}$$

$$\sigma_D(I) = 0.9\text{nA}$$

$$\text{ENOB}_a = 5.16\text{b}$$

24. THD 可以在许多数值模拟器中找到，它们有预编译的函数来进行计算。下面的 MATLAB
代码解决了这个问题，并绘制了输出电压信号的 FFT，如图 12-10 所示。

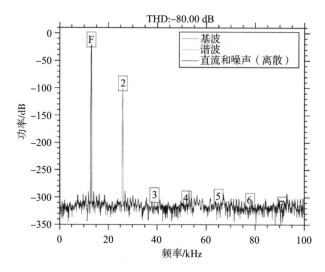

图 12-10　输出的 FFT，突出显示 THD

```
Vos = 440e-6; % 失调电压
G = 25e3; % 增益
alpha =1e6; % 二阶系数
Fs = 200e3; % 采样频率
Ts = 1/Fs; % 时间步长
Fin = 13e3; % 信号频率
Ampin = 5e-6; % 压力信号幅度
t = linspace(0,0.05,0.05/Ts); % 从 0 到 500ms 的时间轴
sampled at ts
in = Ampin.*sin(2*pi*Fin.*t);
out = Vos + G.*in + alpha.*in.^2;
%plot(t,in,t,out)
```

```
figure
thd(out,Fs,10)  % 由第一个 10 计算的 thd 数值
harmonic components
```

25. 1% 的精度意味着随机误差和系统误差都应该很低，以便达到以下的信噪–失真比：

$$\text{SNDR} = 20\log\left(\frac{1}{0.01}\right) = 40\text{dB}$$

因此，对于给定的工作范围，所需的覆盖动态范围是

$$\text{DR} = \text{SNDR} + 20\log\frac{L_{\max}}{L_{\min}} = 40 + 20\log\frac{100}{10\times10^{-2}} = 100\text{dB}$$

现在，TDC 应该有一个有效（包括失真）位数：

$$\text{ENOB} = \frac{100-1.76}{6.02} = 16.32\text{b}$$

26. 如在 2.11 节中所讨论的，必须根据输入信号的特性以不同的方式来处理量化噪声。如果输入信号是无噪的或受到非常小的噪声的影响，那么量化噪声实际上是一个与输入信号相关的系统误差。相反，如果输入信号受到较大噪声的影响，那么量化噪声可以被视为与输入噪声不相关的白噪声。为了区分这两种情况，我们必须计算因子 k：

$$k = \frac{V_{\text{LSB}}}{\sigma_N} = \frac{596}{800} = 0.745$$

因子 $k < 2$ 表示热噪声与量子化噪声几乎完全不相关，因此它们可以通过几何平均值来组合：

$$u_c(x) = \sqrt{\sigma_N^2 + \sigma_Q^2} = \sqrt{\sigma_N^2 + \frac{V_{\text{LSB}}^2}{12}} = 818\text{nV}$$

SNDR 是

$$\text{SNDR} = 20\log\frac{\text{FS}}{q \cdot u_c(x)} = 132.7\text{dB}$$

$$\text{ENOB}_{\text{SNDR}} = \frac{\text{SNDR}-1.76}{6.02} = 21.7\text{b}$$

由于热噪声，几乎是两个最不重要的位变得"嘈杂"。

27. 如 3.4.3 节所述，最优 A/D 转换器精度必须多 1 位，以便不会降低整个采集链相对于传感器（及其模拟接口）的精度。因此，我们必须先开始计算模拟采集链的精度。

由于失调和增益误差被完全补偿，那么噪声和非线性失真是不确定性的主要来源。均方根噪声被给出，并可以作为与噪声相关的标准不确定性来处理。由非线性误差引起的不确定性可以数值计算如下：

```
Pin = logspace (-8,-4,100);  % 整个输入满量程跨度
out = Vos + G.*Pin + alpha.*Pin.^2;
[P,S] = polyfit(Pin,out,1);  % 用一条直线拟合系数 P 来补偿真实失调及增益误差
```

```
outfit = polyval(P,Pin); % 求定点数值
nl_error =out - outfit; % 求非线性误差值
u_nl = std(nl_error); % 失真诱导不确定性的相关输出
```

现在，采集链（没有 ADC）的精度可以用"虚拟位"来表达。注意，所有的变量都是指麦克风的输出，即 ADC 的输入：

$$u_c^2 = u_N^2 + u_d^2 = 647\mu V$$

$$SNDR = 20\log\left(\frac{FSO}{q \cdot u_c}\right) = 62.7dB$$

$$ENOB_{SNDR} = \frac{SNDR - 1.76}{6.02} = 10.1b$$

因此，最佳的 A/D 转换器应该有超过 11 位的 ENOB。

28. 这个问题可以通过看 Murmann 图（第 3 章的图 3-35）来解决，其中描述了 ADC 的 Walden FoM。给定的 ADC 应该超过 11 位，因此，我们将同时解决 11 位 ADC 和 12 位 ADC 的问题。注意，这些不是标称位，而是表示转换器的 $ENOB_{SNDR}$，它考虑到量化、热噪声和所有其他不精确的来源。我们从 $ENOB_{SNDR}$ 提取 SNDR 的值如下：

$$SNDR = 1.76 + 6.02 \cdot ENOB_{SNDR}$$
$$11b \rightarrow SNDR = 68dB$$
$$12b \rightarrow SNDR = 74dB$$

在 Walden 优质因数中，1 fJ / NL 的极限表明允许轻松计算功率采样频率比和最小功耗需求：

$$11b: 1fJ \cdot NL = 1fJ \cdot 2^{11} = 2pJ \Rightarrow P = 2\times10^{-12}.96\times10^3 = 192nW$$
$$12b: 1fJ \cdot NL = 1fJ \cdot 2^{12} = 4.1pJ \Rightarrow P = 4.2\times10^{-12} \cdot 96\times10^3 = 394nW$$

29. 首先，我们必须把惠斯通电桥的输出电压表示为温度的函数：

$$V_{out} = \frac{V_B}{2} - \frac{V_B R_{PT}(T)}{R + R_{PT}(T)}$$

我们系统的灵敏度能够定义为输出电压相对于温度的导数。考虑到这个关系的复杂性，我们可以将这个问题分割如下：

$$S = \frac{dV_{out}}{dT} = \frac{dV_{out}}{dR_{PT}}\frac{dR_{PT}}{dT}$$

其中，第二个比率是我们已经在习题 4 中计算过的 PT1000 传感器的灵敏度，因此，必须计算惠斯通电桥对变量 R_{PT} 的灵敏度：

$$\frac{dV_{out}}{dR_{PT}} = -V_B\frac{R - 2R_{PT}}{(R + R_{PT})^2}$$

铂热敏电阻的阻值可以表示为标称值加上一个小的变量，因此

$$\frac{dV_{out}}{dR_{PT}} = -V_B\frac{R - 2(R + \Delta R)}{(R + (R + \Delta R))^2} = V_B\frac{R + 2\Delta R}{(2R + \Delta R)^2} \xrightarrow{\Delta R \ll R} \frac{V_B}{4} = 1.25\frac{V}{\Omega}$$

所以

$$S = \frac{dV_{out}}{dR_{PT}} \cdot S\big|_{T=25} = 4.89 \frac{V}{℃}$$

30. 为了使 DR 最大化，FSO 应该尽可能大。在这种情况下，FSO 受到仪表放大器饱和电平的限制；因此，FSO = 28 V。中间级满量程 FS1，即惠斯通电桥输出的满量程，只通过放大器的增益与 FSO 相关：

$$FS1 = \frac{FSO}{G} = 14V$$

输入 FS 通过对温度变化的电桥灵敏度与 FS 相关：

$$FS = \frac{FS1}{S} = 2.86℃$$

采集链的增益图如图 12-11 所示，其中考虑到 PT1000 传感器在 25℃时的标称值为 1kΩ；因此，惠斯通电桥的 0V 输出对应于 25℃的温度。

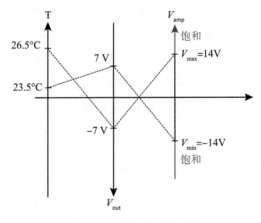

图 12-11　采集链的增益图

31. 在不改变 FSO 的情况下，扩大 FS 的唯一方法是降低增益。由于我们必须在电桥上工作，但不能改变热敏电阻，所以只能将偏置电压 V_B 降低至原来的 1/5 才能得到期望的结果。设置 $V_B = 1V$：

$$V_B = 1V$$

$$S = \frac{V_B}{4} \cdot S\big|_{T=25} = 0.98 \frac{V}{℃}$$

$$FS = \frac{FSO}{S \cdot G} = 14℃$$

32. 第一步是绘制系统的增益图，如图 12-12 所示。模拟部分所需的总增益是

$$S_T = \frac{FSO}{FS_{APP}} = \frac{V_R}{\Delta F} = \frac{3.3}{980} = 3.37 \times 10^{-3} \frac{V}{N} \rightarrow G_{T(dB)} = 20\log S_T = -49.45dB$$

因为 100kg 相当于 980 N。

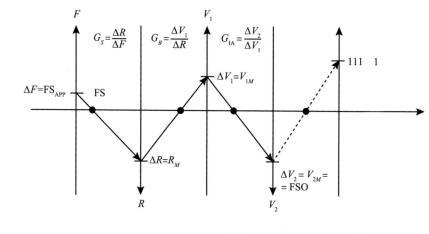

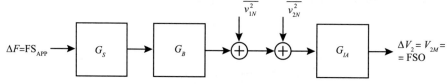

图 12-12　该习题的增益图

物理转换可以参照第 11 章计算，其中平板中心的最大应变为

$$\varepsilon_{\max} = \frac{1}{4} \frac{l}{Eah^2} F = 0.010\ 9\%$$

这与材料的极限是一致的。从前文可知，我们可以得到电阻的相对变量：

$$\frac{\Delta R}{R_0} = G_F \cdot \varepsilon_{\max} = 0.02\% \rightarrow \Delta R = 0.027\Omega$$

因此，第一级的增益为

$$G_S = \frac{\Delta R}{\Delta F} = 28 \times 10^{-6} \frac{\Omega}{N} \rightarrow G_{S(\mathrm{dB})} = -91.06\mathrm{dB}$$

就第二级而言，增益是（第 8 章）：

$$G_1 = G_B = \frac{\Delta V_1}{\Delta R} = \frac{1}{4} \frac{V_R}{R_0} = 6.8 \times 10^{-3} \frac{V}{\Omega} \rightarrow G_{1(\mathrm{dB})} = G_{B(\mathrm{dB})} = -43.2\mathrm{dB}$$

以及

$$\Delta V_1 = G_B \Delta R = 189\mu\mathrm{V}$$

现在，我们可以计算出最后一级的增益为

$$G_2 = G_{\mathrm{IA}} = \frac{V_R}{\Delta V_1} = 17.5 \times 10^{-3} \rightarrow G_{2(\mathrm{dB})} = G_{\mathrm{IA}(\mathrm{dB})} = 84.8\mathrm{dB}$$

注意 $G_{AT(dB)} = G_{S(dB)} + G_{B(dB)} + G_{IA(dB)}$

现在，如果想达到 10 g 的分辨率，就必须得到一个模拟部分的 DR：

$$无噪声分辨率 = \log_2 \frac{100}{0.01} = 13.2b$$

这意味着有效分辨率，即 ENOB，应该至少多出 2.7b（第 2 章）：

$$ENOB_{AT} = 有效分辨率 + 2.43 = 15.72b$$

$$\rightarrow DR_{AT(dB)} = 6.02 \cdot ENOB_{AT} + 1.76 = 96.3dB \rightarrow DR_{AT} = 4.3 \times 10^9$$

其中，下标 AT 代表"模拟接口"。我们必须首先计算出惠斯通电桥的动态范围，因为

$$\overline{v_{1N}^2} = 4kTR_0 \cdot BW = 1.97 \times 10^{-18} \rightarrow DR_{1(dB)} = DR_{S(dB)} = 20\log\frac{\Delta V_1}{v_{1Nrms}} = 102.5dB$$

$$\rightarrow ENOB_1 = \frac{102.5 - 1.76}{6.02} = 16.7b$$

因此，为了了解仪表放大器的 DR，我们必须使用采集链的分辨率规则：

$$\frac{1}{DR_{AT}} = \frac{1}{DR_0} + \frac{1}{DR_1} + \frac{1}{DR_2}$$

因为没有输入噪声，所以 $DR_0 = \infty$，有

$$\frac{1}{DR_2} = \frac{1}{DR_{AT}} - \frac{1}{DR_1} \rightarrow DR_2 = 5.7 \times 10^9 \rightarrow DR_{2(dB)} = 97.5dB \rightarrow ENOB_2 = 15.92b$$

因此，输入参考噪声应该是

$$\overline{v_{2N}^2} = \frac{\Delta V_1^2}{DR_2 \cdot BW} \rightarrow v_{2N}(f) = 2.5nV/\sqrt{Hz}$$

这很有挑战性。

现在，我们必须选择 DR 存在贡献的 A/D 转换器，使总动态范围 $DR_{T(dB)}$ 尽可能接近 $DR_{AT(dB)} = 96.3dB$。所以，如果使用 $ENOB = 18b$ 的 A/D 转换器作为示例，有

$$DR_{A/D} = 6.02 \cdot 18 + 1.76 = 110dB$$

$$\frac{1}{DR_T} = \frac{1}{DR_1} + \frac{1}{DR_2} + \frac{1}{DR_{A/D}} \rightarrow DR_{T(dB)} = 96.20dB$$

如果我们使用一个 $ENOB = 17b$ 的 A/D 转换器，将得到总 $DR_{T(dB)} = 95.70dB$，这对于总需求来说有点低。

总之，我们应该使用一个无噪声位数为 $18b - 3b = 15b$ 的 A/D 转换器，可以通过截断 $ENOB = 18b$ 转换器中的 3 位来实现最终要求。